**分子手性 编委会**

# 分子手性

## Molecular Chirality

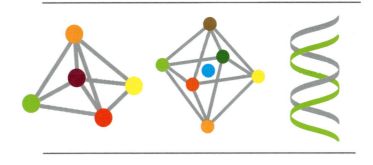

章 慧 何裕建 主编

厦门大学出版社
XIAMEN UNIVERSITY PRESS
国家一级出版社
全国百佳图书出版单位

**图书在版编目（CIP）数据**

分子手性 / 章慧，何裕建主编. -- 厦门：厦门大
学出版社，2024.5
　　ISBN 978-7-5615-6997-9

　　Ⅰ．①分… Ⅱ．①章… ②何… Ⅲ．①不对称性
Ⅳ．①O342

中国国家版本馆CIP数据核字(2024)第102548号

| | | |
|---|---|---|
| 责任编辑 | 眭 蔚 | |
| 责任校对 | 胡 佩 | |
| 美术编辑 | 蒋卓群 | |
| 技术编辑 | 许克华 | |

出版发行　厦门大学出版社
社　　　址　厦门市软件园二期望海路 39 号
邮政编码　361008
总　　　机　0592-2181111　0592-2181406(传真)
营销中心　0592-2184458　0592-2181365
网　　　址　http://www.xmupress.com
邮　　　箱　xmup@xmupress.com
印　　　刷　厦门集大印刷有限公司

开本　　889 mm×1 194 mm　1/16
印张　　29
字数　　832 千字
版次　　2024 年 5 月第 1 版
印次　　2024 年 5 月第 1 次印刷
定价　　168.00 元

本书如有印装质量问题请直接寄承印厂调换

厦门大学出版社
微信二维码

厦门大学出版社
微博二维码

# 内容简介

　　了解和探索世界的本质与规律,是人类与生俱来的天性。不对称性(手性)是物质世界的普遍现象和最本质的特性之一,是理解和统一介观、宏观、微观、物理学、化学、生物学、医学、材料学、环境等不同领域与学科的立体万维桥梁,具有哲学研究、基础研究和应用研究的重要意义。

　　全国分子手性学术研讨会已成功举行十届,为致力于分子手性研究的科学工作者提供了良好的交流和展示平台,也促进了学者们的友谊。在大家的倡导下,结集出版一本以分子手性为主的书成了水到渠成的事。

　　本书的主题聚焦于手性发展历史、对映体的分离纯化、分析传感、催化合成、分子组装、超分子手性、手性光谱、手性材料应用等交叉学科领域,为作者提供一个介绍自己研究成果的机会,更为国内外手性研究工作者提供一个优质的学术交流载体。

　　本书可供相关专业人士阅读、参考。

# 序

  在基础科学和应用科学高速发展的今天,各个学科之间看似相互独立却又存在着千丝万缕的联系。如果把各个学科的发展看作一条条相互独立的大道,手性的研究无疑是连接各条道路的立交桥,它的存在对各个学科的发展都起着至关重要的作用。从最微小尺度的β衰变的宇称不守恒性到星系的左旋结构,不对称的现象存在于各种天然化合物和自然现象之中。然而,在很多学科的研究中,对于手性现象产生的原因我们仍是无法理解和解释的。就事物或现象的本质研究来讲,从最初的混沌状态到部分规律的揭示,再到最终的完全掌握,这是科学研究的必经过程。我们深信手性的研究对于揭示很多自然现象和规律都有着重要的作用,在科研领域发挥着承上启下的重要作用。

  纵观手性在全世界的发展历史,我国在这一领域的起步是比较晚的。比如,在1811年Argo发现旋光性时,我国仍处于清嘉庆年间落后的封建社会。然而,我国的手性研究现已进入一个蓬勃发展的时期,同时涌现了一大批优秀的手性研究专家。相信在不远的将来,我国的手性科学研究必将在世界舞台上大放异彩,对促进各个学科的发展起到强有力的推动作用。

  《分子手性》这本书在这种环境下应运而生,无疑给手性研究提供了一个更高的平台和更好的发展环境。章慧和何裕建老师主编的这本书,不仅很好地总结了手性的发展历史,更展示了一系列的手性发展前沿。相信它不但可以对刚入这个领域的年轻工作者起到很好的开阔眼界的作用,更能给专业领域的科研工作者带来新的启发和思路;同时也期待这本精心编写的著作会在中国手性发展历史上留下浓墨重彩的一笔。

唐本忠

2018 年 10 月

# 前　言

感恩有幸写此前言。

岁月如烟,从青葱少年"混"到来写前言的年岁,说明已经青春不再了。感叹的同时,更多的是感恩。感恩家人和朋友们,感恩师长和学生们,感恩同仁们,感恩大自然。

我生于 20 世纪 60 年代的湘南乡村。少时生活艰难。印象很深的是,家里自留地的青豆角用当地产山茶油一炒,感觉是人间美味。为了这份美好,我勤快自觉地与兄姐们上山砍竹子来给豆角做豆架,并帮着大人把豆苗藤盘到竹竿上,以便让它更好地成长和开花结果。然而,大人却说我盘豆藤的方式不对,要以右手螺旋的方式顺着竹竿向上盘绕,也不能把豆藤直直地捆在竹竿上。否则,豆角可能结果差或不结果了。当时,我惊得目瞪口呆。这么神奇,为什么?! 大人说不知道,祖宗一代代的经验传下来的。

四季豆藤的右手螺旋天性

之后,我了解了大自然中更多的手性现象,比如蜗牛、海螺、树藤、人的发旋、左/右撇子……

1979 年秋,我到湖南师范大学化学系上学,明白了分子也有左右之分,叫手性分子;知道了粒子也有左右之分,存在宇称不守恒,杨振宁、李政道为此拿了诺贝尔物理学奖。

1989年秋,我到北京大学攻读硕士学位,研究方向是生命起源与化学进化,知道了生物分子同型手性的起源是生命起源的关键,是世界难题,至今未解。

北京大学硕士毕业后,我到中国科学院生物物理所任职,更多地关注手性。

1994年夏,在辞职等候办理护照和签证去美国UCSF(加州大学旧金山分校)做访问学者的无聊日子里,我经常去北京国家图书馆里随意浏览。我意外地在一本书中读到关于地球围绕太阳运动事实上是右手螺旋的。当时灵光一闪,这个不对称的手性螺旋运动与DNA和蛋白质的二级结构何其相似,是否与地球上生物分子手性的选择和起源有关呢?

事实上,手性的确是天文学、物理学、化学、生物学、医学、药学、材料学等学科门派都感兴趣的话题。从宏观到微观,从分子水平到粒子水平,手性可能是与大自然内在本质和规律相联系的最关键桥梁和命门。

2004年12月,在美游学十年后,我回到中国科学院任职,发现国内缺少与手性有关的学术交流平台。参加学术会议,普通学者和年轻人很少有口头报告的机会。当时国内研究手性的学者也不多。自2007年起,机缘巧合,我相继认识了厦门大学章慧教授和苏州大学杨永刚教授,通过他们结识了更多志同道合的朋友。大家一拍即合,都认可组织召开与分子手性相关的学术研讨会,之后不定期举行。为了让分子手性会议更名正言顺,我与时任中国化学会有机分析专业委员会主任袁倬斌教授商量会议挂名之事,老先生大力支持。以该专委会名义经向中国化学会申请并获批准,2008年10月18—20日,以中国化学会名义主办、有机分析专业委员会承办的"2008年全国手性分子起源与识别学术研讨会"在北京中国科学院研究生院顺利举行。时任中国化学会理事长白春礼院士特意写来贺信。

2009年,经向中国化学会申请批准,该学术研讨会改成系列会议。2009年11月在华南师范大学由章伟光教授团队承办了"中国化学会第二届全国分子手性学术研讨会"。2010年7月在贵州大学由宋宝安与杨松教授团队承办了"中国化学会第三届全国分子手性学术研讨会"。2011年11月在浙江大学由刘维屏教授团队承办了"中国化学会第四届全国分子手性学术研讨会"。2012年8月在湖南张家界由中国人民大学的于澍燕教授团队和哈尔滨工程大学的沈贤德教授团队承办了"中国化学会第五届全国分子手性学术研讨会"。2014年11月在华中科技大学由郑炎松教授团队承办了"中国化学会第六届全国分子手性学术研讨会"。2015年11月在苏州大学由杨永刚教授团队承办了"中国化学会第七届全国分子手性学术研讨会"。2017年10月在中国科学院福建物构所由张健研究员团队承办了"中国化学会第八届全国分子手性学术研讨会"。

为了配合中国化学会新成立的手性化学专委会优化整合资源,也为了保留一块供手性研究者"百花齐放，百家争鸣"的学术交流园地，自 2017 年第八届会议后，分子手性学术研讨会不再挂靠中国化学会，改由会议承办教授的单位为主办方的方式。2018年 10 月由雷鸣教授团队承办、北京化工大学主办的"第九届全国分子手性学术研讨会"在首都北京顺利召开。

　　几经曲折，2023 年 12 月 1—4 日，第十届全国分子手性学术研讨会成功地由张健研究员团队主持、中国科学院福建物质结构研究所主办，《结构化学》编辑部承办。本届研讨会是经 3 年疫情距第九届 5 年之久举办的。参会人员 300 余人，以年轻学者为主。大家对会议平等、自由、包容、友好的气氛非常认可。会议期间，经杭州师范大学申报和会议组委会讨论，商定第十一届全国分子手性学术研讨会于 2024 年下半年在杭州举行。

　　这十来年，以会会友，有快乐也有波折，但全国各手性专家和爱好者形成了一个相对稳定的学术梯队，并由小到大成长成熟起来了。更重要的收获是，分子手性平台积聚了一批风华正茂的青年学子，学者们之间也建立了学术之外的深厚友谊，也因此让生活更精彩！

　　为了纪念我们这个学术大家庭的友谊和宣传中国学者的学术成果，在福州手性会议之后的 2018 年春季，在章慧教授提议下，大家一致赞同编撰出版一本高质量的、多角度的手性专著。非常感谢章慧教授的辛苦协调，此书由厦门大学出版社出版，厦门大学化学化工学院全额资助。

　　万事皆有因才有果。这些真实的故事，即是本书来到读者面前的因缘。

　　生逢盛世，感谢和感恩这个有故事的伟大时代。感谢故事中的每一个人。而有幸作为此书主编之一的我，此时此刻，特别感谢章慧教授为此书的辛勤劳动和付出！感谢书中的每一位才华横溢的作者！感谢正阅读本书的您！

　　祝愿我们的分子手性学术研讨会一届比一届好！祝愿中国的手性研究卓有成效！祝愿大家事业成功，健康快乐！

　　是为前言。

2019 年 10 月 5 日
2023 年 12 月 29 日修改

# 目　录

## 手性前沿

## 学术争鸣

## 仪器专论

## 科普典藏

## 科学发现

## 会议集锦

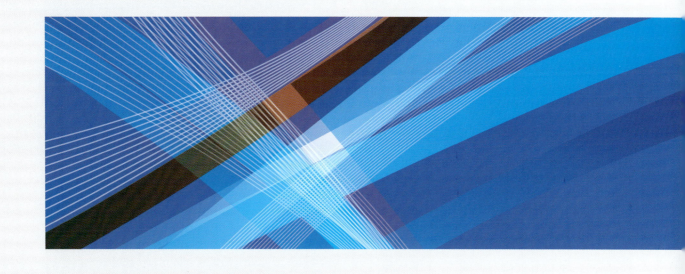

手性前沿

# Chiral Frontiers

# 手性共吸附分子对表面分子组装的手性诱导及控制研究

陈婷[1],王栋[1,2,*],李淑颖[1],万立骏[1,*]

[1]中国科学院化学研究所,北京 100190　　[2]中国科学院大学,北京 100049

*E-mail: wangd@iccas.ac.cn,wanlijun@iccas.ac.cn

**摘要:**分子组装过程的手性诱导及控制是化学、生命科学、材料学等多个领域的重要研究课题。发展对分子组装过程的手性诱导及控制策略,理解手性诱导及控制的作用机制,不仅对手性结构及材料的设计构筑及其应用具有重要意义,也有助于认识自然界中手性起源这一基本科学问题。本文介绍了利用手性共吸附分子对表面分子组装过程进行手性诱导和控制的研究进展,主要内容包括手性共吸附分子对非手性分子表面组装的手性诱导,表面分子组装过程中的长程手性传递,固/液界面的手性非线性放大现象,以及手性共吸附分子与手性分子在表面组装中的竞争手性诱导作用。这些研究结果从亚分子层次揭示了手性共吸附分子对非手性分子以及手性分子的表面组装过程的诱导和控制及其作用机制,对理解手性的产生与传递,以及分子组装手性结构及材料的设计构筑均具有重要意义。

**关键词:**分子组装;手性诱导;手性控制;扫描隧道显微镜

# Co-adsorber Mediated Chiral Induction and Control in 2D Molecular Assembly on Solid Surfaces

CHEN Ting, WANG Dong*, LI Shuying, WAN Lijun*

**Abstract:** Induction and control of chirality in molecular assembly is one of the most extensively investigated areas in chemistry, biology, and material science due to its importance in rational construction of chiral nanostructures and understanding the origin of chirality in nature. This paper reviews recent progress in chiral induction and control in 2D molecular assembly on solid surface triggered by chiral co-adsorbers, including chiral induction via chiral co-adsorbers in the assembly of achiral molecules, remote chiral communication in 2D molecular assembly, the majority-rules at the solid/liquid interface, and competitive chiral induction between intrinsically chiral molecule and chiral co-adsorber in 2D molecular assembly. These researches reveal the chiral induction and control effect of chiral co-adsorber on molecular assembly at sub-molecular level, which not only offers insights into the origin and transfer of chirality in molecular assembly, but also benefits rational design and fabrication of chiral nanostructures and materials.

**Key Words:** Molecular assembly; Chiral induction; Chiral control; Scanning Tunneling Microscopy

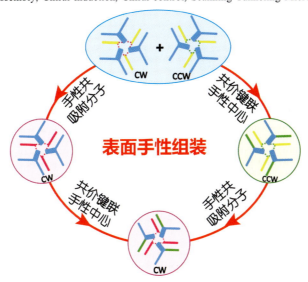

## 1. 引言

近年来，表面分子组装过程中的手性现象引起了科学家的关注。一方面，分子在固体表面的手性组装是构筑表面手性纳米结构及手性表面的重要途径；另一方面，表面是多相手性催化、手性分离与识别等许多手性过程发生的重要场所，借助原子分辨率的表面分析技术如扫描隧道显微镜（STM）、原子力显微镜（AFM）等可以从亚分子水平研究手性的产生、传递及放大，从而为理解这些手性过程的作用机制提供指导。

大多数手性分子在表面吸附组装过程中保持其手性特征，形成特定手性的表面组装结构[1-4]，这是构筑单一手性表面组装结构的重要方法之一。此外，许多非手性分子在固体表面吸附组装过程中可能发生对称性破缺而产生手性，进而在表面形成手性组装结构[5-8]。但是，这种手性通常仅限于表面的局部区域，对整个表面而言，因为两种呈镜像对映关系的组装结构随机形成且在表面出现的概率相当，整个体系仍然呈外消旋特征。如何控制非手性分子表面组装过程的手性，诱导非手性分子形成单一手性的组装结构，对表面手性分子组装结构及材料的设计构筑及应用具有重要意义，也是表面手性研究面临的重要挑战。

不对称因素是实现手性诱导的要素之一。对于非手性分子的组装体系，要实现表面组装结构的手性诱导，首先要引入不对称因素。在分子中共价键联一个或多个手性中心是引入不对称因素最直接的方法之一，通过分子手性信息在分子组装过程的传递，可实现对组装结构的手性诱导。另外，在组装过程中加入少量的手性同系物或少量过量的对映体作为手性种子，也可诱导非手性分子或外消旋体在固体表面形成单一手性结构，此即"将军-士兵效应"（sergeant and soldiers effect）及"大多数效应"（the majority rules）[9-15]。基于这两个效应，Ernst课题组先后实现了丁二酸[7]以及螺烯外消旋体表面组装结构的手性诱导和手性控制[10,15]，De Feyter等基于将军-士兵效应构筑了具有特定手性特征的表面多孔网格结构[13]。此外，通过溶液中的手性助剂或手性溶剂与界面上分子组装结构的弱相互作用，也可以将不对称信息传递到组装结构，获得单一手性的表面分子组装结构[16-19]。

最近的研究表明，手性共吸附分子可以诱导非手性分子甚至手性分子在固体表面按照特定的手性组装，实现对表面分子组装的手性诱导和控制。与传统的在分子中共价键联手性中心的手性诱导方法相比，通过共吸附分子对表面分子组装进行手性诱导和控制不仅避免了复杂的手性合成，而且手性信息基于灵活可控的非共价作用引入，有利于表面手性组装结构的精确调控和设计。此外，由于手性共吸附分子既是手性种子也是构筑基元，所以该方法具有很好的手性诱导效率，且利用STM可直接"看到"手性共吸附分子，有利于从亚分子尺度揭示手性诱导及控制的作用机制。下文将对该领域的主要进展进行介绍。

## 2. 基于氢键作用的表面分子组装手性诱导

基于非共价作用引入手性信息具有简单方便且灵活可控的优点，但是，非共价相互作用力较弱，选择性相对较差，这些都不利于手性信息的传递，从而影响手性诱导及控制的效率。研究发现，通过方向性的多重氢键作用引入手性共吸附分子来调控表面分子组装的手性，不仅可以保持非共价键灵活可控的优点，同时还具有良好的手性诱导和控制效率。

### 2.1 手性共吸附分子对表面分子组装的手性诱导

图1(a)是枝状分子BIC-C16及1-辛醇的结构式，它们在高定向热解石墨（HOPG）基底表面共组装形成如图1(b)和图1(c)所示的蜂窝状结构。该结构以风车形的BIC-C16分子三聚体为结构基元，1-辛醇分子吸附在相邻的两个BIC分子三聚体之间。在图1(b)和1(c)中，蓝色风车代表

BIC-C16 分子三聚体核的部分,红色和黄色短棒分别代表 BIC-C16 上的烷基链以及共吸附的 1-辛醇分子。根据 BIC-C16 分子三聚体风车旋转方向不同,在表面存在顺时针(CW 型)和逆时针(CCW 型)两种呈镜像对映关系的蜂窝状结构。统计发现,CW 型结构和 CCW 型结构在表面出现的概率相当[20]。

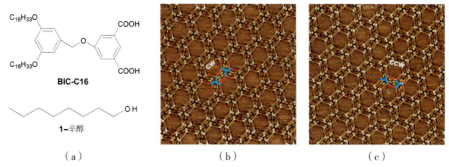

（a）

（b）

（c）

图 1　(a)BIC-C16 与 1-辛醇的化学结构式;(b)BIC-C16/1-辛醇形成的 CW 型蜂窝状结构的 STM 图像,扫描范围 38 nm×38 nm;(c)BIC-C16/1-辛醇形成的 CCW 型蜂窝状结构的 STM 图像,扫描范围 40 nm×40 nm

以 R-2-甲基-辛醇(R-OA)或 S-2-甲基-辛醇(S-OA)替代 1-辛醇与 BIC-C16 共组装可以得到与图 1 类似的蜂窝状结构。不同的是,在 BIC-C16/R-2-甲基-辛醇的组装结构中,所有畴区都是 CW 型,CCW 型畴区完全消失,而 BIC-C16/S-2-甲基-辛醇形成的全部是 CCW 型蜂窝状结构,CW 型结构完全消失,这说明 R-2-甲基-辛醇及 S-2-甲基-辛醇可以控制 BIC-C16 表面组装结构的手性,诱导形成单一手性的表面组装结构[20]。图 2(a)是 S-2-甲基-辛醇与 BIC-C16 形成的 CCW 型蜂窝状网格结构的作用模型。可以看到,S-2-甲基-辛醇中的羟基与 BIC-C16 三聚体中的羧基通过氢键形成了十元环结构,如图中黄色环所示。利用与 1-辛醇结构相似且可与羧基形成氢键的其他分子如 1-辛酸、1-辛胺、1-辛醛分别与 BIC-C16 共组装,都无法得到类似的蜂窝状结构,这说明辛醇分子中的羟基与 BIC-C16 分子中的羧基形成的十元氢键环结构对蜂窝状组装结构的形成至关重要。

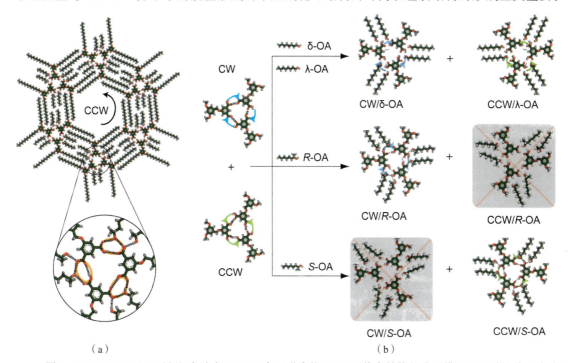

（a）

（b）

图 2　(a)BIC-C16/S-2-甲基-辛醇在 HOPG 表面形成的 CCW 型蜂窝结构的分子模型;(b)手性共吸附分子对 BIC-C16 的表面组装的手性诱导示意图,BIC-C16 分子中的烷基链简化为甲氧基

经分析认为,R-2-甲基-辛醇或 S-2-甲基-辛醇对 BIC-C16 表面组装的手性诱导作用有两个关键因素:一是手性共吸附分子在表面吸附时的构象选择性,另一个是手性共吸附分子与 BIC-C16 三聚体的构型选择性氢键作用[20]。如图 2(b)所示,BIC-C16 可在 HOPG 表面形成 CW 型和 CCW 型两种三聚体,当 BIC-C16 与 1-辛醇(OA)进行共吸附组装时,由于 1-辛醇分子也可以在表面形成 δ-OA 和 λ-OA 两种吸附构象,并且 δ-OA 和 λ-OA 构象中的羟基分别可与 CW 型和 CCW 型 BIC-C16 三聚体中的羧基构型匹配形成氢键十元环,因此,在 BIC-C16/1-辛醇组装体系中,CW 型和 CCW 型蜂窝结构共存。而对于 R-2-甲基-辛醇或 S-2-甲基-辛醇分子,当它们在固体表面吸附时,为了减小立体位阻效应,分子总是优选以手性中心上连接的甲基指向溶液中的构象吸附,也就是说,R-2-甲基-辛醇和 S-2-甲基-辛醇在固体表面均只有一种优选吸附构象,如图 2(b)所示,R-2-甲基-辛醇的优选吸附构象与 CW 型三聚体构型匹配,而 S-2-甲基-辛醇的优选吸附构象与 CCW 型三聚体构型匹配。因此,BIC-C16 与 R-2-甲基-辛醇共组装形成的是 CW 型蜂窝结构,与 S-2-甲基-辛醇共组装形成的则是 CCW 型蜂窝结构。在组装过程中,手性共吸附分子是手性源,将手性信息引入表面,手性共吸附分子与 BIC-C16 分子间的构型选择性多重氢键相互作用则保证了手性信息在组装结构中的有效传递。

### 2.2 表面分子组装中的长程手性传递

手性诱导及控制的关键步骤之一是引入手性信息,如何将引入的手性信息传递到组装结构,即实现手性信息在组装过程中的有效传递,是表面分子组装手性诱导及控制研究的另一关键问题。研究手性在分子内及分子间,以及不同结构层次和尺度上的传递,有助于理解手性诱导及控制的分子机制[21-25]。

一般认为,柔性烷基链不利于手性信息的有效传递,如在 1D 螺旋聚合物及手性金属配合物中,柔性的烷基链表现出的手性传递效率较低。对表面二维分子组装体系的手性研究发现,手性信息可通过柔性的烷基链在表面组装过程中长程传递[26]。图 3(a)是手性烷醇同系物,它们在不同位置上带有一个手性碳原子,当它们分别与 BIC 同系物 BIC-Cn(n=6,7,8)在表面共吸附组装时,可以形成与图 1 类似的蜂窝状结构。研究发现,不论烷醇分子中手性碳原子的位置如何,它们与 BIC-Cn 形成的蜂窝结构均表现出单一手性。以 BIC-C6 为例,它可分别与 1S-H、1R-H、2S-H、5S-H 以及 6S-O 形成单一手性的蜂窝结构,显示 1S-H、1R-H、2S-H、5S-H 及 6S-O 均可实现对 BIC-C6 组装结构的手性诱导。这个结果说明手性烷醇分子中的手性信息可以通过柔性的烷基链(最长包含 5 个亚甲基)长程传递到特异性相互作用位点,并通过分子间的构型选择性氢键相互作用传递到非手性分子。研究还发现,随着手性中心逐步远离特异性相互作用位点,蜂窝状组装结构的手性特征呈奇偶交替变化,这是因为对具有相同空间构型的手性中心,随着它在手性烷醇分子中的位置逐渐变化,它在表面的优选吸附构象会交替变化,这种构象选择性传递到组装结构,使得形成的组装结构的手性呈奇偶交替变化。

比较几种手性共吸附分子对 BIC-C6 表面组装结构的手性诱导效率发现,手性中心离特异性相互作用位点越近,手性共吸附分子的手性诱导效率越高,如图 3(b)所示。在表面长程手性传递过程中,手性信息主要以构象选择的形式进行传递,理论计算显示,随着手性中心远离特异性相互作用位点,手性中心和特异性作用位点间的烷基链增长且灵活性增大,传递到特异性作用位点的构象选择信息减少,对整个组装体系来说,手性传递的效率降低。

这些研究结果揭示了组装结构的手性特征以及组装过程的手性控制效率与手性中心位置间的联系,加深了对手性信息在表面组装中的传递机制的理解,同时也揭示了表面组装过程中的非共价相互作用及表面限制在表面手性传递中的重要作用。

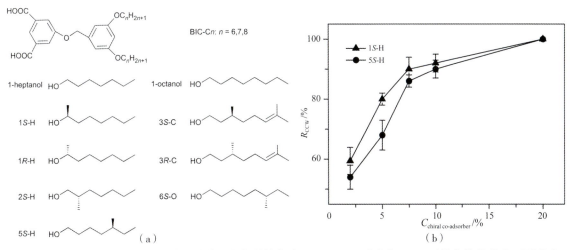

图 3　(a)BIC 同系物及共吸附烷醇分子的化学结构式；(b)BIC-C6 形成的 CCW 型蜂窝结构的表面覆盖度与溶液中手性共吸附分子浓度间的关系曲线

### 2.3　手性诱导效率与特异性弱相互作用的关系

如前所述,分子间弱相互作用尤其是特异性弱相互作用在表面手性产生和传递过程中发挥重要作用。近来的研究发现,手性诱导效率与组装过程中的特异性相互作用强度具有相关性,对手性共吸附分子诱导形成的表面手性组装体系,手性共吸附分子与组装基元间的特异性相互作用的强度在一定程度上决定了手性共吸附分子对表面分子组装的手性诱导效率[27]。

BIC-C6、BIC-C8、BIC-C10 是具有不同烷基链长度的 BIC 同系物,它们可分别与 1-辛醇共组装形成结构相似的基于分子三聚体的蜂窝结构,结构周期分别为 4.6 nm、5.1 nm、5.7 nm。在这些组装体系中,CW 型和 CCW 型蜂窝结构总是以相当的比例在表面共存。当以 $R$-2-甲基-壬醇取代 1-辛醇分别与 BIC-C6、BIC-C8、BIC-C10 共组装时,得到了类似的蜂窝状网格结构,不同的是,当使用 $R$-2-甲基-壬醇作为溶剂时,得到的组装结构是 CW 型,说明 $R$-2-甲基-壬醇对 BIC-C6、BIC-C8、BIC-C10 的组装结构均具有手性诱导作用。进一步,把少量 $R$-2-甲基-壬醇加到 1-辛醇中配成混合溶液作为溶剂,并将 BIC-C6、BIC-C8、BIC-C10 分别溶解在该溶剂中配成相同浓度的溶液,取少量的该溶液滴到 HOPG 表面,研究 HOPG 表面形成组装结构的手性。研究发现,当溶液中 $R$-2-甲基-壬醇作的比例为 5％时,对于 BIC-C6 形成的组装结构,表面上形成的所有畴区都是 CW 型,但是对于 BIC-C8 或 BIC-C10 形成的组装结构,表面上 CW 型畴区的比例分别为(70±3)％或(51±4)％,如图 4 所示。这个结果说明,对于 BIC-C$n$($n$＝6,8,10)形成的蜂窝结构,随着分子内烷基链的增长,手性共吸附分子对分子组装的手性诱导效率降低。

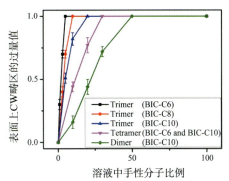

图 4　BIC-C$n$($n$＝6,8,10)形成的组装结构中 CW 型组装结构的比例与溶液中手性共吸附分子浓度间的关系曲线

BIC-C10 在 HOPG 表面除了能形成基于分子三聚体的蜂窝结构,还可以形成基于分子二聚体的线性结构,以及与 BIC-C6 和 1-辛醇共吸附形成的基于分子四聚体的风车形结构,如图 5 所示。研究 *R*-2-甲基-壬醇对 BIC-C10 形成的三种组装结构的手性诱导效率发现,从网格结构、风车形结构到线性结构,手性诱导效率依次降低,如图 4 所示。对蜂窝状网格结构,溶液中只需要有 20% 的手性共吸附分子即可使表面呈现单一手性;而对于风车形结构和线性结构,若想形成单一手性的表面,溶液中的手性共吸附分子的比例分别至少要达到 30% 和 50%。

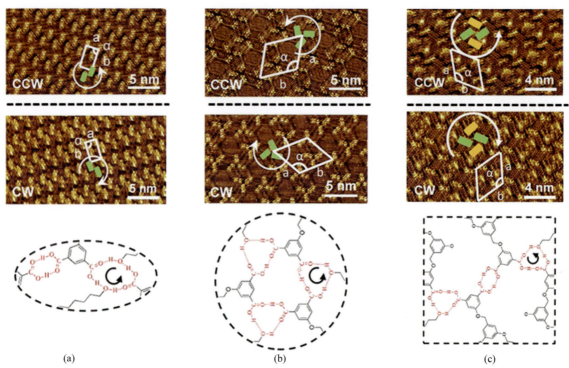

图 5　(a)BIC-C10 形成的二聚体线性结构的 STM 图像及分子间氢键作用模型;(b)BIC-C10 形成的三聚体蜂窝状结构的 STM 图像及分子间氢键作用模型;(c)BIC-C10 形成的四聚体风车结构的 STM 图像及分子间氢键作用模型

对上述组装结构的手性结构基元,即分子二聚体、三聚体和四聚体中分子间相互作用进行理论模拟发现,对 BIC-C6、BIC-C8、BIC-C10 形成的基于分子三聚体的蜂窝状网格结构,分子间相互作用模式类似,但是,随着分子中烷基链的增长,组装结构的周期增大,直接导致单位面积上氢键能降低。而对于 BIC-C10 形成的三种不同的组装结构,从分子三聚体到四聚体再到二聚体,手性共吸附分子与非手性 BIC-C10 分子间选择性的氢键作用逐渐减弱,从而导致手性传递效率逐渐减低,手性共吸附分子对组装结构的手性诱导作用也逐渐减弱。

**2.4 主客体相互作用对表面手性诱导作用的调控**

在表面主客体化学中,主体分子可以根据客体分子调整自身在表面的吸附构象[28-30],如 De Feyter 等报道了一种对客体分子响应的轮烯衍生物超分子组装结构,在客体诱导下该结构可以自发从线型结构转变为蜂窝状结构[29,30]。对表面分子手性组装体系,手性组装结构也可对客体分子进行响应,并且主客体相互作用对表面分子组装的手性特征具有调控作用[31]。

以 BIC-C8 和 BIC-C16 形成的手性蜂窝结构为例。图 6 是 BIC-C8 及 BIC-C16 形成的单一手性组装结构对客体蔻分子的响应示意图,当以 *R*-2-甲基-壬醇为溶剂时,BIC-C8、BIC-C16 均可在 HOPG 表面形成单一手性的蜂窝状结构,组装结构的手性取决于共吸附分子的手性特征[20,27]。当向 BIC-C8 或 BIC-C16 与 *R*-2-甲基-壬醇形成的单一手性的组装结构中引入少量客体蔻分子后,手性蜂窝结构自发地发生客体响应性重排,形成太阳花状结构[31]。

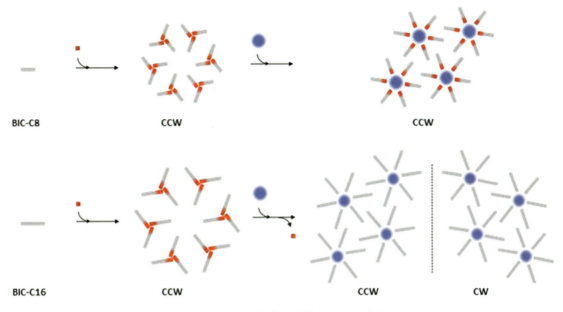

图 6  表面手性组装结构对客体分子的响应示意图

对 BIC-C8/R-2-甲基-壬醇的组装结构,客体蔻分子的引入使得每六个 BIC-C8 分子头对头排列形成太阳花结构,一个客体蔻分子填在太阳花的中间空位,BIC-C8 分子核的轴向总是相对于单胞方向顺时针偏转;向 BIC-C8/S-2-甲基-壬醇的组装结构中加入少量客体蔻分子得到类似的太阳花结构,不同的是,BIC-C8 分子核的轴向总是相对于单胞方向逆时针偏转。该结果说明,在 BIC-C8 与客体蔻分子形成的主客体复合结构中,R-2-甲基-壬醇或 S-2-甲基-壬醇对主客体结构的手性特征也具有诱导作用。进一步研究发现,相对于引入客体前的蜂窝状结构,引入客体分子后的花状结构中手性共吸附分子的手性诱导效率明显降低。

对于 BIC-C16 与 S-2-甲基-壬醇形成的组装结构,蔻分子的引入也可使体系发生结构重排形成太阳花结构,但是在该花状结构中,BIC-C16 分子可能相对于单胞方向逆时针偏转 [图 7(a)],也可能相对于单胞方向顺时针偏转 [图 7(b)],说明对基于 BIC-C16 和客体蔻分子的主客体花状结构,S-2-甲基-壬醇分子不具有手性诱导能力。

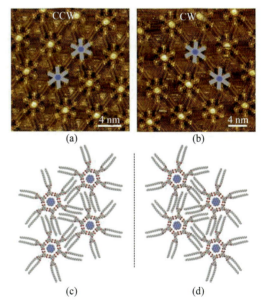

图 7  (a,b)BIC-C16/S-2-甲基-壬醇组装对蔻分子响应性重排后的形成的 CCW 型及 CW 型花状结构;(c,d)CCW 型及 CW 型花状结构的结构模型

分析发现,在 BIC-C8 形成的主客体花状结构中,S-2-甲基-壬醇或 R-2-甲基-壬醇仍参与组装,并且与 BIC-C8 分子间形成了稳定的氢键,因此,手性共吸附分子的手性信息可以传递到主客体复合结构中,实现对花状结构的手性诱导。同时,相比于蜂窝状网格结构中 S-2-甲基-壬醇或 R-2-甲基-壬醇与 BIC-C8 分子形成的氢键环,在主客体复合花状结构中 S-2-甲基-壬醇或 R-2-甲基-壬醇

与 BIC 分子只形成了一个孤立的氢键,这个氢键相互作用强度较弱且构型选择性较差,手性传递效率较弱,因此主客体花状结构中的手性诱导效率较低。而在 BIC-16 的组装结构中,BIC-C16 为了容纳客体莰分子而发生的重排是以将 S-2-甲基-壬醇或 R-2-甲基-壬醇分子排挤出表面为代价的,即 S-2-甲基-壬醇或 R-2-甲基-壬醇分子与 BIC-C16 之间并无明显的特异性相互作用,如图 7(c) 和 7(d) 所示。正因如此,S-2-甲基-壬醇或 R-2-甲基-壬醇的手性信息无法在组装过程中有效传递,从而最终失去对组装结构的手性诱导作用。

### 2.5 基于大多数原则的表面手性诱导与控制

大多数原则是实现手性诱导及控制的重要途径之一,广泛应用于手性聚合物及超分子手性组装结构的合成及制备中[32-35]。具体到分子组装体系,大多数原则是指在两种对映异构体共存的组装体系中,如果其中一种对映异构体稍过量,它的手性信息在组装过程中会以非线性的方式进行放大,使得其所对应的手性结构在组装结构中占绝对优势。

此前观察到的大多数原则多发生于手性分子体系,即组装的分子具有手性。最近的研究显示,基于非共价相互作用引入的手性信息也可以基于大多数原则在组装过程中传递和放大[20]。如图 8 所示,对 BIC-C16 分子组装体系,当 S-2-甲基-辛醇和 R-2-甲基-辛醇在溶液中共存并且浓度相当时,表面上形成的 CW 型和 CCW 型蜂窝状结构的比例相当;一旦溶液中 S-2-甲基-辛醇或 R-2-甲基-辛醇分子出现微小过量(≥5.2%),整个表面网格结构都表现出其对应的手性特征,另一种手性特征的组装结构完全消失,表现出明显的手性非线性放大现象。研究还发现,组装时温度、分子浓度等对手性非线性放大强度有重要影响:温度越高,手性非线性放大强度越高;手性共吸附分子在溶液中的浓度越大,手性非线性放大现象也越明显。

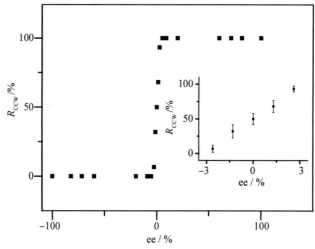

图 8  BIC-C16 在 HOPG 表面形成的 CCW 型蜂窝结构的表面覆盖度与溶液中 S-2-甲基-辛醇过量值间的关系曲线

对具有不同长度的烷基链的 BIC 同系物 BIC-C6、BIC-C10、BIC-C16,当使用纯的手性烷醇分子与其组装时,三种 BIC 同系物都可以在固液界面形成单一手性的组装结构。此外,对 BIC-C6 以及 BIC-C16 体系,均观察到明显的手性非线性放大现象,如组装结构中 CCW 型畴区的比例随 S-2-甲基-辛醇过量值增加而明显增大;然而在 BIC-C10 体系中,手性非线性放大强度却较弱,CCW 型畴区的比例随溶液中 S-2-甲基-辛醇过量值改变而变化不大[36]。

高分辨 STM 及理论计算显示,在 BIC-C10 分子与 S-2-甲基-辛醇或 R-2-甲基-辛醇共组装形成的组装结构中,共吸附分子的取向不是单一的[36]。究其原因,主要是对于 BIC-C6 或者 BIC-C16 来说,相邻 BIC 三聚体围成的空隙的尺寸刚好与共吸附的手性辛醇的尺寸匹配,因此手性辛醇的吸附取向被固定在与 BIC 分子的烷基链平行的方向上,这种限制作用使共吸附分子上手性中心的优选吸附构象可以得到较好的保持,手性信息可以从手性中心有效传递到 BIC 三聚体以至整个组装结构。而对 BIC-C10 而言,由于分子中的烷基链更长(相对于 BIC-C6),BIC-C10 分子三聚体形成的空穴的尺寸变大,当 S-2-甲基-辛醇或 R-2-甲基-辛醇分子吸附在这些空穴中时,共吸附分子具有更高的自由度,它们相对于 BIC 分子所形成的空穴位置是可变的,这种吸附构象的灵活性导致从 S-2-甲基-辛醇或 R-2-甲基-辛醇分子到 BIC-C10 共组装结构的手性传递效率降低,因此基于大多数原则的手性非线性放大现象也减弱。该结果表明,在表面分子组装过程中,除了特异性相互作用对手性传递至关重要,表面的限制以及手性组装基元间非特异性的各种弱相互作用也对手性传递具有重要影响。

### 2.6 表面分子组装中的手性记忆效应

对基于手性共吸附分子诱导形成的单一手性的表面组装结构,如果用一个与组装结构作用更强的非手性分子替换掉组装结构中的手性共吸附分子,有望构筑完全由非手性分子构成的单一手性的表面组装结构,这是用共价键引入手性信息的手性诱导方法难以实现的。

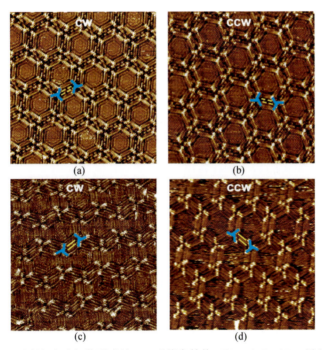

图 9 (a)BIC-C16/R-2-甲基-辛醇组装形成的 CW 型蜂窝结构;(b)BIC-C16/S-2-甲基-辛醇组装形成的 CCW 型蜂窝结构;(c)BIC-C16/1,16-十六二醇分子形成的 CW 型蜂窝结构;(d)BIC-C16/1,16-十六二醇分子形成的 CCW 型蜂窝结构,扫描范围 30 nm×30 nm

如图 9(a)和 9(b)所示,在 BIC-C16/R-2-甲基-辛醇及 BIC-C16/S-2-甲基-辛醇形成的蜂窝状网格结构中,两个相邻的 BIC-C16 三聚体(蓝色风车)的烷基链交叉形成空穴,4 个 R-2-甲基-辛醇或 S-2-甲基-辛醇分子(黄色短棒)填充在空穴中,手性共吸附分子中的羟基与 BIC-C16 分子中的羰基形成多重氢键,同时,手性共吸附分子的尺寸与空穴的尺寸刚好匹配,有利于与 BIC-C16 分子的烷基链间发生范德华相互作用。

比较 1,16-十六二醇分子与 R-2-甲基-辛醇及 S-2-甲基-辛醇分子的结构后发现,一个 1,16-十六二醇分子的长度与两个 R-2-甲基-辛醇分子或两个 S-2-甲基-辛醇分子的长度相当,而且 1,16-十六二醇分子的两端各有一个羟基,可以替代 R-2-甲基-辛醇或 S-2-甲基-辛醇分子中的羟基与 BIC 分子形成多重氢键。因此,1,16-十六二醇分子有可能替换共吸附在蜂窝状网格结构中的 R-2-甲基-辛醇或 S-2-甲基-辛醇分子,与 BIC-C16 形成完全由非手性分子构成的单一手性表面组装结构。

图 9(c) 和图 9(d) 是向 BIC-C16/R-2-甲基-辛醇及 BIC-C16/S-2-甲基-辛醇形成的蜂窝结构中分别加入少量 1,16-十六二醇分子后的结构,可以看到,填充在相邻两个 BIC-C16 三聚体之间的共吸附分子表现为两个较长的亮棒(黄色长棒),而不是如图 9(a) 和图 9(b) 所示的四个短棒,说明填充在空穴中的是 1,16-十六二醇分子而不是 R-2-甲基-辛醇或 S-2-甲基-辛醇分子。对表面上各个畴区的手性进行统计发现,对 BIC-C16/R-2-甲基-辛醇形成的蜂窝状结构,在用 1,16-十六二醇分子替换掉共吸附的 R-2-甲基-辛醇后,所有畴区仍都是 CW 型结构;类似地,在用 1,16-十六二醇分子替换掉 BIC-C16/S-2-甲基-辛醇组装结构中的 S-2-甲基-辛醇后,所有畴区仍保持 CCW 手性特征,说明这种基于手性共吸附分子诱导形成的单一手性具有手性记忆效应。基于此效应,可以构筑完全没有手性分子参与的单一手性表面组装结构。

### 3. 手性共吸附分子与手性分子在表面组装中的竞争手性诱导

手性分子在表面组装过程中通常保持其手性特征并形成与之对应的手性组装结构。目前使用非共价键引入手性信息,如使用手性溶剂或手性辅助剂等,主要应用于非手性分子体系。最近的研究显示,手性共吸附分子不仅可以诱导非手性分子在表面形成单一手性的组装结构,甚至可以抑制分子手性在表面组装过程的表达,控制手性分子在固体表面组装的手性特征[37]。

图 10 是手性 BIC-C7 同系物及几种手性共吸附分子的化学结构式。研究发现,BIC-C7/S-6-甲基-辛醇和 BIC-C7/R-6-甲基-辛醇分别形成单一手性的 CW 型和 CCW 型蜂窝状结构,(S)-BIC-C7 和 (R)-BIC-C7 分别在 1-辛醇中形成单一手性的 CW 型和 CCW 型蜂窝状网格结构。这说明通过非共价键引入手性共吸附分子,或在 BIC-C7 的侧链上共价键联手性中心,均可实现对 BIC-C7 同系物组装结构的手性诱导和控制,其中,S-6-甲基-辛醇和 (S)-BIC-C7 倾向于形成 CW 型蜂窝状结构,而 R-6-甲基-辛醇和 (R)-BIC-C7 则优选形成 CCW 型蜂窝状结构。

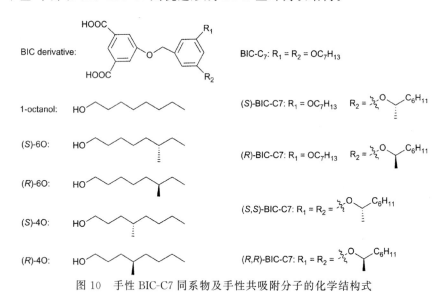

图 10  手性 BIC-C7 同系物及手性共吸附分子的化学结构式

当以 (S)-BIC-C7 和 S-6-甲基-辛醇共组装时,由于它们都倾向于形成 CW 型结构,最后得到的蜂窝状结构均是 CW 型;类似地,(R)-BIC-C7 和 R-6-甲基-辛醇形成的网格结构都是 CCW 型。但是,当手性 BIC-C7 同系物与具有相反手性特征的手性共吸附分子共组装时,手性 BIC-C7 分子的手性信息在组装结构中的表达被完全抑制,手性共吸附分子的手性特征决定组装结构的手性。如 (R)-BIC-C7/S-6-甲基-辛醇形成的都是 CW 型蜂窝状结构,而 (S)-BIC-C7/R-6-甲基-辛醇形成的都是 CCW 型蜂窝状结构。对具有两个手性中心的 BIC-C7 同系物 (R,R)-BIC-C7 及 (S,S)-BIC-

C7,当它们分别与手性烷醇分子共组装时,得到的组装结构的手性仍然由手性共吸附分子决定。图 11 是对 BIC-C7 同系物的手性诱导及控制的示意图。

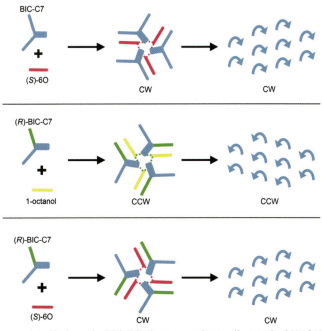

图 11　BIC-C7 同系物与 1-辛醇同系物在 HOPG 表面组装过程中手性诱导的示意图

　　稀释的竞争手性诱导实验,即分别在(R)-BIC-C7/1-辛醇和(S)-BIC-C7/1-辛醇的组装体系中引入少量的具有相反手性特征的手性共吸附分子,考察表面组装结构的手性特征与溶液中手性共吸附分子浓度间的联系,以进一步揭示手性共吸附分子与固有手性分子间的相互作用。如图 12 所示,当溶液中手性共吸附分子浓度低于 20%(体积比)时,蜂窝状结构的手性与手性 BIC-C7 分子的手性一致,未发现手性共吸附分子的手性特征在组装结构中表达;在溶液中手性共吸附分子浓度达到 30%(体积比)时,组装结构中开始出现共吸附分子所对应的手性畴区,并且随着手性共吸附分子在溶液中浓度增大,它所对应的手性畴区在组装结构中的比例逐渐增大;当溶液中手性共吸附分子浓度达 50%(体积比)时,表面上所有蜂窝状网格结构的手性特征均与手性共吸附分子的手性特征一致,BIC-C7 分子的手性在组装过程中的传递和放大作用被完全抑制。以上研究结果说明,手性共吸附分子不仅可以诱导非手性分子形成特定手性的表面组装结构,也可以对固有手性分子表

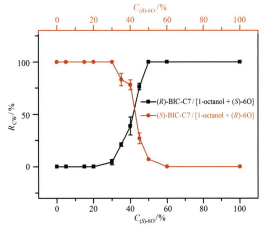

图 12　手性 BIC-C7 同系物在 HOPG 表面形成的 CW 型蜂窝结构的表面覆盖度与溶液中手性共吸附分子浓度间(体积分数)的关系曲线

面组装过程的手性进行调控。此前一般认为，手性分子表面组装结构的手性取决于分子的固有手性，该研究结果澄清了这一认知，加深了对表面分子组装中手性产生和传递的作用机制的理解。

## 4. 结论

本文介绍了通过非共价键作用引入手性信息以实现表面分子组装的手性诱导及调控的策略，利用简单的手性共吸附分子实现了对非手性分子甚至手性分子的表面组装的手性诱导和控制，获得了具有特定单一手性的表面分子组装结构，并利用 STM 结合理论模拟方法，研究了非共价键引入的手性信息在表面分子组装中的长程手性传递及非线性放大过程，揭示了手性诱导效率与组装过程中的弱相互作用间的关系，并探索了分子结构、浓度、温度、表面限域作用、主客体相互作用等对表面分子组装的手性诱导过程的影响，在此基础上，进一步研究了手性共吸附分子与固有手性分子及其组装体的相互作用，揭示了基于非共价键引入的手性信息与分子固有手性信息在表面分子组装过程中的竞争手性诱导作用。这些研究结果不仅为分子组装的手性诱导与控制提供了思路和方法，也加深了对表面分子组装中手性传递和放大的分子机制的理解，为手性分子组装结构及材料的构筑与调控提供了实验基础和理论指导。

**致谢**：本文得到国家自然科学基金（批准号：21233010，21433011）资助，特此致谢。

**参考文献**

[1] GARCIA F, SANCHEZ L. Structural rules for the chiral supramolecular organization of OPE-based discotics: Induction of helicity and amplification of chirality [J]. J. Am. Chem. Soc., 2012, 134(1): 734-742.

[2] THERRIEN A J, LAWTON T J, MERNOFF B, et al. Chiral nanoscale pores created during the surface explosion of tartaric acid on Cu(111) [J]. Chem. Commun., 2016, 52(99): 14282-14285.

[3] HUMBLOT V, LORENZO M O, BADDELEY C J, et al. Local and global chirality at surfaces: Succinic acid versus tartaric acid on Cu(110) [J]. J. Am. Chem. Soc., 2004, 126(20): 6460-6469.

[4] LORENZO M O, HAQ S, BERTRAMS T, et al. Creating chiral surfaces for enantioselective heterogeneous catalysis: R,R-Tartaric acid on Cu(110) [J]. J. Phys. Chem. B, 1999, 103(48): 10661-10669.

[5] CAI Y G, BERNASEK S L. Adsorption-induced asymmetric assembly from an achiral adsorbate [J]. J. Am. Chem. Soc., 2004, 126(43): 14234-14238.

[6] RICHARDSON N V. Adsorption-induced chirality in highly symmetric hydrocarbon molecules: Lattice matching to substrates of lower symmetry [J]. New J. Phys., 2007, 9(10): 395.

[7] HUMBLOT V, RAVAL R. Chiral metal surfaces from the adsorption of chiral and achiral molecules [J]. App. Surf. Sci., 2005, 241(1-2): 150-156.

[8] BOHRINGER M, MORGENSTERN K, SCHNEIDER W D, et al. Two-dimensional self-assembly of supramolecular clusters and chains [J]. Phys. Rev. Lett., 1999, 83(2): 324-327.

[9] YUN Y J, GELLMAN A J. Adsorption-induced auto-amplification of enantiomeric excess on an achiral surface [J]. Nat. Chem., 2015, 7(6): 520-525.

[10] FASEL R, PARSCHAU M, ERNST K H. Amplification of chirality in two-dimensional enantiomorphous lattices [J]. Nature, 2006, 439(7075): 449-452.

[11] MASINIF, KALASHNYK N, KNUDSEN M M, et al. Chiral induction by seeding surface assemblies of chiral switches [J]. J. Am. Chem. Soc., 2011, 133(35): 13910-13913.

[12] NUERMAIMAITI A, BOMBIS C, KNUDSEN M M, et al. Chiral induction with chiral conformational switches in the limit of low "sergeants to soldiers" ratio [J]. ACS Nano, 2014, 8(8): 8074-8081.

[13] TAHARA K, YAMAGA H, GHIJSENS E, et al. Control and induction of surface-confined homochiral porous

molecular networks [J]. Nat. Chem., 2011, 3(9): 714-719.

[14] HAQ S, LIU N, HUMBLOT V, et al. Drastic symmetry breaking in supramolecular organization of enantiomerically unbalanced monolayers at surfaces [J]. Nat. Chem., 2009, 1(5): 409-414.

[15] PARSCHAU M, ROMER S, ERNST K H. Induction of homochirality in achiral enantiomorphous monolayers [J]. J. Am. Chem. Soc., 2004, 126(47): 15398-15399.

[16] GEORGE S J, TOMOVIC Z, SMULDERS M M J, et al. Helicity induction and amplification in an oligo(p-phenylenevinylene) assembly through hydrogen-bonded chiral acids [J]. Angew. Chem. Int. Ed., 2007, 46(43): 8206-8211.

[17] GEORGE S J, TOMOVIC Z, SCHENNING A, et al. Insight into the chiral induction in supramolecular stacks through preferential chiral solvation [J]. Chem. Commun., 2011, 47(12): 3451-3453.

[18] DESTOOP I, XU H, OLIVERAS-GONZALEZ C, et al. "Sergeants-and-corporals" principle in chiral induction at an interface [J]. Chem. Commun., 2013, 49(68): 7477-7479.

[19] KATSONIS N, XU H, HAAK R M, et al. Emerging solvent-induced homochirality by the confinement of achiral molecules against a solid surface [J]. Angew. Chem. Int. Ed., 2008, 47(27): 4997-5001.

[20] CHEN T, YANG W H, WANG D, et al. Globally homochiral assembly of two-dimensional molecular networks triggered by co-absorbers [J]. Nat. Commun., 2013, 4: 1389.

[21] LERMO E R, LANGEVELD-VOSS B M W, JANSSEN R A J, et al. Odd-even effect in optically active poly (3,4-dialkoxythiophene) [J]. Chem. Commun., 1999, (9): 791-792.

[22] HENZE O, FEAST W J, GARDEBIEN F, et al. Chiral amphiphilic self-assembled α,α′-linked quinque-, sexi-, and septithiophenes: Synthesis, stability and odd-even effects [J]. J. Am. Chem. Soc., 2006, 128(17): 5923-5929.

[23] ZHI J G, ZHU Z G, LIU A H, et al. Odd-even effect in free radical polymerization of optically active 2,5-bis (4′-alkoxycarbonyl)-phenyl styrene [J]. Macromolecules, 2008, 41(5): 1594-1597.

[24] CLAYDEN J. Transmission of stereochemical information over nanometre distances in chemical reactions [J]. Chem. Soc. Rev., 2009, 38(3): 817-829.

[25] SMULDERS M M J, STALS P J M, MES T, et al. Probing the limits of the majority-rules principle in a dynamic supramolecular polymer [J]. J. Am. Chem. Soc., 2010, 132(2): 620-626.

[26] CHEN T, LI S Y, WANG D, et al. Remote chiral communication in coadsorber-induced enantioselective 2d supramolecular assembly at a liquid/solid interface [J]. Angew. Chem. Int. Ed., 2015, 54(14): 4309-4314.

[27] LI SY, CHEN T, YUE J Y, et al. Manifesting the sergeants-and-soldiers principle in coadsorber induced homochiral polymorphic assemblies at the liquid/solid interface [J]. Chem. Commun., 2016, 52(81): 12088-12091.

[28] LEI S, SURIN M, TAHARA K, et al. Programmable hierarchical three-component 2D assembly at a liquid-solid interface: Recognition, selection, and transformation [J]. Nano Letters, 2008, 8(8): 2541-2546.

[29] SHUHEI F, KAZUKUNI T, FRANS C D S, et al. Structural transformation of a two-dimensional molecular network in response to selective guest inclusion [J]. Angew. Chem. Int. Ed., 2007, 46(16): 2831-2834.

[30] LEE S L , FANG Y , VELPULA G , et al . Reversible local and global switching in multicomponent supramolecular networks: Controlled guest release and capture at the solution/solid interface [J]. ACS Nano, 2015, 9(12): 11608-11617.

[31] LI S Y, CHEN T, YUE J Y, et al. Switching the surface homochiral assembly by surface host-guest chemistry [J]. Chem. Commun., 2017, 53(80): 11095-11098.

[32] WILSON A J, VAN GESTEL J, SIJBESMA R P, et al. Amplification of chirality in benzene tricarboxamide helical supramolecular polymers [J]. Chem. Commun., 2006, (42): 4404-4406.

[33] VAN GESTEL J. Amplification of chirality in helical supramolecular polymers: The majority-rules principle [J].

Macromolecules, 2004, 37(10): 3894-3898.

[34] GREEN M M P, SATO J W, TERAMOTO T, et al. The macromolecular route to chiral amplification [J]. Angew. Chem. Int. Ed., 1999, 38(21): 3139-3154.

[35] PALMANS A R A, MEIJER E W. Amplification of chirality in dynamic supramolecular aggregates [J]. Angew. Chem. Int. Ed., 2007, 46(47): 8948-8968.

[36] LI S Y, CHEN T, WANG L, et al. Turning off the majority-rules effect in two-dimensional hierarchical chiral assembly by introducing a chiral mismatch [J]. Nanoscale, 2016, 8(41): 17861-17868.

[37] CHEN T, LI S Y, WANG D, et al. Competitive chiral induction in a 2D molecular assembly: Intrinsic chirality versus coadsorber-induced chirality [J]. Sci. Adv., 2017, 3(11): e1701208.

# 分子诱导组装手性介观结构无机材料及其光学活性

段瑛滢[1]，车顺爱[2,*]

[1] 同济大学，上海 200092　　[2] 上海交通大学，上海 200240
*E-mail: chesa@sjtu.edu.cn

**摘要：**合成手性材料并研究其光学活性等手性响应性是多学科领域的重要科学问题。由于特殊的本征功能性和广泛的应用范围，手性无机材料在物理、化学、生物等领域具有重要的应用前景。在无机物质形成过程中进行手性分子诱导组装，是合成手性结构无机材料并使之具有特殊光学活性的一大难题。本文总结了通过不同手性有机分子及不同的形成机理诱导组装手性介观结构无机材料的方法，解释了其手性控制、形成机理和产生光学活性的原理。

**关键词：**手性；诱导自组装；无机材料；介观结构；光学活性

## Chiral Organic Molecules Directing Self-Assembly to Mesostructured Chiral Inorganic Materials with Optical Activity

DUAN Yingying, CHE Shunai*

**Abstract：**Design and synthesis of chiral supramolecular assemblies with chiral responses has been an important project in multi-disciplinary field. Chiral inorganic materials provide a new platform for physical, chemical and biological fields due to their unique structure and intrinsic properties. Fabricating chiral structured inorganic materials by organic molecules directing route and discovering their optical activities are still big challenges. This short review will address the self-assembly of mesostructured chiral inorganic materials by various chiral molecules and directing routes, the formation mechanism and their optical activities.

**Key Words：**Chirality; Self-assembly; Inorganic material; Mesostructure; Optical activity

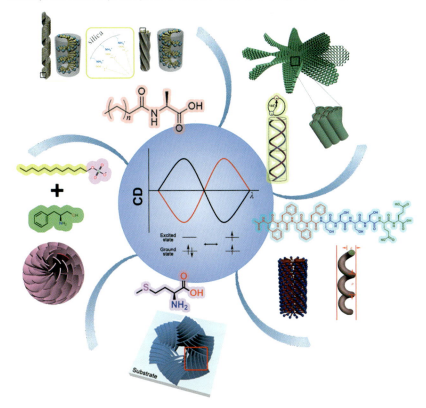

## 1. 引言

从螺旋星云、飓风到藤蔓、海贝,再到氨基酸、葡萄糖,甚至是电子、中子,手性作为自然界的基本属性之一而广泛存在[1]。人工设计合成的具有手性结构的物质,为识别手性对映体结构及其与化学、物理学性质之间的关系,解析物质世界的复杂性和特殊性,以及研发新型功能材料提供了机会。基于介观手性结构的多维、多尺度、多级次结构特有的空间和量子限域效应,科学家不仅可以在分子尺度控制手性结构,也可以在介观尺度调控光、电、磁与物质的相互作用,进而调控光、电、磁和能量转换的相关过程。因此,介观手性结构可表现出与非手性结构不同的能量和物质转换模式。手性介观结构无机物质则可以将丰富的无机物质组成和本征功能性与手性组装结构相结合,具备独特性能,并产生奇特的手性物理化学生物响应性,在手性拆分、不对称催化、手性起源、数据存储、传感、通信、显示、能量传输等方面具有重要意义。

光学活性(optical activity,OA)是人们对手性材料的物理响应性最早的研究方向,也是手性材料在显示、成像等现代光学器件上应用的基本性能。光学活性产生的根本原因在于手性介质所具有的手性结构对具有手性轨迹的圆偏振电磁波的选择性相互作用[1]。光学活性的种类,根据光与材料的相互作用方式可分为以下四种:(1)基于折射的光学活性(也称旋光性),左右圆偏振电磁波在材料中折射率不同($\Delta n = n_L - n_R$),因而传播速度不同[2,3];(2)基于散射的光学活性(即圆布拉格反射),两种不同折射率的材料界面长程有序手性结构对左右圆偏振电磁波反射能力不同,其光学活性的波长主要由有效折射率 $n_{avg}$ 和手性结构的螺距 $P$ 决定($m\lambda = Pn_{avg}\sin\varphi$)[4-6];(3)基于吸收的光学活性,材料对左右圆偏振电磁波吸收不同而产生的光学活性($\Delta\varepsilon = \varepsilon_L - \varepsilon_R$)[7,8];(4)基于发射的光学活性(也叫圆偏振发光),手性材料受激发后能量以电磁波的形式释放时,因所产生的左右圆偏振光强度差异($\Delta f = f_L - f_R$)而产生的光学活性[9]。由以上光与材料的相互作用形式使左右圆偏振电磁波经过不同相互作用之后产生的相位不同和强度不同现象,即人们用来进行手性物质表征的旋光性和圆二色性。

相比于手性有机材料,手性无机材料不仅具有较好的稳定性、耐受性,并且很多无机材料表现出特殊的光、电、磁学等物理化学性质。无机材料的手性响应性具有更广泛的应用价值。在230种晶体空间群中,手性空间群有65种。如果考虑到等距的二次对称操作,则只有22种手性空间群。绝大部分天然无机晶体的空间群都是非手性的,如果晶体本身并不具有手性空间结构,一般不可能表现出光学活性。通常,人们通过在无机晶体中引入缺陷或用手性分子进行表面修饰的方法获得光学活性无机材料,但所得光学活性相对较弱,而且当去除有机手性分子时,其光学活性往往消失。

最近,我们率先提出了手性介观结构无机材料的组装方法及其光学活性概念。根据无机半导体本身的材料特性,在 Keller 和 Bustamante 的长程手性排列光学活性的理论基础上提出[10],尺寸小于 Bohr 激子半径的无机纳米颗粒进行手性排列后,半导体吸收光子能量进行电子跃迁时,电子和电子穴通过库仑力相互作用形成 Wannier 激子,不同纳米颗粒的激子能够在尺寸和距离都适当的条件下发生耦合,从而使介观尺寸的无机材料表现出类似于无机晶体与电磁波相互作用的性质[11]。因此,设计合成无机纳米颗粒的手性介观结构组装体是使无机材料具备光学活性的重要方法之一。

## 2. 非手性空间群无机材料的手性构筑

手性介观结构的化学组装是获得手性材料,特别是实现手性放大、手性传递以及多种功能间转换与协同的最重要途径之一。而手性介观结构无机材料的化学组装方法,无论从形成机理还是结构特征等方面都跟结构导向分子和手性诱导分子与无机源分子间的相互作用紧密相关。其中形成手性无机介观结构组装体包含两个要素:一是无机前驱体与结构导向分子和手性诱导分子具有一定的相互作用,使无机材料能有效地拷贝或者协同共组装形成手性的轨迹;二是无机前驱体沉淀形成无机材料的过程中所产生的机械应力不破坏其手性结构。所以,如何选择结构导向分子、手性诱导分子和无机前驱体对手性无机介观结构的形成至关重要。

**2.1 氨基酸表面活性剂诱导合成手性无机介孔材料**

离子型表面活性剂具有极性的头部和非极性的尾部,当其中一部分不溶于溶剂时,不溶的部分倾向于互相聚集形成介观结构的胶束,从而在热力学上具有最低的能量。氨基酸是构成生物体的三大基础物质之一——蛋白质的基本物质,是组成人体一切细胞、组织的重要成分,也是最普遍存在的手性分子。氨基酸衍生物表面活性剂在极性的亲水端保留了氨基酸的手性中心 [图 1(a)],加上非极性的疏水端,在溶液体系中自组装形成胶束的过程中极易产生错位从而形成手性排列。20世纪 90 年代初,人们就开始用表面活性剂液晶模板法合成了很多高度有序的介孔二氧化硅材料。但是由于氨基酸衍生物表面活性剂的活性官能团是羧基,表现出阴离子表面活性剂的特性,难以实现与无机硅源相互作用,直到 21 世纪初,仍没有通过该方法获得手性结构无机介孔材料。

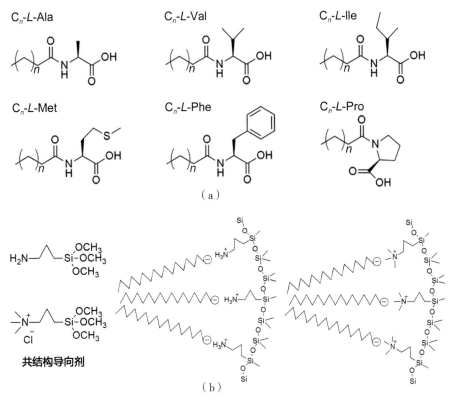

图 1　氨基酸衍生物表面活性剂分子(a)及共结构导向方法机理(b)

2.1.1 共结构导向法合成手性介孔二氧化硅

为了解决阴离子型表面活性剂对手性介孔二氧化硅材料的导向问题,车顺爱在介孔二氧化硅材料的合成中引入了"共结构导向剂"(co-structural directing agent,CSDA)的概念[12]。共结构导向剂由无机源端和官能化基团两部分组成 [图 1(b)],碱性共结构导向剂的官能团主要为氨基和季铵盐,能够与氨基酸衍生物表面活性剂分子产生静电相互作用,同时无机源端能够与无机源发生相互作用而形成无机框架,从而保证了从氨基酸衍生物表面活性剂到无机二氧化硅的手性传递,形成无机二氧化硅的手性介孔材料,其机理如图 1(b)。用同样的方法,阳离子型表面活性剂可以通过与酸性共结构导向剂的静电相互作用诱导合成手性介孔材料。通过选择合适的表面活性剂分子和共结构导向剂,在适当的条件下都能形成高度有序的手性介孔二氧化硅材料[13]。

图 2 表示两种手性介孔二氧化硅材料的形貌和介孔结构——扭曲六方柱和螺旋飘带[14]。扭曲六方柱,如图 2(a)所示,具有规整的二维六方结构。XRD(X 射线衍射)图谱表现出三个可分辨的衍射峰分别对应二维六方结构($p6mm$)的 10、11 和 20 衍射。TEM 图像显示其二维六方结构的平行孔道扭曲之后产生特殊条纹,两套条纹间六方孔道转过 60°,即转过 1/6 个旋转周期——两套条纹间的距离及其手性结构螺距的 1/6。从结构模拟图可以看出,与非手性二维六方介孔结构相比,手性扭曲六方柱中介孔孔道沿长轴方向平行排列,孔道的螺旋度随着距离六方柱中心距离的增加而增加,而从径向截面看,介孔孔道径向也呈现出类似液晶蓝相的手性结构。如图 2(b)所示,一个螺旋飘带状手性介孔二氧化硅由两层薄片组成,无数的介孔孔道无序地分布在这两个片层上。采用其对映体表面活性剂合成的扭曲六方柱和螺旋飘带的手性介孔二氧化硅材料都能表现出镜面对称的圆二色效应,主要源于介孔孔道中的表面活性剂分子的螺旋排列。如果使用的硅源中含有生色基团,比如 1,4-双(三乙氧基甲硅烷基)苯[1,4-bis(triethoxy silyl)benzene,BTEB]分子,则能使该生色基团在孔壁中形成手性排列并表现出光学活性。

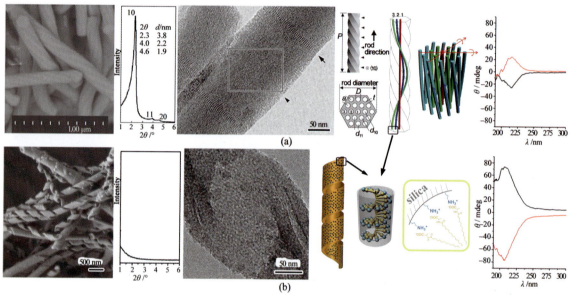

图 2 手性介孔二氧化硅的形貌和结构,扭曲六方柱(a)和螺旋飘带(b)

有趣的是,由于共结构导向剂官能基团与表面活性剂的配对效应,基于共结构导向方法拷贝手性表面活性剂组装结构所形成的手性介孔二氧化硅材料,其官能基团会随着螺旋胶束一起形成螺旋排列。在去除表面活性剂之后,介孔孔道被打开,同时螺旋排列的官能基团通过共价键被有效地保留在孔壁上,形成超分子手性印迹(图 3)。这种手性印迹可以作为模板,将手性有效地传递给有机分子、金属离子等可吸附物质,通过后处理得到随手性孔道排列的无机金属和金属氧化物纳米聚集体,分别表现出基于等离子体共振吸收和电子跃迁吸收的光学活性[15-17]。

### 2.1.2 配位键诱导组装手性二氧化钛纤维

对于能够与阴离子表面活性剂直接相互作用的无机源,则可以在保证氨基酸衍生物表面活性剂胶束结构不被破坏的条件下,加入无机源直接拷贝手性胶束的手性结构,形成手性介观结构无机材料。车顺爱等以氨基酸衍生物表面活性剂在水溶液中自组装形成的扭曲飘带为模板,通过控制有机模板和有机钛源之间的配位相互作用,制备出如图 4 所示双股螺旋结构的二氧化钛纳米管[18]。焙烧后,这种螺旋的纳米管原位晶化形成锐钛矿型纳米晶体组装排列的纤维,以外延的螺旋关系进行排列。无定形和晶化的二氧化钛双螺旋纤维都在对应二氧化钛本身特征的电子跃迁吸收带表现出基于吸收的光学活性。

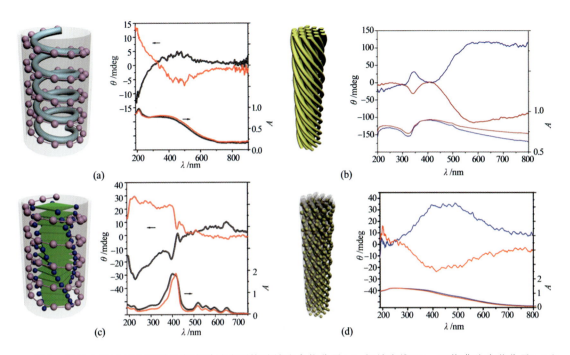

图 3 手性介孔二氧化硅手性印迹诱导聚丙炔酸钠聚合物分子(a)、银纳米线(b)、四苯磺酸卟啉分子(c)和四氧化三铁纳米颗粒(d)的手性排列及光学活性

如果使聚合物单体直接与氨基酸衍生物表面活性剂胶束直接相互作用,则能形成手性双螺旋聚合物纤维,控制焙烧条件即可获得手性双螺旋石墨烯材料,同样在宽波段表现出对应于特征吸收的光学活性[19]。

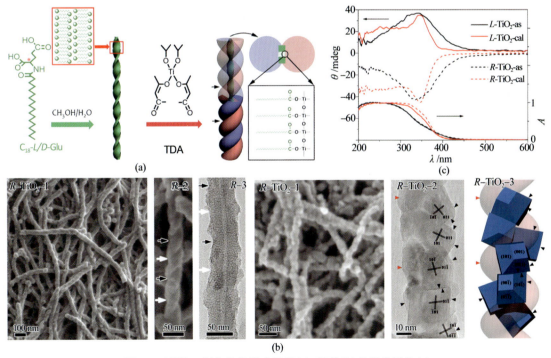

图 4 双螺旋二氧化钛的形成机理(a)、形貌(b)及光学活性(c)

### 2.1.3 两亲性多肽矿化合成手性介孔二氧化硅

选择特定的氨基酸序列,通过脱水缩合可形成同时具有两亲性以及分子手性的多肽。通过设

计两亲性多肽链的氨基酸序列而调节多肽链的氢键作用、亲疏水性等相互作用,则可调控其自组装行为及结构。车顺爱课题组以不同两亲性多肽为生物模板,通过共结构导向方法矿化合成具有手性结构的高度有序多肽-二氧化硅复合材料[20,21]。如图 5 所示,当两亲性多肽链疏水端为疏水氨基酸序列时,多肽形成的构象为 II 型 β 折角,矿化产物为手性螺旋飘带;当疏水端为长链烷基时,其构象为 α 螺旋,矿化产物为手性纤维。此外,多肽链的亲水性降低会使 β 折叠的扭曲程度降低,共组装结构的曲率减小,导致手性多肽-二氧化硅复合材料的螺旋程度降低。

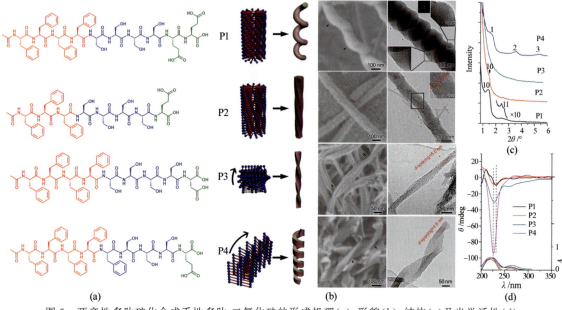

图 5　两亲性多肽矿化合成手性多肽-二氧化硅的形成机理(a)、形貌(b)、结构(c)及光学活性(d)

## 2.2　DNA 生物矿化合成手性介观结构 DNA-二氧化硅复合材料

核酸是生物体内的一类高分子化合物,是生命过程中的遗传信息物质,为生命的基础物质之一,它具有自然界最著名的双螺旋结构——DNA 分子。根据 1953 年 Waston-Crick 建立的模型,DNA 的双螺旋结构为两条反向平行的多聚核苷酸链以双螺旋的形式互相缠绕而成,两条链之间通过碱基对之间的氢键进行连接[22]。该模型给出的 DNA 构象被称为 B 型构象,它具有均一的直径(2.0 nm)和螺距(3.4 nm,10 bp)。根据 DNA 所处环境的不同,DNA 还可形成右手宽体双螺旋的 A 型构象和左手窄体双螺旋的 Z 型构象[23]。有趣的是,在 50 nm 的长度(约 150 bp,恰好是染色质中一个核小体上缠绕的 DNA 片段长度)以内,DNA 表现出如同刚性棒的性质,其组装行为符合 Onsager 发展的刚性棒状分子的溶致液晶形成理论;而大于 50 nm 的长链 DNA 则容易表现出不可忽略的柔性而出现缠结[24]。

### 2.2.1　DNA 生物矿化形成 p4mm 结构

在生物矿化的研究中,"协同组装"是一个很重要的概念。事实上,大部分的生物矿化材料都不是简单的复制有机模板得到的,而涉及有机模板、调控结构与无机物中的相互作用及重组。常见的 DNA 液晶(晶体)为层状(胆甾形)、二维六方、二维菱形、三维六方、三维正交等。通过前文所述共结构导向方法,DNA 与共结构导向剂和硅源协同共组装可以形成罕见的二维正方 p4mm 结构(图 6)[25]。其原理是:DNA 本身是一个螺旋形分子,无论分子形状还是电荷分布都呈右手螺旋,当 DNA 分子间距离较大时可以近似为均匀带电的棒状分子来进行堆积;而当 DNA 分子间距离较小时,则无法忽略表面形状及电荷螺旋分布对分子间作用的影响。根据 Kornyshev-Leikin 模型,共结构导向剂的疏水硅氧烷部分进入 DNA 分子的大/小沟,沿 DNA 分子形成阳离子螺旋带,DNA

分子随着二氧化硅缩聚距离逐渐减小,于是相邻 DNA 分子错位形成拉链结构,而对角线方向的 DNA 分子由于距离较远,之间又存在大量的二氧化硅前驱物阻隔而并不错位,最终形成二维正方 $p4mm$ 结构。

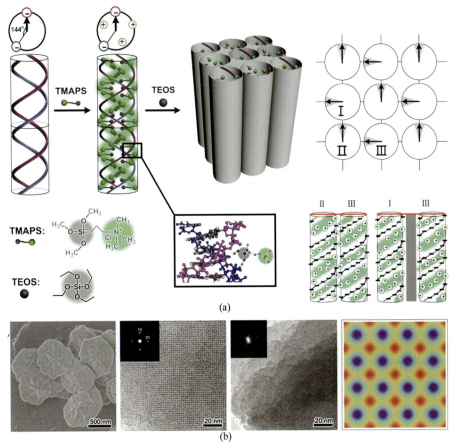

(a)

(b)

图 6　DNA 矿化形成二维正方 $p4mm$ 结构机理(a)及形貌(b)

### 2.2.2 DNA 生物矿化形成手性螺旋叶轮结构

DNA 液晶相以及 DNA 分子生物矿化一直是生命科学和材料科学的研究热点,然而,长期以来对 DNA 手性液晶相的无机矿化却难以实现。车顺爱课题组采用共结构导向法,以镁离子、聚多胺等为 DNA 分子间的"离子桥",诱导 DNA 形成具有手性结构的胆甾液晶相,并通过无机拷贝获得手性 DNA-二氧化硅有机-无机复合物[26,27]。其中,共结构导向剂的带正电官能基团可以与 DNA 表面带负电荷的磷酸基团相互作用,无机源端可以与硅源共缩聚形成无机骨架;此外,在 DNA 组装体系中,二价镁离子和多胺分子可以通过静电吸引和氢键与 DNA 骨架上的磷酸基团相互作用,通过连接相邻 DNA 分子表面上不同位置的磷酸基团来诱导 DNA 分子的排列错位,自发诱导 DNA 形成手性液晶结构。

如图 7 所示,通过共结构导向法合成的 DNA 矿化二氧化硅材料呈叶轮状螺旋形貌,具有高度有序的二维四方($p4mm$)介观结构,并且具有四级手性结构:一级右手双螺旋 DNA 分子,次级左手(右手)手性 DNA 分子胆甾相螺旋排列,三级左手(右手)扭曲叶片、四级右手(左手)旋转叶轮。通过调节反应组分和反应条件,能够得到手性相反、互为对映体的螺旋叶轮。电子圆二色(ECD)光谱显示的信号不同于典型的 B 型 DNA 右旋组装排列的信号(275 nm 处正信号,245 nm 处负信号)。在含水形成分子内氢键及不含水缺乏分子内氢键的条件下,DNA 分子及其组装体的结构能够形成和坍塌,因此手性 DNA-二氧化硅复合体的光学活性可以通过湿度进行调控[28]。

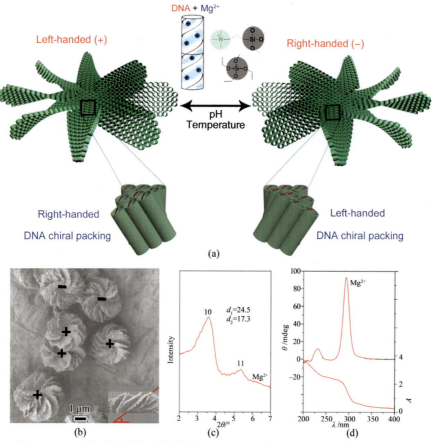

图 7　DNA 矿化形成螺旋叶轮结构的机理(a)、形貌(b)、结构(c)和光学活性(d)

### 2.2.3 DNA 在不同基板上矿化形成手性介观结构膜

将共结构导向法和挥发诱导自组装方法相结合还能够获得手性相反的 DNA-二氧化硅复合的透明自支撑薄膜 [图 8(a)][29]。通过设计桥连分子,则可以将手性 DNA-二氧化硅复合介观材料固定在基板上,形成长程有序结构 [图 8(b)][30]。若使用的基板是云母这类具有表面有序性的材料,则高度结晶化的有序性将从晶体表面传递到桥连离子再到 DNA 模板分子,最终影响二氧化硅手性骨架,从而形成有序生长的 DNA-二氧化硅薄膜 [图 8(c) 和 8(d)][31,32]。该薄膜一方面表现出由 DNA 分子间生色团的螺旋耦合产生的基于吸收的光学活性,另一方面表现出来自手性超分子组装体对左右圆偏振电磁波的选择性圆布拉格反射,即基于反射的光学活性。

### 2.3 手性小分子诱导手性介观结构无机材料

#### 2.3.1 三元体系合成三维手性介观结构无机材料

一些非手性的表面活性剂也可以作为结构导向剂诱导无机前驱体形成复杂多维的介观结构无机材料,此时可以引入能够与表面活性剂分子和无机前驱体具有一定相互作用的手性小分子作为手性诱导剂,通过三元合成体系中的两两相互作用使产物变成具有新颖介观手性结构的无机材料。

卟啉是超共轭杂环大分子,它具有较强的自组装能力,并且其外部的磺酸官能基团能与无机源相互作用诱导无机物形成有序介观结构。由于其分子结构缺乏手性中心,虽然在组装过程中为满足 π-π 作用所需的空间结构倾向于进行螺旋堆积,但这些螺旋堆积的手性多为随机的或形成外消旋体。通过引入少量能够与卟啉分子相互作用的手性分子,例如手性联二萘酚,则可以使卟啉分子的组装体形成单一手性结构。车顺爱课题组利用阳离子有机硅氧烷作为结构导向剂,联二萘酚作为手性诱导剂,将水溶性的阴离子四苯磺酸卟啉与无机硅源协同共组装形成手性介观有序卟啉-二氧化硅复合材料[33]。如图 9 所示,手性通过联二萘酚传递到卟啉组装体,被放大后再次传递给二氧化硅骨架,所得手性介观有序卟啉-二氧化硅复合材料为扭曲六方柱状结构,并且在卟啉分子手性组装结构的特征紫外-可见吸收区域表现出不同于联二萘酚信号的镜面对称的诱导圆二色信号。类似地,其他阴离子卟啉、金属卟啉和酞菁类化合物,也可以通过加入手性诱导分子的三元合成体系形成手性介观有序的有机-无机复合材料。

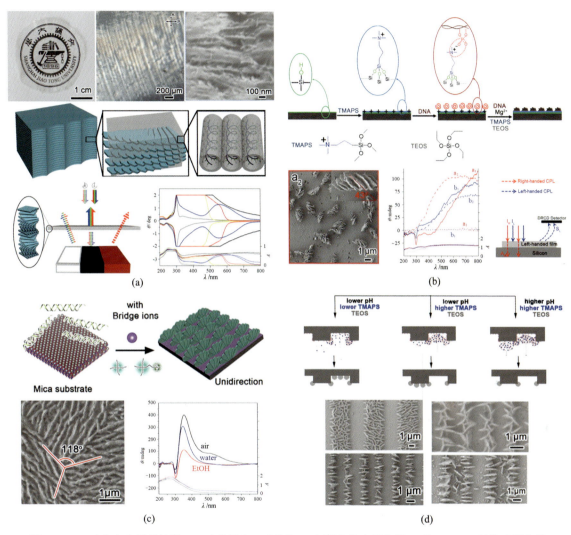

图 8　DNA 矿化自支撑手性膜(a)、硅基板(b)、云母片(c)和图案化硅板支撑(d)的 DNA-二氧化硅复合膜

十二烷基磺酸钠(SDS)是一种常用表面活性剂分子,在合适的浓度下极易形成球状或柱状胶束,与金属离子相互作用后常形成层状胶束。在十二烷基磺酸钠与铜离子的层状胶束体系中引入手性分子,比如苯丙氨醇(APP),使该三元体系中十二烷基磺酸钠的磺酸基通过静电相互作用与铜离子结合,铜离子则与苯丙氨醇的氨基和羟基形成螯合物,将苯丙氨醇所具有的手性构象传递给层状胶束。当层状胶束较为柔软时,其弹性能够包容该手性的错位应力。但是当铜离子在强碱下逐渐变为 CuO,体系的刚性增强,直至刚性的层状结构与手性错位趋势不再相容时,就发生层状结构的手性错位断裂,最终形成具有多级手性结构的三维手性纳米花结构,包括一级的 CuO 单晶纳米薄片的扇形螺旋堆叠形成二级的次级花瓣,次级花瓣以相同的方向螺旋堆叠形成第三级的花瓣。且小于 CuO 本身 Bohr 激子半径的纳米晶体紧密螺旋堆叠,使得该手性 CuO 纳米花在紫外-可见-

近红外区对应于 CuO 的特征吸收带表现出基于电子跃迁吸收的强光学活性(图 10)[34]。

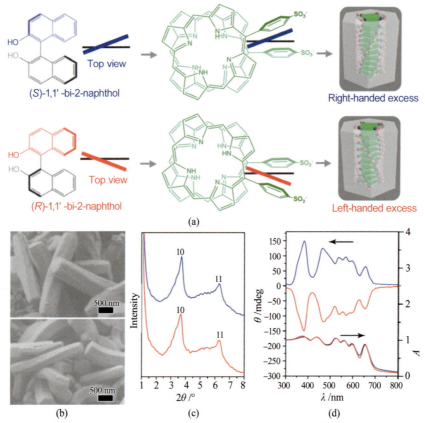

图 9　四苯磺酸卟啉、联二萘酚协同诱导合成扭曲六方柱结构手性介孔二氧化硅的机理(a)、形貌(b)、结构(c)及光学活性(d)

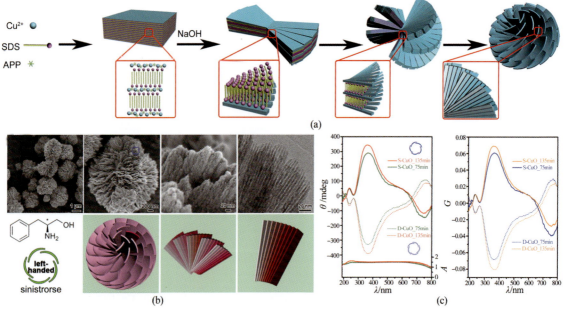

图 10　十二烷基磺酸钠与苯丙氨醇协同诱导形成多级手性结构 CuO 纳米花的机理(a)、形貌和结构(b)及光学活性(c)

### 2.3.2　手性小分子诱导生长手性介观结构 ZnO 膜

相比无序的粉末材料,形成规则有序阵列的膜材料在实际应用中更为方便。而手性材料形成长程有序的排列之后,对于左右圆偏振电磁波会发生圆布拉格共振,选择性反射其中一种圆偏振电磁波,从而在手性材料本征光学活性之外产生基于反射的光学活性。而在基板上生长手性无机膜的关键则是基板与无机源、手性诱导剂之间的相互作用。

车顺爱课题组设计对石英、玻璃、钢片等基板进行高锰酸钾活化处理,使其表面形成能够与官能基团配位的活性锰,放入无机合成体系中;加入能同时与无机离子和基板表面锰相互作用的氨基酸等手性小分子,一方面作为黏合剂使无机源与基板结合,另一方面作为手性诱导剂诱导合成手性介观结构,最终形成手性介观结构的无机薄膜[35]。以甲硫氨酸诱导在石英基板上沉积的 ZnO 多级手性膜为例(图 11),其多级手性结构将产生不同的光学活性:一级晶格的轻微扭转形成螺旋扭曲单晶 ZnO 纳米片,在紫外光区产生基于反射光学活性的圆布拉格共振反射信号,在 380 nm 附近产生基于电子跃迁吸收光学活性的 ECD 信号,以及在绿光波段产生基于圆偏振发光的 CPL 信号;二级单晶 ZnO 纳米片螺旋堆叠形成纳米片束,在可见光区产生基于反射的光学活性圆布拉格共振反射信号;三级纳米片束左手螺旋排列形成微米级别的旋涡结构,推测会在更低频率波段产生基于反射的光学活性圆布拉格共振反射信号。由于不同光学活性之间的协同促进作用,ZnO 多级手性膜表现出的光学活性大大增强。

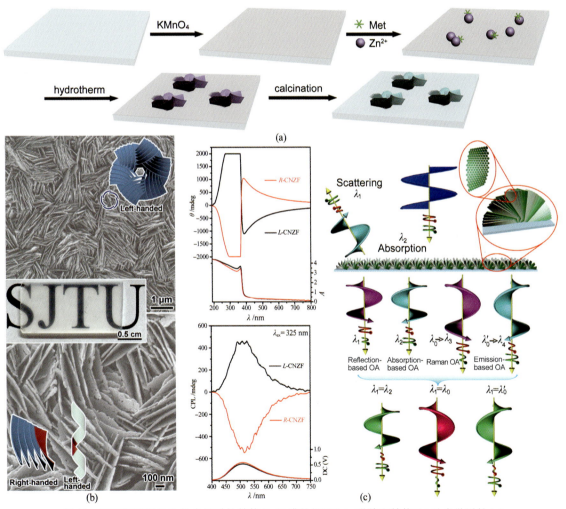

图 11　甲硫氨酸诱导生长多级手性结构 ZnO 膜的机理(a)、形貌和结构(b)及光学活性(c)

### 2.3.3 手性小分子诱导形成手性介观结构银膜

另一种将手性无机材料与基板相结合的方法则是采用金属单质基板,通过金属单质在反应过程中与无机物发生置换,从而使无机物与基板紧密结合。此时手性小分子主要与无机源相互作用诱导其生长过程中的错位,最终形成手性介观结构。车顺爱等人在铜片表面,通过环己二胺分子诱导银离子在与单质铜的氧化还原反应过程中生长,形成多级手性介观结构的银薄膜(图 12)[34]。该手性银薄膜在对应于不同级别手性结构的电磁波波长处表现出对应的基于等离子体共振吸收和圆布拉格反射的 ECD 信号。同时,由于一级手性的晶格扭曲在银单质的暴露晶面形成了原子级别的螺旋位点,该手性银薄膜表现出对氨基酸等手性小分子的选择性吸附性能。

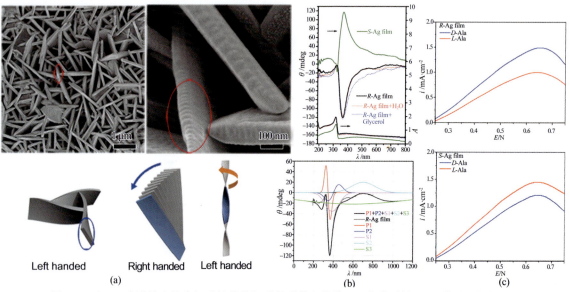

图 12　环己二胺诱导生长多级手性结构银膜的形貌和结构(a)、光学活性(b)及分子选择性(c)

## 3. 展望

因多维度、多尺度、多级次的特殊手性组装结构的空间协同效应和量子力学效应赋予的多方面独特性能,手性介观结构无机物质在生物、医药、化工、信息技术等领域具有广阔的应用前景,是近年来人们逐渐关注的重点研究领域。其核心问题是无机材料手性介观结构组装体的设计与合成,以及包括光学活性在内的独特物理、化学、生物性能。不难想象,不同组成、结构、尺寸、形貌的手性介观结构无机材料必然会带来不同的手性选择性响应。这些研究对人类对自然的认知、功能性新型材料的设计开发具有重要的理论意义和应用价值。

**致谢:**感谢国家自然科学基金(21471099、21601123)对以上工作的支持。

## 参考文献

[1]　BARRON L D. Molecular light scattering and optical activity [M]. 2nd ed. New York: Cambridge University Press, 2004.

[2]　MOXON J R L, RENSHAW A R, TEBBUTT I J. The simultaneous measurement of optical activity and circular dichroism in birefringent linearly dichroic crystal sections. Ⅱ. Description of apparatus and results for quartz, nickel sulphate hexahydrate and benzil [J]. J. Phys. D Appl. Phys., 1991, 24(7): 1187-1192.

[3]　RIEHL J P. Mirror-image asymmetry: An introduction to the origin and consequences of chirality [M]. Hoboken, New Jersey: John Wiley & Sons, 2010.

[4]　SHARMA V, CRNE M, PARK J O, et al. Structural origin of circularly polarized iridescence in jeweled beetles [J]. Science, 2009, 325(5939): 449-451.

[5]　SHOPSOWITZ K E, QI H, HAMAD W Y, et al. Free-standing mesoporous silica films with tunable chiral

nematic structures [J]. Nature, 2010, 468(7322): 422-425.

[6] VIGNOLINI S, RUDALL P J, ROWLAND A V, et al. Pointillist structural color in pollia fruit [J]. Proc. Natl. Acad. Sci. U. S. A., 2012, 109(39): 15712-15715.

[7] KUZYK A, SCHREIBER R, FAN Z, et al. DNA-based self-assembly of chiral plasmonic nanostructures with tailored optical response [J]. Nature, 2012, 483(7389): 311-314.

[8] WANG Y, XU J, WANG Y, et al. Emerging chirality in nanoscience [J]. Chem. Soc. Rev., 2013, 42(7): 2930-2962.

[9] KIOSEOGLOU G, HANBICKI A T, CURRIE M, et al. Valley polarization and intervalley scattering in monolayer $MoS_2$[J]. Appl. Phys. Lett., 2012, 101(22): 221907.

[10] KELLER D, BUSTAMANTE C. Theory of the interaction of light with large inhomogeneous molecular aggregates. II. Psi-type circular dichroism [J]. J. Chem. Phys., 1986, 84(6): 2972-2980.

[11] DICK B. Circular dichroism of a finite number of identical chromophores in a helical arrangement [J]. ChemPhysChem, 2011, 12(8): 1578-1587.

[12] CHE S, LIU Z, OHSUNA T, et al. Synthesis and characterization of chiral mesoporous silica [J]. Nature, 2004, 429(6989): 281-284.

[13] QIU H, WANG S, ZHANG W, et al. Steric and temperature control of enantiopurity of chiral mesoporous silica [J]. J. Phys. Chem. C, 2008, 112(6): 1871-1877.

[14] JIN H, LIU Z, OHSUNA T, et al. Control of morphology and helicity of chiral mesoporous silica [J]. Adv. Mater., 2006, 18(5): 593-596.

[15] QIU H, INOUE Y, CHE S. Supramolecular chiral transcription and recognition by mesoporous silica prepared by chiral imprinting of a helical micelle [J]. Angew. Chem. Int. Ed., 2009, 48(17): 3069-3072.

[16] XIE J, CHE S. Chirality of anisotropic metal nanowires with a distinct multihelix [J]. Chem. Eur. J., 2012, 18(50): 15954-15959.

[17] DUAN Y, CHE S. Electron transition-based optical activity (ETOA) of achiral metal oxides derived from chiral mesoporous silica [J]. Chem. Eur. J., 2013, 19(32): 10468-10472.

[18] LIU S, HAN L, DUAN Y, et al. Synthesis of chiral $TiO_2$ nanofibre with electron transition-based optical activity [J]. Nat. Commun., 2012, 3: 1215.

[19] LIU S, DUAN Y, FENG X, et al. Synthesis of enantiopure carbonaceous nanotubes with optical activity [J]. Angew. Chem. Int. Ed., 2013, 52(27): 6858-6862.

[20] HUANG Z, YAO Y, CHE S. Design of amphiphilic peptide geometry towards biomimetic self-assembly of chiral mesoporous silica [J]. Chem. Eur. J., 2014, 20(12): 3273-3276.

[21] HUANG Z, YAO Y, HAN L, et al. Control of chiral nanostructures by self-assembly of designed amphiphilic peptides and silica biomineralization [J]. Chem. Eur. J., 2014, 20(51): 17068-17076.

[22] WATSON J D, CRICK F H C. Molecular structure of nucleic acids: A structure for deoxyribose nucleic acid [J]. Nature, 1953, 171(4356): 737-738.

[23] SINDEN R N. DNA structure and function [M]. San Diego: Academic Press, 1994.

[24] ONSAGER L. The effects of shape on the interaction of colloidal particles [J]. Ann. N. Y. Acad. Sci., 1949, 51(4): 627-659.

[25] JIN C, HAN L, CHE S. Synthesis of a DNA-silica complex with rare two-dimensional square *p4mm* symmetry [J]. Angew. Chem. Int. Ed., 2009, 48(49): 9268-9272.

[26] LIU B, HAN L, CHE S. Formation of enantiomeric impeller-like helical architectures by DNA self-assembly and silica mineralization [J]. Angew. Chem. Int. Ed., 2012, 51(4): 923-927.

[27] LIU B, HAN L, CHE S. Formation of impeller-like helical DNA-silica complexes by polyamines induced chiral packing [J]. Interface Focus, 2012, 2(5): 608-616.

[28] LIU B, CAO Y, DUAN Y, et al. Water-dependent optical activity inversion of chiral DNA-silica assemblies [J]. Chem. Eur. J., 2013, 19(48): 16382-16388.

[29] CAO Y, CHE S. Optically active chiral DNA-silica hybrid free-standing films [J]. Chem. Mater., 2015, 27(23): 7844-7851.

[30] LIU B, HAN L, DUAN Y, et al. Growth of optically active chiral inorganic films through DNA self-assembly and silica mineralisation [J]. Sci. Rep., 2014, 4: 4866.

[31] LIU B, YAO Y, CHE S. Template-assisted self-assembly: Alignment, placement, and arrangement of two-dimensional mesostructured DNA-silica platelets [J]. Angew. Chem. Int. Ed., 2013, 52(52): 14186-14190.

[32] CAO Y, KAO K, MOU C, et al. Oriented chiral DNA-silica film guided by a natural mica substrate [J]. Angew. Chem. Int. Ed., 2016, 55(6): 2037-2041.

[33] QIU H, XIE J, CHE S. Formation of chiral mesostructured porphyrin-silica hybrids [J]. Chem. Commun., 2011, 47(9): 2607-2609.

[34] DUAN Y, LIU X, HAN L, et al. Optically active chiral CuO "nanoflowers" [J]. J. Am. Chem. Soc., 2014, 136 (20): 7193-7196.

[35] DUAN Y, HAN L, ZHANG J, et al. Optically active nanostructured ZnO films [J]. Angew. Chem. Int. Ed., 2015, 54(50): 15170-15175.

# 八面体金属中心手性配合物的合成及其在不对称催化中的应用

龚 磊[*]

厦门大学化学化工学院,福建,厦门 361005
*E-mail: gongl@xmu.edu.cn

**摘要**:本文针对八面体金属中心手性配合物缺乏通用、高效合成方法及其很少被用于不对称催化研究的现状,介绍了我们在合成方法和催化剂设计方面的研究工作:一方面,发展手性螯合配体介导的合成策略,高效制备了多种高光学纯度的八面体中心手性钌、锇、铱、铑配合物;另一方面,以八面体中心手性配合物为结构骨架进行不对称催化剂的设计,在转移氢化、傅-克(Friedel-Crafts)反应、曼尼希(Mannich)反应、迈克尔(Michael)加成、可见光不对称反应等多种有机不对称转化中表现出极高的催化效率和立体选择性,展现了八面体中心手性配合物用于新型不对称催化剂开发的优势和前景。

**关键词**:八面体中心手性;过渡金属;辅助剂介导;不对称催化;氢键

## Synthesis of Octahedral Chiral-at-Metal Complexes and Their Applications in Asymmetric Catalysis

GONG Lei[*]

**Abstract**: In this paper, we summarize our recent studies on synthetic methods for octahedral chiral metal complexes and their applications in asymmetric catalysis. On one hand, chiral-auxiliary-mediated strategy has been developed for the synthesis of a series of octahedral chiral ruthenium, osmium, iridium and rhodium complexes. All the complexes are obtained with high enantiomer excess. On the other hand, the octahedral chiral complexes have been used as the scaffold for catalyst design. The catalysts with exclusive metal-centered chirality exhibit extremely high efficiency and stereoselectivities in a range of organic transformations including asymmetric transfer hydrogenation, Friedel-Crafts reaction, Mannich reaction, Michael addition and visible-light-induced asymmetric catalysis. These studies demonstrate the potentials of octahedral chiral-at-metal complexes for the design of structurally novel and effective asymmetric catalysts.

**Key Words**: Octahedral central chirality; Transition metal; Auxiliary mediated; Asymmetric catalysis; Hydrogen bond

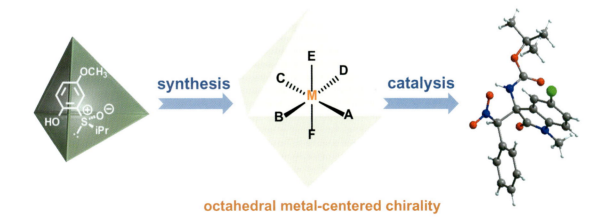

octahedral metal-centered chirality

## 1. 引言

过渡金属手性配合物拥有中心金属种类多、价态丰富、可选配体多、立体化学多样性等特点,因此在结构和性能的设计上具有广阔的空间,已在催化、材料、医药、生命等领域展现非常广阔的应用前景。与有机化合物相比,手性配合物通常具有更高的分子刚性以及更为规整的手性环境,在分子识别、手性传递等方面表现出很高的效率和选择性。

过渡金属配合物的手性源通常来自配体,如最常见的四面体中心手性、轴手性和面手性(图1)。包含这些手性元素的配合物已大量用于不对称催化反应[1]。在过去的半个多世纪,过渡金属催化的不对称合成已取得非常丰硕的成果,特别是在 2001 年,Noyori、Sharpless、Knowles 三位科学家分享了当年的诺贝尔化学奖,更是过渡金属不对称催化研究中里程碑式的大事件。当前,该领域的研究仍然处于高速发展的阶段。其中,如何设计和开发具有全新结构的手性催化剂,是最为关键的科学问题之一[2]。

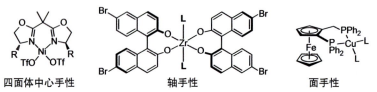

四面体中心手性　　　　　　　　轴手性　　　　　　　　面手性

图 1　包含常规四面体中心手性、轴手性和面手性配体的过渡金属手性配合物

早在 100 多年前,配位化学的奠基人 Alfred Werner 就通过化学拆分技术获得了单一构型的钴中心手性配合物(Λ 和 Δ 构型),确定了六配位配合物的八面体结构,并提出过渡金属中心配位立体化学理论(图 2)[3]。

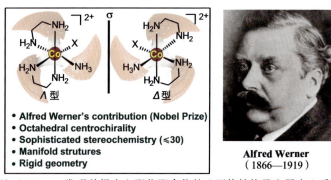

- Alfred Werner's contribution (Nobel Prize)
- Octahedral centrochirality
- Sophisticated stereochemistry (≤30)
- Manifold strutures
- Rigid geometry

**Alfred Werner**
（1866—1919）

图 2　Alfred Werner 发现并提出六配位配合物的八面体结构及金属中心手性配合物

作为一类内界配体无手性、仅存在金属中心手性的特殊化合物,唯金属八面体中心手性配合物(文中简称"八面体中心手性配合物")的研究一直是人们所关注的热点,特别是近年来多联吡啶钌、铑手性配合物在对生物大分子的识别,如对 DNA 的嵌入、二级结构的手性识别等方面展现了良好的性能,让人们进一步认识到此类化合物的重要性(图 3)[4]。

然而,八面体中心手性配合物在不对称催化中的应用极少,在我们的工作之前仅有两例报道:如图 4 所示,2007 年,Fontecave 小组首次以双钌配合物 Λ-**Ru-Ru** 催化苯乙酮的不对称转移氢化反应,以 0.5%(物质的量分数)的催化剂用量,获得手性二级醇产物,最高对映选择性为 26% ee,催化剂中以三(联吡啶)合钌八面体单元作为金属基手性配体(metalloligand),控制半三明治型钌中心催化底物反应时的立体选择性[5];2008 年,Gladysz 小组以八面体中心手性钴配合物 Δ-**Co** 催化环戊烯酮与丙二酸甲酯间的 Michael 加成反应,最终获得 33% ee 的对映选择性,催化剂以钴(III)离子作为唯一的手性中心和结构节点,被金属螯合的乙二胺配体提供氢键活化作用,是一类新型的氢键催化剂[6]。虽然这两例报道的立体选择性均不理想,但率先通过实验证明了此类化合物可催化不对称反应。

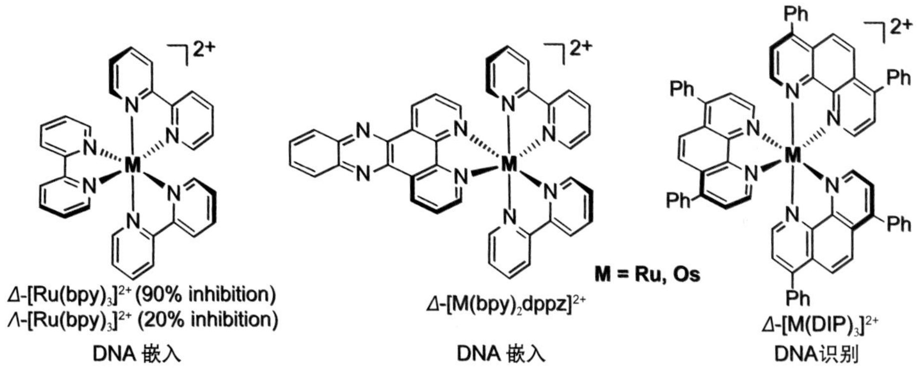

图3 八面体多联吡啶钌、锇手性配合物在 DNA 嵌入、识别方面的应用

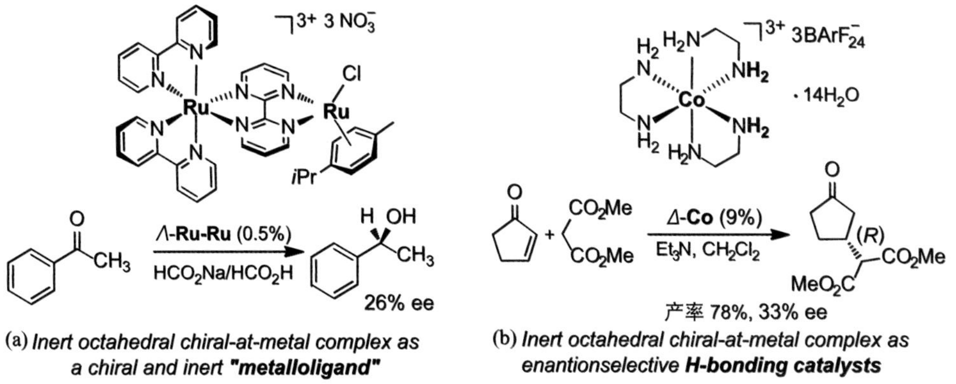

图4 Fontecave 和 Gladysz 小组分别率先报道以八面体中心手性配合物催化不对称反应的工作

结合在配位化学方面长期工作的经验和系统文献调研,我们认为八面体中心手性配合物在不对称催化中具有巨大的应用前景,这是因为:(1)该类配合物的手性位于金属中心,离反应底物更近,手性直接传递的方式有利于立体选择性的控制;(2)八面体中心手性可看作一种基于过渡金属的组合手性,催化剂的设计和改良可通过对配体的修饰,然后以不同的金属进行组合,利于手性环境的精密调控和配合物的进一步功能化;(3)螯合配体的使用有利于提高结构刚性,降低催化反应中形成优势过渡态所需的能量,提高反应效率,同时创造更规整有序的手性环境。然而,当前相关的报道寥寥无几,且效果不佳,主要原因有二:(1)缺乏通用高效的合成方法,单一构型八面体中心手性配合物的获取主要依赖手性拆分技术,耗时耗力,难以大量制备,对催化剂进行修饰和改良效率低,难以系统考察结构与催化性能之间的关系;(2)已报道的两例催化剂结构较为简单,要获得高立体选择性需进行精密的结构设计和手性环境调控。因此,要利用八面体中心手性来发展全新的不对称催化剂,需要从源头上解决以上两个问题。本文将系统介绍我们在合成方法及催化剂设计方面的工作。

## 2. 八面体中心手性配合物的合成

### 2.1 八面体中心手性配合物的主要获取方法

制约八面体中心手性配合物性能和应用研究的主要原因是高效合成方法的缺乏。目前,该类化合物的主要获取手段有四种(图5)。

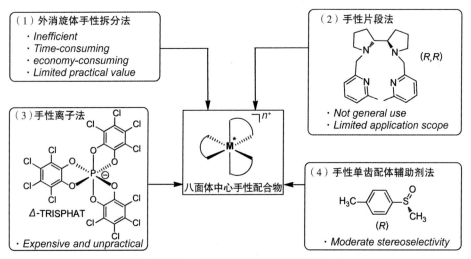

图 5　八面体中心手性配合物的主要获取方法

（1）外消旋体手性拆分法：以高效液相色谱等技术对 $\Lambda/\Delta$ 外消旋体进行拆分，通常可以获得纯度较高的单一构型配合物，但耗时耗力，且难以大量制备。

（2）手性片段法：利用手性基元连接配体，诱导八面体中心手性之后将手性基元切断除去。如 Wild 小组报道了以手性酒石酸连接两分子吡啶-2-甲醛-2′-吡啶腙，与铁离子立体选择性配位后将手性酒石酸片段切除，合成对映体过量的八面体手性铁配合物。该方法仅适合一些特殊情况，不具备通用性[7]。

（3）手性离子法：以手性离子与八面体配合物形成离子对，诱导配合物离子金属中心产生手性。如 Lacour 等报道了以螺旋桨形的手性阴离子 $\Delta$-TRISPHAT 诱导配合物阳离子[Fe(Me$_2$bpy)$_3$]$^{2+}$ 八面体铁中心的构型，最后经离子交换制备具有光学活性的 $\Delta$-[Fe(Me$_2$bpy)$_3$]$^{2+}$。该方法的手性传递依赖弱的静电作用，所得产物 ee 值往往不高[8]。

（4）手性单齿配体辅助剂法：将单齿手性配体暂时与金属配位，控制配位交换反应的立体化学，再利用单齿配体配位较弱的特点，以目标配体将其取代，合成对映体过量八面体中心手性配合物。如 Inoue 小组报道了以单齿手性亚砜配体作为手性辅助剂诱导合成光学活性的钌多吡啶配合物，所得产物 $\Lambda$ 和 $\Delta$ 构型比例达到 4∶1[9]；Aït-Haddou 等人利用微波反应条件对该方法进行改良，将 $\Lambda$ 和 $\Delta$ 构型比例提高到 7.3∶1。该反应效率较高，且可用于大量制备，但立体选择性仍不理想，这主要是由于单齿亚砜配体的配位可逆性以及 Ru-S 键的可旋转性[10]。

八面体中心手性配合物的获取方法有限，且各有缺点。因此，发展高效、经济的合成方法，将促进其性能和应用研究的系统开展，是具有重要理论和实际意义的研究方向。

### 2.2 手性螯合辅助剂介导八面体中心手性配合物的合成

鉴于手性单齿配体辅助剂法的优点和不足，德国 Marburg 大学的 Meggers 教授与我们展开密切合作，提出了以手性双/多齿螯合配体介导合成的策略，这主要是考虑到螯合配体能更好地与金属配位形成稳定的配位模式，配位后不易发生键的旋转，利于手性从配体向金属传递。同时，为了避免螯合配体与金属配位后过于稳定而无法离去，我们在其中一个配位点引入可调控配位能力的基团（Y），如氧或硫，去质子化后的氧/硫负离子与金属配位较稳定，而质子化后的羟基或巯基更利于发生配体取代。根据这一原则，我们设计了如图 6 所示的一系列手性螯合配体，用于八面体中心手性配合物的合成，所得配合物具有很好的立体选择性[11]。

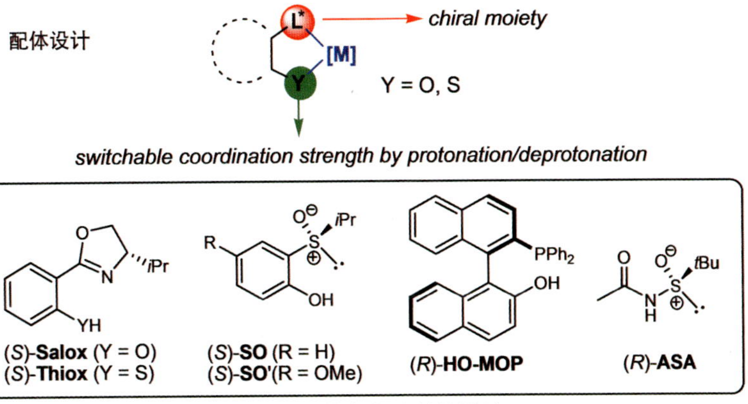

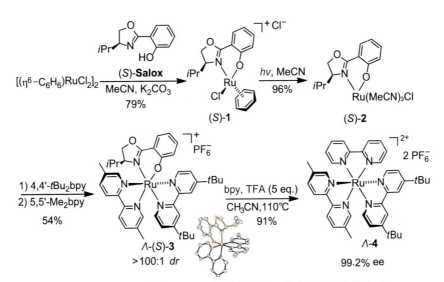

图 6　手性螯合辅助剂的设计

图 7 以手性噁唑啉酚(S)-Salox 辅助手性钌三联吡啶配合物的合成为例,说明该策略的基本原理。将手性噁唑啉酚(S)-Salox 在碱性条件下去酚羟基质子后与钌配位,制备前驱体(S)-2;之后,两种不同的取代联吡啶与(S)-2 发生配体取代反应时,将受到配体上手性基元异丙基位阻的影响,采取特定的方向进行,所获得辅助剂配合物具有很高的非对映选择性,产物 Λ-(S)-3 的 $d.r.$ 值大于 100∶1;最后,在三氟乙酸的质子化下,手性配体被第三分子联吡啶取代,在乙腈中反应能够很好地保持钌中心的 Λ 构型,产物 Λ-4 的对映体过量达到 99.2%,具有极高的光学纯度。从辅助剂配合物 Λ-(S)-3 类似物的单晶结构中,也可以很好地观察到手性配体中异丙基对联吡啶与钌配位时的空间影响,即第一分子联吡啶占据尽量远离异丙基的配位点,第二分子联吡啶占据剩余位置[12]。这一策略为八面体手性配合物的合成提供了简单、高效的方法,通过改变配体的 R、S 构型,可以高产率、高选择性地获得 Λ 或 Δ 构型的产物。

图 7　手性噁唑啉酚(S)-Salox 辅助手性钌三联吡啶配合物的合成

特别值得一提的是,即使保持配体的立体构型而改变取代基团 R,也可以使金属中心的构型发生翻转。如图 8 所示,保持噁唑啉酚中取代基团 R 的立体构型,当 R 基团为苯基(5a)时,配体取代反应经辅助剂配合物 Λ-7a,最终形成钌三联吡啶产物 Λ-6,产物光学纯度高达 98% ee;而当 R 基团为硫醚基(5b)时,配体取代反应经辅助剂配合物 Δ-7b,最终形成钌三联吡啶产物 Δ-6,产物光学纯度更是高达 99% ee。这一有趣的辅助剂边臂效应主要是因为:在前者中苯基主要起位阻作用;而对于后者,硫醚基团参与跟钌的配位,从而影响金属中心的立体选择性和配位取代反应的速率[13]。

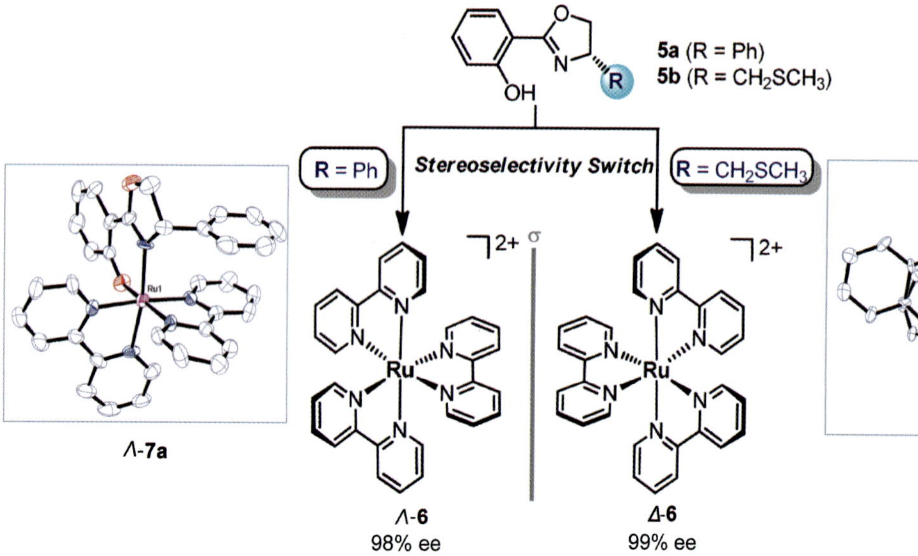

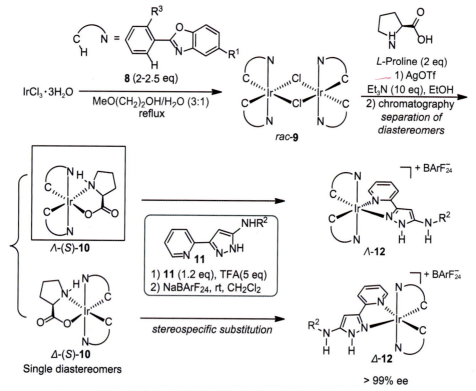

图 8　保持配体构型而改变取代基团分别获得不同构型的八面体手性配合物

　　此外,这一策略也被成功地拓展到八面体手性锇、铑、铱配合物的合成。如图 9 所示,以商业化的 *L*-脯氨酸(*L*-Proline)作为辅助剂,通过对外消旋铱二聚体 *rac*-**9** 向一对非对映异构体混合物的转化和常规色谱分离,分别获得单一构型的辅助剂配合物 Λ-(*S*)-**10** 和 Δ-(*S*)-**10**,经质子化配位取代后获得八面体手性铱配合物 Λ-**12** 和 Δ-**12**,产物光学纯度均大于 99% ee[14]。

图 9　商业化 *L*-脯氨酸辅助八面体手性铱配合物的合成

　　综上,通过手性螯合辅助剂介导合成的策略,我们成功地发展了高效率、高选择性且具有一定通用性的八面体手性配合物合成方法,在一定程度上改变了该类重要化合物获取困难的现状,为其性能、应用研究奠定基础。

## 3. 基于八面体中心手性配合物的新型不对称催化剂的设计及应用

手性催化剂的开发一直是不对称催化中最活跃的研究方向。鉴于八面体中心手性配合物刚性强、易修饰、设计空间广等特点,我们以八面体中心手性配合物为模板进行新型催化剂的开发。选择八面体铱(III)、铑(III)环金属化配合物为骨架进行催化设计是因为:(1)铱(III)、铑(III)环金属化配合物具有较好的稳定性,在催化反应中可保持结构和构型的稳定性,方便使用并利于回收;(2)环金属化配体容易修饰,有益于催化剂结构和手性环境的精密调控;(3)利于催化剂性能的系统研究。基于此,我们分别设计并合成了八面体中心手性氢键催化剂、Brønsted 碱催化剂和 Lewis 酸催化剂(图 10)。这些催化剂在多种有机不对称转化中表现出极高的效率和选择性,展现了利用八面体中心手性配合物进行催化剂设计的优势和巨大前景[15]。

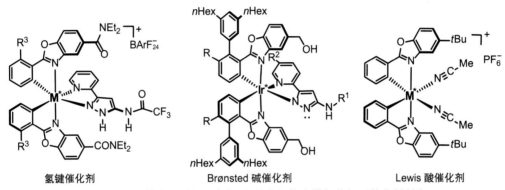

氢键催化剂　　　　Brønsted 碱催化剂　　　　Lewis 酸催化剂

图 10　八面体中心手性配合物/金属有机物为模板的新型催化剂研发

### 3.1 八面体中心手性氢键催化剂

氢键催化剂(H-bonding catalyst)是有机小分子催化剂(organocatalyst)中的重要种类,在有机合成中有着广泛的应用。如 Takemoto 所发展的硫脲型双功能氢键催化剂(图 11 左),以两个 N-H 键作为氢键给体,用以活化亲电试剂,而通过手性基元连接的氢键受体(X)则能对亲核试剂进行活化,并将二者带入特定的手性环境,从而实现反应中的立体选择性控制[16]。然而,氢键催化剂依赖于弱的分子间氢键作用,而且基于有机分子的结构柔性较大,容易发生键的旋转而产生多种构象,不利于优势过渡态的形成,最终导致所需催化剂载量往往较高。如前所述,基于八面体中心手性配合物高刚性、易修饰等特点,我们以之为骨架,将氢键给体和受体引入配合物内界第三层,发展了多种基于八面体中心手性环金属化配合物的新型氢键催化剂(图 11 右)。

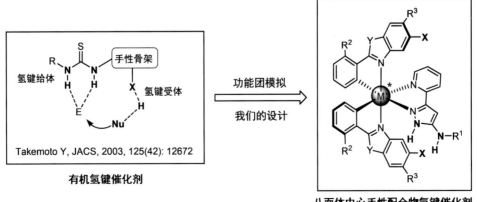

有机氢键催化剂　　　功能团模拟　我们的设计　八面体中心手性配合物氢键催化剂

图 11　基于八面体中心手性环金属化配合物的新型氢键催化剂设计

过渡金属配合物结构与有机小分子催化基元的结合,使其具有高的结构刚性、规整的手性环境、良好的结构和构型稳定性,在不对称转移氢化、傅克烷基化等反应中表现出极高的效率。例如,在硝基烯烃的不对称转移氢化反应中,八面体中心手性氢键催化剂仅依赖三个弱的氢键作用,即以1%(物质的量分数)的催化剂用量,获得高达99% ee 的对映选择性(图12)[17]。

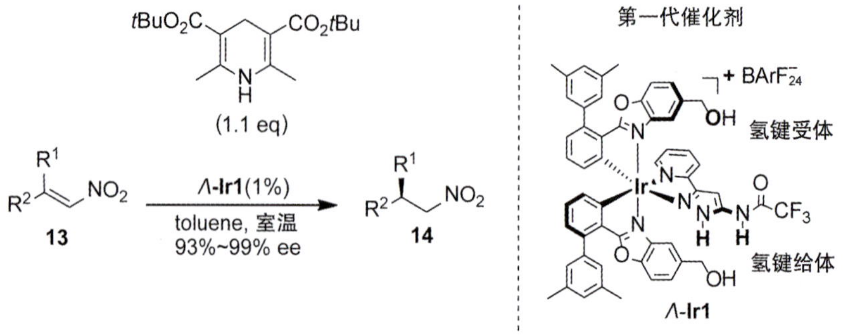

图12 八面体中心手性氢键催化剂用于硝基烯烃的不对称转移氢化反应

之后,我们通过对配位内界第三层的精密结构调控,将催化剂用量进一步降低至0.004%,结果仍然保持高的反应速率和 ee 值。结合控制实验和理论计算,证明了高度规整、刚性的手性环境和多重非共价键的共同作用,是其高效率、高选择性的关键所在(图13)。值得一提的是,我们通过前述螯合辅剂介导法,合成了30多种官能团不同的此类氢键催化剂,高效地考察了催化剂的构效关系,并且催化剂可多次回收再利用,而不失活性和立体选择性[18]。

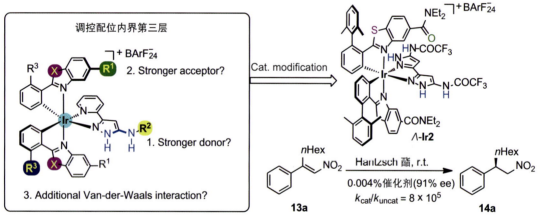

图13 通过配位内界第三层的精密调控对八面体中心手性氢键催化剂进行改良

以上结果表明:八面体中心手性与氢键作用的结合,可充分发挥过渡金属催化剂和氢键催化剂的优点,以刚性结构构建规整的手性环境,同时保持氢键活化的特点,为高效、高选择性手性催化剂的开发提供了新的思路。在后续的工作中,我们也证明了通过结构的精密调控,这类催化剂能够用于吲哚的不对称傅克烷基化等不同类型的有机反应中。

### 3.2 八面体中心手性 Brønsted 碱催化剂

Brønsted 碱可作为有机小分子催化剂,用于涉及质子转移的有机转化中。常见的手性 Brønsted 碱催化剂通常包含四面体中心手性、轴手性源以及金鸡纳碱、三级胺等碱性官能团。通过对上述氢键催化剂的进一步官能团化,我们发展了一类八面体手性 Brønsted 碱催化剂。如图14所示,在配位内界第三层引入 Brønsted 碱性中心(蓝色),结合环金属化配体上的羟基(绿色)作为氢键给体,使催化剂 Λ-Ir3 具有 Brønsted 碱/氢键双重功能。在 α,β-不饱和羰基化合物 15 与硫酚

的硫杂 Michael 加成中,以 0.02%~1.0%(物质的量分数)的低催化剂载量,获得高达 91%~97%
ee 的对映选择性,其中 Brønsted 碱中心对硫酚进行去质子化并以氢键与之结合,而羟基则通过氢
键对 α,β-不饱和羰基化合物进行活化,同时将二者带入特定的手性环境,控制反应的立体选择性。
在亚胺 **17** 与硝基烷烃的 Henry 反应中,以 0.25%~075%(物质的量分数)的低催化剂载量,获得
理想的对映和非对映选择性[19]。与传统的手性 Brønsted 碱催化剂相比,这类八面体手性
Brønsted 碱催化剂用量更少,效率和选择性更理想,这也进一步证明了八面体手性配合物在设计
不对称催化剂中的优势。

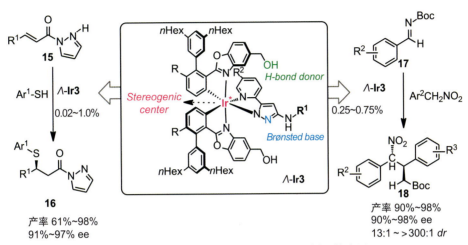

图 14　八面体中心手性 Brønsted 碱催化剂及其应用

### 3.3 八面体中心手性 Lewis 酸催化剂

过渡金属配合物中心金属具有空的 d 轨道,可作为 Lewis 酸对反应底物进行活化,因此基于配
合物的手性 Lewis 酸催化剂是不对称催化剂中最常见的类型之一。然而,在传统的过渡金属手性
Lewis 酸中,手性中心通常位于配体,作为不对称催化剂时的手性传递模式是 L*→M→S(手性配体
→金属→底物)。如果让八面体中心手性配合物中的金属参与跟底物的配位,金属中心既是手性中
心,又是 Lewis 酸催化中心,手性传递的方式则是 M*→S,是手性从金属八面体中心到反应底物的
直接传递,有望具有更好立体化学控制能力。

基于这一思考,我们设计并合成了数种八面体中心手性铱、铑 Lewis 酸催化剂。这些新型
Lewis 酸催化剂的结构中包含两个环金属化双齿配体以及两个容易被取代的乙腈配体,通常具有
良好的结构和构型稳定性。如图 15 所示,八面体中心手性铱配合物 Δ-**Ir4** 是一种双功能 Lewis

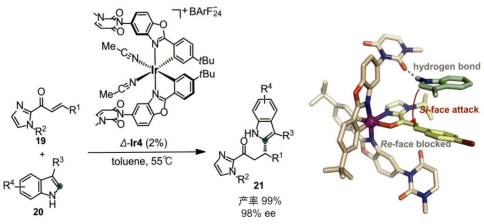

图 15　八面体中心手性 Lewis 酸催化吲哚 2-位不对称傅-克烷基化反应

酸/氢键催化剂,在吲哚 2-位不对称傅克烷基化反应中表现出很好的效率和选择性:仅用 2%(物质的量分数)的 Δ-**Ir4**,即可以获得高达 99% 的产率和 98% ee 的对映选择性。必须指出,吲哚 2-位不对称傅克烷基化具有很大的挑战性,已报道的催化剂通常需要 10%~20% 的催化剂用量,且对映选择性并不理想[20]。

有意思的是,八面体中心手性铑配合物通常具有比其铱类似物更高的活性。如 Λ-**RhO** 或其对映体 Δ-**RhO** 在三组分直接 Mannich 反应或 Mannich 型反应中表现出很好的催化性能(图 16),然而将其类似物 Λ-**IrO** 用于这两类反应中时,仅获得很低的产率和对映选择性[21,22]。我们认为,虽然铱和铑同属铂系金属,且具有相同的电子结构,但铑配合物的 Lewis 酸性比同结构的铱配合物更强,而且,铑与底物的配位相对较弱,在催化反应中更容易发生配体交换,从而加快催化循环的进程。

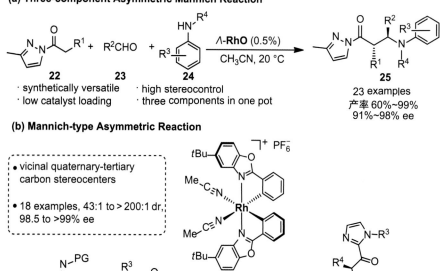

**(a) Three-component Asymmetric Mannich Reaction**

**22** **23** **24** → **25**
· synthetically versatile · high stereocontrol
· low catalyst loading · three components in one pot
23 examples
产率 60%~99%
91%~98% ee

**(b) Mannich-type Asymmetric Reaction**

· vicinal quaternary-tertiary carbon stereocenters
· 18 examples, 43:1 to > 200:1 dr, 98.5 to >99% ee

**26** + **27** → **28**

图 16　八面体中心手性 Lewis 酸催化的不对称直接 Mannich 和 Mannich 型反应

### 3.4 八面体中心手性催化剂在可见光不对称催化中的应用

近年来,可见光催化在有机合成中得到了广泛的应用,然而可见光介导的不对称催化是极具挑战性的科学问题,因为可见光催化反应中往往涉及自由基、自由基离子、三线态底物等高活性物种的形成与转化,控制反应的立体选择性是极为困难的。我们利用所开发八面体中心手性配合物高度规整、刚性的手性环境,成功地实现了自由基的不对称加成、偶联反应。如图 17(a) 所示,前述手性 Lewis 酸 Λ-**RhO** 结合可见光催化剂构建共催化体系,可以有效催化氮自由基对 α,β-不饱和羰基化合物的不对称共轭加成[23];图 17(b) 则展示了这一共催化体系可催化碳自由基与烯醇 α 位自由基之间的不对称偶联,最终实现远程 $C_{sp^3}$-H 键的不对称官能化。该催化体系对于自由基等高活性物质转化的立体化学控制,进一步表明八面体中心手性催化剂的高效性[24]。

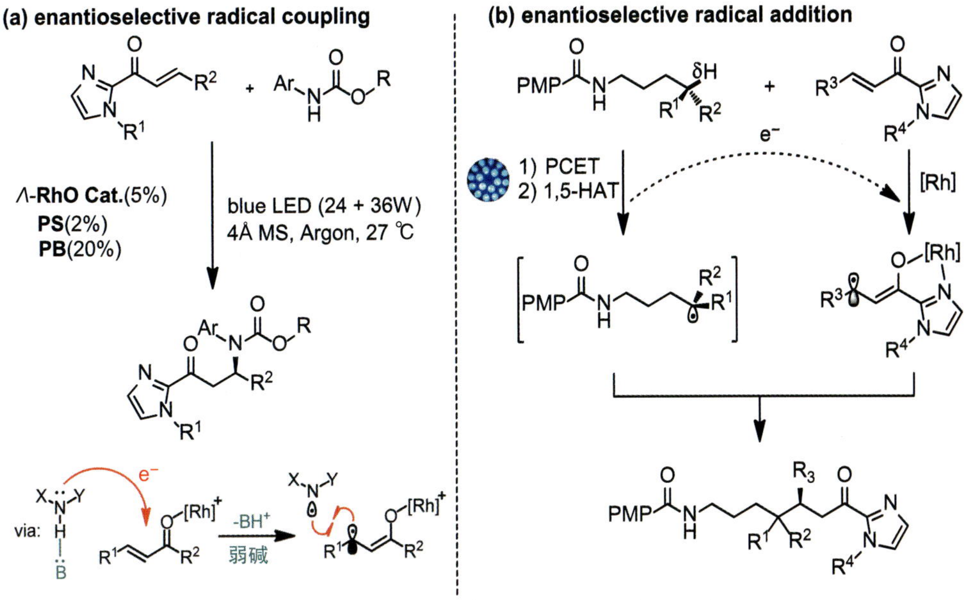

图 17 八面体中心手性配合物催化的可见光不对称反应

PS—光敏剂；PB—碱性磷酸盐；PCET—质子耦合电子转移；HAT—氢原子转移

## 4. 结语

与传统的手性化合物相比，八面体中心手性配合物具有特殊的手性源。但它们的获取方法仍较为有限，制约了进一步深入研究，特别在不对称催化中的应用鲜见报道。本文总结了我们近期在八面体中心手性配合物合成方法和催化剂设计方面所开展的工作：一方面发展手性螯合配体介导的新合成策略，成功用于八面体中心手性钌、锇、铱、铑配合物的合成，所得产物通常具有很高的光学纯度；另一方面，以八面体中心手性配合物为结构骨架，设计并合成了一系列结构新颖的氢键、Brønsted 碱、Lewis 酸催化剂，这些催化剂因具有高刚性、易修饰性、规整有序的手性环境以及特殊手性传递方式，在转移氢化、傅克反应、Mannich 反应、Michael 加成、可见光不对称反应等多种有机不对称转化中展现了极高的催化效率。这些八面体中心手性配合物的构建及其在不对称催化方面的应用为新型功能分子的开发提供新的思路，是极具潜力的研究方向。

**致谢**：感谢国家自然科学基金（21572184）、福建省杰出青年基金（2017J06006）、厦门大学校长基金（20720160027）的资助。

## 参考文献

[1] BHAT V, WELIN E R, GUO X, et al. Advances in stereoconvergent catalysis from 2005 to 2015: Transition-metal-mediated stereoablative reactions, dynamic kinetic resolutions, and dynamic kinetic asymmetric transformations [J]. Chem. Rev., 2017, 117(5): 4528-4561.

[2] LAM Y H, GRAYSON M N, HOLLAND M C, et al. Theory and modeling of asymmetric catalytic reactions [J]. Acc. Chem. Res., 2016, 49(4): 750-762.

[3] WERNER A. The asymmetric cobalt atom [J]. Ber. Dtsch. Chem. Ges., 1911, 44(2): 1887-1898.

[4] DWYER F P, GYARFAS E C, ROGERS W P, et al. Biological activity of complex ions [J]. Nature, 1952, 170 (4318): 190-191.

[5] HAMELIN O, RIMBOUD M, PECAUT J, et al. Chiral-at-metal ruthenium complex as a metalloligand for

asymmetric catalysis [J]. Inorg. Chem., 2007, 46(13): 5354-5360.

[6]  GANZMANN C, GLADYSZ J A. Phase transfer of enantiopure Werner cations into organic solvents: An overlooked family of chiral hydrogen donors for enantioselective catalysis [J]. Chem. Eur. J., 2008, 14(18): 5397-5400.

[7]  WARR R J, WILLS A C, WILDS B. Inorganic asymmetric synthesis: Asymmetric synthesis of a two-bladed propeller, octahedral metal complex [J]. Inorg. Chem., 2006, 45(21): 8618-8627.

[8]  LACOUR J, JODRY J J, GINGLINGER C, et al. Diastereoselective ion pairing of TRISPHAT anions and tris (4,4′-dimethyl-2,2′-bipyridine) iron(II) [J]. Angew. Chem. Int. Ed., 1998, 37(17): 2379-2380.

[9]  HESEK D, INOUE Y, EVERITT S R L, et al. Diastereoselective preparation and characterization of ruthenium bis(bipyridine) sulfoxide complexes [J]. Inorg. Chem., 2000, 39(2): 317-324.

[10]  PEZET F, DARAN J C, SASAKI I, et al. Highly diastereoselective preparation of ruthenium bis(diimine) sulfoxide complexes: New concept in the preparation of optically active octahedral ruthenium complexes [J]. Organometallics, 2000, 19(20): 4008-4015.

[11]  GONG L, WENZEL M, MEGGERS E. Chiral-auxiliary-mediated asymmetric synthesis of ruthenium polypyridyl complexes [J]. Acc. Chem. Res., 2013, 46(11): 2635-2644.

[12]  GONG L, MULCAHY S P, HARMS K, et al. Chiral-auxiliary-mediated asymmetric synthesis of tris-heteroleptic ruthenium polypyridyl complexes [J]. J. Am. Chem. Soc., 2009, 131(28): 9602-9603.

[13]  CHEN L A, MA J, CELIK M A, et al. Active versus passive substituent participation in the auxiliary-mediated asymmetric synthesis of an octahedral metal complex [J]. Chem. Asian J., 2012, 7(11): 2523-2526.

[14]  HELMS M, LIN Z, GONG L, et al. Method for the preparation of nonracemic bis-cyclometalated iridium(III) complexes [J]. Eur. J. Inorg. Chem., 2013, (24): 4164-4172.

[15]  GONG L, CHEN L A, MEGGERS E. Asymmetric catalysis mediated by the ligand sphere of octahedral chiral-at-metal complexes [J]. Angew. Chem. Int. Ed., 2014, 53(41): 10868-10874.

[16]  OKINO T, HOASHI Y, TAKEMOTO Y. Enantioselective Michael reaction of malonates to nitroolefins catalyzed by bifunctional organocatalysts [J]. J. Am. Chem. Soc., 2003, 125(42): 12672-12673.

[17]  CHEN L A, XU W, HUANG B, et al. Asymmetric catalysis with inert chiral-at-metal iridium complexes [J]. J. Am. Chem. Soc., 2013, 135(29): 10598-10601.

[18]  XU W, ARIENO M, LÖW H, et al. Metal-templated design: Enantioselective hydrogen-bond-driven catalysis requiring only parts-per-million catalyst loading [J]. J. Am. Chem. Soc., 2016, 138(28): 8774-8780.

[19]  MA J, DING X, HU Y, et al. Metal-templated chiral Brønsted base "organocatalysis" [J]. Nat. Commun., 2014, 5: 4531.

[20]  ZHOU Z, LI Y, GONG L, et al. Enantioselective 2-alkylation of 3-substituted indoles with dual chiral Lewis acid/hydrogen-bond-mediated catalyst [J]. Org. Lett., 2017, 19(1): 222-225.

[21]  FENG L, DAI X, MEGGERS E, et al. Three-component asymmetric Mannich reaction catalyzed by a Lewis acid with rhodium-centered chirality [J]. Chem. Asian. J., 2017, 12(9): 963-967.

[22]  LIN H, ZHOU Z, CAI J, et al. Asymmetric construction of 3,3-disubstituted qxindoles bearing vicinal quaternary-tertiary carbon stereocenters catalyzed by a chiral-at-rhodium complex [J]. J. Org. Chem., 2017, 82 (12): 6457-6467.

[23]  ZHOU Z, LI Y, HAN B, et al. Enantioselective catalytic β-amination through proton-coupled electron transfer followed by stereocontrolled radical-radical coupling [J]. Chem. Sci., 2017, 8(8): 5757-5763.

[24]  YUAN W, ZHOU Z, GONG L, et al. Asymmetric alkylation of remote $C(sp^3)$-H bonds by combining proton-coupled electron transfer with chiral Lewis acid catalysis [J]. Chem. Commun., 2017, 53(64): 8964-8967.

# 五配位磷中心的手性研究

侯建波[1]，刘艳[1]，章慧[1,2]，赵玉芬[1,2,3,*]，王越奎[4,*]

[1]厦门大学化学化工学院，福建，厦门 361005
[2]宁波大学新药技术研究院，浙江，宁波 315211
[3]清华大学化学系，北京 100084
[4]山西大学分子科学院，山西，太原 030006
E-mail: yfzhao@xmu.edu.cn; ykwang@sxu.edu.cn

**摘要**：生命体系中，DNA、RNA 和 cAMP 的水解，以及酶促磷酸根转移等多种生化反应过程中都涉及五配位磷中间体或过渡态的形成。生命机体手性微环境，往往会导致五配位磷中间体或过渡态具有手性。为了探究五配位磷手性中心的构建及其手性光谱性质，本文详细介绍了以双氨基酸五配位氢膦烷为代表的三角双锥手性中心的构建，并通过对这类化合物进行电子圆二色谱（ECD）光谱测试及理论分析，系统研究了相关五配位磷手性中心的绝对构型，以及对应的 ECD 光谱性质。手性磷中心的立体化学实验及理论结果可以为了解生命过程中磷的转移专一性提供科学依据。

**关键词**：磷中心手性；双氨基酸五配位氢膦烷；电子圆二色光谱

## Studies on the Chirality of Penta-coordinate Phosphorus Centers

HOU Jianbo, LIU Yan, ZHANG Hui, ZHAO Yufen*, WANG Yuekui*

**Abstract**：Penta-coordinate phosphorus compounds play important roles as intermediates or transition states in many biological processes such as enzymatic phosphoryl transfer reactions and hydrolysis or formation of RNA, DNA, cyclic AMP (cAMP). The chiral microenvironment of living organisms can lead to the chirality of the above penta-coordinate phosphorus intermediates or transition states. In order to explore the construction of chiral-at-phosphorus penta-coordinate compounds and their chiroptical properties, we constructed a series of bisamino acyl penta-coordinate spirophosphoranes on behalf of their chirality at trigonal bipyramidal centers. Through the analysis of electronic circular dichroism (ECD) spectra combined with theoretical calculation, their absolute configuration and relevant ECD properties were investigated systematically. The research work will provide precious scientific evidences for well understanding the specificity of phosphate group transfer in life process.

**Key Words**：Chiral phosphorous center; Bisamino acyl penta-coordinate spirophosphorane; Electronic circular dichroism spectroscopy

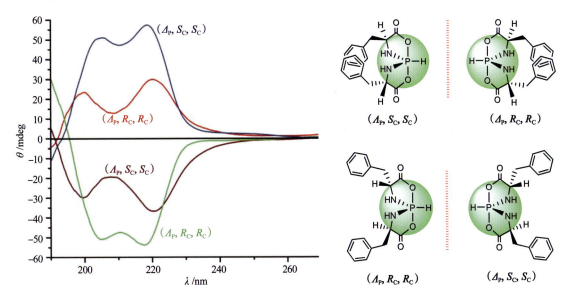

## 1. 引言

### 1.1 磷在生命体中的重要作用

磷元素是生命体内不可缺少的中心元素,在生命体系中扮演着重要的角色。磷元素在地壳中的含量仅为 0.12%,但在生命体中磷元素的含量约为 1.0%,其丰度在所有元素中排名第六,可见生命过程是一个富集磷元素的过程。在生命体系中,磷元素总量的 87.6% 主要以羟基磷灰石 $[3Ca_3(PO_4)_2 \cdot Ca(OH)_2]$ 无机钙盐的形式存在于骨骼和牙齿中,部分磷以 $HPO_4^{2-}$ 和 $H_2PO_4^-$ 的形式存在于血液、尿液和组织液中,起着调节 pH 和平衡钙、磷的作用。其余的磷则主要以磷酸酯、焦磷酸酯和三聚磷酸酯衍生物的形式存在。例如:生命的遗传信息载体脱氧核糖核苷酸(DNA)和核糖核苷酸(RNA)由磷酸二酯作为基本结构骨架;许多辅酶都是磷酸酯或焦磷酸酯,参与许多酶促反应;"能量货币"三磷酸腺苷(ATP)就是一种高能磷酸酯,它是生命过程中最重要的储能单元;生物的新陈代谢过程中,许多中间产物都是磷酸酯和焦磷酸酯。另外,磷脂是生物膜的结构基础,磷酰化的蛋白及多肽也都具有非常重要的生理作用。

### 1.2 生物化学过程中的高配位磷现象

在分子水平上对生命体系进行研究时,可发现磷元素参与了包括蛋白质的生物合成、DNA 的复制与修复、RNA 的转录与水解、信息传递过程中的蛋白质可逆磷酰化及细胞第二代谢网络中各种酶的活化与去活化等几乎全部的生物化学过程。对这些生物化学过程的研究表明:磷原子可以通过形成五配位甚至六配位过渡态(中间体)来影响生物化学反应的进程和方向,并起着重要的调控作用。例如,蛋白质可逆磷酸化过程的磷酰基转移过程(图 1)[1]、RNA 水解过程(图 2)[2] 中都存在五配位磷中间体。

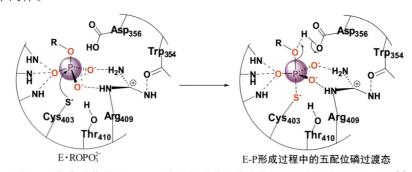

图 1　耶尔森氏菌属(*Yersinia*)内酪氨酸磷酸酯酶参与下蛋白质去磷酸化过程[1]

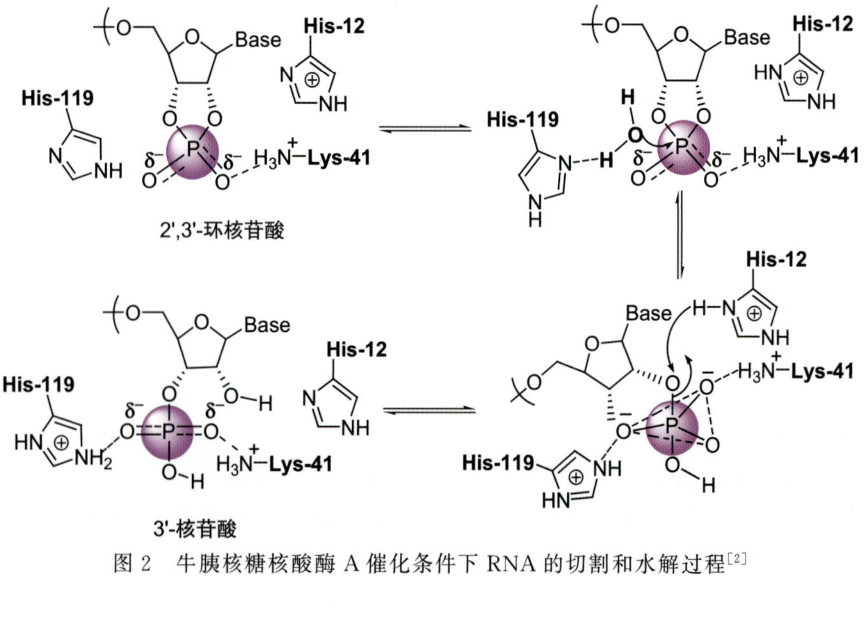

图 2　牛胰核糖核酸酶 A 催化条件下 RNA 的切割和水解过程[2]

2003 年，Allen 等人首次在乳酸乳球菌（*Lactococcus lactis*）中的 β-葡萄糖磷酸变位酶 [β-phospho-glucomutase(β-PGM)] 催化下，于 1-磷酸化-β-葡萄糖（G1P）到 6-磷酸化-β-葡萄糖（G6P）异构化的过程中获得了稳定的五配位磷中间体晶体（图 3）[3]，从而有力证明了酶催化条件下磷酰基转移过程中五配位磷中间体存在的事实。

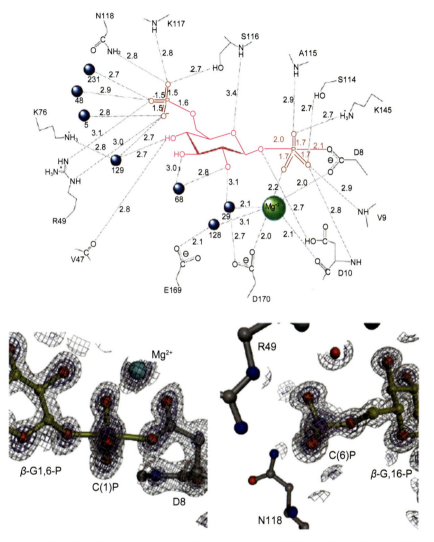

图 3　乳酸乳球菌中 β-G1、6-P 中间体和 β-PGM 复合物晶体参数图及其示意图[3]

### 1.3 五配位磷化合物的结构简介

磷在元素周期表中位于第 3 周期第五主族，核外电子排布为 $(1s)^2(2s)^2(2p)^6(3s)^2(3p)^3$，它的价层有 3 个未成对 p 电子和 5 个 3d 空轨道，共有 5 个价电子。价层电子的分布特点使得磷与其他原子成键时，通常以三价或五价的形式存在。类似于 $NH_3$，三价磷形成的化合物中，磷原子上存在着一个孤电子对；而磷原子与其他 4 个原子（或基团）以五价磷的形式形成四配位磷化合物，一般为四面体构型。

已有研究表明：磷的外层电子从 3s 到 3d 的激发能为 16.5 eV，比同主族氮原子的激发能 22.9 eV 要低得多，因此磷可以比较方便地利用 3d 空轨道参与形成 $sp^3d$ 和 $sp^3d^2$ 杂化轨道。磷所具有的这两种杂化轨道形式，为五配位磷和六配位磷化合物的存在提供了结构上的可能。

磷原子以 $sp^3d$ 杂化轨道通过 σ 键与 5 个基团键联所形成的化合物，称为五配位磷化合物 (penta-coordinate phosphorus compound)，又称磷烷 (phosphorane)。其中，氢膦烷作为一类特殊的五配位磷化合物被科学家们广泛研究,它的结构特点在于与磷成键的 5 个化学键中至少有一个是 P-H 键。磷烷及其衍生物在生物化学中具有特殊重要的地位,它是从 20 世纪 60 年代发展起来的一类新型有机磷化合物,同时带动了包括六配位磷在内的高配位有机磷化学的发展。

五配位磷化合物可能存在三角双锥(trigonal bipyramid,TBP)和四方锥构型(square pyramid,SP),主要以三角双锥构型为主,少数磷烷(主要是双环类磷烷)呈四方锥构型。

### 1.4 五配位磷化合物的手性

手性是自然界的本质属性之一。手性分子与其对映体如同人们的左右手一样,互为镜像但又不能完全重合。构成生物大分子的基本结构单元大部分都具有手性特征。例如,天然氨基酸主要由 $L$ 构型的 α-氨基酸所构成;蛋白质的二级结构主要为右手 α-螺旋构型;核酸结构骨架中的糖类单元则为 $D$-核糖;DNA 呈右手双螺旋构型。自然界对某一种手性的偏爱以及生物进化对于手性依赖和选择的原因,迄今为止还未真正揭晓。

与生命体相关的手性问题一直是研究人员关注的热点。由于生物化学过程中一些五配位磷中间体或过渡态逐渐被发现,五配位磷化合物的手性研究,结合五配位磷化合物的假旋转机理,可以很好地解释一些生物化学过程特别是磷酰基转移过程中手性变化的问题。

在有机磷化合物的研究领域里,科学家们陆续报道了单一手性的五配位磷化合物[4-6],其中Akiba 等人通过如图 4 所示的化学衍生方法进行手性拆分,获得了仅含有一个手性磷原子的光学纯五配位磷化合物。他们在手性磷外消旋体(1)的基础上,通过与薄荷醇衍生物反应,引入另外一个碳手性中心,从而获得非对映异构体(2);然后对该非对映异构体进行分离——两种非对映异构体通过 MeOH-H$_2$O 体系进行重结晶后,可获得外观不同的晶体,从而可以方便地将其分开;获得单一构型光学纯的异构体化合物后,再将引入的手性薄荷醇基团消除,最终得到仅含有一个手性磷原子的单一构型五配位磷化合物(3)[7]。

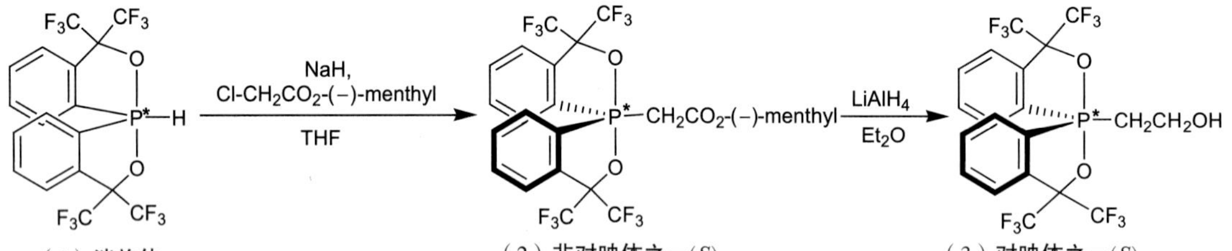

图 4  Akiba 获得单一手性构型五配位磷化合物的合成路线

五配位磷化合物在生命科学以及合成化学中都具有重要作用,同时相关手性问题也逐渐为人们所重视。然而遗憾的是,关于手性五配位磷化合物的研究,特别是针对磷原子中心手性的研究却没有系统而全面地展开。如前所述,氨基酸是生命体中重要的物质,在生物化学过程特别是磷酰基转移的过程中都需要许多氨基酸的参与,其中包括五配位磷中间体或过渡态的形成。以双氨基酸五配位氢膦烷为研究模型,对具有三角双锥构型的五配位磷原子的手性及其立体化学开展相应的研究,可以为了解生命过程中磷的转移等生化反应过程中的五配位磷手性的选择与调控提供科学依据。

## 2. 双氨基酸五配位氢膦烷的合成、分离与晶体结构

### 2.1 双氨基酸五配位氢膦烷的合成及光学纯度鉴定

目前已经报道了一些含氨基酸结构单元的五配位磷化合物的合成,相关化合物的结构如图 5所示。

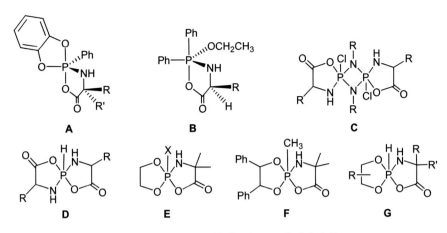

图 5 含有氨基酸结构单元的五配位磷化合物

上述氨基酸五配位氢膦烷大多为含单分子氨基酸的单核五配位氢膦烷,而含双分子氨基酸的五配位氢膦烷的合成文献报道较少,并且仅合成了含甘氨酸和丙氨酸这两种结构单元的双分子氨基酸氢膦烷。

1977 年,Garrigue 等[8]首次合成了双氨基酸五配位氢膦烷(图 6)。

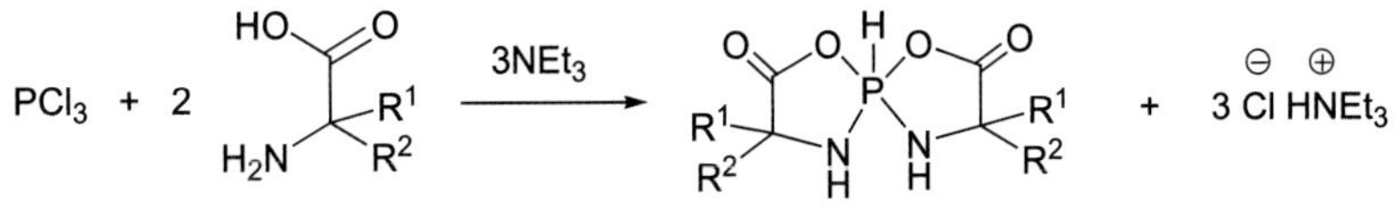

图 6 Garrigue 等的双氨基酸氢膦烷合成方法

为了进一步指认氨基酸五配位磷化合物的绝对构型,我们利用 Garrigue 等的方法,以手性氨基酸为原料,合成并经柱层析分离出 16 个单一手性构型的双氨基酸五配位氢膦烷 **3a～10b**,如图 7 和表 1 所示。通过 OD-H 和 AS-H 手性色谱柱对所得化合物的光学纯度进行鉴定,并在普通硅胶柱层析纯化的基础上进行单晶培养和晶体结构分析,为该类化合物绝对构型研究奠定物质基础。

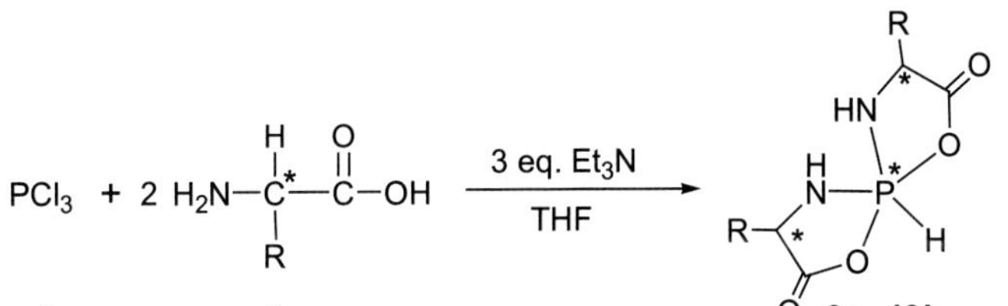

**1**
L-缬氨酸 **3a, 3b**  L-亮氨酸 **5a, 5b**  L-苯甘氨酸 **7a, 7b**  L-苯丙氨酸 **9a, 9b**
D-缬氨酸 **4a, 4b**  D-亮氨酸 **6a, 6b**  D-苯甘氨酸 **8a, 8b**  D-苯丙氨酸 **10a, 10b**

图 7 双氨基酸五配位氢膦烷的合成

表 1 双氨基酸五配位氢膦烷磷谱位移及磷谱产率

| 合成原料 | 产物 | 化学位移[31]P[(a)] | 磷谱产率/% |
|---|---|---|---|
| L-缬氨酸(L-Val) | **3a** | −64.80 | 38 |
| | **3b** | −61.68 | 62 |
| D-缬氨酸(D-Val) | **4a** | −64.79 | 35 |
| | **4b** | −61.70 | 65 |

续表

| 合成原料 | 产物 | 化学位移³¹P[(a)] | 磷谱产率/% |
|---|---|---|---|
| L-亮氨酸(L-Leu) | **5a** | −64.50 | 46 |
|  | **5b** | −63.83 | 54 |
| D-亮氨酸(D-Leu) | **6a** | −64.54 | 49 |
|  | **6b** | −63.83 | 51 |
| L-苯甘氨酸(L-PhGly) | **7a** | −63.73 | 47 |
|  | **7b** | −61.57 | 53 |
| D-苯甘氨酸(D-PhGly) | **8a** | −63.50 | 42 |
|  | **8b** | −61.34 | 58 |
| L-苯丙氨酸(L-Phe) | **9a** | −63.03 | 55 |
|  | **9b** | −60.03 | 45 |
| D-苯丙氨酸(D-Phe) | **10a** | −63.15 | 44 |
|  | **10b** | −60.09 | 56 |

(a)³¹P NMR 数据的获得:减压浓缩除去反应原液中的四氢呋喃溶剂,然后用二甲基亚砜(DMSO)溶解样品,进行测试以获得数据;构型之间的比例通过³¹P NMR 的谱峰积分面积获得,由于不同构型之间的溶解度不同,所以用 DMSO 作为溶剂溶解样品进行测试,必须确保各构型都可以完全溶解,从而获得产物中不同构型的真实比例。

### 2.2 双氨基酸五配位氢膦烷的稳定性研究

通过³¹P NMR 和¹H NMR 对 3a~10b 这一系列化合物进行跟踪测试,发现双氨基酸五配位氢膦烷的各光学异构体在室温条件下的中性溶剂中,可以稳定存在 40 天,未观察到差向异构化现象。这说明该类化合物结构稳定,从而保障了相关绝对构型研究实验所获得结果的可靠性和有效性。

**表 2 双氨基酸五配位氢膦烷 3a~10b 的³¹P NMR 和¹H NMR 数据**

| 化合物 | 合成原料 | 溶剂 | 跟踪时间/d | ³¹P NMR 谱峰 | ¹H NMR(PH)裂分 | 跟踪结果 |
|---|---|---|---|---|---|---|
| **3a** 或 **4a** | Val | DMSO-d₆ | 90 | 保持单峰 | d | 构型保持不变 |
| **3b** 或 **4b** | Val | DMSO-d₆ | 90 | 保持单峰 | dt | 构型保持不变 |
| **5a** 或 **6a** | Leu | CDCl₃ | 90 | 保持单峰 | d | 构型保持不变 |
| **5b** 或 **6b** | Leu | CDCl₃ | 90 | 保持单峰 | dt | 构型保持不变 |
| **7a** 或 **8a** | PhGly | DMSO-d₆ | 90 | 保持单峰 | d | 构型保持不变 |
| **7b** 或 **8b** | PhGly | DMSO-d₆ | 90 | 保持单峰 | dt | 构型保持不变 |
| **9a** 或 **10a** | Phe | DMSO-d₆ | 90 | 保持单峰* | d | 构型保持不变 |
| **9b** 或 **10b** | Phe | DMSO-d₆ | 90 | 保持单峰* | dt | 构型保持不变 |

备注:所有跟踪实验均在室温下完成。* 表示共计跟踪 90 天,³¹P NMR 跟踪发现在 40~60 天期间谱图中 3.5~5.0 ppm 之间出现两个新峰,即样品已经开始发生分解(由于分解的样品量很少,¹H NMR 信号很弱,比较难观测)。

### 2.3 双氨基酸五配位氢膦烷中心磷原子绝对构型的命名

借鉴金属配合物配位立体化学的概念,五配位磷化合物可能存在多元异构现象[9],因此推测它们具有三角双锥(TBP)和四方锥(SP)两种几何构型。已有研究表明,TBP 构型的能量比 SP 构型的能量低[10,11]，已经获得的稳定的五配位磷烷中大多以 TBP 构型存在。

在有机立体化学中，对于四配位或带有孤对电子的三配位磷原子，通常采用 CIP(Cahn-Ingold-Prelog，卡恩-英果尔德-普雷洛格)命名规则来定义其绝对构型。已有研究人员借鉴 CIP 命名规则来定义具有 TBP 构型含双螺环的五配位磷化合物中心磷原子的绝对构型(图 8)[12]，该命名方法源于含孤对电子的五配位硫化合物绝对构型的确定[13]，如图 8 中第一个化合物所示。但是这种命名法相当烦琐，可视化效果不明显，在已经报道的一些化合物中用该命名规则确定出来的绝对构型并不统一，从而引起了一些混乱。

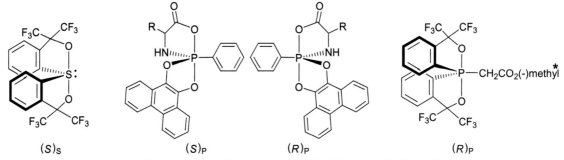

图 8　借鉴 CIP 命名规则定义三角双锥型五配位中心原子的绝对构型

我们借鉴配位立体化学对五配位金属配合物绝对构型的命名规则[9,14,15]，对含有相同配位原子的双螺环五配位氢膦烷绝对构型进行命名，如图 9 所示。

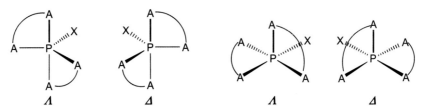

图 9　含两个对称双齿配体的五配位磷化合物绝对构型的命名

按照该命名规则，只需通过调整待命名双螺环五配位氢膦烷分子的结构取向，将其旋转至如图 9 所示的标准位置，就可以很方便地将中心磷原子的绝对构型确定出来。

如前所述，已知的五配位磷烷中大多以 TBP 构型存在，因此以下主要讨论 TBP 结构。可以设想，若双螺环配体的两个配位原子不同，还有可能存在不同的几何异构体，使得立体结构分析变得相当复杂。所幸对大量稳定的五配位磷化合物进行结构分析时发现，在磷烷的 TBP 构型中决定配位基团处于轴向(a)还是平面(e)的位置有两个基本原则：配位基团的相对亲顶性原则(apicophilicity)和小环取向原则。这两个基本原则结合其他作用力(如氢键、范德华力等非共价键作用力)，相互影响且共同决定着磷烷中各配位基团的空间排布。

磷烷三角双锥构型的亲顶性原则，是指磷烷配位基团中优先占据轴向键位置的倾向，它与电负性、供给 π 电子能力以及空间效应等因素有关。其中配位基团的电负性起着主要作用，电负性大的基团将优先占据 a 键位置，即其亲顶性较高。总体来讲，具有高电负性、体积小以及强的 π 电子受体将优先占据三角双锥的 a 键位置，具有明显的亲顶性。小环取向原则是指，在 TBP 构型中，对于含有四元环和五元环的磷烷，该环将优先选择 90°的 ae 键而不是接近 120°的 ee 键，因为这样可以使环的张力减小，有利于结构的稳定。当亲顶性原则和小环取向原则相冲突的时候，往往小环取向原则起的作用更大,也就是说环优先选择 a 键位置。综合以上两个原则考虑:在含不对称双齿配体的双氨基酸五配位氢膦烷可能存在 3 种的几何异构体(图 10)中, *trans*(O)-TBP 应为最稳定的构型。这一推测也被本工作的晶体结构分析和理论计算证实。

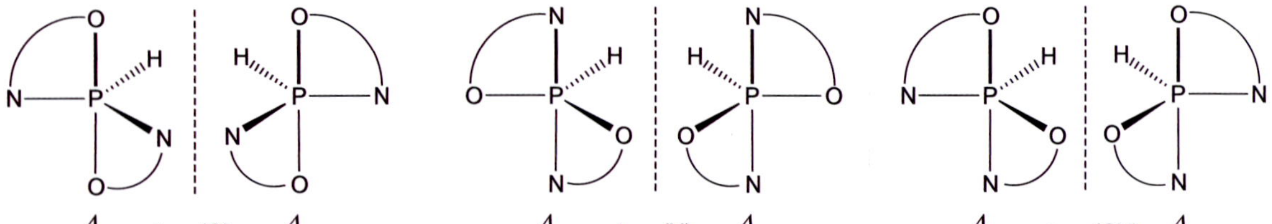

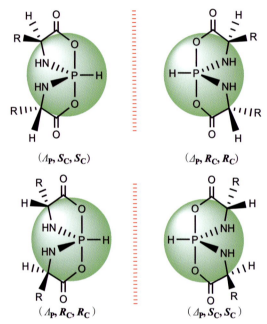

$\Delta$    *trans*(O)    $\Lambda$        $\Lambda$    *trans*(N)    $\Delta$        $\Lambda$    *trans*(ON)    $\Delta$

图 10   含非对称双齿配体的双氨基酸五配位氢膦烷可能存在的三种几何异构体

若再进一步考虑氨基酸基团的手性,则 *trans*(O)-TBP 还会产生非对映异构体,如图 11 所示。当采用手性氨基酸为原料合成双氨基酸五配位氢膦烷时,将会得到 4 个光学异构体,其中有两对对映体,其他则为非对映异构体的关系。

$(\Delta_P, S_C, S_C)$             $(\Delta_P, R_C, R_C)$

$(\Delta_P, R_C, R_C)$             $(\Delta_P, S_C, S_C)$

图 11   *trans*(O)-双氨基酸五配位氢膦烷可能存在的光学异构体

### 2.4 双氨基酸五配位氢膦烷的单晶结构分析

表 1 中列出 **3a~10b** 共 16 个单一绝对构型的双氨基酸五配位氢膦烷。通过单晶培养以及 X 射线晶体结构表征,共获得了 4 对(8 个)单晶结构,其中的 **3a/4a**、**7a/8a**、**7b/8b**、**9a/10a** 分别互为对映异构体。按照图 9 和图 10 所示的 $\Delta$ 和 $\Lambda$ 命名方法对 8 个单晶结构的中心磷原子的绝对构型进行指认,相关结果如图 12 至图 15 所示。

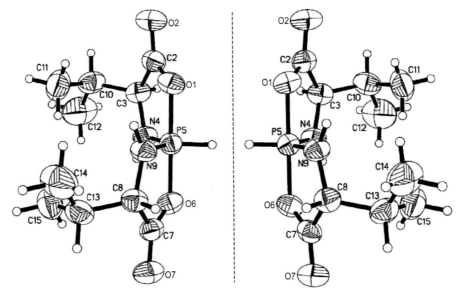

图 12　双缬氨酸五配位氢膦烷($\Lambda_P, S_C, S_C$)-**3a**(左)和($\triangle_P, R_C, R_C$)-**4a**(右)的三维晶体结构图

(椭球图:椭球的概率 50%)

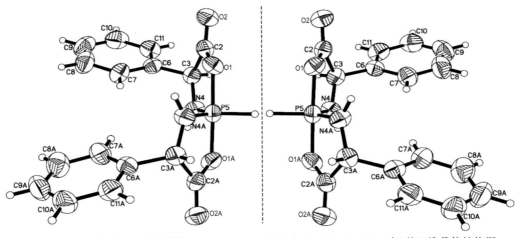

图 13　双苯甘氨酸五配位氢膦烷($\Lambda_P, S_C, S_C$)-**7a**(左)和($\triangle_P, R_C, R_C$)-**8a**(右)的三维晶体结构图

(椭球图:椭球的概率 50%)

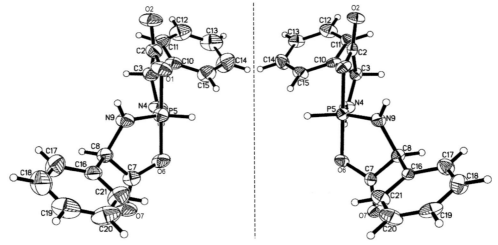

图 14　双苯甘氨酸五配位氢膦烷($\triangle_P, S_C, S_C$)-**7b**(右)和($\Lambda_P, R_C, R_C$)-**8b**(左)的三维晶体结构图

(椭球图:椭球的概率 50%)

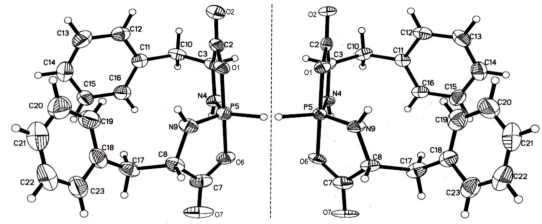

图 15　双苯丙氨酸五配位氢膦烷($\Lambda_P,S_C,S_C$)-**9a**(左)和($\Delta_P,R_C,R_C$)-**10a**(右)的三维晶体结构图
(椭球图:椭球的概率 50%)

　　根据我们采用的命名方法,上述 4 对通过单晶结构分析的双氨基酸五配位氢膦烷中所有手性原子的绝对构型都可以被方便地确定出来,总结于表 3。

表 3　单晶衍射法确定双氨基酸五配位氢膦烷绝对构型

| 化合物 | 合成原料 | 绝对构型 | 化合物 | 合成原料 | 绝对构型 |
| --- | --- | --- | --- | --- | --- |
| **3a** | L-Val | ($\Lambda_P,S_C,S_C$) | **4a** | D-Val | ($\Delta_P,R_C,R_C$) |
| **7a** | L-PhGly | ($\Lambda_P,S_C,S_C$) | **8a** | D-PhGly | ($\Delta_P,R_C,R_C$) |
| **7b** | L-PhGly | ($\Delta_P,S_C,S_C$) | **8b** | D-PhGly | ($\Lambda_P,R_C,R_C$) |
| **9a** | L-Phe | ($\Lambda_P,S_C,S_C$) | **10a** | D-Phe | ($\Delta_P,R_C,R_C$) |

## 3. 固体 ECD 光谱对双氨基酸五配位氢膦烷绝对构型的关联

　　研究发现,双氨基酸五配位氢膦烷中各构型的非对映异构体之间的溶解性存在着明显差异,这些化合物在水或极性大的醇类溶剂中溶解度都比较差,而这些试剂却是溶液 ECD 光谱测试的常用溶剂;另外,为了使 ECD 测试所得结果和晶体结构更好地保持一致性,我们采用固体 ECD(KCl 压片)方法对双氨基酸五配位氢膦烷进行测试并关联其绝对构型。

　　**3a~4b** 化合物绝对构型的关联:在双缬氨酸五配位氢膦烷的四种构型中,**3a** 和 **4a** 的绝对构型已经通过晶体数据确定出来[**3a**($\Lambda_P,S_C,S_C$),**4a**($\Delta_P,R_C,R_C$)],二者的固体 ECD 光谱也呈现出非常完美的镜像对称(图 16)[9],从而再一次证明了二者互为对映异构体的关系。

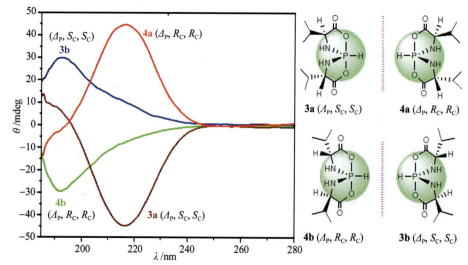

图 16　双缬氨酸五配位氢膦烷 **3a~4b** 的固体 ECD 光谱

固体 ECD 光谱的测试结果表明，**3a** 主要表现出负 Cotton 效应，而 **3b** 却表现出正 Cotton 效应，两者并不呈现镜像对称的关系，说明 **3a** 和 **3b** 分子互为非对映体。二者均由 $L$-缬氨酸合成并分离获得，通过合成条件及晶体结构分析已经证实氨基酸 $\alpha$ 位碳原子的手性构型保持不变，因此两种构型中 $\alpha$ 位碳原子的绝对构型均为 $S$，可以推测 **3a** 和 **3b** 分子的中心磷原子绝对构型相反，进而通过 **3a** 晶体结构的绝对构型推测出 **3b** 的中心磷原子绝对构型为 $\Delta_P$，即 **3b** 分子的绝对构型为 $(\Delta_P, S_C, S_C)$。与之类似，通过 **4a** 的晶体结构数据可以将 **4b** 的绝对构型 $(\Lambda_P, R_C, R_C)$ 关联出来。

**5a～6b** 化合物绝对构型的关联：因为氨基酸侧链较长而柔性较大，培养双亮氨酸五配位氢膦烷四种构型（**5a～6b**）的晶体时均获得针状物，无法满足 X 射线单晶衍射的测试要求，因此只能通过固体 ECD 光谱关联的方法来确定绝对构型。首先对它们的结构进行分析，亮氨酸与缬氨酸在结构上相差一个 $CH_2$ 基团，并且 $CH_2$ 为饱和基团（即在紫外光谱和 ECD 光谱中均不属于生色团），所以理论上当 **3a～4b** 与 **5a～6b** 这 8 个化合物中手性原子的绝对构型相同时，对应的固体 ECD 光谱所呈现的 Cotton 效应也应该是相似的。如图 16 和图 17 所示，实际测试获得的固体 ECD 光谱与理论推测相一致，3 个手性中心绝对构型相同的化合物的固体 ECD 曲线具有很好的相似性，因此可以通过 **3a～4b** 的绝对构型推测出 **5a～6b** 的绝对构型：**5a**$(\Lambda_P, S_C, S_C)$，**5b**$(\Delta_P, S_C, S_C)$，**6a**$(\Delta_P, R_C, R_C)$，**6b**$(\Lambda_P, R_C, R_C)$[16]。

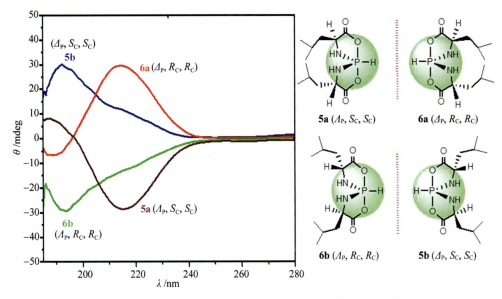

图 17　双亮氨酸五配位氢膦烷 **5a～6b** 的固体 ECD 光谱

**7a～8b** 化合物绝对构型的关联：获得了双苯甘氨酸五配位氢膦烷四种构型（**7a～8b**）的晶体结构，并确定了它们的绝对构型。固体 ECD 的测试结果表明，**7a/8a** 和 **7b/8b** 的固体 ECD 光谱呈现出完美的镜像对称（图 18），从手性光谱学角度再一次证明了它们互为对映异构体的关系。

**9a～10b** 化合物绝对构型的关联：双苯丙氨酸五配位氢膦烷四种构型（**9a～10b**）的情况和 **3a～4b** 类似，通过获得的晶体结构可确定出 **9a** 和 **10a** 的绝对构型 [**9a**$(\Lambda_P, S_C, S_C)$，**10a**$(\Delta_P, R_C, R_C)$]。根据固体 ECD 光谱的 Cotton 效应及合成过程中苯丙氨酸 $\alpha$ 位碳原子手性保持不变的实验事实，可以通过 **9a** 和 **10a** 构型研究的结果关联 **9b** 和 **10b** 的绝对构型（图 19）[17]：**9b**$(\Delta_P, S_C, S_C)$，**10b**$(\Lambda_P, R_C, R_C)$。

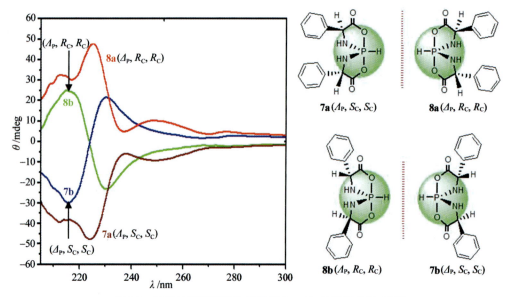

图 18　双苯甘氨酸五配位氢膦烷 **7a**～**8b** 的固体 ECD 光谱

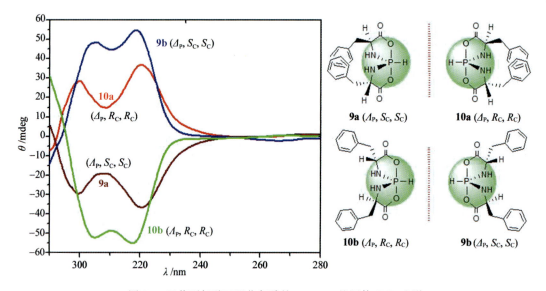

图 19　双苯丙氨酸五配位氢膦烷 **9a**～**10b** 的固体 ECD 光谱

　　总之,通过晶体结构确定及固体 ECD 光谱分析,上述 16 种双氨基酸五配位氢膦烷分子中手性原子的绝对结构都可以确定出来,相关信息总结于表 4。通过固体 ECD 光谱关联法确定出的各绝对构型的对比,发现它们的固体 ECD 信号具有一定的规律:中心磷原子的绝对构型对该类型化合物固体 ECD 光谱的 Cotton 效应起主要的影响作用。

表 4　固体 ECD 关联双氨基酸五配位氢膦烷绝对构型

| 化合物 | 合成原料 | 固体 ECD 信号 | 绝对构型 | 化合物 | 合成原料 | 固体 ECD 信号 | 绝对构型 |
|---|---|---|---|---|---|---|---|
| **3a**\* | L-Val | — | ($\Lambda_P$,$S_C$,$S_C$) | **4a**\* | D-Val | + | ($\Lambda_P$,$R_C$,$R_C$) |
| **3b** | L-Val | + | ($\Lambda_P$,$S_C$,$S_C$) | **4b** | D-Val | — | ($\Lambda_P$,$R_C$,$R_C$) |
| **5a** | L-Leu | — | ($\Lambda_P$,$S_C$,$S_C$) | **6a** | D-Leu | + | ($\Lambda_P$,$R_C$,$R_C$) |
| **5b** | L-Leu | + | ($\Lambda_P$,$S_C$,$S_C$) | **6b** | D-Leu | — | ($\Lambda_P$,$R_C$,$R_C$) |

| 化合物 | 合成原料 | 固体 ECD 信号 | 绝对构型 | 化合物 | 合成原料 | 固体 ECD 信号 | 绝对构型 |
|---|---|---|---|---|---|---|---|
| **7a**[*] | L-PhGly | − | $(\Lambda_P, S_C, S_C)$ | **8a**[*] | D-PhGly | + | $(\Delta_P, R_C, R_C)$ |
| **7b**[*] | L-PhGly | − (205～225 nm)<br>+ (225～260 nm) | $(\Delta_P, S_C, S_C)$ | **8b**[*] | D-PhGly | + (205～225 nm)<br>− (225～260 nm) | $(\Lambda_P, R_C, R_C)$ |
| **9a**[*] | L-Phe | − | $(\Lambda_P, S_C, S_C)$ | **10a**[*] | D-Phe | + | $(\Delta_P, R_C, R_C)$ |
| **9b** | L-Phe | + | $(\Delta_P, S_C, S_C)$ | **10b** | D-Phe | − | $(\Lambda_P, R_C, R_C)$ |

备注:"＊"表示绝对构型通过晶体结构进行确定。

在双缬氨酸五配位氢膦烷 **3a**～**4b** 和双亮氨酸五配位氢膦烷 **5a**～**6b** 中,该类型化合物氨基酸侧链都是饱和脂肪链,固体 ECD 光谱的 Cotton 效应主要受到中心磷原子绝对构型的影响,氨基酸 α 位手性碳原子的影响在固体 ECD 光谱的 Cotton 效应上很难体现。无论氨基酸 α 位碳原子的绝对构型是 R 还是 S,当中心磷原子的绝对构型是 $\Delta_P$ 时,主要呈现出正 Cotton 效应;当中心磷原子的绝对构型是 $\Lambda_P$ 时,则表现出负 Cotton 效应。

而双苯甘氨酸五配位氢膦烷 **7a**～**8b** 的固体 ECD 光谱(图 18)并不遵从上述规律。对其结构进行分析后认为,相比 **3a**～**6b**,**7a**～**10b** 结构中都含有苯环这类强的生色团,其中在 **7a**～**8b** 中苯环与氨基酸的 α 手性碳原子直接相连成键,因此受到 α 位手性碳原子的影响也比较大(邻位效应),中心磷原子与氨基酸 α 位手性碳原子的绝对构型共同作用对苯环产生影响,所以固体 ECD 光谱表现出特殊的形式。

从结构上观察,双苯丙氨酸五配位氢膦烷 **9a**～**10b** 中的苯环与氨基酸的 α 位手性碳原子之间相隔一个 $CH_2$ 基团,受 α 位手性碳原子的影响比 **7a**～**8b** 要小很多,但由于苯环属于强生色团,所以 α 位手性碳原子对苯环还是存在着邻位效应的诱导。因此 **9a**～**10b** 的固体 ECD 信号仍旧受到中心磷原子和氨基酸 α 位手性碳原子绝对构型的共同影响,但光谱形式与前面所述都不相同,从固体 ECD 光谱的 Cotton 效应来看,它受到中心磷原子绝对构型的影响更大,在 ECD 谱表现出的规律与 **3a**～**6b** 具有一定的相似性。

### 4. 双氨基酸五配位氢膦烷的 ECD 光谱性质的理论研究

综上所述,双氨基酸五配位氢膦烷的固体 ECD 光谱会同时受到中心手性磷原子以及氨基酸侧链 α 位手性碳原子综合作用的影响。当氨基酸侧链基团是饱和脂肪链时,中心磷原子的手性起主要作用。当中心磷原子的绝对构型是 $\Delta_P$ 时,ECD 光谱显示出正 Cotton 效应;当中心磷原子的绝对构型是 $\Lambda_P$ 时,ECD 光谱则呈现负 Cotton 效应。

为了更好地研究这两类手性中心对 ECD 光谱的影响,我们利用模型化合物(仅含有一个中心手性磷原子)双甘氨酸五配位氢膦烷(化合物编号为 **11**)进行相应的理论计算,对手性磷原子反映出的 ECD 光谱进行拟合并对跃迁情况进行分析。

#### 4.1 双甘氨酸五配位氢膦烷的几何结构优化

双甘氨酸五配位氢膦烷 **11** 中仅含有一个中心手性磷原子,根据前述研究,它的绝对构型可以分为 $\Delta_P$ 和 $\Lambda_P$ 两种构型,互为对映异构体的关系,如图 10 中的 trans(O)构型所示。理论上二者的 ECD 光谱应表现出镜像对称的关系,因此,我们仅选择其中的一种构型($\Delta_P$ 构型)进行研究。由于该化合物并未实际成功合成并拆分获得,在此仅作为理论计算模型化合物展开讨论。

在 DFT/B3LYP/aug-cc-pVTZ 水平上,首先对化合物 **11** 的基态构型进行构象搜索以及几何结构优化,最终获得的最优构象如图 20 所示。该构象与前述按亲顶性和小环取向等经验规则所推测的几何结构完全一致。在分子中 N-P-H(N)以及 N 原子参与形成的 P-N-H 和 P-N-C 都表现出比较严格的平面构型,说明磷原子保持了较为完整的三角双锥构型,同时氮原子具有平面结构则表示它属于 sp² 杂化形式,而不是通常认为的 sp³ 杂化。对该结构进行轨道分析亦表明 N-P-N 键表现出明显的 d-pπ 成键特征。

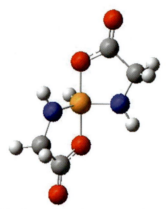

图 20　对 Δ$_P$-双甘氨酸五配位氢膦烷 **11** 的构象搜索获得的最优构象
(P 原子:黄色;O 原子:红色;N 原子:蓝色;C 原子:灰色;H 原子:白色)

### 4.2 双甘氨酸五配位氢膦烷转动强度的计算与 ECD 光谱的拟合

在 TDDFT/B3LYP/aug-cc-pVTZ 的水平上对化合物 **11** 的 ECD 光谱进行拟合计算,同时对电子跃迁的情况进行分析。获得的激发波长和转动强度数据如表 5 所示,ECD 光谱拟合曲线如图 21 所示。该图中绿竖线的位置用以指明跃迁波长的计算值,高度则表示相应跃迁吸收带的极大值。红线为所有跃迁吸收带的拟合曲线,其吸收峰位置的摩尔吸收系数如图 21 所示。

表 5　Δ$_P$-双甘氨酸五配位氢膦烷 **11** 的激发波长与转动强度

| 编号 | 对称性 | 激发波长 λ /nm[a] | 转动强度 R/DBM |
|:---:|:---:|:---:|:---:|
| 1 | 1$^1$B | 215.6 | 0.1278 |
| 2 | 2$^1$A | 215.6 | −0.0104 |
| 3 | 2$^1$B | 194.6 | 0.0065 |
| 4 | 3$^1$A | 188.6 | −0.1224 |
| 5 | 4$^1$A | 187.6 | −0.0674 |
| 6 | 5$^1$A | 186.7 | −0.0469 |
| 7 | 3$^1$B | 186.2 | 0.5224 |
| 8 | 4$^1$B | 185.2 | 0.0392 |
| 9 | 6$^1$A | 179.1 | 0.0120 |
| 10 | 5$^1$B | 177.7 | −0.0117 |
| 11 | 6$^1$B | 176.8 | 0.0013 |

备注:(a)用激发波长表示跃迁的激发能。

由于该化合物只含有磷原子一个手性中心,因此其 ECD 光谱直接反映了 Δ$_P$ 构型的贡献(Λ$_P$ 构型的贡献大小相同,但符号相反)。表 6 总结了不同跃迁类型对 ECD 光谱的贡献,结合表 5 以及 ECD 光谱拟合曲线,我们对该类化合物的电子跃迁规律进行分析。

图 21 中,215.5 nm 处第一个正吸收带由两个"偶然简并"的跃迁 1$^1$A→1$^1$B 和 1$^1$A→2$^1$A 产生,

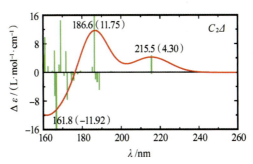

图 21　$\Delta_\text{p}$-双甘氨酸五配位氢膦烷 **11** 的 ECD 光谱拟合图

转动强度分别为 0.1278 和 -0.0104 DBM（1DBM=92.74×$10^{-40}$ cgs）。通过转动强度可以确定对此吸收带作出主要贡献的跃迁是 $1^1A \to 1^1B$。从激发态的组成看，这是一个"混合跃迁"，可简化标记为 $n_{=O} \to \pi^*_{O-C=O}$，即为 $n \to \pi^*$ 跃迁，所涉及的单激发组态即轨道跃迁为：$45 \to 48$（$n_{=O} + \sigma_{C-C-O} \to \pi^*_{O-C=O} + \sigma^*_{C-H}$）占 42%，$46 \to 49$（$\pi_{N-P} + n_{=O} + \sigma_{C-C-O} \to \pi^*_{O-C=O} + \sigma^*_{C-H'}$）占 26%，$44 \to 49$（$\pi_{N-P} + n_{=O} + \sigma_{C-C-H} \to \pi^*_{O-C=O} + \sigma^*_{C-H'}$）占 15%。

在 186.6 nm 处的第二个正吸收带是由 6 个波长相近的跃迁产生。其中作出主要贡献的跃迁（图中最强的绿线）为 $1^1A \to 3^1B$。这是一个比较纯的跃迁，转动强度高达 0.5224 DBM，所涉及的轨道跃迁为：$44 \to 47$（$\pi_{N-P} + n_{=O} + \sigma_{C-C-H} \to s$）占 71%。由于激发态主要为 Rydberg 的 s 轨道，因此这是一个典型的 $\pi \to s$ 型 Rydberg 跃迁。

此外，图 21 中位于 161.8 nm 处的负吸收带是由许多跃迁吸收叠加而成，且均具有明显的 Rydberg 跃迁特征。其中最强的跃迁是 $1^1A \to 12^1A$，转动强度为 -0.5732 DBM。该跃迁的 60% 来自轨道跃迁 $43 \to 51$（$\pi_{N-P-N} + \sigma_{P-H} \to p_z$），20% 来自 $44 \to 52$（$\pi_{N-P} + n_{=O} + \sigma_{C-C-H} \to p_y$），是一个典型的 $\pi \to p$ 型 Rydberg 跃迁。

表 6　双甘氨酸五配位氢膦烷 **11** 重要低能激发态的组成与跃迁类型

| 激发类型 | 激发组态 | 百分比/%[a] | 轨道跃迁类型[b] |
|---|---|---|---|
| $1^1A \to 1^1B$ | $45 \to 48$ | 42 | $n_{=O} + \sigma_{C-C-O} \to \pi^*_{O-C=O} + \sigma^*_{C-H}$ |
| $1^1A \to 1^1B$ | $46 \to 49$ | 26 | $\pi_{N-P} + n_{=O} + \sigma_{C-C-O} \to \pi^*_{O-C=O} + \pi^*_{C-H'}$ |
| $1^1A \to 1^1B$ | $44 \to 49$ | 15 | $\pi_{N-P} + n_{=O} + \sigma_{C-C-H} \to \pi^*_{O-C=O} + \pi^*_{C-H'}$ |
| $1^1A \to 3^1A$ | $45 \to 47$ | 87 | $n_{=O} + \sigma_{C-C-O} \to s$ |
| $1^1A \to 3^1B$ | $44 \to 47$ | 71 | $\pi_{N-P} + n_{=O} + \sigma_{C-C-H} \to s$ |
| $1^1A \to 12^1A$ | $43 \to 51$ | 60 | $\pi_{N-P-N} + \sigma_{P-H} \to p_z$ |
| $1^1A \to 12^1A$ | $44 \to 52$ | 20 | $\pi_{N-P} + n_{=O} + \sigma_{C-C-H} \to p_y$ |

备注：(a)该类型的轨道跃迁在相应激发类型中所占的百分比；(b)轨道的主要成分之间用"+"号隔开，并按权重由大到小依次列出。如 46 号的 HOMO 轨道为 $\pi_{N-P} + n_{=O} + \sigma_{C-C-O}$，表示其主要成分是位于 N-P 键上的 π 轨道，其次为位于=O 上的 n 轨道，第三为位于 C-C-O 上的 σ 成分，其余类推。注意，$\pi_{N-P}$ 是由 N 原子的 $2p_z$ 轨道和 P 原子的 $3d_{xz}$，$3d_{yz}$ 轨道部分重叠形成的定域轨道，$\pi_{N-P-N}$ 则是由 N 原子的 $2p_z$ 轨道和 P 原子的 $3d_{z^2}$ 轨道部分重叠形成的离域轨道，而 s、p、d 和 f 指具有相应形状的类 Rydberg 轨道。

通过上述分析可以看出，当双氨基酸五配位氢膦烷仅含有一个中心手性磷原子时，$\Delta_\text{P}$ 构型在 215.5 nm 和 186.6 nm 附近表现出正的 Cotton 效应，在 161.8 nm 附近表现出负的 Cotton 效应；由此可以推测出 $\Lambda_\text{P}$ 构型在 215.5 nm 和 186.6 nm 附近应表现出负的 Cotton 效应，在 161.8 nm

附近应表现出正的 Cotton 效应。在实际测试中,由于化合物性质与仪器测试条件的限制,低于 185 nm 的固体和溶液 ECD 光谱通常很难被观测到。

## 5. 结论

本工作借鉴配位化学命名法对三角双锥构型的双氨基酸五配位氢膦烷进行绝对构型命名,方法简捷可靠且实用,值得进一步推广。本文研究的双氨基酸五配位氢膦烷化合物 **3a～10b** 具有高度的结构稳定性及独特的立体化学特性,包含有 3 个手性中心:1 个五配位磷手性中心和 2 个 α 位手性碳原子中心。通过对它们的 X 射线晶体结构分析和固体 ECD 光谱测定发现:若氨基酸 α 位手性碳原子上的侧链含有生色基团,则 α 位手性碳原子和五配位磷手性中心会共同对 ECD 光谱产生影响。对于双苯甘氨酸五配位氢膦烷来讲,氨基酸侧链含有苯环,属于强生色团,并且苯环与 α 手性碳原子直接相连,因此受到 α 位碳原子的手性影响也比较大,中心磷原子与氨基酸 α 位手性碳原子的绝对构型共同作用而对苯环产生影响,所以固体 ECD 光谱表现出特殊的形式。同样,双苯丙氨酸五配位氢膦烷的 ECD 光谱也是受到中心磷原子和氨基酸 α 位手性碳原子绝对构型的共同影响,但是其结构中的苯环与氨基酸的 α 位手性碳原子之间相隔一个 $CH_2$ 基团,受到 α 位手性碳原子的影响比双苯甘氨酸五配位氢膦烷要小得多,从固体 ECD 光谱的 Cotton 效应来看,它受到磷手性中心绝对构型的影响更大,所呈现的规律与双缬(亮)氨酸五配位氢膦烷具有一定的一致性,即:当中心磷原子的绝对构型是 $\Delta_P$ 时,主要表现出正 Cotton 效应;当中心磷原子的绝对构型是 $\Lambda_P$ 时,则为负 Cotton 效应。

采用量子化学理论计算模拟唯手性磷中心的双甘氨酸五配位氢膦烷的 ECD 光谱,发现磷手性中心对 ECD 光谱贡献主要在 220～180 nm 波段,并且进一步证实:当中心磷原子的绝对构型是 $\Delta_P$ 时,在该波段表现出正 Cotton 效应;当中心磷原子的绝对构型是 $\Lambda_P$ 时,则 ECD 信号与之相反。

在生命过程中,五配位磷化合物经常以中间体或过渡态的形式出现,它的空间构型很可能影响着整个化学反应的方向。针对含有五配位磷手性中心的三角双锥模型化合物展开的相关研究,可为更好地理解生物化学过程中磷酰基的转移机制等生命科学问题提供新的研究思路和理论依据。

**致谢:**感谢国家自然科学基金项目(20732004、20572061、20773098)的资助。

**参考文献**

[1] ZHANG Z Y. Chemical and mechanistic approaches to the study of protein tyrosine phosphatases [J]. Acc. Chem. Res., 2003, 36(6): 385-392.

[2] ROBERTS G C K, DENNIS E A, MEADOWS D H, et al. The mechanism of action of ribonuclease [J]. Proc. Natl. Acad. Sci. U. S. A., 1969, 62(4): 1151-1158.

[3] LAHIRI S D, ZHANG G F, DUNAWAY-MARIANO D, et al. The pentacovalent phosphorus intermediate of a phosphoryl transfer reaction [J]. Science, 2003, 299(5615): 2067-2071.

[4] GARRIGUES B, KLAEBE A, MUNOZ A. Pimerisation de l'atome de phosphore dans des phosphoranes d'α-Aminoacides naturels [J]. Phosphorus Sulfur and Silicon and the Related Elements, 1980, 8(2): 153-156.

[5] KLAEBE A, BRAZIER J F, GARRIGUES B, et al. Optically active spirophosphoranes: Absolute configuration and separation of the contributions of the helix and the ligands to the optical rotation [J]. Phosphorus Sulfur and Silicon and the Related Elements, 1981, 10(1): 53-59.

[6] FU H, XU J H, WANG R J, et al. Synthesis, crystal structure, and diastereomeric transfer of pentacoordinated phosphoranes containing valine or iso-leucine residue [J]. Phosphorus Sulfur and Silicon and the Related Elements, 2003, 178(9): 1963-1971.

[7] KOJIMA S, KAJIYAMA K, AKIBA K Y. Characterization of an optically active pentacoordinate phosphorane

with asymmetry only at phosphorus [J]. Tetrahedron Lett., 1994, 35(38): 7037-7040.

[8]  GARRIGUES B, MUNOZ A, KOENIG M, et al. Spirophosphroanylation d'α-amino acides-I: Preparation et tautomerie [J]. Tetrahedron, 1977, 33(6): 635-643.

[9]  章慧, 等. 配位化学——原理与应用 [M]. 北京: 化学工业出版社, 2009.

[10] GILLESPIE R J. Molecular geometry [M]. New York: Nostrand Reinhold, 1972.

[11] HELLWINKEL D. Die stereochemie organischer derivate des fünf-und sechsbindigen phosphors, I. Das tris-biphenylen-phosphat-anion und bis-biphenylen-biphenylyl-(2)-phosphoran [J]. Chem. Ber., 1966, 99(11): 3628-3641.

[12] 侯建波. 手性双氨基酸五配位氢膦烷的立体化学研究 [D]. 厦门: 厦门大学, 2009.

[13] MARTIN J C, BALTHAZOR T M. Sulfuranes. 22. Stereochemical course of an associative displacement at tetracoordinate sulfur (IV) in a sulfurane of known absolute configuration. A proposed system of nomenclature for optically active pentacoordinate species [J]. J. Am. Chem. Soc., 1977, 99(1): 152-162.

[14] VON ZELEWSKY A. Stereochemistry of coordination compounds [M]. Chichester: John Wiley & Sons. Ltd., 1996: 100-101.

[15] MAMULA O, VON ZELEWSKY A, BARK T, et al. Predermined chirality at metal centers of various coordination geometries: A chiral cleft ligand for tetrahedral (T-4), square-planar (SP-4), trigonal-bipyramidal (TB-5), square-pyramidal (SPY-5), and octahedral (OC-6) complexes [J]. Chem. Eur. J., 2000, 6(19): 3575-3585.

[16] HOU J B, TANG G, GUO J N, et al. Stereochemistry of chiral pentacoordinate spirophosphoranes correlated with solid-state circular dichroism and $^1$H NMR spectroscopy [J]. Tetrahedron: Asymmetry, 2009, 20(11): 1301-1307.

[17] HOU J B, ZHANG H, GUO J N, et al. Chirality at phosphorus in pentacoordinate spirophosphoranes: Stereochemistry by X-ray structure and spectroscopic analysis [J]. Org. Biomol. Chem., 2009, 7(15): 3020-3023.

# 手性金属苯配合物的金属中心手性构型翻转

林然[1,*]，张弘[2]，李顺华[2]，章伟光[3]，王越奎[4,*]，温庭斌[2]，章慧[2,*]，夏海平[2,*]

[1] 福建农林大学生物农药与化学生物学教育部重点实验室,福建,福州 350002
[2] 厦门大学化学化工学院,福建,厦门 361005
[3] 华南师范大学化学学院,广东,广州 510631
[4] 山西大学分子科学研究所,化学生物学与分子工程教育部重点实验室,山西,太原 030006
*E-mail: lrsummer@163.com; ykwang@sxu.edu.cn; huizhang@xmu.edu.cn; hpxia@xmu.edu.cn

摘要：本文报道了金属苯与天然手性氨基酸之间的相互作用。通过手性高效液相色谱法对相反手性 (L-/D-)半胱氨酸与金属苯配合物 [Ru{CHC(PPh₃)CHC(PPh₃)CH}Cl(C₁₂H₈N₂)(PPh₃)]Cl₂ (**1**) 的响应产物 **2**(**L**) 和 **2**(**D**) 进行分离提纯。对配合物 **2** 进行单晶衍射、电子圆二色(ECD)谱、核磁共振 (NMR)谱的表征,并结合单晶衍射(SCXRD)数据计算模拟的理论 ECD 光谱,最终确定配合物 **2** 的结构及其金属中心绝对构型。此外,还采用动态 ECD 光谱和 NMR 谱跟踪手性半胱氨酸与金属 苯配合物 **1** 发生的取代反应,证实了反应过程中存在金属中心手性构型自动翻转的现象。考察了 pH 值对产物手性构型稳定性变化的影响,探究金属苯配合物 **2** 金属中心手性变化的机理及其作 为手性光学开关的应用潜力。

关键词：手性；金属苯；氨基酸；手性金属中心；构型翻转

## Inversion of the Metal-Centered Chirality of Metallabenzenes

LIN Ran*, ZHANG Hong, LI Shunhua, ZHANG Weiguang, WANG Yuekui*,

WEN Tingbin, ZHANG Hui*, XIA Haiping*

**Abstract**：We report herein the study on the chemical interaction between metallabenzenes and natural chiral α-amino acids. Chiral-HPLC was employed to isolate the *L/D*-cysteine-titrated products **2**(*L*)/**2**(*D*) of metallabenzene [Ru{CHC(PPh₃)CHC(PPh₃)CH}Cl(C₁₂H₈N₂)(PPh₃)]Cl₂(**1**). The structure of complex **2** has been determined by ECD, NMR and SCXRD. A chiroptical property calculation was also used to assign the configurations of **2**. Due to the unique stereo-electronic activities, metallabenzene **1** selectively binds cysteine in aqueous solution at physiological pH and then undergoes a dynamic inversion of configuration at the metal center. Furthermore, the inversion process of the metal-centered configuration could be conveniently controlled by simple pH adjustment. The mechanism of switchable chiral metal center of metallabenzene **2** was investigated and it should be potentially applicable to the chiral optical switch.

**Key Words**：Chirality; Metallabenzene; Amino acid; Chiral metal center; Inversion of configuration

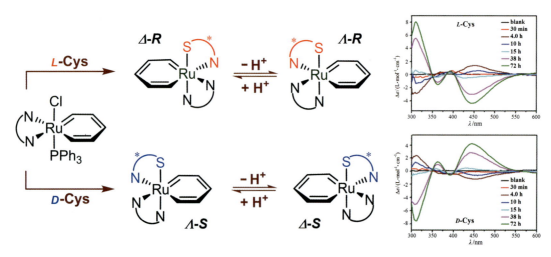

## 1. 引言

金属苯[1]是过渡金属杂苯（metallabenzene）的简称，它是苯分子上一个 CH 基团被一个含配体的过渡金属（ML$_n$）取代的过渡金属杂环己三烯。1979 年，理论化学家 Thorn 和 Hoffmann[2] 最先将 Hückel（休克尔）规则运用到金属苯的理论推测上，预言了如图 1 中所示的三类金属杂环（其中，L 代表含孤对电子的中性配体，X 代表卤素）应该存在着离域键并且可能具备一些芳香特性。

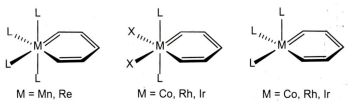

图 1   Thorn 和 Hoffmann 理论推测的三类稳定金属苯

1982 年，Roper 小组成功制得了首例稳定的金属苯[3]。但直到 2000 年以后，金属苯领域的研究才得以迅速发展，围绕着新的合成方法和新拓展的中心金属，获得了许多结构新颖的金属苯[4-10]。铁、镍、钌、钽、钨、铼、锇、铱、铂等多种过渡金属都可用于构筑金属苯[5-9]。夏海平课题组在 2006 年报道了以有机源 HC≡CCH(OH)C≡CH 进行[5+1]关环反应合成金属苯[Ru(CHC(PPh$_3$)CHC(PPh$_3$)CH)Cl$_2$(PPh$_3$)$_2$]Cl(M=Ru) 的"一锅法"。该方法具有原料易得、合成简便、产物易纯化、反应产率较高的优点，并且所得产物易发生配体取代反应而被进一步设计修饰，为开展金属苯的性能及应用研究打下了良好的基础[11-13]。

金属苯是结构新颖的八面体配合物，具有丰富的配位立体化学性质。当中心金属与单齿[14]、双齿或多齿非手性配体配位时，会产生各种几何和光学异构体。其手性中心通常位于中心金属上，被称为"唯手性金属中心"（chiral-only-at-metal）；而当配体具有手性时，则由于存在着多手性中心（或多手性元素，包括手性中心、轴或面）的形式繁多的非对映异构体，从而产生了复杂的异构体问题。例如，从配位立体化学的角度分析，金属苯配合物 **1** 与手性双齿配体半胱氨酸作用生成的金属苯配合物 **2**，可能存在 4 种不同的几何和光学非对映异构体；当采用消旋半胱氨酸代替手性半胱氨酸时，则有可能存在 8 种不同的几何和光学异构体（图 2）。

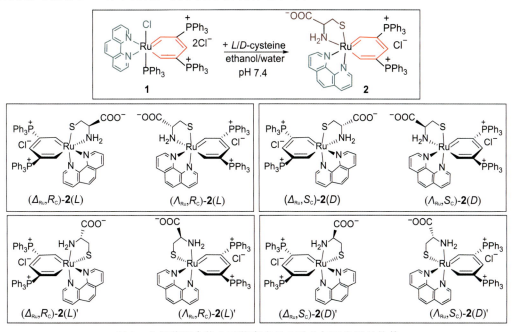

图 2   金属苯配合物 **2** 可能存在的 8 种几何和光学异构体

我们在前期工作中探索了双齿非手性配体 1,10-菲罗啉取代的金属苯配合物 **1** 的荧光性质,及该配合物对一些具有配位能力的重要生命物质和生理标示物质的光学响应[13]。如图 3 所示,金属苯配合物 **1** 对 L-半胱氨酸有较显著的特征紫外可见和荧光响应,在生理 pH 值条件下,半胱氨酸可检测的浓度范围为 $10^{-5} \sim 10^{-4}$ mol·L$^{-1}$,并可以肉眼观察到明显的颜色变化(绿色→橙色)(图 4),说明金属苯配合物 **1** 有作为检测氨基酸的荧光探针的潜在应用价值。

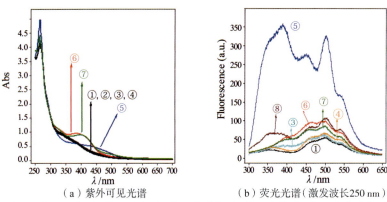

(a) 紫外可见光谱　　　　(b) 荧光光谱(激发波长 250 nm)

①空白;②L-丙氨酸;③L-蛋氨酸;④L-胱氨酸;⑤L-半胱氨酸;⑥谷胱甘肽;⑦L-高半胱氨酸;⑧巯基乙酸

图 3　金属苯配合物 **1** 对不同物质响应的光谱分析

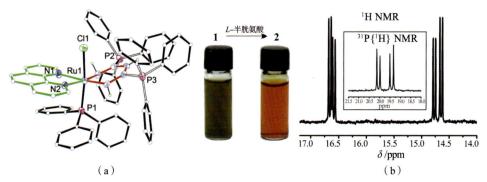

(a)　　　　　　　　　　　　(b)

图 4　(a)金属苯配合物 **1** 的晶体结构图;(b)金属苯配合物 **2**(L)的 NMR 谱特征峰截图

前期研究还对 L-半胱氨酸响应的金属苯配合物 **2**(L)进行了初步提纯和表征 [图 4(b)]。由 $^1$H NMR 谱可以观察到,初步提纯的金属苯配合物 **2**(L)的金属邻位碳上的两种特征质子信号分别位于 16.7、14.6 ppm 和 16.6、14.8 ppm 处;从 $^{31}$P{$^1$H} NMR 谱可以观察到,两种 CPPh₃ 信号分别位于 20.1、19.3 ppm 和 20.0、19.5 ppm 处,因此推测可能存在两种异构体。在 $^1$H NMR 谱中,位于金属邻位碳上的质子信号(RuCH:14.6 ~ 16.7 ppm)远高于普通芳烃的化学位移,这是由于金属邻位碳上的质子不仅受到金属中心各向异性的去屏蔽效应的强烈作用,同时还受到其相邻碳上的 PPh₃ 取代基的去屏蔽影响。这两种效应的共同作用导致金属苯配合物中 RuCH 的化学位移向低场远远偏移[13]。

如果能够在复杂的产物体系中成功分离得到单一的异构体,并以之作为研究对象,将有利于理解金属苯的配位立体化学方面的信息。而深入探究金属苯配合物 **1** 作为手性半胱氨酸荧光探针的反应过程及机理,对于开拓金属苯配合物在相关研究领域的潜在应用显然具有重要意义。

遗憾的是,虽然手性半胱氨酸与金属苯配合物 **1** 作用的 4 种可能产物是非对映异构体(图 2),理论上采用普通柱层析法就能够实现分离,但由于各种异构体在结构和性质上仅存在微小差别,实验中无论使用普通柱层析或 C18 非手性色谱柱都未能得到理想的分离结果。章伟光课题组在手性高效液相色谱(chiral high performance liquid chromatography,简称 CHPLC)分离提纯手性化合物方面具有丰富的经验,所研制的手性材料具有分离效果好、适应范围广的特点。经过初步尝试,发现用该类手性固定相填充的分析型和制备型手性色谱柱对金属苯配合物 **2** 均有较好的分离作用。

本文工作从相反手性($L$-/$D$-)半胱氨酸与金属苯配合物 **1** 的响应产物 **2**($L$) 和 **2**($D$) 出发,采用章伟光课题组研制的新型手性色谱柱,通过 CHPLC 进行分离提纯,并对分离组分进行 ECD、NMR、SCXRD 等表征,最终确定响应产物 **2** 的结构和金属中心绝对构型。此外,还进一步采用动态 ECD 光谱和 NMR 谱跟踪手性半胱氨酸与金属苯配合物 **1** 发生取代反应的全过程。对金属中心绝对构型稳定的金属苯配合物($\Lambda_{Ru}$, $R_C$)-**2**($L$) 和($\Delta_{Ru}$, $S_C$)-**2**($D$) 进行了 ECD 光谱和 NMR 谱跟踪,考察 pH 值对产物稳定性变化的影响,探究金属苯配合物 **2** 手性金属中心绝对构型变化的机理及其作为手性光学开关的应用潜力[15]。

## 2. 半胱氨酸配位金属苯的手性拆分和结构表征

### 2.1 金属苯 2($L$) 的分离,及产物 ECD 光谱、NMR 谱的表征

以初步提纯的金属苯配合物 **2**($L$) 为原料,采用半制备型 CHPLC 柱分离,仅得到两个组分,并对其进行即时 ECD 光谱检测 [图 5(b)]。由所得 ECD 光谱可分析得:两个组分的 ECD 光谱曲线几乎呈镜像对称,其中在可见光区 450 nm 处的强吸收峰可能是与金属中心手性构型相关的荷移跃迁(metal to ligand transfer,简称 MLCT)[16]。这表明其手性光学性质主要与金属中心的手性构型有关。

因此推测:在 $L$-半胱氨酸与无 ECD 光谱信号的金属苯配合物 **1** 发生取代反应时,氨基酸的硫原子与氮原子在配位过程中存在特殊的立体选择性,导致反应产物是一对金属中心手性相反的非对映异构体,即在该实验条件下不存在我们之前推测的几何异构体(图 2)。

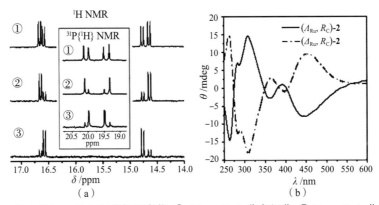

① ($\Delta_{Ru}$, $R_C$)/($\Lambda_{Ru}$, $R_C$)-初步提纯产物;② ($\Lambda_{Ru}$, $R_C$)-分离组分;③ ($\Delta_{Ru}$, $R_C$)-分离组分

图 5 (a)金属苯配合物 **2**($L$) 及其 CHPLC 分离组分的 NMR 谱特征峰截图;(b)CHPLC 分离组分的 ECD 光谱

对比 CHPLC 柱分离组分与初步提纯产物的 NMR 特征峰截图 [图 5(a)],也可以观察到明显的分离效果:在其中一种单一组分的 $^1$H NMR 谱中,16.7、14.6 ppm 处金属邻位碳上质子的特征信号强度很强,远大于 16.6、14.8 ppm 处的信号。可以判断是单一手性异构体过量的结果。同理,另一组分的 $^1$H NMR 谱也显示存在单一手性异构体过量的现象。

值得一提的是,我们虽然已经通过 CHPLC 柱成功分离了金属苯 **2**($L$) 的两种非对映异构体,却仍然无法将两个物种所代表的 ECD 光谱或者 NMR 谱与其金属中心的绝对构型相关联。为了论文叙述上的方便,图 5 金属中心绝对构型的指认已经结合了 2.2 和 2.3 的工作,详见后续讨论。

综上所述,本小节研究工作通过半制备型 CHPLC 柱的分离、ECD 光谱、NMR 谱对分离组分

进行表征,探明了手性金属苯配合物 **2**(*L*) 是一对金属中心手性相反的非对映光学异构体,即 ($\Lambda_{Ru}$, $R_C$)-**2**(*L*) 与 ($\Delta_{Ru}$, $R_C$)-**2**(*L*) 的组合,或者 ($\Lambda_{Ru}$, $R_C$)-**2**(*L*)′ 与 ($\Delta_{Ru}$, $R_C$)-**2**(*L*)′ 的组合(图 2),而并非我们在图 2 中推测的两种几何异构体共存。

### 2.2 金属苯 2(*L*) 晶体结构的表征

在研究工作开展过程中,我们幸运地获得了一颗 **2**(*L*) 的单晶。SCXRD 实验结果表明:在金属苯配合物 **2**(*L*) 单晶结构的不对称单元中含有两个独立的分子 ($\Lambda_{Ru}$, $R_C$)-**2**(*L*) 和 ($\Delta_{Ru}$, $R_C$)-**2**(*L*),正是一对碳原子手性相同而金属中心手性相反($\Lambda$ 和 $\Delta$ 构型)的非对映异构体。这与前述 CHPLC 分离的结果相符,从而证明了并不存在半胱氨酸配体上双齿硫和氮原子与钌原子配位的几何异构现象。如图 6 所示,独立分子 ($\Lambda_{Ru}$, $R_C$)-**2**(*L*) [ 图 6(a) ] 的结构中含有一个基本共平面的金属苯环结构,Ru1a/C1a/C2a/ C3a/C4a/C5a 六个原子偏离拟合平面的均方根偏差值仅为 0.0144;半胱氨酸的配位硫原子位于八面体分子的轴向上,而配位氮原子与金属苯环共面,半胱氨酸配体的手性碳构型为 *R*,金属钌中心的绝对构型为 $\Lambda$;而在另一个独立分子 ($\Delta_{Ru}$, $R_C$)-**2**(*L*) [ 图 6(b) ] 的结构中,钌中心的绝对构型为 $\Delta$。

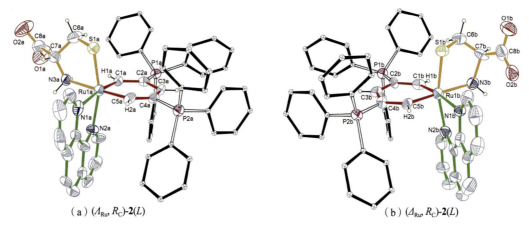

(a) ($\Lambda_{Ru}$, $R_C$)-**2**(*L*)　　　　　　　　　　　(b) ($\Delta_{Ru}$, $R_C$)-**2**(*L*)

图 6　金属苯配合物 **2** 的晶体结构图(晶胞中存在一对非对映异构体)

从简化的金属苯 **2**(*L*) 的晶体结构图(图 7)可以更加清晰地看出,两个非对映异构体的 *L*-半胱氨酸上羧基的空间所占据的位置不同,导致金属苯 ($\Lambda_{Ru}$, $R_C$)-**2**(*L*) 中心金属邻位碳上的两个 α-H (H1a,H2a) 空间环境差异大于金属苯 ($\Delta_{Ru}$, $R_C$)-**2**(*L*) 中心金属邻位碳上的两个 α-H (H1b,H2b);而表 1 列出的 α-H 与羧基上氧原子的空间距离数据,更是直观地表明了这种差异 ($\Delta$ | Ha-Oa | > $\Delta$ | Hb-Ob |)。因此推测,在 $^1$H NMR 谱中应该会体现出:金属苯 ($\Lambda_{Ru}$, $R_C$)-**2**(*L*) 两个 α-H 的化学位移值之差大于金属苯 ($\Delta_{Ru}$, $R_C$)-**2**(*L*)。类似地,金属苯环上的两个季鏻在 $^{31}$P$\{^1$H$\}$ NMR 中也会体现出相同规律的差异。根据这种差异,我们对图 5(a) 的 NMR 谱特征峰截图所代表的产物构型进行了指认,并关联了相对应组分的 ECD 光谱。

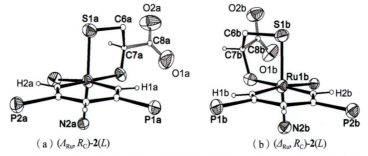

(a) ($\Lambda_{Ru}$, $R_C$)-**2**(*L*)　　　　　　　(b) ($\Delta_{Ru}$, $R_C$)-**2**(*L*)

图 7　金属苯配合物 **2** 的晶体结构简化图(晶胞中存在一对非对映异构体)

表 1　$(\Lambda_{Ru}, R_C)$-2$(L)$ 和 $(\Delta_{Ru}, R_C)$-2$(L)$ 晶体结构中部分原子之间的空间距离数据　单位：$10^{-10}$ m

| | O1a | O2a | | O1b | O2b |
|---|---|---|---|---|---|
| H1a | 4.108 | 5.385 | H1b | 5.714 | 5.318 |
| H2a | 7.337 | 7.654 | H2b | 6.607 | 5.701 |
| $\Delta|Ha\text{-}Oa|$ | 3.229 | 2.269 | $\Delta|Hb\text{-}Ob|$ | 0.893 | 0.383 |
| P1a | 6.606 | 7.932 | P1b | 8.107 | 8.022 |
| P2a | 8.114 | 8.301 | P2b | 8.928 | 8.288 |
| $\Delta|Pa\text{-}Oa|$ | 1.508 | 0.369 | $\Delta|Pb\text{-}Ob|$ | 0.821 | 0.266 |

在本小节研究工作中，我们通过 SCXRD 实验确定了一对非对映异构体的几何构型，排除了 $(\Lambda_{Ru}, R_C)$-2$(L)'$ 与 $(\Delta_{Ru}, R_C)$-2$(L)'$ 组合的可能性，并根据晶体的空间结构差异推测了 $(\Lambda_{Ru}, R_C)$-2$(L)$ 和 $(\Delta_{Ru}, R_C)$-2$(L)$ 构型分别对应的 NMR 谱，关联了对应的 ECD 光谱。

### 2.3 理论 ECD 光谱与实验 ECD 光谱的比较

为了进一步探究根据 SCXRD 实验确定的一对非对映异构体的绝对构型，我们与山西大学王越奎课题组合作，利用获得的金属苯 2$(L)$ 的单晶结构数据，计算模拟了 $(\Lambda_{Ru}, R_C)$-2$(L)$ 的理论 ECD 光谱。由于手性金属苯 2$(L)$ 结构的复杂性（如所占空间庞大的 $PPh_3$ 配体），计算中对模型的选取不得不采取很大的近似，从而导致理论谱的波长位置和强度并不完全与实验谱一致，但正、负 Cotton 效应的数目及其分布则基本吻合。理论 ECD 谱 [图 8(a)] 的 Cotton 效应在紫外可见区（250～550 nm）中有 2 个正信号带和 3 个负信号带，其分布为：261.2 nm（负）、297.6 nm（正）、335.4 nm（负）、372.2 nm（正）、433.0 nm（负）。实验 ECD 谱 [图 8(b)] 也表现出相同的分布：266.1 nm（负）、282.8 nm（正）、364.8 nm（负）、394.3 nm（正）、450.6 nm（负）。

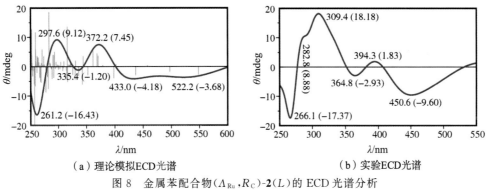

（a）理论模拟 ECD 光谱　　　　　　　　　　（b）实验 ECD 光谱

图 8　金属苯配合物 $(\Lambda_{Ru}, R_C)$-2$(L)$ 的 ECD 光谱分析

王越奎课题组还进一步对金属苯配合物 $(\Lambda_{Ru}, R_C)$-2$(L)$ 的实验 ECD 光谱进行了理论分析，认为：

（1）266 nm 和 309 nm 处一对强 ECD 带可以指认为非典型激子耦合谱带，主要涉及邻菲罗啉和金属苯环（包含三苯基膦）上 π-π* 跃迁的混合。

（2）365 nm 和 394 nm 处的一对弱谱带则是以 n-π* 跃迁为主的（其中 n 电子属于半胱氨酸上的硫原子，π 轨道涉及金属苯环和三苯基膦），同时也包含部分 d-π*（邻菲罗啉）的贡献。因此，这两个带也具有荷移跃迁的特征。由于金属苯环的 π* 轨道中包含少量 d 轨道的成分，故这两个 ECD 带也涉及部分 d-d 跃迁的贡献，但可以忽略。

（3）451 nm 处的负带是以 d-π*（邻菲罗啉和金属苯环）荷移跃迁为主的，同时包含部分 π-π*

(金属苯环)的贡献。

本小节中,理论 ECD 光谱的模拟结果显示,金属苯($\varLambda_{Ru}$,$R_C$)-**2**($L$)在 450 nm 处的 ECD 光谱信号为负 Cotton 效应,且位于 266 nm 和 309 nm 处一对强 ECD 带所构成的正手性激子裂分样式也证明了其金属中心的手性为左手螺旋的 $\varLambda$ 构型,为 2.1 的推测提供了有力的支持。

### 2.4 金属苯 2(D)的分离及表征

同样地,以初步提纯的金属苯配合物 **2**($D$)为原料,采用半制备型 CHPLC 柱分离,也仅得到两种组分,并进行了即时 ECD 光谱检测[图 9(a)],所得两种组分的 ECD 光谱曲线也几乎呈镜像对称;在对 **2**($D$)的两种组分进行 NMR 表征后,发现其与 **2**($L$)的两种组分的 NMR 谱图几乎相同。因此我们判断,($\varDelta_{Ru}$,$S_C$)-**2**($D$)与($\varLambda_{Ru}$,$R_C$)-**2**($L$)[图 9(b)]、($\varLambda_{Ru}$,$S_C$)-**2**($D$)与($\varDelta_{Ru}$,$R_C$)-**2**($L$)分别是一对光学对映异构体,并且可以很容易地对金属苯配合物 **2**($D$)两种组分的金属中心绝对构型做出指认。

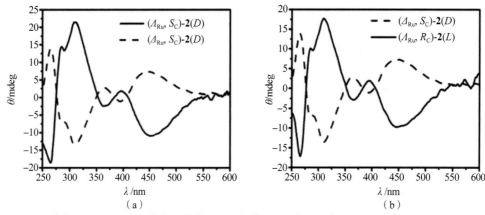

图 9 (a)配合物 **2**($D$)CHPLC 分离组分的 ECD 光谱和(b)分离后的一对对映体组分($\varLambda_{Ru}$,$R_C$)-**2**($L$)和($\varDelta_{Ru}$,$S_C$)-**2**($D$)的 ECD 光谱

## 3. 半胱氨酸配位金属苯的金属中心手性构型翻转

### 3.1 ECD 光谱跟踪实验

如上所述,我们成功分离了手性金属苯配合物 **2**($L$)的两种光学异构体,而在对这些异构体进行 ECD 光谱表征的过程中,我们意外发现,随着色谱分离的($\varDelta_{Ru}$,$R_C$)-**2**($L$)组分放置时间的延长,其 ECD 信号有逐渐减弱并向相反构型信号转变的趋势,而($\varLambda_{Ru}$,$R_C$)-**2**($L$)组分的 ECD 信号却能够保持稳定。因此推测,金属苯($\varDelta_{Ru}$,$R_C$)-**2**($L$)并不是能稳定存在的物种,在某些因素的影响下,($\varDelta_{Ru}$,$R_C$)-**2**($L$)可能会向具有相反金属中心手性构型的产物($\varLambda_{Ru}$,$R_C$)-**2**($L$)转化,由此产生手性信号的反转。这种非同寻常的手性构型翻转现象,引起了我们进一步探究的兴趣。

实验中,首先配制了金属苯配合物 **1** 与 $L$-半胱氨酸物质的量比例为 1∶1 的乙醇-水溶液,并在生理 pH 及室温条件下,采用动态 ECD 光谱跟踪法,考察该反应随时间变化的过程。

如图 10(a)所示,将 $L$-半胱氨酸加入金属苯配合物 **1** 后,在约 405 nm 处出现了一个微弱的正吸收峰;随着反应的进行,450 nm 处也出现了正吸收信号,并且逐渐增强,4 h 后达到最强。通过与图 5(b)的 ECD 谱图比较,推测此时是金属苯配合物($\varDelta_{Ru}$,$R_C$)-**2**($L$)为主要产物。此后,450 nm 处正吸收信号逐渐减弱,15 h 后 ECD 信号消失,并且开始呈现负信号;约 72 h 后,450 nm 处的负吸收达到最大,并且不再变化,此时 ECD 谱图呈现清晰的特征吸收。经比较可知,这与其对映体($\varLambda_{Ru}$,$R_C$)-**2**($L$)的 ECD 信号特征相一致。

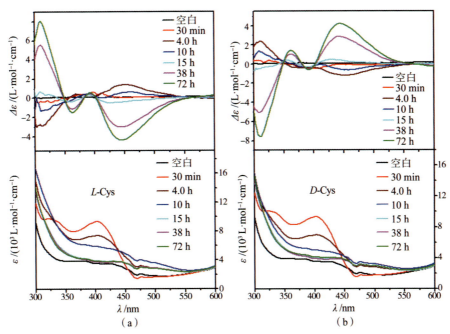

图 10　采用动态 ECD 光谱跟踪手性半胱氨酸与金属苯配合物 **1** 发生取代反应的过程

　　由上述实验结果推测,反应起始是优先生成金属苯配合物($\Delta_{Ru},R_C$)-**2**($L$);随着反应进行,伴随着($\Delta_{Ru},R_C$)-**2**($L$)的生成,在 450 nm 处的 ECD 正峰逐渐成形;之后($\Delta_{Ru},R_C$)-**2**($L$)开始向($\Lambda_{Ru},R_C$)-**2**($L$)转变,ECD 光谱上 450 nm 处正信号逐渐减弱并消失(当 $L$ 和 $D$ 构型比例为 1∶1 时),随即向负信号转变;当($\Delta_{Ru},R_C$)-**2**($L$)基本转化为($\Lambda_{Ru},R_C$)-**2**($L$)时,相应在 450 nm 处负的 ECD 吸收峰达到最大值。

　　采用同样的方法,我们跟踪了 $D$-半胱氨酸取代金属苯配合物 **1** 的反应 [图 10(b)],ECD 谱呈现出($\Lambda_{Ru},S_C$)-**2**($D$)构型产物向($\Delta_{Ru},S_C$)-**2**($D$)构型产物手性信号反转的过程。

### 3.2　NMR 谱跟踪实验

　　对上述金属苯 **1** 与 $L$-半胱氨酸的 ECD 光谱响应和自发产生手性构型翻转的反应进行原位 NMR 谱的进一步模拟跟踪。

　　如图 11 所示的 $^1$H NMR 和 $^{31}$P$\{^1$H$\}$ NMR 特征谱区域的演变显示,金属苯 **1** 溶液中加入 $L$-半胱氨酸后的 5 min 内立即生成了中间体 **A**(图 12)。从中间体 **A** 的 $^1$H NMR 谱中可以观察到:对比原料 **1** 相对向高场偏移的 RuCH 信号,位于 11.7 ppm 的 $^{31}$P$\{^1$H$\}$ NMR 谱出现了两个磷信号,分别位于 10.8 ppm(s,CPPh$_3$)、50.0 ppm(s,RuPPh$_3$)处,表明 **A** 仍然含有与中心金属配位的一个 PPh$_3$ 配体。推测反应机理可能是 $L$-半胱氨酸中配位能力较强的巯基,优先取代了金属苯 **1** 上的 Cl$^-$ 配体,生成了单齿配位的金属苯中间体 **A**。

　　大约 30 min 后,开始观察到金属苯配合物($\Delta_{Ru},R_C$)-**2**($L$)的生成,同时伴随着少量($\Lambda_{Ru},R_C$)-**2**($L$)的生成。此后的一段时间内,反应一直处于($\Delta_{Ru},R_C$)-**2**($L$)手性异构体过量的状态,同时可以观察到中间体 **A** 被逐渐消耗。4 h 后,($\Delta_{Ru},R_C$)-**2**($L$)与($\Lambda_{Ru},R_C$)-**2**($L$)的比例达到相当,约为 1∶1。随着反应时间的延长,这个比例进一步减小,反应开始出现($\Lambda_{Ru},R_C$)-**2**($L$)手性异构体量逐渐加大的状态。8 h 后,($\Delta_{Ru},R_C$)-**2**($L$)与($\Lambda_{Ru},R_C$)-**2**($L$)的非对映异构体之比接近 3∶10,并不再发生变化,而且该构型比例可以在室温的核磁管中保持 3 个月以上。

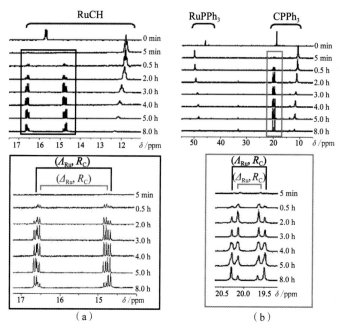

图 11　采用动态 NMR 谱跟踪手性半胱氨酸与金属苯配合物 **1** 发生取代反应的过程(下方为特征峰截图区域)

结合表 1 的晶体数据,在金属苯配合物 **2**(L)两种构型产物的结构中,羧基上的氧原子与季鏻取代基之间的距离存在较大差异:($\varLambda_{Ru}$,$R_C$)-**2**(L)结构中羧基上中心的氧原子与磷原子之间的距离[$|Pa\text{-}Oa|_{min}=6.606(Å)$]较近,($\varDelta_{Ru}$,$R_C$)-**2**(L)结构中羧基上的氧原子与磷原子之间的距离[$|Pb\text{-}Ob|_{min}=8.022(Å)$]较远。因此我们推测:($\varDelta_{Ru}$,$R_C$)-**2**(L)自动发生金属手性构型翻转成($\varLambda_{Ru}$,$R_C$)-**2**(L)构型,可能是 L-半胱氨酸上羧基与季鏻取代基之间的静电相互作用引起的,优先生成动力学控制的产物($\varDelta_{Ru}$,$R_C$)-**2**(L),而最终稳定的产物($\varLambda_{Ru}$,$R_C$)-**2**(L)则是热力学控制的产物(图 12)。

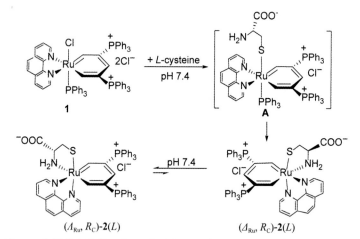

图 12　金属苯配合物 **1** 与 L-半胱氨酸反应生成金属配合物 **2**(L)的过程

### 3.3　pH 调控的半胱氨酸配位金属苯的金属中心手性构型翻转

手性构型翻转是生物大分子的一个重要现象[17-21],例如在调节体系盐浓度的情况下常规右手螺旋的 DNA 能够转变成左手螺旋[19]。而如何控制手性过渡金属配合物的手性构型一直是金属有机化学家们致力研究的极具挑战性的课题[22-24]。近年来,由于手性过渡金属配合物在不对称催化、生物传感器、分子器件等方面的潜在用途,研究热点逐渐转向对手性过渡金属配合物在受外界(如光、电或外加试剂等)刺激时其手性光学信号表现出的可逆变化的研究上[25-41]。目前,很多人工设计的手性开关体系都采用氨基酸衍生物作为手性配体来诱导配合物的手性构型翻转[38-41],但是仍未见有文献报道天然的α-氨基酸能够诱导配合物的手性构型翻转。

因此,在上述研究的基础上,我们又进一步考察了其他因素对手性金属苯配合物 **2** 生成以及金属中心绝对构型的影响。例如,通过升高反应温度、搅拌和离心可以加速反应的进程[42],调控体系 pH 值可以实现金属中心绝对构型的可逆变换等,探究其作为手性分子开关的可能性。其中,以调控 pH 值的实验结果最为有趣。

为了排除综合因素的干扰,使研究变量单一化,我们选择了分离提纯后在生理 pH 条件下放置 72 h 以上、金属中心绝对构型已经达到稳定的金属苯配合物 $(\Lambda_{Ru}, R_C)$-**2**$(L)$ 作为研究对象。通过滴加不同浓度的盐酸调节研究体系的 pH 值,考察 pH 变化对 $(\Lambda_{Ru}, R_C)$-**2**$(L)$ 金属中心手性构型的影响。

图 13(a) 所示的研究结果表明,酸性条件下,$(\Lambda_{Ru}, R_C)$-**2**$(L)$ 的 ECD 光谱发生了明显变化:随着酸性增大,450 nm 处的负 Cotton 效应逐渐减弱,在 pH 为 3.30 时减弱至趋于零;随着酸性继续增大,450 nm 处呈现正 Cotton 效应,并随 pH 的减小而增大,在 pH=2.14 时达到最大吸收,ECD 光谱完全表现出 $(\Delta_{Ru}, R_C)$-**2**$(L)$ 的特征信号;接着,伴随 pH 的减小,450 nm 处的正 Cotton 效应逐渐减弱,pH 为 0.32 时,该处的特征吸收完全消失,不再随 pH 减小而变化。从 ECD 光谱信号翻转的变化推测:调节体系的 pH 值可以使 $(\Lambda_{Ru}, R_C)$-**2**$(L)$ 转变为 $(\Delta_{Ru}, R_C)$-**2**$(L)$;但在较强酸性条件下,$(\Delta_{Ru}, R_C)$-**2**$(L)$ 则完全失去了光学活性。

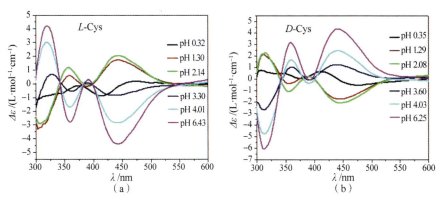

图 13　采用动态 ECD 光谱跟踪不同 pH 值下金属苯配合物 **2** 的转变过程

在类似的条件下,进一步在核磁管中模拟了调控 pH 值对金属苯配合物 $(\Lambda_{Ru}, R_C)$-**2**$(L)$ 金属中心手性构型翻转的影响。如图 14 中相关的 NMR 谱所示,在 $C_2H_5OH/D_2O/H_2O$(体积比为 1∶2∶1)

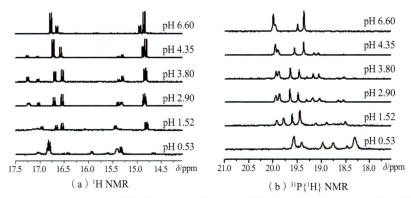

（a）$^1H$ NMR　　　　　　（b）$^{31}P\{^1H\}$ NMR

图 14　采用动态 NMR 谱图跟踪不同 pH 值下金属苯配合物 **2** 的转变过程(特征峰截图)

的混合溶剂中,降低体系的 pH 值立刻导致$(\varLambda_{Ru}, R_C)$-2$(L)$金属中心手性构型的翻转:在 pH = 6.60 时,$(\varLambda_{Ru}, R_C)$-2$(L)$与$(\varDelta_{Ru}, R_C)$-2$(L)$的非对映异构体之比为 5:2;在 pH = 3.80 时,$(\varLambda_{Ru}, R_C)$-2$(L)$与$(\varDelta_{Ru}, R_C)$-2$(L)$的非对映异构体之比变为 5:6。这两组非对映异构体之比在室温下可以保持一周不变,说明了 pH 值对金属中心手性构型的调控。

我们将上述 pH=0.32 时无 ECD 光谱信号的样品溶液用 $CHCl_3$ 萃取,利用柱色谱法进行提纯,得到了黄色的固体产物 **3**(图 15)。由 NMR 谱图和元素分析表征数据可以推测出 **3** 应该为金属中心上含有一个 1,10-菲罗啉配体和两个氯配体的金属苯配合物。

事实上,半胱氨酸上氨基和巯基的配位方式会受到反应体系 pH 值的影响,并且已经发现手性半胱氨酸与金属苯配合物 **1** 的反应必须在生理 pH 值范围内才能发生,而在强酸性条件下,质子化的氨基和巯基无法实现与中心金属钌的配位。因此,我们推测,同样是由于强酸的作用,金属苯配合物 **2**$(L)$半胱氨酸配体上的氨基和巯基质子化导致氮原子和硫原子与中心金属钌之间形成的配位键断裂,从而生成了无 ECD 光谱响应信号的消旋金属苯配合物 **3**。

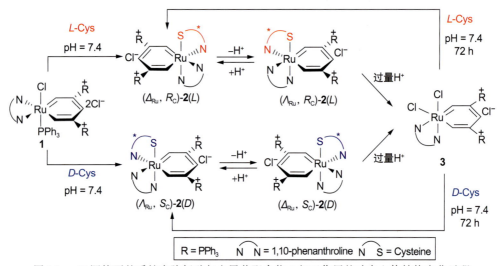

图 15　pH 调控下的手性半胱氨酸与金属苯配合物 **1** 相互作用的动态立体结构变化过程

而一旦往 pH=0.32 的样品溶液中滴加 pH=7.4 的 Tris-HCl 缓冲溶液或者 NaOH 溶液,将体系 pH 值调回生理范围,并放置一定时间后(72 h 以上),样品溶液中游离的 $L$-半胱氨酸又会重新与中心金属配位,生成配合物$(\varLambda_{Ru}, R_C)$-2$(L)$与$(\varDelta_{Ru}, R_C)$-2$(L)$,从而出现 ECD 信号,进而产生金属中心手性构型的翻转(图 15)。

因此,在金属苯配合物$(\varLambda_{Ru}, R_C)$-2$(L)$与$(\varDelta_{Ru}, R_C)$-2$(L)$的体系中,通过调控 pH 值,有可能实现二者之间的切换,引起手性信号的反转,并且这种反转是可逆的,即该体系具有开发为手性光学开关的潜在可能性。对于手性金属苯配合物$(\varLambda_{Ru}, S_C)$-2$(D)$和$(\varDelta_{Ru}, S_C)$-2$(D)$的体系,实验情况与$(\varLambda_{Ru}, R_C)$-2$(L)$和$(\varDelta_{Ru}, R_C)$-2$(L)$的体系完全类似,只是金属中心手性构型翻转的立体化学效应相反 [图 13(b)]。

值得一提的是,以上实验观测也为我们在 2.2 中的推测,即$(\varDelta_{Ru}, R_C)$-2$(L)$构型向$(\varLambda_{Ru}, R_C)$-2$(L)$构型的自动翻转是由静电相互作用引起的,提供了有力的证据。随着 pH 值降低,$(\varLambda_{Ru}, R_C)$-2$(L)$向$(\varDelta_{Ru}, R_C)$-2$(L)$构型转化,这可能是源于质子化的羧基与季膦之间静电相互作用的减弱。

## 4. 小结

(1)利用 CHPLC 分离提纯了手性金属苯配合物 **2**$(L)$和 **2**$(D)$,获得 4 种具有单一手性的光学活性异构体。在对 ECD 光谱、NMR 谱、SCXRD 结构以及理论计算模拟 ECD 光谱进行精细分析后,关联了相应手性金属苯配合物的绝对构型,将 4 种异构体分别指认为$(\Delta_{\mathrm{Ru}}, R_{\mathrm{C}})\text{-}2(L)$、$(\Lambda_{\mathrm{Ru}}, R_{\mathrm{C}})\text{-}2(L)$、$(\Delta_{\mathrm{Ru}}, S_{\mathrm{C}})\text{-}2(D)$ 和 $(\Lambda_{\mathrm{Ru}}, S_{\mathrm{C}})\text{-}2(D)$。

（2）通过 ECD 光谱和 NMR 谱实时跟踪金属苯配合物 **2**(L) 和 **2**(D) 的生成过程,探索了金属苯配合物 **1** 与手性半胱氨酸在特定反应条件下进行几何异构体和光学活性异构体选择性反应,且最终分别形成稳定物种$(\Lambda_{\mathrm{Ru}}, R_{\mathrm{C}})\text{-}2(L)$ 和 $(\Delta_{\mathrm{Ru}}, S_{\mathrm{C}})\text{-}2(D)$（生理 pH、室温条件下所需的反应时间为 72 h）,并且证实了该过程存在金属中心手性构型自动翻转的现象,推测其中应该涉及非常有趣的分子内静电相互作用。

（3）进一步的研究表明,金属苯配合物$(\Lambda_{\mathrm{Ru}}, R_{\mathrm{C}})\text{-}2(L)$ 金属中心手性构型的翻转（手性开关）可以方便地通过调控 pH 值来实现,具有开发为手性光学开关的潜在应用性。而手性金属苯配合物 $(\Delta_{\mathrm{Ru}}, S_{\mathrm{C}})\text{-}2(D)$ 能发生相反的动态立体效应。这两个过程均被 ECD 光谱和 NMR 谱实时跟踪。

通过手性辅助手段控制金属中心手性构型是配位化学理论创立以来经久不衰的研究课题。已有一些通过热、光、电子或化学刺激物来调控金属中心手性变换体系的报道,但通过 α-氨基酸的手性来自动调控金属中心手性构型的体系尚未见报道。本文在分子设计理念的指导下,合成、分离和拆分了半胱氨酸配位的手性钌苯配合物,并且发现该手性钌苯配合物在室温条件下 72 h 内会发生金属中心手性构型的自动翻转,而且该金属中心的构型翻转过程可以方便地用改变 pH 值来调控。本文工作对于解析生命系统中 α-氨基酸的手性专一性问题具有积极的意义,可视为金属杂芳香化学与化学生物学交叉领域的先行研究,所拆分的稳定金属苯配合物有望用于手性金属中心催化不对称合成的相关应用研究中。

**致谢**：国家自然科学基金（Nos.20925208,20705029,20773098,21273175,21273139）。感谢华南师范大学章伟光教授和山西大学王越奎教授在本论文手性拆分和理论计算方面给予的支持。

**参考文献**

[1] 章慧, 等. 配位化学——原理与应用 [M]. 北京: 化学工业出版社, 2009.

[2] THORN D L, HOFFMANN R. Delocalization in metallocycles [J]. Nouv. J. Chim., 1979, 3(1): 39-45.

[3] ELLIOTT G P, ROPER W R, WATERS J M. Metallacyclohexatrienes or metallabenzenes [J]. J. Chem. Soc., Chem. Commun., 1982, (14): 811-813.

[4] FROGLEY B J, WRIGHT L J. Recent advances in metallaaromatic chemistry [J]. Chem. Eur. J., 2018, 24(9): 2025-2038.

[5] CAO X Y, ZHAO Q Y, LIN Z Q, et al. The chemistry of aromatic osmacycles [J]. Acc. Chem. Res., 2014, 47(2): 341-354.

[6] FROGLEY B J, WRIGHT L J. Fused-ring metallabenzenes [J]. Coord. Chem. Rev., 2014, 270-271: 151-166.

[7] Bleeke J R. Aromatic iridacycles [J]. Acc. Chem. Res., 2007, 40(10): 1035-1047.

[8] LANDORF C W, HALEY M M. Recent advances in metallabenzene chemistry [J]. Angew. Chem. Int. Ed., 2006, 45(24): 3914-3936.

[9] HE G, XIA H, JIA G. Progress in the synthesis and reactivity studies of metallabenzenes [J]. Chinese Science Bulletin, 2004, 49(15): 1543-1553.

[10] BLEEKE J R. Metallabenzene [J]. Chem. Rev., 2001, 101(5): 1205-1227.

[11] ZHANG H, XIA H, HE G, et al. Synthesis and characterization of stable ruthenabenzenes [J]. Angew. Chem. Int. Ed., 2006, 45(18): 2920-2923.

[12] ZHANG H, FENG L, GONG L, et al. Synthesis and characterization of stable ruthenabenzenes starting from HC≡CCH(OH)C≡CH [J]. Organometallics, 2007, 26(10): 2705-2713.

[13] 张弘. [5+1] 关环法合成锇苯和钌苯的研究 [D].厦门: 厦门大学, 2007.

[14] ITO T, SHIBATA, M. Synthesis and optical resolution of *cis, cis*-dicyanodicarboxylatodiammine and *cis, cis*-

dinitrodicarboxylatodiammine complexes of cobalt(III) [J]. Inorg. Chem., 1977, 16(1): 108-115.

[15] 林然. 锇苯和钌苯的反应性研究 [D]. 厦门: 厦门大学, 2011.

[16] HESEK D, INOUE Y, EVERITT S R L, et al. Diastereoselective preparation and characterization of ruthenium bis(bipyridine) sulfoxide complexes [J]. Inorg. Chem., 2000, 39(2): 317-324.

[17] PAWSON T, NASH P. Assembly of cell regulatory systems through protein interaction domains [J]. Science, 2003, 300(5618): 445-452.

[18] RICH A, ZHANG S. Timeline: Z-DNA: The long road to biological function [J]. Nat. Rev. Genet., 2003, 4(7): 566-572.

[19] BELMONT P, CONSTANT J F, DEMEUNYNCK M. Nucleic acid conformation diversity: From structure to function and regulation [J]. Chem. Soc. Rev., 2001, 30(1): 70-81.

[20] BRANDEN C, TOOZE J. Introduction to protein structure [M]. New York: Routledge, 1999.

[21] NEIDLE S. Principles of nucleic acid structure [M]. Boston: Elsevier, 2008.

[22] SEEBER G, TIEDEMANN B E F, RAYMOND K N. Supramolecular chirality in coordination chemistry [J]. Top. Curr. Chem., 2006, 265: 147-183.

[23] MATEOS-TIMONEDA M A, CREGO-CALAMA M, REINHOUDT D N. Supramolecular chirality of self-assembled systems in solution [J]. Chem. Soc. Rev., 2004, 33(6): 363-372.

[24] KNOF U, VON ZELEWSKY A. Predetermined chirality at metal centers [J]. Angew. Chem. Int. Ed., 1999, 38(3): 303-322.

[25] CRASSOUS J. Chiral transfer in coordination complexes: Towards molecular materials [J]. Chem. Soc. Rev., 2009, 38(3): 830-845.

[26] CANARY J W. Redox-triggered chiroptical molecular switches [J]. Chem. Soc. Rev., 2009, 38(3): 747-756.

[27] GREGOLIŃSKI J, SLEPOKURA K, LISOWSKI J. Lanthanide complexes of the chiral hexaaza macrocycle and its meso-type isomer: Solvent-controlled helicity inversion [J]. Inorg. Chem., 2007, 46(19): 7923-7934.

[28] GREGOLIŃSKI J, LISOWSKI J. Helicity inversion in lanthanide(III) complexes with chiral nonaaza macrocyclic ligands [J]. Angew. Chem. Int. Ed., 2006, 45(37): 6122-6126.

[29] MAMULA O, LAMA M, STOECKLI-EVANS H, et al. Switchable chiral architectures containing Pr(III) ions: An example of solvent-induced adaptive behavior [J]. Angew. Chem. Int. Ed., 2006, 45(30): 4940-4944.

[30] HUTIN M, NITSCHKE J. Solvent-tunable inversion of chirality transfer from carbon to copper [J]. Chem. Commun., 2006, (16): 1724-1726.

[31] MIYAKE H, SUGIMOTO H, TAMIAKI H, et al. Dynamic helicity inversion in an octahedral cobalt(II) complex system via solvato-diastereomerism [J]. Chem. Commun., 2005, (34): 4291-4293.

[32] MIYAKE H, YOSHIDA K, SUGIMOTO H, et al. Dynamic helicity inversion by achiral anion stimulus in synthetic labile cobalt(II) complex [J]. J. Am. Chem. Soc., 2004, 126(21): 6524-6525.

[33] JAHR H C, NIEGER M, DÖTZ K H. Controlled haptotropic rearrangements towards a stereospecific molecular switch based on chiral arene chromium complexes [J]. Chem. Commun., 2003, (23): 2866-2867.

[34] ZAHN S, CANARY J W. Cu(I/II) redox control of molecular conformation and shape in chiral tripodal ligands: Binary exciton-coupled circular dichroic states [J]. J. Am. Chem. Soc., 2002, 124(31): 9204-9211.

[35] HESEK D, HEMBURY G A, DREW M G B, et al. Photochromic atropisomer generation and conformation determination in a ruthenium bis(bipyridine) phosphonite γ-cyclodextrin system [J]. J. Am. Chem. Soc., 2001, 123(49): 12232-12237.

[36] ZAHN S, CANARY J W. Redox-switched exciton-coupled circular dichroism: A novel strategy for binary molecular switching [J]. Angew. Chem. Int. Ed., 1998, 37(3): 305-307.

[37] BISCARINI P, KURODA R. Stereoselective synthesis and characterization of the optically labile chiral Cr(III) complex Δ-(+)$_{589}${Cr[(−)bdtp]$_3$} [J]. Inorg. Chim. Acta, 1988, 154(2): 209-214.

[38] MIYAKE H, HIKITA M, ITAZAKI M, et al. A chemical device that exhibits dual mode motions: Dynamic coupling of amide coordination isomerism and metal-centered helicity inversion in a chiral cobalt(II) complex

[J]. Chem. Eur. J., 2008, 14(18): 5393-5396.

[39] MIYAKE H, KAMON H, MIYAHARA I, et al. Time-programmed peptide helix inversion of a synthetic metal complex triggered by an achiral $NO_3^-$ anion [J]. J. Am. Chem. Soc., 2008, 130(3): 792-793.

[40] BARCENA H S, HOLMES A E, ZAHN S, et al. Redox inversion of helicity in propeller-shaped molecules derived from *S*-methyl cysteine and methioninol [J]. Org. Lett., 2003, 5(5): 709-711.

[41] ZAHN S, CANARY J W. Electron-induced inversion of helical chirality in copper complexes of N,N-dialkyl-methionines [J]. Science, 2000, 288(5470): 1404-1406.

[42] 陈雷奇. 钌苯配合物的立体化学及其应用初探 [D]. 厦门: 厦门大学, 2009.

# 基于二茂钌骨架的面手性配体和催化剂

刘德龙[1]，张万斌[1,2,*]

[1] 上海交通大学药学院　　[2] 上海交通大学化学化工学院

上海市闵行区东川路 800 号，200240

*E-mail: wanbin@sjtu.edu.cn

**摘要**：二茂铁与二茂钌的二个环戊二烯负离子环之间的距离分别是 0.332 nm 和 0.368 nm（即二茂钌的两个环戊二烯负离子环之间的距离要比二茂铁的多出 10.8%），使得两类手性配体在电子效应与立体效应上存在差异。因此，进行二茂钌类面手性配体的设计合成，可有效拓展茂金属类面手性配体的应用范围。在前期手性二茂铁研究的基础上，我们课题组近年来一直致力于以二茂钌为骨架的面手性配体和催化剂的设计、合成及应用研究。本文将对这些研究工作及其进展情况进行综述，主要包括以下三个方面内容：面手性 RuPHOX 配体、面手性 RuPHOX-Ru 催化剂以及只有面手性的二茂钌双膦配体。

**关键词**：面手性；二茂钌；配体；催化剂；不对称催化；RuPHOX

## Planar Chiral Ligands and Catalysts Based on a Ruthenocene Skeleton

LIU Delong, ZHANG Wanbin*

**Abstract**：The distance between the two cyclopentadienyl rings in ferrocene and ruthenocene is 0.332 nm and 0.368 nm, respectively. This 10.8% longer distance between the two rings in ruthenocene enables ruthenocene ligands to present different electronic and steric effects from ferrocene ligands. As a result, the design and synthesis of chiral ruthenocene ligands will greatly expand the application of planar chiral metallocene ligands. Based on our previous work concerning chiral ferrocene, we have focused on the design, synthesis and application of planar chiral ruthenocene-based ligands or catalysts for many years. Herein, we want to summarize the above work and their development. The main contents of this review include the following three sections: planar chiral RuPHOX ligand, planar chiral RuPHOX-Ru catalyst and ruthenocene diphosphine ligands with only planar chirality.

**Key Words**：Planar chirality; Ruthenocene; Ligand; Catalyst; Asymmetric catalysis; RuPHOX

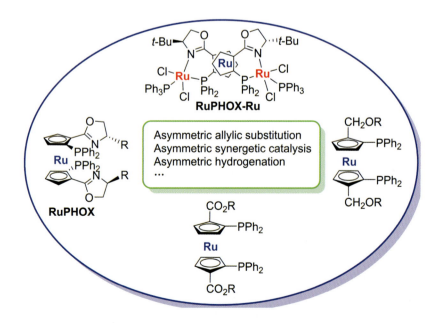

## 1. 引言

对光学纯的药物、香料及其他精细化学品的需求推动了不对称合成技术的迅速发展。在诸多不对称合成手段中,不对称催化合成无疑是构建手性化合物最经济高效的方法。不对称催化大门的开启,要追溯到 1966 年由 Noyori 等用席夫碱铜配合物第一次实现的均相不对称催化环丙烷化反应[1]。这一开创性的工作开辟了不对称均相催化的先河。两年后,化学家 Horner 等[2] 和 Knowles 等[3] 几乎同时将手性膦配体引入 Wilkinson 催化剂[4],成功地实现了不对称催化氢化反应,由此掀起了不对称催化反应研究的热潮。

不对称催化反应的对映选择性及反应活性主要取决于手性催化剂的性质,这些手性催化剂通常包括酶、过渡金属与手性配体的配合物(简称为"手性金属配合物")以及手性有机小分子等。其中尤以手性金属配合物催化剂应用最为广泛,这一直是手性合成研究中最为热门的领域之一。更进一步地,手性金属配合催化剂的性能又在很大程度上取决于手性配体。因此,手性配体的设计、合成及应用极大地影响了不对称催化研究的发展过程。一个典型的例子是:美国 Monsanto 公司在生产 L-Dopa 过程中,通过对手性配体的筛选实现了不对称催化工业化生产(图 1)[5-8]。首先,他们利用 Horner 的 **PMPP** 配体,在不对称催化氢化反应中获得 28% 的对映选择性。当他们向 **PMPP** 中引入一个邻甲氧基苯代替异丙基得到 **PAMP** 配体时,产物 L-Dopa 的对映选择性得到明显提升。当使用 **CAMP** 时,反应以 80%~88% 的对映选择性得到产物。最后,用 **PAMP** 的二聚产物 **DIPAMP** 作为手性配体时,获得了 95% 的最好对映选择性,从而实现了 L-Dopa 的不对称催化工业化生产。

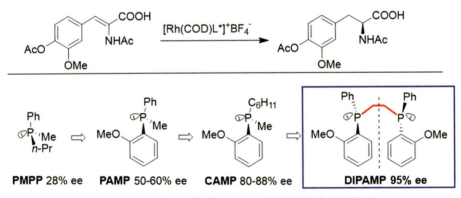

图 1  磷中心手性配体对 L-Dopa 不对称催化合成的影响

该实例告诉我们,除手性双齿配体自身的螯合作用外,**DIPAMP** 的 $C_2$-对称性可能是该配体获得成功的关键因素。目前普遍认为,具有 $C_2$-对称性的手性配体可有效地减少手性控制过程中过渡态的构象数量,从而提高不对称催化的效率[9]。因此,设计合成高活性、高选择性的 $C_2$-对称手性配体和催化剂,成为手性合成化学家的主要目标之一。从手性因素来分类,手性配体不外乎中心手性、轴手性和面手性三种类型。除上述 Knowles 等的磷中心手性 **DIPAMP** 外,典型的工作还有 Kagan 等的碳中心手性 **DIOP**[10] 和 Noyori 等的轴手性 **BINAP**[11] 等(图 2)。以这些配体为标杆,大

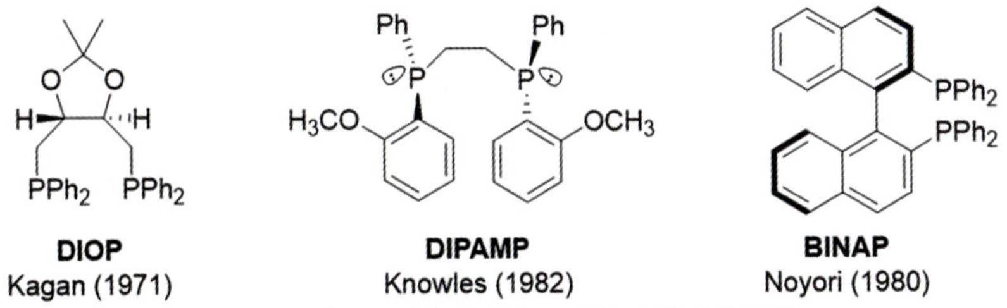

**DIOP**
Kagan (1971)

**DIPAMP**
Knowles (1982)

**BINAP**
Noyori (1980)

图 2  具有 $C_2$-对称性的中心手性和轴手性配体

量具有中心手性和轴手性的$C_2$-对称手性配体被开发出来,并应用于催化多种类型的不对称反应。然而,具有面手性的$C_2$-对称手性配体受到关注比较少,也比较晚。

1951年,Kealy等人首次报道了二茂铁[12],并由Wilkinson和Woodward于次年确定了其三明治结构[13](Wilkinson因此获得了1973年的诺贝尔化学奖),自此二茂铁衍生物的合成受到了许多化学工作者的关注。研究发现,二茂铁骨架具有足够的刚性、较高的空间位阻、高稳定性和易修饰性(易发生亲电取代反应,从而导入多种亲电基团)等,特别是可以通过非对映选择性邻位锂化的方法,直接引入面手性并进一步官能化[14-18]。二茂铁的发现以及对其理化性质的深入研究大大促进了现代金属有机化学的发展,特别是在面手性配体的设计和合成中有着非常重要的作用。

1996年,张万斌和Ikeda等[19,20]首次报道了只有面手性的$C_2$-对称二茂铁双膦配体(图3),并在烯丙基取代反应中获得了高达94%的对映选择性(为当时已知双膦配体的最高光学收率)。此后有许多学者从事这方面的研究,并合成出一系列$C_2$-对称的面手性二茂铁配体(图3),例如Kang等的**FerroPHOS**[21,22],Reetz等的双膦配体[23]和Snieckus等的双酰胺类配体[24]等。另外,Pye等的**PhanePHOS**也是一类非常有趣的面手性双膦配体,在不对称氢化反应中得到了很好的应用[25]。目前,$C_2$-对称的面手性二茂铁配体的开发和应用已经成为手性配体研究的一个重要方向,日益受到人们的重视。

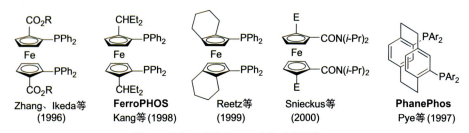

图3　只有面手性的$C_2$-对称手性配体

与手性二茂铁类配体相比,同属茂金属的手性二茂钌类配体的合成及应用却很少受到人们的关注。事实上,二茂钌比二茂铁具有更好的稳定性,有望更为广泛地应用于不对称催化反应中[26]。同时,二茂铁与二茂钌的二个环戊二烯负离子环之间的距离分别是0.332 nm和0.368 nm,即二茂钌的两个环戊二烯负离子环之间的距离要比二茂铁大10.8%(图4)[27,28]。这使得以二茂铁与二茂钌为骨架的手性配体在电子效应与立体效应方面存在差异,从而导致相同取代的两类配体在不对称催化反应中产生不一样的催化效果[29]。

图4　二茂铁与二茂钌的二个环戊二烯负离子环之间的距离

此外,两个环戊二烯负离子环之间的距离不同将直接导致这两类配体与金属络合后形成的二面角(或称为扭角,图5左)发生变化[30]。对于轴手性配体来说,对其中位阻基团(配位原子上的位阻基团或旋转受阻基团)进行细微调控,会导致手性配体与金属配位形成配合物中的二面角大小发生相应变化(图5右)。值得注意的是,这种夹角的微小变化可能会极大地影响不对称催化反应的反应活性和对映选择性[31]。可以预测,面手性茂金属类配体与金属配位时形成扭角的变化,也可能对不对称催化反应中的催化活性和对映选择性产生明显的影响。

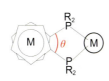 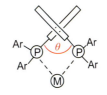

$C_2$-对称的面手性双膦–金属配合物中的**扭角**    $C_2$-对称的轴手性双膦–金属配合物中的**二面角**

图 5　面手性催化剂中的扭角和轴手性催化剂中的二面角

基于上述考虑,我们课题组多年来致力以二茂钌为骨架的面手性配体的设计、合成及应用研究。下面将对这些研究进展进行综述,主要内容包括以下三个方面:面手性 **RuPHOX** 配体、面手性 **RuPHOX-Ru** 催化剂以及只有面手性的二茂钌双膦配体。

## 2. 面手性二茂钌配体或催化剂

自从 1952 年 Wilkinson 等首次报道了二茂钌的合成以来[32],科学家对其进行性质研究及合成修饰的工作从未间断。关于二茂钌面手性配体的合成,文献报道基本都是以二茂钌为原料,通过引入不同的官能团后再进行衍生得到相应的手性配体。另外,也可对已有手性配体中的配位基团进行转化得到配位方式更为多样化的其他配体。我们课题组的主要工作之一是以二茂钌二酸为原料,衍生出一系列 $C_2$-对称的面手性二茂钌配体。

### 2.1 面手性 RuPHOX 配体

2007 年,我们组开发了一类 $C_2$-对称的面手性二茂钌膦-噁唑啉配体(**RuPHOX**),合成方法如图 6:首先,以 1,1′-二羧基二茂钌为原料与草酰氯反应,以 96% 的收率得到 1,1′-二氯羰基二茂钌;无须纯化,1,1′-二氯羰基二茂钌直接经过酰胺化、成环两步反应"一锅法"得 1,1′-双噁唑啉化合物,两步总收率为 60% 左右;最后,经锂化上膦,得到主要产物为 $(S_P,S_P)$-**RuPHOX** 的 $C_2$-对称面手性二茂钌膦-噁唑啉配体[33]。实验过程中发现,二茂钌类配体确实显示出非常好的稳定性。因为在合成过程中,锂化上膦反应的后处理及纯化均直接在空气中进行,而相应的二茂铁类配体则必须在氮气氛围下进行。

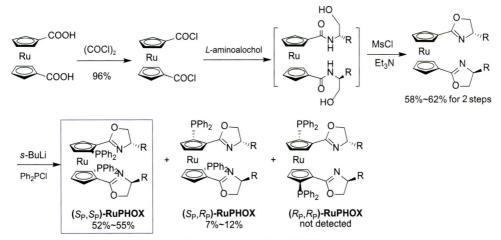

图 6　**RuPHOX** 的合成路线

为了便于与二茂铁类配体进行比较,考察茂金属配体中由于茂金属原子不同而对不对称催化效果的影响,**RuPHOX** 被首先应用于以 1,3-二苯基烯丙基醋酸酯为底物的经典不对称烯丙基烷基化反应中(图 7)。结果显示,**RuPHOX** 配体获得了非常高的收率及对映选择性。同二茂铁类配体相比较,二茂钌类配体在保持相近的不对称诱导效果的同时,显示了远远高于二茂铁类配体的催化活性。在室温下,**RuPHOX** 参与的反应在 0.5 h 内即可反应完全。

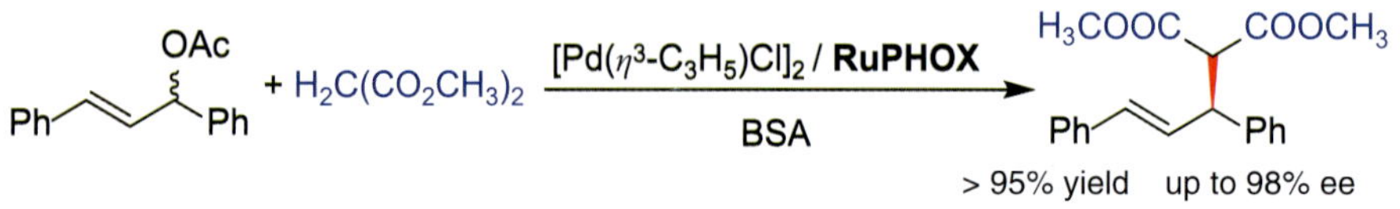

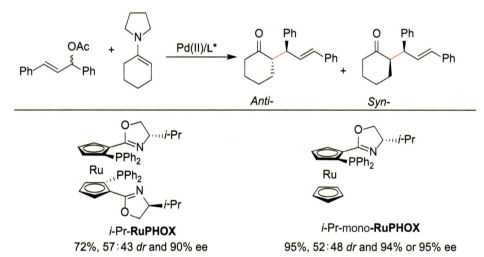

图 7　**RuPHOX**/Pd 催化的不对称烯丙基烷基化反应

**RuPHOX** 配体也被应用于钯催化的不对称烯丙基胺基化反应,并获得了非常好的收率和对映选择性[34]。结果显示,与相应的二茂铁类相比,**RuPHOX** 显示相近的对映选择性(图 8,94% 或 96%)。值得一提的是,将混合的 **RuPHOX**(含有图 6 中不同面手性异构体)应用于反应中,显示相同的不对称催化效果。我们的研究工作为解决配体合成过程中分离难的问题提供了一种可替代的方法。

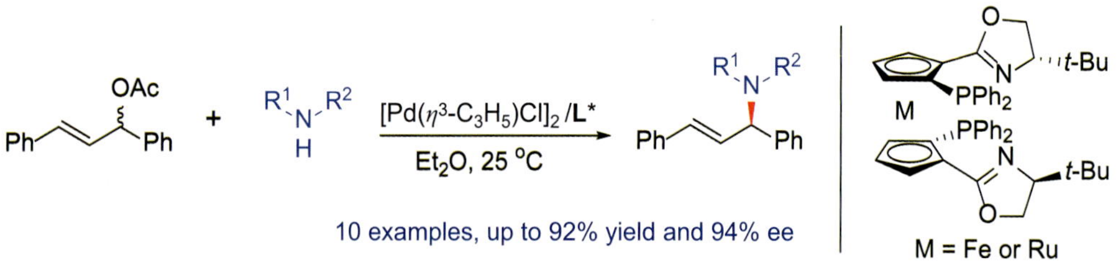

图 8　**RuPHOX**/Pd 催化的不对称烯丙基氨基化反应

以烯胺作为亲核试剂,可避免用强碱使简单酮形成不稳定的烯醇醚的麻烦。我们组首次将烯胺作为亲核试剂,应用于 Pd 催化的不对称烯丙基烷基化反应。在该反应中,**RuPHOX** 获得了较好的收率和对映选择性。同时,非 $C_2$-对称的单面 **RuPHOX** 配体在该反应中也获得了非常好的不对称催化效果(图 9)[35,36]。

图 9　**RuPHOX**/Pd 催化的以烯胺作为亲核试剂的不对称烯丙基烷基化反应

将醛和酮通过形成原位烯胺直接应用于 Pd 催化的不对称烯丙基取代反应,是更为简单方便的途径(图 10)[37]。我们将面手性配体应用于该反应中,也获得了非常好的不对称催化效果。实验显示,对于酮原位烯胺来说,面手性二茂铁类 P,N-配体具有非常好的效果(对映选择性最高为 98%),**RuPHOX** 则显示出稍低的对映选择性(90%)。然而,对于醛的原位烯胺来说,以二茂钌为骨架的面手性双膦配体显示出最好的效果,也远比轴手性的(R)-**BINAP** 的效果要好。

Pd(II)/L*
pyrrolidine
up to 90% ee for ketones with P,N-ligand
up to 94% ee for aldehydes with P,P-ligand

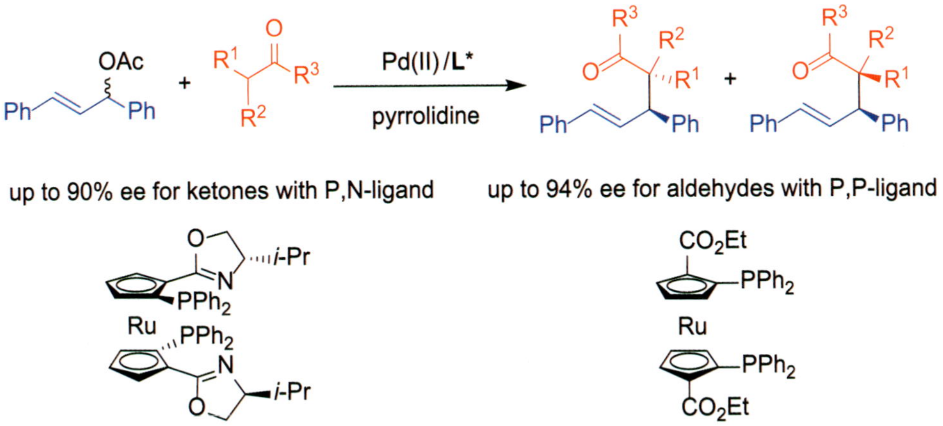

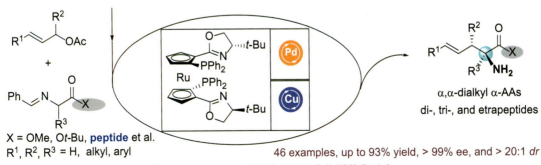

图 10　以原位烯胺为亲核试剂的不对称烯丙基烷基化反应

不对称串联反应可连续形成多个化学键，是构建手性杂环的重要方法。我们设计了 **RuPHOX**/Pd 催化的环状 N-磺酰亚胺和双烯丙基醋酸酯的不对称烯丙基取代串联反应（图 11）[38]。在优化条件下，几乎所有的底物都可获得高效的不对称催化效果，最高可以获得 98%的收率和 99.8%的对映选择性，以及大于 20∶1 的非对映选择性。所获得的催化产物还可以进行一系列的转化，例如可以通过选择性还原或者氧化双键而得到一些有用的化合物骨架，为这类化合物的合成提供了一条简便有效的路线。

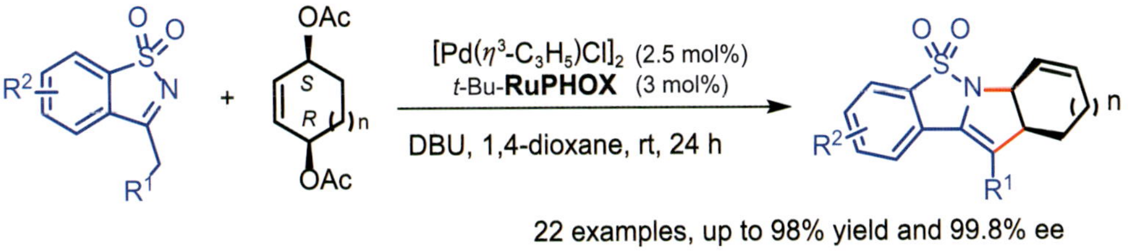

[Pd(η3-C3H5)Cl]2 (2.5 mol%)
t-Bu-RuPHOX (3 mol%)
DBU, 1,4-dioxane, rt, 24 h
22 examples, up to 98% yield and 99.8% ee

图 11　**RuPHOX**/Pd 催化的不对称烯丙基串联反应

*t*-Bu-**RuPHOX** 也被应用于 Pd/Cu 双金属协同催化不对称烯丙基取代反应中。从氨基酸或小分子肽衍生的亚胺出发，在碱性条件下和 **RuPHOX**/Cu 作用，形成含氮的亚甲基叶立德，再与从烯丙基醋酸酯产生的烯丙基钯（**RuPHOX**/Pd）物种发生反应，在羰基的 $\alpha$-位发生烯丙基化反应（图 12）[39]。该方法在较温和的条件下高收率地合成了一系列非天然的 $\alpha$,$\alpha$-二取代 $\alpha$-氨基酸，对映选择性最高达 99%。同时，该方法也可以在二肽、三肽和四肽等 N-末端进行立体选择性的烯丙基化修饰，首次通过金属不对称催化反应实现了多肽的立体选择性修饰。

X = OMe, Ot-Bu, peptide et al.
R1, R2, R3 = H, alkyl, aryl
α,α-dialkyl α-AAs
di-, tri-, and etrapeptides
46 examples, up to 93% yield, > 99% ee, and > 20:1 dr

图 12　**RuPHOX**/Pd 催化的不对称协同催化反应

从结构看，$C_2$-对称的 **RuPHOX** 相比于 mono-**RuPHOX** 具有双反应位点和更大的空间位阻，有望在某些不对称催化反应中显示出更好的反应活性和立体选择性。在 **RuPHOX**/Ru 催化的 20 余种简单酮的不对称氢化反应中,获得了 100% 转化率和最高 99.7% 的立体选择性(图 13)[40]。另外,通过对比实验,我们确认反应中的氢完全来自氢气,而非反应体系中的异丙醇。

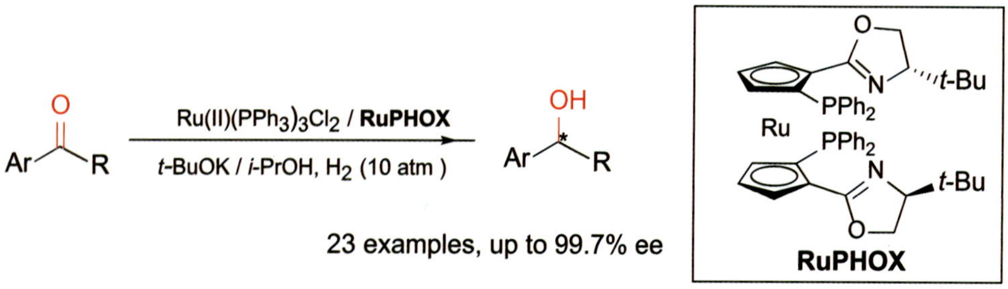

图 13　**RuPHOX**/Ru 催化的不对称氢化反应

李绍顺课题组利用上述催化体系,进行抗肿瘤候选药物紫草素合成过程中关键手性中心的建立。通过条件优化,反应以定量的收率及 99.3% 的对映选择性获得紫草素的关键中间体(图 14)[41]。

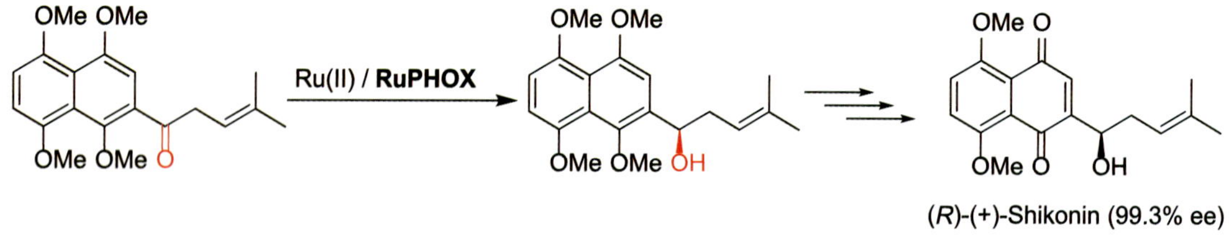

图 14　**RuPHOX**/Ru 催化的不对称氢化反应合成紫草素

## 2.2　面手性 RuPHOX-Ru 催化剂

为了方便反应的进行,我们将 **RuPHOX** 与金属钌盐进行配位反应,分离得到手性催化剂 **RuPHOX-Ru**(图 15)[42]。直接以 **RuPHOX-Ru** 为手性催化剂,在对 10 余种 β-叔氨基酮的不对称氢化反应中几乎全部实现了 100% 转化率和最高 99.9% 的立体选择性。在几例西汀药物关键中间体 3-苄基甲氨基-1-苯丙醇的不对称催化合成中,当催化剂 TON 为 2000 时,反应显示出可工业化的催化效果。

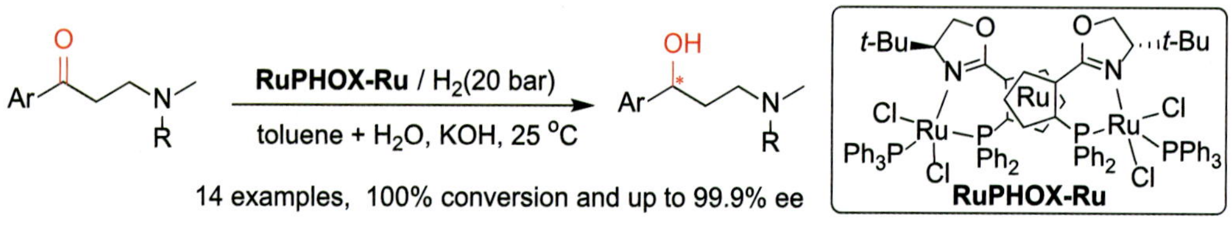

图 15　**RuPHOX-Ru** 催化 β-叔氨酮类化合物的不对称氢化反应

然后,**RuPHOX-Ru** 被应用于一系列 β-酰亚胺酮类化合物的不对称氢化反应中(图 16)[43]。几乎所有的反应都得到了定量的转化率和很高的对映选择性。在优化的条件下,产物的对映选择性

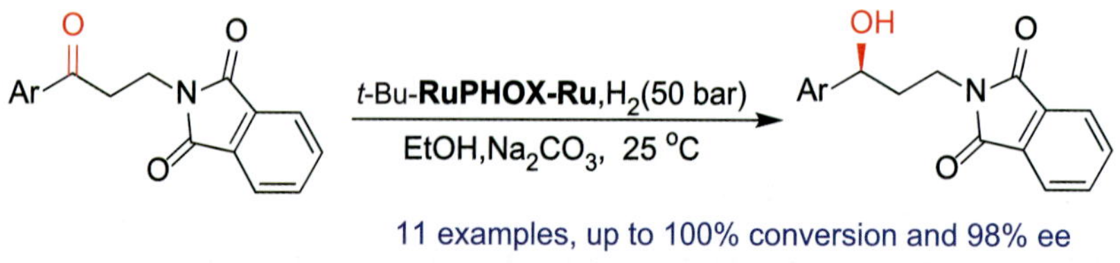

图 16　**RuPHOX-Ru** 催化 β-酰亚胺酮类化合物的不对称氢化反应

最高达到了 98%。这些产物经过简单的转化，可以较高的收率得到手性 $\gamma$-伯胺醇，进而转变为手性 $\gamma$-氨基醇类药物或候选药。该法有望为手性 $\gamma$-伯胺醇及其衍生物的合成提供一条高效的途径。

随后，我们以 $t$-Bu-**RuPHOX-Ru** 为催化剂，不对称催化氢化 $\beta$-仲氨酮，从而直接构建手性 $\gamma$-仲胺醇类化合物（图 17）[44]。在优化的反应条件下，反应基本都以定量的收率和高达 99%的对映选择性得到一系列手性 $\gamma$-仲胺醇类化合物。该反应也可以在 2000 的 S/C 比例及克级规模下高效完成。所合成的手性 $\gamma$-仲胺醇可进行一系列的衍生，得到几例有药用价值的手性分子及手性小分子催化剂。例如，制备帕罗西汀的关键中间体和双环异硫脲类小分子催化剂等。

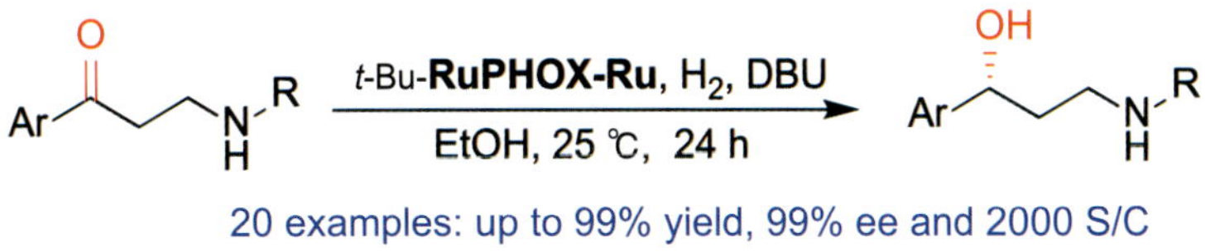
t-Bu-RuPHOX-Ru, H2, DBU
EtOH, 25 ℃, 24 h
20 examples: up to 99% yield, 99% ee and 2000 S/C

图 17　**RuPHOX-Ru** 催化 $\beta$-仲氨酮类化合物的不对氢化反应

采用 **RuPHOX-Ru** 还实现了 $\alpha$ 位取代丙酸及其衍生物温和高效的不对称氢化合成（图 18）[45]。对 20 多种不同取代的底物，反应都可获得定量的收率及最高 99.9%的对映选择性。即使在克级底物的量及 5000 S/C 的比例时，反应也可获得高效的结果。值得一提的是，该反应可用于合成青蒿素关键中间体之一二氢青蒿酸（**DHAA**）的不对称催化氢化反应中，以大于 98%的收率及 99.7∶0.3的立体选择性得到目标产物。

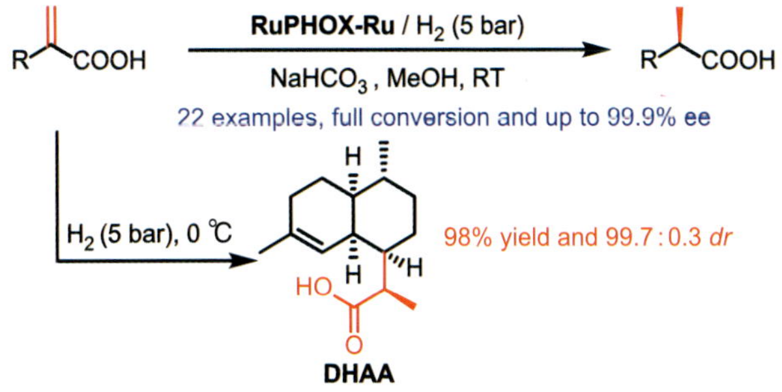
RuPHOX-Ru / H2 (5 bar)
NaHCO3, MeOH, RT
22 examples, full conversion and up to 99.9% ee
H2 (5 bar), 0 ℃
98% yield and 99.7 : 0.3 dr
DHAA

图 18　**RuPHOX-Ru** 催化 $\alpha$-取代丙酸的不对称氢化反应

最近，我们还以 **RuPHOX-Ru** 为催化剂，实现 $\alpha$-芳基取代酮酸类底物及其衍生物的高效不对称氢化，以高达 99%的收率及 97%的对映选择性合成手性 $\alpha$-芳基 $\alpha$-羟基羰基酸（图 19）[46]。研究发现，反应在克级底物规模以及 5000 S/C 的比例时，依然具有高效的催化效果。以反应产物为中间体，我们还可合成出一系列有用的手性药物和材料，如选择性 $\beta_3$-肾上腺素能受体激动剂药物米拉贝隆。

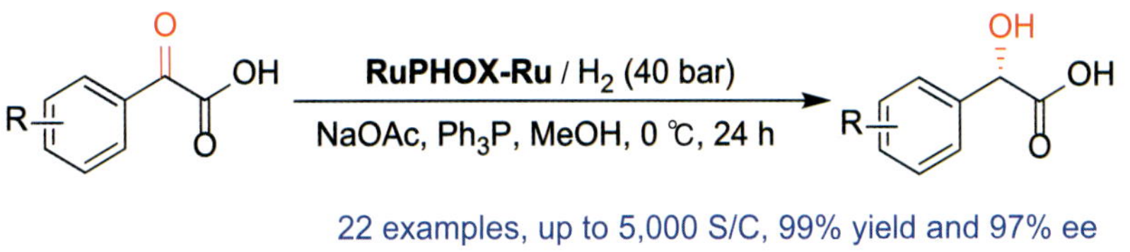
RuPHOX-Ru / H2 (40 bar)
NaOAc, Ph3P, MeOH, 0 ℃, 24 h
22 examples, up to 5,000 S/C, 99% yield and 97% ee

图 19　**RuPHOX-Ru** 催化 $\alpha$-芳基取代酮酸的不对称氢化

**2.3 只有面手性的二茂钌双膦配体**

从 $i$-Pr-**RuPHOX** 出发，我们通过破除其噁唑啉环后进行衍生，得到一系列只具有面手性的二茂钌双膦配体。方法之一是将 **RuPHOX** 溶于 THF（四氢呋喃），在三氟乙酸存在下水解并进行酰胺化反应,以 83% 的收率得到噁唑啉破环产物酰胺酯。接下来,再经过与醇钠进行酯交换即可得目标化合物,收率 74%~75%(图 20)[47]。

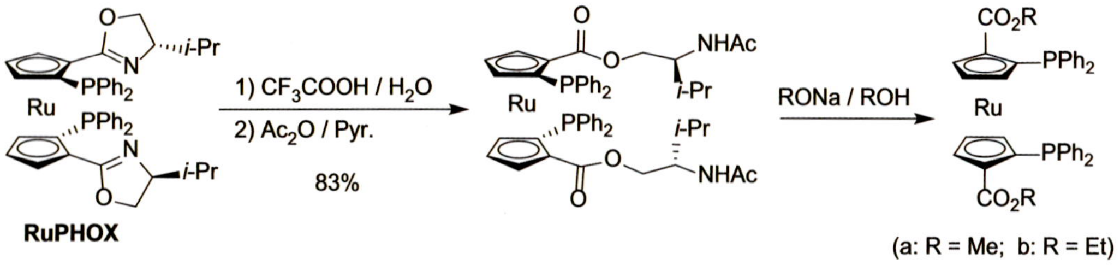

图 20　只有面手性的二茂钌双膦配体的合成方法之一

该配体被应用于钯催化的不对称烯丙基烷基化和氨基化反应中。结果显示,以二茂钌为骨架的面手性配体在反应中所得到的不对称诱导效果(特别是催化活性)比相应的二茂铁类配体要好(图 21)。尤其表现在不对称烯丙基烷基化反应中,所有反应均可在 0.5 h 内完成,即使在 -25 ℃ 也仅需 2 h,而类似结构的二茂铁类配体却需要 72 h。

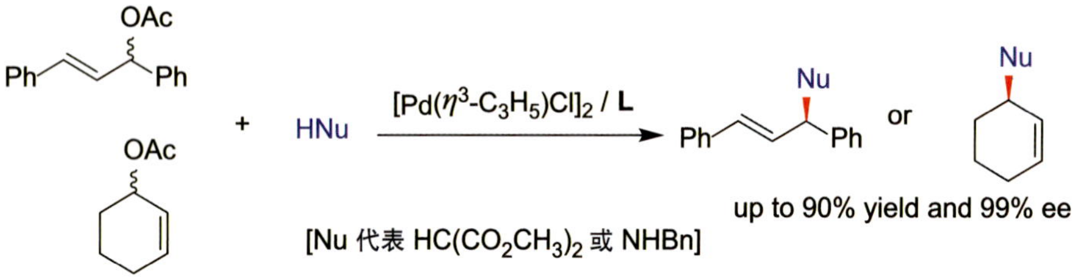

图 21　**RuPHOX**/Pd 催化不对称烯丙基取代反应

一个值得注意的现象是:这两类配体中二苯基膦邻位酯基上的 R 基团位阻的变化对反应的对映选择性呈相反的影响趋势。分析认为,面手性配体与钯络合时可能会存在两种情况,即发生交叉络合(图 22 左)和非交叉络合(图 22 右)。单晶结构分析实验证实,无论是二茂钌还是二茂铁双膦配体与钯都是以左边的方式发生交叉络合,原因是此络合方式使得同一个环戊二烯负离子环上的 R 基团与二苯基膦基团之间的空间位阻最小。对二茂铁配体来说,随着 R 基团位阻的增加,扭角 $\theta$ 呈变大的趋势,而相反的趋势出现于相应的二茂钌类配体中。该事实与两类配体在不对称催化中呈现相反趋势的不对称催化效果是相一致的。事实说明,在面手性配体的金属配合物中,扭角是影响不对称催化效果的关键因素。

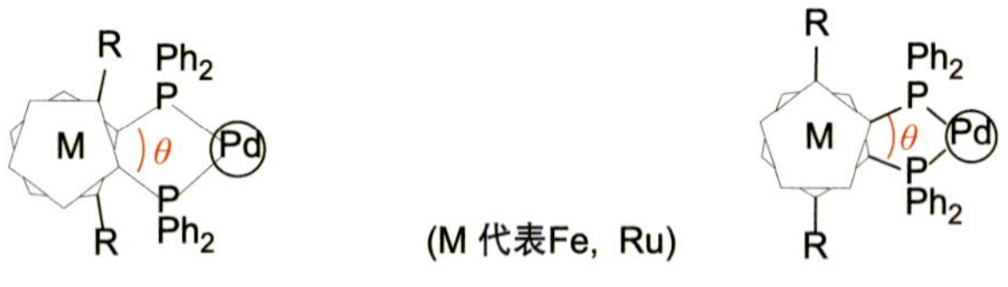

图 22　面手性双膦配体与钯的可能络合方式

另一个制备双膦配体的方法是将上述双膦配体合成过程中的酯交换反应改为还原反应,则可合成二羟甲基取代的二茂钌双膦配体。这是一类不同于前述的双膦配体,原因是在磷原子的邻位上有羟基,而羟基被认为在不对称催化中有着独特的作用机制。此外,羟基官能团可方便地进行一系列官能团转化,如酰化、醚化等,分别得到酯和醚取代的双膦配体(图 23)[48]。

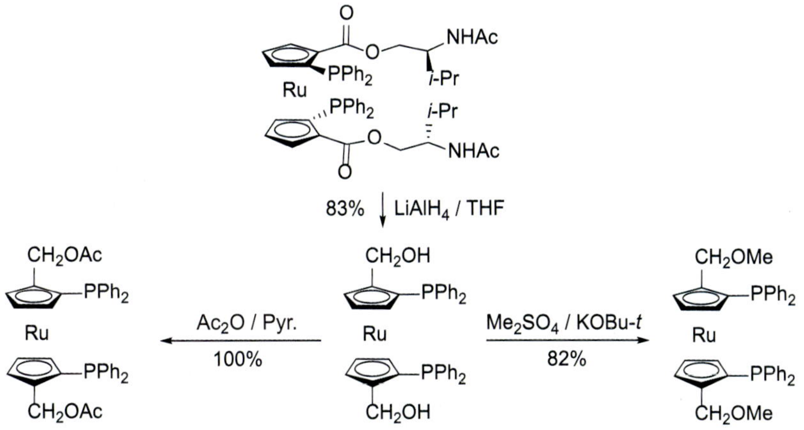

图 23　只有面手性的二茂钌双膦配体的合成方法之二

在钯催化的不对称烯丙基氨基化反应中,这些双膦配体具有非常高的催化活性和对映选择性。但值得一提的是,产物的立体构型与前述双膦配体反应得到的产物截然相反。这是首次在面手性配体中通过改变配体实现不对称催化产物构型反转的例子(图 24)。

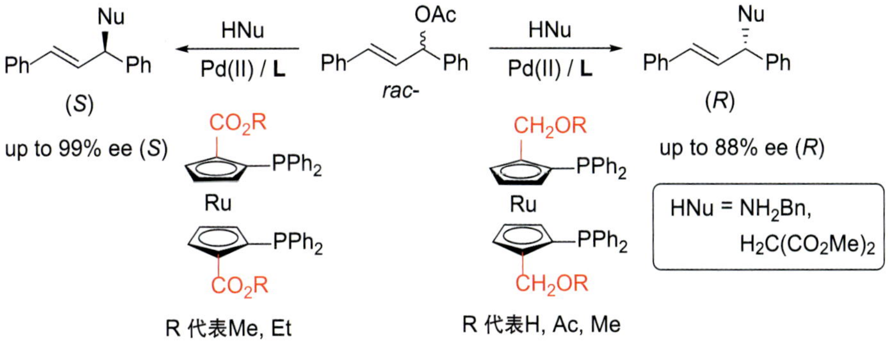

图 24　二茂钌双膦配体-钯催化不对称烯丙基取代反应

至于产生产物构型反转的原因,我们推测可能是配体在与金属进行配位时,邻位基团的位阻与前述双膦配体不同,使得在反应中形成的配合物是图 22 右侧的非交叉络合结构。也就是说,不同取代的配体结构导致不一样的络合方式,并最终决定了产物的立体构型也相反。

## 3. 结果与展望

本文综述了我们课题组近年来在以二茂钌为骨架的面手性配体的设计合成及其在不对称催化反应中的应用进展(图 25)。首先,我们开发了稳定且具有高活性的 **RuPHOX** 配体,及其与钌的配合物 **RuPHOX-Ru** 催化剂,并在此基础上,对 **RuPHOX** 中的噁唑啉部分进行转化,得到只具有面手性的二茂钌双膦配体。这些手性配体和催化剂,在不对称烯丙基取代反应、不对称氢化反应、不对称串联反应以及多金属协同催化反应等中均具有非常高效的不对称催化效果。

二茂铁与二茂钌的两个环戊二烯负离子环之间的距离分别是 0.332 nm 和 0.368 nm,即二茂钌的两个环戊二烯负离子环之间的距离要比二茂铁的多出 10.8%。这使得两类手性配体的电子效应与立体效应也有所不同,特别是二茂钌类手性配体被证实具有更好的稳定性以及更高的反应活性。因此,进一步进行结构修饰,发展性能更加优异的二茂钌类手性配体是非常必要的,也是开发新反应、合成结构更复杂的手性化合物的需求。今后将更多地通过不对称催化这一手性放大的手段,构建结构多样、类型齐全的面手性二茂钌配体或催化剂。除了借鉴手性二茂铁配体类型进行拓展外,我们会侧重于新型配体和催化剂的开发。例如,将二茂钌骨架引入有机小分子之中,以期得到结构独特、性质稳定、性能优异的有机小分子催化剂。我们期待将来会有更多的面手性二茂钌配体或催化剂被开发出来,并应用于医药、材料、香料及其他精细化学品的工业化生产之中。

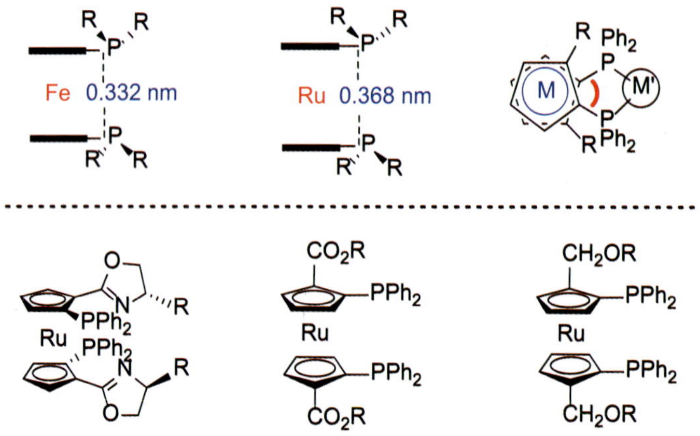

图 25　面手性二茂钌配体

致谢:感谢国家自然科学基金(21672142 和 21472123)的资助。

**参考文献**

[1]　NOZAKI H, MORIUTI S, TAKAYA H, et al. Asymmetric induction in carbenoid reaction by means of a dissymmetric copper chelate [J]. Tetrahedron Lett., 1966, 7(43): 5239-5244.

[2]　HORNER L, SIEGEL H, BUTHE H. Asymmetric catalytic hydrogenation with an optically active phosphine rhodium complex in homogeneous solution [J]. Angew. Chem. Int. Ed. Engl., 1968, 7(12): 942-943.

[3]　KNOWLES W S, SABACKY M J. Catalytic asymmetric hydrogenation employing a soluble, optically active, rhodium complex [J]. Chem. Commun. (London), 1968, (22): 1445-1446.

[4]　YOUNG J F, OSBOM J A, JARDINE E H, et al. Hydride intermediates in homogeneous hydrogenation reactions of olefins and acetylenes using rhodium catalysts [J]. Chem.Commun.(London), 1965, (7): 131-132.

[5]　KNOWLES W S, SABACKY M J, VINEYARD B D. Catalytic asymmetric hydrogenation [J]. J. Chem. Soc., Chem. Commun., 1972, (11): 10-11.

[6]　VINEYARD B D, KNOWLES W S, SABACKY W J, et al. Asymmetric hydrogenation. Rhodium chiral bisphosphine catalyst [J]. J. Am. Chem. Soc., 1977, 99(18): 5946-5952.

[7]　KNOWLES W S, CHRISTOPFEL W C, KOENIG K E, et al. Studies of asymmetric homogeneous catalysts [M]. Advances in Chemistry, 1982, 196: 325-336.

[8]　KNOWLES W S. Asymmetric hydrogenation [J]. Acc. Chem. Res., 1983, 16(3): 106-112.

[9]　WHITESELL J K. $C_2$-symmetry and asymmetric induction [J]. Chem. Rev., 1989, 89(7): 1581-1590.

[10]　KAGAN H B, DANG T P. The asymmetric synthesis of hydratropic acid and amino-acids by homogeneous catalytic hydrogenation [J]. J. Chem. Soc. D, Chem. Commun., 1971, (10): 481-482.

[11]　MIYASHITA A, YASUDA A, TAKAYA H, et al. Synthesis of 2,2′-bis(diphenylphosphino)-1,1′-binaphthyl (BINAP), an atropisomeric chiral bis(triaryl)phosphine, and its use in the rhodium(I)-catalyzed asymmetric hydrogenation of α-(acylamino)acrylic acids [J]. J. Am. Chem. Soc., 1980, 102(27): 7932-7934.

[12]　KEALY T J, PAUSON P L. A new type of organo-iron compound [J]. Nature, 1951, 168(4285): 1039-1040.

[13]　WILKINSON G, ROSENBLUM M, WOODWARD R B. The structure of iron bis-cyclopentadienyl [J]. J. Am. Chem. Soc., 1952, 74(8): 2125-2126.

[14] HAYASHI T, TOGNI A. Ferrocenes [M]. Weinheim: VCH, 1995.

[15] TOGNI A, HALTERMANN R L. Metallocenes [M]. Weinheim: VCH, 1998.

[16] DAI L X, TU T, YOU S L, et al. Asymmetric catalysis with chiral ferrocene ligands [J]. Acc. Chem. Res., 2003, 36(9): 659-667.

[17] COLACOT T J. A concise update on the applications of chiral ferrocenyl phosphines in homogeneous catalysis leading to organic synthesis [J]. Chem. Rev., 2003, 103(8): 3101-3118.

[18] BUTT N A, LIU D, ZHANG W. The design and synthesis of planar chiral ligands and their application to asymmetric catalysis [J]. Synlett, 2014, 25(5): 615-630.

[19] ZHANG W, KIDA T, NAKATSUJI Y, et al. Novel $C_2$-symmetric diphosphine ligand with only the planar chirality of ferrocene [J]. Tetrahedron Lett., 1996, 37(44): 7995-7998.

[20] ZHANG W, SHIMANUKI T, KIDA T, et al. $C_2$-symmetric diphosphine ligands with only the planar chirality of ferrocene for the palladium-catalyzed asymmetric allylic alkylation [J]. J. Org. Chem., 1999, 64(17): 6427-6251.

[21] KANG J, LEE J, AHN A, et al. Asymmetric synthesis of a new cylindrically chiral and air-stable ferrocenyldiphosphine and its application to rhodium-catalyzed asymmetric hydrogenation [J]. Tetrahedron Lett., 1998, 39(31): 5523-5526.

[22] KANG J, LEE J, KIM J, et al. Asymmetric modular synthesis of cylindrically chiral FerroPHOS ligands for the Rh-catalyzed asymmetric hydroboration [J]. Chirality, 2000, 12(5-6): 378-382.

[23] REETZ M T, BEUTTENMULLER E W, GODDARD R, et al. A new class of chiral diphosphines having planar chirality [J]. Tetrahedron Lett., 1999, 40(27): 4977-4980.

[24] LAUFER R S, VEITH U, TAYLOR N J, et al. $C_2$-symmetric planar chiral ferrocene diamides by (-)-sparteine-mediated directed ortho-lithiation. Synthesis and catalytic activity [J]. Org. Lett., 2000, 2(5): 629-631.

[25] PYE P, ROSSEN K, REAMER R, et al. A new planar chiral bisphosphine ligand for asymmetric catalysis: Highly enantioselective hydrogenations under mild conditions [J]. J. Am. Chem. Soc., 1997, 119(26): 6207-6208.

[26] KUWANA T, BUBLITZ D E, HOH G. Chronopotentiometric studies on the oxidation of ferrocene, ruthenocene, osmocene and some of their derivatives [J]. J. Am. Chem. Soc., 1960, 82(22): 5811-5817.

[27] DUNIRZ J, ORGEL L, RICH A. The crystal structure of ferrocene [J]. Acta Crystallogr., 1956, 9(4): 373-375.

[28] HARDGROVE G, TEMPLETON D. The crystal structure of ruthenocene [J]. Acta Crystallogr., 1959, 12(1): 28-32.

[29] WEI B, LI S, LEE H K, et al. Facile complexation of 1,1′-bis(diphenylphosphino)ruthenocene (dppr) to ruthenium(II)—simple entry to stable bimetallic ruthenoruthenocenyl system [J]. J. Organomet. Chem., 1997, 527(1-2): 133-136.

[30] LI S, WEI B, LOW P M N, et al. Co-ordination and catalytic chemistry of 1,1′-bis(diphenylphosphino)-ruthenocene (dppr). Synthesis of [MCl₂(dppr)] (M = Ni, Pd or Pt) and molecular structures of dppr and [PtCl₂(dppr)]·0.5CH₂Cl₂ [J]. J. Chem. Soc., Dalton Trans., 1997, (8): 1289-1293.

[31] WANG C, YANG G, ZHUANG J, et al. From tropos to atropos: 5,5′-Bridged 2,2′-bis(diphenylphosphino) biphenyls as chiral ligands for highly enantioselective palladium-catalyzed hydrogenation α-phthalimide ketones [J]. Tetrahedron Lett., 2010, 51(15): 2044-2047.

[32] WILKINSON G. The preparation and some properties of ruthenocene and ruthenicinium salts [J]. J. Am. Chem. Soc., 1952, 74(23): 6146-6147.

[33] LIU D, XIE F, ZHANG W. The synthesis of novel $C_2$-symmetric P, N-chelation ruthenocene ligands and their application in palladium-catalyzed asymmetric allylic substitution [J]. Tetrahedron Lett., 2007, 48(4): 585-588.

[34] WU H, XIE F, WANG Y, et al. Pd-catalyzed asymmetric allylic amination using easily accessible metallocenyl P,N-ligands [J]. Org. Biomol. Chem., 2015, 13(14): 4248-4254.

[35] LIU D, XIE F, ZHAO X, et al. Palladium-catalyzed asymmetric allylic alkylation with an enamine as the nucleophilic reagent [J]. Tetrahedron Lett., 2007, 48(43): 7591-7594.

[36] ZHAO X, LIU D, XIE F, et al. Enamines: Efficient nucleophiles for the palladium-catalyzed asymmetric allylic alkylation [J]. Tetrahedron, 2009, 65(2): 512-517.

[37] ZHAO X, LIU D, XIE F, et al. Efficient palladium-catalyzed asymmetric allylic alkylation of ketones and aldehydes [J]. Org. Biomol. Chem., 2011, 9(6): 1871-1875.

[38] AN Q, LIU D, SHEN J, et al. The construction of chiral fused azabicycles using a Pd-catalyzed allylic substitution cascade and asymmetric desymmetrisation strategy [J]. Org. Lett., 2017, 19(1): 238-241.

[39] HUO X, HE R, FU J, et al. Stereoselective and site-specific allylic alkylation of amino acids and small peptides via a Pd/Cu dual catalysis [J]. J. Am. Chem. Soc., 2017, 139(29): 9819-9822.

[40] GUO H, LIU D, BUTT N, et al. Efficient Ru(II)-catalyzed asymmetric hydrogenation of simple ketones with $C_2$-symmetric planar chiral metallocenyl phosphinooxazoline ligands [J]. Tetrahedron, 2012, 68(16): 3295-3299.

[41] WANG R, GUO H, CUI J, et al. A novel and efficient total synthesis of shikonin [J]. Tetrahedron Lett., 2012, 53(31): 3977-3980.

[42] WANG J, LIU D, LIU Y, et al. Asymmetric hydrogenation of β-amino ketones with a bimetallic complex RuPHOX-Ru as the chiral catalyst [J]. Org. Biomol. Chem., 2013, 11(23): 3855-3861.

[43] WANG Y, WANG J, LIU D, et al. Synthesis of chiral γ-amino alcohols via a RuPHOX-Ru catalyzed asymmetric hydrogenation of β-imide ketones [J]. Chin. J. Org. Chem., 2014, 34(9): 1766-1772.

[44] WANG J, WANG Y, LIU D, et al. Asymmetric hydrogenation of β-secondary amino ketones catalyzed by a ruthenocenyl phosphino-oxazoline-ruthenium complex (RuPHOX-Ru): The synthesis of γ-secondary amino alcohols [J]. Adv. Synth. Catal., 2015, 357(14-15): 3262-3272.

[45] LI J, SHEN J, XIA C, et al. Asymmetric hydrogenation of α-substituted acrylic acids catalyzed by a ruthenocenyl phosphino-oxazoline-ruthenium complex [J]. Org. Lett., 2016, 18(9): 2122-2125.

[46] GUO H, LI J, LIU D, et al. The synthesis of chiral α-aryl α-hydroxyl carboxylic acids via RuPHOX-Ru catalyzed asymmetric hydrogenation [J]. Adv. Synth. Catal., 2017, 359(20): 3665-3673.

[47] LIU D, XIE F, ZHANG W. Novel $C_2$-symmetric planar chiral diphosphine ligands and their application in Pd-catalyzed asymmetric allylic substitutions [J]. J. Org. Chem., 2007, 72(18): 6992-6997.

[48] XIE F, LIU D, ZHANG W. Reversal in enantioselectivity for the palladium-catalyzed asymmetric allylic substitution with novel metallocene-based planar chiral diphosphine ligands [J]. Tetrahedron Lett., 2008, 49(6): 1012-1015.

# 手性金属有机框架材料的合成和应用

刘娟，王飞，张健*

中国科学院福建物质结构研究所结构化学国家重点实验室，福建，福州 350002

*E-mail: zhj@fjirsm.ac.cn

**摘要：**手性分子的对映体分离对环境和人类健康具有极其重要的意义。近年来，手性金属有机框架化合物（chiral metal-organic frameworks，CMOFs）作为手性拆分材料受到了科学家的广泛关注。在 CMOFs 的构筑方法中，最有效的是利用光学纯手性有机配体与金属离子的组装。在详细的文献综述基础上，我们设计合成了光学纯的手性四氮唑衍生物——（S）-1-（5-tetrazolyl）-ethylamine（5-eatzH）和（S）-1-（5-tetrazolyl）-isobutylamine（5-iatzH），利用它们与金属盐反应，合成了一系列多孔 CMOFs。该类材料具有较好的化学稳定性和多孔性，并且对手性芳香醇分子表出现高效的手性分离效果。

**关键词：**金属有机框架；手性四氮唑；对映体拆分；催化

# Preparation and Application of Chiral Metal-Organic Frameworks

LIU Juan, WANG Fei, ZHANG Jian*

**Abstract：** The enantiomeric separation of chiral molecules is of great significance to the environment and human health. In recent years, chiral metal-organic frameworks (CMOFs) have received extensive attention of researchers in chiral separation and catalysis. The most effective method to construct CMOFs is the assembly of optically pure chiral organic ligands with metal ions. Based on a detailed literature review, we designed and synthesized two homochiral tetrazole derivatives: (S)-1-(5-tetrazolyl) ethylamine (5-eatzH) and (S)-1-(5-tetrazolyl)-isobutylamine (5-iatzH), using them to react with metal salts to synthesize a series of porous CMOFs, which exhibited good chemical stability and porosity, and high-efficiency chiral separation of the chiral aromatic alcohols.

**Key Words：** Metal-organic framework; Chiral tetrazole; Enantioselective separation; Catalysis

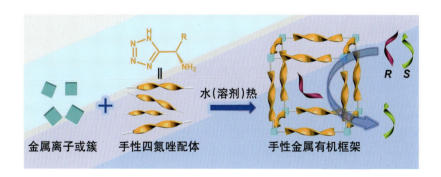

## 1. 引言

### 1.1 手性及其重要性

化合物的手性对映体是指化学组成、分子式完全相同，但因其原子在空间的取向不同，彼此互为镜像的一对光学异构体。手性是自然界的基本属性，也是生命系统最重要的属性之一。自然界中的生命现象和规律大多与手性密切相关。人们不断探索发现，生命过程中发生的各种生物-化学反应过程均与手性的识别和变化有关。在人和其他生物体系的复杂手性环境中，手性分子的精确识别可导致生物体系发生宏观的生理反应。医学上，手性药物分子作用于生物体时，不同构型的手性药物分子表现出截然不同,甚至截然相反的药理和毒理作用。例如在化疗中用作 $\beta$ 受体阻断药的普萘洛尔,其 $S$ 构型异构体比 $R$ 构型异构体的活性高 98 倍。农业中,手性除草剂和杀虫剂同样表现出极高的立体识别作用。例如除草剂 Metolachlor 的 $S$ 构型除草药效甚佳,而其 $R$ 构型却无除草效果,用单一手性的(S)-Metolachlor 取代消旋的 Metolachlor,不仅可以提高除草药效,而且可以减少无效对映体对环境造成的污染。可见,获得单一手性化合物对人类的健康和生存环境具有重要的意义。

### 1.2 单一手性化合物的获取方式

目前单一手性化合物获得的方法大体上可以分为两大类:手性合成法和外消旋体拆分法。

手性合成法可分为手性源合成法和不对称合成法。手性源合成法是以手性物质为原料合成其他手性化合物的方法。不对称合成法是在催化剂或酶的作用下得到对映体过量的方法。到目前为止,单一手性化合物的不对称合成过程主要是通过手性配合物所构建的均相催化体系来实现的。尽管均相不对称催化在合成一系列单手性药物时取得了很大成功,但是这类催化体系仍存在很多难以克服的缺点,比如产物难以提纯、催化剂不可回收及催化寿命短等。因此,亟须进一步开发出高效、廉价及可回收利用的多相不对称催化剂。

外消旋体拆分法也是获得单一手性化合物的有效途径之一,该方法由于成本较低,得到广泛应用。据统计,大约有 65% 的非天然手性药物是由外消旋体或中间产物拆分得到的。当前手性化合物的拆分方法主要有机械拆分法、晶体接种拆分法、化学拆分法、生物拆分法、固相萃取拆分法(即传统的吸附分离拆分)、膜拆分法以及色谱拆分法等。其中,固相萃取拆分法、膜拆分法和色谱拆分法的拆分效率较高,它们被用于拆分外消旋体的主要机理是著名的三点作用模型。利用这几种方法拆分消旋体,手性拆分剂或固定相的选择至关重要。

### 1.3 手性金属有机框架化合物(CMOFs)

为了获得有效的异相不对称催化剂和手性拆分材料,近年来,化学家和材料学家们经过不断的创新和努力,开发出了一系列高效、廉价和可回收的单一手性材料,并用于提高多相不对称催化和手性分离效率。其中最受人关注的是 CMOFs[1]。

CMOFs 是金属有机框架化合物(metal-organic frameworks,MOFs)[2]的重要分支,是一类由金属离子与有机配体通过一定的配位键连接而成的结晶于手性空间群的晶态微孔材料。CMOFs 不仅具有 MOFs 的众多优点,包括结构有序性,有机配体可设计性、多功能性和可修饰性,孔洞形状尺寸和亲疏水可调性,潜在应用多功能性(如气体储存[3]、分离[4],选择性催化[5],传感[6]和药物传输[7]等生物和化工领域应用),还具有自身的独特性能,可为异相不对称催化、对映体拆分和手性识别等不对称过程提供良好的载体。

## 2. COMFs 的构筑方法

具有手性活性位点是 CMOFs 材料能够进行不对称催化、手性拆分等不对称表达的关键,因此构筑功能性 CMOFs 材料的必备条件是将手性活性位点引入其框架中。通过对 CMOFs 的结构特点和活性位点等因素进行分析,CMOFs 的构筑方法主要分为三类[8]:手性诱导法、直接法和后修饰法。目前 CMOFs 的制备合成已取得一定进展,但是要做到定向合成仍很困难,主要是由于配位模式的多样性、穿插现象的存在以及反应条件的影响等。

### 2.1 诱导法

早期,化学家们发现,非手性有机配体与金属离子(或簇)组装,通过结晶于手性空间群的方法可构筑出 CMOFs 材料,这一过程称为结晶过程的自发拆分[9]。对于由自发拆分过程得到的对映体 CMOFs,两种相反构型产生的概率是相等的,即单颗晶体是手性的,整体产物却是消旋体。因此通过自发拆分法合成的 CMOFs 材料虽然较为常见,但是不可控,且无法应用于不对称催化和对映体的拆分中。

化学家们随后发明了一种手性诱导法以获得单一手性的 CMOFs,即在合成过程中引入手性诱导剂以增加其中一种构型的形成概率,避免 CMOFs 消旋体的产生。手性诱导剂既可起结构导向的作用,促使 CMOFs 晶体生长过程中的不对称结晶,也可以作为框架的一部分进入最后的结构中。手性诱导法选用的诱导剂通常有手性有机诱导剂[10]、手性模板剂和手性有机溶剂(或手性离子液体)[11]等。

手性诱导法得到的 CMOFs 材料不再是完全消旋的体系,甚至可以为单一手性的,且也有少数报道用于不对称催化和手性分离。然而,由于反应的不确定性,手性诱导剂的普适性较差,成功的例子并不多见。

### 2.2 直接法

直接法是指利用光学纯手性有机配体合成 CMOFs 的方法。在该方法中,手性配体与金属离子配位结晶过程中发生手性保留或放大,把手性特征传递到 CMOFs 的框架中[8]。若使用构型相反的一对手性配体,可以获得对应的 CMOFs 材料。在过去的十几年中,利用手性配体合成 CMOFs,是最直接和最有效的方法。目前合成 CMOFs 的手性配体主要可分为以下四类:手性氨基酸配体、轴手性化合物配体、手性席夫碱配体和其他手性配体。

#### 2.2.1 氨基酸及其衍生物配体

氨基酸是蛋白质的基本组成部分,与生命现象息息相关,也是来源最广泛的手性源之一,在 CMOFs 材料的发展过程中受到极大重视。氨基酸含有活泼的氨基和羧基,易被修饰成为氨基酸衍生物,这类配体可与金属离子形成多种配位模式。另外,在不同 pH 值条件下,氨基酸及其衍生物脱质子能力不同,更导致其形成的 CMOFs 结构多样化,加之价格低廉,被广泛应用于 CMOFs 的合成中。例如 2004 年和 2006 年,Allan J.Jacobson 课题组先后报道了 3 例利用 $L$-天冬氨酸($L$-Asp)和 $Ni^{2+}$ 组装合成的 CMOFs[12,13]。该研究发现,通过调节反应体系的 pH 值,可得到不同结构的 CMOFs,并实现结构之间的转化。

除了用天然氨基酸为配体外,化学家由蛋白质结构得到启发,利用多肽化合物作为手性配体合成 CMOFs。2008 年,Andreas Taubert 课题组利用二肽配体 $Z$-$L$-Val-$L$-Val-$L$-Glu(OH)OH 与 $Cu^{2+}$ 离子组装得到第一例用肽合成的 CMOFS 化合物 MPF-9[14]。该工作为合成 CMOFs 开辟了新的途径,将生物分子用于合成 CMOFs,具有非常重要的意义。除了利用天然的氨基酸和肽合成手性化合物,研究者还通过对氨基酸上的氨基或羧基进行修饰,得到一系列的氨基酸衍生物并用于合成 CMOFs[15-17]。

#### 2.2.2 轴手性化合物配体

具有轴手性的化合物,例如 1,1′-联二萘酚(BINOL)和 2,2′-双二苯膦基-1,1′-联萘(BINAP),以及它们的衍生物都是广泛应用于不对称合成的重要有机配体。对 BINOL 和 BINAP 的其他位点进行修饰,可以设计合成得到一系列含有不同官能团(例如吡啶基、羧基等)的手性配体。由于易于修饰且修饰后的手性配体具有较好的刚性,BINOL 和 BINAP 的衍生物被广泛用于合成 CMOFs。

2002 年,Wenbin Lin 课题组首次利用轴手性 BINOL 衍生物 $H_2$BDA [ 图 1(a) ] 与 $Mn^{2+}$ 等过渡金属组装,得到 3 个同构二维化合物 $[M_2(\mu_2$-$H_2O)(BDA)_2(py)_3(dmf)] \cdot (DMF) \cdot (H_2O)_x$(M 代表 Mn、Co、Ni,图 1)[18]。之后该课题组又设计合成了一系列羧酸或者吡啶官能化的 BINOL 桥联配体[19-21],使其与不同的金属离子进行组装,构建出系列手性多孔框架材料。在组装过程中,他们通过适当地调节配体的长度以及晶体生长的溶剂热条件等来调控材料的孔洞及框架穿插现象。

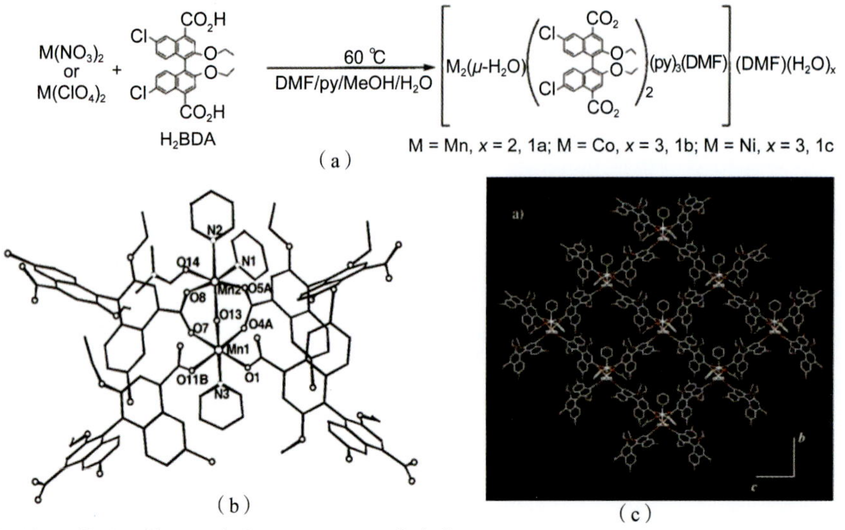

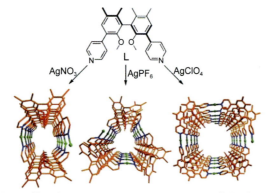

图1 轴手性联萘酚配体用于合成 CMOFs（a）；化合物 $[M_2(\mu_2\text{-}H_2O)(BDA)_2(py)_3(DMF)]\cdot(DMF)\cdot(H_2O)_x$ 的配位
环境（b）和二维层结构（c）（Copyright 2002 Wiley-VCH[18]）

相对于手性优势配体联萘酚（BINOL），手性联苯酚同样具有很好的扭转角度以及易于修饰的优点。2009年，Yong Cui课题组设计合成了吡啶官能化的 $C_2$ 轴手性联苯酚有机配体L（图2），并将它与不同的银盐（AgNO₃、AgPF₆和AgClO₄）组装，得到3例分别为具有 $2_1$、$3_1$ 和 $4_1$ 螺旋链结构的三维CMOFs材料（图2）[22]。之后，该课题组也设计了一系列的羧酸或者吡啶官能化的联苯酚桥联配体，并组装得到一系列具有不对称催化作用或手性分离的CMOFs。

图2 轴手性联苯酚配体L与AgNO₃、AgPF₆和AgClO₄组装得到三种不同螺旋链结构

（Copyright 2009 American Chemical Society[22]）

### 2.2.3 手性席夫碱配体

在传统有机不对称催化反应中，水杨醛与手性二胺缩合所得席夫碱（Salen）是一类常用于均相不对称催化的螯合配体。Salen配体中的O、N、N、O四个原子可与过渡金属离子螯合，形成 $M^{n+}$-Salen（$M^{n+}$ 可为 $Ti^{4+}$、$Zn^{2+}$、$Cu^{2+}$、$Co^{2+}$、$Mn^{2+}$ 等）配合物，其中，席夫碱配体占据金属离子的四方平面配位点，使过渡金属离子的轴向配位点暴露，因此 $M^{n+}$-Salen螯合物可作为路易斯酸催化剂。由于席夫碱配体具有较好的刚性结构和催化性能，将其用于构筑CMOFs引起了研究者的广泛兴趣，目前已有一系列基于席夫碱配体的CMOFs被合成出来[23-27]。

2010年，Wenbin Lin课题组设计合成了一系列具有不同长度羧酸基团的席夫碱手性配体 $H_2L_1$、$H_2L_2$ 和 $H_2L_3$，将这三个手性配体先与锰盐原位反应形成席夫碱锰的单核配合物配体，并将它们进一步与硝酸锌组装得到了5例CMOFs[24]。该研究发现通过选择反应过程中的溶剂，可以

调控化合物的穿插模式,同时通过对配体尺寸长度的设计可调控手性孔道的尺寸(图3)。

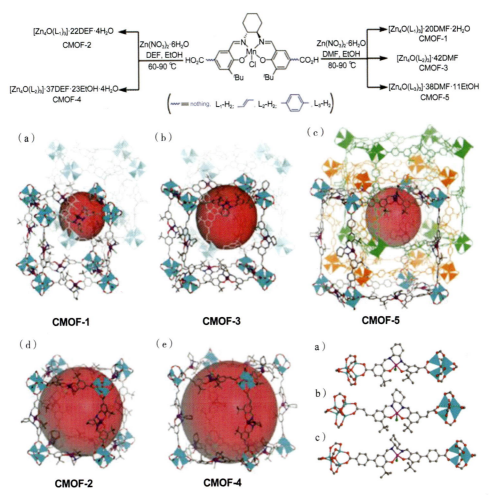

图 3　Lin 课题组报道的 Salen-Mn 构筑的 CMOFs 示意图(Copyright 2010 American Chemical Society[24])

### 2.3 后修饰法

通过光学纯手性有机配体与金属离子的自组装方式构筑 CMOFs,往往存在很多不确定因素:首先,得到 CMOFs 所需条件比较严格,溶剂、温度以及 pH 值等条件稍微变动即可影响其结晶;其次,很多光学纯手性有机配体不够稳定而易于分解,或柔性较高而不利于结晶;再者,即使 CMOFs 得以顺利合成,其手性活性位点如果不暴露于孔道中或者被一些基团占据,则不能有效应用于手性选择性过程。

为避免以上情况发生,通过后修饰的化学合成方法来构筑我们所期望的 CMOFs,既可选择合适的非手性 MOFs 材料作为母体框架,又可有目的性地引入适当具有手性活性位点的官能性分子,将其暴露于母体框架的孔洞中,使得合成效率以及 CMOFs 的手性选择性大大提高。后修饰合成 CMOFs 的方法主要有两种:(1)对配位不饱和的金属中心后修饰;(2)对孔道内能够与其他活性分子发生反应的官能团(如 NH₂、COOH 及 CHO 等)进行后修饰。

2.3.1 金属中心后修饰

2009 年,Kimoon Kim 课题组选取非手性的 MIL-101 作为母体框架,通过加热活化后,MIL-101 金属中心的配位水分子被脱除,得到不饱和位点,将活化后的晶体分别投入含有吡啶官能化的脯氨酸配体的无水氯仿溶液中回流,使吡啶基团与不饱和金属中心配位,即得到修饰后的手性 CMOFs(图 4)[28]。修饰后的 CMOFs 被用于催化不对称 Aldol(羟醛缩合)反应,产物的对映选择性最高可达 81％,由此说明金属中心后修饰方法确实是合成 CMOFs 的有效方法。

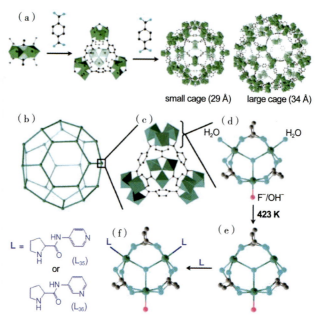

图 4　Kim 课题组报道的后修饰法构筑的 CMOFs 晶态材料示意图(Copyright 2009 American Chemical Society[28])

### 2.3.2 有机配体后修饰

2009 年,Seth M.Cohen 课题组选择非手性的 IRMOF-3 为母体进行后修饰,成功地将手性基团引入框架中[29]。由于 IRMOF-3 框架中的 2-氨基对苯二甲酸(NH$_2$-BDC)配体含有活性基团 NH$_2$,该工作正是利用了这一点,将定量的(R)-2-甲基丁酸酐与 NH$_2$ 进行酰胺缩合反应,成功将非手性的 IRMOF-3 转化为手性的 CMOFs 材料(图 5)。

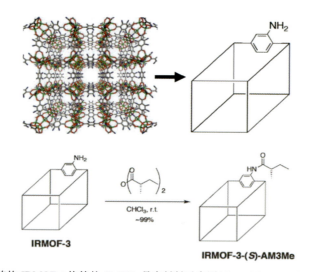

图 5　Cohen 课题组通过后修饰 IRMOF-3 构筑的 CMOFs 晶态材料示意图(Copyright 2009 American Chemical Society[29])

## 3. CMOFs 的应用

MOFs 材料作为一种新型多功能材料,其新颖多样、规整多孔、刚性稳定的结构特点和易于功能化的独特优势,使其在气体的吸附存储、药物分子的运输、化学传感、非线性光学材料、固相催化以及生物医学成像等方面展现出潜在的应用价值。而 CMOFs 材料不仅拥有以上的诸多特点,还由于可将手性引入自身丰富的拓扑框架内,形成手性孔道环境,从而使应用范围拓宽到手性科学领域,如不对称固相催化、对映体选择性吸附与分离、手性识别、传感材料与非线性材料方面等。

### 3.1 不对称催化

CMOFs 材料是一种结构有序且稳定的晶态材料,作为非均相手性催化剂,它完全克服了传统异相手性催化剂的缺点:(1)CMOFs 材料不仅孔隙率高而且催化活性位点分布均匀,催化效率高,同时较难溶于一般的有机溶剂,可实现多次回收再利用;(2)CMOFs 材料有规整且开放的手性孔道,反应底物容易接近催化活性位点,可以高选择性地完成催化反应;(3)CMOFs 材料合成过程相对简单,成本较低,金属离子与有机配体之间的配位键作用力强,不易断裂,催化剂失活的可能性较低。经过最近十多年的发展,将 CMOFs 材料应用于不对称催化领域已经取得了可喜的成就,有巨大的应用前景。一般来说,CMOFs 材料作为固相催化剂必须具备以下条件[30]:(1)在催化过程中要有一定的稳定性;(2)要有一定的孔道尺寸;(3)催化活性中心需要处于合适的手性环境中。

CMOFs 材料作为异相不对称催化剂,根据催化机理和合成策略可将其分成两大类:以金属中心为催化位点的 CMOFs 和以有机部分为催化位点的 CMOFs 催化剂。以金属中心为催化位点,即利用 CMOFs 结构中的不饱和配位金属中心作为路易斯酸,催化该位点的催化反应发生,而手性环境则发挥立体选择性作用。在以有机部分为催化位点的 CMOFs 中,功能性有机基团既作为手性催化的活性位点,又具有立体选择性。

#### 3.1.1 以金属中心为催化位点

以不饱和配位金属中心作为催化活性位点的 CMOFs,其金属中心主要有三种引入方法[55]:

(1)构筑具有不饱和配位金属节点的 CMOFs [图 6(a)][31];

(2)直接利用具有金属有机催化单元(如金属化的 BINOL、双酚、席夫碱等)的优势配体构筑 CMOFs。此类金属有机催化单元中含有不饱和配位金属位点 [图 6(b)]。由于手性优势配体中已含有不饱和配位金属中心,该类 CMOFs 一旦合成出来,框架中自然包含不饱和配位金属位点,且对多种化学反应都具有较高的不对称催化活性[32]。

(3)利用具有可配位官能团(如 OH)的手性配体(如 BINOL、双酚等)构筑 CMOFs,再经过后修饰引入不饱和配位金属中心至 CMOFs 框架中 [图 6(c)][33]。

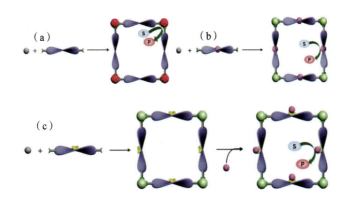

图 6 框架中具有不饱和配位金属中心的 CMOFs(a);具有不饱和配位金属中心的优势配体构筑的 CMOFs(b);后修饰法引入不饱和配位金属中心(c)(Copyright 2012 American Chemical Society[30])

#### 3.1.2 以有机部分为催化位点

与以不饱和配位金属中心为催化位点的 CMOFs 类似,对以有机部分为催化位点的 CMOFs 而言,其功能性有机部分的引入方法可以分为两种[30]:(1)直接以具有手性催化功能的有机配体构筑 CMOFs,该方法最为直观,是合成固相 CMOFs 催化剂的有效途径 [图 7(a)],得到的 CMOFs 中手性有机活性基团可直接作为催化位点使不对称催化反应发生[34];(2)通过非手性 MOFs 中的不饱和配位金属中心后修饰引入具有手性催化功能的有机基团构筑的 CMOFs [图 7(b)],后修饰引入的手性有机活性基团作为不对称催化位点促使反应发生[35]。

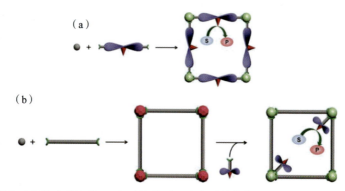

图 7　直接以具有手性催化功能的有机配体(a)和后修饰引入具有手性催化功能的有机基团(b)构筑的 CMOFs[30]

### 3.2 对映异构体拆分

手性拆分是获得光学纯异构体的重要途径之一,在制药工业和科学研究中有重要意义。利用手性拆分剂拆分外消旋体的主要机理是著名的三点作用模型(如图 8):要达到手性分离的目的,对映体和手性选择剂之间至少需要三个同时发生的分子间相互作用力起作用,其中至少有一个作用力必须是立体化学相互作用。为了拆分外消旋体,手性拆分剂与一种对映体进入一个与立体相关的三点相互作用的稳定状态,这种稳定性越大,则外消旋体相互分离的可能性就越大。而另一种相反手性的对映体则只能以不超过两点作用形成不稳定的状态。

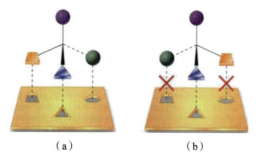

图 8　三点作用模式下的手性拆分(a);无三点作用模式的手性拆分(b)

CMOFs 具有多孔性手性环境,孔道内壁上不同的基团以及多样化的孔道形状,使之可以通过超分子作用力与特定的手性分子相互作用,从而完成消旋体的拆分。由此可见,CMOFs 不失为一种良好的手性拆分剂。利用 CMOFs 材料拆分消旋化合物是近几年来 CMOFs 材料的研究热点之一。目前利用 CMOFs 拆分消旋体的形式多样,包括单晶吸附分离(固相萃取)、手性固定相分离和手性薄膜分离等,且已经应用于拆分多种手性化合物中。

3.2.1 固相萃取

CMOFs 对消旋体的固相萃取方法,就是利用固态的 CMOFs 材料选择性吸附对映体中的一种构型,从而达到对映体拆分。

2008 年,Yong Cui 课题组利用吡啶官能化的手性席夫碱配体 $H_2L$(图 9)和锌盐组装,得到 2 例分别具有四元环和六元环结构的 CMOFs 材料[36,37]:$[Zn_4L_4] \cdot 4CH_3CN$ 和 $[Zn_6L_6] \cdot 6THF$(图 9),两种大环结构可通过分子间氢键形成三维多孔框架。将这两种 CMOFs 用于拆分消旋体,发现二者可以拆分消旋 2-丁醇和 2-戊醇,且分离后产物的对映选择性分别高达 99.8% 和 99.5%。同时,通过单晶衍射测试吸附手性醇分子后的结构,可以清晰地发现在这两种 CMOFs 的孔道中都存在单一构型的手性醇分子(图 9)。值得注意的是,近年来研究者不仅在手性分离性能上取得了突破,对于手性分离的机理研究也颇为关注,并且取得了较大进展[38]。

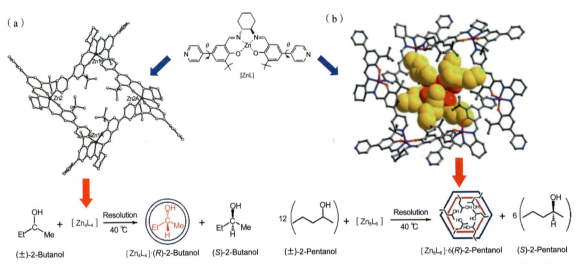

图 9　Cui 课题组报道的四元环 [Zn₄L₄]·4CH₃CN 对 2-丁醇(a)和六元环 [Zn₆L₆]·6THF 对 2-戊醇的拆分(b)(Copyright 2008 Wiley-VCH[36] and American Chemical Society[37])

### 3.2.2 色谱分离

在色谱分离方面,CMOFs 因其独特的手性孔洞环境以及良好的手性分离性能,已被用作气相色谱(GC)、高效液相色谱(HPLC)的固定相,并且在小分子的分离上取得了一定的进展。

2007 年,Konstantin P. Bryliakov 等人首次利用已报道的三维结构 CMOFs 材料作为层析柱的固定相(图 10)[39]。由于该化合物的 L-乳酸暴露在孔道中,该手性 CMOFs 层析柱不仅可催化苯甲硫醚的氧化反应,而且可将反应所得消旋产物的相反构型完全分离开来。

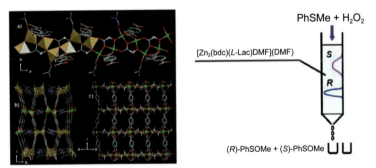

图 10　Bryliakov 等利用 [Zn₂(bdc)(L-Lac)(DMF)]·(DMF)作为层析柱固定相分离外消旋体
(Copyright 2007 Wiley-VCH[39])

2011 年,Li-Ming Yuan 课题组将已报道的含一重螺旋链的 CMOFs 材料{[Cu(sala)]₂(H₂O)}ₙ (H₂sala=N-(2-hydroxybenzyl)-L-alanine)制备成气相色谱柱固定相[40],并用于分离醇类,丙氨酸、脯氨酸、缬氨酸、亮氨酸和异亮氨酸衍生物,香茅醛、1-苯基-1,2-乙二醇,2-甲基-1-丁醇等各种消旋体。该工作是第一次利用 CMOFs 材料制备的手性气相色谱柱(图 11)。

2013 年,Li-Ming Yuan 课题组又将已报道的具有多重手性螺旋链结构的 CMOFs 材料 [(CH₃)₂NH₂][Cd(BPDC)₁.₅]·2DMA 制备成手性液相色谱柱固定相[41],并较好地分离了多种外消

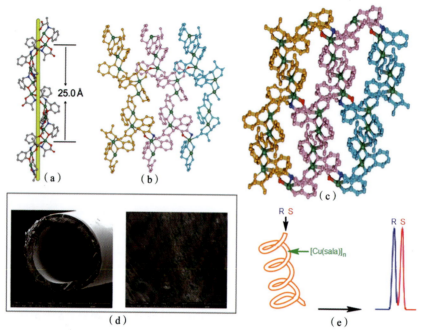

图 11　Yuan 课题组报道的{[Cu(sala)]₂(H₂O)}ₙ的结构及其气相色谱柱：{[Cu(sala)]₂(H₂O)}ₙ结构中的一重螺旋链（a）；一重螺旋链连接成二维结构（b）；{[Cu(sala)]₂(H₂O)}ₙ的三维堆积图（c）；涂有 MOFs 的开放式管状柱的横截面与沉积在其内壁上的 MOFs 的 SEM 图像（d）；气相色谱分离对映体（e）（Copyright 2011 American Chemical Society[40]）

旋体（如 1,1-联-2-萘酚、黄烷酮类等）。该 CMOFs 结构中的多重螺旋链形成一维手性通道，为手性分离提供可能性（图 12）。他们还进一步探讨了流动相的极性对手性拆分效果的影响。该工作为首例利用 CMOFs 材料制备的手性液相色谱柱。

图 12　Yuan 课题组报道的 CMOFs 材料作为液相色谱手性固定相（Copyright 2013 Royal Society of Chemistry[41]）

### 3.2.3　膜分离

CMOFs 单晶或粉末样品的吸附分离虽然制样简单，但满足不了工业生产的需求。将 CMOFs 材料做成薄膜并均匀涂抹或固载到基质上，用于外消旋体的选择性识别分离的方法叫作膜分离。功能性的 CMOFs 薄膜材料用于分离提纯手性化合物是手性分离技术新的工艺方向。

2012 年，Wanqin Jin 课题组将已报道的 CMOFs 材料[Zn₂(BDC)(L-Lac)(DMF)]·(DMF)（简称 Zn-BLD，L-Lac 为 L-乳酸，BDC 为对苯二甲酸）通过原位溶剂热的方法固载于自制 ZnO 膜上，得到 Zn-BLD 手性薄膜[42]。利用 Zn-BLD 手性薄膜作为渗透膜分离苯甲亚砜（MPS）消旋体（图 13），通过 HPLC 检测渗透后的苯甲亚砜溶液，发现（R）-苯甲亚砜含量超过（S）-对映体，对映体过量值为 33%，说明该 Zn-BLD 手性渗透膜可以用于分离手性苯甲亚砜。这是首例通过渗透法分离消旋体的手性薄膜。

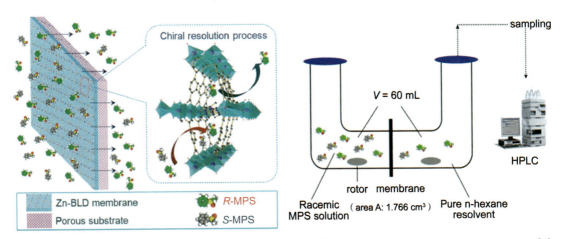

图 13　Jin 课题组报道的 Zn-BLD 手性薄膜作为渗透膜分离消旋体（Copyright 2012 Royal Society of Chemistry[42]）

### 3.3 手性识别与传感

随着科技的进步，荧光检测广泛应用于医药、化学及生物等众多领域，这种技术方便、简单而且选择性好。借鉴这一思路，选用荧光检测的手段来识别手性化合物不失为一个有效方法。MOFs 作为一种新兴的固体器件并应用于化学荧光领域，框架中稳定的孔道和比较大的比表面积都有利于荧光物质的吸附。作为 MOFs 的一个重要分支，CMOFs 如果具备合适的手性识别位点，再加上框架产生的限域效应，有望成为一种性能优异的手性识别传感器。

光学纯的联萘酚衍生物已经被开发作为手性荧光传感器，用于手性胺、醇、羧酸类化合物的荧光识别，利用联萘酚衍生物配体构建的 CMOFs 是一种有前景的手性荧光传感材料。2012 年，Wenbin Lin 课题组利用羧基官能化的联萘酚衍生物作为桥联配体，与 $CdCl_2$ 组装得到 CMOFs 材料 $[(Cd_2(L)(H_2O)_2] \cdot 6.5DMF \cdot 3EtOH$（图 14）[43]。通过荧光测试发现，该化合物在 440 nm 处有很强的荧光且其荧光寿命小于 3 ns，可以被氨基醇有效地猝灭。这是它的内表面 BINOL 上的羟基与进入孔洞的氨基醇形成氢键的结果，因此该 CMOF 材料可以作为很好的手性材料用于识别手性醇胺类化合物。

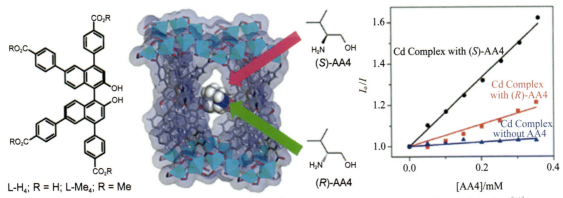

图 14　Lin 课题组报道的 CMOFs 及其手性传感性能（Copyright 2012 American Chemical Society[43]）

### 3.4 非线性光学

非线性光学（NLO）是研究物质在强光作用下的响应与场强呈现的非线性关系，是非中心对称的固体材料所特有的光学现象。在过去的几十年中，二阶非线性（SHG）光学材料的研究主要集中在具有生色团的有机分子固体上。MOFs 材料在合成过程中，可通过晶体工程的方法产生一定的不对称性,同时具有一定的热稳定性、难溶解性、透明性,有望成为非线性光学材料。结晶于手性空间群的 CMOFs 材料自然满足不对称中心的条件,尽管 CMOFs 材料不一定总是有非中心对称的生色基团,通过手性配体所构建的 CMOFs 也并不都有很强的非线性光学信号,但近年来还是发现了一些具有较强二阶非线性响应的 CMOFs 材料[44]。

CMOFs 材料不仅在不对称催化、手性识别与分离等传统化学领域具有非常高的研究和应用价值,同时它也促进了手性光、电、磁等一批新兴技术的发展;另外,CMOFs 材料还可作为药物的载体在生命医学中发挥作用等。这些性质衍生出来的问题都需要我们继续深入探究,因此对 CMOFs 材料的研究依然是机遇和挑战并存。

## 4. 基于手性四氮唑配体的 CMOFs

CMOFs 材料所具有的独特性能促使人们合成了大量具有新颖拓扑结构和潜在功能的 CMOFs 材料。但是由于 CMOFs 材料的性质不仅受桥联配体和金属离子的影响,而且还受化合物中配体和金属离子的空间排列的影响,所以设计、合成既定结构的 CMOFs 材料一直是一项具有挑战性的工作。如前文所述,在合成 CMOFs 材料方面已经发展出了多种合成策略,其中最直接有效的方法是使用单一手性配体构建 CMOFs 材料。由此可见,手性有机配体的选择非常重要。

如前文提到的天然氨基酸由于廉价易得且配位模式多变,是合成 CMOFs 的首选配体,不过这类配体结晶性较差,目前更多的是利用对其进行改造所得的衍生物来合成 CMOFs。此外,基于四氮唑配体的配位聚合物由于具有结构和功能多样性近来也受到广泛关注。因此将四氮唑和手性氨基酸结合起来用于构筑具有不同结构和功能的 CMOFs 是一种较为有效的方法。然而,迄今同时含有氨基和四氮唑基团、由氨基酸衍生的手性四氮唑配体(图 15),还极少用于构筑 CMOFs。

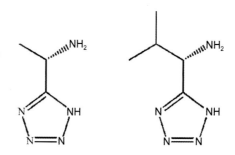

图 15　手性四氮唑配体 5-EATZ 和 5-IATZ

利用手性四氮唑构筑 CMOFs 具有以下优点:

(1)氨基手性四氮唑是一种富氮的多齿配体,有多个配位点可与金属离子组装得到结构多样的 CMOFs。

(2)由于富含氮,氨基手性四氮唑构筑的 CMOFs 可以作为氢键的供体或受体,与客体发生作用,可作为手性拆分材料;同时,未配位的氮可以作为催化反应的活性位点促使催化反应的发生。

基于以上考虑,我们设计合成了几种单手性四氮唑配体,使之与金属盐组装,得到一系列基于手性四氮唑的 CMOFs。我们发现手性四氮唑的配位具有一定规律性,下面将对得到的结果,从合成到结构和性能做系统的总结。

### 4.1 氨基手性四氮唑与 Ag+ 的组装[45]

利用溶液挥发法,氨基手性四氮唑与 Ag+ 组装得到 2 例手性配位聚合物 1 和 2,合成路线如图 16。二者合成过程仅金属盐不同,前者为 AgCl,后者为 AgNO₃。

$$5\text{-EATZ} + \text{AgCl} + \text{NH}_3 \cdot \text{H}_2\text{O} \xrightarrow[\text{RT, 10 d}]{\text{H}_2\text{O}} [\text{Ag}_2(5\text{-EATZ})\text{Cl}]_n \ (\textbf{1})$$

$$5\text{-EATZ} + \text{AgNO}_3 + \text{NH}_3 \cdot \text{H}_2\text{O} \xrightarrow[\text{RT, 10 d}]{\text{H}_2\text{O}} [\text{Ag}_6(5\text{-EATZ})_6\text{H}_2\text{O}]_n \ (\textbf{2})$$

图 16　化合物 **1** 和 **2** 的合成方法

　　化合物 **1** 和 **2** 的结构截然不同。前者是由含有一维 $(\text{Ag}_2\text{Cl})_n$ 螺旋链与 5-EATZ 组装而成的三维结构。在这个结构中，5-EATZ 的 4 个 N 原子都参与配位，分别与 3 条 $(\text{Ag}_2\text{Cl})_n$ 螺旋链相连 [ 图 17(a) ]。化合物 **2** 是由三核银次级构筑单元与 5-EATZ 组装而成的三维结构。该结构中 4 个 5-EATZ 将 3 个 $\text{Ag}^+$ 银离子桥连成三核银 $[\text{Ag}_3(5\text{-EATZ})_4]$ 次级构筑单元。而与化合物 **1** 不同的是，5-EATZ 在化合物 **2** 中则呈现 3 种配位模型 [ 如图 17(b)、(c) 和 (d) ]，其中一种配位模型的 5-EATZ 与 3 个 $[\text{Ag}_3(5\text{-EATZ})_4]$ 相连接，另两种配位模型的 5-EATZ 分别桥连 2 个 $[\text{Ag}_3(5\text{-EATZ})_4]$ 单元 [ 如图 18(a)、(b) 和 (c) ]。由此可见，在 5-EATZ 与 $\text{Ag}^+$ 的组装过程中，金属盐的阴离子对 5-EATZ 的配位模型有着较大的影响。

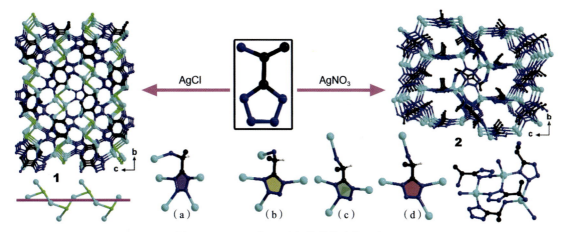

图 17　5-EATZ 与 $\text{Ag}^+$ 组装的化合物 **1** 和 **2**

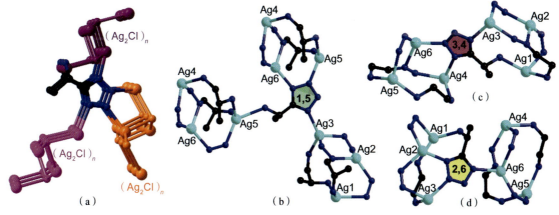

图 18　氨基手性四氮唑在化合物 **1**（a）和 **2**（b）、(c) 和 (d) 中的配位模式

### 4.2 氨基手性四氮唑与铜卤簇的组装[46,47]

　　正如上文所述，氨基手性四氮唑与 $\text{Ag}^+$ 组装呈现多种配位模式，作为同族的 $\text{Cu}^+$ 也同样被用于与氨基手性四氮唑进行组装。在 5-EATZ 与 CuI 的组装过程中，为了促进溶解，往反应体系中分别加入 KI 和 $\text{N(CH}_3)_4\text{Br}$。意想不到的是，得到了 3 个结构完全不同的化合物 **3**、**4** 和 **5**（图 19）。

$$5\text{-EATZ} + CuI \xrightarrow[100℃]{H_2O/CH_3CN} \{Cu_4[Cu(5\text{-EATZ})_2]_2\}_n \quad (3)$$

$$5\text{-EATZ} + CuI + KI \xrightarrow[100℃]{H_2O/CH_3CN} \{Cu_4I_4[Cu(5\text{-EATZ})_2]_2\}_n \quad (4)$$

$$5\text{-EATZ} + CuI + KI + N(CH_3)_4Br \xrightarrow[100℃]{H_2O/CH_3CN} \{2[N(CH_3)_4]^+ \cdot [Cu_{12}I_{12}[Cu^I(5\text{-EATZ})_2]_2]\}_n \quad (5)$$

图 19   5-EATZ 与 CuI 组装的化合物 **3**、**4** 和 **5**

在化合物 **3** 中,5-EATZ 的所有 N 原子均参与配位 [ 图 20(a) ],同时,两个 5-EATZ 配体分别与一个 Cu 螯合形成一个 $[Cu(5\text{-EATZ})_2]$ 单元 [ 图 20(b) ],$Cu^+$ 在 $\mu_2$-I 和 $\mu_3$-I 的桥连下形成一条一维 $Cu_xI_x$ 链 [ 图 20(c) ],一维 $Cu_xI_x$ 链在 $[Cu(5\text{-EATZ})_2]$ 单元的连接下形成三维网络结构 [ 图 20(d) ]。

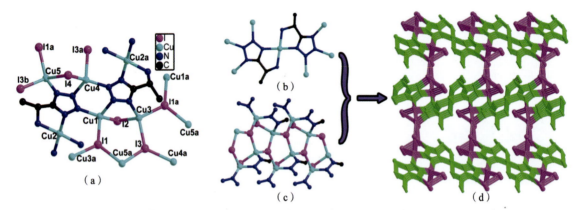

图 20   化合物 **3** 的晶体结构:化合物 **3** 的配位环境(a);化合物 **3** 中的反式 $[Cu(5\text{-EATZ})_2]$ 单元(b)和一维 $Cu_xI_x$ 链(c);化合物 **3** 的三维结构(d)

在化合物 **4** 中,5-EATZ 配体形成类似化合物 **3** 中的 $[Cu(5\text{-EATZ})_2]$ 单元 [ 图 21(b) ],不同的是,5-EATZ 的四氮唑环上的 N 原子未完全参与配位。同时,四个 $Cu^+$ 通过 $\mu_3$-$I^-$ 和端基 $I^-$ 形成一个零维的 $Cu_4I_4$ 簇 [ 图 21(c) ]。$[Cu(5\text{-EATZ})_2]$ 单元与 $Cu_4I_4$ 簇连成二维结构的化合物 **4** [ 图 21(d) ]。

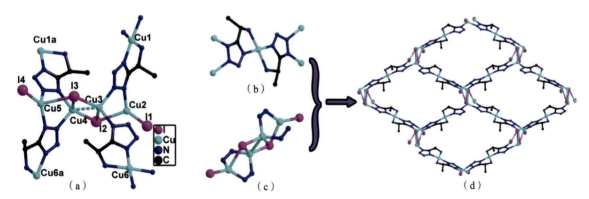

图 21   化合物 **4** 的晶体结构:化合物 **4** 的配位环境(a);化合物 **4** 中的反式 $[Cu(5\text{-EATZ})_2]$ 单元(b)和一维 $Cu_xI_x$ 链(c);化合物 **4** 的二维层结构(d)

化合物 **5** 中含有两种 $Cu_4I_4$ 单元 [ 图 22(d) ],分别为立方烷结构和八元环结构,同时 5-EATZ 配体与 Cu(I) 组装成 $[Cu(I)(5\text{-EATZ})_2]$ 构筑单元 [ 图 22(a) ]。在化合物 **5** 中,四面体立方烷 $Cu_4I_4$ 单元和八元环 $Cu_4I_4$ 单元构成具有 dia 拓扑结构的三维铜碘结构 [ 图 22(e) ] 且具有二重穿插特征 [ 图 22(f) ]。该二重穿插 dia(金刚石网络)的铜碘部分被 $[Cu(I)(5\text{-EATZ})_2]$ 单元连接成一个具有四连接拓扑结构的类沸石框架结构 [ 图 22(b)、(c) ]。(三字母代表的拓扑网络可在拓扑数据库网站查询 http://rcsr.anu.edu.au/nets。需要说明的是,有的拓扑网络,比如 dia 有对应的天然化合物结构,有的则纯粹是一个字母组合。)

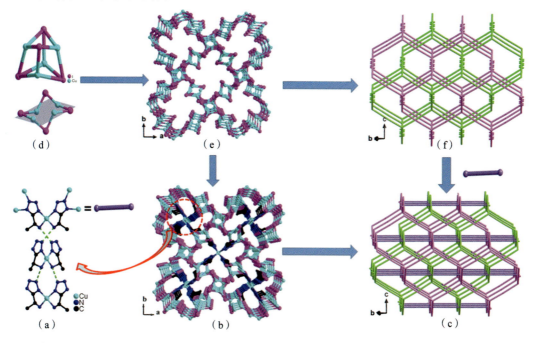

图 22　化合物 5 的晶体结构:化合物 5 中的顺式 [Cu(5-EATZ)$_2$] 单元氢键作用(a);化合物 5 的三维层结构(b);化合物 5 的三维层结构简化成的四连接拓扑网络结构(c);化合物 5 的四面体立方烷 Cu$_4$I$_4$ 单元和八元环 Cu$_4$I$_4$ 单元(d);化合物 5 中三维铜碘结构(e);化合物 5 中三维铜碘结构简化成的二重穿插 dia 拓扑网络结构(f)

　　由以上结果可知,化合物 3、4 和 5 的合成是可控的(图 23)。3 个化合物中都含有[Cu(I)(5-EATZ)$_2$]单元,不同的是,3 和 4 中 [Cu(I)(5-EATZ)$_2$] 单元为反式结构,而化合物 5 中 [Cu(I)(5-EATZ)$_2$] 为顺式结构。通过 KI 和 N(CH$_3$)$_4$Br 的调控,可以得到不同的铜卤簇,即 3、4 和 5 中的铜卤簇分别为一维、零维和三维铜卤簇。不同铜卤簇与 [Cu(I)(5-EATZ)$_2$]组装可得到不同结构的化合物。

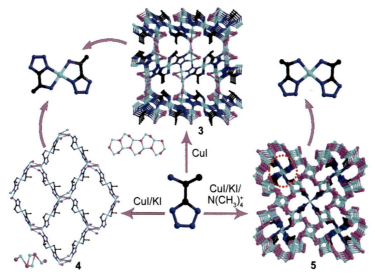

图 23　5-EATZ 与 Cu$^+$/Cu$^{2+}$ 组装的化合物 3、4 和 5

### 4.3 四连接手性四氮唑框架化合物及其性能[48,49]

　　通过一系列的探索之后,笔者发现 5-EATZ 在与铜 Cu$^+$ 离子的组装过程中,通过原位反应形

成 [Cu(5-EATZ)₂] 单元,该单元具有顺式 [图 24(a)] 和反式 [图 24(b)] 两种形式。这样的 [Cu(5-EATZ)₂] 单元在多种反应条件下均能稳定存在,而且还存在着多个潜在的 N 原子配位点,以其为构筑单元有望合成出结构丰富多样的手性晶态材料。同时预期以 [Cu(5-EATZ)₂] 单元为桥连单元可以得到具有孔洞的 CMOFs,从而在手性拆分和不对称催化中得到应用。

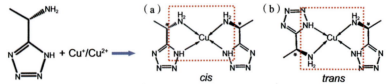

图 24  5-EATZ 组装得到顺式(a)和反式(b)的类卟啉 [Cu(5-EATZ)₂] 结构单元

基于此考虑,笔者进一步利用 5-EATZ/5-IATZ 与不同的铜盐组装,且向体系中加入不同的辅助配体(如 CN⁻、I⁻),通过调节反应条件,得到了一系列基于 [Cu(5-EATZ)₂] 单元的手性材料 **6**～**11**(图 25)。

$$5\text{-EATZ} + \text{CuI} + \text{KI} + \text{K}_3[\text{Fe(CN)}_6] \xrightarrow[100℃]{\text{H}_2\text{O}} \text{Cu}_2^{I}\text{Cu}^{II}(5\text{-EATZ})_2(\text{CN}^-)(\text{I}^-)_2 \ (\textbf{6})$$

$$5\text{-EATZ} + \text{CuCl} + \text{KCl} + \text{K}_3[\text{Fe(CN)}_6] \xrightarrow[100℃]{\text{H}_2\text{O}} \text{Cu}_2^{I}\text{Cu}^{II}(5\text{-EATZ})_2(\text{CN}^-)(\text{Cl}^-) \ (\textbf{7})$$

$$5\text{-EATZ} + \text{Cu(NO}_3)_2 + \text{NaOH} + \text{K}_3[\text{Fe(CN)}_6] \xrightarrow[100℃]{\text{H}_2\text{O}} [\text{Cu}_2^{I}\text{Cu}^{II}(5\text{-EATZ})_2(\text{CN}^-)_2(\text{H}_2\text{O})_2]\cdot\text{H}_2\text{O} \ (\textbf{8})$$

$$5\text{-EATZ} + \text{Cu(NO}_3)_2 + \text{NaOH} + \text{K}_3[\text{Fe(CN)}_6] \xrightarrow[100℃]{\text{H}_2\text{O/EtOH}} [\text{Cu}_2^{I}\text{Cu}^{II}(5\text{-EATZ})_2(\text{CN}^-)_2(\text{H}_2\text{O})_2]\cdot 2\text{H}_2\text{O} \ (\textbf{9})$$

$$5\text{-EATZ} + \text{CuI} \xrightarrow[100℃]{\text{H}_2\text{O/CH}_3\text{CN}} [\text{Cu}_5^{I}\text{Cu}^{II}(5\text{-EATZ})_2(\text{I}^-)_4]_n \ (\textbf{10})$$

$$5\text{-EATZ} + \text{Cu(NO}_3)_2 + \text{NaOH} + \text{K}_3[\text{Fe(CN)}_6] \xrightarrow[100℃]{\text{H}_2\text{O/DMF}} [\text{Cu}_2^{I}\text{Cu}^{II}(5\text{-EATZ})_2(\text{CN}^-)_2(\text{H}_2\text{O})_2]\cdot 2\text{H}_2\text{O} \ (\textbf{11})$$

图 25  化合物 **6**～**11** 的合成方法

在化合物 **6** 中,[Cu(5-EATZ)₂] 的结构为反式的桥连单元,另外该结构中存在着四连接的 Cu₂I 单元 [图 26(a)],同为桥连配体的 CN⁻ 与 [Cu(5-EATZ)₂] 结构单元将 Cu₂I 单元连接成具有 dia 结构的三维结构 [图 26(b)、(c)、(d)]。由于形成的三维框架具有很大的孔洞且没有客体分子填充其中,最终导致三维 dia 网络形成三重穿插结构 [图 26(c)、(d)]。化合物 **7** 与化合物 **6** 同构,不同之处仅在于化合物 **6** 中的 $\mu_2$-I 换为 $\mu_2$-Cl 即为化合物 **7**。

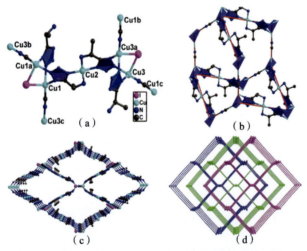

图 26  化合物 **6** 的晶体结构:化合物 **6** 的配位环境(a);四连接的 Cu₂I 单元将 CN⁻ 与 [Cu(5-EATZ)₂] 连接成 dia 笼(b);化合物 **6** 的三维结构(c);化合物 **6** 的三重穿插拓扑结构(d)

在化合物 8 中，[Cu(5-EATZ)₂] 单元为反式结构。与化合物 6 不同的是，此时 [Cu(5-EATZ)₂] 结构单元作为平面四连接的桥联配体，而 Cu⁺ 则作为四面体连接点 [ 图 27(a)、(b) ] 。因此，线性的框架 CN⁻ 和平面四连接的 [Cu(5-EATZ)₂] 将四面体 Cu⁺ 连接成具有四连接摩根石（mog）型拓扑网络的三维结构 [ 图 27(c)、(d) ] 。

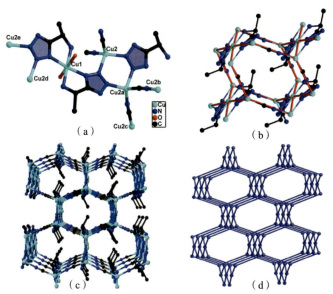

图 27　化合物 8 的晶体结构：化合物 8 的配位环境（a）；四连接的 Cu⁺ 将 CN⁻ 与 [Cu(5-EATZ)₂] 连接成 mog 笼（b）；化合物 8 的三维结构（c）；化合物 8 的三维拓扑结构（d）

在化合物 9 中，顺式的 [Cu(5-EATZ)₂] 构筑单元 [ 图 28(a) ] 螯合 Cu⁺ 形成一个 [Cu₂(5-EATZ)₂] 构筑单元；该单元本身作为一个整体，又成为四面体桥连单元 [ 图 28(b) ] 。[Cu₂(5-EATZ)₂] 单元与线性 CN⁻ 将四面体铜节点连接成一个具有四连接石英（qtz）型拓扑网络的三维框架结构 [ 图 28(c)、(d) ] 。

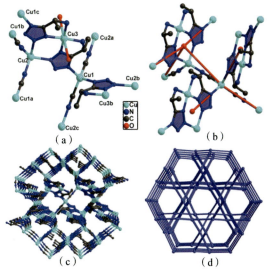

图 28　化合物 9 的晶体结构：化合物 9 的配位环境（a）；四连接的 Cu⁺ 与四连接的 [Cu(5-EATZ)₂] 连接方式（b）；化合物 9 的三维结构（c）；化合物 9 的三维拓扑结构（d）

在化合物 10 中，顺式的 [Cu(5-IATZ)₂] 构筑单元 [ 图 29(a) ] 螯合 Cu⁺ 形成 [Cu₂(5-EATZ)₂I] 构筑单元；该单元本身作为一个整体，又成为四面构筑单元 [ 图 29(b) ] 。由此四面体构型的

[Cu₂(5-IATZ)₂I]相互连接,形成具有四连接 dia 型拓扑网络的三维框架结构 [图 29(c)、(d)]。

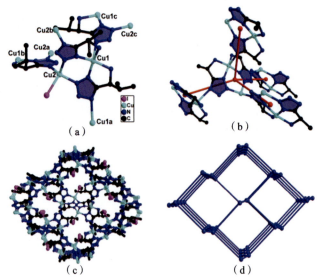

图 29　化合物 10 的晶体结构:化合物 10 的配位环境(a);四连接 [Cu(5-EATZ)₂] 的相互连接方式(b);化合物 10 的三维结构(c);化合物 10 的三维拓扑结构(d)

在化合物 **11** 中,5-EATZ 与 Cu⁺ 形成反式 [Cu(5-EATZ)₂] 结构单元 [图 30(a)],[Cu(5-EATZ)₂] 结构单元与 Cu⁺ 形成一维 Z 形链,然后通过线性 CN⁻ 连接成二维波浪层结构 [图 30(b)]。该二维层结构在强烈的 Cu···Cu 作用下形成三维化合物 [图 30(c)]。对化合物 **11** 的结构进行简化,发现顺式的 [Cu(5-EATZ)₂] 构筑单元可简化为平面四连接节点,而铜则可作为四面体节点,简化后的框架为四连接的 mcf 拓扑网络结构 [图 30(d)]。

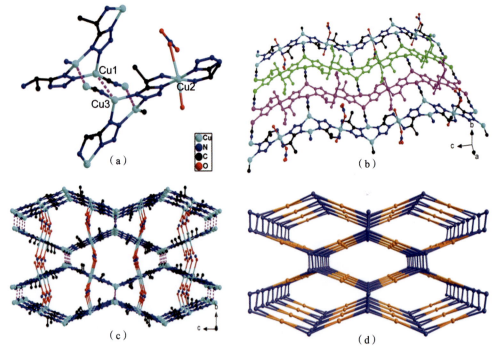

图 30　化合物 11 的晶体结构:化合物 11 的配位环境(a);化合物 11 中的二维层结构(b);Cu···Cu 作用下形成的三维结构(c);化合物 11 简化后的四连接的 mcf 拓扑网络结构(d)

如上所述,化合物 **6～11** 都为具有四连接结构的 CMOFs,因此通过选择手性四氮唑配体构筑类沸石框架结构 MOFs 的策略具有可行性。由此可总结这样的规律,手性配体 5-EATZ/5-IATZ 与 Cu(I/II) 配位的方式是可以预测的,即通常形成 [Cu(5-EATZ)₂] 或 [Cu₂(5-EATZ)₂]{或 [Cu₂(5-IATZ)₂]} 构筑单元。如图 31,这两种构筑单元中,[Cu(5-EATZ)₂] 次级单元分别作为线性连接单元或平面四连接单元,而 [Cu₂(5-EATZ)₂]{或 [Cu₂(5-IATZ)₂]}作为四面体单元参与配位。因此,通过 [Cu(5-EATZ)₂] 或 [Cu₂(5-EATZ)₂]{或 [Cu₂(5-iatz)₂]} 与四面体的金属节点组装,即可得到具有四连接类沸石分子筛的 CMOFs。例如,在化合物 6 和 7 中,线性的 [Cu(5-EATZ)₂] 构筑单元与四面体双核铜组装即得到具有 dia 拓扑的框架结构;而在化合物 10 中,平面四连接的 [Cu(5-EATZ)₂] 构筑单元与四面体金属节点组装成具有 mog 拓扑的框架结构;对于化合物 9 和 10,四面体的 [Cu₂(5-EATZ)₂] 或 [Cu₂(5-IATZ)₂] 与在 CN⁻ 线性(化合物 9)或端基 I⁻(化合物 10)的辅助配体下组装成具有 dia 拓扑和 qtz 拓扑的框架结构。

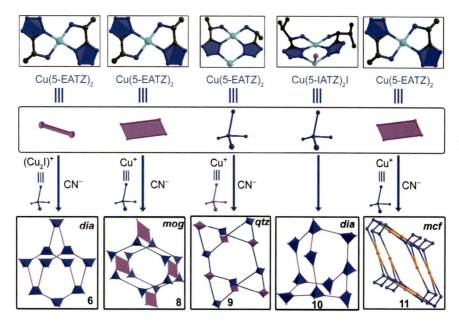

图 31　四连接类沸石手性四氮唑框架化合物的组装

由于以上化合物都为 CMOFs,笔者测试了其中一些化合物与手性相关的性能。其中,化合物 9 的二阶非线性光学效应强度是 KDP 的 5 倍,由此可见化合物 9 是一个潜在的非线性光学材料 [图 32(a)]。值得注意的是,化合物 11 表现出独特的手性拆分性能。我们发现:化合物 11 对动力学直径较小的 2-丁醇、2-甲基-2,4-戊二醇消旋体没有分离效果 [图 32(b)],但对动力学直径大的

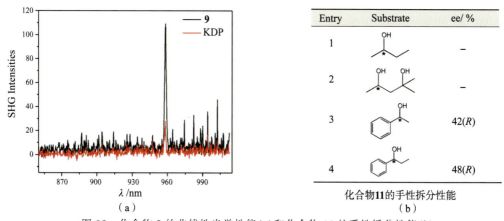

图 32　化合物 9 的非线性光学性能(a)和化合物 11 的手性拆分性能(b)

1-苯乙醇、1-苯丙醇消旋体却有分离效果;而且对 1-苯丙醇的拆分效果优于 1-苯乙醇,其中对 1-苯乙醇、1-苯丙醇消旋体的对映选择性分别为 42% 和 48%。

## 5. 未来工作展望

上述研究发现:若单独利用 5-EATZ 或 5-IATZ 与金属离子组装,得到的化合物大部分为致密结构;较为有趣的是,在获得的 11 例化合物中,当利用 5-EATZ 与 CN⁻ 混配时,得到的结构都具有一定的孔性,说明利用 5-EATZ 合成 CMOFs 时,这样的混配方式具有一定的实用性。因此,后续工作可以从以下几方面展开:

(1)通过对价态、模板剂、金属离子、辅助配体等方面的调节来得到不同结构的 CMOFs。由于手性配体为小分子刚性配体,且配位能力较强,易于螯合,实验过程中发现容易得到 [Cu(5-EATZ)$_2$] 构筑单元,因此将该单元作为结构基元,可用于构筑一系列 CMOFs 材料(图 24)。

(2)通过调节溶剂、温度、模板剂等条件,利用 5-EATZ 与 Cu(I/II) 离子组装,在 CN⁻ 以及卤素离子(如 I⁻ 或 Cl⁻)为辅助配体的情况下,希望得到一系列具有类沸石结构的 CMOFs。预测该类型的框架具有较好的稳定性,因此可应用于手性催化与分离领域。

(3)利用 5-EATZ 或 5-IATZ 与尺寸较大的有机羧酸配体进行混配,期望得到一系列具有较大孔道的 CMOFs,应用于手性分离、手性催化、手性识别和传感。

**参考文献**

[1] GU Z G, ZHAN C, ZHANG J, et al. Chiral chemistry of metal-camphorate frameworks [J]. Chem. Soc. Rev., 2016, 45(11): 3122-3144.

[2] STOCK N, BISWAS S. Synthesis of metal-organic frameworks (MOFs): Routes to various MOF topologies, morphologies, and composites [J]. Chem. Rev., 2012, 112(2): 933-969.

[3] SUH M P, PARK H J, PRASAD T K, et al. Hydrogen storage in metal organic frameworks [J]. Chem. Rev., 2012,112(2): 782-835.

[4] LI J R, KUPPLER R J, ZHOU H C. Selective gas adsorption and separation in metal-organic frameworks [J]. Chem. Soc. Rev., 2009, 38(5): 1477-1504.

[5] CORMA A, GARCíA H, XAMENA F X. Engineering metal organic frameworks for heterogeneous catalysis [J]. Chem. Rev., 2010, 110(8): 4606-4655.

[6] KRENO L E, LEONGK, FARHA O K, et al. Metal-organic framework materials as chemical sensors [J]. Chem. Rev., 2012, 112(2): 1105-1125.

[7] HORCAJADA P, GREF R, BAATI T, et al. Metal-organic frameworks in biomedicine [J]. Chem. Rev., 2012, 112(2): 1232-1268.

[8] LIU Y, XUAN W, CUI Y. Engineering homochiral metal-organic frameworks for heterogeneous asymmetric catalysis and enantioselective separation [J]. Adv. Mater., 2010, 22(37): 4112-4135.

[9] EZUHARA T, ENDO K, AOYAMA Y. Helical coordination polymers from achiral components in crystals. homochiral crystallization, homochiral helix winding in the solid state, and chirality control by seeding [J]. J. Am. Chem. Soc., 1999, 121(14): 3279-3283.

[10] ZHANG J, LIU R, FENG P, et al. Organic cation and chiral anion templated 3D homochiral open-framework materials with unusual square-planar {M$_4$(OH)} units [J]. Angew. Chem. Int. Ed., 2007, 46(44): 8388-8391.

[11] LIN Z, SLAWIN A M Z, MORRIS R E. Chiral induction in the ionothermal synthesis of a 3-D coordination polymer [J]. J. Am. Chem. Soc., 2007, 129(16): 4880-4881.

[12] ANOKHINA E V, JACOBSON A J. [Ni$_2$O(L-Asp)(H$_2$O)$_2$]·4H$_2$O: A homochiral 1D helical chain hybrid compound with extended Ni-O-Ni bonding [J]. J. Am. Chem. Soc., 2004, 126(10): 3044-3045.

[13] ANOKHINA E V, GO Y B, LEE Y, et al. Chiral three-dimensional microporous nickel aspartate with extended

Ni-O-Ni bonding [J]. J. Am. Chem. Soc., 2006, 128(30): 9957-9962.

[14] MANTION A, MASSUG Ë R L, RABU P, et al. Metal-peptide frameworks (MPFs): "Bioinspired" metal organic frameworks [J]. J. Am. Chem. Soc., 2008, 130(8): 2517-2526.

[15] ZHANG H T, LI Y Z, WANG T W, et al. A Zn[II]-based chiral crystalline nanotube [J]. Eur. J. Inorg. Chem., 2006, 2006(17): 3532-3536.

[16] KATSOULIDIS A P, PARK K S, ANTYPOV D, et al. Guest-adaptable and water-stable peptide-based porous materials by imidazolate side chain control [J]. Angew. Chem. Int. Ed., 2014, 53(1): 193-198.

[17] WU X, ZHANG H B, XU Z X, et al. Asymmetric induction in homochiral MOFs: From interweaving double helices to single helices [J]. Chem. Commun., 2015, 51(91): 16331-16333.

[18] CUI Y, EVANS O R, NGO H L, et al. Rational design of homochiral solids based on two-dimensional metal carboxylates [J]. Angew. Chem. Int. Ed., 2002, 41(7): 1159-1162.

[19] ZHENG M, LIU Y, WANG C, et al. Cavity-induced enantioselectivity reversal in a chiral metal-organic framework Brønsted acid catalyst [J]. Chem. Sci., 2012, 3(8): 2623-2627.

[20] MA L, FALKOWSKI J M, ABNEY C, et al. A series of isoreticular chiral metal-organic frameworks as a tunable platform for asymmetric catalysis [J]. Nat. Chem., 2010, 2(10): 838-846.

[21] MA L, MIHALCIK D J, LIN W. Highly porous and robust 4,8-connected metal-organic frameworks for hydrogen storage [J]. J. Am. Chem. Soc., 2009, 131(13): 4610-4612.

[22] YUAN G, ZHU C, LIU Y, et al. Anion-driven conformational polymorphism in homochiral helical coordination polymers [J]. J. Am. Chem. Soc., 2009, 131(30): 10452-10460.

[23] CHO S H, MA B, NGUYEN S T, et al. A metal-organic framework material that functions as an enantioselective catalyst for olefin epoxidation [J]. Chem. Commun., 2006, (24): 2563-2565.

[24] SONG F, WANG C, FALKOWSKI J M, et al. Isoreticular chiral metal-organic frameworks for asymmetric alkene epoxidation: Tuning catalytic activity by controlling framework catenation and varying open channel sizes [J]. J. Am. Chem. Soc., 2010, 132(43): 15390-15398.

[25] XUAN W, YE C, ZHANG M, et al. A chiral porous metallosalan-organic framework containing titanium-oxo clusters for enantioselective catalytic sulfoxidation [J]. Chem. Sci., 2013, 4(8): 3154-3159.

[26] LI G, ZHU C, XI X, et al. Selective binding and removal of organic molecules in a flexible polymeric material with stretchable metallosalen chains [J]. Chem. Commun., 2009, (3): 2118-2120.

[27] JEON Y M, HEO J, MIRKIN C A. Dynamic interconversion of amorphous microparticles and crystalline rods in salen-based homochiral infinite coordination polymers [J]. J. Am. Chem. Soc., 2007, 129(24): 7480-7481.

[28] BANERJEE M, DAS S, YOON M, et al. Postsynthetic modification switches: An achiral framework to catalytically active homochiral metal-organic porous materials [J]. J. Am. Chem. Soc., 2009, 131(22): 7524-7525.

[29] GARIBAY S J, WANG Z, TANABE K K, et al. Postsynthetic modification: A versatile approach toward multifunctional metal-organic frameworks [J]. Inorg. Chem., 2009, 48(15): 7341-7349.

[30] YOON M, SRIRAMBALAJI R, KIM K. Homochiral metal-organic frameworks for asymmetric heterogeneous catalysis [J]. Chem. Rev., 2012, 112(2): 1196-1231.

[31] DANG D, WU P, HE C, et al. Homochiral metal-organic frameworks for heterogeneous asymmetric catalysis [J]. J. Am. Chem. Soc., 2010, 132(41): 14321-14323.

[32] HU A, NGO H L, LIN W. Chiral, porous, hybrid solids for highly enantioselective heterogeneous asymmetric hydrogenation of β-keto esters [J]. J. Am. Chem. Soc., 2003, 115(48): 6182- 6185.

[33] WU C D, HU U, ZHANG L, et al. A homochiral porous metal-organic framework for highly enantioselective heterogeneous asymmetric catalysis [J]. J. Am. Chem. Soc., 2005, 127(25): 8940-8941.

[34] WANG M, XIE M H, WU C D, et al. From one to three: A serine derivate manipulated homochiral metal-organic framework [J]. Chem. Commun., 2009, (17): 2396-2398.

[35] WU P, HEC, WANG J, et al. Photoactive chiral metal-organic frameworks for light-driven asymmetric α-

alkylation of aldehydes [J]. J. Am. Chem. Soc., 2012, 134(36): 14991-14999.

[36] LI G, YU W, NI J, et al. Self-assembly of a homochiral nanoscale metallacycle from a metallosalen complex for enantioselective separation [J]. Angew. Chem. Int. Ed., 2008, 47(7): 1245-1249.

[37] LI G, YU W, CUI Y. A homochiral nanotubular crystalline framework of metallomacrocycles for enantioselective recognition and separation [J]. J. Am. Chem. Soc., 2008, 130(14): 4582-4583.

[38] ZHANG S Y, WOJTAS L, ZAWOROTKO M J. Structural insight into guest binding sites in a porous homochiral metal-organic material [J]. J. Am. Chem. Soc., 2015, 137(49): 12045-12409.

[39] NUZHDIN A L, DYBTSEV D N, BRYLIAKOV K P, et al. Enantioselective chromatographic resolution and one-pot synthesis of enantiomerically pure sulfoxides over a homochiral Zn-organic framework [J]. J. Am. Chem. Soc., 2007, 129(43): 12958-12959.

[40] XIE S M, ZHANG Z J, WANG Z Y, et al. Chiral metal-organic frameworks for high-resolution gas chromatographic separations [J]. J. Am. Chem. Soc., 2011, 133(31): 11892-11895.

[41] ZHANG M, PU Z J, CHEN X L, et al. Chiral recognition of a 3D chiral nanoporous metal-organic framework [J]. Chem. Commun., 2013, 49(45): 5201-5203.

[42] WANG W, DONG X, NAN J, et al. A homochiral metal-organic framework membrane for enantioselective separation [J]. Chem. Commun., 2012, 48(56): 7022-7024.

[43] WANDERLEY M M, WANG C, Wu C D, et al. A chiral porous metal-organic framework for highly sensitive and enantioselective fluorescence sensing of amino alcohols [J]. J. Am. Chem. Soc., 2012, 134(22): 9050-9053.

[44] ANTHONY S P, RADHAKRISHNAN T P. Helical and network coordination polymers based on a novel $C_2$-symmetric ligand: SHG enhancement through specific metal coordination [J]. Chem. Commun., 2004, (9): 1058-1059.

[45] LIU J, WANG F, ZHANG J. Synthesis, structure and luminescent of Ag based homochiral metal tetrazolate frameworks [J]. Inorg. Chem. Commun., 2018, 89: 41-45.

[46] LIU J, TANG Y H, WANG F, et al. Syntheses of copper-iodine cluster-based frameworks for photocatalytic degradation of methylene blue [J]. Cryst. Eng. Comm., 2018, 20(9): 1232-1236.

[47] LIU J, LIU L Y, WANG F, et al. Interpenetrated three-dimensional copper-iodine cluster with enantiopure porphyin-like templates [J]. Inorg. Chem., 2016, 55(4): 1358-1360.

[48] LIU J, WANG F, ZHANG J. Synthesis of homochiral zeolitic tetrazolate frameworks based on enantiopure porphyrin-like subunits [J]. Cryst. Growth Des., 2017, 17(10): 5393-5397.

[49] LIU J, WANG F, DING Q, et al. Synthesis of an enantipure tetrazole-based homochiral $Cu^{I,II}$-MOF for enantioselective separation [J]. Inorg. Chem., 2016, 55(24): 12520-12522.

# "配位超分子组装体"策略:从非手性基元到晶态手性材料

罗东[1],李冕[2],朱晓威[1],李丹[1,*]

[1] 暨南大学化学与材料学院,广东,广州 510632
[2] 汕头大学化学系,广东,汕头 515063
*E-mail: danli@jnu.edu.cn

**摘要**:基于金属-配体间配位相互作用的超分子手性研究是超分子配位化学领域的前沿方向之一,如何利用非手性基元作为原料组装晶态手性材料是一项富有挑战性的课题。本文结合本课题组在超分子配位晶态聚集体方面的研究及相关重要文献,阐释了利用"配位超分子组装体"策略来实现这一目标的思路和实例。"配位超分子组装体"策略首先利用配位自组装形成手性配位超分子组装体(如金属-有机螺旋体、金属-有机笼和配位聚合物),再通过调控体系的超分子作用,经过结晶自发拆分、手性拆分或手性诱导等方法,最终得到晶态手性材料。该策略运用配位自组装可控性高、可设计性强的优点,促进了对非手性到手性超分子过程的认识和控制。

**关键词**:配位自组装;超分子化学;非共价相互作用;自发拆分;晶态手性材料

# Strategy for Coordination Supramolecular Assemblies:
# From Achiral Components to Crystalline Chiral Materials

LUO Dong, LI Mian, ZHU Xiaowei, LI Dan*

**Abstract**:The study of supramolecular chirality based on metal-ligand coordination interactions is one of the advanced research branches in supramolecular coordination chemistry. The quest on obtaining crystalline chiral materials from achiral components as the precursors is a highly challenging topic. Through examining our research results on supramolecular coordination crystalline aggregates, as well as referring to important literatures, this account mainly describes the strategy coordination supramolecular assemblies and introduces a range of typical examples. In this approach, achiral precursors are first assembled into chiral supramolecular entities (e.g. metal-organic helicates, metal-organic cages, and coordination polymers) via coordination interaction, and afterwards the self-assembly processes can be regulated through tuning the supramolecular interactions to complete the spontaneous resolution and give rise to the resulting crystalline chiral materials. This strategy takes advantage of the merits of coordination-driven self-assembly, i.e. controllability and designability, to promote the understanding and regulation of the supramolecular process involving achiral to chiral conversion.

**Key Words**:Coordination-driven self-assembly; Supramolecular chemistry; Noncovalent interaction; Spontaneous resolution; Crystalline chiral material

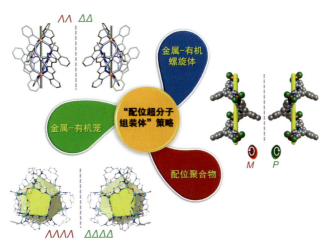

## 1. 引言

手性在自然界中广泛存在,大到宇宙星云,小至基本粒子。手性一直是物理、化学、生物、材料、医药等不同学科和领域的科学家广泛关注的问题。在人体的复杂生理系统中,每时每刻都有手性的体现,比如 DNA 的复制、蛋白质的合成、各种酶催化反应的进行等,都涉及手性化合物的使用和产生。从分子层面理解和利用手性,对人类认识自然和改变生活将产生深远影响。

在化学领域中,手性是最重要的基础研究课题之一。在近代化学史上,法国科学家 Pasteur(巴斯德)于 1848 年首次在分子手性领域获得重大突破,通过观察酒石酸铵钠盐的结晶,他发现有两种外观呈镜像对称的晶体存在,于是大胆推测晶体的不对称性是由分子层次的不对称性造成的,由此通过物理拆分的方法将两种晶体分别挑选出来,并测得两者的旋光方向确实是相反的:一种呈现左旋,另一种呈现右旋。Pasteur 因此推断这两种晶体所对应的酒石酸铵钠盐应该是互为镜像的,即存在旋光异构现象,为手性立体化学的发展奠定了坚实的基础[1,2]。随后,1874 年 Le Bel(勒贝尔)与 Vant's Hoff(范特霍夫)提出了碳原子的四面体构型——碳原子与四个基团或原子成键的取向最可能朝向四面体的顶点,这解释了当时已知的有机分子的不对称现象,为从分子水平上理解有机化合物的立体化学提供了理论支撑[3]。1893 年,Werner(维尔纳)创造性地提出了"维尔纳配位理论",并因此获得了 1913 年的诺贝尔化学奖。该理论迄今仍是配位化学的指导性原则[4,5]。Werner 和他的学生在之后的实验中,实现了完全无碳的四核钴配合物 {Co[(OH)₂Co(NH₃)₄]₃}Br₆ 的手性拆分,得到一对对映体,用实验事实证明了不含碳的无机物也可以存在镜像异构体,既有力推动了配位立体化学的发展,也打破了阻挡在无机与有机立体化学之间的壁垒,因而具有划时代的意义[6,7]。此后,科学家对立体化学的研究热情高涨,对分子手性现象也有了更加深入的认识和理解。同时,由这些结构化学理论指导的立体化学合成也如火如荼地进行着,为人类利用手性解决实际问题提供了种种可能。

随着对自然界以及生命活动的认识和研究逐渐深入,科学家发现传统的分子并不能承载或实现许多特定、高级或复杂的功能,而需要一个有组织的多分子体系来协同完成[8],由此催生了化学家新的思考——把研究的对象从分子体系提升到超越分子的层面。1987 年,诺贝尔化学奖授予 Cram(克拉姆)、Lehn(莱恩)和 Pedersen(彼德森),以表彰他们在超分子化学领域做出的卓越贡献[9-11]。Lehn 将超分子化学定义为"超越分子水平的化学"(the chemistry beyond the molecule),他确立了超分子化学研究的对象不仅仅是传统的以共价键为基础的单分子状态,更重要的是以分子与分子之间相互作用为基础的多分子体系,也就是在分子水平之上,通过分子堆积来实现"积小为大",从而实现在纳米体系或生命体系中的功能化[12-14]。这种构筑基元在一定条件下自发形成有序结构的过程被称为"自组装",它与"自组织""自识别"等方式共同组成了构建材料和生命体等复杂结构的基础原理[13],这也是大自然的合成策略。学习和利用超分子自组装,可以为人类获得功能化的材料提供便利途径,也会进一步影响人类对自然的认识。2005 年,Science 在创刊 125 周年纪念专辑中提出了 21 世纪亟待解决的 25 个重大科学问题,其中唯一的化学问题就是"我们能够推动化学自组装走多远"[15]。2016 年诺贝尔化学奖授予 Sauvage(索瓦)、Stoddart(司徒塔特)和 Feringa(费灵格),以表彰他们在"设计和合成分子机器"方面的开创性贡献[16-18]。由此可以看出,超分子化学和自组装依然焕发着迷人的魅力,也促使化学家继续向自然学习,探索超分子自组装在合成、结构与功能方面的规律,为获得更加复杂和功能多样的超分子体系做出不懈努力。从分子到超分子,手性也从单一的分子层次上升到超分子层次,随之而来的超分子手性现象层出不穷,使得手性研究进入了新纪元。

### 1.1 超分子手性与配位自组装

在形成材料、生命体等复杂系统时,超分子自组装(supramolecular self-assembly)不仅涉及传统的分子间作用力,如亲疏水作用、静电作用、氢键、π作用、范德华力等[13,19],还包括一些键能较弱、动力学可逆的成键作用力,以允许自组装过程中的自纠错和自修复,如配位键、亲金属作用[20-22]、动态共价键[23,24]等。通过超分子自组装可以形成热力学稳定的超分子组装体,而在这些超分子组装体形成过程中,手性或非手性的化学组分或构筑基元可以通过非共价相互作用形成不对称排列现象,称为"超分子手性"(supramolecular chirality)。相比于单个分子手性,超分子手性的动态可调谐性使得超分子自组装体系拥有多元化的功能,更适合应用于生物、先进纳米技术等领域[25]。

金属-配体的配位相互作用具有动力学可逆性、动态可调节性等特点,能在自组装过程中通过自纠错行为形成热力学稳定的产物,并且所选金属的倾向配位构型和配位作用的方向性有利于预测自组装产物的几何构型。因此,近年来配位超分子自组装被化学家广泛地应用于功能材料的设计、合成和性质研究[26]。功能配合物材料包括离散型的金属有机组装体[27-32]和晶态聚集的配位聚合物[33-38],这类材料的设计合成利用具有预设计配位原子、方向、几何的配体与特定配位构型的金属离子进行自组装,得到结构复杂多样、性能丰富可调的先进功能材料。在自组装过程中,由手性或非手性基元通过空间排列而产生的超分子手性同样引人关注。

如果一个组装体具有手性,那么它一定存在对映体,且这对对映体之间不能呈现镜像重叠;从对称性操作来讲,就是组装体中不存在对称面以及反演中心。常见的手性元素有以下几种:手性中心(手性立体中心)、手性轴、手性面。这些手性元素在手性配位超分子组装体中的分布至关重要,应首先明晰超分子组装体中不同部位的手性来源[26]。图1展示了配位组装体中的手性立体中心和螺旋手性及其标记方式,具体实例将在文中第二部分详细阐述:(a)三个双齿螯合配体形成的八面体配位构型手性立体中心($\Delta/\Lambda$);(b)右手或左手性的一维螺旋链($P/M$)。

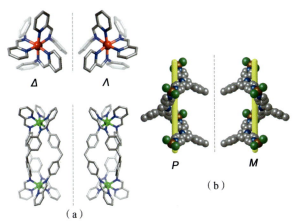

图1　配位组装体中的手性立体中心(a)和螺旋手性(b)以及相应的标记方式

### 1.2 非手性基元到晶态手性材料的构筑:"配位超分子组装体"策略

如图2所示,实现晶态手性材料的构筑,最有效的方法是利用手性基元进行自组装,通过结晶过程形成单一手性的晶态材料。相对而言,通过非手性基元构筑晶态手性材料的实例并不多见,但这一过程对于宏观手性起源和产生问题的研究具有独特意义。以非手性基元为起始原料,可通过共价修饰等方法引入手性源,使其转变为手性基元,再通过聚集诱导的手性放大效应来构筑晶态手性材料;也可通过自发拆分或物理场诱发的镜面对称性破缺,直接获得外消旋混合物(conglomerate),再经由化学拆分、色谱分离等流程,获得单一手性产物。其中,通过结晶自发拆分由非手性基元直接构筑晶态手性材料的途径,尤其受到超分子化学家的关注。

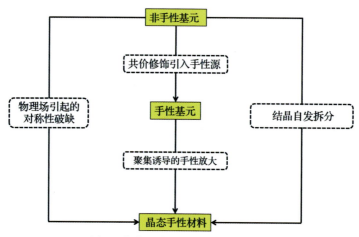

图 2　构筑晶态手性材料的主要途径

　　通常情况下,基于结晶自发拆分来实现非手性基元到晶态手性材料的构筑,都是通过一步法得到产物。此过程出现手性现象的偶然性较大,可控性较差,成功获得晶态手性材料的例子较少。利用配位自组装可控性较强、可设计性较高的特点,本文主要阐述基于"配位超分子组装体"策略实现非手性基元到晶态手性材料构筑的方法,大致流程如图 3 所示。首先,通过配位自组装形成手性配位超分子组装体,这一过程的可控性较强,有许多可行的构筑策略和方法;然后通过调控体系的超分子作用力,经过结晶自发拆分、手性拆分或手性诱导等方法,最终得到晶态手性材料。此策略最大的亮点是通过可设计、可控制、可预测的方式构筑晶态手性材料。手性超分子组装体的原型大致分为以下三类:金属-有机螺旋体、金属-有机笼和配位聚合物。下文将结合本课题组工作,各列举一些实例来阐释该策略的应用。

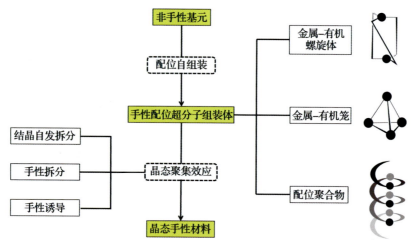

图 3　基于"配位超分子组装体"策略实现非手性基元到晶态手性材料的构筑

## 2. "配位超分子组装体"策略实例

　　通过选择合适的非手性基元,经由配位自组装途径得到具有手性特征的超分子,再调控非共价的超分子作用力,影响结晶自发拆分,得到具有手性特征的晶态材料。其中关键的步骤是如何设计和调控手性超分子组装体的形成,此举将直接影响手性晶态材料的结构和性能。以下将按照手性配位超分子的类别,如金属-有机螺旋体、金属-有机笼、配位聚合物,展示本课题组在该策略指导下获得的一些研究结果,并列举相关领域的重要成果和进展,以期探究实验现象背后的规律。

**2.1 基于金属-有机螺旋体的超分子体系**

螺旋广泛存在于自然界中,如海螺壳、缠绕的藤蔓等,这些宏观的螺旋现象一直激发着人们的兴趣[39]。1953年,Watson(沃森)和Crick(克里克)提出人类遗传分子DNA的双螺旋结构,在当时引起了全世界的轰动。人类首次从分子层面认识到遗传信息的构成和传递方式,由此慢慢揭开生命的奥秘[40]。值得注意的是,双螺旋结构展现的是DNA的二级结构,这种稳定的二级结构是由非手性的碱基(A、T、C、G)通过氢键等超分子作用力进行配对排列,使得双螺旋结构DNA分子能量处于最低状态而呈现出稳定性。此后,化学家致力于发现和构筑具有螺旋特性的分子结构。

最早报道利用配位作用形成螺旋结构的是Raymond课题组[41]。1978年,他们利用手性红酵母酸(rhodotorulic acid, $H_2RA$)作为配体与Fe(III)进行配位反应,得到一例呈现三股螺旋的二核螺旋体(简称"双核三螺旋体")$[Fe_2(RA)_3]$,并通过比对已知立体构型的类似物——高铁色素A(Λ构型)的ECD光谱,如图4所示,对$[Fe_2(RA)_3]$进行了立体构型指认,确定Fe(III)中心是八面体配位构型,该螺旋体的两个螯合中心都是Δ构型。这是文献中首次报道配合物螺旋体,但是当时并没有引入"螺旋体"概念描述这类配合物的结构特征。真正将"螺旋体"(helicate)概念引进配位化学的是Lehn课题组。1987年,他们利用非手性的多联吡啶配体与Cu(I)配位,成功合成一例双股螺旋配合物,并通过X-射线单晶衍射技术分析了该配合物的结构,证明该配合物确实与DNA双螺旋结构有相似之处。虽然结晶时并没有发生自发拆分,但这是首例采用非手性基元通过自组装得到具有手性特征的螺旋体结构的报道[42]。此后越来越多的基于非手性基元的有限金属-有机螺旋体相继被报道,包括单股螺旋体[43,44]、四股螺旋体[45]、环形螺旋体[46,47]等,相关进展可以参阅重要的综述文献[48-50]。在此阶段,金属-有机螺旋体的晶态聚集体,仅用作表征其晶体结构,它们作为手性晶态材料的性质受到较少关注。

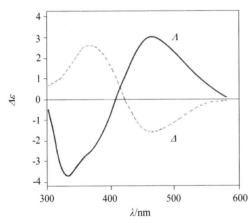

图4 高铁色素A(实线)与$[Fe_2(RA)_3]$(虚线)的ECD光谱(左)以及双核三螺旋$[Fe_2(RA)_3]$的分子模型(右)[41]

本课题组长期致力于超分子聚集体的配位化学和晶体工程的研究,在超分子配位化合物及其晶态聚集体的合成、结构和功能研究方面积累了丰富的经验,发现了许多有趣的超分子自组装过程和结果。例如,我们发现了一种无机硫向有机硫转化的原位反应,即利用有机分子捕获CuSCN中的硫,原位形成有机硫化合物,发展了两类捕获途径——醇捕获[51,52]和膦捕获[53-56],并由此开发出一套普适的模板合成方法,可以方便地构筑有机-无机杂化的CuCN/CuSCN配位网络结构[14]。

我们还利用模板合成方法,选择一个基于吡唑配体的具有三股螺旋结构的五核阳离子螺旋体[57]作为模板剂,并利用无机硫到有机硫转化策略,成功地构筑了含有五核阳离子螺旋体的混合CuCN/CuSCN三维超分子配位聚合物[58],如图5所示。选择该阳离子螺旋体主要基于以下三方面考虑:(1)五核螺旋体具有优美的螺旋结构,可以很容易地通过非手性基元的组装得到,用作模板剂;(2)五核螺旋体本身带正电荷,可与无机阴离子框架产生较强的静电相互作用;(3)阴离子无机框架上的原子可能会与五核螺旋体上的有机配体形成氢键等弱作用。

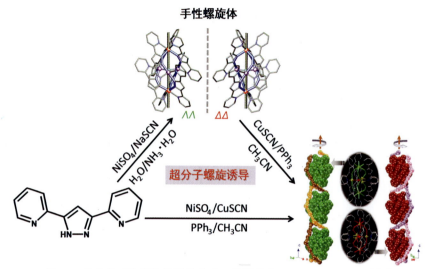

图5　吡唑基五核螺旋体诱导合成双股螺旋状 CuCN/CuSCN 网络[58]

通过 X-射线单晶衍射技术对所得晶体进行细致的结构解析,我们发现五核螺旋体被紧紧地包裹在 CuCN/CuSCN 三维超分子配位聚合物中,而紧靠螺旋体的拟卤化亚铜组分自组装形成类似于 DNA 的双螺旋结构,其螺旋方向与所包裹的螺旋体沟槽的螺旋方向一致。另外,阳离子螺旋体与阴离子框架间形成了较强的 Cu…H 作用(0.262～0.281 nm)以及静电相互作用,使整个配合物的网络结构更加稳定。基于以上证据,我们成功实现了超分子模板诱导的螺旋到螺旋的传递,且不同手性的螺旋体分别引导相应手性的螺旋链,该过程如同 DNA 的复制过程,将螺旋体本身固有的结构信息精确地传递给邻近的主体框架。虽然整体过程没有完成超分子手性结晶自发拆分,但是它实现了从非手性基元通过配位自组装得到离散螺旋体结构的控制合成,并且拓展至聚合物螺旋结构的诱导合成,为今后设计合成具有手性特征的晶态材料打开了新的思路。重要的是,通过这种"配位超分子组装体"策略,可将分子基的金属-有机螺旋体扩展为晶态材料。实验发现,通过超分子包裹策略形成晶态材料后,晶态超分子体系的发光、磁性等性质得到了调控。

之后,我们又通过精确调控螺旋体的金属配位构型以及配体的配位矢量方向,成功地将类似的三股螺旋五核螺旋体拓展连接成为三维超分子配位网络。在这个例子中,螺旋簇作为构筑单元而不是模板参与整体框架的构建,也为今后利用螺旋体作为超分子构筑单元合成晶态手性材料提供了一种可行的思路[59]。

设计合理的有机配体(非手性或手性)以及选取合适的金属离子,通过配位自组装得到超分子金属-有机螺旋体结构已经被广泛报道,而超分子金属-有机螺旋体固有的手性特征已被利用在与生物大分子相互作用以达到识别、抗癌目的等方面[60-64],同时超分子金属-有机螺旋体也具备其他多方面的潜在应用价值,比如可作为发光材料、分子磁体、催化剂等[65]。相比而言,利用手性特征将其作为构筑单元,通过超分子作用力组装形成拓展型晶态手性材料的报道还比较罕见,这可以成为未来发挥此类材料多方优势的一个研究方向。

### 2.2　基于金属-有机笼的超分子体系

自从 1988 年第一例金属-有机笼化合物被合成以来[66],超分子化学家发展了一系列金属-有机笼化合物的合成策略,其中"配位导向自组装"的方法应用最为广泛[27-29]。利用此策略可以很好地设计合成出结构优美、性能可调的金属-有机笼化合物,并且这些金属-有机笼化合物因其特有的空腔结构而具备一些有趣的功能,如分离、识别、催化、稳定活性物种、载药等[30-32]。

金属-有机笼化合物作为多配体、多金属中心的超分子配合物,可以较为容易地引进手性元素,比如可以利用手性有机配体作为构筑基元,配体的手性可以在与金属进行自组装的过程中,发生手性诱导和传递,从而促使整个金属-有机笼体现出手性特征,相关研究进展可以参阅近期的综述文献[67,68]。本文侧重关注如何利用非手性基元,通过形成手性金属-有机笼,最终得到手性材料的工作。

非手性基元在自组装形成手性金属-有机笼结构时,主要利用形成金属手性立体中心的策略,而相应选择的构筑基元大多是具有多双齿(或三齿)螯合能力的桥联配体以及具有八面体或更高配位构型的金属离子,所形成的金属中心自然具有手性。同时,各个角顶手性金属中心通过桥联配体进行连接,它们的对称性关系就只与旋转轴有关,所得金属-有机笼化合物的手性必然与其对称性紧密相关。例如 $O_h$ 和 $O$ 点群均具有八面体或立方体对称性,具有 $O_h$ 点群的金属-有机笼化合物中虽然存在角顶金属手性中心,但是由于存在不合适的旋转轴而产生镜面,致使其不具有手性特征。相比而言,具有 $O$ 点群的金属-有机笼化合物具有手性,因为它只包含 $C_2$、$C_3$ 和 $C_4$ 等对称元素。同样,对具有四面体对称性的点群,$T$ 点群缺乏反演中心以及镜面,故具有手性特征,而 $T_d$ 和 $T_h$ 点群均为非手性[25]。

基于非手性基元形成的手性金属-有机笼化合物可能含有单一手性的角顶金属中心(绝对构型可标记为 $\Delta$ 或 $\Lambda$),这些手性金属中心可通过配体进行手性信息的传递,一般情况下会使金属-有机笼化合物与金属中心的手性保持一致。例如,四面体笼分子主要有三种对称性——$T$($\Delta\Delta\Delta\Delta$/$\Lambda\Lambda\Lambda\Lambda$)、$C_3$($\Delta\Delta\Delta\Delta$/$\Lambda\Lambda\Lambda\Lambda$)和 $S_4$($\Lambda\Lambda\Delta\Delta$),其中具有 $T$ 和 $C_3$ 对称性的笼分子是手性的,而呈现 $S_4$ 对称性的是内消旋非手性笼。然而,在合成手性金属-有机笼化合物的过程中缺乏其他不对称因素的诱导,致使在溶液中形成一对对映体的概率相同,最终得到的单颗晶体的晶胞中一般含有等量的对映体,即形成了外消旋化合物;也有少数会发生结晶自发拆分,使每颗单晶呈现光学活性,但是大宗产物仍然是外消旋的,即形成了外消旋混合物。如果想要合成具有光学活性的大宗产物,绝大多数情况下都需要进行手性诱导或手性拆分。

2001 年,Raymond 课题组最早实现金属-有机笼化合物的手性拆分[69]。他们采用双儿茶酚类配体与 Ga(III)进行组装得到消旋的金属-有机四面体笼化合物,该金属-有机笼化合物具有较好的溶解性、固有的负电荷特性以及笼内空腔,所以他们利用主客体相互作用将阳离子型 N-甲基尼古丁作为手性拆分剂以及客体,封装入金属-有机笼内。由于该消旋的 Ga(III)-有机笼化合物存在一对对映体(分别呈 $\Delta\Delta\Delta\Delta$ 和 $\Lambda\Lambda\Lambda\Lambda$ 构型),$\Delta\Delta\Delta\Delta$ 构型的 Ga(III)-有机笼阴离子会自发地选择性封装手性的 N-甲基尼古丁阳离子,形成沉淀析出,$\Lambda\Lambda\Lambda\Lambda$ 构型的 Ga(III)-有机笼依然保留在溶液中,从而达到手性拆分的目的,如图 6(a)所示。

2014 年,章慧课题组报道了将手性联二萘酚(BINOL)作为拆分剂用于拆分具有磺酸基团修饰的水溶性外消旋金属-有机四面体笼[70]。该金属-有机笼化合物是由 Nitschke 课题组首先报道合成。利用次级组分自组装技术将磺酸基团修饰的联苯二胺、2-吡啶甲醛以及 Fe(II)进行组装,得到外消旋的 Fe(II)-有机四面体笼阴离子,它的主客体化学性质也得到了研究[71,72],但是并没有将该外消旋 Fe(II)-有机笼进行拆分而利用其手性性质。章慧课题组注意到该 Fe(II)-有机笼的阴离子特性,利用静电相互作用,选取了手性季铵盐阳离子作为手性拆分剂进行拆分,结果并没有达到理想的拆分效果;当考虑协同静电和 π-π 相互作用来达到拆分目的,有意识地选取手性配阳离子 [Ru(phen)$_3$]$^{2+}$ 作为手性拆分剂时,消旋 Fe(II)-有机笼亦只能被部分拆分,拆分产物的对映选择性依旧很低。随后,他们考虑到配体上的磺酸基团可以提供形成氢键的位点,且手性季铵盐对联二萘酚有不错的拆分效果,选取了含有酚羟基的中性轴手性化合物 S-BINOL 作为拆分剂,在甲醇/水质量比为 1:1 的溶剂环境中,得到 $\Delta\Delta\Delta\Delta$ 构型笼离子与 S-BINOL 形成的包结络合物沉淀,对沉淀进行重结晶可以得到 85% 对映选择性的 $\Delta\Delta\Delta\Delta$ 构型 Fe(II)-有机笼,而另一种手性的 $\Lambda\Lambda\Lambda\Lambda$ 构型的 Fe(II) 笼则留在溶液中,结晶后得到 99% 对映选择性的拆分结果,如图 6(b) 所示。他们为了验证氢键在拆分过程中的重要作用,还选取了类似于 BINOL 的化合物作为手性拆分剂(一种将酚羟基变成醚基,另一种增加萘基上的位阻),发现其手性识别效果较差。从对比实验中推测:BINOL 中的酚羟基与 Fe(II)-有机笼中的磺酸基团形成的氢键对拆分成功与否至关重要,同时,萘基与 Fe(II)-有机笼棱上的联苯之间的 π-π 相互作用以及精妙的拓扑形状选择也起到重要作用,多种作用协同进行,使得拆分效果接近完美。这是非常重要的实验结果,对今后基于非手性基元自组装得到的外消旋金属-有机笼的拆分具有指导意义。

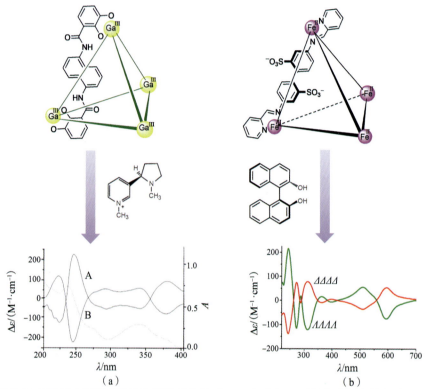

图 6 (a)手性 N-甲基尼古丁阳离子作为手性拆分剂对 Ga(III)-有机四面体笼进行有效拆分(ECD 谱:A 曲线为 $\Lambda\Lambda\Lambda\Lambda$ 构型,B 曲线为 $\Delta\Delta\Delta\Delta$ 构型)[69];(b) S-BINOL 作为手性拆分剂对 Fe(II)-有机四面体笼进行有效拆分[70]

本课题组在金属-咪唑笼的设计合成和性质研究方面做了大量工作,取得了一些成果[73-78]。如图 7 所示,利用非手性的基元组装得到具有 $O$ 和 $T$ 对称性的手性金属-咪唑笼化合物,以及内消旋的金属-咪唑笼化合物。遗憾的是,除了极个别的金属-咪唑笼化合物存在结晶自发拆分,得到了外消旋混合物,其余的均为外消旋化合物,即同一颗单晶中存在等量的对映体。

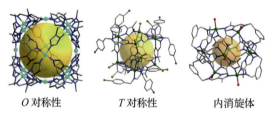

图 7 本课题组基于非手性基元组装得到的两例手性金属-咪唑笼以及内消旋金属-咪唑笼化合物[73-75]

2017 年,我们利用溶剂热次级组分自组装技术,将 2-甲基-4-咪唑甲醛、间苯二甲胺、Co(BF$_4$)$_2$·6H$_2$O 等非手性构筑基元进行一步高效的组装,得到包含 72 组分的金属-咪唑笼化合物 [图 8(a)],该笼状配合物具有非常罕见的五角三四面体结构,且具有手性。更有趣的是,该金属-咪唑笼通过结晶的形式发生自发拆分,形成晶态外消旋混合物。当在原位合成过程中加入手性的薄荷醇作为手性诱导剂时,可以使该金属-咪唑笼发生诱导拆分,形成具有光学活性的对映体过量的手性产物[78]。

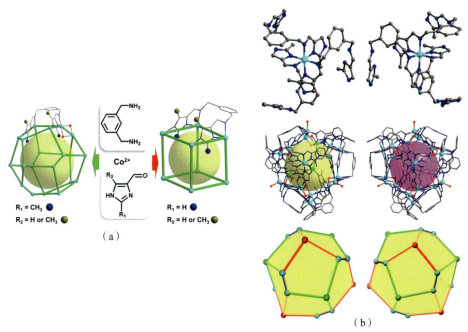

图8  (a)金属-咪唑五角三四面体和立方体的次级组分自组装;(b)金属-咪唑五角三四面体的单晶结构解析[78]

通过 X-射线单晶衍射测试,可以解析得到金属-咪唑五角三四面体的结构[如图 8(b) 所示],包含 72 组分,是目前利用次级组分自组装得到的组分最多的笼状配合物。该金属-咪唑笼是含有 20 个金属顶点的多面体,可以根据以下结构特征将其确定为五角三四面体[79]:(1)结构中含有 12 个不规则五边形且分子本身具有 $T$ 对称性;(2)结构中含有 3 种不同配位环境的金属作为顶点(4+4+12);(3)结构中含有 3 种不同长度的配体作为边(6+12+12);(4)拓扑结构本身是手性的。值得一提的是,自然界中的辉钴矿石也具有五角三四面体的结构特征。据我们所知,该金属-咪唑笼是首次报道的具有五角三四面体结构的人工合成分子。

我们通过两方面的合成实验结果来推测形成金属-咪唑五角三四面体的原因 [图 8(a)]:(1)更换咪唑醛上 2 和 5 位的取代基团,当 2 位取代基是甲基时,得到的晶态产物是金属-咪唑五角三四面体,而当 2 位是氢原子时,得到的晶态产物是金属-咪唑立方体,5 位取代对形成金属-咪唑笼的形状没有决定性的影响,由此推测 2 位具有较大取代基时,由于空间位阻影响,笼的窗口被撑大,组装形成了五边形窗口;(2)更换参与反应的阴离子,用 $ClO_4^-$、$PF_6^-$、$CF_3SO_3^-$ 替代 $BF_4^-$,可以顺利地组装得到类似的晶态笼状配合物,但是引入 $NO_3^-$、$Cl^-$、$Br^-$ 等阴离子时,并不能得到晶态的产物,说明在组装该金属-咪唑笼的过程中,阴离子的影响不可忽略。

另外,我们发现该金属-咪唑五角三四面体具有结晶自发拆分的现象,此现象通过 X-射线单晶衍射分析以及相应单颗晶体的固态 ECD 光谱数据得到了较好的验证。从晶体结构分析可知(图9),金属-咪唑五角三四面体的 4 个手性金属中心所在位置的有机配体上的亚甲基,与球形对称的阴离子($BF_4^-$、$ClO_4^-$、$PF_6^-$ 等)通过 C-H···X(X 代表 O、F)非经典弱氢键作用连接,形成具有永久性孔洞结构的超分子框架,这与我们之前报道的一例基于金属-咪唑笼形成的介孔超分子框架类似[75]。通过细致的结构分析,可以发现球形对称的阴离子可与 4 个具有相同手性的金属中心(分别来自 4 个金属-咪唑笼)之间产生有序的氢键作用 [图 9(b)],换言之,通过这种有序的氢键作用,球形对称的阴离子可以使具有相同手性的金属-咪唑五角三四面体产生聚集,最终达到结晶自发拆分的效果。这一推断可以作为类似案例中诱导结晶自发拆分的一种重要的方法,但自发拆分的总体结果是形成晶态外消旋混合物。

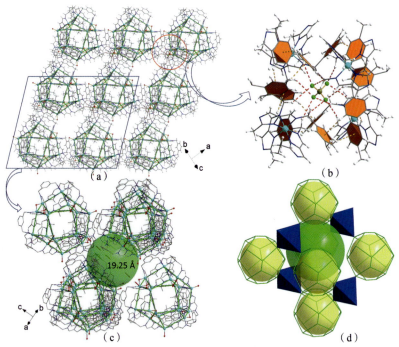

图 9  基于金属-咪唑五角三四面体与阴离子作用形成的超分子框架结构[78]

　　为了得到单一手性的金属-咪唑五角三四面体,我们将手性诱导的方法引入组装过程中。我们尝试了常用的手性诱导剂樟脑磺酸,结果并没有诱导效果。之后考虑到合成该笼状配合物是在含有醇的环境中进行的,所以选用手性 2-丁醇作为诱导剂,结果发现有微弱的诱导效果。最后我们选定具有多手性中心和羟基的单一手性薄荷醇来作为诱导剂,尝试诱导合成具有光学活性的大宗手性产物(ΔΔΔΔ 和 ΛΛΛΛ)。我们对诱导得到的对映体进行固态 ECD 光谱表征,证明了单一手性薄荷醇确实起到了手性诱导作用,使得大宗产物表现出较好的光学活性(图 10)。但是多次平行实验表明,薄荷醇诱导出大宗手性产物并不稳定,只有 80% 的概率可以达到诱导效果。

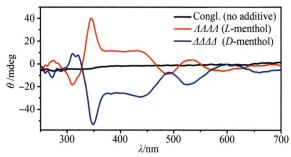

图 10  添加或不添加手性诱导剂的金属咪唑五角三四面体的固态 ECD 光谱[78]

　　总之,基于非手性基元通过组装得到手性金属-有机笼,然后通过自发拆分、诱导拆分[80]等途径可以实现大宗手性产物的制备。而利用氢键等超分子作用力来实现金属-有机笼结晶自发拆分的实例还比较少,值得继续研究和探索。

### 2.3 基于配位聚合物的超分子体系

　　配位聚合物,或称金属-有机框架,是二十多年来新兴发展起来的一类新材料。因具有丰富可调的结构和多种多样的功能,如存储、分离、传感、催化等,这类材料备受不同领域科学家的关注[81]。配位聚合物通常是由多种构筑基元(如金属、有机配体、溶剂分子等)通过各种分子间相互作用和成键作用,自组装生成有序的晶态聚集体。其中,具有手性的配位聚合物因其在不对称催化/分离、非线性光学等方面的潜在应用和商业价值[82,83],更备受化学家们关注。

构筑晶态手性配位聚合物材料一般有以下几种方法:(1)利用手性构筑基元合成手性配位聚合物[84-86],该方法可以比较容易地得到具有大宗单一手性的配位聚合物,但由于手性构筑基元(如有机配体)获得较为困难,通过这种途径得到的配位聚合物材料还比较少;(2)在非手性基元进行组装的过程中,加入手性诱导剂或模板剂,通过诱导效应或模板效应将手性信息传递给配位聚合物框架[87];(3)利用后合成修饰方法[88],通过共价、配位等成键作用将手性源嫁接到配位聚合物中,这种方法一般要求配位聚合物的配体上有可供修饰的基团或者金属有不饱和的位点;(4)在非手性基元进行组装的过程中,调控组装环境(如溶剂、温度、物理场等),使得配位聚合物发生自发拆分或镜面对称性破缺[89,90],从而形成手性产物,这种方法不用消耗昂贵的手性原材料,往往得到的是一对对映体的混合物,而不是具有光学活性的大宗手性产物,因而应用受限制。但是从合成角度剖析导致发生自发拆分的因素,可以为我们通过非手性基元得到晶态手性材料提供新的合理的思路。

利用"配位超分子组装体"策略由非手性基元合成晶态手性配位聚合物是可行的,其中最典型的组装体是一维螺旋链。1999年,Aoyama课题组首次报道基于非手性起始物自组装得到手性配位聚合物,他们利用非手性蒽修饰的嘧啶有机配体与Cd(II)组装形成一维螺旋链配位超分子[91]。X-射线单晶衍射分析发现,配位聚合物晶体的空间群是手性空间群($P2_1$),通过细致的分析可以看出螺旋链间存在明显的氢键作用,这可能产生手性传递通道,将一条螺旋链的手性信息通过氢键作用传递到另一条链,致使同一颗晶体中所有的螺旋链都呈现相同手性。一般来讲,即使发生了自发拆分,非手性基元组装得到的手性产物仍是外消旋的。而他们却发现该配位聚合物的晶体是单一手性的,且在一颗晶核附近都倾向于生成具有相同手性的晶体,溶剂不同会影响产物的结构。他们控制合成条件,采用晶种诱导的方法得到了大宗单一手性的产物,并用ECD光谱进行了表征。这个例子中的氢键作用、溶剂效应以及晶种诱导是得到大宗单一手性配合物的关键所在,这为理解配位聚合物发生结晶自发拆分提供了思路。

此后,设计合成基于螺旋链的具有光学活性的手性配位聚合物的研究越来越多。鲁统部课题组在螺旋链晶态手性聚集体方面做了系统性的工作[92-95],他们利用含氮大环配体、含氰根的阴离子以及过渡金属离子组装得到一系列含有螺旋链结构的配位聚合物。研究发现,通过调控晶体中的结晶水、亲金属作用等非共价分子间相互作用,可以有效影响螺旋链间的手性信息交流,从而打开结晶自发拆分等获得单一手性配位聚合物的通道。刘云凌课题组报道了一列由双螺旋结构的配位聚合物作为模板剂诱导生成具有单一手性和螺旋二十四面体结构特征的金属-有机框架[96]。他们认为,螺旋链中的有机配体与框架之间形成的弱的C-H···π作用是诱导成功的关键;大宗手性样品可以通过加入手性诱导剂(手性联二萘酚或金鸡纳碱)而获得。卜贤辉课题组在基于非手性构筑基元组装形成手性配位聚合物的系列研究中,利用手性诱导或手性模板策略,成功地获得了系列含有螺旋结构特征的大宗手性产物[97-101]。例如,在溶剂热条件下,他们将樟脑酸或氨基酸作为手性诱导剂,通过不对称结晶方法得到一列基于非手性金刚烷二羧酸、甲酸和Mn(II)的手性三维多孔配位聚合物(图11)。该框架的手性来源于手性诱导剂与非手性构筑基元间的协同作用,即手性诱导剂通过参与配位聚合物的成核和结晶过程达到对框架绝对构型的控制,然后诱导剂被非手性配体取代而保留相应的手性信息。Suresh课题组报道了一列由吡啶类非手性配体与金属Zn(II)或Co(II)组装而成的含有一维螺旋链结构的配位聚合物[102],该配位聚合物在没有任何手性因素存在的条件下,会发生自发拆分而形成外消旋混合物;当加入手性诱导剂樟脑酸时,可以成功地诱导产生大宗单一手性配位聚合物。手性诱导之所以能够成功,很有可能是因为樟脑酸的羧基可以与配位聚合物中的阴离子间形成氢键作用,进而将诱导剂的手性信息传递给配位聚合物。

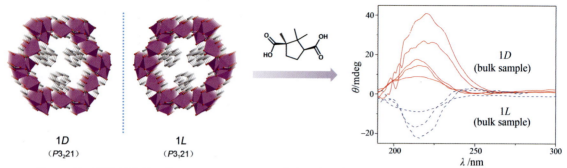

图 11  基于螺旋结构的三维 [Mn₃(HCOO)₄(adc)]ₙ 多孔配位聚合物的手性诱导不对称结晶[99,100]

本课题组多年来致力于含氮杂环配位聚合物的研究,在多种配体体系形成的配位聚合物中均有发现螺旋结构特征。如在刚性的三联吡啶体系中[103,104],得到一例有趣的非配体支撑的一维 Ag 螺旋链 [图 12(a)] 以及一例基于苯基三联吡啶和卤化锌反应形成的一维螺旋链状配位聚合物 [图 12(b)],遗憾的是产物均为外消旋化合物,没有发生自发拆分;基于三联吡啶配体与拟卤化亚铜构筑的三维配位聚合物中同样存在有趣的螺旋结构[105,106]。在柔性的吡啶基硫脲体系中[107],我们发现体系中的氢键以及抗衡阴离子对形成配合物的结构有重要影响,其中 SCN⁻ 的存在有利于形成一维螺旋链结构,但最终形成的是外消旋化合物 [图 12(c)];而在柔性的嘧啶基硫醚体系中[108,109],我们得到一例罕见的基于 [CuI]ₙ 螺旋链互相编织形成的二维无机层状结构 [图 12(d)],层与层之间通过配体进行连接而形成三维配位聚合物,结晶于 P6₃ 空间群,具有手性,可能是在结晶过程中发生了自发拆分。由此可见,柔性配体体系能否发生自发拆分具有偶然性。另外,我们基于咪唑基席夫碱配体体系得到了一系列具有螺旋二十四面体结构特征的金属-有机框架材料[110-112] 以及与之相关的具有(10,3)-a 连接性的 **srs-c** 拓扑结构的配位化合物[113-115],这些配合物中均包含有趣的螺旋结构,但是均未能得到光学纯的晶态产物。

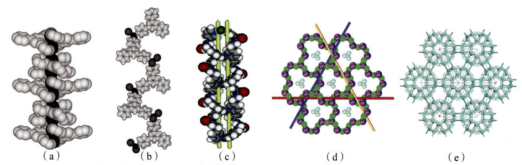

图 12  本课题组基于多种配体体系构筑的配位聚合物中包含的螺旋结构[103,104,107-110]

基于以上课题组的前期相关工作,我们发现,具有角形的、刚性的、含有提供超分子作用基团的三联吡啶系列配体由于含有多个芳环基团,容易产生芳环间 π-π 堆积作用,因而是潜在的研究构筑单元间超分子控制的对象,最适合通过"配位超分子组装体"策略来实现非手性组分到晶态手性材料的构筑。一维螺旋链存在固有的手性,是超分子手性的优良构筑基元,因而我们选择苯基三联吡啶和卤化锌反应形成的一维螺旋链状配位聚合物作为研究对象[104],希望通过改变三联吡啶苯环上取代基的大小(-H、-CH₃、-C₂H₅)以及相应改变反应体系的溶剂极性($t$BuOH < $i$PrOH < EtOH < MeOH),以调控螺旋链状超分子构筑基元间的 π-π 堆积作用以及反应体系的溶剂-溶质效应,实现超分子手性的结晶自发拆分[116]。经过实验合成出 3 种基于一维螺旋链的配位聚合物晶体,X-射线单晶衍射分析表明,3 种配位聚合物晶体中螺旋链的堆积方式完全不同,可分为全同立

构、间同立构、杂同立构(如图 13)。进一步细致的结构分析发现,苯环上取代基对螺旋链的螺距影响很大,并且溶剂极性也会影响螺距,从而影响螺旋链的堆积紧密程度,两者协同作用可以有效地调控相邻螺旋链间三联吡啶配体的 π-π 堆积作用。π-π 作用的强弱以及螺旋链螺距的大小可能是影响螺旋链手性信息传递的关键因素。通过此研究,我们巧妙地把"超分子手性"和"超分子异构"两个前沿概念结合起来,成功地探索了由非手性基元构建螺旋手性基元,进而在溶剂作用、取代基效应的调控下,实现几种典型超分子手性的控制合成,并推测了形成这一奇特现象的原因。遗憾的是,所得全同立构产物中,仍然是等量的一对对映体形成的外消旋混合物。

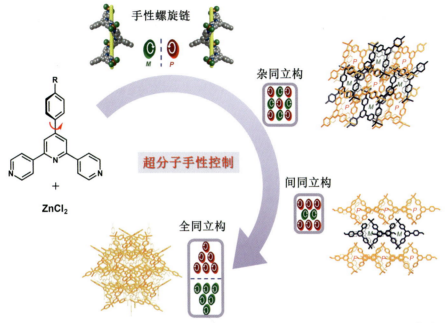

图 13    调控螺旋链状构筑基元间的 π-π 堆积作用实现超分子手性的结晶自发拆分[116]

另外,基于螺旋棒状次级构筑单元组装形成金属-有机框架也是一种获得晶态手性材料的潜在途径。在已报道的基于棒状次级构筑单元组装形成的金属-有机框架材料中,有 3 种重要的基于共面多面体的螺旋棒状次级构筑单元[37]:基于正四面体共面的 Boerdijk-Coxeter 螺旋(简称"BC 螺旋");基于正八面体共面的 Lidin-Andersson 螺旋结构;基于共面的缺顶五角双锥的螺旋结构。本课题组利用吡唑-羧酸配体与金属镉离子组装,获得了一例罕见的基于 Boerdijk-Coxeter 螺旋的金属-有机框架 ROD-1[117](如图 14)。由正四面体共面形成的 BC 螺旋本来不具有周期性,而在我们得到的 ROD-1 中(**wuy** 网),为了适应金属-有机框架的晶态周期性特征,BC 螺旋中的四面体基元呈现不规则性,从而得到具有 $4_1$ 螺旋轴的周期性变形 BC 螺旋。由于 ROD-1 中同时存在两种相反手性的周期性 BC 螺旋,所以 ROD-1 整体并不具有光学活性。但由此预测衍生的相关网络 **lll** 网因只包含单一手性的周期性 BC 螺旋,故而整个框架应是手性的,不过目前还没有该拓扑结构的实例报道。

通过以上例子可以发现,调控形成配位聚合物过程中的超分子作用力(如氢键、π-π 作用、亲金属作用、静电作用、亲疏水作用等),或者合成特定的螺旋状次级构筑单元,然后通过配位作用连接构筑单元形成金属-有机框架,可以较为有效地得到自发拆分形成的外消旋混合物[37,118]。但是要想获得大宗单一手性的产物,还是需要加入额外的手性源(手性诱导剂)来制造手性环境,或通过绝对不对称合成的方式来获得光学纯的产物。

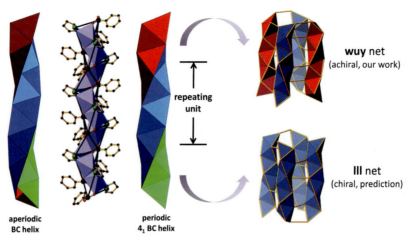

图 14　由 Boerdijk-Coxeter 螺旋次级构筑单元组装的金属-有机框架[117]

## 3. 总结与展望

　　手性材料被广泛地应用于医药、催化、传感、识别、非线性光学等多个领域，目前获得纯手性材料的最佳途径是利用手性基元进行组装或修饰，但是这种方法需要耗费手性原材料，成本比较高。相比而言，利用非手性的基元自组装得到手性材料是一条经济实惠的途径，但是结晶自发拆分背后的规律仍有待探索。

　　本文简要介绍了超分子手性研究的发展历程，侧重于配位作用导向的手性超分子聚集体，尤其是晶态手性材料的构筑。结合本课题组在超分子配位晶态聚集体方面的研究及相关重要文献进展，提出"配位超分子组装体"策略，实现由非手性基元到具有手性特征的晶态材料的构筑。

　　从构筑策略来讲，金属-有机螺旋体、金属-有机笼、一维螺旋链等化学性质独立的超分子构筑基元，具有自组装过程可控、几何结构可设计等优点。"配位超分子组装体"策略可以有效地弥补结晶自发拆分过程的可控性、可预测性较低的缺点。此外，配位超分子组装体的引入，也有利于设计各种分子间非共价相互作用（如氢键、π-π 相互作用、静电作用等），从而调控结晶自发拆分过程。在超分子自组装体系中，还可以通过更换配体与溶剂的取代基，影响超分子构筑单元间的相互作用以及溶剂-溶质效应，或者加入手性诱导剂或拆分剂，较为方便地得到对映体过量或者纯手性的晶态材料。总之，"配位超分子组装体"策略有明确的内涵，并可推广到许多体系，值得进一步深入研究。

　　**致谢**：感谢国家重点基础研究发展计划（2013CB834803）、国家自然科学基金（21731002、91222202）的资助。

## 参考文献

[1]　PASTEUR L. Recherches sur les relations qui peuvent exister entre la forme cristalline, la composition chimique et les sens dela polarisation rotatoire [J]. Ann. Chim. Phys., 1848, 24(3): 442-459.

[2]　O' LOANE J K. Optical activity in small molecules, nonenantiomorphous crystals, and nematic liquid crystals [J]. Chem. Rev., 1980, 80(1): 41-61.

[3]　GROSSMAN R B. Van't Hoff, Le Bel, and the development of stereochemistry: A reassessment [J]. J. Chem. Edu., 1989, 66(1): 30-33.

[4]　张清建. Alfred Werner 与配位理论的创立 [J]. 大学化学, 1993, 8(6): 52-58.

[5]　章慧, 等. 配位化学——原理与应用 [M]. 北京: 化学工业出版社, 2009.

[6]　BERNAL I, KAUFFMAN G B. The spontaneous resolution of cis-bis(ethylenediamine)dinitro cobalt(III) salts: Alfred Werner's overlooked opportunity [J]. J. Chem. Edu., 1987, 64(7): 604-610.

[7]　CAHN R S, INGOLD S C, PRELOG V. Specification of molecular chirality [J]. Angew. Chem. Int. Ed. Engl., 1966, 5(4): 385-415.

[8]　苏成勇, 潘梅. 配位超分子结构化学基础与进展 [M]. 北京: 科学出版社, 2010.

[9]　CRAM D J. The design of molecular hosts, guests, and their complexes (Nobel Lecture) [J]. Angew. Chem. Int. Ed. Engl., 1988, 27(8): 1009-1020.

[10]　LEHN J M. Supramolecular chemistry—scope and perspectives: Molecules, supermolecules, and molecular devices (Nobel Lecture) [J]. Angew. Chem. Int. Ed. Engl., 1988, 27(1): 89-112.

[11]　PEDERSEN C J. The discovery of crown ethers (Nobel lecture) [J]. Angew. Chem. Int. Ed. Engl., 1988, 27 (8): 1021-1027.

[12]　LEHN J M. 超分子化学: 概念和展望 [M]. 沈兴海, 译. 北京: 北京大学出版社, 2002.

[13]　STEED J M, ATWOOD J L. 超分子化学 [M]. 赵耀鹏, 孙震, 译. 北京: 化学工业出版社, 2006.

[14]　李冕, 倪文秀, 詹顺泽, 等. 超分子配位化合物及其晶态聚集体的合成、结构与功能 [J]. 科学通报, 2014, 59(15): 1382-1397.

[15]　SERVICE R F. How far can we push chemical self-assembly? [J]. Science, 2005, 309(5731): 95.

[16]　SAUVAGE J P. From chemical topology to molecular machines (Nobel Lecture) [J]. Angew. Chem. Int. Ed., 2017, 56(37): 11080-11093.

[17]　STODDART J F. Mechanically interlocked molecules (MIMs): Molecular shuttles, switches, and machines (Nobel Lecture) [J]. Angew. Chem. Int. Ed., 2017, 56(37): 11094-11125.

[18]　FERINGA B L. The art of building small: From molecular switches to motors (Nobel Lecture) [J]. Angew. Chem. Int. Ed., 2017, 56(37): 11060-11078.

[19]　SAFONT-SEMPERE M M, FERNANDEZ G, WURTHNER F. Self-sorting phenomena in complex supramolecular systems [J]. Chem. Rev., 2011, 111(9): 5784-5814.

[20]　SCHMIDBAUR H, SCHIER A. Aurophilic interactions as a subject of current research: An up-date [J]. Chem. Soc. Rev., 2012, 41(1): 370-412.

[21]　SCHMIDBAUR H, SCHIER A. Argentophilic interactions [J]. Angew. Chem. Int. Ed., 2014, 54(3): 746-784.

[22]　YAM V W W, AU V K M, LEUNG S Y L. Light-emitting self-assembled materials based on $d^8$ and $d^{10}$ transition metal complexes [J]. Chem. Rev., 2015, 115(15): 7589-7728.

[23]　BELOWICH M E, STODDART J F. Dynamic imine chemistry [J]. Chem. Soc. Rev., 2012, 41(6): 2003-2024.

[24]　JIN Y, YU C, DENMAN R J, et al. Recent advances in dynamic covalent chemistry [J]. Chem. Soc. Rev., 2013, 42(16): 6634-6654.

[25]　KEENE F R. Chirality in supramolecular assemblies: Causes and consequences [M]. New Jersey: John Wiley & Sons, Ltd, 2017.

[26]　SEEBER G, TIEDEMANN B E F, RAYMOND K N. Supramolecular chirality in coordination chemistry [J]. Top. Curr. Chem., 2006, 265: 147-183.

[27]　CHAKRABARTY R, MUKHERJEE P S, STANG P J. Supramolecular coordination: Self-assembly of finite two-and three-dimensional ensembles [J]. Chem. Rev., 2011, 111(11): 6810-6918.

[28]　COOK T R, ZHENG Y R, STANG P J. Metal-organic frameworks and self-assembled supramolecular coordination complexes: Comparing and contrasting the design, synthesis, and functionality of metal-organic materials [J]. Chem. Rev., 2013, 113(1): 734-777.

[29]　COOK T R, STANG P J. Recent developments in the preparation and chemistry of metallacycles and metallacages via coordination [J]. Chem. Rev., 2015, 115(15): 7001-7045.

[30]　BROWN C J, TOSTE F D, BERGMAN R G, et al. Supramolecular catalysis in metal-ligand cluster hosts [J]. Chem. Rev., 2015, 115(9): 3012-3035.

[31] INOKUMA Y, KAWANO M, FUJITA M. Crystalline molecular flasks [J]. Nat. Chem., 2011, 3(5): 349-358.

[32] MCCONNELL A J, WOOD C S, NEELAKANDAN P P, et al. Stimuli-responsive metal-ligand assemblies [J]. Chem. Rev., 2015, 115(15): 7729-7793.

[33] YAGHI O M, O' KEEFFE M, OCKWIG N W, et al. Reticular synthesis and the design of new materials [J]. Nature, 2003, 423(6941): 705-714.

[34] FURUKAWA H, CORDOVA K E, O' KEEFFE M, et al. The chemistry and applications of metal-organic frameworks [J]. Science, 2013, 341(6149): 1230444.

[35] O' KEEFFE M, YAGHI O M. Deconstructing the crystal structures of metal-organic frameworks and related materials into their underlying nets [J]. Chem. Rev., 2012, 112(2): 675-702.

[36] LI M, LI D, O' KEEFFE M, YAGHI O M. Topological analysis of metal-organic frameworks with polytopic linkers and/or multiple building units and the minimal transitivity principle [J]. Chem. Rev., 2014, 114(2): 1343-1370.

[37] SCHOEDEL A, LI M, LI D, et al. Structures of metal-organic frameworks with rod secondary building units [J]. Chem. Rev., 2016, 116(19): 12466-12535.

[38] KITAGAWA S. Future porous materials [J]. Acc. Chem. Res., 2017, 50(3): 514-516.

[39] LIU M, ZHANG L, WANG T. Supramolecular chirality in self-assembled systems [J]. Chem. Rev., 2015, 115(15): 7304-7397.

[40] WATSON J D, CRICK F H C. Molecular structure of nucleic acids: A structure for deoxyribose nucleic acid [J]. Nature, 1953, 171(4356): 737-738.

[41] CARRANO C J, RAYMOND K N. Coordination chemistry of microbial iron transport compounds. 10. Characterization of the complexes of rhodotorulic acid, a dihydroxamate siderophore [J]. J. Am. Chem. Soc., 1978, 100(17): 5371-5374.

[42] LEHN J M, RIGAULT A, SIEGEL J, et al. Spontaneous assembly of double-stranded helicates from oligobipyridine ligands and copper(I) cations: Structure of an inorganic double helix [J]. Proc. Natl. Acad. Sci. U. S. A., 1987, 84(9): 2565-2569.

[43] CATHEY C J, CONSTABLE E C, HANNON M J, et al. A single stranded diruthenium(II) helical complex [J]. J. Chem. Soc., Chem. Commun., 1990, (8): 621-622.

[44] AL-RASBI N K, ADAMS H, HARDING L P, et al. Coordination behaviour of bis-terdentate N-donor ligands: Double- and single-stranded helicates, mesocates, and cyclic oligomers [J]. Eur. J. Inorg. Chem., 2007, 2007(30): 4770-4780.

[45] BAXTER P N W, LEHN J M, BAUM G, et al. Self-assembly and structure of interconverting multinuclear inorganic arrays: A $[4 \times 5]$-AgI$_{20}$ grid and an AgI$_{10}$ quadruple helicate [J]. Chem. Eur. J., 2000, 6(24): 4510-4517.

[46] CHILDS L J, ALCOCK N W, HANNON M J. Assembly of a nanoscale chiral ball through supramolecular aggregation of bowl-shaped triangular helicates [J]. Angew. Chem. Int. Ed., 2002, 41(22): 4244-4247.

[47] SENEGAS J M, KOELLER S, BERNARDINELLI G, et al. Isolation and characterization of the first circular single-stranded polymetallic lanthanide-containing helicate [J]. Chem. Commun., 2005, (17): 2235-2237.

[48] PIGUET C, BERNARDINELLI G, HOPFGARTNER G. Helicates as versatile supramolecular complexes [J]. Chem. Rev., 1997, 97(6): 2005-2062.

[49] ALBRECHT M. "Let's twist again"—Double-stranded, triple-stranded, and circular helicates [J]. Chem. Rev., 2001, 101(11): 3457-3497.

[50] MIYAKE H, TSUKUBE H. Coordination chemistry strategies for dynamic helicates: Time-programmable chirality switching with labile and inert metal helicates [J]. Chem. Soc. Rev., 2012, 41(21): 6977-6991.

[51] LI D, WU T. Transformation of inorganic sulfur into organic sulfur: A novel photoluminescent 3-D polymeric complex involving ligands in situ formation [J]. Inorg. Chem., 2005, 44(5): 1175-1177.

[52] LI D, WU T, ZHOU X P, et al. Twelve-connected net with face-centered cubic topology: A coordination polymer based on $[Cu_{12}(\mu_4\text{-}SCH_3)_6]^{6+}$ clusters and CN linkers [J]. Angew. Chem. Int. Ed., 2005, 44(27): 4175-4178.

[53] ZHOU X P, LI D, WU T, et al. Syntheses of supramolecular CuCN complexes by decomposing CuSCN: A general route to CuCN coordination polymers? [J]. Dalton Trans., 2006, (20): 2435-2443.

[54] LIN S H, ZHOU X P, LI D, et al. In situ formed guanidinium cations as templates to direct fabrication of honeycomb-like CuCN networks [J]. Cryst. Growth Des., 2008, 8(11): 3879-3881.

[55] ZHOU X P, NI W X, ZHAN S Z, et al. From encapsulation to polypseudorotaxane: Unusual anion networks driven by predesigned metal bis(terpyridine) complex cations [J]. Inorg. Chem., 2007, 46(7): 2345-2347.

[56] LIN S H, LI M, LUO D, et al. A chiral 3D net with 2D cairo pentagonal tiling projection in site-modified CuCN/CuSCN networks [J]. ChemPlusChem, 2016, 81(8): 724-727.

[57] YONEDA K, ADACHI K, NISHIO K, et al. An $[Fe_3^{II}O]^{4+}$ core wrapped by two $[Fe^{II}L_3]^-$ units [J]. Angew. Chem. Int. Ed., 2006, 45(33): 5459-5461.

[58] HOU J Z, LI M, LI Z, et al. Supramolecular helix-to-helix induction: A 3D anionic framework containing double-helical strands templated by cationic triple stranded cluster helicates [J]. Angew. Chem. Int. Ed., 2008, 47(9): 1711-1714.

[59] ZHAN S Z, LI M, HOU J Z, et al. Polymerizing cluster helicates into high-connectivity networks [J]. Chem. Eur. J., 2008, 14(29): 8916-8921.

[60] OLEKSI A, BLANCO A G, BOER R, et al. Molecular recognition of a three-way DNA junction by a metallosupramolecular helicate [J]. Angew. Chem. Int. Ed., 2006, 45(8): 1227-1231.

[61] YU H, WANG X, FU M, et al. Chiral metallo-supramolecular complexes selectively recognize human telomeric G-quadruplex DNA [J]. Nucleic Acids Res., 2008, 36(17): 5695-5703.

[62] PHONGTONGPASUK S, PAULUS S, SCHNABL J, et al. Binding of a designed anti-cancer drug to the central cavity of an RNA three-way junction [J]. Angew. Chem. Int. Ed., 2013, 52(44): 11513-11516.

[63] FAULKNER A D, KANER R A, ABDALLAH Q M A, et al. Asymmetric triplex metallohelices with high and selective activity against cancer cells [J]. Nat. Chem., 2014, 6(9): 797-803.

[64] GUAN Y, DU Z, GAO N, et al. Stereochemistry and amyloid inhibition: Asymmetric triplex metallohelices enantioselectively bind to Aβ peptide [J]. Sci. Adv., 2018, 4(1): eaao6718.

[65] OKAMURA M, KONDO M, KUGA R, et al. A pentanuclear iron catalyst designed for water oxidation [J]. Nature, 2016, 530(7591): 465-468.

[66] SAALFRANK R W, STARK A, PETERS V, et al. The first "adamantoid" alkaline earth metal chelate complex: Synthesis, structure, and reactivity [J]. Angew. Chem. Int. Ed. Engl., 1988, 27(6): 851-853.

[67] CHEN L J, YANG H B, SHIONOYA M. Chiral metallosupramolecular architectures [J]. Chem. Soc. Rev., 2017, 46(9): 2555-2576.

[68] PAN M, WU K, ZHANG J H, et al. Chiral metal-organic cages/containers (MOCs): From structural and stereochemical design to applications [J]. Coord. Chem. Rev., 2019, 37(1): 333-349.

[69] TERPIN A J, ZIEGLER M, JOHNSON D W, et al. Resolution and kinetic stability of a chiral supramolecular assembly made of labile components [J]. Angew. Chem. Int. Ed., 2001, 40(1): 157-160.

[70] WAN S, LIN L R, ZENG L, et al. Efficient optical resolution of water-soluble self-assembled tetrahedral $M_4L_6$ cages with 1,1′-bi-2-naphthol [J]. Chem. Commun., 2014, 50(97): 15301-15304.

[71] MAL P, SCHULTZ D, BEYEH K, et al. An unlockable-relockable iron cage by subcomponent self-assembly [J]. Angew. Chem. Int. Ed., 2008, 47(43): 8297-8301.

[72] MAL P, BREINER B, RISSANEN K, et al. White phosphorus is air-stable within a self-assembled tetrahedral capsule [J]. Science, 2009, 324(5935): 1697-1699.

[73] ZHOU X P, LIU J, ZHAN S Z, et al. A high-symmetry coordination cage from 38- or 62-component self-assembly [J]. J. Am. Chem. Soc., 2012, 134(19): 8042-8045.

[74] ZHOU X P, WU Y, LI D. Polyhedral metal-imidazolate cages: Control of self-assembly and cage to cage transformation [J]. J. Am. Chem. Soc., 2013, 135(43): 16062-16065.

[75] LUO D, ZHOU X P, LI D. Beyond molecules: Mesoporous supramolecular frameworks self-assembled from coordination cages and inorganic anions [J]. Angew. Chem. Int. Ed., 2015, 54(21): 6190-6195.

[76] LUO D, ZHOU X P, LI D. Solvothermal subcomponent self-assembly of cubic metal-imidazolate cages and their coordination polymers [J]. Inorg. Chem., 2015, 54(22): 10822-10828.

[77] LUO D, LI M, ZHOU X P, et al. Boosting luminescence of planar-fluorophore-tagged metal-organic cages via weak supramolecular interactions [J]. Chem. Eur. J., 2018, 24(28): 7108-7113.

[78] LUO D, WANG X Z, YANG C, et al. Self-assembly of chiral metal-organic tetartoid [J]. J. Am. Chem. Soc., 2018, 140(1): 118-121.

[79] KOCA N O, KOCA M. Regular and irregular chiral polyhedra from coxeter diagrams via quaternions [J]. Symmetry, 2017, 9(8): 148.

[80] DAVIS A V, FIEDLER D, ZIEGLER M, et al. Resolution of chiral, tetrahedral $M_4L_6$ metal-ligand hosts [J]. J. Am. Chem. Soc., 2007, 129(49): 15354-15363.

[81] 陈小明, 张杰鹏. 金属有机框架材料 [M]. 北京: 化学工业出版社, 2017.

[82] CHEN X, JIANG H, HOU B, et al. Boosting chemical stability, catalytic activity, and enantioselectivity of metal-organic frameworks for batch and flow reactions [J]. J. Am. Chem. Soc., 2017, 139(38): 13476-13482.

[83] XIA Q, LI Z, TAN C, et al. Multivariate metal-organic frameworks as multifunctional heterogeneous asymmetric catalysts for sequential reactions [J]. J. Am. Chem. Soc., 2017, 139(24): 8259-8266.

[84] GU Z G, ZHAN C, ZHANG J, et al. Chiral chemistry of metal-camphorate frameworks [J]. Chem. Soc. Rev., 2016, 45(11): 3122-3144.

[85] AOKI R, TOYODA R, KOGEL J F, et al. Bis(dipyrrinato) zinc(II) complex chiroptical wires: Exfoliation into single strands and intensification of circularly polarized luminescence [J]. J. Am. Chem. Soc., 2017, 139(45): 16024-16027.

[86] PENG Y, GONG T, ZHANG K, et al. Engineering chiral porous metal-organic frameworks for enantioselective adsorption and separation [J]. Nat. Commun., 2014, 5: 4406.

[87] BERIJANI K, CHANG L-M, GU Z-G. Chiral templated synthesis of homochiral metal-organic frameworks [J]. Coord. Chem. Rev., 2023, 474: 214852.

[88] GARIBAY S J, WANG Z, TANABE K K, et al. Postsynthetic modification: A versatile approach toward multifunctional metal-organic frameworks [J]. Inorg. Chem., 2009, 48(15): 7341-7349.

[89] PEREZ-GARCIA L, AMABILINO D B. Spontaneous resolution, whence and whither: From enantiomorphic solids to chiral liquid crystals, monolayers and macro- and supra-molecular polymers and assemblies [J]. Chem. Soc. Rev., 2007, 36(6): 941-967.

[90] WU S T, WU Y R, KANG Q Q, et al. Chiral symmetry breaking by chemically manipulating statistical fluctuation in crystallization [J]. Angew. Chem. Int. Ed., 2007, 46(44): 8475-8479.

[91] EZUHARA T, ENDO K, AOYAMA Y. Helical coordination polymers from achiral components in crystals. Homochiral crystallization, homochiral helix winding in the solid state, and chirality control by seeding [J]. J. Am. Chem. Soc., 1999, 121(14): 3279-3283.

[92] JIANG L, FENG X L, SU C Y, et al. Interchain-solvent-induced chirality change of 1D helical chains: From achiral to chiral crystallization [J]. Inorg. Chem., 2007, 46(7): 2637-2644.

[93] ZHENG X D, JIANG L, FENG X L, et al. The supramolecular isomerism based on argentophilic interactions: The construction of helical chains with defined right-handed and left-handed helicity [J]. Inorg. Chem., 2008, 47(23): 10858-10865.

[94] ZHENG X D, JIANG L, FENG X L, et al. Constructions of 1D helical chains with left-handed/right-handed helicity: A correlation between the helicity of 1D chains and the chirality of building blocks [J]. Dalton Trans., 2009, (34): 6802-6808.

[95] ZHENG X D, HUA Y L, XIONG R G, et al. Cyano-bridged homochiral heterometallic helical complexes: Synthesis, structures, magnetic and dielectric properties [J]. Cryst. Growth Des., 2011, 11(1): 302-310.

[96] LUO X, CAO Y, WANG T, et al. Host-guest chirality interplay: A mutually induced formation of a chiral ZMOF and its double-helix polymer guests [J]. J. Am. Chem. Soc., 2016, 138(3): 786-789.

[97] ZHANG J, LIU R, FENG P, et al. Organic cation and chiral anion templated 3D homochiral open-framework materials with unusual square-planar {M$_4$(OH)} units [J]. Angew. Chem. Int. Ed., 2007, 46(44): 8388-8391.

[98] ZHANG J, CHEN S, WU T, et al. Homochiral crystallization of microporous framework materials from achiral precursors by chiral catalysis [J]. J. Am. Chem. Soc., 2008, 130(39): 12882-12883.

[99] ZHANG J, CHEN S, NIETO R A, et al. A tale of three carboxylates: Cooperative asymmetric crystallization of a three-dimensional microporous framework from achiral precursors [J]. Angew. Chem. Int. Ed., 2010, 49(7): 1267-1270.

[100] MORRIS R E, BU X. Induction of chiral porous solids containing only achiral building blocks [J]. Nat. Chem., 2010, 2(5): 353-361.

[101] KANG Y, CHEN S, WANG F, et al. Induction in urothermal synthesis of chiral porous materials from achiral precursors [J]. Chem. Commun., 2011, 47(17): 4950-4952.

[102] BISHT K K, SURESH E. Spontaneous resolution to absolute chiral induction: Pseudo-kagomé type homochiral Zn(II)/Co(II) coordination polymers with achiral precursors [J]. J. Am. Chem. Soc., 2013, 135(42): 15690-15693.

[103] HOU L, LI D. A novel photoluminescent Ag-terpyridyl complex: One-dimensional linear metal string with double-helical structure [J]. Inorg. Chem. Commun., 2005, 8(1): 128-130.

[104] HOU L, LI D. A new ligand 4′-phenyl-4,2′: 6′,4″-terpyridine and its 1D helical zinc(II) coordination polymer: Syntheses, structures and photoluminescent properties [J]. Inorg. Chem. Commun., 2005, 8(2): 190-193.

[105] ZHANG S S, ZHAN S Z, LI M, et al. A rare chiral self-catenated network formed by two cationic and one anionic frameworks [J]. Inorg. Chem., 2007, 46(11): 4365-4367.

[106] LI X Z, ZHOU X P, LI D, et al. Controlling interpenetration in CuCN coordination polymers by size of the pendant substituents of terpyridine ligands [J]. Cryst. Eng. Comm., 2011, 13(22): 6759-6765.

[107] ZHANG X, ZHOU X P, LI D. Anion-directed assembly of macrocycle and helix [J]. Cryst. Growth Des., 2006, 6(6): 1440-1444.

[108] PENG R, WU T, LI D. A chiral coordination polymer containing copper(I) iodide layer composed of intersecting [CuI]$_n$ helices [J]. CrystEngComm, 2005, 7(97): 595-598.

[109] PENG R, LI D, WU T, et al. Increasing structure dimensionality of copper(I) complexes by varying the flexible thioether ligand geometry and counteranions [J]. Inorg. Chem., 2006, 45(10): 4035-4046.

[110] ZHOU X P, LI M, LIU J, et al. Gyroidal metal-organic frameworks [J]. J. Am. Chem. Soc., 2012, 134(1): 67-70.

[111] WU Y, ZHOU X P, YANG J R, et al. Gyroidal metal-organic frameworks by solvothermal subcomponent self-assembly [J]. Chem. Commun., 2013, 49(33): 3413-3415.

[112] ZHU X W, ZHOU X P, LI D. Exceptionally water stable heterometallic gyroidal MOFs: Tuning the porosity and hydrophobicity by doping metal ions [J]. Chem. Commun., 2016, 52(39): 6513-6516.

[113] LIU J, DU J J, WU Y, et al. From helix to helical pores: Solid-state crystalline conversions triggered by gas-solid reactions [J]. Chem. Commun., 2017, 53(96): 12950-12953.

[114] LI D, SHI W J, HOU L. Coordination polymers of copper(I) halides and neutral heterocyclic thiones with new coordination modes [J]. Inorg. Chem., 2005, 44(11): 3907-3913.

[115] ZHOU X P, ZHANG X, LIN S H, et al. Anion-π-interaction-directed self-assembly of Ag(I) coordination networks [J]. Cryst. Growth Des., 2007, 7(3): 485-487.

[116] LI X Z, LI M, LI Z, et al. Concomitant and controllable chiral/racemic polymorphs: From achirality to isotactic, syndiotactic, and heterotactic chirality [J]. Angew. Chem. Int. Ed., 2008, 47(34): 6371-6374.

[117] XIAO Q, WU Y, LI M, et al. A metal-organic framework with rod secondary building unit based on the Boerdijk-Coxeter helix [J]. Chem. Commun., 2016, 52(77): 11543-11546.

[118] YU Y D, LUO C, LIU B Y, et al. Spontaneous symmetry breaking of Co(II) metal-organic frameworks from achiral precursors via asymmetrical crystallization [J]. Chem. Commun., 2015, 51(77): 14489-14492.

# 分子面方向性多面体

瞿航,黄哲誉,王宇,王忻昌,曹晓宇*

厦门大学化学化工学院,福建,厦门 361005
*E-mail: xcao@xmu.edu.cn

**摘要**:自然界中,许多二十面体病毒表面的亚基呈螺旋图案,数学上称之为面方向性多面体。但目前对面方向性分子多面体的研究相对较少。本文以三聚茚和四苯乙烯为潜手性基元,构筑面方向性分子多面体组装体系,发现这是一类特殊的分子手性形式。在此"意外发现"之后,我们运用手性高效液相色谱分离技术,电子圆二色光谱、质谱和核磁共振检测技术等,详细表征该类分子多面体及其组装动力学。通过理论模拟,阐释三聚茚分子多面体具有面全同性的机理,及四苯乙烯分子多面体如何同时"涌现"手性和荧光。构筑并研究面方向性分子多面体,有助于我们深入理解及模拟病毒的复杂性。

**关键词**:面方向性多面体;手性分离;π 共轭分子

## Molecular Face-Rotating Polyhedra

QU Hang, HUANG Zheyu, WANG Yu, WANG Xinchang, CAO Xiaoyu*

**Abstract**:In nature, protein subunits on the capsids of many icosahedral viruses form rotational patterns, which mathematicians term as face-rotating polyhedra (FRP). However, molecular FRP were rarely investigated in chemistry. Here we used pro-chiral truxene (TR) or tetraphenylethylene (TPE) derivatives as building blocks to construct a series of molecular FRP with rotational patterns on faces, which display a special form of molecular chirality. We fully investigated the structures of FRP and the kinetics of their assembly process by a combination of chiral HPLC, ECD, MS and NMR. The theoretical calculations revealed the reason of facial homo-directionality in TR-based FRP, and how the fluorescence and chirality emerged from TPE-based FPR. The investigations of molecular FPR provide a strategy to mimic the sophistication of viruses.

**Key Words**:Face-rotating polyhedra; Chiral separation; π-conjugated molecule

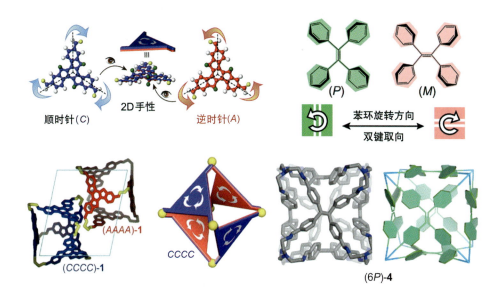

## 1. 引言

从中微子的自旋到银河系的自转,手性广泛存在于各个尺度[1]。其中,超分子手性是连接化学与生命的桥梁,其关注点在于组装基元通过弱相互作用而形成有序的手性结构。超分子手性广泛存在于生命体系与自组装过程中,如蛋白质通过氢键作用形成多种手性结构(α螺旋与β折叠等)。值得注意的是,除了直接通过手性分子构筑手性组装结构,非手性分子亦可通过特殊的排列方式,形成超分子手性组装体。因此研究超分子手性有助于我们理解生命起源、手性传递及手性放大等现象。

### 1.1 分子面方向性多面体

在自然界和数学中,有着纷繁复杂的精妙结构。这些结构一直是科学家智慧的源泉,它们启发化学家们去创造类似分子[2-9]。如在确定 $C_{60}$ 的结构过程中[2],受到美国建筑大师 Buckminster Fuller 的网格球形穹顶建筑的启发,$C_{60}$ 因此得名"富勒烯"(fullerene)。Buckminster Fuller 不仅在建筑方面深有造诣,还在多面体的研究中设想了面方向性多面体(face-rotating polyhedra,FRP)[11],如图 1(a)所示。在 FRP 中,通过在每个面引入旋转图纹,可增加另一层次的复杂度。从数学角度,这是一种特殊的手性形式,是一种由二维手性构筑三维手性的方式。生命科学中,普遍存在 FRP[12-15]。例如,在蟋蟀麻痹病毒衣壳的正二十面体结构中,每个面包含的 3 个拟等价蛋白亚质基组成相同旋转方向的图案[14],如图 1(b)所示。因此,研究面方向性多面体及其不同面的特殊排列方式,可作为研究分子手性的一个切入点,帮助我们理解生命体系中这类特殊的手性形式。

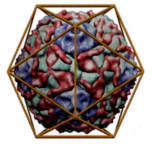

（a）Buckminster Fuller提出的FRP,
通过二维手性构筑三维手性

（b）蟋蟀麻痹病毒衣壳中每个面的
三个蛋白质亚基

图 1　面方向性多面体手性形式(版权归 The Nature Publishing Group 所有)

化学家们模仿拓扑学和生命体系中的柏拉图多面体和阿基米德多面体结构[16-20],基于各种可逆相互作用力(氢键、配位键、动态共价键等),制备尺寸、大小各异的多面体分子。然而,这些多面体一般存在较高对称性且面基元单一,而使组装体结构不具有手性[20-25]。当采用潜手性基元或不同基元组装时,体系复杂度增加,基元间的特殊排列形式导致体系发生镜面对称性破缺,从而产生手性;同时也使组装体功能化,使之具有手性分离、手性识别或不对称催化等功能[26-31]。

目前,可通过两种策略构筑手性分子多面体:(1)利用本身固有手性的组装基元作为边[30,32]、顶点[33,34]或面[35,36],构建手性多面体,将固有手性扩展至分子多面体;(2)基于金属顶点的配位手性,通过非手性组装基元与金属配位,形成手性金属笼多面体[37-42]。第二种方法与镜面对称性破缺有关,相关研究将有助于阐明物质如何向复杂结构演化[43]。然而目前获取的手性金属笼多面体大多是消旋的,并且由于分离条件及金属配合物的稳定性等限制,仍难以从消旋体溶液中分离得到具有单一手性的金属笼多面体,故金属笼多面体的组装过程和机理研究都面临很大困难。

### 1.2 动态共价化学

动态共价化学(dynamic covalent chemistry,DCC)[43-45]是从共价化学推广而来的,研究基础为一类特殊的动态共价键(dynamic covalent bond,DCB),如图 2 所示。DCB 具有较小的正、逆反应的能垒,因而正、逆反应都能在室温下发生,表现出和非共价键类似的动态可逆性,使得反应过程中的动力学产物能自发纠错,最终走向热力学稳定产物[43,44]。正是这种纠错功能使 DCC 能高效构筑一些传统化学合成难以实现的结构。从化学键能上来说,DCB 的键能介于共价键与非共价键之间,因而组装体结构的稳定性及反应过程的可逆性也介于两者之间。DCB 与传统共价键以焓驱动不同,其反应过程往往是熵驱动,使体系获得最稳定有序的热力学结构。而相较于非共价作用,共价键的稳定性使产物可以被分离表征。可以说,DCC 是连接传统共价合成和分子组装间的一座桥梁。由于动态可逆化学的本质是更接近分子组装的"动态可逆",因此,超分子化学研究者常常把 DCC 当作一种广义的分子组装。"超分子化学之父"Jean-Marie Lehn 在综述中也将 DCC 和基于非共价键的组装分为一类,共称为"动态建构化学"(constitutional dynamic chemistry)[43]。相较于金属配位化学,基于 DCC 的组装体相对稳定且更易分离,从而能跟踪组装过程,分离组装中间体,并探明组装机理。故我们拟采用 DCC 构筑 FRP 分子,分离制备各种异构体,并通过多种光谱及核磁共振等表征手段研究手性组装结构。

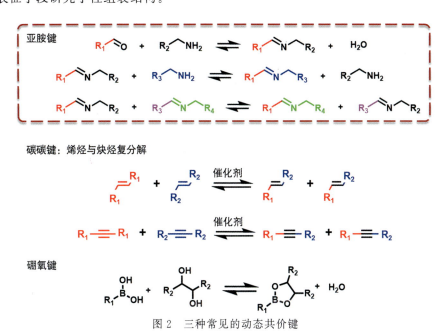

图 2 三种常见的动态共价键

在种类繁多的 DCB 中,亚胺化学由于原料易得且反应简单温和,受到化学家的青睐。故本文所阐述的面方向性多面体的构建均基于动态亚胺键。

### 1.3 FRP 异构体总数——正多面体着色问题

利用组装基元构筑 FRP 时,计算理论上该 FRP 的异构体总数,有助于预测组装体结构及手性。对于简单的组装基元,通过穷举法即可罗列出潜在异构体。但对于复杂组装基元或多种不同组装基元,穷举异构体是非常困难且容易遗漏的。在图论中[46],存在一个正多面体涂色问题:用 n 种颜色对正多面体的面进行着色,如果两种着色方法可通过正多面体对称操作重合,则这两种着色方法本质上是相同的,那么本质上有多少种着色方式? 如果我们用多种颜色代表不同手性或多种组装基元,即可对应图论中的正多面体着色问题,着色方式种类即对应 FRP 的异构体个数。数学家基于伯恩赛德公式(Burnside equation),找出对应多面体的对称元素,并找到对称元素对应的置

换群,通过以下公式即可计算本质着色方式的种类:

$$本质着色方式种类 = 置换群轮换总数 / 对称操作总数$$

依照公式,对于经典的柏拉图体,我们可计算出 $n$ 种颜色对柏拉图体的本质着色总数(表1)。

表1 $n$ 种颜色对柏拉图多面体的本质着色总数

| 柏拉图体 | 着色公式 | $n = 1,2,3,4\cdots$ 时 |
| --- | --- | --- |
| 四面体 | $(n^4 + 11n^2)/12$ | $1,5,15,36,\cdots$ |
| 立方体 | $(n^6 + 3n^4 + 12n^3 + 8n^2)/24$ | $1,10,57,240,\cdots$ |
| 八面体 | $(n^8 + 17n^4 + 6n^2)/24$ | $1,23,333,2916,\cdots$ |
| 十二面体 | $(n^{12} + 15n^6 + 44n^4)/60$ | $1,96,9099,280832,\cdots$ |
| 二十面体 | $(n^{20} + 15n^{10} + 20n^8 + 24n^4)/60$ | $1,17842,58130055,18325477888,\cdots$ |

由表1可看出,随着柏拉图多面体的面数增加或颜色种类增加,本质着色种类也随之增大,已远超穷举法可行的范围。当采用多种组装基元构筑 FRP 时,体系内所含异构体总数是非常庞大的,故分离并表征组装体结构是目前研究 FRP 所面临的巨大挑战。值得一提的是,非经典的柏拉图体也可通过上述方法求算异构体总数,如下文提到三聚茚面方向性八面体及四苯乙烯面方向性立方体。

## 2. 三聚茚面方向性八面体

三聚茚(truxene,TR)是一类具有刚性结构和高吸光系数的潜手性分子。当 $C_{3h}$ 对称的三聚茚在二维平面上时,三聚茚分子的三个亚甲基朝向呈顺时针(clockwise,C)或逆时针(anticlockwise,A)两种构型。由于三聚茚分子存在 $\sigma_h$ 对称面,因而三聚茚分子本身不具有手性 [ 图 3(b)]。但将三聚茚分子通过动态共价化学组装成 FRP 时,三聚茚面基元在多面体中失去 $\sigma_h$ 对称性,由此产生一系列的手性 FRP 立体异构体(图3)。这些 FRP 异构体的热力学稳定产物在每个面上展现出一致的方向性,如同病毒衣壳每个面上相同方向的旋转。由于这些 FRP 产物的高光谱灵敏性,我们研究了 FRP 如何从二维手性的面基元组装成三维手性的组装体。通过实验与理论的结合,我们推测八面体产物中各个面间通过空腔内烷基链的非共价排斥作用产生同面方向性[47]。

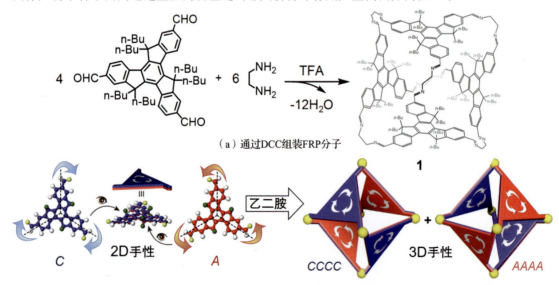

(a)通过DCC组装FRP分子

(b)基于球棍模型的TR分子(红色和蓝色球表示碳原子,白色表示氢原子,黄色表示氧原子,绿色表示丁基),从不同的角度看这一面基元具有顺时针(C)或者逆时针(A)的旋转图案。当TR面基元位于八面体中时,不同排列方式导致不同的立体异构体

图3 通过二维手性的三聚茚基元构筑三维手性的面方向性多面体(版权归 The Nature Publishing Group 所有)

在室温下，4 当量的三聚茚、6 当量的乙二胺（ethanediamine，EDA）和催化量的三氟乙酸在甲苯溶液中反应，得到高产率的 $TR_4EDA_6$ 八面体 1 [图 3(a)]。质谱分析表明，溶液中只生成这一种八面体，分子量为 3196.29 Da（理论分子量：3196.31），与 [4＋6] 的成分组成一致。利用己烷向甲苯溶液的扩散结晶法可以得到 1 的单晶。单晶衍射结果表明该结构是四面覆盖、四面镂空的八面体结构，其中，4 个三聚茚作为面，由 6 个二胺作为顶点相连接，如图 3(a) 所示。

### 2.1 三聚茚 FRP 着色方式

从组装体的四面覆盖、四面镂空的八面体结构出发，可发现有 3 种对称操作，分别是 1 个 $E$ 全等操作、4 个面的 $C_3$ 旋转操作（旋转 120°，旋转 240°，则共 8 个对称元素）和 3 个穿过顶点的 $C_2$ 旋转操作，总共具有 12 个对称元素。三聚茚的面方向性手性可以用两种不同颜色（蓝色和红色）表示，通过与之前提到的多面体涂色问题进行类比，可计算出该面方向性多面体具有 5 种手性 FRP 立体异构体（表 2）。同时也可通过简单的穷举法给出 5 种 FRP 的立体异构体，与多面体涂色方法给出的数目相同。根据外表面的旋转方向性对这些异构体进行命名（图 4），分别为：$T$ 点群对称性的（CCCC）-1 和（AAAA）-1，$C_3$ 点群对称性的（CCCA）-1 和（CAAA）-1，还有 $S_4$ 点群对称的（CCAA）-1。

表 2　多面体涂色方法求算三聚茚 FRP 立体异构体总数

| 对称操作 | 对称元素个数 | 置换群 | FRP 总数 |
|---|---|---|---|
| $E$ | 1 | (1)(2)(3)(4) | |
| $C_3$ | $2 \times 4 = 8$ | (1)(2,3,4) | $(2^4 + 8 \times 2^2 + 3 \times 2^2)/12 = 5$ |
| $C_2$ | 3 | (1,2)(3,4) | |

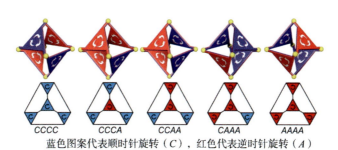

蓝色图案代表顺时针旋转（$C$），红色代表逆时针旋转（$A$）
图 4　5 种三聚茚面方向性八面体的立体异构体（版权归 The Nature Publishing Group 所有）

### 2.2 分离及表征

通过上述三聚茚 FRP 着色问题分析可知，体系中可能存在 5 种异构体。但通过手性高效液相色谱（chiral high performance liquid chromatography，C-HPLC）分析，确认晶体和溶液中只存在（AAAA）-1 和（CCCC）-1 两种异构体 [图 5(a)]，且比例为 1∶1 [图 5(d)]。进一步的 ECD 光谱分析表明，未分离的反应原液无明显 ECD 信号，而分离出的馏分（4.6 min）于三聚茚的紫外吸收区（340 nm）有很强的负 ECD 信号，而馏分（5.9 min）的 ECD 信号则正好与之呈镜像，呈现出一对对映异构体的 ECD 曲线。两个馏分的比摩尔偏椭圆率都是 $4.6 \times 10^6$ deg·cm²·dmol⁻¹ [图 5(e)]，是目前已知的最大值，比螺烯大了一个数量级[48]。这可归因于三聚茚面基元本身的高比摩尔吸光度和在刚性的八面体结构中的协同作用。

为了控制面方向性方向的单一性，我们从 1 的单晶结构出发，观察到（AAAA）-1 所有的乙二胺顶点都是邻位交叉构型，相邻胺基的交错角约为 −68°，这与（$R,R$）-环己二胺 [（$R,R$）-CHDA] 的交错角类似，如图 6(a) 所示。同样，（CCCC）-1 顶点的交错角与（$S,S$）-环己二胺 [（$S,S$）-CHDA] 类似，如

图 6(b)所示。因此我们预计可通过(*R*,*R*)-CHDA 和(*S*,*S*)-CHDA 的手性诱导八面体的面方向性。

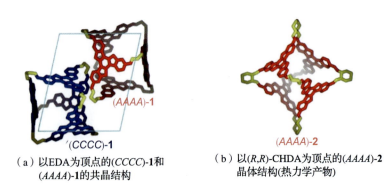

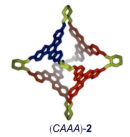

（a）以 EDA 为顶点的(*CCCC*)-**1**和 (*AAAA*)-**1**的共晶结构

（b）以(*R*,*R*)-CHDA 为顶点的(*AAAA*)-**2** 晶体结构(热力学产物)

（c）以(*R*,*R*)-CHDA 为顶点的(*CAAA*)-**2** 晶体结构(动力学产物)

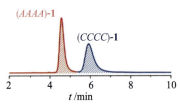

（d）**1** 的 C-HPLC 谱，含 (*AAAA*)-**1**(红色) 和 (*CCCC*)-**1**(蓝色)， 且以 1:1 的比例存在

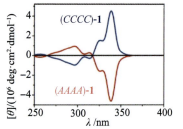

（e）未分离的外消旋产物及分离后 (*CCCC*)-**1** 和 (*AAAA*)-**1** 的 ECD 光谱

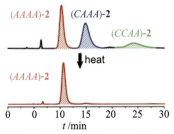

（f）**2** 的动力学产物的 C-HPLC 谱中含有 3 个非对映异构体 (*AAAA*)-**2**、(*CAAA*)-**2** 和 (*CCAA*)-**2**，经 110℃加热后转变 成只有 (*AAAA*)-**2** 的热力学产物

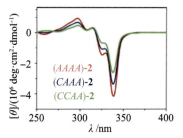

（g）分离后的 (*AAAA*)-**2**、(*CAAA*)-**2** 和 (*CCAA*)-**2** 的 ECD 光谱

图 5 晶体结构、C-HPLC 及 ECD 光谱表征(版权归 The Nature Publishing Group 所有)

仿照合成 **1** 的方法，将 4 当量的三聚茚、6 当量的(*R*,*R*)-CHDA 和催化量的三氟乙酸在甲苯 溶液中于室温反应。质谱表明有 TR₄CHDA₆(**2**)的生成。如图 5(f)所示，通过 C-HPLC，从谱图中 观测到了 3 种异构体的馏分[(*AAAA*)-**2**，10.3 min，42%；(*CAAA*)-**2**，14.9 min，42%；(*CCAA*)-**2**，24.1 min，14%]。将分离之后的(*CCAA*)-**2** 在室温下放置，可发现它会部分转化为其他两种非 对映异构体，从而证明(*CCAA*)-**2** 是一个动力学产物。在甲苯中回流 48 h，可将反应液中所有的动 力学产物转化为热力学产物。C-HPLC 分析表明 **2** 完全转化成(*AAAA*)-**2**。通过单晶衍射分析， 确认 *T* 和 *C*₃ 对称的异构体分别为(*AAAA*)-**2** [图 5(b)] 和(*CAAA*)-**2** [图 5(c)] 八面体。

这种不同三聚茚面基元的排布方式直接导致 ECD 光谱显著不同 [图 5(g)]：(*AAAA*)-**2**、 (*CAAA*)-**2** 和(*CCAA*)-**2** 的 ECD 光谱相似但相继弱于(*AAAA*)-**2**。

和预期一致，作为(*R*,*R*)-CHDA 的对映异构体，(*S*,*S*)-CHDA 作为顶点时诱导形成了热力 学稳定的对映体(*CCCC*)-**3**，而形成热力学稳定产物的过程中同样经历了(*CCCA*)-**3** 和(*CCAA*)-**3** 两种动力学产物。

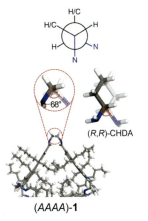
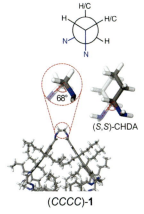

（a）（*AAAA*)-**1** 晶体中 EDA 的交错角　　　　　　　（b）（*CCCC*)-**1** 晶体中顶点 EDA 的交错角
为 -68°，与 (*R,R*)-CHDA 相似　　　　　　　　　　　　　为 68°，与 (*S,S*)-CHDA 相似

图 6　（*AAAA*)-**1** 晶体和（*CCCC*)-**1** 晶体中顶点 EDA 交错角（版权归 The Nature Publishing Group 所有）

　　为了更好地理解八面体 **1**、**2**、**3** 的热力学产物中面方向性的同方向性本质，我们利用 Compass Ⅱ force field 计算了不同异构体的自由能。结果表明，（*CCCC*)-**1** 和（*AAAA*)-**1** 在所有 **1** 的异构体中能量最低，而（*AAAA*)-**2** 和（*CCCC*)-**3** 在它们各自的八面体异构体中能量相对最低。此外，这些能量不同主要是由于八面体内部丁基间的非共价作用和排斥力。例如，（*AAAA*)-**1** 的自由能计算是 12.2 kcal·mol$^{-1}$，比自由能为 9.7 kcal·mol$^{-1}$ 的（*CAAA*)-**1** 低，该作用力大小与范德华力相当。这个现象与晶体中八面体内拥挤的丁基一致。因此，如图 7 所示，我们推断八面体内部的丁基间的非共价排斥力是多面体同方向性的主要原因。

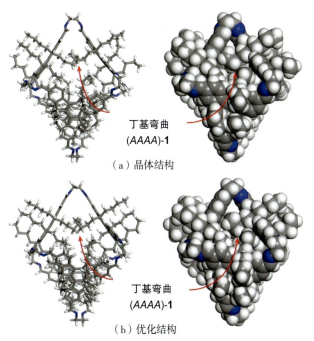

（a）晶体结构

（b）优化结构

图 7　（*AAAA*)-**1** 的内部丁基都呈弯曲构型（版权归 The Nature Publishing Group 所有）

　　总而言之，基于动态亚胺键，我们通过二维手性的三聚茚基元构建了一类新型手性多面体，第一次实现了分子面方向性多面体的人工合成。该类多面体在面上具有同方向性的旋转图案，与某些病毒的衣壳类似；并且还通过对顶点基元的控制，立体选择性地组装了热力学稳定的同向面方向

性的 FPR 和动力学控制的异向面方向性产物。这种策略可以被扩展到利用其他的二维不对称分子来合成更加复杂的柏拉图多面体和阿基米德多面体。

### 3. 四苯乙烯面方向性立方体

四苯乙烯(tetraphenylethylene,TPE)及其衍生物是一类有聚集诱导发光(aggregation-induce emission,AIE)性质的分子[49-54]。在低浓度下,苯环通过振动弛豫的方式将吸收光子能量耗散,致使荧光静默;而在高浓度下,苯环旋转受限,使得吸收的光子能量以荧光形式释放。已有研究发现,当苯环旋转受限时,四苯乙烯分子不仅有荧光性质,且会产生螺旋桨似的 *P* 或 *M* 构型[51-54],即苯环按照顺时针或逆时针方向旋转。除了螺旋桨构型以外,四苯乙烯分子的双键取向也会导致构型手性 [图 8(a)]。但四苯乙烯在溶液状态下可自由旋转,故不存在手性。

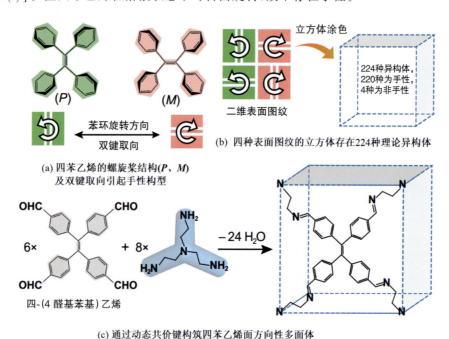

图 8　四苯乙烯由于阻转异构及双键取向产生手性(版权归 ACS Publications 所有)

在室温下,将 6 当量的四-(4 醛基苯基)乙烯、8 当量的三(2-氨基乙基)胺[tris( 2-aminoethyl)amine, TREN]在氯仿溶液中反应,得到高产率的 TPE₆TREN₈立方体 [图 8(c)]。质谱分析表明,溶液中产物的分子量为 3403.80 Da,与 [6 + 8] 的立方体组成一致(理论分子量:3403.80)。

#### 3.1 四苯乙烯 FRP 着色方式

四苯乙烯的双键取向和旋转图纹形成 4 种二维表面图案 [图 8(b)]。用 $i$、$j$、$k$ 分别代表双键的三维取向 [图 9(a)]。由于某些立方体中不同双键取向可通过对称操作重合,故不能简单采用 4 种颜色着色立方体的方式。因此,首先罗列出本质双键取向 [图 9(b)],以双键取向方式$\{i,i,i,i,j,j\}$为例,它具有 1 个全等操作 $E$ 和 3 个 $C_2$ 旋转轴(分别沿 $i$、$j$、$k$ 方向),总共有 4 个对称元素。此时将 $P$ 或 $M$ 两种不同的旋转方式定为 2 种颜色,则可算出双键取向为$\{i,i,i,i,j,j\}$时的本质着色方式总数。以此类推,可计算出其他 7 种双键取向方式的本质着色方式总数,即四苯乙烯 FRP 的异构体总数为 224 种 [图 9(c)]。

#### 3.2 分离与结构表征

从理论上的 224 种异构体可知,该体系十分复杂。而且我们选取并测试了从原反应液直接结晶出的 5 颗晶体,发现是多种异构体结成的共晶。进一步的分离与结构表征揭示了溶液中存在 2

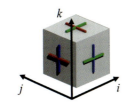

（a）3 种不同的三维双键取向

$\{i,i,i,i,j,j\}$, $\{i,i,i,i,k,j\}$, $\{i,j,i,i,j,j\}$,
$\{i,i,k,i,j,j\}$ $\{i,j,i,i,j,k\}$, $\{i,i,k,k,j,j\}$,
$\{i,j,i,k,k,j\}$, $\{i,j,i,k,j,k\}$

（b）所有双键取向形式

以 $\{i,i,i,i,j,j\}$ 双键取向为例

| 对称操作 | 对称元素个数 | 置换群 | FRP总数 |
|---|---|---|---|
| $E$ | 1 | (1), (2), (3),(4),(5),(6) | |
| $C_2(i)$ | 1 | (1,2) , (3,4), (5), (6) | $(2^6 + 3 \times 2^4) / 4 = 28$ |
| $C_2(j)$ | 1 | (1,2) , (3), (4), (5, 6) | |
| $C_2(k)$ | 1 | (1), (2), (3,4), (5, 6) | |

$$28 + 24 + 24 + 40 + 64 + 12 + 16 + 16 = 224$$

（c）以双键取向 $\{i,i,i,i,j,j\}$ 为例的着色方法以此类推得到本质着色方式的个数为 224 种

图 9　四苯乙烯面方向立方体的本质着色方式

对对映异构体,分别是面全同的 (6P)-**4** 与 (6M)-**4** [图 10(a)],及非面全同的 (2P4M)-**5** 与 (4P2M)-**5** [图 10(b)]。通过 C-HPLC 分离,仅发现 4 种组分。馏分分别在 16.8 min(37.5%)、19.3 min(12.5%)、24.5 min(37.5%)、28.9 min(2.5%) [图 11(a)]。通过乙醚扩散入各个分离组分的氯仿溶液,可获得 4 种组分的单晶结构。4 种组分的单晶结构都是 8 个顶点突出的立方体结构。其中四苯乙烯占据 6 个面,通过 8 个 TREN 连接(图 10)。

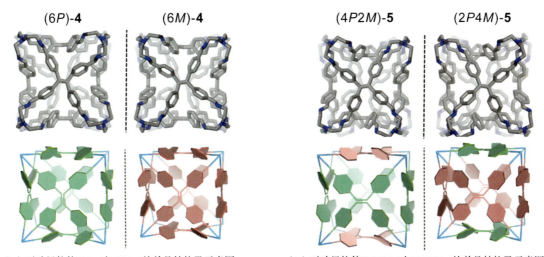

（a）对映异构体(6P)-**4**与(6M)-**4**的单晶结构及示意图　　　（b）对映异构体(2P4M)-**5**与(4P2M)-**5**的单晶结构及示意图

图 10　四苯乙烯面方向性立方体的单晶结构(版权归 ACS Publications 所有)

从面全同组分(6M)-**4**的单晶 [图 10(a)] 可看出,笼结构是 $T$ 对称,且所有面都是 $M$ 构型,苯环的二面角均为 60°。在该立方体中,相对的面的双键取向相互平行,而两个相邻面的双键取向非共面垂直。所有亚胺键全为 $E$ 构型,并与相邻的苯环间存在着强的共轭作用。而非面全同组分(2P4M)-**5**的单晶结构属于 $D_2$ 对称 [图 10(b)],其中 4 个相邻面是 $M$ 构型,而 2 个相对面是 $P$ 构型。相对的两个 $P$ 面的双键非共面垂直,而相对的 $M$ 面双键则相互平行。位于顶点的 TREN 分别连接 2 个 $M$ 面(二面角为 73°)与一个 $P$ 面,并且仍是 $E$ 构型。(6P)-**4** 与 (4P2M)-**5** 的单晶结构表明它们分别为(6M)-**4** 与 (2P4M)-**5** 的对映异构体。

进一步的 ECD 光谱测试表明 [图 11(b)],(6M)-**4** 在四苯乙烯的紫外吸收区有一个强的正 ECD 信号,强度为 $1.4 \times 10^6$ deg·cm²·dmol⁻¹,而(6P)-**4** 则呈现与(6M)-**4** 镜像相反的负 ECD 信号。同样,(2P4M)-**5** 与 (4P2M)-**5** 也展示了一对相对于(6M)-**4** 强度稍弱的镜像光谱,同时也可看出主要面的构型主导四苯乙烯 FRP 的 ECD 信号。值得注意的是,当 300～400 nm 波段内的第

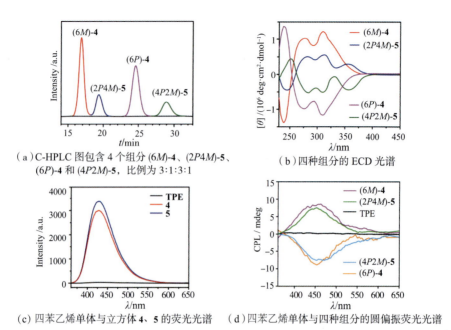

（a）C-HPLC 图包含 4 个组分 (6*M*)-**4**、(2*P*4*M*)-**5**、
(6*P*)-**4** 和 (4*P*2*M*)-**5**，比例为 3:1:3:1

（b）四种组分的 ECD 光谱

（c）四苯乙烯单体与立方体 **4**、**5** 的荧光光谱　　（d）四苯乙烯单体与四种组分的圆偏振荧光光谱

图 11　HPLC 及光谱表征（版权归 ACS Publications 所有）

一个 ECD 吸收峰为正时，该笼结构的四苯乙烯面基元以 *M* 构型为主导 [(6*M*)-**4** 和 (2*P*4*M*)-**5**]，反之则以 *P* 构型为主导 [(6*P*)-**4** 和 (4*P*2*M*)-**5**]，这与章慧等人的实验结论相符[54]。同时，各个分离出的组分的手性非常稳定，未发生消旋现象。这表明在 FRP 里，四苯乙烯无法通过旋转苯环在 *P* 构型与 *M* 构型之间互变。

聚集诱导发光是四苯乙烯的一个重要性质，当苯环旋转受限时，不仅会产生手性，也会产生荧光。相较于四苯乙烯单体溶液相中的弱荧光，四苯乙烯面方向性多面体在 427 nm 处有较强的荧光 [图 11(c)]。以 9,10-二苯基蒽作为荧光标准物，**4** 和 **5** 的量子产率分别为 26.0% 与 30.9%。为了同时研究手性与荧光性质，我们对 **4** 和 **5** 进行圆偏振荧光（circularly polarized luminescence，CPL）[图 11(d)] 测试。(6*M*)-**4** 与 (6*P*)-**4** 在 450 nm 处有一对 CPL 信号，CPL 不对称因子为 $1.1 \times 10^{-3}$。(2*P*4*M*)-**5** 与 (4*P*2*M*)-**5** 也有一对类似的 CPL 信号，CPL 不对称因子稍弱，为 $9.3 \times 10^{-4}$。

为进一步探究手性及荧光产生的原因，我们对不同情况下四苯乙烯苯环旋转所需能量差异进行了理论计算研究。通过基于密度泛函理论的紧束缚程序（density functional based tight binding plus，DFTB＋）计算苯环旋转的势能曲线 [图 12(a)]。对于四苯乙烯单体来说 [图 12(b)]，苯环的二面角可以从 22.5° 旋转至 175.5°，且翻转的能垒为 53.9 kJ·mol$^{-1}$。因此对于单体，从 (*M*)-TPE 至 (*P*)-TPE 的翻转在室温下就可实现，故在溶液相下，不会产生手性与荧光性质。一旦把 (6*M*)-**4** 的其中一个 *M* 面翻转至 *P* 面 [图 12(c)]，最终的 5*M*1*P*-**4** 结构的能量将比未翻转的 (6*M*)-**4** 高 58.8 kJ·mol$^{-1}$，这表明 5*M*1*P*-**4** 结构容易翻转回原来的 (6*M*)-**4** 结构。虽然可通过同时翻转 6 个面实现从 (6*M*)-**4** 到 (6*P*)-**4** 的结构转变 [图 12(d)]，但是翻转能垒高达 224.9 kJ·mol$^{-1}$，从而解释了 (6*M*)-**4** 在溶液相的手性为何能稳定存在而不消旋。

综上，根据 DCC，我们构建了四苯乙烯面方向性立方体。基于图论，我们预测当四苯乙烯作为面基元固定在立方体上时，将产生多种异构体。通过 C-HPLC、单晶衍射和 ECD 光谱，我们证实笼手性来自四苯乙烯苯环旋转构型及双键取向的不同排列。该现象对于研究其他具有 AIE 性质的分子的组装过程非常重要。由于苯环旋转受限，手性与荧光性质同时产生，所以四苯乙烯面方向性立方体表现出圆偏振荧光性质。理论计算解释了四苯乙烯面方向性多面体的手性稳定性，即所得产物不易发生消旋的原因。

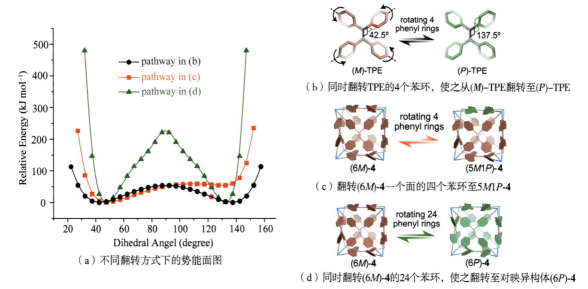

（a）不同翻转方式下的势能面图

rotating 4 phenyl rings

(M)-TPE → (P)-TPE

（b）同时翻转TPE的4个苯环，使之从(M)-TPE翻转至(P)-TPE

rotating 4 phenyl rings

(6M)-4 → (5M1P)-4

（c）翻转(6M)-4一个面的四个苯环至5M1P-4

rotating 24 phenyl rings

(6M)-4 → (6P)-4

（d）同时翻转(6M)-4的24个苯环，使之翻转至对映异构体(6P)-4

图 12　DFTB＋计算四苯乙烯及(6M)-4 苯环翻转的势能面（版权归 ACS Publications 所有）

## 4. 总结

　　面方向性多面体手性是一种新型的手性形式，可看作广义上的超分子手性。它可以通过组装过程中的镜面对称性破缺产生手性，同时不同组装基元的排列也会产生不同的手性形式。结合数学中的正多面体着色方式，我们提出了预测分子面方向性多面体异构体的方法，揭示了在不同排列形式下的手性产生形式；发展了以三聚茚和四苯乙烯为潜手性基元构筑面方向性分子多面体组装体系的方法。通过单晶衍射、核磁共振、ECD 及 HPLC 分离等手段，详细表征该类分子面方向性多面体。理论计算解释了三聚茚八面体面全同的原因，以及四苯乙烯立方体手性稳定的原因。对分子面方向性多面体手性的研究将有助于理解生命体系中的手性起源、手性传递及放大等现象，并有助于深入探究及模拟病毒的复杂性。

　　**致谢**：感谢 973 项目（2015CB856500）、国家自然科学基金（21722304、21573181 和 91227111）及中央高校基础科研基金（20720160050）的支持。

**参考文献**

[1] LIU M H, ZHANG LI, WANG T Y. Supramolecular chirality in self-assembled systems [J]. Chem. Rev., 2015, 115(15): 7304-7397.

[2] KROTO H W, HEATH J R, OBRIEN S C, et al. $C_{60}$: Buckminsterfullerene [J]. Nature, 1985, 318(6042): 162-163.

[3] DIETRICH-BUCHECKER C O, SAUVAGE J P. A synthetic molecular trefoil knot [J]. Angew. Chem. Int. Ed. Engl., 1989, 28(2): 189-192.

[4] CONN M M, REBEK J. Self-assembling capsules [J]. Chem. Rev., 1997, 97(5): 1647-1668.

[5] CHICHAK K S, CANTRILL S T, PEASE A R, et al. Molecular borromean rings [J]. Science, 2004, 304 (5675): 1308-1312.

[6] FORGAN R S, SAUVAGE J P, STODDART J F. Chemical topology: Complex molecular knots, links, and entanglements [J]. Chem. Rev., 2011, 111(9): 5434-5464.

[7] PONNUSWAMY N, COUGNON F B, CLOUGH J M, et al. Discovery of an organic trefoil knot [J]. Science,

2012, 338(6108): 783-785.

[8] AYME J F, BEVES J E, CAMPBELL C J, et al. Template synthesis of molecular knots [J]. Chem. Soc. Rev., 2013, 42(4): 1700-1712.

[9] LEE S, CHEN C H, FLOOD A H. A pentagonal cyanostar macrocycle with cyanostilbene CH donors binds anions and forms dialkylphosphate[3]rotaxanes [J]. Nat. Chem., 2013, 5(8): 704-710.

[10] SMULDERS M M J, RIDDELL I A, BROWNE C, et al. Building on architectural principles for three-dimensional metallosupramolecular construction [J]. Chem. Soc. Rev., 2013, 42(4): 1728-1754.

[11] FULLER R B. Synergetics: Explorations in the geometry of thinking [M]. London: Macmillan, 1975.

[12] KLUG A, CASPAR D L. The structure of small viruses [J]. Adv. Virus Res., 1930, 7: 225-325.

[13] ROSSMANN M G, JOHNSON J E. Icosahedral RNA virus structure [J]. Annu. Rev. Biochem., 1989, 58: 533-573.

[14] TATE J, LILJAS L, SCOTTI P, et al. The crystal structure of cricket paralysis virus: The first view of a new virus family [J]. Nature Struct. Biol., 1999, 6(8): 765-774.

[15] PRASAD B V, SCHMID M F. Principles of virus structural organization [J]. Adv. Exp. Med. Biol., 2012, 726: 17-47.

[16] MACGILLIVRAY L R, ATWOOD J L. A chiral spherical molecular assembly held together by 60 hydrogen bonds [J]. Nature, 1997, 389(6650): 469-472.

[17] PRINS L J, DE JONG F, TIMMERMAN P, et al. An enantiomerically pure hydrogen-bonded assembly [J]. Nature, 2000, 408(6809): 181-184.

[18] COOK T R, ZHENG Y R, STANG P J. Metal-organic frameworks and self-assembled supramolecular coordination complexes: Comparing and contrasting the design, synthesis, and functionality of metal-organic materials [J]. Chem. Rev., 2013, 113(1): 734-777.

[19] SUN Q F, IWASA J, OQAWA D, et al. Self-assembled $M_{24}L_{48}$ polyhedra and their sharp structural switch upon subtle ligand variation [J]. Science, 2010, 328(5982): 1144-1147.

[20] YOSHIZAWA M, TAMURA M, FUJITA M. Diels-Alder in aqueous molecular hosts: Unusual regioselectivity and efficient catalysis [J]. Science, 2006, 312(5771): 251-254.

[21] LIU Y, HU C, COMOTTI A, et al. Supramolecular archimedean cages assembled with 72 hydrogen bonds [J]. Science, 2011, 333(6041): 436-440.

[22] OLENYUK B, WHITEFORD J A, FECHTENKOTTER A, et al. Self-assembly of nanoscale cuboctahedra by coordination chemistry [J]. Nature, 1999, 398(6730): 796-799.

[23] ZHANG G, PRESLY O, WHITE F, et al. A permanent mesoporous organic cage with an exceptionally high surface area [J]. Angew. Chem. Int. Ed., 2014, 53(6): 1516-1520.

[24] COOK T R, VAJPAYEE V, LEE M H, et al. Biomedical and biochemical applications of self-assembled metallacycles and metallacages [J]. Acc. Chem. Res., 2013, 46(11): 2464-2474.

[25] SLATER A G, COOPER A I. Function-led design of new porous materials [J]. Science, 2015, 348(6238): 8075-8085.

[26] ZHANG G, MASTALERZ M. Organic cage compounds from shape-persistency to function [J]. Chem. Soc. Rev., 2014, 43(6): 1934-1947.

[27] ZARRA S, WOOD D M, ROBERTS D A, et al. Molecular containers in complex chemical systems [J]. Chem. Soc. Rev., 2015, 44(2): 419-432.

[28] WARD M D, RAITHBY P R. Functional behaviour from controlled self-assembly: Challenges and prospects [J]. Chem. Soc. Rev., 2013, 42(4): 1619-1636.

[29] LIU T, LIU Y, XUAN W, et al. Chiral nanoscale metal-organic tetrahedral cages: Diastereoselective self-assembly and enantioselective separation [J]. Angew. Chem. Int. Ed., 2010, 49(24): 4121-4124.

[30] LI K, ZHANG L Y, YAN C, et al. Stepwise assembly of $Pd_6(RuL_3)_8$ nanoscale rhombododecahedral metal-organic cages via metalloligand strategy for guest trapping and protection [J]. J. Am. Chem. Soc., 2014, 136

(12): 4456-4459.

[31] BOLLIGER J L, BELENGUER A M, NITSCHKE J R. Enantiopure water-soluble [Fe₄L₆] cages: Host-guest chemistry and catalytic activity [J]. Angew. Chem. Int. Ed., 2013, 52(12): 7958-7962.

[32] TOZAWA T, JONE J T, SWAMY S I, et al. Porous organic cages [J]. Nat. Mater., 2009, 8(12): 973-978.

[33] XU D. WARMUTH R. Edge-directed dynamic covalent synthesis of a chiral nanocube [J]. J. Am. Chem. Soc., 2008, 130(24): 7520-7521.

[34] OLSON A J, HU Y H, KEINAN E. Chemical mimicry of viral capsid self-assembly [J]. Proc. Natl. Acad. Sci. U. S. A., 2007, 104(52): 20731-20736.

[35] NARASIMHAN S K, LU X, LUK Y Y. Chiral molecules with polyhedral T, O, or I symmetry: Theoretical solution to a difficult problem in stereochemistry [J]. Chirality, 2008, 20(8): 878-884.

[36] COOK T R, STANG P J. Recent developments in the preparation and chemistry of metallacycles and metallacages via coordination [J]. Chem. Rev., 2015, 115(15): 7001-7045.

[37] ZHAO C, SUN Q F, HART-COOPER W M, et al. Chiral amide directed assembly of a diastereo- and enantiopure supramolecular host and its application to enantioselective catalysis of neutral substrates [J]. J. Am. Chem. Soc., 2013, 135(50): 18802-18805.

[38] XIE T Z, LIAO S Y, GUO K, et al. Construction of a highly symmetric nanosphere via a one-pot reaction of a tristerpyridine ligand with Ru(II) [J]. J. Am. Chem. Soc., 2014, 136(23): 8165-8168.

[39] CAULDER D L, BRUCKNER C, POWERS R E, et al. Design, formation and properties of tetrahedral M₄L₄ and M₄L₆ supramolecular clusters [J]. J. Am. Chem. Soc., 2001, 123(37): 8923-8938.

[40] HAN M, ENGELHARD D M, CLEVER G H. Self-assembled coordination cages based on banana-shaped ligands [J]. Chem. Soc. Rev., 2014, 43(6): 1848-1860.

[41] CASTILLA A M, RAMSAY W J, NITSCHKE J R. Stereochemistry in subcomponent self-assembly [J]. Acc. Chem. Res., 2014, 47(7): 2063-2073.

[42] MENG W J, RONSON T K, NITSCHKE J R. Symmetry breaking in self-assembled M₄L₆ cage complexes [J]. Proc. Natl. Acad. Sci. U. S. A., 2013, 110(26): 10531-10535.

[43] LEHN J M. From supramolecular chemistry towards constitutional dynamic chemistry and adaptive chemistry [J]. Chem. Soc. Rev., 2007, 36(2): 151-160.

[44] OTTO S, FURLAN R L E, SANDERS J K M. Dynamic combinatorial chemistry [J]. Drug Discov. Today, 2002, 7(2): 117-125.

[45] BELOWICH M E, STODDART J F. Dynamic imine chemistry [J]. Chem. Soc. Rev., 2012, 41(6): 2003-2024.

[46] 胡冠章. 应用近世代数 [M]. 北京: 清华大学出版社, 1999.

[47] WANG X C, WANG Y, YANG H Y, et al. Assembled molecular face-rotating polyhedra to transfer chirality from two to three dimensions [J]. Nat. Commun., 2016, 7: 12469.

[48] BORZSONYI G, BEINGESSNER R L, YAMAZAKI T, et al. Water-soluble J-type rosette nanotubes with giant molar ellipticity [J]. J. Am. Chem. Soc., 2010, 132(43): 15136-15139.

[49] QU H, WANG Y, LI Z H, et al. Molecular face-rotating cube with emergent chiral and fluorescence properties [J]. J. Am. Chem. Soc., 2017, 139(50): 18142-18146.

[50] YAN X, COOK T R, WANG P, et al. Highly emissive platinum(II) metallacages [J]. Nat. Chem., 2015, 7(4): 342-348.

[51] ZHANG M, FENG G, SONG Z, et al. Two-dimensional metal-organic framework with wide channels and responsive turn-on fluorescence for the chemical sensing of volatile organic compounds [J]. J. Am. Chem. Soc., 2014, 136(20): 7241-7244.

[52] XIONG J B, FENG H T, SUN J P, et al. The fixed propeller-like conformation of tetraphenylethylene that reveals aggregation-induced emission effect, chiral recognition, and enhanced chiroptical property [J]. J. Am. Chem. Soc., 2016, 138(36): 11469-11472.

[53] DING L, LIN L R, LIU C Y, et al. Concentration effects in solid-state CD spectra of chiral atropisomeric

compounds [J]. New J. Chem., 2011, 35(9): 1781-1786.

[54] LI D, HU R, GUO D, et al. Diagnostic absolute configuration determination of tetraphenylethene core-based chiral aggregation-induced emission compounds: Particular fingerprint bands in comprehensive chiroptical spectroscopy [J]. J. Phys. Chem. C, 2017, 121(38): 20947-20954.

# 分子筛家族的精灵——手性分子筛

宋晓伟，于吉红[*]

吉林大学化学学院，无机合成与制备化学国家重点实验室，吉林，长春，130012

*E-mail: jihong@jlu.edu.cn

**摘要**：手性分子筛兼具传统分子筛的择形性与手性材料的对映体选择性，因而成为不对称催化及对映体拆分的理想选择。然而，这类材料的合成仍然是无机多孔晶体材料领域的挑战性课题。本文将通过介绍经典手性分子筛的合成与结构，深入了解这些结构中手性的起源；同时，对手性分子筛的合成策略进行探讨。

**关键词**：无机多孔晶体材料；分子筛；手性；合成

## The Genius in Zeolite Family：Chiral Zeolites

SONG Xiaowei, YU Jihong*

**Abstract**：Chiral zeolites are of both fundamental and practical interest because they can combine both shape selectivity and enantioselectivity, which are desirable for asymmetric catalysis and separation. However, the synthesis of such materials remains a significant challenge in the field of inorganic porous crystalline materials. We will provide an insight into the origin of chirality in these structures by introducing the synthesis and structure of classical chiral zeolites. The synthesis strategies of chiral zeolites are also discussed.

**Key Words**：Inorganic porous crystalline material; Zeolite; Chirality; Synthesis

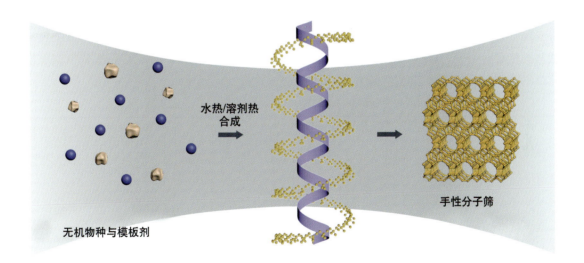

## 1. 引言

在客观物质世界中，无论是自然界产生的还是人工合成的物质都体现出对称性这个重要法则。对称似乎是一种本能，存在于生活中的各个领域。我们的手、足、耳等都有一个共同的特点，那就是对称。随着科技进步，我们已经认识到从低等动物到人类的大多数生命系统都是由手性化合物所构成。手性来源于以旋绕和解旋绕方式传递遗传密码的重复过程。手性结构普遍存在于自然界与生物分子体系中。

分子筛是由 $TO_4$（T 代表 Si、Al、P 等）四面体共顶点连接构成的一类无机微孔晶体材料，孔径一般小于 2 nm[1]。由于骨架结构具有规则可调的孔道及高比表面积等特点,这类材料在离子交换、催化以及吸附等方面具有广泛的应用[2]。分子筛不仅具有丰富的骨架结构,而且存在多样的化学组成——除包含元素周期表的主族元素外,还包含副族中的大部分元素,因此在先进材料领域亦展现出诱人的应用前景,例如光电转换、发光显示、磁性材料、微电子器件等[3]。分子筛的性能与结构特征息息相关,例如材料本身的化学组成,结构中孔道的大小、形状、维数以及孔壁表面的性质,对材料的最终功能都起着决定性作用。根据功能需求设计合成具有特定结构特征的分子筛多孔晶体材料具有重要意义。

对于手性的理解是手性分子筛材料研究和应用的核心问题。与有机化学中对分子手性定义的视角不同,本文中涉及的手性以晶体材料的手性空间群为基础,而不论产物是否外消旋。在 230 种国际空间群中有 65 种 Sohncke 空间群(包括 11 对对映异构体对手性空间群,43 种非手性空间群),一般将结晶在 Sohncke 空间群且具有手性结构特征的分子筛称为手性分子筛,其手性特征可来源于骨架拓扑、骨架上杂原子或者骨架外客体的手性排布等[4]。如果分子筛骨架拓扑的最高对称性仍是 Sohncke 空间群,则这种分子筛称为固有手性分子筛,其手性不因骨架元素组成改变而改变[5]。手性分子筛具有手性孔道结构、手性结构单元、均匀分布的手性催化中心等,能够同时将分子筛的择形性与手性选择性相结合,在手性合成、不对称催化及对映体拆分等领域具有潜在应用前景[6,7],在多孔功能材料领域备受关注。尽管手性特征在生命体系和自然界中很常见,但在无机晶体材料中较为稀少,合成与制备手性分子筛材料一直是无机功能材料领域的难点之一。

自 Treacy 等通过计算化学研究发现具有手性特征的 BEA 型分子筛的多形体后[8],手性分子筛材料合成研究的大门随之开启,在过去近 30 年间,科研人员对这类手性材料进行了大量探索性合成研究。尽管如此,截止到 2018 年 10 月,在国际分子筛协会(IZA)已收录的 239 种分子筛拓扑结构中,仅 10 余种为手性分子筛,其中 *BEA、GOO、CZP、OSO、LTJ、STW、JRY、-ITV 为固有手性分子筛[4,8-17]。表 1 给出了代表性手性分子筛材料的结构组成及手性特征等,它们的骨架组成以磷酸盐及锗酸盐为主,其结构不仅表现出手性特征,如螺旋链、螺旋飘带和螺旋孔道,而且具有多样的孔道结构,如三十元环的超大孔道、十二元环以上的大孔及八元环到十元环的中孔。

表 1 代表性的手性分子筛结构

| 材料名称 | 空间群 | 最大孔口 | 手性特征 | 引文 |
|---|---|---|---|---|
| beta,polymorph A (*BEAª) | $P4_122/P4_322$ | 12 | 螺旋孔道 | [8] |
| $|Ca_2^{2+}(H_2O)_{10}|[Al_4Si_{12}O_{32}]$ (GOOª) | $P2_1$ | 8 | 手性网层 | [9] |
| $NaZnPO_4 \cdot H_2O$ (CZPª) | $P6_122$ | 12 | 四元环共角螺旋飘带 | [10] |
| OSB-1(OSOª) | $P6_222$ | 14 | 三元环螺旋链 | [11] |
| VPI-5 (VFIª) | $P6_3$ | 18 | 水的氢键三螺旋链 | [12] |
| $|X_8(H_2O)_4|^b[Si_8Al_8O_{32}]$ (LTJª) | $P2_12_12_1$ | 8 | 螺旋链 | [13] |
| $(KGaGeO_4)_6 \cdot 7H_2O$-UCSB7(BSVª) | $I2_13$ | 12 | 四元环共角螺旋飘带 | [14] |
| SU-32 (STWª) | $P6_522$ | 10 | 螺旋孔道 | [15] |
| CoAlPO-CJ40 (JRYª) | $P2_12_12_1$ | 10 | 螺旋孔道 | [16] |
| ITQ-37 (-ITVª) | $P4_132$ | 30 | 螺旋孔道 | [17] |

ª 国际分子筛协会收录的分子筛结构代码;b X 代表 K 或 $NH_4$。

2008 年,于吉红等详细综述了手性分子筛及手性无机开放骨架材料的结构、设计和合成[4]。下面将重点介绍几种典型的手性分子筛材料的合成及结构特点,并对这类材料的合成方法和策略进行探讨。

## 2. 手性分子筛的合成与结构

### 2.1 |Na$_7$|[Al$_7$Si$_{57}$O$_{128}$]-*BEA[8]

Beta 分子筛是硅铝分子筛中比较稀有的具有螺旋孔道的结构。它是两个结构不同但却紧密相关的多形体 A 和 B 的混晶,两者都具有十二元环的三维孔道体系。这两个结构由相同的层通过不同的堆积方式构筑而成。在多形体 A 中,层状结构如果采取右手的 4$_1$ 非间断 *RRRR*… 堆积顺序,会产生 $P4_122$ 空间群;而如果采取左手的 4$_3$ 非间断 *LLLL*… 堆积顺序,则产生 $P4_322$ 空间群。在多形体 A 中具有沿着 $c$ 轴方向绕着四重螺旋轴的左手或右手螺旋孔道。图1(a) 中展现出多形体 A 沿 $b$ 轴方向的骨架结构。图1(b) 是沿 $c$ 轴方向的十二元环螺旋孔道。多形体 B 是非手性空间群 $C_2/c$(No.15)。多形体 B 具有一个交替的 *RLRL*… 堆积顺序。两种多形体在 Beta 分子筛中几乎以相同的概率出现。因而产生了高度缺陷的两种多形体的混晶。

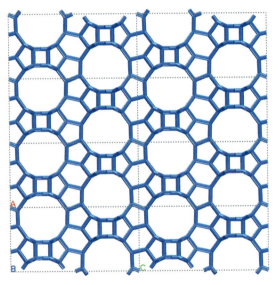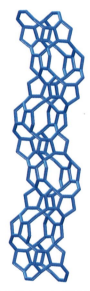

(a)多形体 A 沿 $b$ 轴方向的骨架结构 　　　(b)$c$ 轴方向的十二元环螺旋孔道

图 1　多形体 A 的三维骨架结构[4]

Beta 沸石具有较好的热稳定性,并且是最早报道的具有手性结构的分子筛,在不对称催化和手性分离方面最具应用潜力。因此,自它的手性结构模型提出以来,科研工作者对 Beta 沸石多形体的选择性晶化合成的热情越发高涨。在选择性晶化合成的研究中,最为常用的方法是向体系内引入不同的手性模板剂或手性助剂来合成多形体 A 的富集产物,但都收效有限[18-21]。或者采取苛刻极端的合成方法。例如 2015 年,闫文付等报道利用极端超浓水热合成方法,以 TEAOH(四乙基氢氧化铵)、合成的二甲基二异丙基氢氧化铵或 N,N-二甲基-2,6-二甲基哌啶氢氧化物等季铵碱为模板剂,制备所得多形体 A 含量最高,可富集为含量约 70% 的 Beta 沸石,也是目前报道的 A 形体的最高富集含量[22]。2018 年,他们又基于"抑制成核"的反应策略,分别将不同的醇试剂应用于类固相的干凝胶体系中合成 Beta 分子筛。在该合成体系中,他们将块状干凝胶与固体原料一同混合研磨,得到均匀粉末后直接进行水热晶化,有效避免了强腐蚀性、剧毒氢氟酸的使用,使合成路线简单、绿色化。该绿色合成路线制备的 Beta 分子筛中 A 形体含量为 65%～70%[23]。值得注意的是,虽然人们合成了骨架组成多样的 Beta 沸石,Ga、B、Fe、V、Ti、Sn、Zr 等多种元素都可掺入骨架中,但到目前为止,Beta 沸石的多形体 A 仍是一种假想的理论结构,在实验上还没有纯的多形体 A 的

Beta 沸石被合成出来。大量的研究也表明,手性模板剂并非诱导手性 A 形体生成的必要条件。因此,探究影响手性 A 形体选择性晶化的关键因素,从而定向设计合成手性 A 形体高度富集的 Beta 分子筛,对于其应用至关重要。

### 2.2 NaZnPO₄·H₂O-CZP[10]

具有分子筛 CZP 结构类型的 NaZnPO₄·H₂O 的空间群为 $P6_122$(No.178)或者 $P6_522$(No.179),三维骨架由交替的 ZnO₄ 和 PO₄ 四面体形成沿[001]方向、沿 6₁ 螺旋轴的无限四元环螺旋链构筑而成 [ 图 2(a) ]。这种共顶点的四元环链结构在分子筛和无机开放骨架中是很常见的,但它的螺旋构象很少见。相对稳定的四连接骨架结构是由于存在具有较大张力的 Zn-O-P 键角[119.6(4)°~137.7(6)°],这种较小 Zn-O-P 键角[119.6(4)°]的存在起因于短的 Na-O 键。相邻螺旋链通过共享氧原子形成高度扭曲的一维十二元环螺旋孔道三维手性骨架结构。孔道是由正方形的四元环组成的螺旋链围成 [ 图 2(b) ]。具有 CZP 结构类型的分子筛展现出组成的多样性,如 Na₆[Co₀.₂Zn₀.₈PO₄]₆·9H₂O($P6_522$)[24]、M$^I$M$^{II}$(H₂O)₂[BP₂O₈]·H₂O(M$^I$代表 Na、K;M$^{II}$代表 Mg、Mn、Fe、Co、Ni、Zn)($P6_122$)[25]、Fe(H₂O)₂[BP₂O₈]·H₂O($P6_522$)[25]、[H₃DETA][Mn(H₂O)₂Ga(PO₄)₂]₃($C222_1$)[27]以及 NaZn(H₂O)₂[BP₂O₈]·H₂O($P6_122$)[28]等。这些化合物的合成都基于传统水热/溶剂热方法,以非手性的阳离子或有机胺为结构导向剂,因此产物的纯对映体或者外消旋体取决于化合物的组成。对于单一手性结构的合成,可以通过使用手性添加剂或手性溶剂等在成核或晶化过程中产生不对称的微环境,从而诱导具有手性结构特征的单一手性材料的生成。例如,张健等人利用一种核苷酸为手性诱导剂,首次合成了具有单一手性结构的 CZP 分子筛,但合成的产物热稳定性差,限制了进一步的应用研究[29]。

(a)围绕 6₁ 螺旋轴 ZnO₄ 和 PO₄ 四面体通过共角链接形成沿 [001] 方向的四元环螺旋链(Zn:浅蓝,P:红色)　　　　(b)扭曲的一维十二元环孔道

图 2　NaZnPO₄·H₂O 的三维手性骨架结构[4]

### 2.3 VPI-5:|(H₂O)₄₂||[Al₁₈P₁₈O₇₂]-VFI[30]

具有超过十二元环孔道的超大孔分子筛比传统的小孔(八元环)、中孔(十元环)、大孔(十二元环)分子筛孔道更大,为吸附和处理大客体分子提供了大尺寸的微观空间。这也成为传统催化化学和主客体化学孜孜以求的理想目标。然而在 1988 年 M.E.Davis[30]成功合成出第一个具有十八元环孔道磷酸铝 VPI-5 分子筛之前的近半个世纪,历经多少分子筛化学家的努力,始终无法合成出

一个超越十二元环孔道结构的分子筛——十二元环孔道就像一个无法跨越的鸿沟。VPI-5 的出现是无机多孔功能材料合成领域的一个重要里程碑，从此出现了"超大微孔"(extra-large-micropore)的概念。磷酸铝分子筛 VPI-5 通过以二正丙胺为模板剂，水热条件静态晶化制备而得，结晶空间群为 $P6_3$ (No.173)。它的结构是由 $AlO_4$、$AlO_4(H_2O)_2$ 和 $PO_4$ 单元通过 Al-O-P 的连接形成三维四连结的骨架，拓扑结构为 VFI [图 3(a)]；两个水分子与一个铝通过键连形成 $AlO_4(H_2O)_2$ 八面体，位于合并的双四元环中间；合并的双四元环具有反式构象。VPI-5 的十八元环孔道内存在沿 $6_3$ 螺旋轴以氢键键合的水分子链，它们将六配位 Al 连接起来，形成一个水分子的三重螺旋链 [图 3(b)]。值得注意的是，同大多数水合分子筛结构不同，在 VPI-5 中，水分子的对称性同骨架对称性相同，VPI-5 脱水后仍能保持结构。尽管如此，结构的对称性还是从水合时的 $P6_3$ 降低至脱水的 $C_m$ (No.8)[12]，意味着脱水之后的 VFI 骨架本质是非手性的。

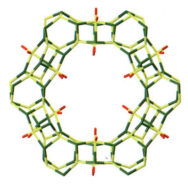 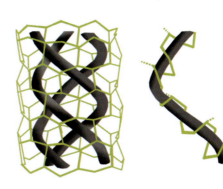

（a）沿 *c* 轴方向的 VPI-5 骨架结构　　　　（b）十八元环孔道中水分子的三重螺旋线
（Al：黄，P：绿，O：红）　　　　（虚线表示与骨架八面体配位的 Al 原子键连）

图 3　VPI-5 的三维骨架结构[4]

### 2.4 UCSB-7K：$(KGaGeO_4)_6 \cdot 7H_2O$-BSV[14]

UCSB-7K 是具有 BSV 拓扑结构的镓锗酸盐分子筛，属于 $I2_13$ (No.199)空间群。它的结构特点是具有由共边四元环组成的螺旋飘带。螺旋飘带沿 3 个立方晶轴 [图 4(a)] 连接形成具有相反手性的 2 个独立三维交叉十二元环孔道。UCSB-7K 沿 [111] 方向的骨架结构如图 4(b) 所示，它的孔壁可以看作螺旋形双连续最小曲面，这就将骨架分为左旋区域和右旋区域 [图 4(c)]，这种现象与液晶相和介孔 MCM-48 结构相似[31]。Ga 和 Ge 有序排列，其左手和右手的螺旋线并不是镜像的，这使得 UCSB-7K 结构的整体空间群对称性并非中心对称的 $Ia$-$3d$。研究表明，螺旋形结构的形成与 UCSB-7 中观察到的一些几何特征密切相关。UCSB-7K 中具有相对较小的 T-O-T 键角（最小 122.3°，最大 127.0°，平均 124.2°；T 代表骨架原子）。在结构上，较小的 T-O-T 键角可以被容纳在具有 UDUD(U：向上；D：向下)构型 T 原子的四元环中，因此可以构建能产生满足螺旋构象结构模块的表面曲率及几何形状。BSV 拓扑结构分子筛的骨架具有多种组成，例如砷酸锌、砷酸铍和磷酸镓锌，它们主要以无机阳离子和非手性有机胺作为结构导向剂。磷酸镓锌 $\{[H_3DETA][Zn_3Ga(PO_4)_4] \cdot H_2O(DETA = NH_2(CH_2)_2NH(CH_2)_2NH_2)\}$[27] 与 UCSB-7K 同构，它的结构由 $MO_4$(M 代表 Zn 和 Ga)和 $PO_4$ 四面体构筑而成；与 UCSB-7K 在结构上的区别在于磷酸镓锌的骨架具有更高的对称性 $I4_132$(No.214)，T-O-T 的键角更大（124°～131°对 122°～127°）。二乙烯三胺分子对于手性骨架的形成起到了重要的模板作用。

Snurr 等人通过分子模拟对 UCSB-7K 和 Beta 多晶型 A 进行理论吸附研究。结果表明单个手性孔道确实可以选择性地吸附手性分子。基于对映体分离，他们提出了可选择性地阻断某一手性孔道以研制用于拆分的同手性材料策略[32]。

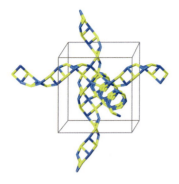 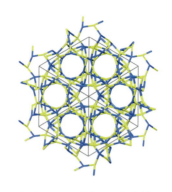 

（a）共边四元环螺旋飘带沿 3 个立方晶 晶轴连接 (P: 黄色，Ga: 浅蓝 )

（b）UCSB-7K 沿 [111] 方向的 骨架结构

（c）UCSB-7 的螺旋型最小曲面将 空间分隔为两个不相连的区域

图 4　UCSB-7K 的骨架结构[4]

## 2.5 SU-32：|H₃N[CH(CH₃)₂]||[Ge₅.₂₈Si₄.₇₂O₂₀]F-STW[15]

SU-32 是具有 STW 拓扑结构的锗硅酸盐分子筛，结晶的空间群也属于对映异构体对 $P6_122$ 或者 $P6_522$。2008 年，X.D.Zou 等人在锗硅酸盐体系中，以二异丙胺作为结构导向剂，采用水热晶化方法合成了 SU-32[15]。SU-32 骨架结构由双四元环($d4r$)和 $[4^6 \cdot 5^8 \cdot 8^2 \cdot 10^2]$ 笼组成，$[4^6 \cdot 5^8 \cdot 8^2 \cdot 10^2]$ 笼与邻近的相同笼通过共享十元环形成了沿 $c$ 轴的螺旋孔道 [ 如图 5(a) ]，所有的螺旋孔道都具有相同的手性 [ 图 5(b) ]。螺旋孔道与沿 [100]、[ 010 ] 和 [110] 方向延伸的不同高度的八元环孔道相互连接，形成三维孔道体系 [ 图 5(b) ]。十元环和八元环孔道开口的自由尺寸分别为 0.55 nm ×0.50 nm 和 0.47 nm×0.30 nm。SU-32 的骨架密度是 15.3 T/nm³，其理想的骨架拓扑结构的对称性不变，因此它是固有手性分子筛。孔道中的有机结构导向剂可以通过在 673 K 煅烧除去，但骨架结构不能稳定保持，易形成非晶相。由于 SU-32 骨架中锗含量高，即使在室温时，环境湿度也可能使结构在很大程度上劣化，这一缺点大大限制了它的应用。降低骨架中锗的含量或提高硅的含量，将有助于提高这类材料的热稳定性。

（a）U-32 右手螺旋孔道( 空间群 $P6_122$ )，其中 1 个 $[4^6 \cdot 5^8 \cdot 8^2 \cdot 10^2]$ 笼标记为黄色，结构中仅表明 T-T 之间的键连

（b）用 Tiling 描述 SU-32 中的 螺旋孔道

图 5　SU-32 的螺旋孔道[15]

2012 年，Camblor 研究组使用非手性的 2-乙基-1，3，4-三甲基咪唑阳离子作为结构导向剂，合成出与 STW 同构的纯 SiO₂ 骨架手性分子筛 HPM-1，骨架结构可以稳定到 1173 K[33]。它是第一

个具有螺旋孔道的纯硅手性分子筛。除硅锗及全硅组成外,Cu 和 Co 元素取代的锗硅酸盐 STW 分子筛也被合成出来[34]。但这些产物皆为外消旋体,限制了它们在手性拆分及不对称催化中的应用。随着计算机模拟技术的发展,理论指导实验将有助于实现高对映体含量甚至单一手性产物的合成,这一成果将在合成策略探讨中介绍。另外,在合成 SU-32(STW) 的体系中,同时可以获得非手性的 SU-15(SOF),它们的结构密切相关。这两个骨架结构都由相同的手性层构建,不同之处在于层与层之间的堆积构筑方式,类似于 Beta 分子筛的多形体 A 和 B 之间的关系[15]。

### 2.6 ITQ-37: $|(CN_2H_{40})^{+2}(H_2O)_{10.5}||[Ge_{80}Si_{112}O_{400}H_{32}F_{80}]$-ITV[17]

ITQ-37 是具有 ITV 拓扑结构的锗硅酸盐分子筛,结晶于立方手性空间群 $P4_132$ 和 $P4_332$。2009 年,西班牙 A.Corma 研究组以大尺寸刚性且具有手性中心的有机结构导向剂 [图 6(a)],采用高通量的合成方法,在浓凝胶氟离子硅锗酸盐体系中,成功合成出孔径超过 2 nm 的锗硅酸盐分子筛 ITQ-37[17]。ITQ-37 是第一个具有单一螺旋孔道的手性分子筛,它的结构展现出超大的三十元环孔道和极低的骨架密度(1 nm³ 中平均含 10.3 个骨架原子)。空旷的骨架结构中含有 1 种 lau 笼和 2 种双四元环的复合结构单元,这两种双四元环分别连接 1 个(D4R1)或 2 个(D4R2)端羟基。如果仅以这些结构单元来描述 ITQ-37 结构的构筑会很复杂,在此选择一个三级结构单元作为结构基元来进行结构剖析。这个三级结构单元 $[T_{44}O_{145}(OH)_7$,T 代表 Si、Ge] 具有 $C_3$ 对称性,包含 1 个 D4R1、2 个 lau 笼、3 个 D4R2 [图 6(b)],每个三级结构单元共享一个共同的 D4R2 和 lau 笼,六元环的一半与 3 个邻近的相同结构单元相连,每个晶胞中包含 8 个这样的三级结构单元。如果将这些三级结构单元看作一个节点,可以形成三连接的 srs 网格[35]。srs 网格与螺旋总是相生相容,并且通常作为由 G 曲面分离的一对对映体对出现,ITQ-37 中的情况也是如此。G 曲面一侧是螺旋骨架结构,在另一侧则产生螺旋孔道系统。骨架结构和孔道系统具有相反的手性,并且都以 srs 网格作为对映体对 [图 6(c)]。由 10 个三级结构单元构筑成三十元环 [图 6(b)],而 3 个这样的三十元环连接构成一个大空腔,每个空腔的中心又落在另一个 srs 网格的节点上 [图 6(c),蓝色],从而形成螺旋孔道系统。除了以大分子刚性的手性结构导向剂合成 ITQ-37 外,也可以使用非手性的有机结构导向剂,例如 3′,4′-dihydro-1′H-spiro[isoindoline-2,2′-isoquinolin]-2-ium[36] 或半刚性的超分子自组装结构导向剂 1,1′,1″-(2,4,6-trimethyl benzene-1,3,5-triyl)-tris(methylene)tris(3-methyl-1H-imidazol-3-ium)[37] 来进行合成,除硅锗组成外,Al 元素可采用四配位的形式掺入骨架,使骨架结构具有 B 酸酸性中心[17,35]。ITQ-37 同时具有手性特征和超大孔道结构,它的发现展示出分子筛孔道可以超越微孔尺度达到介孔范围,为手性介孔分子筛的合成奠定了坚实基础。

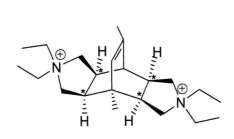

(a)合成 ITQ-37 的有机结构导向剂[17]
( Organic Structure Directing Agent, OSDA )

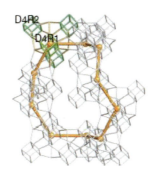

(b)由 10 个三级结构单元构筑的三十元环孔道(橘色:lau 笼;绿色:双四元环),其中三级结构单元的中心落在了 srs 网格的节点上

(c)由 3 个三十元环连接构成的空腔,空腔中心落在另一个 srs 网格(蓝色)的节点上,展现出螺旋孔道系统

图 6　合成 ITQ-37 的有机结构导向剂及 ITQ-37 的三维骨架结构[17]

上面介绍了四连接的手性分子筛的合成及结构特点,它们皆结晶于手性空间群,具有螺旋链、螺旋飘带或螺旋孔道等结构特征。值得关注的是,这些结构都可以由非手性原料合成,而且组成结构的基本单元(四面体 $TO_4$)也是非手性的,因此,手性原料并不是产生手性分子筛的必要条件,手性结构的产生主要是非手性单元长程有序的空间螺旋排列,通常会展现出螺旋链或组成螺旋孔道。在这些手性分子筛结构中,手性的构型与化学键的几何特征密切相关。

### 3. 手性分子筛的合成策略探讨

尽管迄今报道的手性分子筛凤毛麟角,但理论上假想可行的手性分子筛骨架极为丰富。例如,Akporiaye 等人提出了一种将初始的次级结构单元通过螺旋或多重轴旋转操作生成手性分子筛骨架的枚举方法[38];我们课题组开发了基于限定禁区(孔道)的原子组装法,用以设计具有特殊孔道的骨架结构[39]。利用这些方法不仅可以设计合成具有一维、多维交叉孔道的分子筛,而且可以设计大量假想的手性分子筛骨架结构[40],后者将有助于理解多孔材料中手性的生成机理,也为手性分子筛的合成提供了大量的靶向结构。

在传统水热/溶剂热条件下,目前这类材料的合成主要可分为两大类:一类基于骨架元素组成特点以稳定手性结构;另一类基于手性模板剂的导向传递。

我们课题组对大量的假想手性结构进行了理论研究,结果表明这些结构中存在着特殊的几何张力,Be、B、Ge、As、P 或过渡金属能够提供比纯 $SiO_2$ 更加合理的键长键角,从而有利于舒缓这种张力,稳定手性结构[39,40]。根据这一理论,我们成功合成出第一种具有固有手性的杂原子取代磷酸铝分子筛 MAPO-CJ40 (M 代表 Co、Mg、Fe 等)[16,41]。该化合物是国内首次被国际分子筛协会收录的分子筛化合物,并以此命名了一种新的分子筛骨架类型 JRY。在溶剂热体系下,以二乙胺为模板剂合成的 MAPO-CJ40 结晶于正交晶系,空间群为 $P2_12_12_1$,理想的拓扑结构空间群为 $I2_12_12_1$,因此 JRY 为固有手性分子筛。它的骨架沿 [010] 方向具有一维十元环螺旋孔道 [图 7(a)],该螺旋孔道由沿着 $2_1$ 螺旋轴的两条具有同一手性的螺旋带围绕而成,螺旋带则是由六元环通过共边连接而成 [图 7(b)]。沿 [100] 方向的骨架图 [图 7(c)] 可以清楚地看出,整个骨架是由特征性笼柱通过桥氧原子连接而成,该笼柱由 bog 结构构筑单元通过共享六元环形成 [图 7(d)]。bog 结构构筑单元在其他的分子筛结构中也有发现,例如 AEL、AET、AFI、AFO、AHT、ATV、BOG 等[42],但这些结构中的连接方式不同于 JRY,它们彼此通过共边或者共享四元环呈直线形方式连接;而在 JRY 中,每个 bog 笼柱都包含两种沿 [100] 方向具有相同手性的同一轴心螺旋链,正是这种螺旋的特点使整个骨架结构产生了手性。实验及理论研究均表明,JRY 骨架中杂原子(如 Co、Zn 等)的掺入对于稳定手性结构起到了关键作用,因此 JRY 不能在纯磷酸铝体系中制备出来。值得注意的是,杂原子金属沿着孔道方向呈螺旋排布,这是首次在杂原子取代磷酸

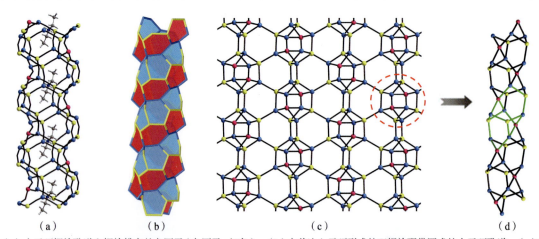

(a)　　　　　　(b)　　　　　　　　　(c)　　　　　　　　　(d)

(a)十元环螺旋孔道和螺旋排布的杂原子(杂原子:红色);(b)由共边六元环形成的双螺旋飘带围成的十元环孔道;(c)JRY 沿 [100] 方向的骨架图(杂原子/Co:红;Al:黄;P:蓝)及 bog 笼柱;(d)其中一个 bog 结构构筑单元被标注(绿色键)

图 7　JRY 的骨架结构[16]

铝单晶解析中发现这种特殊的构象,表明 MAPO-CJ40 是一个手性单点催化剂,具有潜在的不对称催化应用价值。

在基于手性模板剂的导向传递研究领域,虽然手性原料并不是产生手性分子筛的必要条件,但它们在合成中的手性导向作用不可忽视。我们课题组系统地研究了手性金属配合物在导向无机多孔开放骨架立体构象方面的作用,证明了主客体之间的氢键作用是手性模板剂将手性特征传递给主体无机多孔开放骨架的重要途径[43]。2011 年,我们课题组利用外消旋三(乙二胺)合镍(II)配合物为模板剂,在溶剂热条件下成功地合成出具有交叉十元环孔道的新型锗酸镓分子筛 $[Ni(en)_3]$ $[Ga_2Ge_4O_{12}]$ (GaGeO-CJ63),IZA 命名为 JST[44]。该化合物中存在两种笼:一种为非手性笼 $[3^8 \cdot 10^6]$;另一种为手性笼 $[3^4 \cdot 6 \cdot 10^3]$,手性笼由外消旋 $[Ni(en)_3]^{2+}$ 导向生成。每个 $[3^4 \cdot 6 \cdot 10^3]$ 笼中心都被 $\Delta$- 或 $\Lambda$-$[Ni(en)_3]^{2+}$ 占据 [图 8(b) 和(c)],而 $[3^8 \cdot 10^6]$ 中则是空的。有趣的是,$[3^4 \cdot 6 \cdot 10^3]$ 笼具有 $C_3$ 对称性,与 $[Ni(en)_3]^{2+}$ 的对称性相同,这说明 $[3^4 \cdot 6 \cdot 10^3]$ 笼具有的手性特征可能来源于笼中的金属配阳离子的手性。

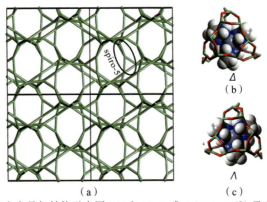

图 8　(a)GaGeO-CJ63 沿 [100] 方向骨架结构示意图;(b)和(c) $\Delta$- 或 $\Lambda$-$[Ni(en)_3]^{2+}$ 及手性对映体笼 $[3^4 \cdot 6 \cdot 10^3]$[44]

通过分子力学模拟,我们课题组在理论上证明了骨架结构与手性金属配阳离子之间存在分子识别作用;$[Ni(en)_3]^{2+}$ 的对称性和绝对构型信息被传递到 GaGeO-CJ63 的笼上,从而使无机骨架结构产生了手性。在此策略的基础上,2013 年我们课题组又利用原位生成的 $[Ni(1,2-PDA)_3]^{2+}$ (1,2-PDA 为 1,2-diaminopropane)配阳离子的模板协同作用,成功合成出具有三维奇数十一元环孔道体系的镓锗酸盐分子筛 GaGeO-JU64(IZA 命名为 JSR)[45],结构中含有成对出现的两对新颖 $[3^{12} \cdot 4^3 \cdot 6^2 \cdot 11^6]$ 手性空穴,分别具有 $C_1$ 和 $C_3$ 对称性,作为手性模板剂的金属配合物位于笼中或者环绕笼排列(图 9),手性空穴与手性配合物之间存在氢键相互作用,通过氢键作用将手性特征传递给分子筛骨架,从而形成分子筛的手性特征。这两种分子筛尽管并非传统意义上的手性分子筛,但展现出手性模板剂在合成手性分子筛方面的巨大潜力。手性模板剂可以将自身手性特征通过氢键作用进行传递,从而诱导手性结构的形成,为这类材料的定向设计合成提供了实验基础和理论依据。

（a）一对 $C_1$ 对称性的 $[3^{12} \cdot 4^3 \cdot 6^2 \cdot 11^6]$ 对映体空穴,分别含有两个 $\Delta$- 和 $\Lambda$- 构型的 $[Ni(1,2-PDA)_3]^{2+}$;（b）一对 $C_3$ 对称性的 $[3^{12} \cdot 4^3 \cdot 6^2 \cdot 11^6]$ 对映体空穴,周围分别有六个 $\Delta$- 和 $\Lambda$- 构型的 $[Ni(1,2-PDA)_3]^{2+}$

图 9　JSR 的两对对映体空穴[45]

有机结构导向剂或模板剂在分子筛合成中亦有着举足轻重的作用。随着计算化学理论模拟方法的发展,构建分子筛骨架结构与有机结构导向剂之间的关联成为可能。2014 年,M.E.Davis 课题组基于合成特定结构分子筛的已知化学反应进行有机结构导向剂的预测,并通过理论指导实验,用预测的有机结构导向剂成功合成了靶向全硅手性分子筛 STW,克服了经验式合成中缺乏目标性的缺点,并发现稳定化能大于 $-15$ kJ·(mol Si)$^{-1}$ 的咪唑基有机结构导向剂有利于手性分子筛 STW 的形成[46]。但在这些合成中理论预测的结构导向剂皆为非手性有机物,因此最终产物是左旋及右旋 1:1 混合的外消旋体。虽然有人推测手性有机结构导向剂(当其导向生成手性结构时)必然会导致骨架手性的富集,但这个假设并未得到确凿的证明。

2017 年,M.E.Davis 课题组[47]基于之前的工作,通过理论计算筛选出咪唑基 $R$-和 $S$-对映异构体的手性有机结构导向剂,并将它们分别用于合成两种对映体的 $R$-STW 和 $S$-STW 分子筛,合成策略如图 10 所示。手性的咪唑基 $R$-和 $S$-对映异构体的稳定化能使 $R$-STW($P6_5 22$)和 $S$-STW($P6_1 22$)分子筛具有非常明显的能量差异,展现出它们对不同手性结构的识别导向作用,即 $R$-对映体易于导向 $R$-STW 骨架结构。固体 NMR 和 ECD 光谱对 STW 孔道内有机结构导向剂的状态研究表明,它们不仅结构完整,而且保持了对映体的纯度。新开发的 3D HRTEM 技术被用来确定单个晶体的手性[48],结合产物固体 ECD 光谱的表征,证明了产物是富集的单一手性对映体。利用富集手性分子筛 $R$-STW 或 $S$-STW 可以实现其作为吸附剂拆分手性分子仲丁醇,也能够作为非均相催化剂来催化 1,2-环氧丁烷的开环反应以合成手性分子。与 $S$-STW 分子筛相比,$R$-STW 呈现相反但同等的对映选择性,外消旋 STW 分子筛则没有对映选择性。手性分子筛 STW 单一对映体的富集合成,证明了利用理论预测手性结构导向剂指导定向合成手性分子筛策略具有可行性。

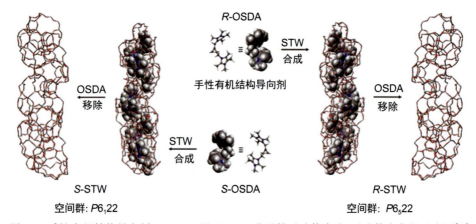

图 10　手性有机结构导向剂(OSDAs)用于 STW 分子筛对映体合成、对映体富集的示意图[47]

在材料合成领域,一种新合成策略和方法的开发,往往会为这一领域的新结构、新物质的合成带来明媚的春天。在无机微孔材料领域,溶剂热方法的引入使得分子筛结构类型从 10 年前的不足 100 种迅猛地增加到 200 余种[42]。不同于水热方法,溶剂热法是将醇类及其他有机分子溶剂作为反应的介质。2004 年,R.E.Morris 课题组[49]报道了一种全新的无机开放骨架材料制备方法,用咪唑类离子液体或者尿素/氯化胆碱形成的低共熔盐作为溶剂和模板剂,在常压下合成出 4 种不同结构的开放骨架微孔材料,提出了区别于水热和溶剂热的新方法——离子热合成。离子热合成是指在合成无机微孔化合物过程中以离子液体作为溶剂替代传统的水或者醇等有机溶剂(分子溶剂)进行的合成反应。在合成中,离子液体或者起到溶剂的作用,或者兼有溶剂和结构导向剂(或模板剂)的双重作用。R.E.Morris 利用手性离子液体(1-butyl-3-methylimidazolium $L$-aspartate)为溶剂,合成了一例单一手性的金属有机骨架化合物 SIMOF-1{(BMIm)$_2$[Ni(TMA-H)$_2$(H$_2$O)$_2$]}[50]。这种方法也为手性分子筛材料的合成与制备开创了一种新途径。

## 4. 结论

综上所述,手性分子筛的结构不同,所展现出的手性特征亦不同,但它们的实际应用一直被各种因素限制。一方面,目前已知的手性分子筛大多数热稳定性差,无法通过煅烧去除有机模板剂而保留手性孔道。例如 CoAPO-CJ40(JRY)因合成过程中的镜面对称性破缺效应而成为非外消旋体,但模板剂目前仍无法成功脱除。另一方面,多年来高对映体过量特别是单一对映体的手性分子筛的合成难以实现,例如手性多形体 A(*BEA)的对映体总以共生形式出现。近来,单一对映体手性分子筛 STW 的成功合成为手性分子筛材料的应用提供了契机。高热稳定性单一对映体手性分子筛材料的合成在无机多孔功能材料领域既是挑战也是机遇。分子筛材料的晶化机制、手性分子筛的合成规律及控制手性结构组装的关键因素等都需要我们去深入理解和认识。相信随着先进表征技术的开发、合成方法学的发展及人工智能的大数据挖掘等的多学科交叉创新,定向设计合成手性分子筛材料的研究一定会有突破。

**致谢**:感谢国家自然科学基金重大国际(地区)合作项目"新型分子筛催化材料的设计合成与性能研究"(21320102001)、国家重点研发计划"材料基因工程关键技术与支撑平台"重点专项"高效催化材料的高通量预测、制备和应用"(2016YFB0701100)、教育部"111 计划"引智基地"多孔功能材料的分子工程学"(B17020)、OP VVV "Excellent Research Teams"(CZ.02.1.01/0.0/0.0/15_003/0000417-CUCAM)的支持。

**参考文献**

[1]  (a) 徐如人, 庞文琴, 于吉红, 等.分子筛与多孔材料化学 [M]. 北京: 科学出版社, 2004. (b) BRECK D. Zeolite molecular sieves, structure, chemistry and use [M]. New York: John Wiley & Sons, 1974. (c) AUERBACH S M, CARRADO K A, DUTTA P K. Handbook of zeolite science and technology [M]. New York: Marcel Dekker, Inc., 2003.

[2]  CHEETHAM A K, FEREY G, LOISEAU T. Open-framework inorganic materials [J]. Angew. Chem. Int. Ed., 1999, 38(22): 3268-3292.

[3]  JHANG P C, YANG Y C, LAI Y C, et al. A fully integrated nanotubular yellow-green phosphor from an environmentally friendly eutectic solvent [J]. Angew. Chem. Int. Ed., 2009, 48(4): 742-745.

[4]  YU J H, XU R R. Chiral zeolitic materials: Structural insights and synthetic challenges [J]. J. Mater. Chem., 2008, 18(34): 4021-4030.

[5]  DELGADO-FRIEDRICHS O, O' KEEFFE M. Crystal nets as graphs: Terminology and definitions [J]. J. Solid State Chem., 2005, 178(8): 2480-2485.

[6]  HARRIS K D M, THOMAS S J M. Selected thoughts on chiral crystals, chiral surfaces, and asymmetric heterogeneous catalysis [J]. ChemCatChem, 2009, 1(2): 223-231.

[7]  BAIKER A. Chiral catalysis on solids [J]. Curr. Opin. Solid State Mater. Sci., 1998, 3(1): 86-93.

[8]  TREACY M M J, NEWSAM J M. Two new three-dimensional twelve-ring zeolite frameworks of which zeolite beta is a disordered intergrowth [J]. Nature, 1988, 332(6161): 249-251.

[9]  ROUSE R C, PEACOR D R. Crystal structure of the zeolite mineral goosecreekite, $CaAl_2Si_6O_{16} \cdot 5H_2O$ [J]. Am. Mineral., 1986, 71(11-12): 1494-1501.

[10]  HARRISON W T A, GIER T E, STUCKY G D, et al. $NaZnPO_4 \cdot H_2O$, an open-framework sodium zincophosphate with a new chiral tetrahedral framework topology [J]. Chem. Mater., 1996, 8(1): 145-151.

[11]  CHEETHAM A K, FEJELLVAG H, GIER T E, et al. Very open microporous materials: From concept to reality [J]. Stud. Surf. Sci. Catal., 2001, 35: 158.

[12]  MCCUSKER L B, BAERLOCHER C, JAHN E, et al. The triple helix inside the large-pore aluminophosphate

molecular sieve VPI-5 [J]. Zeolites, 1991, 11(4): 308-313.

[13] BROACH R W, KIRCHNER R M. Structures of the $K^+$ and $NH_4^+$ forms of Linde J [J]. Micropor. Mesopor. Mater., 2011, 143(2-3): 398-400.

[14] GIER T E, BU X H, FENG P Y, et al. Synthesis and organization of zeolite-like materials with three-dimensional helical pores [J]. Nature, 1998, 395(6698): 154-157.

[15] TANG L Q, SHI L, BONNEAU C, et al. A zeolite family with chiral and achiral structures built from the same building layer [J]. Nat. Mater., 2008, 7(5): 381-385.

[16] SONG X W, LI Y, GAN L, et al. Heteroatom-stabilized chiral framework of aluminophosphate molecular sieves [J]. Angew. Chem. Int. Ed., 2009, 48(2): 314-317.

[17] SUN J L, BONNEAU C, CANTIN A, et al. The ITQ-37 mesoporous chiral zeolite [J]. Nature, 2009, 458 (7242): 1154-1157.

[18] DAVIS M E, LOBO R F. Zeolite and molecular sieve synthesis [J]. Chem. Mater., 1992, 4(4): 756-768.

[19] CAMBLOR M A, CORMA A, VALENCIA S. Spontaneous nucleation and growth of pure silica zeolite-beta free of connectivity defects [J]. Chem. Commun., 1996, (20): 2365-2366.

[20] TAKAGI Y, KOMATUS T, KITABATA Y. Crystallization of zeolite beta in the presence of chiral amine or rhodium complex [J]. Micropor. Mesopor. Mater., 2008, 109(1-3): 567-576.

[21] TABORDA F, WILLHAMMAR T, WANG Z Y, et al. Synthesis and characterization of pure silica zeolite beta obtained by an aging-drying method [J]. Micropor. Mesopor. Mater., 2011, 143(1): 196-205.

[22] TONG M Q, ZHANG D L, FAN W B, et al. Synthesis of chiral polymorph A-enriched zeolite Beta with an extremely concentrated fluoride route [J]. Sci. Rep., 2015, 5: 11521.

[23] LU T T, ZHU L K, WANG X H, et al. A green route for the crystallization of a chiral polymorph A-enriched zeolite beta [J]. Inorg. Chem. Front., 2018, 5(4): 802-805.

[24] HELLIWELL M, HELLIWELL J R, KAUCIC V, et al. Determination of the site of incorporation of cobalt in CoZnPO-CZP by multiple-wavelength anomalous-dispersion crystallography [J]. Acta Crystallogr. Sect. B, 1999, 55(3): 327-332.

[25] KNIEP R, WILL D I H G, BOY D I I, et al. 61 helices from tetrahedral ribbons $^1_x[BP_2O_8^{3-}]$: Isostructural borophosphates $M^IM^{II}(H_2O)_2[BP_2O_8] \cdot H_2O(M^I = Na, K; M^{II} = Mg, Mn, Fe, Co, Ni, Zn)$ and their dehydration to microporous phases $M^IM^{II}(H_2O)[BP_2O_8]$ [J]. Angew. Chem. Int. Ed. Engl., 1997, 36(9): 1013-1014.

[26] YILMAZ A, BU X H, KIZILYALLI M, et al. $Fe(H_2O)_2BP_2O_8 \cdot H_2O$, a first zeotype ferriborophosphate with chiral tetrahedral framework topology [J]. Chem. Mater., 2000, 12(11): 3243-3245.

[27] LIN C H, WANG S L. Chiral metal gallophosphates templated by achiral triamine: Syntheses and characterizations of $A[Mn(H_2O)_2Ga(PO_4)_2]_3$ and $A[Zn_3Ga(PO_4)_4] \cdot H_2O$ $(A = H_3DETA)$ [J]. Chem. Mater., 2002, 14(1): 96-102.

[28] BOY I, STOWASSER F, SCHÄFER G, et al. $NaZn(H_2O)_2[BP_2O_8] \cdot H_2O$: A novel open-framework borophosphate and its reversible dehydration to microporous sodium zincoborophosphate $Na[ZnBP_2O_8] \cdot H_2O$ with CZP topology [J]. Chem. Eur. J., 2001, 7(4): 834-839.

[29] ZHANG J, CHEN S M, BU X H. Nucleotide-catalyzed conversion of racemic zeolite-type zincophosphate into enantioenriched crystals [J]. Angew. Chem. Int. Ed., 2009, 48(33): 6049-6051.

[30] DAVIS M E, SALDARRIAGA C, MONTES C, et al. A molecular sieve with eighteen-membered rings [J]. Nature, 1988, 331(6158): 698-699.

[31] MONNIER A, SCHUTH F, HUO Q, et al. Cooperative formation of inorganic-organic interfaces in the synthesis of silicate mesostructures [J]. Science, 1993, 261(5126): 1299-1303.

[32] CLARK L A, CHEMPATH S, SNURR R Q. Simulated adsorption properties and synthesis prospects of homochiral porous solids based on their heterochiral analogs [J]. Langmuir, 2005, 21(6): 2267-2272.

[33] ROJAS A, CAMBLOR M. A pure silica chiral polymorph with helical pores [J]. Angew. Chem. Int. Ed., 2012, 51 (16): 3854-3856.

[34] ZHANG N, SHI L, YU T T, et al. Synthesis and characterization of pure STW-zeotype germanosilicate, Cu-and Co-substituted STW-zeotype materials [J]. J. Solid State Chem., 2015, 225: 271-277.

[35] O' KEEFFE M, PESKOV M A, RAMSDEN S J, et al. The reticular chemistry structure resource (RCSR) database of, and symbols for, crystal nets [J]. Acc. Chem. Res., 2008, 41(12): 1782-1798.

[36] QIAN K, LI J Y, JIANG J X, et al. Synthesis and characterization of chiral zeolite ITQ-37 by using achiral organic structure-directing agent [J]. Micropor. Mesopor. Mater., 2012, 164: 88-92.

[37] CHEN F J, GAO Z H, LIANG L L, et al. Facile preparation of extra-large pore zeolite ITQ-37 based on supramolecular assemblies as structure-directing agents [J]. Cryst. Eng. Comm., 2016, 18(15): 2735-2741.

[38] AKPORIAYE D. Enumeration of chiral zeolite frameworks [J]. J. Chem. Soc., Chem. Commun., 1994, (14): 1711-1712.

[39] LI Y, YU J H, LIU D H, et al. Design of zeolite frameworks with defined pore geometry through constrained assembly of atoms [J]. Chem. Mater., 2003, 15(14): 2780-2785.

[40] Li Y, YU J H, WANG Z P, et al. Design of chiral zeolite frameworks with specified channels through constrained assembly of atoms [J]. Chem. Mater., 2005, 17(17): 4399-4405.

[41] 宋晓伟. 杂原子取代磷酸铝分子筛的合成与表征 [D]. 长春: 吉林大学, 2009.

[42] BAERLICHER C, MCCUSKER L B, OLSON D H. Atlas of zeolite framework types [M]. 6th rev. ed. Netherlands: Elsevier, 2007.

[43] WANG Y, YU J H, LI Y, et al. Chirality transfer from guest chiral metal complexes to inorganic framework: The role of hydrogen bonding [J]. Chem. Eur. J., 2003, 9(20): 5048-5055.

[44] HAN Y D, LI Y, YU J H, et al. A gallogermanate zeolite constructed exclusively by three-ring building units [J]. Angew. Chem. Int. Ed., 2011, 50(13): 3003-3005.

[45] XU Y, LI Y, HAN Y D, et al. A gallogermanate zeolite with eleven-membered-ring channels [J]. Angew. Chem. Int. Ed., 2013, 52(21): 5501-5503.

[46] SCHMIDT J E, DEEM M W, DAVIS ME. Synthesis of a specified, silica molecular sieve by using computationally predicted organic structure-directing agents [J]. Angew. Chem. Int. Ed., 2014, 53(32): 8372-8374.

[47] BRAND S, SCHMIDT J, DEEM M, et al. Enantiomerically enriched, polycrystalline molecular sieves [J]. Proc. Natl. Acad. Sci. U. S. A., 2017, 114(20): 5101-5106.

[48] MA Y H, OLEYNIKOV P, TERASAKI O. Electron-crystallography approaches for determining the handedness of a chiral zeolite nano-crystal [J]. Nat. Mater., 2017, 16(7): 755-759.

[49] COOPER E, ANDREWS C, WHWATLEY P, et al. Ionic liquids and eutectic mixtures as solvent and template in synthesis of zeolite analogues [J]. Nature, 2004, 430(7003): 1012-1016.

[50] LIN Z J, SLAWIN A M Z, MORRIS R E. Chiral induction in the ionothermal synthesis of a 3-D coordination polymer [J]. J. Am. Chem. Soc., 2007, 129(16): 4880-4881.

# 电化学手性传感器研究进展

田婷婷,李向军*

中国科学院大学化学科学学院,北京 100039

*E-mail: lixiangj@ucas.ac.cn

**摘要**:电化学传感器在手性分析领域应用广泛,如何设计具有高效手性识别作用的电化学传感器是当前的研究热点。本文通过对手性识别材料的归纳分类,综述了近几年来电化学传感器应用于手性分析的研究进展。

**关键词**:电化学传感器;手性选择剂;手性分析

## Research Progress of Electrochemical Chiral Sensor

TIAN Tingting, LI Xiangjun*

**Abstract**:Electrochemical sensors are widely used in chiral analysis, and how to design electrode-modified materials with high efficiency chiral recognition is the focus of research. Herein, the application of electrochemical sensors in chiral analysis is reviewed.

**Key Words**:Electrochemical sensor; Chiral selector; Chiral analysis

## 1. 引言

手性分子是指与其镜像不同且不能互相重合的具有一定构型或构象的分子,一对互为镜像关系的手性分子互为手性异构体,也称为对映体。手性对映体在生物体内的药理活性、代谢过程、代谢速率及毒性等均存在显著差异[1,2],往往只有一种对映体能发挥有效作用,而另一种无效甚至会产生毒性。因此,手性分析在化学、临床、食品、制药等行业受到了广泛关注。

检测分子手性的方法有气相色谱(gas chromatography,AC)[3]、高效液相色谱(HPLC)[4]、毛细管电泳(capillary electrophoresis,CE)[5]、比色分析[6,7]、荧光光谱[8]等。但是,上述技术存在仪器昂贵、样品预处理复杂或耗时等缺点,而电化学方法由于灵敏度高、操作简单、成本低等被广泛应用[9]。电化学传感器用于手性化合物分析的关键,是在电极表面构建一个手性表面来识别对映异构体[10],即对映异构体和电极手性表面发生不同的相互作用,在电极上产生电化学信号差异,通过不同的电化学测量方法如循环伏安(cyclic voltammetry,CV)、方波伏安(square wave voltammetry,SWV)、差分脉冲伏安(differential pulse voltammetry,DPV)等方法进行检测,从而得到分子识别信息。

当前,用来构建电极手性表面的手性选择剂种类较多,包括天然存在的多糖,人工合成的手性材料、纳米材料、生物材料等,这些手性选择剂通过滴涂法、电沉积法等固定在电极表面,被识别的对映异构体可根据自组装、共价结合[11]、电沉积[12]、溶胶-凝胶封装[13]等方式与手性选择剂作用。

基于这些材料与方法,已经有多种功能的电化学传感器被研发出来并应用于手性分析。

## 2. 基于多糖的电化学手性传感器

手性多糖是天然存在的手性选择剂,常见的有壳聚糖(chitosan,CS)、β-环糊精(β-cyclodextrin,β-CD)等。由于内在手性及本身的特殊结构,这些天然手性选择剂能与同一手性分子的不同构型产生不同的作用,从而实现区分,包括共价键、非共价键、静电作用、离子键、离子偶极作用、偶极-偶极作用、氢键、范德华力、疏水作用等等。

孔泳课题组等利用 CS 和磺化壳聚糖(sulfonated CS,SCS)作为电极修饰材料制作手性传感器,检测色氨酸(tryptophan,Trp)对映异构体[14]。研究表明,CS 修饰的手性电极能够有效识别 Trp 对映异构体,推测其机理应为主、客体分子间选择性形成氢键,导致作用不同,CS 与 $D$-Trp 结合力较强,与 $L$-Trp 结合力较弱,因此通过 CS 到达电极表面的 $D$-Trp 与 $L$-Trp 数量不同,导致电流差异,实现对映体分离。为了验证识别机理,进一步采用利于主、客体分子形成氢键的 SCS 作为手性选择剂识别 Trp 对映异构体,识别效率明显提高。原因是 CS 磺化后暴露出更多羟基,能与 $D$-Trp 形成分子间氢键,而立体位阻作用使得 CS 与 $L$-Trp 之间的氢键形成不受影响[15],基于 SCS 的手性传感器还能预测 $D$-Trp 在消旋溶液中的百分含量。

另外,孔泳等还设计了一种基于 CS 和 α-CD(α-环糊精)的手性传感器来检测酪氨酸(tyrosine,Tyr)对映异构体的方法[16]。该工作首先将 CS 电沉积到玻碳电极(glassy carbon electrode,GCE)上,再将 $Cu^{2+}$ 修饰的 α-CD 通过配位驱动自组装作用,整合到修饰电极上形成 CS/$Cu_2$-α-CD 电极,Tyr 相反的两种立体构型与手性电极形成不同的主客体识别作用,从而达到手性识别的目的。其中 $Cu^{2+}$ 的作用有二:一是 $Cu^{2+}$ 可在 CD 较宽开口处与其形成双羟基桥[17,18],并且 $Cu^{2+}$ 和 CS 的氨基之间的配位作用促成 $Cu_2$-α-CD 在 CS 修饰的 GCE 上的自组装行为;二是 $Cu^{2+}$ 将 3~4 个高能水分子限制在 CD 的疏水腔内[19],每个高能水分子可以与 Tyr 异构体的氨基和酚羟基形成 3 个氢键,利于 Tyr 对映体手性识别。此工作首次将 α-CD 用于电化学手性传感器。

Zaidi 等[20]将 β-CD 固定在还原的氧化石墨烯片修饰的 GCE 表面,用 CV 法检测苯丙氨酸(phenylalanine,Phe)对映体。石墨烯片较大的表面积和高导电性及 β-CD 的手性识别作用赋予了传感器手性识别特性。在最优条件下,该传感器检测 Phe 的线性范围为 $0.4 \sim 40\ \mu mol \cdot L^{-1}$,$L$- 和 $D$-Phe 的检测限分别为 $0.10\ \mu mol \cdot L^{-1}$ 和 $0.15\ \mu mol \cdot L^{-1}$。

Upadhyay S.S 等[21]设计了一种 β-CD 与石墨烯纳米片(graphene nanosheets,GNS)复合的手性传感器,采用吸附溶出差分脉冲伏安(adsorptive stripping differential pulse voltammetry,AdSDPV)检测盐酸莫西沙星(moxifloxacin hydrochloride,MOX)对映异构体。碳糊电极(carbon paste electrode,CPE)由混合石墨和矿物油制成,将 GNS 和 β-CD 按一定比例引入 CPE 制成 GNS-β-CD-CPE。在此传感器上,$R$,$R$-MOX 表现出较大的峰电流,表明 $R$,$R$-MOX 穿过手性 β-CD 的环形纳米空洞到达电极表面的量大于 $S$,$S$-MOX。此外,两者在 GNS-β-CD-CPE 的峰电位差异为 122 mV,表明两种异构体能够在此手性电极上得到分离。该工作是第一次用伏安法识别双手性中心药物。

本课题组设计了巯基化 β-CD 自组装膜修饰的金电极用于识别 Phe 对映异构体[22]。利用 Au-S 键的强相互作用,将巯基化 β-CD 固定在电极表面,并用戊硫醇($C_5$SH)做封闭剂,进一步覆盖 β-CD 之间的空隙,从而降低背景干扰。电极修饰过程如图 1 所示。

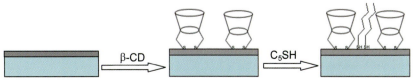

图 1　巯基化 β-CD 自组装膜修饰的金电极的制备过程示意图

实验采用 DPV 法对手性分子 L-Phe、D-Phe 进行手性识别,为了放大电化学信号,采用了金标银染的方法。具体方法为:将一定体积的 Phe 置于制备的金溶胶中静置 24 h,得到 n-Au-Phe;手性识别过程如图 2 所示,将制得的手性电极浸入上述 n-Au-Phe 溶液中,利用巯基化 β-CD 对 Phe 对映体的选择性作用进行手性识别,识别之后将带有 Phe 的手性电极浸入银染溶液 [含 150 μL 的 0.22% 硝酸银溶液和 150 μL 的 1% 对苯二酚的柠檬酸盐缓冲溶液(pH = 3.8)的混合溶液],利用 Phe 上 Au 对银的氧化作用以 DPV 法测得银的氧化电流。DPV 结果显示,n-D-Au-Phe 的银氧化峰电流与 n-L-Au-Phe 的银氧化峰电流有明显差异,表明手性电极对 L-Phe、D-Phe 有选择性,分离系数达到 3.64。但该方法未能从电极电位上将 L-Phe、D-Phe 区分开,限制了它的进一步应用。

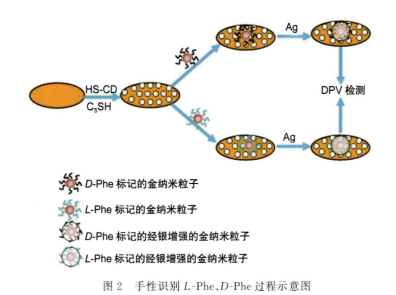

D-Phe 标记的金纳米粒子

L-Phe 标记的金纳米粒子

D-Phe 标记的经银增强的金纳米粒子

L-Phe 标记的经银增强的金纳米粒子

图 2　手性识别 L-Phe、D-Phe 过程示意图

除了天然多糖,天然存在的生物碱奎宁(quinine,QN)也可以用作手性选择材料,Yu 等[23]将 QN 修饰到 GCE 表面识别 Trp 对映异构体,根据 QN 与 L-Trp 和 D-Trp 结合差异达到手性识别目的。该工作研究了 0～40 ℃时手性识别信号与温度的关系,结果表明,该传感器识别效率与温度密切相关,且在某些温度下,手性识别信号会发生反转。用密度泛函理论优化两种复合物(QN-L-Trp、QN-D-Trp)结构[24-26],发现 D-Trp 与 QN 通过一个氢键和一个 π-π 作用结合,L-Trp 与 QN 通过两个氢键结合。由于低温有利于 π-π 作用形成[26],此时 D-Trp 更易到电极表面与 QN 结合,因此电化学信号更强;随着温度升高,分子运动加快,氢键逐渐成为分子间主要作用力,导致 L-Trp 电化学信号更强。此工作首次研究了温度如何影响电化学手性表面的信号反转。

### 3. 基于纳米材料的电化学手性传感器

尺寸在 0.1～100 nm 之间的材料称为纳米材料。纳米材料由于具有表面效应、小尺寸效应、量子尺寸效应和宏观量子隧道效应等独特性能,在各个领域应用十分广泛[27-29]。近年来,碳纳米材料(碳纳米管、碳量子点、纳米复合材料等)成了各个领域的研究热点,在电化学手性传感器中也得到了广泛应用。

#### 3.1 量子点

石墨烯量子点(graphene quantum dots,GQDs)是一类"零维"碳材料,近年来由于其优异的光稳定性、水溶性、生物相容性和低毒性而引起越来越多的关注。

通过在 GCE 表面上连续电沉积 GQDs 和 CS 可制备 GQDs-CS 复合膜[29,30]。GQDs 和 CS 之间的强相互作用可促使形成规则均匀的复合膜,用于 Trp 对映异构体的电化学手性识别。CS 在复合膜中提供了手性微环境,同时 GQDs 可以放大电化学信号并提高识别效率。由于二者的协同作用,在电极上成功实现了对 Trp 对映体的手性识别。

孔泳等[31]将 GQDs 和酒石酸(tartaric acid,TA)连续电沉积在 GCE 表面制成手性电极,检测 Trp 对映异构体。由于 $L$-$(+)$-TA 和 $D$-$(-)$-TA 的固有手性和 GQDs 的信号放大作用,GQDs-TA 混合修饰的 GCE 对 Trp 对映异构体有显著识别作用,同时,GQDs-$L$-$(+)$-TA 和 GQDs-$D$-$(-)$-TA 对 $L$-Trp 和 $D$-Trp 表现出完全相反的选择性。

赵亮等[32]设计了一种 GQDs 和 β-CD 复合物功能化的 GCE 制成的电化学传感器,利用 GQDs 的纳米尺度和 β-CD 的对映选择性来识别和测定抑郁症生物标志物 Tyr 对映异构体。研究发现,$L$-Tyr 与 $D$-Tyr 电流在该手性电极表面存在显著差异,电流比值达到 2.35;$L$-Tyr 和 $D$-Tyr 的检测限分别为 $6.07 \times 10^{-9}$ mol·L$^{-1}$ 和 $1.03 \times 10^{-7}$ mol·L$^{-1}$,优于已报道的检测限。该传感器为实际样品中 Tyr 对映体识别提供了有效可靠的研究,对临床诊断有重大意义。

傅英姿等[33]将电化学发光材料鲁米诺(luminol,Lum)、银纳米粒子(Ag nanoparticles,AgNPs)、碳量子点(C-dots)及生物酶结合起来制作电化学手性传感器,以检测谷氨酸(glutamate,Glu)对映异构体。将 Lum 作为 AgNPs 的还原剂及稳定剂[34,35],并结合氧化石墨烯超声获得的碳量子点,制成 C-dot-AgNPs-Lum 固定在电极表面,之后将 $L$-谷氨酸氧化酶($L$-glutamate oxidase,$L$-GluOx)修饰到电极表面,得到 $L$-GluOx/C-dot-AgNP-Lum/GCE 手性电极。研究表明,发光体 Lum 和纳米材料的结合,有效实现了信号放大[36,37],提高了手性电极的灵敏度。手性识别 Glu 时,$L$-Glu 在电极表面被氧化酶专一性氧化产生 $H_2O_2$,而在 $H_2O_2$ 的存在下,Lum 发生化学反应,进而产生电化学发光(electrochemiluminescent,ECL)信号,根据 ECL 信号强度即可判断 $L$-Glu 的浓度。在优化条件下,Glu 浓度检测线性范围为 5.0 $\mu$mol·L$^{-1}$～5.0 mmol·L$^{-1}$,检测限为 1.6 $\mu$mol·L$^{-1}$。

### 3.2 纳米复合材料

姜慧君等[38]设计了基于 Au/Fe$_3$O$_4$ 纳米复合材料的磁性电化学手性传感器,以分析 Tyr 对映异构体。该研究采用简单的原位合成法制得 Au/Fe$_3$O$_4$ 纳米复合材料,通过 Au-S 键的共价结合将带有巯基的 $L$-半胱氨酸($L$-cysteine,$L$-Cys)自组装到 Au/Fe$_3$O$_4$ 上,然后电沉积到 GCE 表面,制得 $L$-Cys-Au/Fe$_3$O$_4$/MgCE 手性电极。其中 Au 纳米粒子(Au nanoparticles,AuNPs)与 Fe$_3$O$_4$ 纳米粒子的结合能有效提高电极的电导率、催化活性和化学稳定性,$L$-Cys 不仅作为手性选择剂,同时还是 Au/Fe$_3$O$_4$ 复合物形成过程的稳定配体。用 SWV 法对 Tyr 进行手性识别,结果表明,$L$-Tyr 与 $D$-Tyr 氧化峰电流的比率($I_L/I_D$)和两者的峰电位的差异($\Delta E_P = E_D - E_L$)分别为 1.85 和 4 mV;得到峰电流与对映体异构体浓度之间的线性关系范围为 1～125 $\mu$mol·L$^{-1}$,$L$-Try 和 $D$-Tyr 检测限分别为 0.021 $\mu$mol·L$^{-1}$ 和 0.084 $\mu$mol·L$^{-1}$。此外,该手性传感器已成功用于 Tyr 对映异构体混合液中单一构型浓度测定。

傅英姿等人[39]使用金纳米粒子和牛血清白蛋白(bovine serum albumin,BSA)合成的纳米复合物(Au@BSA)作为电极修饰材料,对普萘洛尔(propranolol,PRO)进行手性识别。采用 SEM、能量色散 X 射线光谱、透射电子显微镜(TEM)、紫外-可见光谱等来表征 Au@BSA 纳米复合材料。结果表明,此手性传感器与 PRO 对映异构体相互作用有较大差异,能够实现有效的手性识别,并且 PRO 对映体电化学响应线性范围为 $1.0 \times 10^{-5}$～$5.0 \times 10^{-3}$ mol·L$^{-1}$,检测限为 $3.3 \times 10^{-6}$ mol·L$^{-1}$(信噪比为 3)。

### 3.3 纳米生物流体

磁性纳米生物流体(Magnetic-nanobiofluids,mNBFs)由基液(极性或非极性溶液)、磁性纳米粒子(例如铁、镍、钴及其氧化物)等组成,常用作医疗诊断和治疗的工具。由于磁纳米电极的发展,mNBFs 也逐渐应用到电化学研究当中。

Munoz J.等[40]设计了一种 NBF 磁纳米复合石墨烯糊电极（magneto nanocomposite graphene paste electrode，mNC-GPE），用于 Trp 对映体识别。通过将载有 β-CD-SH 的 AuNPs 修饰在钴铁纳米粒子（cobalt ferrite nanoparticles，CF-NPs）上，得到了磁纳米生物流体（β-CD-SH/Au/CF-NPs），用于特定的手性识别。Au-SH 的强相互作用为获得结构牢固的纳米球提供了基础，纳米球同时具有手性和磁性，mNBFs 和 Trp 对映体相互作用后，被 mNC-GPE 捕获，并用 CV 法测定电化学行为。此研究是首次将磁纳米生物流体用于电化学对映体识别。

### 4. 基于生物材料的电化学手性传感器

电化学手性传感器中常用的生物类手性选择剂主要有氨基酸、蛋白质、核酸等。陈子林等[41]设计了一种基于双酶纳米复合膜的生物传感器，用于检测 3 种手性氨基酸。通过选择甲苯胺蓝（toluidine blue，TB）聚合膜（polyTB）作为氧化还原介体和酶固定载体，提高了酶的电子转移能力，并降低了工作电压。随着 TB 的层层聚合，酶可以固定到碳纳米管（carbon nanotubes，CNTs）修饰的 GCE 表面，所选择固定的酶为 L-氨基酸氧化酶（L-amino acid oxidase，L-AAODx）和辣根过氧化物酶（horseradish peroxidase，HRP）。在氧气存在下，只有 L-氨基酸可被 L-AAODx 催化氧化产生 $H_2O_2$，$H_2O_2$ 在 −0.1 V 的低电位下可通过 HRP 进一步还原成 $H_2O$。研究表明，该生物传感器对 L-Trp、L-Phe 和 L-Tyr 三种手性氨基酸表现出高选择性和快速响应能力。

电化学免疫传感器是基于抗原-抗体特异性结合的一类电化学传感器。希阳沫等[42]设计了一种电化学免疫传感器来分离手性药物氨氯地平。将玻璃碳、磁铁和细铜柱等封装到聚四氟乙烯管中制得磁性电极，S-氨氯地平抗体和磁性微球发生交联反应而结合成磁性免疫交联体，通过磁性作用，该交联体快速吸附在自制的磁性电极表面，形成 S-氨氯地平抗体修饰的手性电极。利用抗原-抗体特异性识别作用，S-氨氯地平被捕获到手性电极表面，引起电极电流变化。根据电流变化与 S-氨氯地平的浓度关系，可测定未知样品中 S-氨氯地平的浓度。该传感器定量检测 S-氨氯地平的线性范围为 0.1～1000 ng·mL$^{-1}$（$R^2 = 0.9937$），检测限为 0.04 ng·mL$^{-1}$。此外，检测消旋溶液时，磁性电极捕获的 S-氨氯地平可在 NaOH 溶液中洗脱，消旋液中则只剩余 R-氨氯地平，故可实现氨氯地平对映体手性分离。该磁性生物传感器提供了一种对氨氯地平对映体进行深入研究的新途径，在临床药学和药代动力学研究中具有潜在应用价值。

氨基酸是构成蛋白质的基本单位，除甘氨酸之外，大部分氨基酸都有手性，尤其是它们可以通过分子结构中的氨基或羧基与手性化合物形成氢键，由于不同的立体位阻作用，与手性化合物的两种构型形成的氢键有差异，将此差异进行放大或者信号转换即可实现手性分离。郭瑞斌等[43]设计了一种基于 L-赖氨酸（L-lysine，L-Lys）共价官能化的还原氧化石墨烯（reduced graphene oxide，RGO）电化学手性传感器，用来识别 Trp 对映体。手性复合物 RGO/L-Lys 有优异的水溶性和生物相容性，并且保留了 L-Lys 的手性识别作用。研究发现，该手性传感器能有效识别和测定 Trp 对映异构体。

目前，大多数手性选择剂（如 CS、CD）制作的电化学传感器只能实现手性分子单一构型溶液（只存在 L-或 D-型）中的手性识别，在消旋液（L-和 D-型同时存在）中无法实现或只能预测待测构型的百分比，因为其手性选择作用基于与对映体不同构型的相互作用力差异或立体匹配差异而实现，这些差异往往较小，在消旋液中难以转化为电信号差异而实现手性识别。而生物材料却有解决这一问题的潜力，如上述提到的 S-氨氯地平抗体，能实现消旋液中 S-氨氯地平的定量检测及手性分离。本课题组以另一种生物类材料 D-氨基酸氧化酶（D-amino acid oxidase，DAAO）为手性选择剂，利用 CNTs 的电信号放大功能，构建了无介体型 D-丙氨酸（D-alanine，D-Ala）电化学手性传感器，该传感器能特异性识别 D-Ala 并排除 L-丙氨酸（L-alanine，L-Ala）干扰。研究表明，该传感器能实现对映体混合液中 D-Ala 的定量识别：(1)在不同浓度 Ala 消旋液中，线性斜率与 D-Ala 标准液中几乎一致;(2)Ala 混合液中,L-Ala 与 D-Ala 浓度比为 100 时,D-Ala 定量识别仍不受 L-Ala 干扰(图 3)。DAAO 高效排除对映体干扰的原因在于:酶蛋白对底物具有立体选择性作用,被立体选择的手性底物进入酶三维结构内部,进而在活性中心发生催化氧化反应,检测的电信号正是氧化反应引起的电流变化,此过程结合酶蛋白的立体选择性作用与酶活性中心的催化氧化反应共同实现手性识别,因此极大地提高了手性识别能力。本研究明确提出了生物材料类手性选择剂的高效抗对映体干扰能力及原因,有望为新的高效手性选择剂研发及设计提供思路。

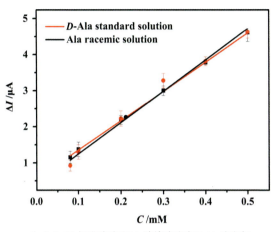

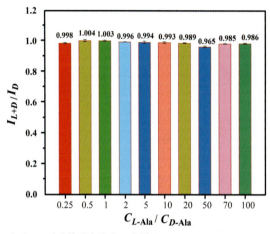

(a) D-Ala 标准溶液和 Ala 消旋溶液中 D-Ala 浓度与电信号的线性关系

(b) Ala 对映体混合溶液(分别以 0.05、0.1、0.2、0.4、1、2、4、10、14 和 20 mmol·L$^{-1}$ L-Ala 与 0.2 mmol·L$^{-1}$ D-Ala 混合)与 0.2 mmol·L$^{-1}$ D-Ala 的电信号比值($I_{L+D}/I_D$)

图 3 以 DAAO 为手性选择剂的电化学传感器的表征

## 5. 其他电化学生物传感器

除了以上介绍的电化学手性传感器之外,许多其他材料也被用作手性选择剂,用于电化学手性传感器研究。这些材料包括手性聚合物、分子印迹聚合物、金属有机框架材料(手性配合物)等。

### 5.1 手性聚合物

手性聚合物[44,45]是常用的电极表面修饰材料之一,利用与分析物的各种相互作用,例如氧化和还原、质子化和去质子化、与亲核试剂反应、离子交换、吸附、络合作用等实现对手性物质的识别或分离。手性聚合物的结构可调(通过将官能团连接到聚合物主链上实现),而且具有形成粒子、膜以及微米和纳米尺寸纤维的能力,已成为极有前景的手性电极表面修饰材料。

聚 3,4-乙烯二氧噻吩(poly 3,4-ethylenedioxythiophene,PEDOT)是较稳定和有前途的导电聚合物之一,由于其高导电性、低能带隙和较好的稳定性,已被用于化学、生物传感器中。徐景坤等[46]合成了一对水溶性手性 3,4-亚乙基二氧噻吩衍生物:(R)-2′-羟甲基-3,4-亚乙基二氧噻吩[(R)-2′-hydroxyl methyl-3,4-ethylenedioxythiophene,(R)-EDTM]和(S)-2′-羟甲基-3,4-亚乙基二氧噻吩[(S)-2′-hydroxy methyl-3,4-ethylenedioxythiophene,(S)-EDTM],并将二者分别电沉积到 GCE 表面形成手性聚合膜(poly-EDTM,PEDTM),得到手性电极,用以选择性识别 D-/L-3,4-二羟基苯丙氨酸、D-/L-Trp 和(R)-/(S)-普萘洛尔对映异构体。研究发现,(R)-PEDTM/GCE 传感器对异构体的左旋或(S)形式表现出更高的峰电流响应;而相反的现象发生在(S)-PEDTM/GCE 传感器上。该研究探讨了该手性电极对 3 种对映异构体的手性识别机理,并提出了通过电极选择材料的手性和相应峰电流响应确认对映异构体手性的一般原则。此项研究为手性 PEDOT 作为电化学领域的手性选择材料打下了基础。

Borazjani M.等[47]将氢化可的松作为手性选择剂固定在石墨烯上以区分扁桃酸(mandelic acid,MA)对映异构体的电化学信号。研究采用两步电沉积法在石墨烯修饰的GCE表面制备氢化可的松负载的过氧化聚吡咯膜(HC-OPPy),该电极通过抑制性传感机制直接作用于MA对映体。由于对映体与手性电极相互作用的差异,S-MA和R-MA分别在1.36 V和1.40 V呈现不同强度的电流。在1.0～25 mmol·L$^{-1}$范围内MA对映体浓度与电化学信号成线性关系,检测限为0.25 mmol·L$^{-1}$(信噪比为3)。

### 5.2 分子印迹聚合物

分子印迹聚合物(molecularly imprinted polymer,MIP)在对映选择性传感器中已有广泛应用,由于聚合物基质内的识别位点和分析物的形状和位置互补,因此有分子识别特性[48]。

刘斌等[49]设计了掺杂石墨烯的分子印迹膜识别左旋多巴(L-dopamine,L-dopa)。将石墨烯(GR)超声分散在壳聚糖(CS)溶液中,之后加入L-dopa形成沉积液,通过电沉积法制成L-dopa-GR-CS/GCE电极,洗脱L-dopa后得到用于手性识别的GR-MIP/GCE电极。该手性传感器检测L-dopa的线性范围为0.4～100 μmol·L$^{-1}$,检测限为0.012 μmol·L$^{-1}$。

Pandey I.等[50]设计了一种MIP-聚苯胺(polyaniline,PANI)-二茂铁磺酸(ferrocenesulfonic acid,FSA)-C-dots修饰的铅笔石墨电极(pencil graphite electrode,PEG),以分析人脑脊液和血浆样品中的手性抗坏血酸(L/D-ascorbic acid,L/D-AA)。通过CV法将PANI-FSA-L-AA膜电沉积到涂覆碳点的PEG上,50次循环后洗脱L-AA,得到的MI-PANI-FSA-Cdots/PGE含有对L-AA(电极1)有选择性的分子空腔,在相同的操作参数和实验条件下可制备含有对D-AA(电极2)具有选择性的MI-PANI-FSA-C-dots/PGE。其中碳点是手性选择性MIP的载体;FSA是氧化还原介体,作用是促进电子传递,降低工作电势,以排除其他电活性物质干扰,增加PANI在生物液体中的适用性。该手性传感器在最优条件下测定L-AA和D-AA的线性范围分别为6.0～165.0 nmol·L$^{-1}$和6.0～155.0 nmol·L$^{-1}$,检测限分别为0.001 nmol·L$^{-1}$和0.002 nmol·L$^{-1}$,已成功用于药物和人血浆中L-AA的检测。

邱龙臻等[51]制备了MIP薄膜修饰的带有栅电极的有机电化学晶体管(organic electrochemical transistor,OECT),并成功地用于D/L-Trp和D/L-Tyr的高选择性和高灵敏性手性识别。MIP薄膜能够特异性识别Trp和Tyr对映异构体,OECT有信号放大功能,因此具备高灵敏度和选择性。该传感器对于L-Trp和L-Tyr的线性响应范围为300 nmol·L$^{-1}$～10 μmol·L$^{-1}$,灵敏度分别为3.19和3.64 μA/(μmol·L$^{-1}$),L-Trp和L-Tyr的检测限分别为2 nmol·L$^{-1}$和30 nmol·L$^{-1}$(信噪比大于3)。对L-Trp、D-Trp、L-Tyr和D-Tyr的选择性因子分别为11.6、3.5、14.5和2.6。OECT强大的信号放大功能使其在电化学传感领域将有更广泛应用。

### 5.3 金属有机框架材料

金属有机框架(metal-organic frameworks,MOFs)材料是一类有多孔结晶结构的无机-有机固体材料,可以通过各种各样的金属离子和有机配体来设计合成[52]。MOFs材料内部规则且有可调节的孔道结构,使它们非常有利于主、客体分子作用的发生,因此也常用于手性分子识别与分离。

马建功等[53]将CD-MOFs修饰在电极表面,检测4种蒎烯(pinene)对映异构体,分别为(1R)-(+)-α-蒎烯(RA)、(1S)-(−)-α-蒎烯(SA)、(1R)-(+)-β-蒎烯(RB)、(1S)-(−)-β-蒎烯(SB)。通过将γ-CD-MOFs材料作为手性选择剂分别修饰在铂电极和GCE上,分析α-蒎烯对映异构体(SA、RA)和β-蒎烯对映异构体(SB、RB),及不同电极基底和对映异构体的相互作用对手性识别性能的影响。研究表明,修饰后的GCE对α-和β-蒎烯均能有效识别,但修饰后的铂电极仅能有效识别α-蒎烯,不能识别β-蒎烯,原因是SA和SB与铂电极基底相互作用较强,这种相互作用干扰了手性选择剂对SA和SB的识别作用,导致它们的电流信号无法区分。总的来说,MOFs材料用作电化学手性选择剂有良好的对映体识别性能。

李建平等[54]结合前述天然多糖(CD)、纳米材料(AuNPs)、MOFs 材料及分子印迹(MI)技术设计了一种电化学手性传感器,用以检测 $L$-Phe。研究首先根据文献[55]方法制得了 $L$-Cys、6-SH-β-CD 和对氨基苯硫酚(4-aminothiophenol,4-ATP)官能化的 AuNPs,然后通过 CV 法将官能化的 AuNPs、$L$-Phe 电聚合到 4-ATP 修饰的金电极表面,稳定之后洗脱 $L$-Phe 得到 MI-MOF 手性电极。这种电化学手性传感器的对映选择性系数为 2.12,检测限为 0.33 pmol·$L^{-1}$,已成功应用于添加 $L$-Phe 的尿液分析。

## 6. 结语

综上所述,使电化学手性传感器发挥手性识别作用的是电极表面修饰材料与被检测手性物质间发生的主客体相互作用,根据主体与不同客体形成复合物的差异,达到手性识别或者分离目的,因此设计一个能与单一构型客体分子相互作用的手性表面十分重要。由于在电极手性表面发生的主客体相互作用机理尚不明晰,高效手性识别表面的设计仍然是当前电化学手性传感器面临的重大挑战。迄今已有不少可应用于手性识别的材料与技术,本文从天然多糖、纳米材料、复合材料及手性聚合物等类别进行了简单介绍。可以发现,目前的手性表面设计并不局限于一种材料,多种材料结合形成的复合物往往能优势互补,取得较好的手性识别效果。随着各种新型手性材料的不断研发与应用,手性电化学传感器将会得到更广泛的应用。

**致谢**:感谢北京市自然科学基金(2182083)的资助。

**参考文献**

[1] 于平, 岑沛霖, 励建荣. 手性化合物制备的方法 [J]. 中国生物工程杂志, 2001, 21(6): 89-94.

[2] 尹国, 刘振华, 曾姗姗, 等. 手性异构体拆分方法的研究进展 [J]. 中国药物化学杂志, 2001, 11(1): 57-62.

[3] JIANG Z, CRASSOUS J, SCHURIG V. Gas-chromatographic separation of tri(hetero)halogeno methane enantiomers [J]. Chirality, 2010, 17(8): 488-493.

[4] ZHANG Q, WANG D, ZHANG M, et al. The determination of 2-(2-hydroxypropanamido) benzoic acid enantiomers and their corresponding prodrugs in rat plasma by UHPLC-MS/MS and application to comparative pharmacokinetic study after a single oral dose [J]. J. Chromatogr. B, 2017, 1041-1042: 175-182.

[5] AN N, WANG L, ZHAO J, et al. Enantioseparations of fourteen amino alcohols by nonaqueous capillary electrophoresis using the lactobionic acid/$D$-(+)-xylose-boric acid complexes as chiral selectors [J]. Anal. Methods, 2016, 8(5): 1127-1134.

[6] TASHKHOURIAN J, AFSHARINEJAD M, ZOLGHADR A R. Colorimetric chiral discrimination and determination of $S$-citalopram based on induced aggregation of gold nanoparticles [J]. Sensor Actuat. B-Chem., 2016, 232: 52-59.

[7] SU H, ZHENG Q, LI H. Colorimetric detection and separation of chiral tyrosine based on N-acetyl-$L$-cysteine modified gold nanoparticles [J]. J. Mater. Chem., 2012, 22(14): 6546-6548.

[8] GAO F, MA S, XIAO X, HU Y. Sensing tyrosine enantiomers by using chiral CdSe/CdS quantum dots capped with N-acetyl-$L$-cysteine [J]. Talanta, 2017, 163: 102-110.

[9] LI Z, MO Z, MENG S, et al. The construction and application of chiral electrochemical sensors [J]. Anal. Methods, 2016, 8(46): 8134-8140.

[10] ZEHNACKER A, SUHM M A. Chirality recognition between neutral molecules in the gas phase [J]. Angew. Chem. Int. Ed., 2008, 47(37): 6970-6992.

[11] FU Y, WANG L, CHEN Q, et al. Enantioselective recognition of chiral mandelic acid in the presence of Zn(II) ions by $L$-cysteine-modified electrode [J]. Sensor Actuat. B-Chem., 2011, 155(1): 140-144.

[12] YANG Y, HOU J, BINGXIN L I, et al. Enantioselective ITO electrode modified with chiral salen Co(II)

complex [J]. Chem. Lett., 2010, 39(7): 690-691.

[13] KONG Y, LI X, YAO C, et al. Chiral recognition of tryptophan enantiomers based on a polypyrrole-flake graphite composite electrode column [J]. J. Appl. Polym. Sci., 2012, 126(1): 226-231.

[14] GU X, TAO Y, PAN Y, et al. DNA-inspired electrochemical recognition of tryptophan isomers by electrodeposited chitosan and sulfonated chitosan [J]. Anal. Chem., 2015, 87(18): 9481-9486.

[15] TSAI H S, WANG Y Z, LIN J J, et al. Constitutional law. War powers. prohibition [J]. J. Appl. Polym. Sci., 2010, 116(3): 1686-1693.

[16] TAO Y, CHU F, GU X, et al. A novel electrochemical chiral sensor for tyrosine isomers based on a coordination-driven self-assembly [J]. Sensor Actuat. B-Chem., 2018, 225: 255-262.

[17] TAO Y, GU X, DENG L, et al. Chiral recognition of D-tryptophan by confining high-energy water molecules inside the cavity of copper-modified β-cyclodextrin [J]. J. Phys. Chem. C, 2015, 119(15): 8183-8190.

[18] TAO Y, GU X, YANG B, et al. Electrochemical enantioselective recognition in a highly ordered self-assembly framework [J]. Anal. Chem., 2017, 89(3): 1900-1906.

[19] BIEDERMANN F, NAU W M, SCHNEIDER H J. The hydrophobic effect revisited-studies with supramolecular complexes imply high-energy water as a noncovalent driving force [J]. Angew. Chem. Int. Ed., 2014, 53(42): 11158-11171.

[20] ZAIDI S A. Facile and efficient electrochemical enantiomer recognition of phenylalanine using beta-cyclodextrin immobilized on reduced graphene oxide [J]. Biosens. Bioelectron., 2017, 94: 714-718.

[21] UPADHYAY S S, KALAMBATE P K, SRIVASTAVA A K. Enantioselective analysis of moxifloxacin hydrochloride enantiomers with graphene-β-cyclodextrin-nanocomposite modified carbon paste electrode using adsorptive stripping differential pulse voltammetry [J]. Electrochim. Acta, 2017, 248: 258-269.

[22] CUI H, CHEN L, DONG Y, et al. Molecular recognition based on an electrochemical sensor of per(6-deoxy-6-thio)-β-cyclodextrin self-assembled monolayer modified gold electrode [J]. J. Electroanal. Chem., 2015, 742: 15-22.

[23] YU Y, TAO Y, YANG B, et al. Smart chiral sensing platform with alterable enantioselectivity [J]. Anal. Chem., 2017, 89(23): 12930-12937.

[24] DREUW A, HEADGORDON M. Single-reference ab initio methods for the calculation of excited states of large molecules [J]. Chem. Rev., 2006, 37(5): 4009-4037.

[25] BARONE V, POLIMENO A. Integrated computational strategies for UV/vis spectra of large molecules in solution [J]. Chem. Soc. Rev., 2007, 36(11): 1724-1731.

[26] ZHAO Y, TRUHLAR D G. Density functionals with broad applicability in chemistry [J]. Acc. Chem. Res., 2008, 41(2): 157-67.

[27] 郭永, 巩雄, 杨宏秀. 纳米微粒的制备方法及其进展 [J]. 化学通报, 1996, (3): 1-4.

[28] 周双生, 周根陶. 纳米材料的制备及应用概况 [J]. 化学世界, 1997, (8): 399-401.

[29] 易文辉, 郭焱. 超微细粒子的制备及应用 [J]. 化工新型材料, 1996, (11): 7-9.

[30] OU J, TAO Y, XUE J, et al. Electrochemical enantiorecognition of tryptophan enantiomers based on graphene quantum dots-chitosan composite film [J]. Electrochem. Commun., 2015, 57: 5-9.

[31] YU Y, LIU W, MA J, et al. An efficient chiral sensing platform based on graphene quantum dot-tartaric acid hybrids [J]. RSC Adv., 2016, 6(87): 84127-84132.

[32] DONG S, BI Q, QIAO C, et al. Electrochemical sensor for discrimination tyrosine enantiomersusing graphene quantum dots and beta-cyclodextrins composites [J]. Talanta, 2017, 173: 94-100.

[33] ZHU S, LIN X, RAN P, et al. A glassy carbon electrode modified with C-dots and silver nanoparticles for enzymatic electrochemiluminescent detection of glutamate enantiomers [J]. Microchim., Acta, 2017, 184(12): 4679-4684.

[34] ZHOU Y, ZHUO Y, LIAO N, et al. Ultrasensitive immunoassay based on a pseudobienzyme amplifying system of choline oxidase and luminol-reduced Pt@Au hybrid nanoflowers [J]. Chem. Commun., 2014, 50(93): 14627-14630.

[35] ZHAO H F, LIANG R P, WANG J W, et al. One-pot synthesis of GO/AgNPs/luminol composites with

electrochemiluminescence activity for sensitive detection of DNA methyltransferase activity [J]. Biosens. Bioelectron., 2015, 63: 458-464.

[36] WANG H, BAI L, CHAI Y, et al. Synthesis of multi-fullerenes encapsulated palladium nanocage, and its application in electrochemiluminescence immunosensors for the detection of Streptococcus suis Serotype 2 [J]. Small, 2014, 10(9): 1857-1865.

[37] ZHANG H R, XU J J, CHEN H Y. Electrochemiluminescence ratiometry: A new approach to DNA biosensing [J]. Anal. Chem., 2013, 85(11): 5321-5325.

[38] SHI X, WANG Y, PENG C, et al. Enantiorecognition of tyrosine based on a novel magnetic electrochemical chiral sensor [J]. Electrochim. Acta, 2017, 241: 386-394.

[39] XUAN C, XIA Q, XU J, et al. A biosensing interface based on Au@BSA nanocomposite for chiral recognition of propranolol [J]. Anal. Methods, 2016, 8(17): 3564-3569.

[40] MUNOZ J, GONZALEZ-CAMPO A, RIBA-MOLINER M, et al. Chiral magnetic-nanobiofluids for rapid electrochemical screening of enantiomers at a magneto nanocomposite graphene-paste electrode [J]. Biosens. Bioelectron., 2018, 105: 95-102.

[41] WANG L, GONG W, WANG F, et al. Efficient bienzyme nanocomposite film for chiral recognition of *L*-tryptophan, *L*-phenylalanine and *L*-tyrosine [J]. Anal. Methods, 2016, 8(17): 3481-3487.

[42] ZHANG L, SONG P, LONG H, et al. Magnetism based electrochemical immunosensor for chiral separation of amlodipine [J]. Sensor Actuat. B-Chem., 2017, 248: 682-689.

[43] GOU H, HE J, MO Z, WEI X. A highly effective electrochemical chiral sensor of tryptophan enantiomers based on covalently functionalized reduced graphene oxide with *L*-lysine [J]. J. Electrochem. Soc., 2016, 163(7): B272-B279.

[44] KANE-MAGUIRE L A, WALLACE G G. Chiral conducting polymers [J]. Chem. Soc. Rev., 2010, 39(7): 2545-2576.

[45] MOUTET J C, SAINTL-AMAN E, TRAN-VAN F. Poly(glucose-pyrrole) modified electrodes: A novel chiral electrode for enantioselective recognition [J]. Adv. Mater., 1992, 4(7-8): 511-513.

[46] DONG L, ZHANG Y, DUAN X, et al. Chiral PEDOT-based enantioselective electrode modification material for chiral electrochemical sensing: Mechanism and model of chiral recognition [J]. Anal. Chem., 2017, 89(18): 9695-9702.

[47] BORAZJANI M, MEHDINIA A, JABBARI A. A cortisol nanocomposite-based electrochemical sensor for enantioselective recognition of mandelic acid [J]. J. Solid State Electrochem., 2017, 22(2): 355-363.

[48] ABOUL-ENEIN H Y, STEFAN R I. Enantioselective sensors and biosensors in the analysis of chiral drugs [J]. Crit. Rev. Anal. Chem., 1998, 28(3): 259-266.

[49] LIN L, LIAN H-T, SUN X-Y, et al. An *L*-dopa electrochemical sensor based on a graphene doped molecularly imprinted chitosan film [J]. Anal. Methods, 2015, 7(4): 1387-1394.

[50] PANDEY I, JHA S S. Molecularly imprinted polyaniline-ferrocene-sulfonic acid-carbon dots modified pencil graphite electrodes for chiral selective sensing of *D*-ascorbic acid and *L*-ascorbic acid: A clinical biomarker for preeclampsia [J]. Electrochim. Acta, 2015, 182: 917-928.

[51] ZHANG L, WANG G, XIONG C, et al. Chirality detection of amino acid enantiomers by organic electrochemical transistor [J]. Biosens. Bioelectron., 2018, 105: 121-128.

[52] TANABE K K, COHEN S M. Postsynthetic modification of metal-organic frameworks: A progress report [J]. Chem. Soc. Rev., 2011, 40(2): 498-519.

[53] DENG C H, LI T, CHEN J H, et al. The electrochemical discrimination of pinene enantiomers by a cyclodextrin metal-organic framework [J]. Dalton Trans., 2017, 46(21): 6830-6834.

[54] WU T, WEI X, MA X, et al. Amperometric sensing of *L*-phenylalanine using a gold electrode modified with a metal organic framework, a molecularly imprinted polymer, and β-cyclodextrin-functionalized gold nanoparticles [J]. Microchim. Acta, 2017, 184(8): 2901-2907.

[55] DĄBROWSKA M, STAREK M. Analytical approaches to determination of carnitine in biological materials, foods and dietary supplements [J]. Food Chem., 2014, 142(3): 220-232.

# 手性配位聚合物结晶过程的镜面对称性破缺

吴舒婷[1,*]，张斌[1]，张雨生[1]，章慧[2]

[1] 福州大学化学学院光功能晶态材料研究所，福建，福州 350116

[2] 厦门大学化学化工学院，福建，厦门 361005

*E-mail: shutingwu@fzu.edu.cn

**摘要：**手性配位聚合物是一类结构丰富、分子设计性强、可功能导向的、有着重要应用前景的手性物质。在过去的几十年中，人们围绕这类物质的设计合成与性质应用进行了广泛而深入的研究。经验发现，当反应原料为非手性分子时，有可能获得手性结构乃至手性晶体，且部分体系在结晶过程中出现了对映体过量，即镜面对称性破缺现象。本文简要概述相关研究，以两种手性配位聚合物为例，对其结晶过程中出现的镜面对称性破缺现象展开回顾与讨论。最后，对镜面对称性破缺的表征手段进行了经验分享。

**关键词：**手性配位聚合物；镜面对称性破缺；结晶

# Mirror Symmetry Breaking in Crystallization of Chiral Coordination Polymers

WU Shuting*, ZHANG Bin, ZHANG Yusheng, ZHANG Hui

**Abstract：**Chiral coordination polymer is a great branch of chiral substances, which features various structures, rational molecular design, available functional modification and important applications. In the last few decades, a large number of researches have focused on their design and synthesis, as well as the properties and applications. When the starting materials are all achiral components, there are opportunities to obtain chiral structure and even chiral crystals. In some particular system, their products showed mirror symmetry breaking. Here in, advanced researches are summarized. Two chiral coordination polymers are chosen to discuss the mirror symmetry breaking in crystallization. In the end, the characterization and experience of the study of mirror symmetry breaking of chiral coordination polymers is shared.

**Key Words：**Chiral coordination polymer; Mirror symmetry breaking; Crystallization

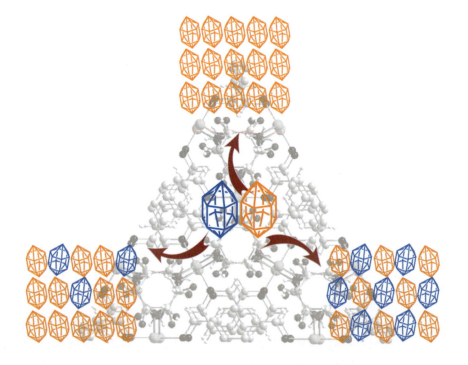

## 1. 引言

配位聚合物是金属离子与配体分子/离子通过配位作用而形成的广延结构[1]。自 20 世纪以来兴起的一类新型多孔材料 MOFs(metal-organic frameworks),就是强调网络结构与可用孔道交织的配位聚合物[2]。可以设想:一旦配位聚合物与手性结构特征相结合,将碰撞出怎样的火花?有别于经典的手性有机分子以及简单手性金属配合物 [如经典钴配合物、三(联吡啶)合钌配合物] 等,手性配位聚合物(chiral coordination polymers,下文简称 CCPs)的手性结构特征可来源于手性配体[3]、手性金属中心[4]、螺旋形广延结构[5]、二维手性结构[6]或三维手性拓扑网络[7]。不同层次的手性特征决定了 CCPs 的手性结构化学必然是丰富多彩的。这种结构的多样性决定了 CCPs 不仅是材料化学的宝库,具有广阔且诱人的应用前景,也为与手性相关的基础研究提供了绝妙的素材。

在 CCPs 的设计合成策略中,人们通常采用手性试剂,或作为反应物直接参与反应,或作为溶剂、抗衡离子、结构导向剂诱导自组装反应形成手性结构[3,8,9]。因此,所得 CCPs 的手性往往取决于所采用手性试剂的手性因素,从而获取单一手性 CCPs 产物。借助这一有效策略,人们得以发展了结构多样的手性 MOFs,用于不对称催化、手性分离等领域。此外,一些非线性光电功能材料的开发也得益于这一合成策略。同时,在 CCPs 的相关研究中,也发现大量采用非手性起始物(achiral agents)的自组装体系,单纯依靠分子设计、自组装及结晶,也能够构筑出手性结构(achiral-based chiral coordination polymers,下文简称 aCCPs)[4-7]。在这类报道中我们可以看到,合成原料摆脱了原有手性试剂种类有限的桎梏,这意味着 aCCPs 的结构可能性与丰富性都因此获得极大的拓展,显示出广阔的研究空间。然而,随之而来的挑战不仅仅是结构设计与功能要求,实际应用中的瓶颈在于这类 aCCPs 化合物的大宗产物的对映纯度。aCCPs 往往溶解度低,且一旦溶解即失去手性结构,从而使这类物质的手性拆分并非易事。有趣的现象是,人们在一些体系中观察到,有些 aCCPs 可通过一步合成获得对映纯产物或对映体过量的混合物。这种被称为"镜面对称性破缺"(mirror symmetry breaking,下文简称 MSB)的现象事实上是一种自发进行的去消旋化作用。这种现象成因究竟是什么?为何能够打破实验室里大部分 aCCPs 的合成只能得到消旋产物这一"魔咒"?目前仅在少数例子中观察到的现象能否通过作用机制的研究而找到可参考的通用路径?

## 2. aCCPs 结晶过程的镜面对称性破缺现象

对 aCCPs 进行文献调研,会发现关键词离不开"晶体结构"。20 世纪以来,X 射线技术的发展大大促进了人们对各类晶相物质的立体结构研究。在此背景下,晶态配位聚合物被研究得尤其火热。aCCPs 作为一类潜在的手性功能材料,其形态大多数是晶态,而相关的"镜面对称性破缺",事实上是针对这类晶态物质在结晶过程中发生的自发去消旋过程。在此背景下,让我们先了解一下 aCCPs 的结晶特征。

### 2.1 aCCPs 的结晶特征

当金属中心与配体分子自组装形成配位聚合物晶体时,若其结晶于表 1 所示的 Sohncke 空间群,由于缺乏倒反中心、镜面、反轴等对称操作,该晶体结构即为手性结构。当反应起始物为非手性物质或外消旋物质时,若产物的单晶结构属于 Sohncke 空间群,则可称为自发拆分(spontaneous resolution)[10]。显然,根据该定义,aCCPs 的结晶过程就是自发拆分过程。

自发拆分的结果是否就意味着获得对映纯的产物呢?恐怕不是。由于配位聚合物的产物形式往往是微米至毫米级的微小单晶,因此自发拆分的结果一般是单颗晶体为对映纯,而数十颗乃至成百上千颗微晶所组成的大宗产物为外消旋混合物。基于此,该外消旋混合物可看作在宏观上具有镜面对称性(即左手晶体、右手晶体共存)的混合物。而上文提到的结晶过程中的 MSB 就是指打破了这一镜面对称性,使大宗产物体现为某一对映体过量,甚至为对映纯产物的现象[11,12]。

表 1 七大晶系中的 65 个 Sohncke 空间群

| 晶系 | 手性空间群(共 11 对) | 非手性空间群(共 43 个) |
| --- | --- | --- |
| 三斜 | 无 | $P1$ |
| 单斜 | 无 | $P2, P2_1, C2$ |
| 正交 | 无 | $P222, P222_1, P2_12_12, P2_12_12_1, C222_1, C222, F222, I222, I2_12_12_1$ |
| 四方 | $(P4_1, P4_3)(P4_122, P4_322)(P4_12_12, P4_32_12)$ | $P4, P4_2, I4, I4_1{}^*, P422, P4_212, P4_222, P4_22_12, I422, I4_122{}^*$ |
| 三方 | $(P3_1, P3_2)(P3_112, P3_212)(P3_121, P3_221)$ | $P3, R3, P312, P321, R32$ |
| 六方 | $(P6_1, P6_5)(P6_2, P6_4)(P6_122, P6_522)(P6_222, P6_422)$ | $P6, P6_3, P622, P6_322$ |
| 立方 | $(P4_332, P4_132)$ | $P23, F23, I23, P2_13, I2_13, P432, P4_232, F432, F4_132{}^*, I432, I4_132{}^*$ |

注:标注"＊"的空间群在形式上类似手性空间群,但实为无法通过对称性简单区分对映体的类型。以 $I4_1$ 为例,由于体心格子,故 $4_1$ 螺旋轴与 $4_3$ 螺旋轴等价,无法区分。当化合物结晶于此类空间群时,仍需研究者根据具体的手性结构特征判断绝对构型,不能简单根据空间群或 Flack 参数进行归属[15]。

当我们深入了解 Sohncke 群时,会发现落在该群的单颗晶体也有出现消旋化的可能。如表 1 所示的 65 个 Sohncke 群,其对称要素仅包含平移与旋转,可分为两类。第一类为 11 对对映异构体对的手性空间群,仅出现在单轴晶系或立方晶系。当某个晶体结晶于这类空间群时(例如 $P6_1$),其对映体必定结晶于另一个对映空间群($P6_5$),即一对互为对映体的手性结构是无法共晶在同一个手性空间群中的。例如下文将介绍的两个六方晶系 aCCPs 结构,在已被报道的数十套单晶结构解析结果中,用于判断绝对构型解析是否准确的重要参数——Flack 参数均未超过 0.06(标准偏差小于 $\pm0.04$),反映出单颗晶体可认定为对映纯晶体(homochiral single crystal)[13,14]。群中的第二类被称为非手性空间群,如最为常见的 $P2_12_12_1$。此时一对互为对映体的手性分子所结晶的空间群是相同的。这意味着从晶体结构的角度看,互为对映异构的手性分子有可能共晶在同颗晶体中,共享同一个空间群。这种现象常常体现为倒反孪晶(inversion twinning crystal),即单颗晶体可能包含两套手性结构,其比例随机,可视为单颗晶体发生了部分消旋(partial racemization)。其特征是:当晶体结构解析无误时,其 Flack 参数较大,常体现为 0.1~0.9 范围内的某个数值[15]。

综上,配位聚合物自组装体系发生自发拆分而得到的 aCCPs,其单颗结晶产物可能是对映纯单晶,也可能是部分消旋单晶;其大宗结晶产物往往是外消旋混合物。当该体系发生 MSB 时,即意味着所得产物为对映纯物质或对映体过量的混合物(图 1)。

图 1 从非手性起始物到 aCCPs 及其结晶过程的镜面对称性破缺示意图

进一步对 aCCPs 的结晶形貌展开调研可发现,常见的晶体外形有块状、片状、针状等。无论外形如何,有的大宗晶体产物倾向于簇状生长,有的则分散地长成具有完整边缘的单晶体。从晶体手性的角度考虑大宗晶体产物的手性,若结晶产物均为分散生长的具有完整边缘的单晶,即便单颗晶体为对映纯晶体,所有结晶产物是否为同一手性产物也很难预测。因为每颗aCCPs晶体的生长均是独立事件,彼此没有明显的关联。若结晶产物为簇状生长的晶体,则同一簇晶体显然存在晶体-晶体之间的界面。此时,同一簇上每颗晶体的手性则不一定是独立事件,彼此之间的手性是否有选择或关联则未知。

事实上,关于同簇晶体的手性异同问题,已有人关注。2013年,Viedma等人对非手性无机盐溴酸钠(NaBrO₃)形成手性晶体的结晶过程进行了研究,发现NaBrO₃晶体存在簇状生长倾向,而同一簇晶体为单一手性(图2)。这一现象被称为对映选择性定向附着(enantiomeric selective oriented attached,下文简称ESOA)[16]。此后,2016年,Viedma等人在碳酸胍晶体上也有同样的发现[17]。对于aCCPs体系,同簇同手性[13]与同簇异手性[14]均有报道。那么,同簇晶体生长中是否存在手性选择?其背后的机理如何?与人们观察到的批量晶体产物的MSB现象是否有所关联?这些问题显然重要而有趣。

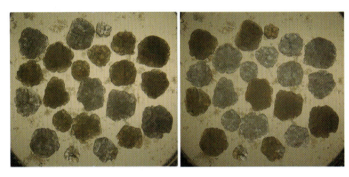

图2  饱和溶液中结晶的 *D*-和 *L*-NaBrO₃ 簇状晶体在偏光显微镜下的照片(左右图为同一批晶体在相反偏光方向的情况)(2013 Wiley-VCH Verlag GmbH & Co.KGaA,Weinheim)

**2.2 镜面对称性破缺现象**

1990年,Kondepudi等人在 *Science* 上介绍了他们在氯酸钠(NaClO₃)结晶中观察到的镜面对称性破缺现象[11]。无机盐NaClO₃结晶于空间群 $P2_13$,为手性晶体。将该物质的饱和水溶液静置结晶时,所得往往是手性晶体的外消旋混合物。有趣的是,Kondepudi等人发现:当结晶过程引入搅拌时,可在不使用任何手性诱导试剂的情况下产生去消旋化的结晶过程,大宗产物出现了对映体过量的情况。当时,他们描述为体系出现了"手性对称性破缺"(chiral symmetry breaking,等同于前述mirror symmetry breaking)。迄今,对于一些简单的手性离子晶体或分子晶体,在结晶过程中出现的MSB,人们已提出一些理论,例如手性自催化[18]、Viedma熟化理论[19]。

研究表明,在众多已报道的aCCPs体系中,结晶过程的MSB现象偶有发生[20-31]。在这些例子中,研究者往往是通过对大宗晶体产物进行固体电子圆二色(electronic circular dichroism,简称ECD)光谱表征发现的[20-23]。由于不存在手性诱导来源,此时多批次大宗产物的ECD光谱可能表现出镜像的关系,说明左、右手构型过量均有可能[26-28]。不过也有例外情况,有些反应体系晶体产物的MSB现象似乎存在特定构型"喜好",因为当研究者对多批次产物进行固体ECD光谱表征时,获得的均为同方向ECD光谱[29-31]。当人们观察到MSB现象时,通常的解释是从手性自催化[18]或者晶体的二次成核[32]角度入手的。但由于相关理论一般用于简单手性小分子的结晶过程,对于反应与结晶过程伴随发生的aCCPs体系,仍需更深入的研究。在此,笔者拟通过两个实例,抛砖引玉,引发读者的思考。

### 3. 结晶时速度与数量的博弈

[ {$P/M$-Cu(succinate) (4,4′-bipyridine) }$_n$] · (4H$_2$O)$_n$(下文简称 aCCP-1；succinate 为丁二酸根，简称 succ；4,4′-bipyridine 为 4,4′-联吡啶，简称 bpy)是一个典型的采用非手性起始物合成 aCCP 的例子。2003 年,该物质被首次报道[33],当时的研究者并未观察到 MSB 现象。2007 年,厦门大学龙腊生等人利用铜氨络离子具有高的配合物稳定常数的特点,用过量氨水抑制体系中铜离子的反应活性,间接控制了反应速率,在该体系的缓慢反应结晶过程中,观察到 MSB 现象,并给出了解释[13]。2014 年,吴舒婷等人用圆偏振光诱导结晶的方式观察到一定程度的对映选择性结晶[34]。2019 年,吴舒婷等人再次对该物质的结晶过程展开研究,发现通过简单的研磨搅拌法即可实现 100% 的批量产物对映纯结晶[14]。

aCCP-1 的一对对映体分别结晶于手性空间群 $P6_122$ 和 $P6_522$。如图 3(a) 所示,其结构特征为丁二酸根桥连 Cu$^{II}$,形成沿 $c$ 轴方向无限延伸的一维螺旋结构。相邻的同手性螺旋链通过 4,4′-联吡啶与 Cu$^{II}$配位相连,形成三维广延结构。空间群 $P6_122$ 的结构中,一维结构 [Cu(succ)]$_n$ 为右手螺旋结构,即 $P$ 型。空间群 $P6_522$ 的结构中,[Cu(succ)]$_n$ 为 $M$ 型左手螺旋。aCCP-1 的晶体外形在宏观上呈现出六方晶系的典型特征——六棱柱型,在两端出现锥状收缩的特征 [图 3(b)]。对晶体外形进行指标化发现,六棱柱侧面为(100)、(110)、(010),两端锥面为(112)等高指数晶面。龙腊生等人对该化合物的 29 颗单晶进行 X 射线单晶衍射及绝对构型指认发现,该化合物单颗晶体为单一手性,且同一晶簇的晶体均为相同手性。此外,对于缓慢结晶所得大尺寸簇状晶体或枝晶,通过取每条晶体分别进行固体 ECD 光谱测试,验证了上述发现。

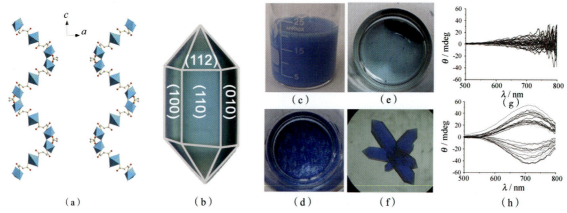

图 3　从左到右为：(a)aCCP-1 结构中的右手螺旋($P6_122$)与左手螺旋($P6_522$)结构,图中蓝色八面体为 Cu(II) 的配位构型；(b)aCCP-1 晶体的典型外观及晶面指标化；(c~f)aCCP-1 典型的物相特征：粉末沉淀 (c)、微晶 (d)、单晶 (e)、簇状结晶 (f)。簇状结晶照片采集自光学显微镜,放大倍数 16×20。(g,h)结晶产物的 ECD 光谱：pH 8.3 快速结晶(g)与 pH 9.2 慢速结晶(h)(2007 Wiley-VCH Verlag GmbH & Co.KGaA,Weinheim)

实验发现,aCCP-1 的反应条件温和。仅需将反应原料溶于水和乙醇的混合溶剂,通过氨水控制 pH 在 8~10 之间,通过室温反应即可获得目标产物。若 pH 较低(约为 8),可迅速获得蓝色粉末沉淀 [图 3(c)]；若 pH 较高,则可通过静置挥发,获得蓝色微晶 [pH 8.3,图 3(d)] 或蓝色大块状晶体 [pH 9.2,图 3(e)]。三种形态均为 aCCP-1 物相。进一步观察 aCCP-1 的结晶形貌,可观察到簇状生长较为普遍。龙腊生等人进一步研究了该合成体系中氨水的关键调节作用。一方面,铜氨配合物稳定常数颇高,使浓氨水能够阻止铜离子与其他配体分子发生反应,具体反应如下：

$$Cu^{2+} + succ^{2-} + bpy \rightarrow [Cu(succ)(bpy)]_n$$
$$Cu^{2+} + 4NH_3 \rightleftharpoons [Cu(NH_3)_4]^{2+}$$

另一方面,氨水易挥发的性质又使该体系的反应速率可通过调节氨水挥发的速率来实现。当氨水挥发速率越慢时,aCCP-1析出越缓慢,越有可能获得大尺寸单晶。由于反应物初始浓度相同,此时一批次产物中,晶体数量远少于快速结晶情况。从统计的角度分析晶体产物的宏观手性分布是很有意义的。当晶体数量多时,宏观的左右手统计分布应该是接近50%:50%的情况,即常见的外消旋混合物情况。此时体系 ECD 光谱难以观察到明显的 Cotton 效应 [图3(g)],对映选择性为0。当晶体数量少时,如果该数量足够少,则产物左右手分布的统计学涨落必将出现失衡,即偏离50%:50%的情况。此时体系可能出现 MSB 现象,ECD 光谱可能体现出特征 Cotton 效应,但谱峰强度会由于对映体过量情况的不稳定而出现波动 [图3(h)]。理想情况下,体系最好仅结晶出一颗晶体。笔者曾经很接近这一目标,在经过数月的缓慢结晶后,烧杯中有一颗长度超过1 cm 的六棱柱长条晶体,以及几颗毫米级微晶 [图3(e)]。若仅以该长条晶体作为产物,则此时体系可收获产物的对映纯度为100%。

综上,通过控制 aCCP-1 的反应及结晶速率,能够有效地限制初级成核的数量,从而打破对映体成对出现的统计学特征,这恐怕是上述关于 aCCP-1 成功实现 MSB 的原因所在。然而,结晶速率与初级成核数量的严格控制意味着结晶周期大大延长。同时,静置挥发法决定了反应容器中并非理想的浓度处处均匀的热力学平衡态,因而导致初级成核的发生仍具有一定的偶然性。那么,是否还有途径获得高对映选择性的 MSB 结晶呢?这个问题同时也等价于另一个问题,即 aCCPs 结晶过程的 MSB 是否只有控制初级成核数量这一条途径?

### 4. 两例 Viedma 熟化法的应用

Viedma 熟化法是基于 NaClO$_3$、氨基酸类似物等手性分子晶体的 MSB 研究而发展起来的理论。早期,Kondepudi 等人通过统计 $D$-和 $L$-型 NaClO$_3$ 晶体的数量对搅拌结晶产物的手性分布进行半定量分析[11],推测 MSB 的出现是由于搅拌结晶过程中快速形成的初级成核与二次成核大大降低了溶质在溶液中的浓度,使后续的初级成核变得十分困难。因此,初始快速出现的成核手性决定了结晶产物的手性,而自催化则使倾斜的天平保持对初始手性有利的方向[18]。21 世纪初,Viedma、Vlieg 等课题组分别详细讨论了结晶时初级成核、二次成核等作用[19,20]。2011 年,Vlieg 等人归纳提出了 Viedma 熟化理论[21],具体包括以下四点要求:(1)溶液中为外消旋态;(2)Ostwald 熟化过程;(3)晶体生长中的对映选择性结合(即 ESOA);(4)研磨。对照上文可看出,Viedma 熟化理论的第三条正与上文讨论的 aCCP-1 同手性簇状生长模式相契合,而第一条关于外消旋溶液的要求则与 aCCPs 的合成特点是吻合的。在过去十几年的研究中,人们将 Viedma 熟化理论应用于简单配合物、非手性小分子、易消旋手性分子的结晶实验中,观察到不同程度的 MSB 现象。那么 aCCPs 结晶的 MSB 是否也能因此成功实现呢?决定成功的因素是哪些呢?

让我们回到 aCCP-1。如图3(c)所示,当反应体系 pH 较低时(约为8),体系倾向于快速沉淀,可收获大量微晶粉末。扫描电镜显示其微观形貌为微米级六棱双锥体,尺寸分布在 3~10 $\mu$m 之间 [图4(a)]。若在沉淀过程中引入磁力搅拌及数十颗玻璃圆珠增强搅拌研磨,也可收获大量微晶粉末。产率与未搅拌实验相当。微观形貌为无规则片状颗粒,尺寸分布在 2 $\mu$m 以内 [图4(b)]。将两种实验产物进行固体 ECD 表征发现,搅拌研磨的产物在特征波段体现出明显的 ECD 谱峰 [图4(c)],且相同的搅拌时间下,所得产物的 ECD 强度相似。结合标准曲线可推测,所得产物为单一手性的对映纯相[14]。

那么研磨搅拌的作用机制是怎样的呢?根据上文,对 aCCP-1 裸露晶面的指标化已得知为(100)、(010)、(110)、(112)等。研究电镜照片发现,在扫描电镜的真空环境下,单晶体常常出现横向条纹,甚至是裂痕,说明该晶体具有解理面,沿(001)方向。这与实验中对宏观尺寸晶体进行切割所产生的解理情况一致。由此可推测,在搅拌结晶实验中观察到的无规则片状晶体可能是晶体在研磨破碎作用下发生解理而出现的片状。此外,搅拌结晶实验的大量团聚现象则说明研磨作用使晶体破损严重,出现的大量台阶与缺陷刺激了非经典成核的发生,进而有广泛的簇状结晶现象发生。基于此,搅拌结晶的晶体产物体现出最强的 ECD 光谱信号说明:搅拌刺激的簇状结晶生长有利于手性晶体的自我复制与自催化。

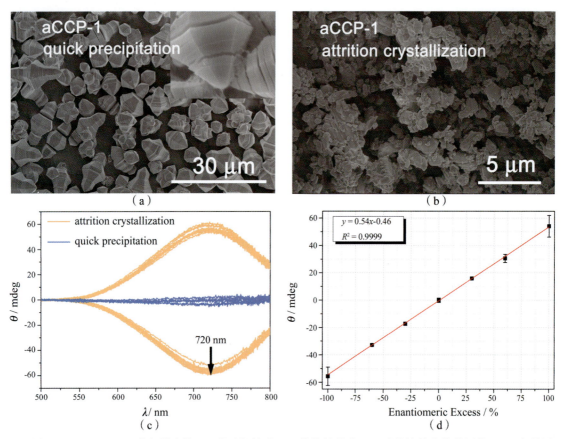

图 4  (a～b)aCCP-1 的扫描电镜:(a)快速沉淀法,(b)搅拌结晶法;(c)两种结晶产物的固体 ECD 光谱图;(d)aCCP-1的固体 ECD 光谱工作曲线,纵坐标的 ECD 强度取 720 nm 处的光谱强度(2019 American Chemical Society)

　　aCCP-1 体系中的搅拌结晶实验成功实现了对单一手性对映纯产物的调控,这是否说明 aCCPs 体系可以很好地适用 Viedma 熟化理论? MSB 现象乃至对映纯合成均可方便地通过搅拌结晶获得呢? 通过刺激非经典成核就能实现手性晶体的自催化吗? 2012 年,苏成勇等人报道了 aCCP-2,这是一个含间苯二甲酸衍生物配体的 Mn(II) 配位聚合物[37]。如图 5(a) 所示,该化合物结构中,配体中吡啶上的 N 原子与一个羧基的 O 原子分别连接 $Mn^{II}$,形成螺旋结构;配体上的第二个羧基提供一个 O 原子与 $Mn^{II}$ 配位,将相邻的螺旋链横向连接,形成具有轴手性的三维结构。结晶空间群为手性空间群 $P6_1$ 和 $P6_5$。在源文献中,该化合物的批量产物为外消旋混合物。笔者对 aCCP-2 进行实验条件控制研究,发现在相同的反应浓度、温度、时间下,搅拌结晶与静置结晶均可获得目标产物。静置结晶的产物为无色梭形单晶,尺寸约毫米级,晶体截面呈现出六次轴特征,簇状生长与独自分散生长模式共存 [ 图 5(b) ]。搅拌结晶产物为白色粉末。扫描电镜显示为微米级长条六棱柱状单晶 [ 图 5(c) ],也有一定的聚集生长模式,同时也有大量细小的不规则块状微晶颗粒($d <$ 1 $\mu m$)。产物的固体 ECD 光谱 [ 图 5(d) ] 表明,静置结晶产物几乎均为外消旋混合物,光谱强度甚弱;搅拌结晶产物则体现出强度不一的 ECD 光谱特征,反映出不同破缺程度的 MSB 现象[14]。

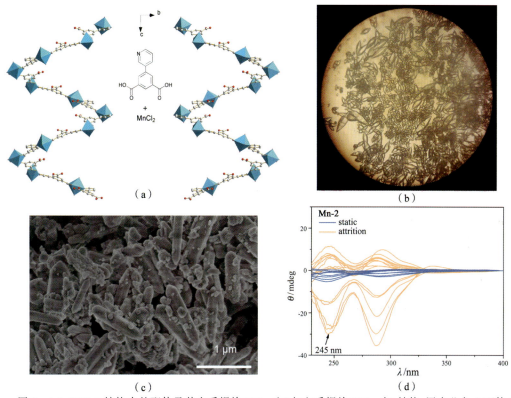

图5　(a)aCCP-**2**结构中的配体及其右手螺旋($P6_1$,左)与左手螺旋($P6_5$,右)结构,图中蓝色八面体为$Mn^{II}$的配位构型;(b)aCCP-**2**的静置结晶照片;(c)搅拌结晶产物的扫描电镜;(d)静置结晶与搅拌结晶产物的固体ECD光谱(2019 American Chemical Society)

　　从aCCP-**2**的例子可看出,通过搅拌结晶的Viedma熟化策略对该化合物结晶产物的MSB也起到了良好的促进作用,多次重复实验中均获得了对映体过量的产物,但过量程度不一。为何aCCP-**2**的搅拌结晶效果不如aCCP-**1**的效果理想呢?尽管在aCCP-**2**体系中并未做出可用于定量分析的工作曲线,但仍可看出不同批次的结晶产物的对映体过量值是有所不同的。显然,在该体系中,搅拌结晶并不能直接获得单一手性的对映纯产物。分析aCCP-**2**的搅拌结晶扫描电镜照片可发现,该体系与aCCP-**1**有两点不同:(1)晶体并无明显的解理面;(2)相当数量的单晶仍保持了较为完好的外形。aCCP-**2**的搅拌研磨效果是否并不充分?研究者通过对比实验发现,即便延长搅拌结晶时间,所得产物的被破碎情况与图5(c)大致相仿,但产物的ECD谱峰强度则随机波动。这一方面说明aCCP-**2**有较好的硬度,不易在搅拌研磨中发生破碎,另一方面也暗示了对称性破缺的程度不仅仅与搅拌研磨的破碎作用有关。进一步对aCCP-**2**的簇状结晶生长方式进行绝对构型的研究发现,有别于aCCP-**1**的同簇同手性结晶特征,aCCP-**2**存在同簇同手性、同簇异手性两种现象,这意味着该化合物在簇状结晶生长中的手性选择明显弱于aCCP-**1**,从而导致搅拌结晶所刺激的非经典成核过程并不一定导向相同程度的对称性破缺情况。

　　aCCP-**2**的例子从侧面说明了Viedma熟化理论应用在aCCPs结晶时可能遭遇的情况:在结构复杂的aCCPs体系中,当晶体倾向于成簇生长时,发生在晶界的对映体选择并不一定良好。考虑到aCCP-**1**与aCCP-**2**同为六方晶系的手性配位聚合物,二者结晶形貌都出现了簇状结晶特征,为何却在对映选择性上体现出不同呢?将二者晶体照片(图6)作对比,不难发现在单晶裸露晶面及簇状聚集生长时所发生的晶面是有所不同的。如上文所述,无论实验条件如何,aCCP-**1**裸露出的晶面总是两类:一类是沿$a$、$b$及$ab$对角线方向的低指数晶面,一类是与$a$、$b$、$c$均有夹角的高指数晶面,例如(112)。而 aCCP-**2** 裸露出的晶面则较为复杂:其晶体外形呈梭形,应该是低指数晶面逐渐过渡到高指数晶面;晶体外表面整体上呈现出柔和渐变的特征。但根据晶体横截面体现出六次轴特征可判断,晶面生长方向也是沿 $c$ 轴方向。$c$ 轴为晶面快速生长方向,故而最终(001)面消失。这点与 aCCP-**1** 相同。进一步比较二者在簇状结晶时晶体之间的黏结的晶面归属可发现一个有趣的现象:aCCP-**1** 的簇状结晶总是发生在低指数晶面,即枝晶总是垂直 6 次轴方向,向外延伸,最终长成十字形、叉形 [图 3(f)、图 6(a)、图 6(b) ];而 aCCP-**2** 的簇状结晶总是发生在高指数晶面,即枝晶是从梭形晶体的尖端向外呈辐射状生长。从晶体生长角度看,就六方晶系而言,低指数晶面往往是平滑晶面,而高指数晶面意味着台阶。台阶对吸附质(可以是分子或晶核)发生吸附行为的倾向高于平滑晶面。基于此,我们大胆推测:正是基于上述原因,aCCP-**2** 在簇状结晶生长时损失了一定的对映选择性,使同簇异手性有机会发生,故而在 Viedma 熟化过程中,并未能获得对映纯产物。

图 6　aCCP-**1**(a,b)与 aCCP-**2**(c,d)的晶体照片

## 5. 镜面对称性破缺现象的表征

对于 aCCPs 体系在结晶过程的 MSB 现象,人们往往是通过对大宗产物的固体 ECD 光谱表征发现的。然而,具体探究每个体系中 MSB 的产生机理并非易事。第一,"发现"一词暗示了在 aCCPs 体系中,人们通常难以预测 MSB 的发生。这一特殊现象的被动发现,给相关研究带来了很大的挑战。第二,对 MSB 发生机理认识的欠缺,使得研究中必不可少的表征与实验设计还处于探索阶段,成熟而系统的研究方法有待建立。第三,MSB 现象在某种程度上是一个概率事件,这决定了相关研究需要考虑统计分布。

X 射线单晶衍射结构解析与固体 ECD 光谱是表征 aCCPs 结晶产物绝对构型及对映体过量情况的最常见手段,基于此可对结晶体系的 MSB 现象展开研究。目前,不少研究工作采取了对多批次产物进行固体 ECD 光谱表征,以及对多颗晶体进行单晶结构解析等。从研究者不约而同地选择了多次测量这一细节可看出,研究人员已考虑到统计分布问题。

X 射线单晶衍射结构解析只适用于单颗晶体,且有一定的尺寸要求。《单晶结构分析原理与实践》一书中详细介绍了该方法的使用及注意事项[15]。为讨论大宗产物中的手性分布,往往需要从同一批次产物中随机选取多颗晶体,进行单晶结构的解析。所测晶体数量显然多多益善,尽管这将耗费大量机时。结合上文关于 aCCPs 结晶特征的讨论可知,当从一批次产物中选取数颗乃至数十颗晶体进行绝对构型指认时,如果能将一批次结晶产物的结晶形貌与尺寸分布通过照片等形式提供,将有助于人们了解多组单晶结构数据与批量产物之间的关系,从而加深对体系 MSB 现象的认识。

此外,极为重要但往往被忽略的是,还需根据晶体数据,区分所测晶体所属绝对构型,以此讨论批次晶体产物中可能的手性分布情况。如上文所述,aCCPs 的结晶空间群为 Sohncke 群。当 aCCPs 结晶于第一类,即手性空间群时,在确保晶体解析无误、Flack 参数接近 0 的前提下,可通过软件绘图,仔细观察晶体结构的立体图形,建立空间群与绝对构型的关联。简言之,这类体系可以通过空间群进行绝对构型的分辨。当 aCCPs 结晶于第二类,即非手性空间群时,一对互为对映体的 aCCPs 晶体的空间群是相同的,无法根据空间群名来区分或指认绝对构型。在指认或区分多颗晶体的绝对构型时,只能在确保晶体结构解析准确无误的前提下,通过可视化软件,逐个观察单晶衍射结构数据中立体构型的手性。

如何了解晶体结构解析对绝对构型的判断是正确无误的呢?对于包含重原子的晶体结构,或者采用了铜靶采集的单晶衍射数据,原则上可以根据结构解析判定该晶体的绝对构型。此时,除了 $R$ 值以外,Flack 参数是一个重要的参量。当 Flack 参数在 0 附近时,说明此时结构的立体构型准确无误;而当 Flack 参数在 1 附近时,说明当前的构型需要翻转。换言之,Flack 参数值能够用于提示当前绝对构型是否正确,但并未说明具体是哪一种构型。因此,仅凭结构解析后的 Flack 数值判断绝对构型的归属,显然是不可行的。

相比于 X 射线单晶衍射只能用于表征单颗特定尺寸晶体的手性结构,固体 ECD 光谱则是待测样品(通常是一小堆微晶产物)总体手性光学活性的平均呈现。由于无法对 aCCPs 做溶液 ECD 光谱测试(难溶或溶解时可能发生解离而丧失自组装所产生的手性),固相压片法是最常见的测试手段[38]。将一批次产物统一研磨粉碎,将其与一定量基质(通常是 KBr 或 KCl)混合,再次研磨均匀,压片进行 ECD 光谱扫描,是最常见的表征大宗产物手性分布的做法。然而,一条呈现出非零 ECD 信号的手性光谱只能说明待测样品中有某种构型过量;如果待测样品是一颗足够大的单晶,则说明该单晶有优势立体构型。如果结合单晶结构解析数据,例如 Flack 参数在 0 附近,则说明该单晶为单一手性,且立体构型与 ECD 光谱可建立关联。如果待测样品是同一批次晶体产物,为了使所得 ECD 光谱能够代表全部晶体的手性统计分布情况,通常的做法是将所有(一锅)产物充分地均匀研磨后,选取 ECD 测试所需的量进行压片测试。如果为了说明某个体系 MSB 现象究竟是大概率事件还是偶然发生,则最好对多批次晶体产物均采取上述方法进行取样及 ECD 测试。事实上,无论采取上述哪种做法,都应该将样品的选取和制样细节做出详细说明。

## 6. 结语

aCCPs 结晶过程中的镜面对称性破缺现象本质上是手性晶体的去消旋化结晶过程。尽管人们已围绕这一主题对无机盐类晶体、有机分子晶体、简单配合物等体系展开了研究,并应用到一些手性药物的对映选择性结晶合成中,但对 21 世纪新兴崛起的手性配位自组装体系的应用及具体的作用机制还有待进一步探索。这就像是一场与自然规律的对话。在无数次探索性实验中,对话机制的一步步建立,沟通渠道的逐渐畅通,都使笔者逐步了解自组装反应进程、结晶历程以及手性的选择与传递。相信有一天,我们能够对一些发生 MSB 的手性自组装体系具备充分的知识和理解,能够实现对其手性立体结构的影响与引导。届时,对自然界中的单一手性现象的揭示或将彰明较著。

**致谢**:感谢福州大学化学学院物理化学国家重点学科测试平台、国家自然科学基金项目(21671041)和中科院物质结构研究所结构化学国家重点实验室开放课题(20160010)的支持。

**参考文献**

[1] BATTEN S R, CHAMPNESS N R, CHEN X M, et al. Coordination polymers, metal-organic frameworks and the need for terminology guidelines [J]. CrystEngComm, 2012, 14(9): 3001-3004.

[2] FURUKAWA H, CORDOVA K E, O'KEEFFE M, et al. The chemistry and application of metal-organic frameworks [J]. Science, 2013, 341(6149): 1230444.

[3] KESANLI B, LIN W. Chiral porous coordination networks: Rational design and applications in the enantioselective processes [J]. Coord. Chem. Rev., 2003, 246(12): 305-326.

[4] JOHN R P, PARK M, MOON D, et al. A chiral pentadecanuclear metallamcrocycle with a sextuple twisted Mobius topology [J]. J. Am. Chem. Soc., 2007, 129(46): 14142-14143.

[5] BIRADHA K, SEWARD C, ZAWOROTKO M J. Helical coordination polymers with large chiral cavities [J]. Angew. Chem. Int. Ed., 1999, 38(4): 492-495.

[6] GAO E Q, YUE Y F, BAI S Q, et al. From achiral ligands to chiral coordination polymers: Spontaneous resolution, weak ferromagnetism, and topological ferrimagnetism [J]. J. Am. Chem. Soc., 2004, 126(5): 1419-1429.

[7] WANG F, ZHANG J, CHEN S M, et al. New (3,4)-connected intrinsically chiral topology observed in a homochiral coordination polymer from achiral precursors [J]. CrystEngComm, 2009, 11(8): 1526-1528.

[8] GU Z G, ZHAN C, ZHANG J, et al. Chiral chemistry of metal-camphorate frameworks [J]. Chem. Soc. Rev., 2016, 45(11): 3122-3144.

[9] LIN Z, SLAWIN A M Z, MORRIS R E. Chiral induction in the ionothermal synthesis of a 3-D coordination polymer [J]. J. Am. Chem. Soc., 2007, 129(16): 4880-4881.

[10] PEREZ-GARCIAA L, AMABILINO D B. Spontaneous resolution under supramolecular control [J]. Chem. Soc. Rev., 2002, 31(6): 342-356.

[11] KONDEPUDI D K, KAUFMAN F J, SINGH N. Chiral symmetry-breaking in sodium-chlorate crystallization [J]. Science, 1990, 250(4983): 975-976.

[12] AVETISOV V, GOLDANSKII V. Mirror symmetry breaking at the molecular level [J]. Proc. Natl. Acad. Sci. U. S. A., 1996, 93(21): 11435-11442.

[13] WU S T, WU Y R, KANG Q Q, et al. Chiral symmetry breaking by chemically manipulating statistical fluctuation in crystallization [J]. Angew. Chem. Int. Ed., 2007, 46(44): 8475-8479.

[14] WU S T, ZHANG Y S, ZHANG B, et al. Viedma ripening of chiral coordination polymers based on achiral molecules [J]. Cryst. Growth Des., 2019, 19(5): 2537-2541.

[15] 陈小明, 蔡继文. 单晶结构分析原理与实践 [M]. 2 版. 北京: 科学出版社, 2007.

[16] VIEDMA C, MCBRIDE J M, KAHR B, et al. Enantiomer-specific oriented attachment: Formation of macroscopic homochiral crystal aggregates from a racemic system [J]. Angew. Chem. Int. Ed., 2013, 52(40): 10545-10548.

[17] SIVAKUMAR R, KWIATOSZYNSKI J, FOURET A, et al. Enantiomer-specific oriented attachment of guanidine carbonate crystals [J]. Cryst. Growth Des., 2016, 16(7): 3573-3576.

[18] KONDEPUDI D K, ASAKURA K. Chiral autocatalysis, spontaneous symmetry breaking, and stochastic behavior [J]. Acc. Chem. Res., 2001, 34(12): 946-954.

[19] VIEDMA C, ORTIZ J E, DE TORRES T, et al. Evolution of solid phase homochirality for a proteinogenic amino acid [J]. J. Am. Chem. Soc., 2008, 130(46): 15274-15275.

[20] NOORDUIN W L, MEEKES H, VAN ENCKEVORT W J P, et al. Enantioselective symmetry breaking directed by the order of process steps [J]. Angew. Chem. Int. Ed., 2010, 49(14): 2539-2541.

[21] SOGUTOGLU L C, STEENDAM R R E, MEEKES H, et al. Viedma ripening: A reliable crystallization method to reach single chirality [J]. Chem. Soc. Rev., 2015, 44(19): 6723-6732.

[22] ZHANG M D, LI Y L, SHI Z Z, et al. A pair of 3D enantiotopic zinc(II) complexes based on two asymmetric achiral ligands [J]. Dalton Trans., 2017, 46(43): 14779-14784.

[23] BHATTACHARYYA A, GHOSH B N, HERRERO S, et al. Formation of a novel ferromagnetic end-to-end cyanate bridged homochiral helical copper(II) schiff base complex via spontaneous symmetry breaking [J]. Dalton Trans., 2015, 44(2): 493-497.

[24] YANG Q, CHEN Z, HU J, et al. A second-order nonlinear optical material with a hydrated homochiral helix obtained via spontaneous symmetric breaking crystallization from an achiral ligand [J]. Chem. Commun., 2013, 49(34): 3585-3587.

[25] TIAN G, ZHU G, YANG X, et al. A chiral layered Co(II) coordination polymer with helical chains from achiral

materials [J]. Chem. Commun., 2005, (11): 1396-1398.

[26] YU Y D, LUO C, LIU B Y, et al. Spontaneous symmetry breaking of Co(II) metal-organic frameworks from achiral precursors via asymmetrical crystallization [J]. Chem. Commun., 2015, 51(77): 14489-14492.

[27] DONG H, HU H, LIU Y, et al. Obtaining chiral metal-organic frameworks via a prochirality synthetic strategy with achiral ligands step-by-step [J]. Inorg. Chem., 2014, 53(7): 3434-3440.

[28] ZHOU T H, ZHANG J, ZHANG H X, et al. A ligand-conformation driving chiral generation and symmetric-breaking crystallization of a zinc(II) organoarsonate [J]. Chem. Commun., 2011, 47(31): 8862-8864.

[29] YAO Q X, XUAN W M, ZHANG H, et al. The formation of a hydrated homochiral helix from an achiral zwitterionic salt, spontaneous chiral symmetry breaking and redox chromism of crystals [J]. Chem. Commun., 2009, (1): 59-61.

[30] GAO C Y, WANG F, TIAN H R, et al. Particular handedness excess through symmetry-breaking crystallization of a 3D cobalt phosphonate [J]. Inorg. Chem., 2016, 55(2): 537-539.

[31] YANG M, LI X, YU J, et al. LiCu$_2$[BP$_2$O$_8$(OH)$_2$]: A chiral open-framework copper borophosphate via spontaneous asymmetrical crystallization [J]. Dalton Trans., 2013, 42(18): 6298-6301.

[32] ZHENG W, WEI Y, XIAO X, et al. Spontaneous asymmetric crystallization of a quartz-type framework from achiral precursors [J]. Dalton Trans., 2012, 41(11): 3138-3140.

[33] CHEN S C, ZHANG J, YU R M, et al. Spontaneous asymmetrical crystallization of a three-dimensional diamondoid framework material from achiral precursors [J]. Chem. Commun., 2010, 46(9): 1449-1451.

[34] ANWAR J, KHAN S, LINDFORS L. Secondary crystal nucleation: Nuclei breeding factory uncovered [J]. Angew. Chem. Int. Ed., 2015, 54(49): 14681-14684.

[35] ZHENG Y Q, KONG Z P. A novel 3D framework coordination polymer based on succinato bridged helical chains connected by 4,4′-bipyridine: [Cu(bpy)(H$_2$O)$_2$(C$_4$H$_4$O$_4$)]·2H$_2$O [J]. Z. Anorg. Allg. Chem., 2003, 629(9): 1469-1471.

[36] WU S T, CAI Z W, YE Q Y, et al. Enantioselective synthesis of a chiral coordination polymer with circularly polarized visible laser [J]. Angew. Chem. Int. Ed., 2014, 53(47): 12860-12864.

[37] TAN X, ZHAN J, ZHANG J, et al. Axially chiral metal-organic frameworks produced from spontaneous resolution with an achiral pyridyl dicarboxylate ligand [J]. CrystEngComm, 2012, 14(1): 63-66.

[38] 章慧, 颜建新, 吴舒婷, 等. 对固体圆二色光谱测试方法的再认识: 兼谈"浓度效应" [J]. 物理化学学报, 2013, 29(12): 2481-2497.

# 兼具轴手性和碳中心手性的 Ar-BINMOLs 系新骨架配体及其应用

徐利文*

杭州师范大学有机硅化学及材料技术教育部重点实验室,浙江,杭州 311121

E-mail: liwenxu@hznu.edu.cn

**摘要**:轴手性的联萘酚(BINOL)及其衍生物在手性化学中占据着极为重要的地位,尤其是在不对称催化中应用广泛。近年来我们以 BINOL 为手性源,成功发展了一类结构独特新颖的既含轴手性又含碳中心手性的多手性中心 Ar-BINMOLs 化合物,可由手性 BINOL 的单苄醚化合物经 [1,2]-Wittig 重排实现轴手性到中心手性的转移,从而一步构建兼具轴手性和 sp³ 碳手性的光学纯醇酚类化合物。该反应同时涉及 C-O 键的断裂与新 C-C 的构建,由轴手性诱导产生新的碳手性中心。Ar-BINMOLs 骨架可用于多类新型手性配体的设计合成,目前在不对称催化反应中表现出优异的手性诱导性能。本文基于课题组构建 Ar-BINMOLs 骨架衍生物的故事,重点阐述了它们作为新型手性配体或手性骨架在不对称催化反应中的应用。

**关键词**:手性配体;BINOL;Ar-BINMOLs;[1,2]-Wittig 重排反应;手性转移;不对称催化

# The Construction of Ar-BINMOLs-Derived Chiral Ligands Bearing Axial and sp³-Central Chirality and Its Application

XU Liwen*

**Abstract**:Chiral binaphthol (BINOL) and its derivatives play an important role in chiral chemistry, especially in asymmetric catalysis. In recent years, we have successfully developed a class of unique and novel Ar-BINMOLs with axial and sp³-central chirality based on BINOL as a chiral source, which can be obtained from the axial-to-central chirality transfer of [1,2]-Wittig rearrangement of chiral monoalkylated BINOLs. The optically pure Ar-BINMOLs bearing axial and sp³-central chirality could be constructed in one step, in which the reaction involves both the cleavage of the C-O bond and the construction of the new C-C bond as well as the introduction of new carbon-based sp³-central chirality induced by axial chirality. The skeleton of Ar-BINMOLs can be modified for the construction of novel chiral ligands, and currently exhibits excellent stereomeric induction properties in catalytic asymmetric reactions. Herein, we present the synthesis of Ar-BINMOLs and their derivatives as ligands and the performance of these novel chiral ligands in asymmetric catalytic reactions.

**Key Words**:Chiral ligand; BINOL; Ar-BINMOLs; [1,2]-Wittig rearrangement; Chirality-transfer; Asymmetric catalysis

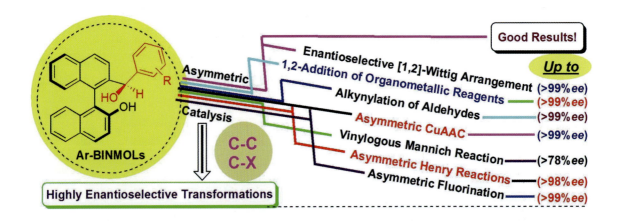

## 1. 引言

20世纪80年代以来,手性合成特别是不对称催化在有机合成化学中一直是具有挑战性的前沿课题之一[1-3]。在手性化合物的众多合成策略中,不对称催化合成越来越受到人们的关注[4]。与此同时,发展高效、高立体选择性的手性催化剂(包括手性配体)并应用于不对称合成,是一个极具应用前景的核心课题,也是一个有难度的前沿热点。在金属催化不对称合成反应中,手性配体的设计与合成往往具有不可替代的关键作用[5]。在已报道的大量手性配体中,发展具有$C_2$-对称轴的手性配体是里程碑式的进步,充分显示这类配体在不对称催化中有着举足轻重的地位[6]。

自1978年Cram等人[7]首次报道1,1'-联萘基-2,2'-二酚(BINOL)具有$C_2$轴手性,以及诺贝尔化学奖得主Noyori等人[8]首次将BINOL应用于酮的不对称还原以来,BINOL及其衍生物作为手性配体一直受到有机化学研究者的关注,它们作为理想的手性配体或手性源,具有较为稳定的锁住$C_2$轴手性的性质,并且萘环骨架易于引入修饰基团,以及二酚官能团可以和多种金属Lewis酸配位等特点,因而在很多有机合成反应中均具有很好的立体选择性。虽然BINOL在不对称催化中表现不俗,但它在有些反应中的应用依然有一定的局限性。因此,研究者越来越关注对手性BINOL的骨架结构进行修饰并研究其潜在的手性化学问题,例如,已有研究表明,通过在3,3'位、6,6'位等引入其他基团可以改变BINOL的立体效应以及氧原子的电子效应,获取BINOL衍生物,与金属或Lewis酸形成新颖的手性配合物,从而提高它们在反应中的立体选择性[9,10]。近几十年来,通过对BINOL芳基骨架的结构修饰设计新的手性配体已经有很多报道,在很多反应中均表现出比BINOL更为优异的手性诱导性能,绝大部分经改良后的手性BINOL衍生配体或催化剂具有一个共同点:往往保留其$C_2$轴手性,或者再与另外的手性分子模块化拼接成具有多手性中心的新型配体。含有多手性中心的配体具有复杂的空间立体环境,以及在金属催化反应中有利于构建优势空间构象,近年来已有越来越多的报道证明:基于$C_2$轴手性的多手性中心配体均可表现出其独特的增效作用[11-13]。

2011年,我们课题组首次报道了利用具有高效手性转移能力的重排反应可以高产率地合成一类多手性中心化合物即Ar-BINMOLs[14-17],它们可通过BINOL单取代苄醚参与的邻位酚锂活化的[1,2]-Wittig重排反应完成,既保持BINOL的$C_2$轴手性,同时具有sp³杂化的碳手性中心。我们还发现将Ar-BINMOLs作为一类多手性中心的新型手性配体应用于醛与乙基锌试剂的加成反应,可以得到高立体选择性的手性仲醇。我们也在芳基格氏试剂与醛的加成反应中,通过实验证明了Ar-BINMOLs中sp³碳手性醇的重要性。这表明多手性中心Ar-BINMOLs具有独特性。紧随其后,国际上Yus等多个课题组很快将我们发展的合成新方法及Ar-BINMOLs配体应用于烷基铝、烷基锌、烷基镁和烷基锂与醛的加成反应,都能够得到高对映选择性的产物,并在引文中冠名为Xu's Ar-BINMOL ligand,显示多手性中心Ar-BINMOLs配体在一些催化反应中具有一定的优越性。根据我们对这类新型Ar-BINMOLs化合物的分子手性研究基础,本文将介绍基于BINOL骨架合成多手性中心新型手性配体Ar-BINMOLs及其衍生物的研究概况,并通过已有的实例来显示它们在不对称催化反应中的应用潜力。

### 1.1 芳环骨架含取代基的BINOL衍生物的研究概况

与其他类型的轴手性分子相比,BINOL具有价廉易得等优点,可根据结构需要引入一些大位阻或功能性基团加以修饰,常见的方法如在3位或3,3'位、6,6'位、4,4'位以及7,7'位进行骨架修饰。其中BINOL的3位或3,3'位很容易通过锂化反应引入修饰基团。例如,对于MOM(methoxymethyl)保护的BINOL,通过控制有机锂试剂的用量,加入各种亲电试剂,最后进行脱保护反应,就可以得到各种3位或3,3'位取代的产物(图1,化合物**1**)[18-21]。

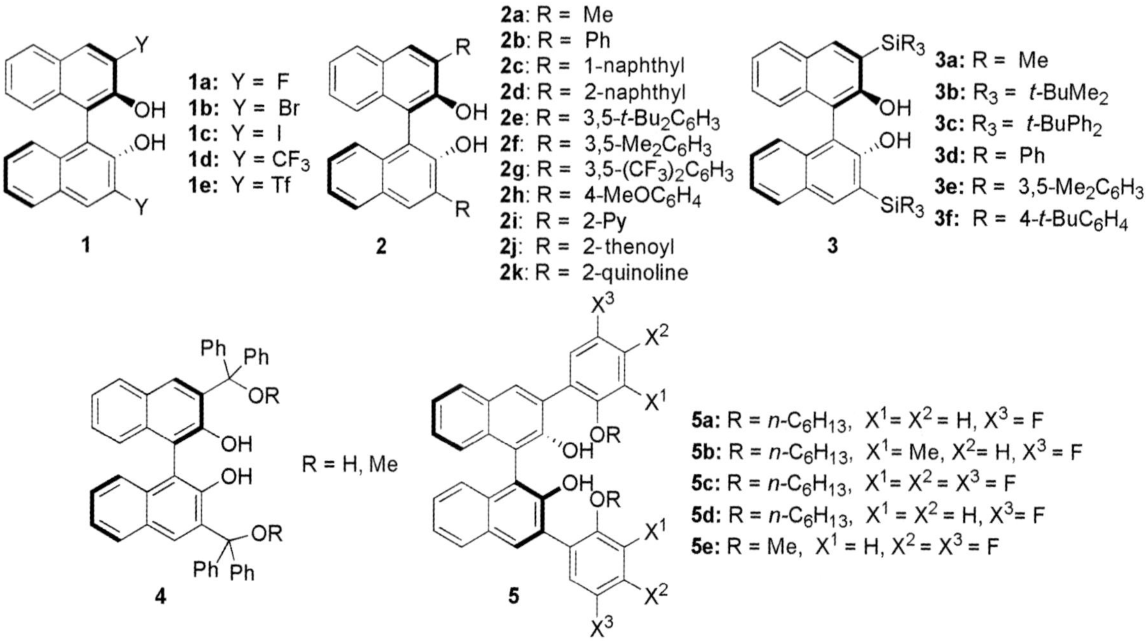

图 1　3,3′ 位引入卤素、芳基、硅取代基及季碳取代基的代表性分子结构

Cram 等人利用 3,3′ 位为 Br 取代的 BINOL 二甲基醚与各种芳基溴化镁,在 [NiCl₂(PPh₃)₂] 的催化下偶联合成 3,3′ 位各种取代的 BINOL;之后 Snieckus 等人报道通过 Suzuki 偶联反应合成化合物 2 会更加简便高效(图 1,化合物 2a～2j;图 2,化合物 18)[21-26]。对于杂环的引入,Suzuki 偶联产率较低,可通过 MOM 保护的 BINOL 利用 t-BuLi 脱氢形成锂化物,然后与 ZnCl₂ 等形成金属锌试剂,再通过 Pd 与卤代杂环偶联得到[27]。Pu 课题组通过 Suzuki 偶联反应在 3,3′ 位成功引入了含多个 F 原子的芳环(图 1,化合物 5),也报道了多羟基化合物 4[28,29]。对于 3,3′ 位为三烷基(芳基)硅基的 BINOL(图 1,化合物 3),Yamamoto 等人报道可以通过 BINOL 的硅氧烷在 t-BuLi 的作用下发生硅基的 1,3 迁移重排得到[21,30,31]。Ohta 等人[32]报道 MOM 保护的 BINOL 经邻位锂化,与 CO₂ 反应合成得到 3,3′ 位取代的羧酸 BINOL,然后与手性氨基醇反应,可以较高收率获取 3,3′-双(2-噁唑啉基)-1,1-联萘二酚(BINOL-Box)(图 2,化合物 6)。Mancheño 等人[33]利用点击反应,基于 BINOL 骨架合成多官能团 1,2,4-三氮唑(图 2,化合物 7、15)。3 位或 3,3′ 位叔胺取代的 BINOL(图 2,化合物 8～10)[34-38],可以通过酰胺还原合成,也可以通过苄卤取代的 BINOL 与仲胺反应合成。Li 等人[39]通过保护的 BINOL 经邻位锂活化与 2,4,6-三氯-1,3,5-三嗪反应,然后通过胺化反应得到产率较高的 3 位或 3,3′ 位取代的多氮杂环(图 2,化合物 11、16)。Sasai 等人[40,41]报道了 3 位单取代的 BINOL,保留酚羟基作 Brønsted 酸的同时,可以引入含氮的叔胺(图 2,化合物 12～14)作为 Lewis 碱。

Qian 等人[42]利用邻位锂活化的 BINOL 与环氧化合物开环反应,然后醚化得到 3,3′ 位取代的烷基醚(图 3,化合物 19)。Shibasaki 和 Yoshikawa 等人[43-46]曾报道了一类新型的 3 位取代的 BINOL 桥连多酚羟基化合物(图 3,化合物 20～22),这些化合物在一些催化合成反应中表现出优异的立体选择性诱导性能。这些工作充分表明了在 BINOL 的 3 位或 3,3′ 位进行修饰取代具有结构多样性特点,是发展新型高效、高立体选择性的配体较为有效和实用的方法之一。合成方法简便,大部分产率较高,主要是通过以手性 BINOL 为原料,酚羟基经保护之后,经过邻位锂活化,引入各种亲电试剂,对于卤素或硼酸可以利用 Suzuki 偶联或 Cu 催化偶联等方法进一步引入其他基团。

与 3,3′ 位修饰的 BINOL 相比,6,6′ 位取代的 BINOL 衍生物合成同样受到关注。最常见的是 6,6′-Br₂-BINOL,一般通过 BINOL 与单质 Br₂ 的亲电取代就可以高收率地得到。基于 6,6′-Br₂-

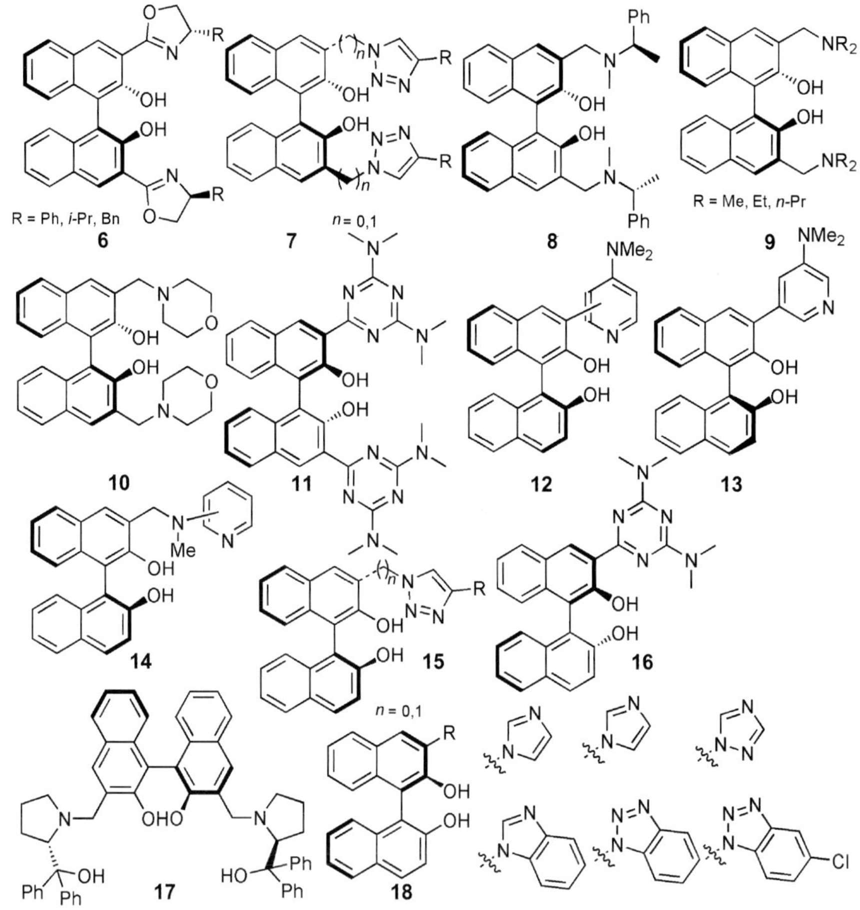

图 2 3,3'位引入杂环的代表性分子结构

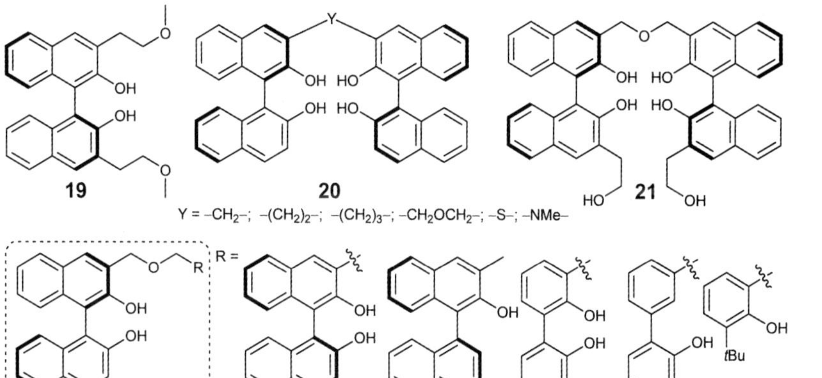

图 3 3,3'位引入含酚基芳香片段的代表性分子结构

BINOL 的进一步修饰研究也较为成熟，对 6,6'-Br$_2$-BINOL 用 MOM 保护酚羟基，经正丁基锂脱溴，加入其他带亲电试剂就可以得到各种卤素取代物，如 F、Cl、I、CF$_3$、C$_2$F$_5$ 等（图 4，化合物 23）[47]。6,6'-Br$_2$-BINOL 与各种炔烃通过 Sonogashira 偶联可以得到各种 6,6'位取代的炔烃（图 4，化合物 23、24）[48-50]，也可以与各种硼酸通过 Suzuki 偶联反应引入其他基团[51]。7,7'位、6,6'位和 7,7'位，以及 4,4'位和 7,7'位取代的 BINOL（图 4，化合物 25～29）[52-54] 主要是两分子取代萘酚通过偶联反应得到消旋的 BINOL 衍生物，然后通过手性试剂参与的拆分过程得到。此方法步骤

较多,合成比较麻烦。

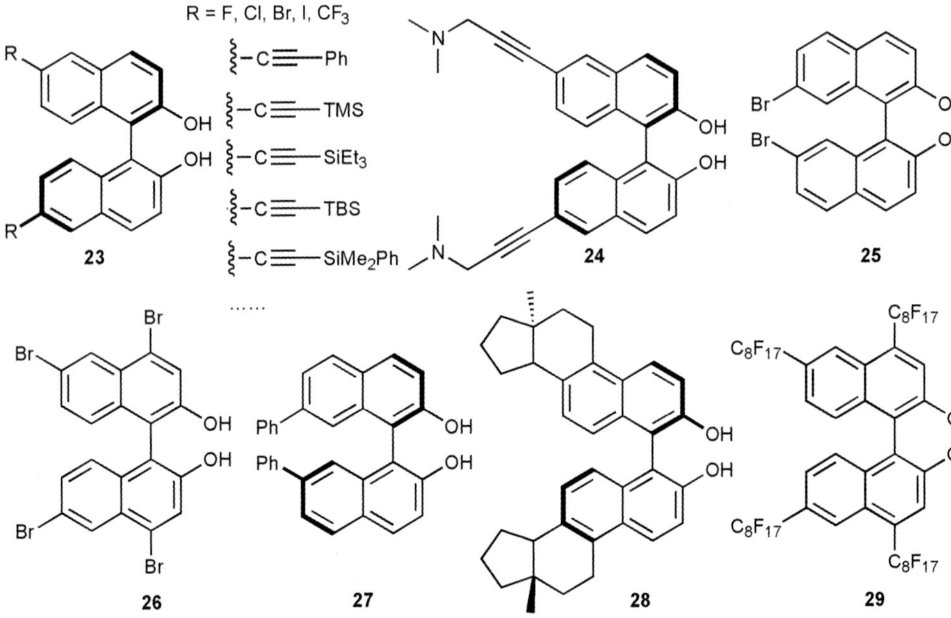

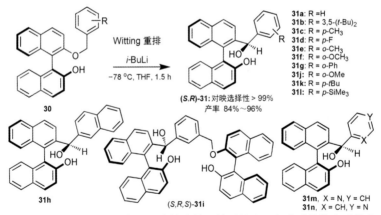

图 4    BINOL 骨架上其他位置引入各种取代基的代表性分子结构

## 2. 兼具轴手性和碳中心手性的 Ar-BINMOLs：合成及其性能

在过去近 40 年里,尽管 BINOL 的各种衍生物已被大量合成出来,并在很多领域中得到应用,但是基于 BINOL 的 2 位酚基引入手性中心的结构改造并不成功。考虑到在 BINOL 骨架上引入新的手性中心是一项具有挑战性的课题,我们自 2009 年开始在这方面做了大量研究工作,成功设计合成了一类新型 BINOL 衍生物,即被我们称之为同时含轴手性和 sp³ 碳手性的 Ar-BINMOLs(图 5)[14]。

图 5    利用邻位锂活化 [1，2]-Wittig 反应实现一步构建兼具轴手性和 sp³ 碳手性的多手性中心 Ar-BINMOLs

### 2.1 Ar-BINMOLs 的合成

[1，2]-Wittig 重排反应是经典的自由基重排反应,在强碱的作用下,烷氧键均裂成烷基自由基和含氧负离子的烷基自由基,通过 1，2 位烷基的迁移,形成新的 C-C 键[55,56]。自 1942 年 Wittig 重排反应被首次发现以来[57],关于 Wittig 重排反应的机理及其在有机合成中的应用一直备受研究者的关注[58-62]。然而,化学家逐渐认识到 [1，2]-Wittig 重排反应在有机合成中具有一定的局限性,产率较低,对底物的结构要求较高,且立体选择性控制十分困难[63,64]。因此不对称 [1，2]-Wittig 重排反应很少有成功的例子。

我们课题组自 2009 年开始研究[1,2]-Wittig 重排反应,2010 年我们意外发现可利用邻位锂活化的新型 [1,2]-Wittig 重排反应,实现一步构建纯光学活性的多手性中心 Ar-BINMOLs(图 5,化合物 **31**),它既保留了 BINOL 的轴手性,同时产生了 $sp^3$ 杂化的手性新中心[14-17]。

后来经过仔细的文献调研,发现 Kiyooka 等人已于 1997 年报道了类似的经典 [1,2]-Wittig 重排反应[62],但其合成方法产率较低,副反应多,反应过程较为复杂(从 BINOL 出发合成最终产物需 4 步反应,见图 6),而且后处理烦琐,且手性中心极易在后处理中发生消旋化或对映选择性降低的现象,很难应用于不对称催化过程中,这也可以解释为什么自 1997 年 Kiyooka 等的这项工作报道之后一直没有受到关注,更无任何应用的相关报道。因此我们课题组于 2011 年提出的利用邻位锂活化 [1,2]-Wittig 反应的新策略,是实现一步构建纯光学活性的多手性中心 Ar-BINMOLs 的最佳方法,为后续的应用奠定了基础,近年来受到了广泛的关注。

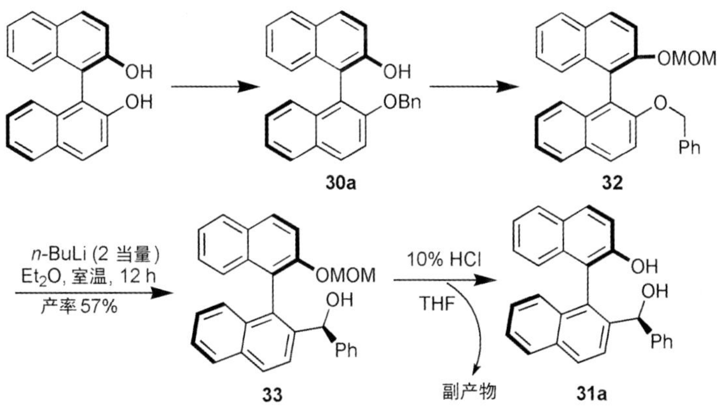

图 6 Kiyooka 等的合成方法及其局限性

在此基础上,我们也发现,经过连续两次的邻位锂活化 [1,2]-Wittig 重排反应可合成出结构更为复杂的手性二醇,如图 7 所示,多种类型的多手性中心光学纯二醇被成功合成出来[17]。例如,利用单取代的 BINOL 烯丙基醚经过一次 [1,2]-Wittig 重排反应可高收率地得到光学纯的烯丙基取代 BINMOL 衍生物;然后与烯丙基溴反应形成烯丙基醚,经过第二次 [1,2]-Wittig 重排反应,可形成第二个手性醇中心,得到光学纯的双烯丙基 BINMOL 衍生物(图 7,化合物 **37a**)。两次 [1,2]-Wittig 重排反应过程均因邻位锂参与活化而发生完美的手性控制,碳手性中心的绝对构型受轴手性的控制。该化合物的绝对构型通过单晶衍射已被确定为$(P)$-$(SR,R)$-构型。同样,经过连续两次的 [1,2]-Wittig 重排反应可高产率地合成新型 Ar-BINMOLs 化合物(图 8,化合物 **37b**;图 9,化合物 **37c**)。

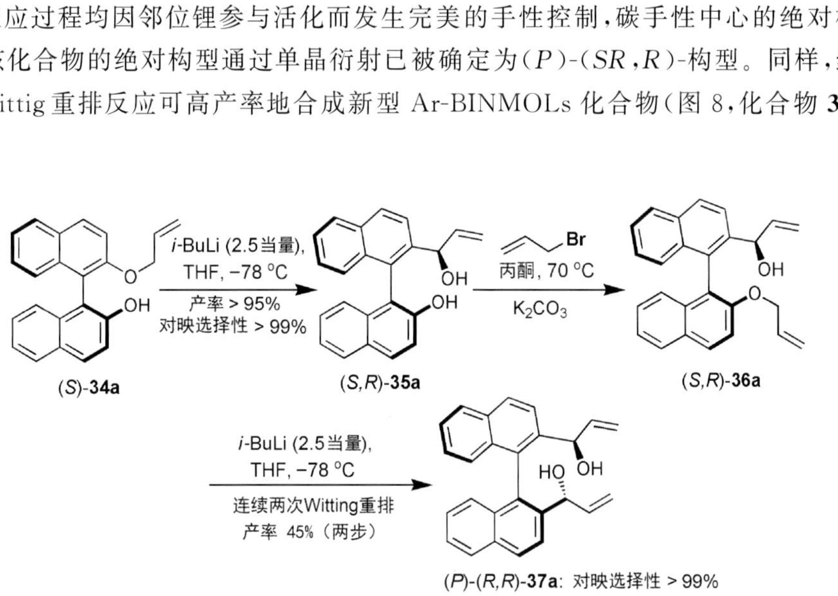

图 7 连续的邻位锂活化 [1,2]-Wittig 重排反应合成 BINMOL 骨架衍生的手性二醇 **37a**

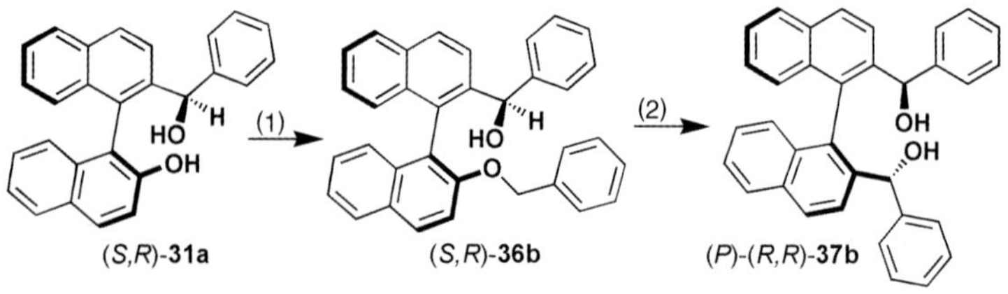

(1) BnBr, K₂CO₃, 丙酮, 回流； (2) i-BuLi（2.5当量），THF, −78 ℃
连续两次Witting重排：40%产率（两步）对映选择性 > 99%

图 8　连续的邻位锂活化[1,2]-Wittig重排反应合成 BINMOL 骨架衍生的手性二醇 **37b**

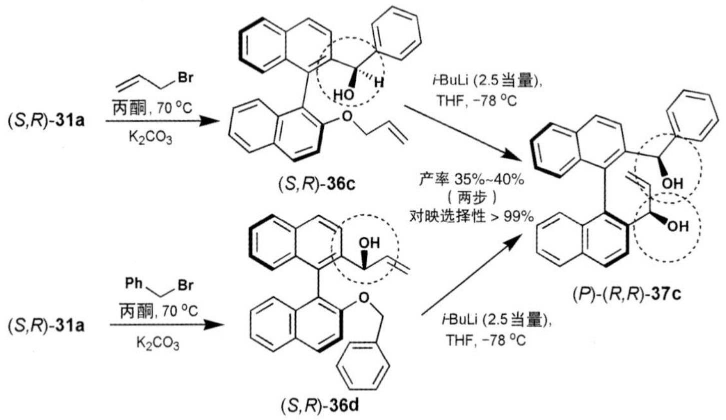

图 9　连续的邻位锂活化[1,2]-Wittig重排反应合成 BINMOL 骨架衍生的手性二醇 **37c**

### 2.2 Ar-BINMOLs 的性质研究

可以预期,因 Ar-BINMOLs 同时含轴手性和 $sp^3$ 碳手性,极有可能具有一些特殊的化学性质。因此我们通过 ESI-MS、NMR、DSC(差示扫描量热分析法)、X 射线单晶衍射、电子圆二色(ECD)谱、UV 谱等对 Ar-BINMOLs 进行了各种物化性能的表征,结果显示该类化合物在手性立体化学上具有一定的特殊性。通过 ESI-MS 分析,Ar-BINMOLs 的二聚体能够非常稳定存在[65]。$(R,S)$-**31a**、$(S,R)$-**31a** 和 rac-**31a** 在 ESI 阳离子质谱内检测到有重要的二聚体中间体存在,质核比 $m/z = 774.97$ [ dimer＋Na]⁺,这可能是存在分子间氢键作用所致(图 10)。$(R,S)$-**31a**、$(S,R)$-**31a** 和 rac-**31a** 在 ¹H-NMR(CDCl₃)中 Ar-BINMOLs 上的酚羟基的质子氢显示了不同的位移,可以推测这是因为氢键作用和芳基的 π-π 堆积作用才形成了聚合的超分子。DSC 分析表明,rac-**31a** 表现出 conglomerate(外消旋聚集体)类分子的特性,这个聚集体可能是 $(R,S)$-**31a** 和 $(S,R)$-**31a** 的混合物。有意思的是,ECD 谱表明 rac-**31a** 能够在固态和液态都呈现正 Cotton 效应,特别在固态时有很强的光学活性(在 230～280 nm 有一个很强的吸收峰),因此可以证明 rac-**31a** 中存在对映体过量的超分子聚集体。化合物 $(S,R)$-**31f** 的单晶 X-射线衍射确定了 Ar-BINMOLs 的绝对构型,同时也表明,沿 $C_2$ 轴方向观察,$(S,R)$-**31f** 分子之间存在芳基 π-π 堆积作用[16,66]。

催化反应的应用也可进一步突显 Ar-BINMOLs 的独特性质。我们发现 Ar-BINMOLs 可作为有机催化剂应用于蒽酮与反式-β-硝基烯烃的不对称加成反应中,结果表明对映体微过量的 Ar-BINMOLs 具有手性放大效应。对于 Ar-BINMOLs 所具有的轴手性和 $sp^3$ 碳手性以及手性放大效应,可认为 Ar-BINMOLs 分子间存在由两种羟基的分子间氢键作用形成的二聚体超分子,同时芳香作用可诱导聚集形成超分子,进而影响其在蒽酮与反式-β-硝基烯烃的不对称加成反应中催化性能。

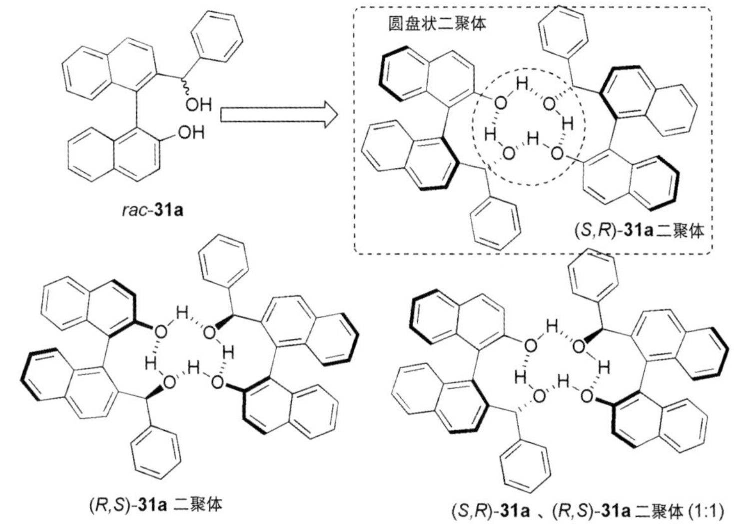

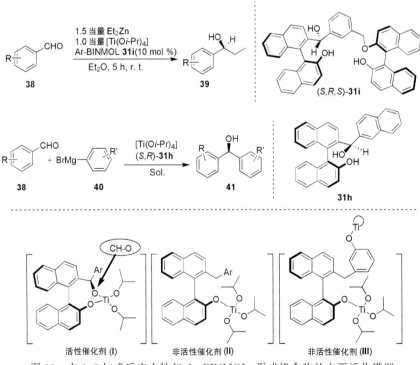

图 10　Ar-BINMOLs 分子间存在的氢键作用

## 3. Ar-BINMOLs 应用于不对称催化金属试剂对羰基化合物的加成反应的研究

烷基锌与羰基的 1,2 加成反应是在构建碳-碳键的不对称催化合成中最为常见的有机合成反应之一,也是目前研究较为成功的合成转化反应之一,尤其在不对称合成光学活性的二级醇中具有重要的价值[67-70]。自从 Ohno 等人[71,72]首次报道[Ti(O$i$-Pr)$_4$]与手性 bis(triflamide)不对称催化二乙基锌与醛的 1,2 加成反应以来,不对称催化二乙基锌与醛的 1,2 加成反应就被广泛应用于检验各类手性配体的立体诱导性能,如修饰的 bis(sulfamide)、TADDOLs(酒石酸衍生二醇)和 BINOLs 等手性配体的催化活性[73-82]。为了研究 Ar-BINMOLs 作为手性配体的催化活性,我们课题组首次将其应用于[Ti(O$i$-Pr)$_4$]催化二乙基锌与芳香醛的 1,2 加成反应中。当配体为($S,R,S$)-**31i**(图 5)时,该反应获得了很好的产率和最高为 99.9% 的对映选择性,底物也具有很好的适应性(图 11)[16]。

图 11　在 1,2 加成反应中钛与 Ar-BINMOLs 形成络合物的主要活化模型

毫无疑问，Ar-BINMOLs 作为新型手性配体在不对称催化二乙基锌与芳香醛的 1,2 加成中具有很好的催化活性。为了进一步研究 Ar-BINMOLs 的催化活性，同时也为合成廉价的高对映选择性的二级醇提供有效方法，我们选择芳基格氏试剂和甲基格氏试剂与芳香醛的不对称 1,2 加成反应作为模型反应。在芳基格氏试剂与芳基溴化镁的不对称 1,2 加成反应中，经过对常见的 Ar-BINMOLs 手性配体进行筛选，发现最佳配体为 $(S,R)$-31h，可得到 72%～92% 的产率和最高为 72% 的对映选择性。为了验证 Ar-BINMOLs 中碳手性的特殊性，我们还进一步设计了另外两种手性配体进行对比，结果表明醇羟基具有重要的作用，并推测了它与 [Ti(O$i$-Pr)$_4$] 作用时可能存在的中间过渡态（图 11）[17]。

自我们课题组报道 Ar-BINMOLs 的合成及应用以来，西班牙的 Yus 课题组也相继跟踪我们的工作，研究了 Ar-BINMOLs 作为手性配体的应用研究，成功将其应用于不对称催化烷基锂与芳香醛的 1,2 加成反应、烷基铝与醛的 1,2 加成反应、烷基格氏试剂与醛的 1,2 加成反应[83-86]。如不对称催化烷基锂与芳香醛的 1,2 加成反应，最佳配体为 $(S,R)$-31a，得到最高为 96% 对映选择性；同样的配体，在不对称催化烷基铝与醛的 1,2 加成反中可得到最高为 99% 对映选择性；Yus 等人还发现该配体同样可以应用于不对称催化烷基格氏试剂与芳香醛的 1,2 加成反应，并得到很好的立体选择性，产物的对映选择性最高可以达到 96%，而烷基格氏试剂与脂肪醛的 1,2 加成反应，最佳配体为 $(S,R)$-31n，其立体诱导性能更为理想，针对很多底物可得到最高为 99% 对映选择性[83-86]。因此，将 Ar-BINMOLs 作为手性配体可应用于不对称催化烷基金属试剂与醛的 1,2 加成反应，而且已有研究表明，相关催化反应都能得到高对映选择性的产物，为获取各种光学活性的手性醇提供良好的催化剂。然而，在芳基金属试剂，特别是芳基格氏试剂和芳香醛的 1,2 加成反应中，其立体选择性有待进一步提高，因此发展多样性的 Ar-BINMOLs 衍生物有望提高其立体选择性。

2015 年，我们通过引入吡啶环来构建兼具轴手性和 sp$^3$ 碳手性中心的多官能团 Py-BINMOLs，该类手性配体可成功实现 Mg 催化的 TMSCN（三甲基腈硅酮）与查耳酮的共轭加成，在温和的条件下以相当不错的对映选择性（高达 92%）和良好的产率（高达 91%）获得相应的芳族 β-氰基酮[87]。与已报道的工作相比，Py-BINMOLs 和镁形成的新催化剂体系有可能存在多核金属 Mg 活性中心的超分子结构，以一种双活化模式实现对 TMSCN 和查耳酮的双重促进作用，从而产生较为理想的手性诱导能力。

## 4. 基于手性 Ar-BINMOLs 骨架的衍生配体合成及其在不对称催化中的应用

### 4.1 基于手性 Ar-BINMOLs 骨架 Salan 配体的合成及其在不对称催化中的应用

在不对称催化反应中，Salen 和 Salan 两类配体是一类结构独特的手性配体，并可广泛应用于铜、钴等各类金属催化合成反应中。考虑到 Ar-BINMOLs 易于合成并具有独特的柔性苄基结构，为此我们设计合成了一类手性 Ar-BINMOL 衍生的的 Salan-47 配体（图 12）[88]，并对 Salan-47 配体和 Salan-47 配体与几种金属盐的作用进行紫外可见、荧光谱等物性/谱学测试。

通过荧光分析测试，我们发现 Salan-47 配体与 CuCl 的荧光光谱信号最强，因此 Salan-47 在一定程度上可作为荧光探针应用于 Cu$^I$ 离子的检测中[89]。根据一些物性测试分析数据，我们将 Salan-47 配体与 Cu 的配合物作为催化剂应用于 Henry 反应。有意思的是，Salan-47-Cu 催化剂对不同结构的醛具有特异性区分效应。研究结果表明，该催化剂对未取代的苯甲醛及含卤素的芳香醛具有较好的反应结果，对映选择性可高达 91%，产率较为理想（图 13）。然而，对甲基、甲氧基或硝基取代的芳香醛，该类 Henry 反应几乎不发生，甚至脂肪醛也没有反应活性，这些意外的结果促使我们对 Salan-Cu 催化剂进行了一些研究，初步的结构分析表明，Salan 配体上的苄基可产生较大

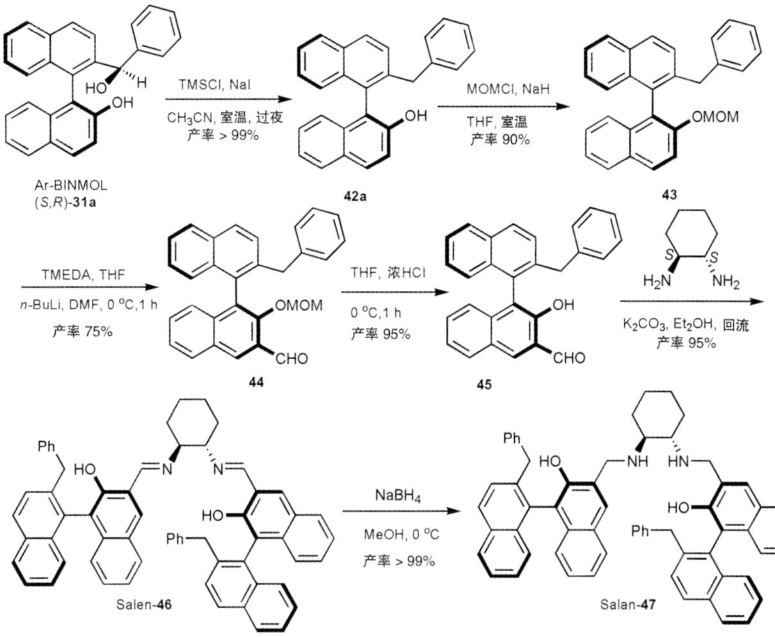

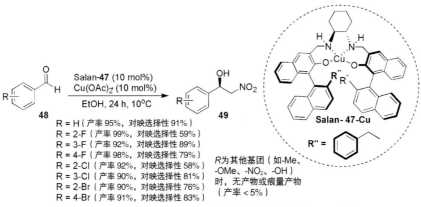

图 12　兼具轴手性和 sp³ 碳手性的手性 Salan 配体 47 的合成路线

图 13　手性 Salan 配体 47 促进的不对称铜催化 Henry 反应

的立体位阻效应,有利于识别某些醛的柔性空穴,从而表现出特异的类似于酶催化体系的结构专一性。

与铜催化体系不同的是,由 Ar-BINMOL 衍生的 Salen 配体($R$,$R$,$S$,$S$)-46 与钴形成的配合物可以非常有效地促进不对称 Henry 反应,底物的普适性很好,而且相应的产物具有相当高的对映选择性,最高可达 98% 对映选择性(图 14)[90]。对照性实验表明,该类配体的柔性苄基和环己二胺骨架均很重要,含苄基的 Ar-BINMOL 作为手性 π-墙的芳基骨架在反应过程中体现出非常好的手性诱导作用。在 Henry 反应这一模型中,由 Ar-BINMOL 骨架衍生配体构建的钴和铜催化体系均受到苄基等官能团的影响,充分显示出非共价键作用对催化剂的手性诱导能力具有不可忽视的调控作用。

在此基础上,我们进一步研究了 Ar-BINMOL 衍生的 Salen-Mn<sup>III</sup> 配合物并应用于催化醛与 TMSCN 的硅氰化反应。与先前的类似催化剂相比,这一类具有芳香袋和两个苄基作为辅助基团的 Salen-Mn<sup>III</sup> 催化剂在该反应中表现出优异的产率和良好的对映选择性(产物 50 的产率高达 94% 和具有 64%～90% 的对映选择性,图 15)[91],此类 Salen-Mn<sup>III</sup> 配合物在产率和对映选择性方面表现出优于其他已知结构的 Salen-Mn 催化剂。

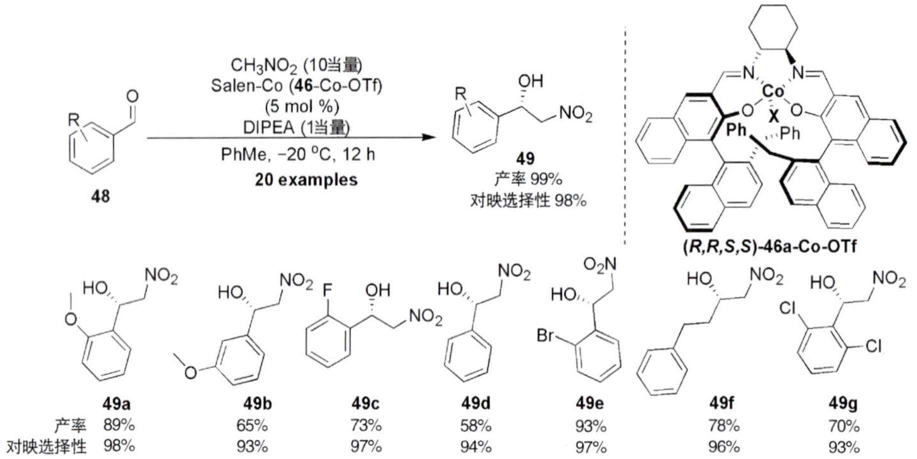

图 14 手性 Salen 配体 **46** 促进的不对称钴催化 Henry 反应

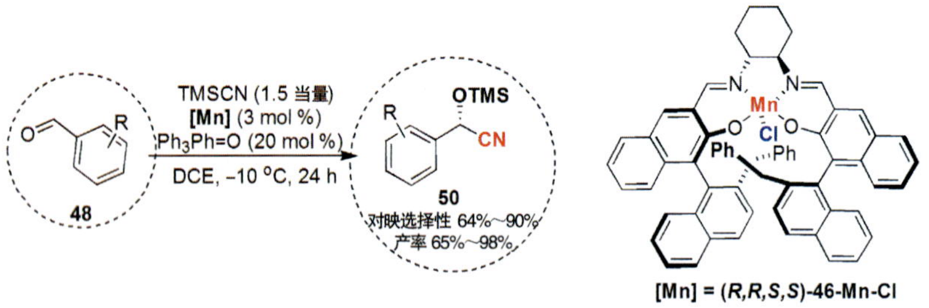

图 15 手性 Salen 配体 **46** 促进的不对称钴催化 Henry 反应

### 4.2 手性 Ar-BINMOLs 衍生膦配体的合成及其在不对称催化中的应用

在不对称催化反应中,手性膦配体与过渡金属催化剂同样具有极为重要的地位,在过去几十年里已被证明是最有价值的一类配体之一,应用极为广泛。基于 Ar-BINMOLs 骨架中的轴手性,我们设计合成了一类新型手性单膦配体(Ar-NNPs),并将其应用于银催化的不对称 2-(三甲基硅氧基)呋喃与亚胺的 Mannich 插烯反应(图 16)[92]。研究表明,银与手性单膦配体 Ar-NNPs 形成的复合物可有效催化此类 Mannich 插烯反应,亚胺底物的适应性较好,均能够得到很好的分离产率(最高为 99%),而且该类配体的立体选择性较好(最高为 78%),非对映异构选择性很高(大于 99∶1)。

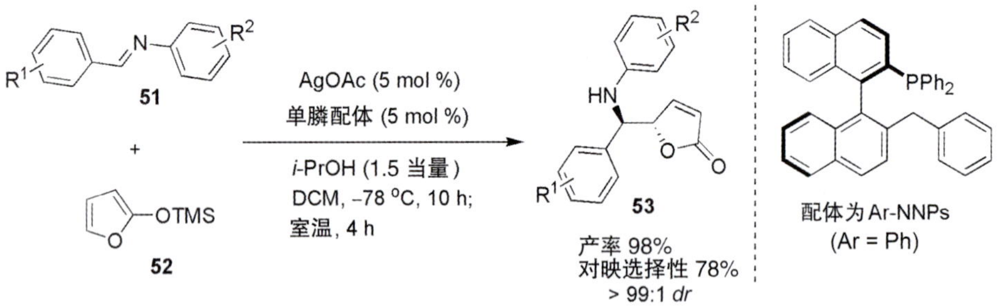

图 16 银催化的不对称插 Mannich 反应

通过 X 单晶衍射分析,在银与手性单膦配体 Ar-NNPs 形成的配合物中,手性单膦配体 Ar-NNPs 的苄基具有双重作用,Ag-π/π-π 弱堆积作用和立体位阻的排斥作用有利于 2-(三甲基硅氧基)呋喃形成的亲核试剂从 Re 面对亚胺进行加成,从而保证了该类单膦配体具有高立体选择性诱导性能。值得一提的是,该类配体没有其他官能团,仅靠单膦中心与苄基的芳香作用就获得较为理想的立体选择性诱导能力,Yamamoto 等人对本工作给予了积极的评价,并认为在该反应中单膦配体 Ar-NNPs 的苄基不仅有利于形成 Ag-π/π-π 堆积作用,而且明显的立体位阻效应也保证了 2-(三甲基硅氧基)呋喃对亚胺的高立体选择性加成[93]。

受 Ar-BINMOLs 这一兼具轴手性和碳中心手性骨架的启发,我们还成功合成了一类同样兼具轴手性和碳中心手性的席夫碱类多官能化膦配体 HZNU-Phos[94-96],该配体在有机锌与烯酮或酰化硅烷 **54** 的 1,4 偶联加成反应 [图 17,反应式(1)] 和氰乙酸酯类化合物参与的烯丙基化反应 [图 17,反应式(2)] 中表现出非常好的催化活性和立体选择性(对映选择性高达 99%)。这个工作对多手性中心膦配体的进一步优化及其催化反应研究具有一定的启示作用。

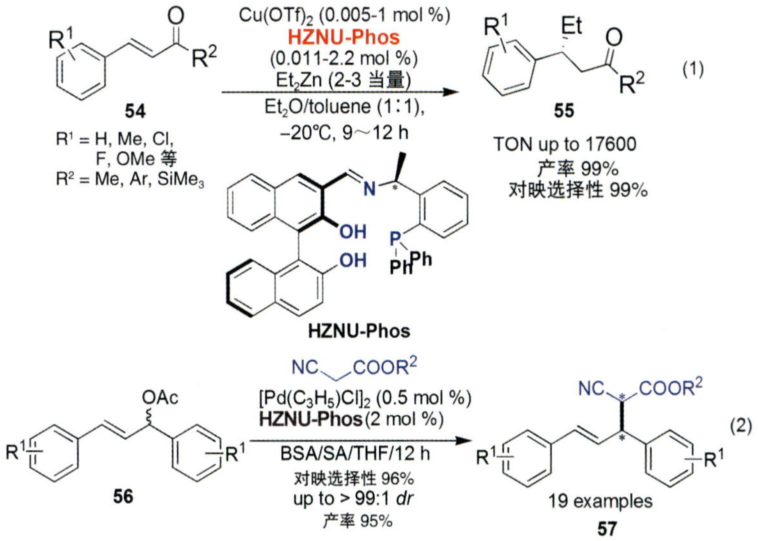

图 17　兼具轴手性和碳中心手性的 HZNU-Phos

2014 年,我们成功实现对 Ar-BINMOLs 分子结构的改造和优化,在 3 位引入含有孤对电子的 P 官能团,合成了能够保持醇和酚基团的新型多手性中心 Ar-BINMOL 膦配体 (Ar-BINMOL-Phos)[97],并发现当应用于促进 ZnMe₂ 和芳香端炔对醛的不对称催化炔基化反应时,该类新型膦配体具有很好的活性,而没有膦中心的 Ar-BINMOLs 不具有此类活性,在无添加剂的情况下就可以获得 70% 的对映选择性和较高收率的 S-炔醇产物(图 18,左侧反应式)。这一初步的研究结果表明,我们设计的新型膦配体有独特的催化活性。在此基础上,经过不断尝试和摸索后,发现在添加催化量的活泼金属试剂 n-BuLi 和 CaH₂ 可以获得立体选择性更高但构型翻转的 R-炔醇产物(图 18,右侧反应式)。这一现象充分显示,Ar-BINMOLs 上的醇和酚两类化学不等价的官能团具有重要作用,可通过改变金属添加剂形成单核或多核活性中心,从而在不同反应条件下可获得两种构型相反的加成产物。这种手性歧化途径在不对称催化反应领域中的报道非常少,对手性立体化学而言具有十分重要的意义。

随后,我们于 2015 年发现新型 Ar-BINMOLs 膦配体可应用于铜催化的点击化学中,建立了一类新型的失对称策略构建不对称 Huisgen 环加成反应过程[98]。在该反应中,与其他类型的膦配体或噁唑啉配体相比,Ar-BINMOLs 膦配体具有更好的立体选择性和催化活性。

通过进一步优化,获得一类含硅的 Ar-BINMOLs 膦配体,简称为 **Tao-Phos**(图 19),在催化叠氮酯类化合物对马来酰亚胺衍生的具有潜手性双炔底物参与的不对称 Huisgen[3+2] 环加成反应中,以很好的收率(80%)和极高的立体选择性(> 99%),获取季碳手性中心的产物 **61**。根据反应条件对立体选择性的影响因素、机理分析以及对反应中间体的 ESI-MS 分析,**Tao-Phos** 和相关的双核铜中心在这种不对称点击反应中起着关键作用,同时催化剂-助剂可能会原位形成双核或多核铜的活性中心[99]。这项工作不仅说明铜介导的不对称 Huisgen 环加成反应涉及碱和叠氮化物的螯

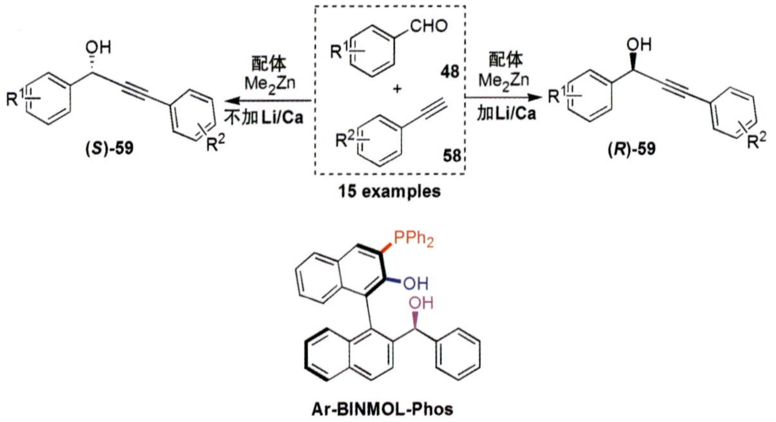

图 18 兼具化学可控双重立体选择性能力的 Ar-BINMOL-Phos

合作用,也表明双核铜物种在催化不对称点击反应中普遍存在,是真正起到对映选择性诱导作用的催化中心。

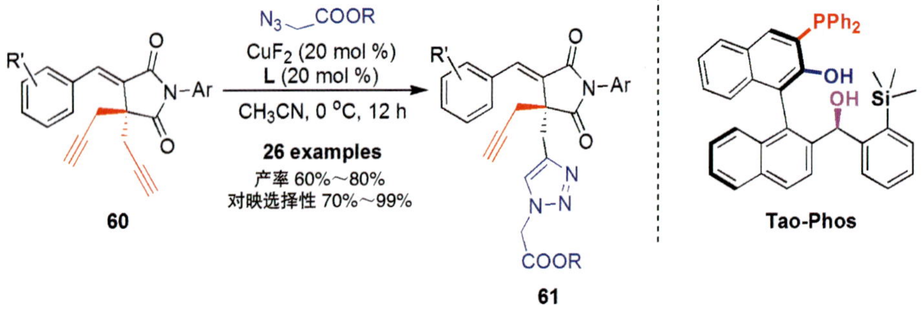

图 19 可应用于不对称催化 Huisgen 环加成反应的新型膦配体 Tao-Phos

最近我们还发现 Tao-Phos 这一独特的 Ar-BINMOL 衍生的多官能化单膦配体能够吸附在纳米铜催化剂上,在铜纳米粒子(NanoCu)催化叠氮化物与吡唑啉酮双炔 **62** 的环加成反应表现优异[100],甚至比均相的 CuF$_2$ 催化剂具有更好的活性。在这项工作中,我们进一步确定了 **Tao-Phos** 在控制吡唑啉酮等其他杂环骨架类双炔 **62** 参与的铜催化 Huisgen 环加成反应中具有尚未能被超越的手性诱导能力,目前在该类反应中具有最高的对映选择性和产率(图 20),显示出 **Tao-Phos** 类多功能手性配体有望在纳米催化体系的构建中发挥作用。

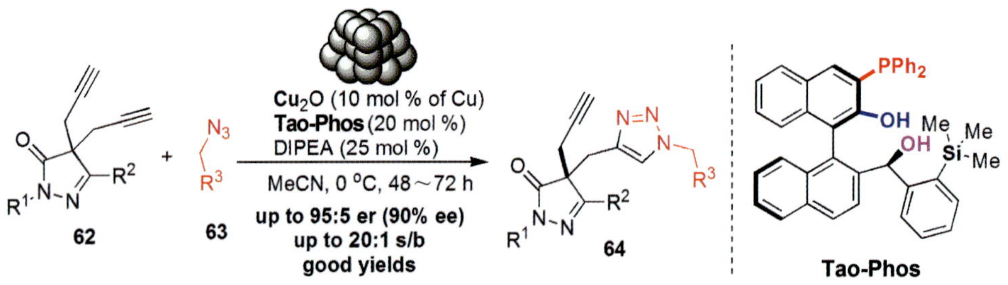

图 20 可应用于不对称催化 Huisgen 环加成反应的新型膦配体 Tao-Phos

## 5. 结论与展望

综上所述,由本课题组系统发展起来的同时具有轴手性和 sp$^3$ 碳手性的多手性中心 Ar-BINMOLs 及其衍生物(图 21),结构独特新颖,极大地拓展了 BINOLs 的立体化学特性,具有潜在的应用价值。该类手性分子易于合成,可进一步修饰官能团或进行结构改造,如可对 Ar-BINMOLs 剩余的酚羟基进一步苄基化或烯丙基化,通过二次 [1,2]-Wittig 重排构建兼具轴手性和两个 sp³ 碳手性的 Ar-BINMOLs。在过去 7 年里,本课题组一直推进 Ar-BINMOLs 作为新型手性配体的功能开发,目前已被成功地应用于有机锌试剂、有机锂试剂、有机铝试剂以及格氏试剂与醛的 1,2 加成反应等一系列重要有机转化反应,其中在烷基或芳基金属试剂和醛的加成反应中均能得到高对映选择性的手性醇。Ar-BINMOLs 也可以作为良好的手性骨架应用于 Salan 配体、单膦配体、席夫碱配体等设计中,在 Henry 反应、Mannich 插烯反应、Huisgen 环加成(点击化学)等方面取得了较好的结果,部分立体选择性结果是目前已知最高水平。我们相信,兼具轴手性和 sp³ 碳手性的 Ar-BINMOLs 及其衍生物未来能够在越来越多的有机合成反应中表现出很好的催化活性和立体诱导性能,有望成为一类结构特殊、性能优越的特色配体,并应用于各类不对称催化反应中。

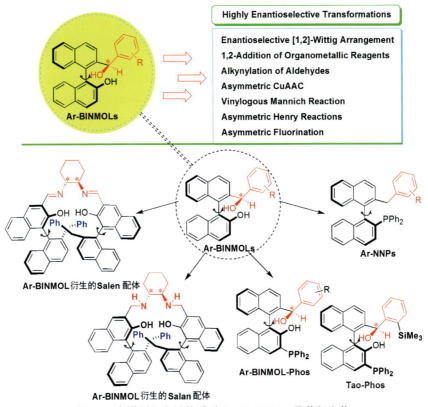

图 21　本课题组发展的系列 Ar-BINMOLs 及其衍生物

　　**致谢**:感谢国家自然科学基金(21173064、21472031、21773051)、浙江省杰出青年基金(LR14B030001)和浙江省自然科学基金重点项目(LZ18B020001)的资助。

**参考文献**

[1]　AGER D J, EAST M B. Asymmetric synthetic methodology [M]. Boca Raton: CRC Press, 1996.

[2]　OJIMA I. Catalytic asymmetric synthesis [M]. 3rd ed. Hoboken: John Wiley & Sons, 2010.

[3]　GAWLEY R E, AUBÉ J. Principles of asymmetric synthesis [M]. 2nd ed. New York: Elsevier, 2012.

[4]　DING K L, HAN Z B, WANG Z. Spiro Skeletons: A class of privileged structure for chiral ligand design [J]. Chem. Asian J., 2009, 4(1): 32-41.

[5]　Yong T P, JACOBSEN E N. Privileged chiral catalysts [J]. Science, 2003, 299(5613): 1691-1693.

[6]　KAGAN H B. Asymmetric synthesis [M]. New York: Academic Press, 1985.

[7]  RAM D J, CRAM J M. Design of complexes between synthetic hosts and organic guests [J]. Acc. Chem. Res., 1978, 11(1): 8-14.

[8]  NOYORI R, TOMINO I, TANIMOTO Y. Virtually complete enantioface differentiation in carbonyl group reduction by a complex aluminum hydride reagent [J]. J. Am. Chem. Soc., 1979, 101(11): 3129-3131.

[9]  CHEN Y, YEKTA S, YUDIN A K. Modified BINOL ligands in asymmetric catalysis [J]. Chem. Rev., 2003, 103(8): 3155-3212.

[10]  MICHL J, GLADYSZ, J A, KUCHTA R D. Editorial: Perennial reviews [J]. Chem. Rev., 2007, 107(1): 1-1.

[11]  KAMIKAWA K, WATANABE T, UEMURA M. Stereoselective synthesis of both enantiomers of axially chiral biaryls utilizing planar chiral tricarbonyl(arene)chromium complexes [J]. J. Org. Chem., 1996, 61 (4): 1375-1384.

[12]  BURKE M D, SCHREIBER S L. A Planning strategy for diversity-oriented synthesis [J]. Angew. Chem. Int. Ed., 2004, 43(1): 46-58.

[13]  LEE J Y, MILLER J J, HAMILTON S S, et al. Stereochemical diversity in chiral ligand design: Discovery and optimization of catalysts for the enantioselective addition of allylic halides to aldehydes [J]. Org. Lett., 2005, 7 (9): 1837-1839.

[14]  GAO G, GU F L, JIANG J X, et al. Neighboring lithium-assisted [1,2]-Wittig rearrangement: Practical access to diarylmethanol-based 1,4-diols and optically active BINOL derivatives with axial and $sp^3$-central chirality [J]. Chem. Eur. J., 2011, 17(9): 2698-2703.

[15]  GAO G, BAI X F, YANG H M, et al. Ar-BINMOLs with axial and $sp^3$ central chirality-characterization, chiroptical properties, and application in asymmetric catalysis [J]. Eur. J. Org. Chem., 2011, (26): 5039-5046.

[16]  GAO G, BAI X F, LI F, et al. A lewis acid-promoted reduction of acylsilanes to α-hydroxysilanes by diethylzinc [J]. Tetrahedron, 2012, 53(17): 2164-2166.

[17]  ZHENG L S, JIANG K Z, DENG Y, et al. Synthesis of Ar-BINMOL ligands by [1,2]-Wittig rearrangement to probe their catalytic activity in 1,2-addition reactions of aldehydes with grignard reagents [J]. Eur. J. Org. Chem., 2013, (4): 748-755.

[18]  WU T R, SHEN L X, CHONG J M. Asymmetric allylboration of aldehydes and ketones using 3,3'-disubstitutedbinaphthol-modified boronates [J]. Org. Lett. 2004, 6(16): 2701-2704.

[19]  BLAY G, FERNÁNDEZ I, PEDRO J R, et al. Highly enantioselective friedel-crafts alkylations of indoles with simple enones catalyzed by zirconium(IV)-BINOL complexes [J]. Org. Lett., 2007, 9(13): 2601-2604.

[20]  BLAY G, FERNáNDEZ I, MU. OZ M C, et al. Enantioselective friedel-crafts alkylation of indoles with (E)-1-aryl-4-benzyloxybut-2-en-1-ones catalyzed by an (R)-3,3'-Br$_2$BINOLate-Hafnium(IV) Complex [J]. Eur. J. Org. Chem., 2013, (10): 1902-1907.

[21]  HUANG G C, YIN Z S, ZHANG X G. Construction of optically active quaternary propargyl amines by highly enantioselective zinc/BINOL-catalyzed alkynylation of ketoimines [J]. Chem. Eur. J., 2013, 19(36): 11992-11998.

[22]  LINGENFELTER D S, HELGESON R C, CRAM D J. Host-guest complexation. 23. High chiral recognition of amino acid and ester guests by hosts containing one chiral element [J]. J. Org. Chem., 1981, 46(2): 393-406.

[23]  COX P J, WANG W, SNIECKUS V. Expedient route to 3-and 3,3'-substituted 1,1'-bi-2-naphthols by directed ortho metalation and suzuki cross coupling methods [J]. Tetrahedron, 1992, 33(17): 2253-2256.

[24]  SIMONSEN K B, GOTHELF K V, J. RGENSEN K A. A Simple synthetic approach to 3,3'-Diaryl BINOLs [J]. J. Org. Chem., 1998, 63(21): 7536-7538.

[25]  ZHANG Z G, DONG Z B, LI J S. Synthesis and application of 3-substituted (S)-BINOL as chiral ligands for the asymmetric ethylation of aldehydes [J]. Chirality, 2010, 22(9): 820-826.

[26]  LIN L, ZHANG J L, MA X J, et al. Bifunctional 3,3'-Ph$_2$-BINOL-Mg catalyzed direct asymmetric vinylogous michael addition of α,β-unsaturated γ-butyrolactam [J]. Org. Lett., 2011, 13(24): 6410-6413.

[27]  MILBURN R R, HUSSAIN S M S, PRIEN O, et al. 3,3'-Dipyridyl BINOL ligands: Synthesis and application

in enantioselective addition of Et$_2$Zn to aldehydes [J]. Org. Lett., 2007, 9(22): 4403-4406.

[28] WANG Q, CHEN S Y, YU X Q, et al. 1,1′-binaphthyl ligands with bulky 3,3′-tertiaryalkyl aubstituents for the asymmetric alkyne addition to aromatic aldehydes [J]. Tetrahedron, 2007, 63(21): 4422-4428.

[29] YUE Y, TURLINGTON M, YU X Q, et al. 3,3′-Anisyl-substituted BINOL, H$_4$BINOL, and H$_8$BINOL ligands: Asymmetric synthesis of diverse propargylic alcohols and their ring-closing metathesis to chiral cycloalkenes [J]. J. Org. Chem., 2009, 74(22): 8681-8689.

[30] MARUOKA K, ITOH T, ARAKI Y, et al. Efficient synthesis of sterically hindered chiral binaphthol derivatives [J]. Bull. Chem. Soc. Jpn., 1988, 61(8): 2975-2976.

[31] GRIBKOV D V, HULTZSCH K C, HAMPEL F. 3,3′-Bis(trisarylsilyl)-substituted binaphtholate rare earth metal catalysts for asymmetric hydroamination [J]. J. Am. Chem. Soc., 2006, 128(11): 3748-3759.

[32] KODAMA H, ITO J, HORI K, et al. Lanthanide-catalyzed asymmetric 1,3-dipolar cycloaddition of nitrones to alkenes using 3,3′-bis(2-oxazolyl)-1,1′-bi-2-naphthol (BINOL-Box) ligands [J]. J. Organomet. Chem., 2000, 603(1): 6-12.

[33] BECKENDORF S, MANCHEÑO O G. "Click"-BINOLs: A new class of tunable ligands for asymmetric catalysis [J]. Synthesis, 2012, 44(14): 2162-2172.

[34] CASAS J, BAEZA A, SANSANO J M, et al. Enantioselective cyanoformylation of aldehydes mediated by BINOLAM-AlCl as a monometallic bifunctional catalyst [J]. Tetrahedron: Asymmetry, 2003, 14(2): 197-200.

[35] QIN Y C, LIU L, SABAT M, et al. Synthesis of the bifunctional BINOL ligands and their applications in the asymmetric additions to carbonyl compounds [J]. Tetrahedron, 2006, 62(40): 9335-9348.

[36] GOU S H, ZHOU X, WANG J, et al. Asymmetric hydrophosphonylation of aldehydes catalyzed by bifunctional chiral Al(III) complexes [J]. Tetrahedron Lett., 2008, 64(12): 2864-2870.

[37] NAJERA C, SANSANO J M, SAA J M. Bifunctional binols: Chiral 3,3′-bis(aminomethyl)-1,1′-bi-2-naphthols (binolams) in asymmetric catalysis [J]. Eur. J. Org. Chem., 2009, (15): 2385-2400.

[38] LI H, DA C S, XIAO Y H, et al. Direct asymmetric aldol reaction of aryl ketones with aryl aldehydes catalyzed by chiral BINOL-derived zincate catalyst [J]. J. Org. Chem., 2008, 73(18): 7398-7401.

[39] GUO Q S, LIU B, LU Y N, et al. Synthesis of 3 or 3,3′-substituted BINOL ligands and their application in the asymmetric addition of diethylzinc to aromatic aldehydes [J]. Tetrahedron: Asymmetry, 2005, 16(22): 3667-3671.

[40] MATSUI K, TAKIZAWA S, SASAI H. Bifunctional organocatalysts for enantioselective aza-Morita-Baylis-Hillman reaction [J]. J. Am. Chem. Soc., 2005, 127(11): 3680-3681.

[41] MATSUI K, TANAKA K, HORII A, et al. Conformational lock in a Brønsted acid-Lewis base organocatalyst for the aza-Morita-Baylis-Hillman reaction [J]. Tetrahedron: Asymmetry., 2006, 17(4): 578-583.

[42] QIAN C T, ZHU C J, HUANG T S. Enantioselective trimethylsilylcyanation of aldehydes catalyzed by chiral lanthanoid alkoxides [J]. J. Chem. Soc., Perkin Trans. 1, 1998, (14): 2131-2132.

[43] VOGL E M, MATSUNAGA S, KANAI M, et al. Linking BINOL: $C_2$-Symmetric ligands for investigations on asymmetric catalysis [J]. Tetrahedron Lett., 1998, 39(43): 7917-7920.

[44] MATSUNAGA S, OHSHIMA T, SHIBASAKI M. Linked-BINOL: An approach towards practical asymmetric multifunctional catalysis [J]. Adv. Synth. Catal., 2002, 344(1): 3-15.

[45] SHIBASAKI M, MATSUNAGA S. Metal/linked-BINOL complexes: Applications in direct catalytic asymmetric mannich-type reactions [J]. J. Organomet. Chem., 2006, 691(10): 2089-2100.

[46] SHIBASAKI M, MATSUNAGA S. Design and application of linked-BINOL chiral ligands in bifunctional asymmetric catalysis [J]. Chem. Soc. Rev., 2006, 35(3): 269-279.

[47] HASHIMOTO T, OMOTE M, MARUOKA K. 6,6′-Substituent effect of BINOL in bis-titanium chiral lewis acid catalyzed 1,3-dipolar cycloaddition of nitrones [J]. Org. Biomol. Chem., 2008, 6(13): 2263-2265.

[48] SASAI H, ARAI T, SATOW Y, et al. The first heterobimetallic multifunctional asymmetric catalyst [J]. J. Am. Chem. Soc., 1995, 117(23): 6194-6198.

[49] SASAI H, TOKUGANA T, SHIZUE W, et al. Efficient diastereo-selective and enantioselective nitroaldol reactions from prochiral starting materials: Utilization of La-Li-6,6′-disubstituted BINOL complexes as asymmetric catalysts [J]. J. Org. Chem., 1995, 60(23): 7388-7389.

[50] EI KADIRI M Y, FRAMERY E, ANDRIOLETTI B. Functionalization of BINOL and application in the homo- and heterogeneous enantioselective epoxidation of α,β-unsaturated ketones [J]. Tetrahedron, 2012, 53(47): 6335-6338.

[51] BUNZEN J, BRUHN T, BRINGMANN G, et al. Synthesis and helicate formation of a new family of BINOL-based bis(bipyridine) ligands [J]. J. Am. Chem. Soc., 2009, 131(10): 3621-3630.

[52] TIAN Y, CHAN K S. An asymmetric catalytic carbon-carbon bond formation in a fluorous biphasic system based on perfluoroalkyl-BINOL [J]. Tetrahedron Lett., 2000, 41(45): 8813-8816.

[53] MIKAMI K, UEKI M, MATSUMOTO Y, et al. Tetranuclear titanium 7,7′-modified binaphtholate cluster as a novel chiral lewis acid catalyst [J]. Chirality, 2001, 13(9): 541-544.

[54] ENEV V, EWERS C L J, HARRE M, et al. A bis-steroidal phosphine as new chiral hydrogenation ligand [J]. J. Org. Chem., 1997, 62(21): 7092-7093.

[55] MARSHALL J A. Comprehensive organic synthesis [M]. Oxford: Pergamon, 1991, 3, 975.

[56] TOMOOKA K, YAMAMOTO H, NAKAI T. Recent developments in the [1,2]-Wittig rearrangement [J]. Liebigs Ann. Recl., 1997, (7): 1275-1281.

[57] WITTIG G, LÖHMANN L. Übe die kationtrope isomerisation gewisser benzyläther bei einwirkung von phenyl-lithium [J]. Justus Liebigs Ann. Chem., 1942, 550(1): 260-268.

[58] NAKAI T, MIKAMI K. [2,3]-Wittig sigmatropic rearrangements in organic synthesis [J]. Chem. Rev., 1986, 86(5): 885-902.

[59] KITA-MURA M, HIROKAWA Y, MAEZAKI N. Asymmetric [2,3]-Wittig rearrangement of oxygenated allyl benzyl ethers in the presence of a chiral di-tBu-bis(oxazoline) ligand: A novel synthetic approach to THF lignans [J]. Chem. Eur. J., 2009, 15(38): 9911-9917.

[60] SASAKI M, IKEMOTO H, KAWAHATA M, et al. [2,3]-Wittig rearrangement of enantiomerically enriched 3-substituted 1-propenyloxy-1-phenyl-2-propen-1-yl carbanions: Effect of heteroatoms and conjugating groups on planarization of an α-oxy-benzyl-carbanion through a double bond [J]. Chem. Eur. J., 2009, 15(18): 4663-4666.

[61] GIAMPIETRO N C, WOLF J P. Asymmetric tandem Wittig rearrangement/Mannich reactions [J]. Angew. Chem. Int. Ed., 2010, 49(16): 2922-2924.

[62] KIYOOKA S, TSUTSUI T, KIRA T. Complete asymmetric induction in [1,2]-Wittig rearrangement of a system involving a binaphthol moiety [J]. Tetrahedron, 1996, 37(49): 8903-8904.

[63] TOMOOKA K, YAMAMOTO H, NAKAI T. [1,2]-Wittig rearrangement of acetal systems: A highly stereocontrolled conversion of O-glycosides to C-glycosides [J]. J. Am. Chem. Soc., 1996, 118(13): 3317-3318.

[64] BARLUENGA J, FA. ANÁS F J, SANZ R, et al. On the reactivity of O-lithloaryl ethers: Tandem anion translocation and Wittig rearrangement [J]. Org. Lett., 2002, 4(9): 1587-1590.

[65] SANTOS L S. Reactive intermediates: MS investigations in solution [M]. Weinheim: Wiley-VCH, 2010.

[66] 高广. 手性 Ar-BINMOLs 配体的制备及其在不对称合成反应中的应用 [D]. 杭州: 杭州师范大学, 2012: 1-144.

[67] SOMANATHAN R, FLORES-LOPEZ L Z, MONTALVO-GONZA-LEZ R, et al. Enantioselective addition of organozinc to aldehydes and ketones catalyzed by immobilized chiral ligands [J]. Mini-Rev. Org. Chem., 2010, 7(1): 10-22.

[68] ZHONG J C, HOU S C, QIAN Q H, et al. Highly enantioselective zinc/amino alcohol-catalyzed alkynylation of aldehydes [J]. Chem. Eur. J., 2009, 15(13): 3069-3071.

[69] LOMBARDO M, CHIA-RUCCI M, TROMBINI C. The first enantioselective addition of diethylzinc to

aldehydes in ionic liquids catalysed by a recyclable ion-tagged diphenylprolinol [J]. Chem. Eur.J., 2008, 14 (36): 11288-11291.

[70] PU L, YU H B. Catalytic asymmetric organozinc additions to carbonyl compounds [J]. Chem. Rev., 2001, 101 (3): 757-824.

[71] YOSHIOKA M, KAWAKITA T, OHNO M. Asymmetric induction catalyzed by conjugate bases of chiral proton acids as ligands: Enantioselective addition of dialkylzinc-orthotitanate complex to benzaldehyde with catalytic ability of a remarkable high order [J]. Tetrahedron, 1989, 30(13): 1657-1660.

[72] TAKAHASHI H, KAWAKITA T, YOSHIOKA M, et al. Enantioselective alkylation of aldehyde catalyzed by disulfonamide-Ti(O-$i$-Pr)$_4$-dialkyl zinc system [J]. Tetrahedron, 1989, 30(50): 7095-7098.

[73] SCHMIDT B, SEEBACH D. 2,2-dimethyl-$\alpha,\alpha,\alpha',\alpha'$-tetrakis($\beta$-naphthyl)-1,3-dioxolan-4,5-dimethanol (DINOL) for the titanate-mediated enantioselective addition of diethylzinc to aldehydes [J]. Angew. Chem. Int. Ed. Engl., 1991, 30(10): 1321-1323.

[74] ZHANG F Y, YIP C W, CAO R, et al. Enantioselective addition of diethylzinc to aromatic aldehydes catalyzed by Ti(BINOL) complex [J]. Tetrahedron: Asymmetry, 1997, 8(4): 585-589.

[75] BALSELLS J, WALSH P J. Design of diastereomeric self-inhibiting catalysts for control of turnover frequency and enantioselectivity [J]. J. Am. Chem. Soc., 2000, 122(13): 3250-3251.

[76] BALSELLS J, WALSH P J. The use of achiral ligands to convey asymmetry: Chiral environment amplification [J]. J. Am. Chem. Soc., 2000, 122(8): 1802-1803.

[77] HATANO M, MIYAMOTO T, ISHIHARA K. Enantioselective addition of organozinc reagents to aldehydes catalyzed by 3,3'-bis(diphenylphosphinoyl)-BINOL [J]. Adv. Synth. Catal., 2005, 347(11-13): 1561-1568.

[78] TANAKA T, SANO Y, HAYASHI M. Chiral schiff bases as highly active and enantioselective catalysts in catalytic addition of dialkylzinc to aldehydes [J]. Chem. Asian J., 2008, 3(8-9): 1465-1471.

[79] GOU S H, JUDEH Z M A. Enantioselective addition of diethylzinc to aromatic aldehydes catalyzed by Ti(IV) complexes of $C_2$-symmetrical chiral BINOL derivatives [J]. Tetrahedron Lett., 2009, 50(3): 281-283.

[80] ZHANG Z G, DONG Z B, LI J S. Synthesis and application of 3-substituted ($S$)-BINOL as chiral ligands for the asymmetric ethylation of aldehydes [J]. Chirality, 2010, 22(9): 820-826.

[81] ADREU A R, PEREIRA M M, BAYON J C. Synthesis of new bis-BINOL-2,2'-ethers and bis-H$_8$BINOL-2,2'-ethers evaluation of their Titanium complexes in the asymmetric ethylation of benzaldehyde [J]. Tetrahedron, 2010, 66(3): 743-749.

[82] VONRONN R, CHRISTOFFERS J. Acetyl-BINOL as mimic for chiral $\beta$-diketonates: A building block for new modular ligands [J]. Tetrahedron Lett., 2011, 67(2)334-338.

[83] FEMÁNDEZ-MATEOS E, MACIÁ B, RAMÓN D J, et al. Catalytic enantioselective addition of MeMgBr and other grignard reagents to aldehydes [J]. Eur. J. Org. Chem., 2011, (34): 6851-6855.

[84] FEMÁNDEZ-MATEOS E, MACIÁ B, YUS M. Catalytic asymmetric addition of alkyllithium reagents to aromatic aldehydes [J]. Eur. J. Org. Chem., 2012, (20): 3732-3736.

[85] FEMÁNDEZ-MATEOS E, MACIÁ B, YUS M. Catalytic enantioselective addition of organoaluminum reagents to aldehydes [J]. Tetrahedron: Asymmetry, 2012, 23(10): 789-794.

[86] FEMÁNDEZ-MATEOS E, MACIÁ B, YUS M. Catalytic enantioselective addition of alkyl grignard reagents to aliphatic aldehydes [J]. Adv. Synth. Catal., 2013, 355(7): 1249-1254.

[87] DONG C, SONG T, BAI X F, et al. Enantioselective conjugate addition of cyanide to chalcones catalyzed by magnesium-Py-BINMOL complex [J]. Catal. Sci. Technol., 2015, 5(10): 4755-4759.

[88] LI F, ZHENG Z J, SHANG J Y, et al. A chiral Cu-salan catalyst with a rotatable aromatic $\pi$-wall: Molecular recognition-oriented asymmetric Henry transformation of aromatic aldehydes [J]. Chem. Asian J., 2012, 7(9): 2008-2013.

[89] LI F, LI L, YANG W, et al. Chiral Ar-BINMOL-derived Salan as fluorescent sensor for recognition of CuCl and cascade discrimination of α-amino acids [J]. Tetrahedron Lett., 2013, 54(12): 1584-1588.

[90] WEI Y L, YANG K F, LI F, et al. Probing evolution of Ar-BINMOL-derived salen-Co (Ⅲ) complex for asymmetric Henry reactions of aromatic aldehydes: salan-Cu(Ⅱ) versus salen-Co(Ⅲ) catalysis [J]. RSC Adv., 2014, 4(71): 37859-37867.

[91] WEI Y L, HUANG W S, CUI Y M, et al. Enantioselective cyanosilylation of aldehydes catalyzed by multistereogenic salen-Mn(Ⅲ) complex with rotatable benzylic group as a helping hand [J]. RSC Adv., 2015, 5 (4): 3098-3103.

[92] ZHENG L S, LI L, YANG K F, et al. New silver(Ⅰ)-monophosphine complex derived from chiral Ar-BINMOL: Synthesis and catalytic activity in asymmetric vinylogous mannich reaction [J]. Tetrahedron Lett., 2013, 69(41): 8777-8784.

[93] YAMAMOTO H, ZHOU F. Silver(Ⅰ)-monophosphine-catalyzed asymmetric mannich reaction [J]. Synfacts., 2014, 10(1): 56-56.

[94] YE F, ZHENG Z J, DENG W H, et al. Modulation of multifunctional N,O,P ligands for enantioselective copper-catalyzed conjugate addition of diethylzinc and trapping of the zinc enolate [J]. Chem. Asian J., 2013, 8 (9): 2242-2253.

[95] DENG W H, YE F, BAI X F, et al. Multistereogenic phosphine ligand-promoted palladium-catalyzed allylic alkylation of cyanoesters [J]. ChemCatChem., 2015, 7(1): 75-79.

[96] LV J Y, ZHENG Z J, LI L, et al. Enantioselective synthesis of chiral acylsilanes by copper-catalyzed asymmetric conjugate addition of diethyzinc to α,β-unsaturated acylsilanes with chiral HZNU-Phos ligand [J]. RSC Adv., 2017, 7(87): 54934-54938.

[97] SONG T, ZHENG L S, YE F, et al. Modular synthesis of Ar-BINMOL-Phos for catalytic asymmetric alkynylation of aromatic aldehydes with unexpected reversal of enantioselectivity [J]. Adv. Synth. Catal., 2014, 356(8): 1708-1718.

[98] SONG T, LI L, ZHOU W, et al. Enantioselective copper-catalyzed azide-alkyne click cycloaddition to desymmetrization of maleimide-based bis-alkynes [J]. Chem. Eur. J., 2015, 21(2): 554-558.

[99] CHEN M Y, SONG T, ZHENG Z J, et al. Tao-Phos-controlled desymmetrization of succinimide-based bisalkynes via asymmetric copper-catalyzed Huisgen alkyne-azide click cycloaddition: Substrate scope and mechanism [J]. RSC Adv., 2016, 6(63): 58698-58708.

[100] CHEN M Y, XU Z, CHEN L, et al. Catalytic asymmetric Huisgen alkyne-azide cycloaddition of bisalkynes by copper(Ⅰ) nanoparticles [J]. ChemCatChem., 2018, 10(1): 280-286.

196

# 在聚倍半硅氧烷中控制联苯轴手性的十年研究

杨永刚*

苏州大学材料与化学化工学部,江苏,苏州 215123
*E-mail: ygyang@suda.edu.cn

**摘要**:轴手性化合物在不对称催化领域已经得到了深入研究。本文总结了近十年来本课题组在控制联苯基团的扭转方向和堆积手性方向的工作。手性小分子可以自组装成单手螺旋结构。我们以超分子自组装体为模板,制备了单手螺旋的 4,4'-亚联苯基桥联聚倍半硅氧烷纳米纤维或纳米管。利用扫描电镜和透射电镜表征了聚倍半硅氧烷的左右手螺旋和孔结构,并且通过电子圆二色谱及其理论计算清晰地解析了联苯基团的扭转及其堆积手性,从而建立起从分子手性到纳米尺度螺旋之间的关系。所得材料不仅有望应用于不对称催化和对映体分离,而且还可以作为原料制备具有光学活性的单手螺旋碳质纳米管和碳化硅纳米管。

**关键词**:联苯;轴手性;聚倍半硅氧烷;小分子胶体

# Ten Years' Control of the Axial Chirality of Biphenyl in Polybissilsesquioxanes

YANG Yonggang*

**Abstract**:Compounds with axial chirality have been deeply studied in the field of asymmetric catalysis. Herein, the ten-years' research on controlling the twist handedness and chiral stacking of biphenylene groups is summarized. Chiral small molecules can self-assemble into varieties of nanostructures with single helix. Single-handed helical 4,4'-biphenylene-bridged polybissilsesquioxane nanofibers and nanotubes were prepared using the self-assemblies of these chiral compounds as the templates. The handedness of the polybissilsesquioxanes was identified using scanning electron microscopy (SEM) and transmission electron microscope (TEM). Moreover, the twist and stacking handedness of the biphenylene groups were identified using electronic circular dichroism (ECD) spectra and theoretical calculations. The relationship between helix at nanoscale and chirality at molecular scale was set up. The chiral polybissilsesquioxanes can be potentially applied in the fields of asymmetric catalysis and enantioseparation. Moreover, optically active single-handed helical carbonaceous nanotubes and silicon carbide ones can be prepared using these polybissilsesquioxanes as the staring materials.

**Key Words**:Biphenyl; Axial chirality; Polybissilsesquioxane; Low-molecular-weight gelator

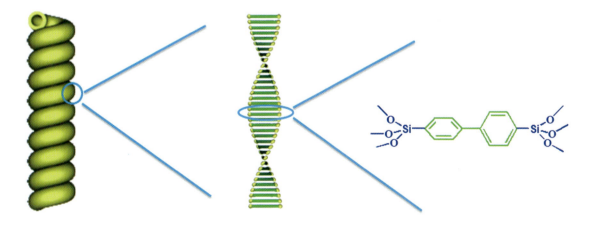

## 1. 引言

在分子手性领域,无论是分子的构型手性还是构象手性都被广泛关注。对于不对称催化,研究人员会十分关心催化剂的构型手性,因为产物的构型手性与催化剂的构型手性密切相关。而对于螺旋高分子和手性超分子体系,研究人员会同时关注构象手性[1]。螺旋高分子,如聚硅烷、聚乙炔、聚噻吩等[2-4],其螺旋结构的形成依赖于侧基的空间位阻,单一手性的侧基有利于单手螺旋结构的形成,从而表现出光学活性。基于这个现象,螺旋高分子可以作为手性传感器或应用于对映体拆分[1-4]。由于空间位阻,小分子化合物也可以自组装形成螺旋结构,如果该化合物为单一手性,它们可以自组装形成单手螺旋的纳米结构[5-9]。这些组装体也可以作为手性传感器[9]。伴随纳米材料的发展,各种各样的螺旋纳米材料被合成出来。不仅仅有二氧化硅[10]、氧化锌[11]、硅[12]、碳[13]、金[14]和银[15]等无机螺旋纳米纤维或纳米管,而且还包括螺旋酚醛树脂[16]、聚吡咯[17]和聚苯胺[18]等有机高分子纳米管。

聚倍半硅氧烷是以有机官能团为桥,两边各连接一个三烷氧基硅基的化合物缩合聚合而形成的。它可以应用于表面涂层、牙齿填充物、高尔夫球以及塑料制品等。伴随着纳米科技的发展,纳米尺度下的形貌和纳米孔道或空间得到深入研究。纳米空心球可以用于药物缓释和用作传感器,手性材料可以作为不对称催化剂[19,20]。近十年,手性形貌得到了关注。单手螺旋聚倍半硅氧烷纳米纤维、介孔纤维以及纳米管也被成功制备[21-23]。它们可以通过自模板和外模板两种方法合成,其中的孔道和管道是除掉模板之后形成的。研究结果表明:聚倍半硅氧烷的左右手螺旋主要依赖于自组装体的左右手螺旋。某些条件下,基于协同组装的机理,也会发生手性反转[24]。其功能可以通过桥连基团实现。由于芳香族桥连的聚倍半硅氧烷具有 π-π(以及 CH-π)堆积结构和紫外吸收性质,可以结合 ECD 谱和 X 射线衍射解析其手性堆积结构[23]。在溶液中,联苯分子的两个苯环的夹角一般为 30°～45°,具有构象手性。当桥连基团为亚联苯基时,不仅仅可以看到联苯的堆积手性,而且还可以看到联苯的扭转手性。这些手性聚倍半硅氧烷可以作为原料合成手性碳、二氧化硅以及碳化硅等,并可以作为手性催化剂实现不对称自催化[25,26]。

## 2. 单手螺旋亚联苯基桥连的聚倍半硅氧烷纳米管

### 2.1 溶胶-凝胶法制备

利用溶胶-凝胶法制备单手螺旋纳米管始于二氧化硅纳米管的制备[10]。利用小分子自组装体为模板,二氧化硅齐聚物通过静电或氢键相互作用吸附在自组装体的表面,并进一步缩合聚合,除掉模板后即得到二氧化硅纳米管(图 1)。如果模板为单手螺旋结构,所得到的二氧化硅也是单手螺旋结构。这是典型的外模板方法。换句话说,产物的形貌依赖于小分子自组装体的形貌。如果以 4,4′-二(三乙氧基硅基)-1,1′-联苯为前驱体,就会得到单手螺旋的 4,4′-亚联苯基桥连的聚倍半硅氧烷。2009 年我们课题组首次报道了 4,4′-亚联苯基桥连聚倍半硅氧烷纳米带的合成。该纳米带表现出明显的光学活性[27]。研究发现:如果溶胶-凝胶反应在含水体系中进行,产物的形貌随着反应时间的延长而逐渐发生变化。此产物形成过程为一动态过程,通常称之为动态模板机理。

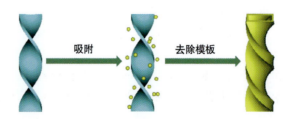

图 1　外模板法制备单手螺旋聚倍半硅氧烷

手性小分子胶体化合物一般为氨基酸、环己二胺、葡萄糖和胆固醇等的衍生物(图 2)。它们可以通过分子间氢键和憎溶剂缔合效应自组装成单手螺旋结构,包括扭曲纳米带、卷曲纳米带、螺旋纳米纤维以及螺旋纳米纤维束等。化合物 *LL*-1 和 *DD*-1 可以在乙醇中分别自组装成左手和右手螺旋纳米带[28]。类似的双头型手性化合物也可以自组装成螺旋结构,包括纳米带和纳米纤维。其左右手螺旋依赖于间隔基的长度及氨基酸的手性[22,29]。化合物 2 为单头型小分子胶体化合物,它可以在水或醇/水混合溶剂中自组装成右手螺旋结构[23]。这类单头型化合物自组装体的左右手螺旋依赖于周围环境。化合物 3 可以与 3-(甲氧基硅基)丙胺(APTMS)共组装成左手扭转和卷曲纳米带。化合物 *L*-4 和 *D*-4 可以在乙醇-水的混合溶剂中与 APTMS 共组装成扭转纳米带,自组装体的结构受溶液的 pH 值、浓度和温度的影响很大[24,30,31]。化合物 5 含有两个苯丙氨基,其自组装体的左右手螺旋依赖于 C 端氨基酸的手性[32]。深入的研究结果表明:这个现象与分子间氢键的形成过程以及分子的堆积方式有密切的关系[33,34]。进一步的研究还表明:当脂二肽由同种氨基酸组成时,C 端氨基酸的手性控制了自组装体的左右手螺旋[32]。化合物 *LL*-6 和 *DD*-6 可以在二甲基亚砜(DMSO)中分别自组装成右手和左手螺旋纤维束[35]。ECD 谱中在 250～350 nm 处的信号来源于联苯基团的扭转和堆积。

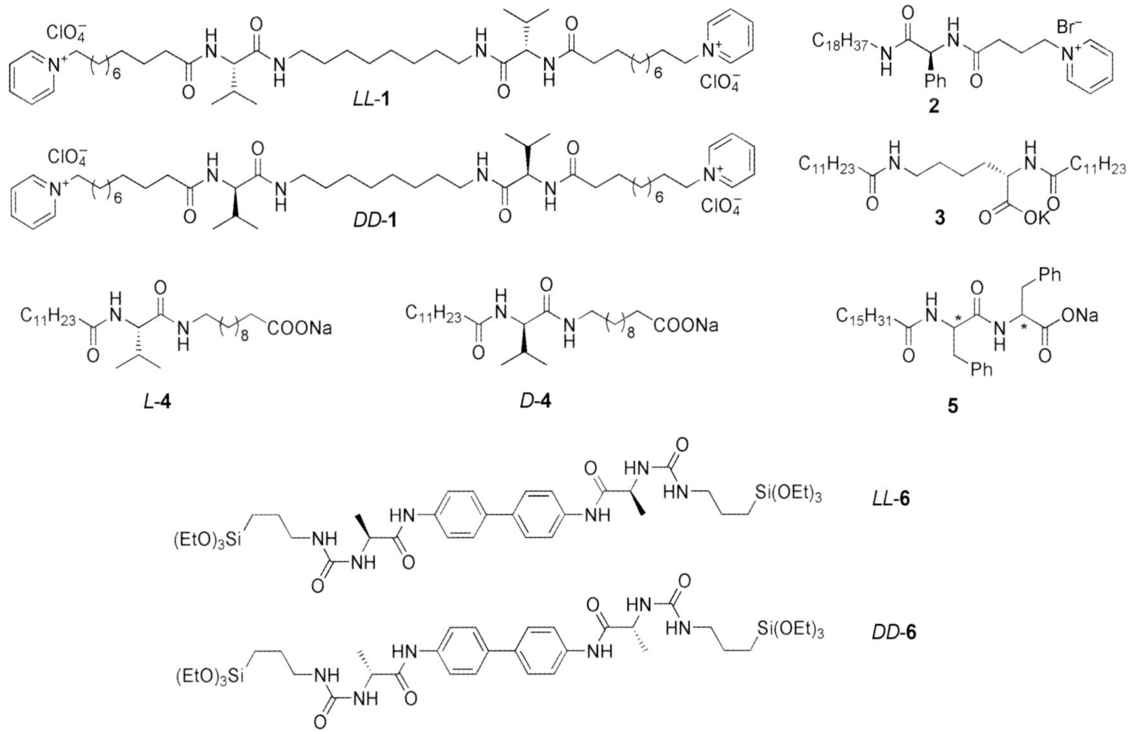

图 2　手性小分子胶体的分子结构式

以阳离子型小分子胶体化合物的自组装体为模板,不仅可以制备 4,4′-亚联苯基桥联聚倍半硅氧烷纳米管,而且还可以制备介孔材料。以化合物 *LL*-1 和 *DD*-1 的自组装体为模板,可以分别得到左手和右手螺旋的聚倍半硅氧烷纳米管 [图 3(a) 和 3(b)][36]。其孔道为带状,这是由带状的超分子自组装体形成的,螺距也随着管径的增加而变长。它们的形成可近似为一个硬模板的过程,产物的形貌完全依赖于模板。手性小分子化合物在乙醇中先自组装成单手扭转的纳米带,倍半硅氧烷单体在催化剂和空气中的水汽作用下水解,并吸附在纳米带的表面;随着乙醇的挥发,反应进一步进行,这些倍半硅氧烷缩合聚合,形貌随之固定下来。通常可以利用甲醇和盐酸的混合溶液除去小分子胶体,从而得到单手螺旋纳米管。当使用化合物 2 的自组装体为模板进行合成时,反应在乙醇和水的混合体系中进行[23]。当醇含量少时,得到了壁上有孔的带状纳米管。这些孔道是由超分子自组装体形成的。管状空腔应该是由两个超分子组装所形成的纳米带构成的。但乙醇含量提高时,倍半硅氧烷水解速度减慢,化合物 **2** 先组装成右手螺旋的纳米纤维;然后,倍半硅氧烷水解成齐聚物,通过氢键和静电相互作用吸附在组装体的表面,从而得到右手螺旋纳米管。由此可见,溶剂对于产物的形成过程及结构的控制,主要是通过影响倍半硅氧烷水解速率和小分子化合物自组装速率实现的。

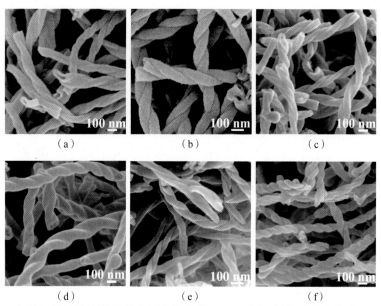

图 3 (a,b)4,4′-亚联苯基桥连聚倍半硅氧烷纳米管;(c,d)碳/二氧化硅纳米管和 (e,f)碳质纳米管的 SEM 照片[36](Copyright 2013,John Wiley and Sons)

当以化合物 **3**、*L*-**4**、*D*-**4** 和 **5** 的组装体为模板控制聚倍半硅氧烷的形貌时,需要使用结构助剂 APTMS。APTMS 的氨基在水中会带部分正电荷,因此,它可以通过静电相互作用与手性阴离子小分子化合物相连。三乙氧基硅基可以与硅源交联,从而将小分子自组装体的形貌传递到聚倍半硅氧烷上。可以通过不同时间拍摄 SEM 或 TEM 照片跟踪螺旋结构的形成过程。随着反应的进行,组装体的形貌逐渐发生变化。产物的形貌与胶体分子、APTMS 以及聚合的齐聚物等都有密切的关系,这种过程符合协同组装的机理[30]。

利用化合物 **3**/APTMS 可合成左手扭转的双层纳米 4,4′-亚联苯基桥连的聚倍半硅氧烷带[27]。倍半硅氧烷齐聚物仅吸附在超分子组装体所形成的纳米带的两个面上,除掉模板即得到双层纳米带。当采用 *D*-**4** 合成 4,4′-亚联苯基桥连聚倍半硅氧烷时,发现产物的左右手螺旋可以通过 pH 值控制[24](图4)。当 pH 值为 8.05 时,得到左手扭转的管状纳米带;而当 pH 值为 11.93 时,得到右手扭转的双层纳米带。化合物 **5** 有 4 种立体化学异构体,均可以用来制备单手卷曲管状纳米带,纳米带的左右手卷

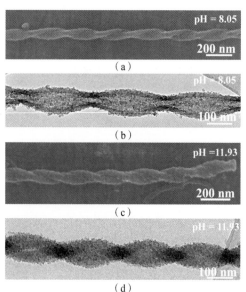

图 4 控制 pH 值制备的 4,4′-亚联苯基桥连聚倍半硅氧烷的 SEM 照片 [(a)、(c)] 和 TEM 照片 [(b)、(d)][24] (Copyright IOP Publishing,Ltd)

曲依赖于超分子自组装体的卷曲手性。

自模板法由 Moreau 课题组开发[21]，所得材料在分子尺度下是有序的。如果引入手性源（一般为手性氨基酸或者环己二胺），有可能会得到单手螺旋的聚倍半硅氧烷纳米纤维[21,27]。主要是利用单体中的氢键进行手性组装，然后缩合聚合，从而得到螺旋纳米纤维。其左右手螺旋与氨基酸或环己二胺的手性和间隔基的长度有密切的关系[29,37]。

倍半硅氧烷自组装体的左右手螺旋与其分子的偶极以及初级一维组装体的螺距和直径的比例有密切的关系。此类材料可以用作不对称自催化反应的催化剂[25,26]。化合物 *LL*-**6** 和 *DD*-**6** 可以通过自模板的方法，也就是先组装后缩合聚合的方法，分别得到右手和左手螺旋的纳米纤维束，其螺旋的手性与自组装体相同（图 5）[35]。由于分子间的缩合聚合，螺距变短，螺旋结构更容易判别。由于芳香环的存在，此材料可以用来吸附硝基苯。

（a）　　　　　　　　　　　　（b）

图 5　右手（a）和左手（b）螺旋聚倍半硅氧烷纤维束的 SEM 照片[35]（Copyright 2015, John Wiley and Sons）

### 2.2 联苯基团的手性堆积和扭转

2009 年，本课题组首次报道了 4,4′-亚联苯基桥连聚倍半硅氧烷纳米带的 ECD 谱表征[27]。观察到在 250～350 nm 之间有两个 ECD 信号，但当时并没有理解该信号的来源。2011 年，结合量子化学计算，我们对于 ECD 信号的来源有了清晰的了解[23]。例如：以化合物 **2** 的自组装体为模板，可以得到右手扭转的纳米带状管[23]。其 ECD 谱在 306 nm 处出现一个正信号，在 269 nm 处出现一个负信号。利用含时密度泛函理论深入解析这两个信号的来源（图 6）；319 nm 处的 ECD 信号来源于相邻两个联苯基团的电子跃迁，其为正时，联苯为右手堆积；278 nm 处的 ECD 信号则源自联苯基团的扭转，其为负时，联苯为右手扭转。利用 SEM 和 ECD 谱表征，成功建立了分子水平的手性和纳米尺度下的螺旋的关系。

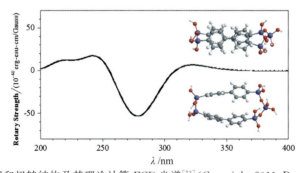

图 6　联苯基团的堆积和扭转结构及其理论计算 ECD 光谱[23]（Copyright 2011, Royal Society of Chemistry）

深入研究的结果表明：分子水平的手性与纳米尺度下的螺旋并没有直接的对应关系[38]。外在的螺旋与自组装体的结构相关，而分子水平的手性与胶体分子的结构存在密切的关系。由于联苯衍生物的构象手性随周围环境改变而改变，因此，这类化合物可以作为手性检测器使用[39]。

### 2.3 制备手性纳米材料

以联苯桥连的聚倍半硅氧烷为原料可以制备多种单手螺旋的纳米材料（图 3）。在氩气氛围下，于 600～900 ℃煅烧可以得到碳/二氧化硅复合纳米管[36]。如果温度提高到 1400 ℃，可以得到碳/碳化硅复合纳米管[40],除掉碳后,即得到碳化硅纳米管。将碳/二氧化硅复合纳米管除掉碳后可以得到二氧化硅纳米管;将碳/二氧化硅复合纳米管除掉二氧化硅后可以得到碳纳米管。这些纳米管都具有光学活性。理论计算证明其光学活性来源于手性缺陷。

## 3. 结论

本课题组在过去的十年中通过手性传递和倍半硅氧烷交联固定,成功将联苯的手性构象固定下来,从而得到具有光学活性的螺旋纳米材料。这些材料可以作为手性固定相和不对称自催化剂。另外,通过煅烧,还可以制备具有光学活性的手性碳、碳化硅、碳/二氧化硅以及碳/碳化硅材料。通过该方法,类似的一些具有构象手性的化合物的手性构象也有望被固定下来,从而得到多种手性材料。

致谢:感谢国家自然科学基金(51473106 和 51673141)的资助。

## 参考文献

[1] FUJIKI M. Optically active polysilylenes: State-of-the-art chiroptical polymers [J]. Macromol. Rapid Commun., 2001, 22(8): 539-563.

[2] HE Y G, SHI S Y, LIU N, et al. Tetraphenylethene-functionalized conjugated helical poly(phenylisocyanide) with tunable light emission, assembly morphology, and specific applications [J]. Macromolecules, 2016, 49(1): 48-58.

[3] VANDELEENE S, VERSWYVEL M, VERBIEST T, et al. Synthesis, chiroptical behavior, and sensing of carboxylic acid functionalized poly(phenylene ethynylene-alt-bithiophene)s [J]. Macromolecules, 2010, 43(18): 7412-7423.

[4] SHIMOMURA K, IKAI T, KANOH S, et al. Switchable enantioseparation based on macromolecular memory of a helical polyacetylene in the solid state [J]. Nat. Chem., 2014, 6(5): 429-434.

[5] SHEN Z, WANG T, LIU M. Macroscopic chirality of supramolecular gels formed from achiral tris(ethyl cinnamate) benzene-1,3,5-tricarboxamides [J]. Angew. Chem. Int. Ed., 2014, 53(49): 13424-13428.

[6] SHEN Z, JIANG Y, WANG T, et al. Symmetry breaking in the supramolecular gels of an achiral gelator exclusively driven by π-π stacking [J]. J. Am. Chem. Soc., 2015, 137(51): 16109-16115.

[7] WANG M, ZHOU P, WANG J, et al. Left or right: How does amino acid chirality affect the handedness of nanostructures self-assembled from short amphiphilic peptides? [J]. J. Am. Chem. Soc., 2017, 139(11): 4185-4194.

[8] ZHANG L, QIN J, LIN S, et al. Aggregation-induced chirality: Twist and stacking handedness of the biphenylene groups of $n$-$C_{12}H_{25}$O-BP-CO-Ala-Ala dipeptides [J]. Langmuir, 2017, 33(41): 10951-10957.

[9] CAO H, ZHU X, LIU M. Self-assembly of racemic alanine derivatives: Unexpected chiral twist and enhanced capacity for the discrimination of chiral species [J]. Angew. Chem. Int. Ed., 2013, 52(15): 4122-4126.

[10] JUNG J H, ONO Y, HANABUSA K, et al. Creation of both right-handed and left-handed silica structures by sol-gel transcription of organogel fibers comprised of chiral diaminocyclohexane derivatives [J]. J. Am. Chem. Soc., 2000, 122(20): 5008-5009.

[11] WANG Z L. Splendid one-dimensional nanostructures of zinc oxide: A new nanomaterial family for nanotechnology [J]. ACS Nano, 2008, 2(10): 1987-1992.

[12] YOO H, LEE J-I, KIM H, et al. Helical silicon/silicon oxide core-shell anodes grown onto the surface of bulk silicon [J]. Nano Lett., 2011, 11(10): 4324-4328.

[13] QIN Y, ZHANG Z, CUI Z. Helical carbonnanofibers with a symmetric growth mode [J]. Carbon, 2004, 42(10): 1917-1922.

[14] NAKAGAWA M, KAWAI T. Chirality-controlled syntheses of double-helical Au nanowires [J]. J. Am. Chem.

Soc., 2018, 140(15): 4991-4994.

[15] DENG J, FU J, Ng J, et al. Tailorable chiroptical activity of metallic nanospiral arrays [J]. Nanoscale, 2016, 8 (8): 4504-4510.

[16] CHEN H, LI Y, TANG X, et al. Preparation of single-handed helical carbonaceous nanotubes using 3-aminophenol-formaldehyde resin [J]. RSC Adv., 2015, 5(50): 39946-39951.

[17] FAN C, QIU H, RUAN J, et al. Formation of chiral mesopores in conducting polymers by chiral-lipid-ribbon templating and "seeding" route [J]. Adv. Funct. Mater., 2008, 18(7): 2699-2707.

[18] ZOU W, YAN Y, FANG J, et al. Biomimetic superhelical conducting microfibers with homochirality for enantioselective sensing [J]. J. Am. Chem. Soc., 2014, 136(2): 578-581.

[19] SANCHEZ C, JULIÁN B, BELLEVILLE P, et al. Application of hybrid organic-inorganic nanocomposites [J]. J. Mater. Chem., 2005, 15(35-36): 3559-3592.

[20] CROISSANT J G, CATTOËN X, DURAND J O, et al. Organosilica hybrid nanomaterials with a high organic content: Syntheses and applications of silsesquioxanes [J]. Nanoscale, 2016, 8(48): 19945-19972.

[21] MOREAU J J E, VELLUTINI L, WONG C M M, et al. New hybrid organic-inorganic solids with helical morphology via H-bond mediated sol-gel hydrolysis of silyl derivatives of chiral $(R,R)$- or $(S,S)$-diureidocyclohexane [J]. J. Am. Chem. Soc., 2001, 123(4): 1509-1511.

[22] WU X, Ji S, LI Y, et al. Helical transfer through nonlocal interactions [J]. J. Am. Chem. Soc., 2009, 131(16): 5986-5993.

[23] LI B, XU Z, ZHUANG W, et al. Characterization of 4,4′-biphenylene-silicas and a chiral sensor for silicas [J]. Chem. Commun., 2011, 47(41): 11495-11497.

[24] LI Y, WANG H, WANG L, et al. Handedness inversion in preparing chiral 4,4′-biphenylene-silica nanostructures [J]. Nanotechnology, 2011, 22(13): 135605.

[25] SATO I, KADOWAKI K, URABE H, et al. Highly enantioselective synthesis of organic compound using right- and left-handed helical silica [J]. Tetrahedron Lett., 2003, 44(4): 721-724.

[26] KAWASAKI T, ISHIKAWA K, SEKIBATA H, et al. Enantioselcetive synthesis induced by chiral organic-inorganic hybrid silsesquioxane in conjunction with asymmetric autocatalysis [J]. Tetrahedron Lett., 2004, 45(42): 7939-7941.

[27] LI H, LI B, CHEN Y, et al. Preparation of chiral 4,4′-biphenylene-silica nanoribbons [J]. Chin. J. Chem., 2009, 27(10): 1860-1862.

[28] ZHANG C, WANG S, HUO H, et al. Preparation of helical mesoporous tantalum oxide nanotubes through a sol-gel transcription approach [J]. Chem. Asian J., 2013, 8(4): 709-712.

[29] YANG Y, NAKAZAWA M, SUZUKI M, et al. Fabrication of helical hybrid silica bundles [J]. J. Mater. Chem., 2007, 17(28): 2936-2943.

[30] CHEN Y, LI B, WU X, et al. Hybrid silica nanotubes with chiral walls [J]. Chem. Commun., 2008, (40): 4948-4950.

[31] LIU D, LI B, GUO Y, et al. Inner surface chirality of single-handed twisted carbonaceous tubular nanoribbons [J]. Chirality, 2015, 27(11): 809-815.

[32] LIN S, FU Y, SANG Y, et al. Characterization of chiral carbonaceous nanotubes prepared from four coiled tubular 4,4′-biphenylene-silica nanoribbons [J]. AIMS Mater. Sci., 2014, 1(1): 1-10.

[33] FU Y, LI B, HUANG Z, et al. Terminal is important for the helicity of the self-assemblies of dipeptides derived from alanine [J]. Langmuir, 2013, 29(20): 6013-6017.

[34] LIN S, QIN J, LI Y, et al. Chirality-driven parallel and antiparallel β-sheet secondary structures of Phe-Ala lipodipeptides [J]. Langmuir, 2017, 33(33): 8246-8252.

[35] WANG Q, LIN S, QIN J, et al. Helical polybissilesquioxane bundles prepared using a self-templating approach [J]. Chirality, 2016, 28(1): 44-48.

[36] ZHANG C, LI Y, LI B, et al. Preparation of single-handed helical carbon/silica and carbonaceous nanotubes by using 4,4′-biphenylene-bridged polybissilsesquioxane [J]. Chem. Asian J., 2013, 8(11): 2714-2720.

[37]  QINGHONG X, MOREAU J J E, MAN M W C. Influence of alkylene chain length on the morphology of chiral bridged silsesquioxanes [J]. J. Sol-Gel Sci. Techn., 2004, 32(1-3): 111-115.

[38]  LI Y, WANG S, XIAO M, et al. Chirality of the 1,4-phenylene-silica nanoribbons at the nano and angstrom levels [J]. Nanotechnology, 2013, 24(3): 035603.

[39]  XUE Z, ZHAO Y, WU L, et al. A chirality indicator for the surfaces of the silica nanotubes [J]. J. Nanosci. Nanotechnol., 2013, 13(8): 5732-5735.

[40]  ZHANG C, LI B, LI Y, et al. Optical activity of SiC nanoparticles prepared from single-handed helical 4,4′-biphenylene-bridged polybissilsesquioxane nanotubes [J]. New J. Chem., 2015, 39(11): 8424-8429.

# 环糊精介导的超分子手性光化学反应

姚家斌，伍晚花，杨成*

四川大学化学学院教育部绿色化学重点实验室，四川，成都 610064

*E-mail: yangchengyc@scu.edu.cn

**摘要**：本文基于超分子手性光化学反应的最新进展，对近年来以环糊精为手性主体分子介导的超分子手性光化学反应进行综述。内容涉及单分子手性光化学反应、双分子手性光化学反应、手性光催化以及手性光反应中的波长效应等四个方面。文中讨论了环糊精对不同光反应底物的包结特性以及天然和化学修饰的环糊精衍生物对反应速度、产物的分布和反应立体选择性的影响以及作用机理，阐述了环糊精作为主体分子在手性光化学反应中所具有的独特优点，总结了现阶段该研究领域中面临的问题，并对研究前景进行了展望。

**关键词**：超分子化学；环糊精；光化学；立体化学；主客体作用

# Supramolecular Photochirogenesis Mediated by Cyclodextrins

YAO Jiabin, WU Wanhua, YANG Cheng*

**Abstract**：We summarized studies of supramolecular photochirogenesis using cyclodextrins (CDs) as chiral inductors on the basis of recent progress in this field. The content of this review includes monomolecular photochirogenic reactions, bimolecular photochirogenic reactions, photochemical catalysis as well as the wavelength effects in photochirogenesis. The binding behavior of CDs with different photosubstrates, the characteristics of chiral photoreactions mediated by CDs, the influencing factors on product distribution and stereoselectivity of chiral photoreactions mediated by CDs and their working mechanisms were also discussed. This review also concluded the advantages of using CDs as chiral hosts for chiral photoreactions, the problems existing in these supramolecular photochirogenesis systems and the perspective in this multidisciplinary research field.

**Key Words**：Supramolecular chemistry; Cyclodextrin; Photochemistry; Stereochemistry; Host-guest interaction

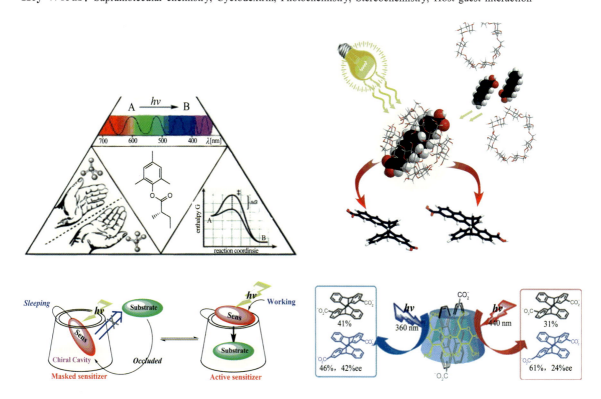

## 1. 引言

近年来不对称合成研究获得了巨大的发展和成功,然而一些特殊结构的手性化合物往往难以通过热化学反应或酶反应等方法来合成,因此,不对称合成领域仍然面临许多挑战。不对称光化学反应是合成许多具有多环或高张力手性分子的高效、便捷的途径[1-5],使不对称光化学领域受到了化学家的广泛关注。然而有机分子在电子激发态的寿命往往短于数纳秒,要在如此短的时间尺度内实现高效的手性诱导是极为困难的;而处在激发态的反应底物分子间作用往往弱于基态的分子间作用,这也不利于实现高效手性传递;另外,处于激发态的有机分子通常具有非常高的反应活性,可以在没有手性催化剂的存在下直接发生化学反应。这些光化学反应的特点为不对称光化学反应的手性控制带来了很大挑战。事实上,绝大部分手性光化学反应的对映选择性都很低,因而极大限制了不对称光化学反应在手性化合物合成中的应用。

相关研究工作证实[6-10],利用超分子作用来控制不对称光化学反应的立体选择性是一种极有潜力的方法。手性主体分子可以通过包结、络合等作用和光反应底物形成主客体复合物。主体分子提供的强非共价作用和对客体分子的空间约束,有利于实现高效的手性传递。另外,主体分子可以和基态光反应底物形成复合物,受到光激发后,这种在基态的超分子作用可以传递给底物的激发态,从而可以消除激发态寿命短的不利影响。

手性修饰的沸石[11]、环糊精(CD)[12]、手性模板[13,14]、手性液晶[15]以及凝胶[16]等多种超分子体系已经被应用于超分子手性光化学反应的手性诱导中。其中,CD是最先也是被研究得最为广泛的主体分子。CD具有较好的水溶性,拥有截顶圆锥状空腔体结构[16,17],这些空腔能够通过疏水作用容纳不同大小的客体分子。由6、7、8个葡萄糖单元组成的$\alpha$-、$\beta$-、$\gamma$-CD(图1)及许多它们的衍生物可直接通过商品化渠道获得[18],避免了复杂的合成和修饰步骤。此外,CD作为主体分子应用于手性光化学研究具有以下优势:(1)CD对波长大于220 nm的光基本没有吸收,因此可以用于大部分光化学反应;(2)CD本身是手性的,可作为天然的手性源;(3)在CD上可进行多种化学修饰;(4)在水溶液中良好的溶解性和包结能力使CD成为环境友好的手性主体分子。使用CD作为手性主体分子介导手性光化学反应已有20多年的历史,经过多个课题组的研究和开发,CD被应用于多种手性光化学反应体系中。我们将重点介绍近十年来以CD为手性主体的手性光化学反应方面的工作。

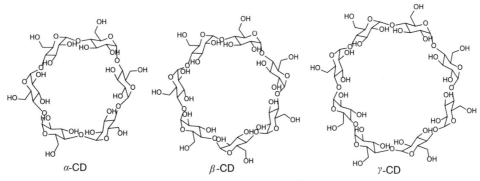

图1 天然 $\alpha$-、$\beta$ 和 $\gamma$-CD 的结构式

## 2. CD 介导的单分子手性光化学反应

以CD为手性主体介导的单分子手性光化学反应可以分为:(1)通过对反应底物直接进行光激发引发的光化学反应;(2)通过激发敏化剂,进而由敏化剂将激发能传递给反应底物来实现化学转化。后一类反应将在后文进行阐述。图2汇总了近年来CD介导的光照直接激发的单分子手性光化学反应。超分子手性光化学反应的立足点在于通过和客体分子的包结作用来实现主体分子向光

化学反应底物的手性传递。而在主体分子空腔外发生的光化学反应没有手性选择性。CD与有机客体的包结主要通过疏水作用来实现,因此为了实现高立体选择性的单分子手性光化学反应,通常需要向反应体系中加入过量的手性主体分子来减少未包结底物的光化学转化[19-31]。

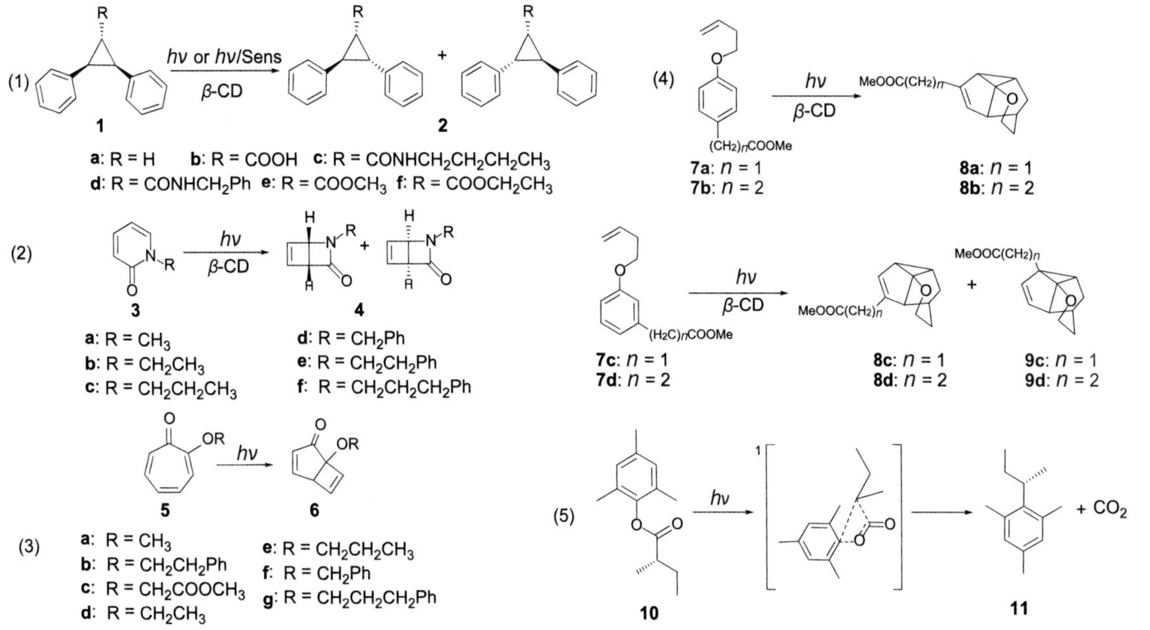

图 2　光照直接激发的单分子手性光化学反应

Ramamurthy 等[19-21]研究了 1,2-二苯基环丙烷衍生物、吡啶衍生物以及托酚酮醚等分子在 $\beta$-CD 介导下的手性光化学反应 [图 2,(1)～(3)]。实验结果表明,底物分子与 $\beta$-CD 形成的主客体复合物在溶液或固相中通过直接光照均可以实现光异构化反应,并且得到的手性产物中具有明显的对映选择性。值得注意的是,所得主客体复合物在固相中进行光反应得到的手性光解产物明显比溶液中所得产物具有更高的对映选择性,其中 4b 可达到 60%,产物 6 也能达到 33%。而在水溶液中进行光解时,即使在 $\beta$-CD 大量过量的情况下,产物的对映选择性值也是很低的。有趣的是,在固相复合物中,当水分含量从 9% 降低到 2% 时,产物的对映选择性值从 60% 降低至 26%,而改变其他溶剂(如正己烷)的含量并没有观察到对映选择性较大的变化。这可能是水分子与固相复合物中包合的客体分子或主体分子 CD 间形成氢键作用的结果[20]。另外,在托酚酮醚 5 与 CD 的固相复合物中进行光环化反应时,$\beta$-、$\alpha$- 和 $\gamma$-CD 与底物的匹配程度依次降低,得到的光环化反应产物 6 的对映选择性分别为 28%、5%、0%,表明反应底物与环糊精空腔的尺寸匹配程度是反应获得高对映选择性的关键因素[21]。

Eycken 等发现 4-苯氧基丁烯衍生物 7 与 $\beta$-CD 在热水溶液中可形成主客体复合物,并形成沉淀析出 [图 2(4)][22],其中 $\beta$-CD 与 7b 形成 1:1 复合物,与 7a、7c 和 7d 形成 2:1 复合物。化合物 7 通过光化学反应可得到多环化合物 8 和 9,其中 7c 与 $\beta$-CD 的固相复合物进行光照可得到 17% 对映选择性的 8c。这主要是因为 $\beta$-CD 空腔中内壁的阻碍作用使得 7 中苯环的一个面被屏蔽,从而乙烯基更容易接触苯环的另一个面,实现光化学反应的对映选择性。

Inoue 等研究了 $\beta$-CD 对手性芳基酯 10 的主客体包结作用及其光致脱羧反应 [图 2(5)]。研究表明,底物分子 10 在经历一个螺旋形内酯环过渡态后可得到脱羧产物 11,并伴随着 $CO_2$ 的释放[27-31],该反应是一个协同过程。在溶液中,光照手性纯的芳基酯 10 时,反应过程得到对映选择值大于 99% 的脱羧产物 11。而外消旋化的芳基酯 10 在 $\beta$-CD 溶液中进行光解,得到的脱羧产物中,(R)-11 有 14% 的对映选择性,表明在 $\beta$-CD 空腔中外消旋芳基酯 10 的其中一种对映异构体能进行更快的光解反应。

### 3. CD 介导的双分子手性光化学反应

α-、β-和 γ-CD 具有不同空腔尺寸,其中,α-CD 只能包结烷基链等小分子,β-CD 可以包结苯环等相对较大的分子,而 γ-CD 有较大的空腔,可以包结两分子尺寸匹配的客体分子。γ-CD 的这一性质使其经常被用来作为双分子反应的分子容器。此外,β-CD 也能和某些客体分子形成 2∶2 复合物,从而促进双分子反应。天然 CD 对客体分子的包结通过无方向性的疏水作用实现,为了实现高效立体选择性,往往需要对 CD 进行结构修饰,导入官能团,从而增强包结作用,实现底物分子的立体特异性排列。Turro 等[23]通过对苯甲醛 **12** 进行光解(图 3 所示),得到产物 **13a**～**13c**[24-26]。其中,在 β-CD 参与的水溶液光解反应中,产物 **13c** 达到 60%～70%的产率,而产物 **13a** 和 **13b** 的光解产率分别为 3% 和小于 1%。而在 **12** 和 β-CD 形成的 2∶2 固相复合物中进行光解,则以 70∶30 的比例生成 **13a** 和 **13b**,其中手性产物 **13a** 的对映选择性为 15%。

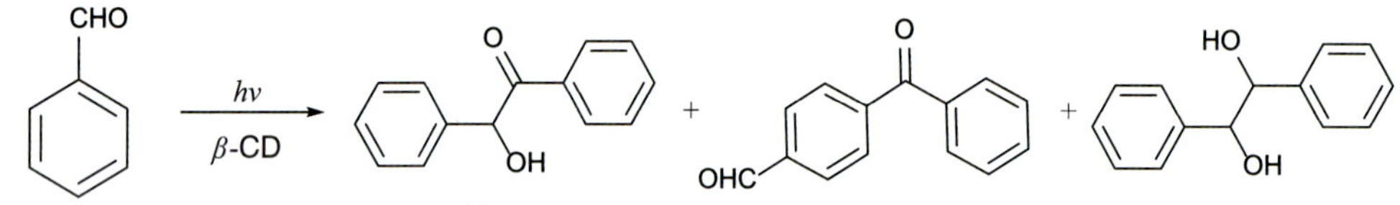

图 3  β-CD 介导的苯甲醛双分子光化学反应

#### 3.1 γ-CD 的骨架结构及修饰基团对蒽酸光二聚反应立体选择性的影响

蒽酸(AC)的 [4+4] 光二聚反应(图 4)是超分子手性光化学反应中最具代表性的反应之一。1984 年,Tamaki 等发现 γ-CD 能够明显加快反应速率,并且加入 γ-CD 可将该反应的量子产率从 0.05 提高到 0.4[32,33]。通常情况下,该反应产物为 9,10-桥连的光二聚产物 **14**～**17**。其中顺-HT(头对尾)二聚体 **15** 和反-HH(头对头)二聚体 **16** 具有手性[34]。但是,天然 γ-CD 介导的蒽酸光二聚反应的立体选择性并不理想。之后,我们系统地研究了蒽酸在不同手性主体分子诱导下的光二聚反应的对映选择性,并且通过 HPLC 分离、鉴定了各个立体异构体[35-43]。

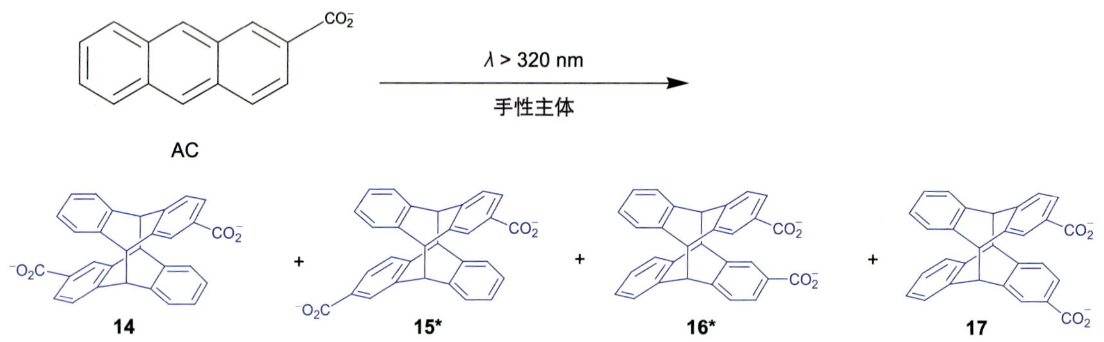

图 4  蒽酸的 [4+4] 光二聚反应

天然 γ-CD 可与蒽酸分子形成 1∶2 的主客体复合物,在 25 ℃ 水溶液中的络合常数分别为 $K_1 = 161$ M$^{-1}$,$K_2 = 38500$ M$^{-1}$。以天然 γ-CD 为主体分子的蒽酸光二聚反应中,在 0 ℃ 下得到的 HT-二聚体 **15** 的对映选择性为 41%,但 HH-二聚体 **16** 的对映选择性却小于 5%。为了阐明 CD 化学结构的改变对蒽酸光二聚反应立体选择性的影响,我们合成了几种第二面(大口端)修饰的 γ-CD 衍生物 **18a**～**18d**(图 5)。这些被修饰的 γ-CD 衍生物作为主体分子时,蒽酸光二聚反应得到二

聚体 **15**,对映选择性与采用天然 γ-CD 的结果相当或更低。然而以带有氨基的 **18d** 作为主体分子时能够明显提高光二聚产物 **15** 的对映选择性,这是由于氨基正离子和羧基负离子的静电作用以及阿卓糖结构单元致使 γ-CD 的空腔变形双重作用的结果[37]。

研究发现,改变反应的温度和压力等外部环境条件可使反应的立体选择性发生巨大改变。提高反应体系的压力不仅可区分中间体或过渡态复合物的体积差异,也可降低溶剂体系的凝固点。在 −21℃ 和 210 MPa 条件下,第二面经氨基修饰的 CD 衍生物 **18d** 作为主体分子时,蒽酸的光二聚反应以 71% 对映选择性得到产物 **15**。此外,我们在 γ-CD 一面(小口端)上进行修饰的盖帽 CD **19**～**23** 和阳离子型取代基修饰的 γ-CD **26**～**28** 也被用于蒽酸的光二聚反应[35,36,38-40,44,45]。其中,盖帽 CD **20** 和 **21** 相比于天然 γ-CD,明显降低了光二聚产物 **15** 的对映选择性[38,39]。而更具有刚性的盖帽主体分子 **19** 则使产物 **15** 的对映选择性发生了逆转,对映选择性也提高到了 −56%。盖帽 γ-CD **22** 和 **23** 作为蒽酸光二聚反应的主体时,对映选择性还受到 pH 影响,甚至可以引起 HH-二聚产物 **16** 的对映选择性发生逆转。这是因为盖帽基团会随着 pH 的变化发生构象上的改变。

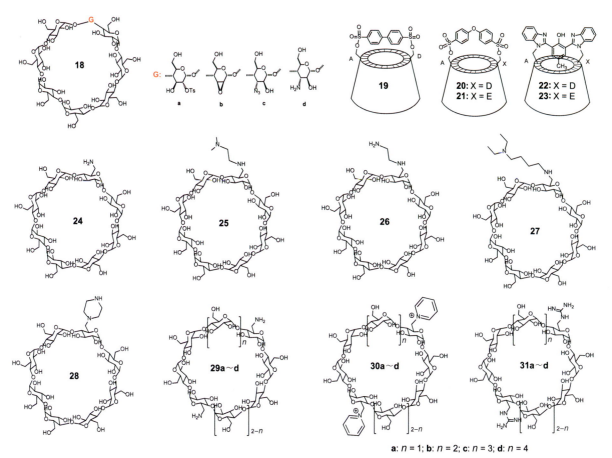

**a**: $n = 1$; **b**: $n = 2$; **c**: $n = 3$; **d**: $n = 4$

图 5 二面和一面修饰的 γ-CD 主体分子

考虑到蒽酸分子对中的羧基带有一定负电荷,我们设计合成了一系列二氨基修饰的 γ-CD 主体分子 **26**～**30**,实验结果表明这类具有多个阳离子型取代基修饰的 γ-CD 主体分子能有效地提高 HH-二聚体的产率[40]。这是因为一面上修饰的阳离子型取代基与包结的蒽酸分子对上的羧基间具有较强的静电作用,从而提高 HH-二聚体 γ-CD 空腔中的包结比例,有利于反应实现高的立体选择性[35,36]。在优化了的温度和溶剂条件下,以 **30c** 作为主体分子可得到 22% 对映选择性的 HH-二聚体 **16**;而以 **30b** 为主体分子时,产物对映选择性为 35%。另外,由于 γ-CD 空腔上两个取代基的位置会对空腔内的蒽酸分子对的排列有重要影响,我们研究了二氨基修饰的 γ-CD 衍生物 **29a**～

**29d** 对蒽酸分子光二聚反应产物立体选择性的影响。结果表明,反-HH-二聚体 **16** 与顺-HH-二聚体 **17** 的相对产率随环上两个氨基间距离的变化而明显改变,随着 CD 环上两个氨基距离增加,二聚产物 **16/17** 的比例明显提高,与我们的预期一致。

上述研究证明了一面上不同糖单元上二氨基取代的 $\gamma$-CD 通过氨基与羧基间的静电作用可以对蒽酸光二聚反应产物立体选择性产生重要影响。进而,我们采用碱性更强的二胍基取代的 $\gamma$-CD 衍生物 **31a**~**31d** 为主体分子,研究了蒽酸分子在水溶液中的光二聚反应。实验结果表明,在 $\gamma$-CD 引入胍基取代基,能够明显增强蒽酸分子与 $\gamma$-CD 空腔的主客体作用(表 1)。在 25% NH₃-H₂O 溶液中,**31a** 主体分子与蒽酸分子的络合常数 $K_1$ 和 $K_2$ 分别达到 850 M⁻¹ 和 8200 M⁻¹,明显高于天然的 $\gamma$-CD 与蒽酸分子间主客体络合常数,表明 **31a** 主体分子上的胍基与蒽酸分子对确实可以通过静电作用来增强主客体相互作用,在纯水溶液中也表现出相同的性质。然而,随着水溶液中 NH₃ 含量增加,蒽酸分子与 **31a** 主体分子的总络合常数 $K_1K_2$ 却是减小的。这是由于水溶液中 NH₃ 含量增加虽然能够增强 $\gamma$-CD 上取代的胍基与蒽酸分子上羧基的静电作用,但同时也降低了溶剂的极性,主客体间疏水作用明显减弱,从而削弱了蒽酸与 $\gamma$-CD 空腔的主客体作用。我们测试了不同 NH₃ 含量水溶液中 Reichardt 染料的吸收光谱 [图 6(c)],发现随着水溶液中 NH₃ 含量增加,所得紫外-可见吸收光谱有明显红移,表明溶剂的极性在减弱。

表 1　蒽酸与天然 $\gamma$-CD 以及二胍基修饰的 $\gamma$-CD(**31d**)的络合常数

| 主体分子 | NH₃ 含量 /% | $K_1$/(M⁻¹) | $K_2$/(M⁻¹) |
|---|---|---|---|
| $\gamma$-CD | 0 | 180±20 | 57000±11000 |
| | 25 | 240±40 | 5900±190 |
| **31d** | 0 | 360±40 | 43000±6000 |
| | 25 | 850±80 | 8200±600 |

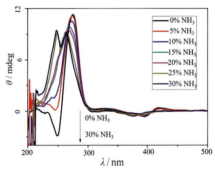

(a)低温下(0 ℃)不同 NH₃ 含量(0%~30%)水溶液中蒽酸(0.3 mmol·L⁻¹)与 **31d**(0.5 mmol·L⁻¹)主客体溶液的 ECD 谱

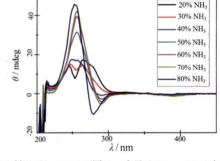

(b)低温下(-35 ℃)不同 NH₃ 含量(20%~80%)水溶液中蒽酸(0.3 mmol·L⁻¹)与 **31d**(0.5 mmol·L⁻¹)主客体溶液的 ECD 谱

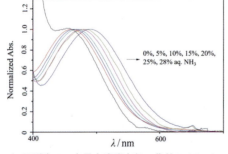

(c)不同 NH₃ 含量水溶液中归一化的 Reichardt 染料紫外-可见吸收光谱(20 ℃)

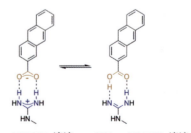

0%~30% NH₃ 溶液　　60%~80% NH₃ 溶液

(d)

图 6　光谱表征及非共价相互作用模式

为了研究二胍基修饰的 $\gamma$-CD 主体分子中胍基与羧基间的相互作用对蒽酸光二聚反应的立体选择性的影响,我们研究了不同含量 $NH_3$-$H_2O$ 溶液以及 $MeOH$-$H_2O$ 溶液中 **31a** 介导的蒽酸光二聚反应。实验结果表明,在 $NH_3$-$H_2O$(质量比为 $3∶7$)的溶液中,随着一面上两个胍基取代基的距离增加,光反应所得二聚产物 **16/17** 的比例也有明显增加,但在该反应条件下产物 **16** 的对映选择性很小,并且随着反应温度的降低,所得产物 **16** 的对映选择性会发生逆转,随着温度进一步降低而逐渐增大,表明温度对于 **31a** 介导的蒽酸光二聚反应的对映选择性也十分重要。有趣的是,通过改变溶剂的组成和比例,通过 **31a** 主体分子介导的光二聚反应中所得产物 **15** 和 **16** 的对映选择性均会发生较大幅度的逆转。在 $-70\ ℃$ 下的 $60\%\ MeOH$-$H_2O$ 溶液中,得到 $64\%$ 对映选择性的蒽酸光二聚产物 **16**,而在 $80\%\ NH_3$-$H_2O$ 溶液中,则得到 $-86\%$ 对映选择性的 **16**。表明在不同 $NH_3$ 含量的水溶液中所得产物 **16** 的对映选择性发生逆转并不只是因为溶液的极性减弱,也和溶剂的结构和碱性有关。

为了探究水溶液中 $NH_3$ 含量的改变对蒽酸分子和主体分子 **31a** 间的主客体作用的影响,我们测试了不同 $NH_3$ 含量的 $NH_3$-$H_2O$ 溶液中主客体溶液的 ECD 光谱[图 6(a)～(b)]。在 $0\%～30\%$ $NH_3$ 水溶液中,随着 $NH_3$ 含量的增加,蒽酸和 **31a** 主客体溶液的 ECD 光谱逐渐发生改变,这是胍基与蒽酸上的羧基取代基静电作用加强造成的。然而,随着 $NH_3$ 含量提高,ECD 光谱进一步发生了明显的改变,表明在 $NH_3$-$H_2O$ 溶液中较高含量的 $NH_3$ 能够促使蒽酸分子和主体分子 **31a** 间的作用模式发生改变,这是因为高浓度 $NH_3$ 能够很大程度改变溶剂的极性和碱性。因此,随着胍基取代基与蒽酸分子间相互作用的方式发生改变,光反应得到的蒽酸二聚体也得到明显不同的对映选择性。在 $60\%\ MeOH$-$H_2O$ 溶液中,光二聚产物 **16** 的对映选择性为 $64\%$,而在 $80\%\ NH_3$-$H_2O$ 溶液中光二聚产物 **16** 达到了 $-86\%$ 的对映选择性[44,45]。在 **31a** 介导的蒽酸分子手性光化学反应中,不需要改变手性源的手性特征,而只通过改变溶剂组成就能够逆转反应的对映选择性,充分体现了通过超分子主体分子介导来实现光化学反应高立体选择性的巨大潜力。同时外部条件的调控,如温度、溶剂、化学修饰等都将对主客体相互作用以及反应的立体选择性产生至关重要的影响。

### 3.2 β-CD 的骨架结构及修饰基团对蒽酸光二聚反应立体选择性的影响

前已述及,$\gamma$-CD 具有较大空腔,可与蒽酸分子形成 $1∶2$ 的主客体复合物,而对 $\gamma$-CD 进行修饰,改变它的骨架结构或是连接上不同的官能团,将在很大程度上影响其主客体包结行为以及蒽酸光二聚反应的立体选择性。当前,以 $\gamma$-CD 及其衍生物为主体分子诱导光二聚反应的研究已有较多报道,然而,利用具有较小疏水空腔的 $\beta$-CD 诱导手性光二聚反应却很少涉及。这是因为 $\beta$-CD 相比 $\gamma$-CD 空腔更小,与蒽酸分子主要形成 $1∶1$ 的主客体络合物,理论上不能对蒽酸分子光二聚反应的立体选择性进行有效控制。但考虑到 $\beta$-CD 能够与萘等客体分子形成 $2∶2$ 主客体复合物,可以预测在一定条件下 $\beta$-CD 空腔也有机会与蒽酸分子形成 $2∶2$ 的主客体复合物。因此,我们设计合成了一系列具有阳离子取代基的 $\beta$-CD 分子 **34～39**,研究了 $\beta$-CD 主体分子介导的蒽酸光二聚反应的立体选择性(图 7)。ECD 光谱滴定获得了蒽酸分子、$\beta$-CD 的 $1∶1$ 和 $2∶2$ 络合常数(表 2)。在 $25\ ℃$ 的水溶液中,蒽酸与 $\beta$-CD 的络合常数 $K_1$ 和 $K_2$ 分别为 $3800\ M^{-1}$ 和 $150\ M^{-1}$。随着温度的降低,络合常数明显变大。络合常数 $K_1$ 比 $K_2$ 明显大很多,表明蒽酸与 $\beta$-CD 主要是通过疏水作用形成 $1∶1$ 复合物,较大的立体阻碍不利于蒽酸和 $\beta$-CD 间形成 $2∶2$ 的主客体复合物。另外,我们通过 $CsCl$ 的含量调节水溶液中的盐浓度,改变溶剂的极性和性质,通过盐析效应也能明显提高主客体络合的强度。此外,$Cs$ 的重原子效应能有效猝灭空腔外的二聚反应,从而提高了反应的立体选择性。

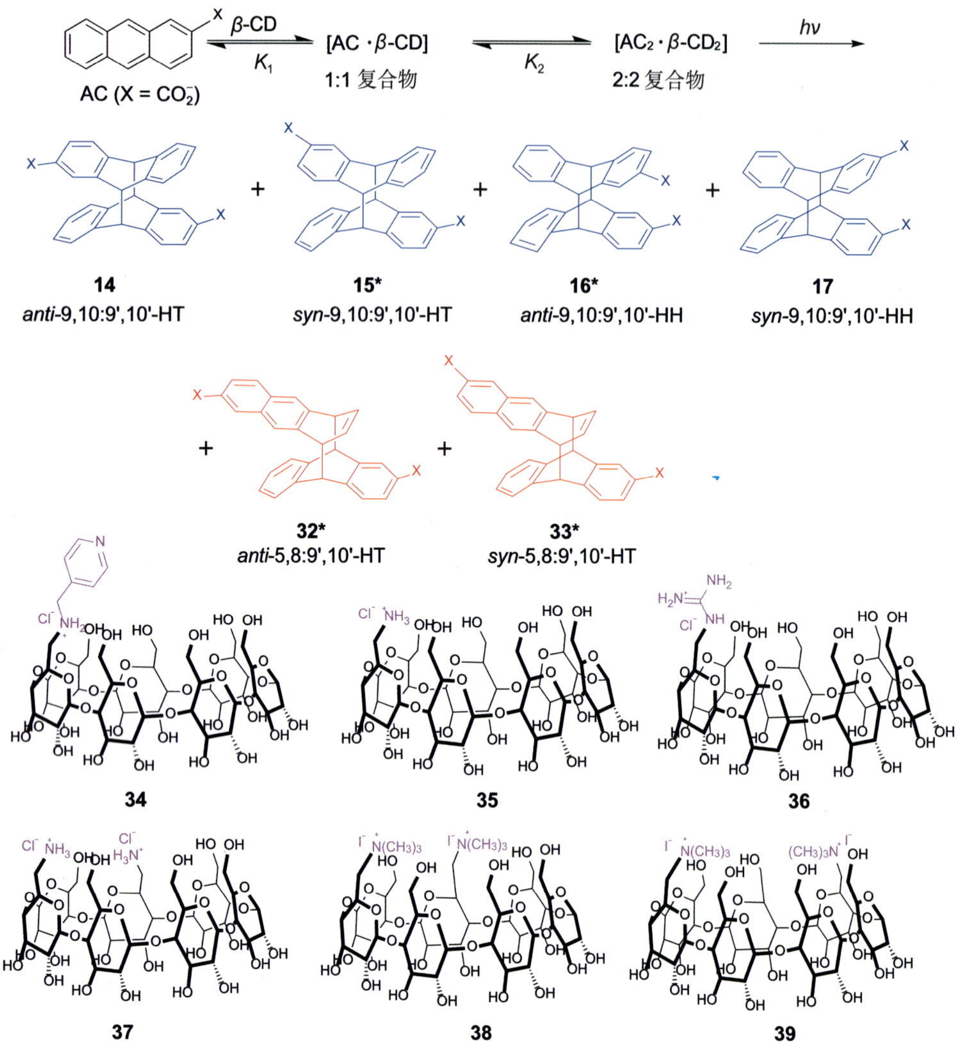

图 7  β-CD 衍生物介导的蒽酸光二聚反应

表 2  蒽酸和 β-CD 在 pH = 9.0 PBS 缓冲液中形成的 1：1 和 2：2 主客体复合物的热力学参数

| 化学计量比 | $T/^{\circ}C$ | $[CsCl]/M$ | $K^a/(M^{-1})$ | $\Delta G^{\ominus}/(kJ \cdot mol^{-1})$ | $\Delta H^{\ominus}/(kJ \cdot mol^{-1})$ | $T\Delta S^{\ominus b}/(kJ \cdot mol^{-1})$ |
|---|---|---|---|---|---|---|
| | 50 | 0 | $1900 \pm 30$ | | | |
| | 25 | 0 | $3800 \pm 50$ | $-20.4 \pm 0.1$ | $-22.6 \pm 0.1$ | $-2.2 \pm 0.1$ |
| 1：1 | | 0.5 | $4400 \pm 30$ | | | |
| | | 6.0 | $5500 \pm 90$ | | | |
| | 0.5 | 0 | $8500 \pm 100$ | | | |
| | 50 | 0 | $90 \pm 10$ | | | |
| | 25 | 0 | $150 \pm 30$ | $-12.4 \pm 0.5$ | $-16.5 \pm 0.1$ | $-4.1 \pm 0.1$ |
| 2：2 | | 0.5 | $230 \pm 10$ | | | |
| | | 6.0 | $300 \pm 30$ | | | |
| | 0.5 | 0 | $270 \pm 30$ | | | |

注：a：当形成 1：1 络合物，$K = K_1$；当形成 2：2 络合物，$K = K_2$；b：$T = 298$ K。

在蒽酸水溶液中加入过量 β-CD 后,其荧光光谱出现明显的强度降低和振动精细结构,这是由于蒽酸分子通过疏水作用包结进入疏水的 β-CD 空腔中 [图 8(a)]。在该浓度下,我们计算得到溶液中游离蒽酸分子、1∶1 复合物和 2∶2 复合物的含量分别为 5%、94.95% 和 0.05%。其中 2∶2 主客体复合物的含量非常少,所以难以在光谱上观察到相应的激基缔合物的发光。随后我们提高蒽酸的浓度到 100 倍以增加 2∶2 主客体复合物的比例,在测得的荧光光谱归一化后,可明显观察到蒽酸激基缔合物的发光,扣除低浓度主客体溶液的荧光后,得到了蒽酸分子在 β-CD 空腔中激基缔合物的荧光光谱。在高浓度蒽酸溶液中,游离蒽酸分子、1∶1 复合物和 2∶2 复合物的含量分别为 4.7%、90.5% 和 4.8%,游离的蒽酸分子相比低浓度的溶液变化很小而极大提高了 2∶2 主客体复合物的比例,因此蒽酸分子的激基缔合物发光更明显 [图 8(b)]。由此证明,蒽酸分子与 β-CD 间除了通过疏水作用形成 1∶1 主客体复合物外,还能通过 π-π 作用和氢键作用进一步络合形成 2∶2 的主客体复合物,其中两个蒽酸分子部分重叠包结在两个 β-CD 的"分子胶囊"中,这与我们的预期是一致的。由于游离蒽酸的占比很小,同时 2∶2 主客体复合物中蒽酸的临近效应和浓度效应,"分子胶囊"中的光二聚反应具有非常高的反应选择性和反应效率,保证了高效手性选择性。

考虑到在蒽酸与 β-CD 形成的 2∶2"分子胶囊"中两个蒽酸分子的排列方式能促进蒽酸分子间发生光二聚反应,并且这种特殊的主客体作用方式可能对反应的立体选择性产生不同的影响,我们进一步考察了 β-CD 对蒽酸光二聚反应的手性诱导作用。有趣的是,在天然 β-CD 诱导的蒽酸分子光二聚反应中,除了得到传统的 9,10∶9′,10′ 成环的蒽酸光二聚体 **14~17**(图 7),还得到了一类全新结构的 5,8∶9′,10′ 成环的蒽酸光二聚产物 **32** 和 **33**,并且二者都具有手性[46]。

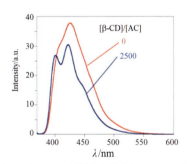 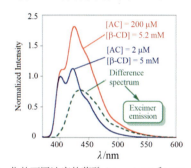

(a) PBS(pH = 9.0)溶液中蒽酸(2 μmol·L⁻¹)以及蒽酸(2 μmol·L⁻¹)和 β-CD(5 mmol·L⁻¹)主客体溶液荧光光谱 　　(b) 归一化的不同浓度的蒽酸(2 μmol·L⁻¹ 和 200 μmol·L⁻¹)与 β-CD(5 μmol·L⁻¹)主客体溶液荧光光谱以及相应的激基缔合物荧光光谱

图 8　荧光光谱表征

在纯水溶液中,通过调节反应温度以及蒽酸和 β-CD 的浓度,蒽酸光二聚产物 **32** 和 **33** 的产率可由 10% 提高到 40%,而在 CsCl 水溶液中可进一步达到 80% 以上。这是因为在较高浓度 CsCl 水溶液中,蒽酸分子上羧酸根与溶液中 β-CD 空腔附近的 Cs⁺ 通过静电作用使蒽酸分子向 β-CD 空腔两侧移动,在这种排列下两个蒽酸分子间重叠部分更少,从而有利于 5,8∶9′,10′ 成环的蒽酸光二聚产物 **32** 和 **33** 的生成。为了进一步提高 **32** 和 **33** 的产率,我们在 β-CD 的一面上修饰不同的阳离子型取代基,以便通过蒽酸分子与 β-CD 空腔取代基的静电作用调节空腔内蒽酸分子的排列方式。不出所料,在 **34~39** 主体分子介导下得到的蒽酸光二聚产物与传统的 9,10∶9′,10′ 成环的蒽酸光二聚产物不同,通过 **34~39** 主体分子进行光解所得产物 **32** 和 **33** 的产率得到进一步提高,其中以 **38** 和 **39** 为主体时,分子能够专一性地得到光解产物 **32** 和 **33**,而检测不到 9,10∶9′,10′ 成环的蒽酸光二聚产物。

随后,我们考察了温度、盐浓度以及主体和蒽酸的浓度对 β-CD 介导的蒽酸光二聚反应的手性选择性的影响。在天然 β-CD 空腔中,通过调节反应温度以及溶液中主体和盐的浓度,光二聚产物 **32** 和 **33** 的对映选择性有较小幅度的变化,分别在 40% 和 25% 左右。随后通过改变 β-CD 的修饰基团以及调节反应溶液中 CsCl 的浓度和反应温度,各自对映选择性也能分别达到 71% 和 −45%。由此可见,β-CD 经不同化学修饰后不仅可以拉远两个蒽酸分子的距离,得到 5,8:9′,10′ 成环的蒽酸光二聚产物,也能够影响 β-CD"分子胶囊"中不同排列的蒽酸分子对的稳定性和反应活性。如图 9 所示,在蒽酸分子与 β-CD 空腔形成的 2∶2 复合物中,具有 3 种不同空间排列的蒽酸分子对及 re-si/si-re 或 re-re 或 si-si 3 种非对映异构的前体复合物,通过光照激发后蒽酸分子发生二聚反应,从而得到不同的二聚产物。而通常天然 β-CD"分子胶囊"以及内部的蒽酸分子本身的构象和排列具有一定柔性,能够在一定程度上变化,因此既有 9,10:9′,10 成环也有 5,8:9′,10′ 成环的蒽酸光二聚产物。而 β-CD"分子胶囊"中不同空间取向的排列将会得到不同手性的光二聚产物,在不同结构的主体分子或是反应条件下,由于 β-CD"分子胶囊"中修饰的不同官能团和手性空腔内壁的作用,不同构型的复合物前体具有不同的稳定性和反应活性,从而在一定程度上可以通过调节反应条件来控制光二聚反应的立体选择性。

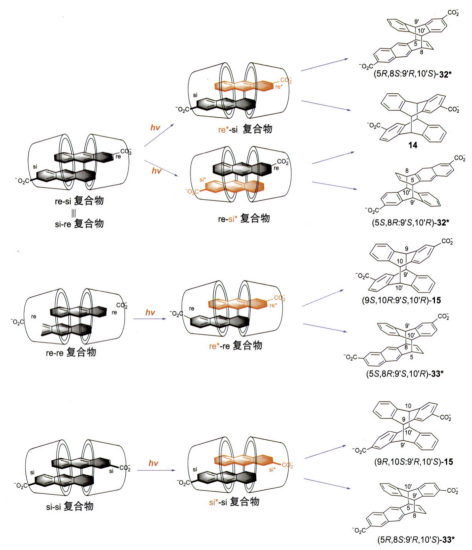

图 9    β-CD 与蒽酸分子形成的 2∶2 非对映异构主客体复合物以及蒽酸光二聚反应及其立体选择性

### 3.3 多重超分子作用对蒽酸光二聚反应立体选择性的影响

在研究超分子手性光化学反应时,为了考察多重超分子作用对蒽酸光二聚反应的立体选择性的影响,我们合成了 α-CD 衍生物 40 和 41~43,将其作为底物分子研究在 γ-CD 或葫芦脲[8]的空腔中发生的光化学反应(图 10)。反应产物进行水解后得到蒽酸二聚体 **14~17**。在 210 MPa、−20 ℃条件下,底物 **40** 在 γ-CD 中发生光解,以 68％的产率和 91％的对映选择性得到产物 **15**。然而在葫芦脲[8]空腔中反应时,得到 HH 二聚体 **16** 和 **17** 为主要产物,且产率达到 99％。这是由于葫芦脲[8]的空腔相对较长,HT 取向的两个蒽酸分子在 α-CD 的立体阻碍下使得其 9,10 位无法获得良好的匹配。当底物 **41~43** 被光解时,反应产物随二蒽酸的位置不同而差异巨大。对底物 **41~42** 进行光解几乎完全生成 HH 二聚体,而 **43** 则主要生成 HT 二聚体。底物 **42** 和 **43** 光解后可分别得到对映选择性为 92％的 **16** 和 63％的 **15**。当反应在 γ-CD 或葫芦脲 [8]介质中进行时,以 98％的产率和 99％的对映选择性得到产物 **17**[41]。

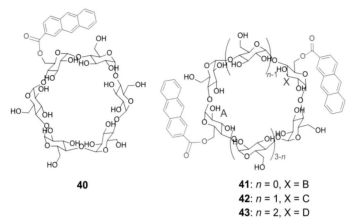

**40**

**41**: n = 0, X = B
**42**: n = 1, X = C
**43**: n = 2, X = D

图 10  α-CD 修饰的蒽酸分子

### 3.4 CD 介导的其他类型双分子手性光反应

除了以蒽酸分子为光解反应的底物外,对 3-甲基-2-萘酯 **44** 以及 9-羟基蒽(HA)在 γ-CD 中进行的光二聚反应(图 11)也有报道[48-51]。研究发现,底物 **44** 发生光二聚反应生成 **46** 是一个双光子吸收过程,当底物吸收第一个光子时生成 [4+4] 环加成产物 **45**,而吸收第二个光子后转变为光二聚产物 **46**。天然 γ-CD 与底物 **44** 具有非常强的结合能力,络合常数达到了 $6.7 \times 10^6$ M$^{-2}$。底物 **44** 通过与 γ-CD 形成 2∶1 的主客体复合物,明显提高了光二聚反应的效率,在没有 γ-CD 的水溶液中,该反应几乎是不进行的。γ-CD 在反应中对产物 **45** 和 **46** 也具有不同程度的手性诱导作用,对映选择性分别达到 39％和 48％。此外,在 γ-CD 的二面上修饰的主体分子 **18a~18d** 对反应的对映选择性仅有轻微影响(降低)[50]。

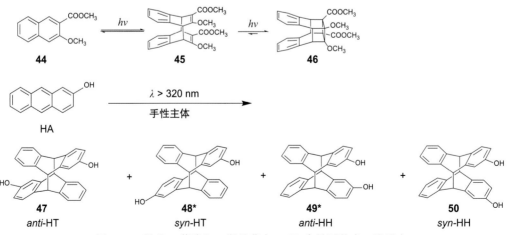

**44**          **45**          **46**

HA

λ > 320 nm
手性主体

**47**        **48***        **49***        **50**
*anti*-HT      *syn*-HT       *anti*-HH      *syn*-HH

图 11  3-甲基-2-萘酯和 9-羟基蒽在 γ-CD 介导下的光二聚反应

9-羟基蒽在 γ-CD 存在下发生光二聚反应可得到 4 种产物 **47～50**。γ-CD 与阴离子型的 HA 主要形成 1∶1 的主客体复合物,络合常数为(4100±390)M⁻¹,这可能是因为 HA 分子中局部的负电荷排斥作用阻碍了第二个 HA 阴离子与 γ-CD 络合。而中性的 HA 分子可以与 γ-CD 形成稳定的 1∶2 主客体复合物。在 γ-CD 存在下,于溶液中进行的 HA 分子的光解反应以 12%～14% 对映选择性得到顺-HT 产物 **48** 以及 5%～6% 对映选择性的反-HH 产物 **49**。对 HA 与 0.5 mol γ-CD 碾磨形成的固相复合物进行光照,以 48%产率得到反-HH 产物 **49** 的外消旋体,而顺-HT 产物 **48** 具有一17% 对映选择性[51]。

## 4. CD 介导的手性光催化反应

天然 CD 曾经被用来研究光诱导的(Z)-环辛烯 **51Z** 不对称光异构化反应(图 12)。水溶液中天然 β-CD 与 **51Z** 形成 1∶1 的主客体复合物,并以沉淀形式析出。在 185 nm 光照的直接激发下,产物仅具有很低的对映选择性,表明天然 β-CD 对 **51Z** 仅有弱的不对称诱导能力[52]。

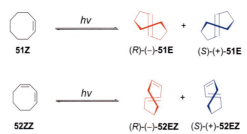

图 12 (Z)-环辛烯以及(Z,Z)-1,3-环辛二烯的光异构化反应

Inoue 等探索了(Z)-环辛烯 **51Z** 在一系列苯甲酸酯修饰的 CD 包结和敏化作用下的超分子光异构化反应(图 13)[12,53-59]。在没有客体分子的情况下,敏化剂部分在 CD 空腔的保护下不能敏化溶液中的底物。然而当 **51Z** 与 CD 复合时,敏化剂部分会在一定程度上被推出去,由于空间上的邻近,敏化剂激发态的能量会有效地传递给 **51Z**。当使用 **53b** 作为主体分子敏化时,**51E** 的对映选择性提高到 24%。使用 **53f** 为主体分子时,**51Z** 光异构化反应显示出高达 46% 的对映选择性[53,56],而邻位和对位异构体 **53b** 和 **53g** 只给出了很弱的对映选择性。这种由主体结构上的微小差异产生的不同立体化学结果,显示出化学修饰对于超分子体系光手性源的研究有着很大的影响[56]。

在传统手性敏化剂的敏化作用下,(Z)-环辛烯 **51Z** 进行光异构化反应时很容易受到熵相关因素,比如温度、溶剂和压力的影响[60-64]。而基于 CD 的光敏化剂促进的 **51Z** 光异构化反应的对映选择性几乎不由熵决定,改变温度对对映选择性没有明显影响,这是由于 β-CD 的空腔具有一定刚性,复合物结构受温度影响较小。然而,在全甲基化 β-CD **53h** 作用下,CD 第二面上的氢键网络被破坏,使得骨架变得更加柔软,在 **51Z** 的光异构化反应中可以观察到由温度改变引起的对映选择性的明显改变[32,34]。

(Z,Z)-1,3-环辛二烯 **52ZZ** 转变为手性(E,Z)-1,3-环辛二烯 **52EZ** 的光异构化反应(图 12)的对映选择性控制相对困难。Inoue 等用传统的敏化剂苯六甲酸薄荷酯,在 -40 ℃ 的低温下获得了最高为 17% 的对映选择性[65]。我们也考察了以萘的 CD 衍生物 **54k～54m** 作为敏化剂的 **52ZZ** 的光异构化反应。在 β-CD 衍生物 **54l** 的水溶液中进行 **52ZZ** 的光敏化异构化反应,获得了 4.6% 的对映选择性[66]。

最近我们首次研究了盖帽的 γ-CD 和葫芦脲[6]以及联苯轴分子合成的[4]型轮烷 **55** 作为主体分子敏化的 **52ZZ** 的光异构化反应[67]。在该[4]型轮烷结构中,γ-CD 上盖帽基团以及空腔内的联苯轴分子在很大程度上限制了手性空腔的结构,因此对(Z,Z)-1,3-环辛二烯 **52ZZ** 的光异构化反应有较好的手性诱导作用,所得产物(E,Z)-1,3-环辛二烯 **52EZ** 的对映选择性达到了 15.3%。这也为通过天然主体分子构建高特异性的手性识别位点提供了新的策略(图 13)。

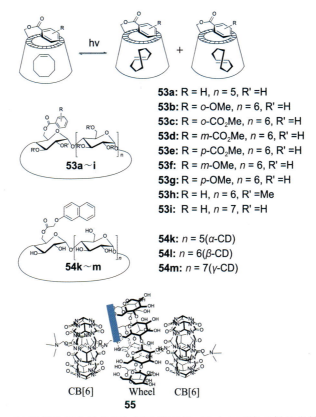

**53a:** R = H, *n* = 5, R' =H
**53b:** R = *o*-OMe, *n* = 6, R' =H
**53c:** R = *o*-CO_2Me, *n* = 6, R' =H
**53d:** R = *m*-CO_2Me, *n* = 6, R' =H
**53e:** R = *p*-CO_2Me, *n* = 6, R' =H
**53f:** R = *m*-OMe, *n* = 6, R' =H
**53g:** R = *p*-OMe, *n* = 6, R' =H
**53h:** R = H, *n* = 6, R' =Me
**53i:** R = H, *n* = 7, R' =H

**54k:** *n* = 5(α-CD)
**54l:** *n* = 6(β-CD)
**54m:** *n* = 7(γ-CD)

CB[6]    Wheel    CB[6]
**55**

图 13 CD 及其轮烷介导的(*Z*)-环辛烯和(*Z*,*Z*)-1,3-环辛二烯的光敏化反应

我们还以席夫碱 Pt(II) 配合物修饰的 γ-CD **56** 和 **57** 为主体分子,研究了基于三线态-三线态湮灭(TTA)的敏化蒽酸光二聚反应(图 14)[47]。在 532 nm 激光光源照射下,催化量的席夫碱 Pt(II) 配合物被激发后通过三线态-三线态能量传递(TTET)获得三线态的蒽酸分子,再通过 TTA 过程使得蒽酸分子达到激发的单线态,从而引发光二聚反应。以 61% 的产率和 31.4% 的对映选择性得到 HT 二聚体产物 **15**,这也是第一例基于 TTA 过程的蒽酸光二聚反应。在该体系中,主体分子上的光敏剂类似收集能量的"天线",从而可利用较长波长的光源来引发反应,避免直接激发产生消旋产物。

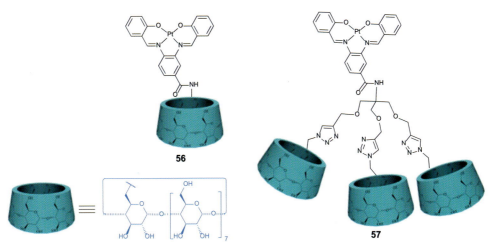

图 14 席夫碱 Pt(II) 配合物修饰的 γ-CD 主体分子

## 5. 波长对 CD 介导的手性光化学反应的调控

考虑到 γ-CD 与蒽酸形成的 1∶2 复合物对不同波长光的吸收存在差异,调控光照波长也是提高 γ-CD 包结的蒽酸分子光二聚反应立体选择性的一种独特手段。我们研究了 γ-CD 及其衍生物 **24**、**29a**~**29b**、**58**、**59**(图 15)作为主体分子时蒽酸光二聚反应立体选择性的波长效应[69]。实验结果表明,γ-CD 及其衍生物作为主体分子时,在不同溶剂或温度下,通过改变激发波长确实能够在较大程度上调节所得蒽酸光二聚产物的比例和对映选择性。选择合适的溶剂、温度以及主体分子,通过调节光照波长可得到对映选择性为 54% 的产物 **15** 和 −37% 的产物 **16**。这为其他超分子手性诱导体系提供了新的控制方式。

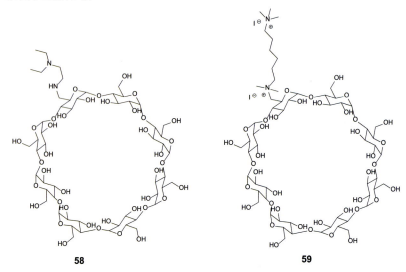

图 15 二氨基修饰的 γ-CD 主体分子

在 γ-CD 的包结作用下,蒽酸光二聚产物 **14** 和 **15** 在 300 nm 的激发波长下的产率分别为 54.5% 和 33.3%,而在 440 nm 的激发波长下的产率变为 30.7% 和 60.8%。改变激发波长也会造成对映选择性发生较大改变,使得 **15** 和 **16** 的对映选择性分别在 24%、41%、−8.8% 到 11.9% 间波动。另外,波长效应受到 CD 的化学结构、反应温度和溶剂的影响,说明这些外界因素对蒽酸分子在 CD 空腔中的几何堆积方式有着重要的影响[68]。

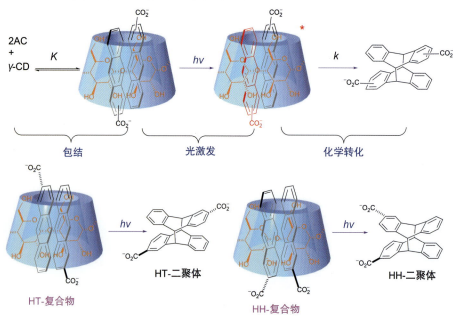

图 16 实现蒽酸光二聚反应立体选择性的三个关键步骤

在 γ-CD 介导的蒽酸分子光二聚反应中,包结、光激发及化学转化这三个关键过程决定了蒽酸光二聚反应的立体选择性。如图 16 所示,蒽酸和 γ-CD 形成不同结构的 1:2 复合物。蒽酸在水溶液中的激发态寿命为 16 ns,这个时间尺度远远短于蒽酸分子从空腔中解离出来需要的时间(一般在微秒级别)。在这样短的时间尺度内,这些不同结构的 1:2 复合物相互之间无法转换。因此,二聚体产物的相对产量与相应的受到激发的前体复合物的相对量成比例,即呈 HT 方向排列的两个蒽酸分子将形成 HT 二聚体产物,呈 HH 方向排列的两个蒽酸分子将形成 HH 二聚体产物。由于不同模式排列的复合物的吸收光谱不同,因此它们受到不同波长光照射后激发的概率将随激发波长的变化而变化。

## 6. 结论和展望

近年来,以利用 CD 为手性超分子主体的手性光化学合成领域发展迅速,为手性光化学研究提供了许多新的可能。但由于无方向性的疏水作用主导的客体分子在轴对称的 CD 空腔中的手性传递并不是很有效,利用 CD 的包结作用发生光化学反应的立体选择性往往不高。采用修饰的 CD 衍生物作为主体分子,CD 空腔的尺寸、形状、柔软度和不对称环境都将发生改变,反应的化学、区域或立体选择性都能得到提高。所以,通过修饰或功能化的 CD 来打破天然 CD 在超分子体系中手性诱导的局限性,将会成为一种实现光化学反应高立体选择性的有效方法。

目前,在手性结晶或沸石超分子笼等固相体系中易实现精确的手性诱导,而在溶液中进行的手性光催化反应却不易获得高对映选择性。虽然基于 CD 的手性光化学已获得了长足的发展,但相关研究的广度和深度,特别是在催化手性光化学反应等方面仍有待进一步推进。对于 CD 主体分子介导的溶液中的手性光反应,CD 主体分子上微小的结构变化能产生明显不同的立体化学结构,显示出超分子手性源的化学修饰对提高手性光反应对映选择性的巨大潜力。另外,CD 作为手性主体还具有以下优势:CD 空腔本身是手性的;连接于 CD 上的光敏剂能促进空腔中底物与光敏剂本身构象的固定;在未形成超分子络合物的情况下,光敏剂并不能敏化溶液中的底物,即光敏化反应只发生在 CD 空腔中。CD 作为手性超分子主体分子的这几大特点,对于在手性光反应中获得高的立体选择性是十分有利的。使用 CD 及其衍生物作为手性主体是目前实现溶液中高效不对称超分子光催化的一种主要策略,该领域的研究能够有效地促进手性光化学的发展。

另外,在主客体的固相复合物中进行光反应的产率通常要高于在溶液中的光反应。这可能是由以下两个原因造成的:(1)在 CD 的固相复合物中,几乎所有的客体分子都处于 CD 的空腔内部,而处于 CD 空腔外部的客体分子在竞争反应中处于不利的地位,生成的产物也是外消旋的,对光反应的影响可以忽略;(2)溶液中的 CD 复合物中客体分子有更大的位置和转动的自由度,而在 CD 的固相复合物中,客体分子为严格的线性排列,使得它们在反应中会有更高的化学、区域和立体选择性。研究表明,超分子手性光反应体系中主体分子的柔软度将会为控制反应产物的对映选择性和手性识别提供新的机会。刚性的超分子识别体系通常与高熵值变化相关,而柔性的超分子主体常常伴随着更大的主客体复合物的自由度的变化,更依赖于熵变。因此,可以在不使用相反手性的主体分子或引物的情况下,通过调控与熵值相关的外部因素,例如溶剂、温度和压力等,实现超分子手性光反应的立体选择性的改变甚至反转,这对于像 CD 这类不易获取其相反构型手性主体的境况是十分重要的。

**致谢:** 本工作在国家自然科学基金委(21871194、21572142、21402129)、科技部(2017YFA0505903)、四川省科技厅(2019YJ0160、2019YJ0090、2017SZ0021)、中国博士后基金(2018T110968、2017M612957)和四川大学(2018SCUH0068、0040234153019)支持下完成。

## 参考文献

[1] GRIESBECK A G, MATTAY J. Synthetic organic photochemistry [M]. New York: Marcel Dekker, 2005.

[2] 胡锐, 张承平, 裴志胜. 光动不对称加氢制备高光学纯度(S)-4-三甲基硅基-3-丁炔-2-醇的研究 [J]. 化学学报, 2013, 71(7): 1064-1070.

[3] 童林荟, 鲁润华, 井上佳久. 天然和修饰环糊精的不对称光化学 [J]. 化学进展, 2006, 18(5): 533-541.

[4] 吕峰峰, 吴骊珠, 张丽萍, 等. 受限介质中光化学反应的研究 [J]. 有机化学, 2006, 26(5): 599-609.

[5] YANG C, INOUE Y. Supramolecular photochirogenesis [J]. Chem. Soc. Rev., 2014, 43(12): 4123-4143.

[6] INOUE Y, RAMAMURTHY V. Chiral photochemistry [M]. New York: Marcel-Dekker, 2004.

[7] YANG C. Recent progress in supramolecular chiral photochemistry [J]. Chin. Chem. Lett., 2013, 24(6): 437-441.

[8] YANG C, INOUE Y. Supramolecular photochemistry: Controlling photochemical processes [M]. Hoboken: John Wiley & Sons, Inc., 2011: 115.

[9] YANG C, INOUE Y. CRC handbook of organic photochemistry and photobiology [M], 3rd ed. Boca Raton: Taylaor & Francis Group, 2012: 125.

[10] BRIMIOULLE R, LENHART D, MATURI M M, et al. Enantioselective catalysis of photochemical reactions [J]. Angew. Chem. Int. Ed., 2015, 54(13): 3872-3890.

[11] LEIBOVITCH M, OLOVSSON G, SUNDARABABU G, et al. Asymmetric induction in photochemical reactions conducted in zeolites and in the crystalline state [J]. J. Am. Chem. Soc., 1996, 118(5): 1219-1220.

[12] KURODA Y, SERA T, OGOSHI H. Regioselectivities and stereoselectivities of singlet oxygen generated by cyclodextrin-sandwiched porphyrin sensitization. Lipoxygenase-like activity [J]. J. Am. Chem. Soc., 1991, 113(7): 2793-2794.

[13] BACH T, BERGMANN H, et al. Enantioselective intramolecular [2+2]-photocycloaddition reactions in solution [J]. Angew. Chem., Int. Ed., 2000, 39(13): 2302-2304.

[14] BACH T, BERGMANN H, GROSCH B, et al. Highly enantioselective intra-and intermolecular [2+2] photocycloaddition reactions of 2-quinolones mediated by a chiral lactam host: Host-guest interactions, product configuration, and the origin of the stereoselectivity in solution [J]. J. Am. Chem. Soc., 2002, 124(27): 7982-7990.

[15] SHIDA Y, KAI Y, KATO S Y, et al. Two-component liquid crystals as chiral reaction media: Highly enantioselective photodimerization of an anthracene derivative driven by the ordered microenvironment [J]. Angew. Chem. Int. Ed., 2008, 47(43): 8241-8245.

[16] SHIRAKAWA M, FUJITA N, TANI T, et al. Organogel of an 8-quinolinol platinum(II) chelate derivative and its efficient phosphorescence emission effected by inhibition of dioxygen quenching [J]. Chem. Commun., 2005, (33): 4149-4151.

[17] 殷亚星, 解菊, 刁国旺. 环糊精及其衍生物包合作用的理论研究进展 [J]. 化学通报, 2009, 72(4): 320-325.

[18] TAKAHASHI K. Organic reactions mediated by cyclodextrins [J]. Chem. Rev., 1998, 98(5): 2013-2034.

[19] KOODANJERI S, RAMAMURTHY V. Cyclodextrin mediated enantio and diastereoselective geometric photoisomerization of diphenylcyclopropane and its derivatives [J]. Tetrahedron Lett., 2002, 43(50): 9229-9232.

[20] SHAILAJA J, KARTHIKEYAN S, RAMAMURTHY V. Cyclodextrin mediated solvent-free enantioselective photocyclization of N-alkyl pyridines [J]. Tetrahedron Lett., 2002, 43(51): 9335-9339.

[21] KOODANJERI S, JOY A, RAMAMURTHY V. Asymmetric induction with cyclodextrins: Photocyclization of tropolone alkyl ethers [J]. Tetrahedron, 2000, 56(36): 7003-7009.

[22] VIZVARDI K, DESMET K, LUYTEN I, et al. Asymmetric induction in intramolecular *meta* photocycloaddition: Cyclodextrin-mediated solid-phase photochemistry of various phenoxyalkenes [J]. Org. Lett., 2001, 3(8): 1173-1175.

[23] RAO V P, TURRO N J. Asymmetric induction in benzoin by photolysis of benzaldehyde adsorbed in

cyclodextrin cavities [J]. Tetrahedron Lett., 1989, 30(35): 4641-4644.

[24] CLOSS G L, PAULSON D R. Application of the radical-pair theory of chemically induced dynamic nuclear spin polarization (CIDNP) to photochemical reactions of aromatic aldehydes and ketones [J]. J. Am. Chem. Soc., 1970, 92(24): 7229-7231.

[25] COCIVERA M, TROZZOLO A M. Photolysis of benzaldehyde in solution studied by nuclear magnetic resonance spectroscopy [J]. J. Am. Chem. Soc., 1970, 92(6): 1772-1774.

[26] BERGER M, GOLDBLATT I L, STEEL C. Photochemistry of benzaldehyde [J]. J. Am. Chem. Soc., 1973, 95 (6): 1717-1725.

[27] MORI T, WADA T, INOUE Y. Perfect switching of photoreactivity by acid: Photochemical decarboxylation versus transesterification of mesityl cyclohexanecarboxylate [J]. Org. Lett., 2000, 2(21): 3401-3404.

[28] MORI T, INOUE Y, WEISS R G. Enhanced photodecarboxylation of an aryl ester in polyethylene films [J]. Org. Lett., 2003, 5(24): 4661-4664.

[29] MORI T, WEISS R G, INOUE Y. Mediation of conformationally controlled photodecarboxylations of chiral and cyclic aryl esters by substrate structure, temperature, pressure, and medium constraints [J]. J. Am. Chem. Soc., 2004, 126(29): 8961-8975.

[30] MORI T, SAITO H, INOUE Y. Complete memory of chirality upon photodecarboxylation of mesityl alkanoate to mesitylalkane: Theoretical and experimental evidence for cheletropic decarboxylation via a spiro-lactonic transition state [J]. Chem. Commun., 2003, (18): 2302-2303.

[31] MORI T, TAKAMOTO M, WADA T, et al. Acid-controlled photoreactions of aryl alkanoates: Competition of transesterification, decarboxylation, fries-rearrangement and/or transposition [J]. Photochem. Photobiol. Sci., 2003, 2(11): 1187-1199.

[32] TAMAKI T, KOKUBU T. Acceleration of the photodimerization of water-soluble anthracenes included by $\beta$- and $\gamma$-cyclodextrins [J]. J. Inclusion Phenom. Macrocyclic Chem., 1984, 2(3): 815-822.

[33] TAMAKI T, KOKUBU T, ICHIMURA K. Regio- and stereoselective photodimerization of anthracene derivatives included by cyclodextrins [J]. Tetrahedron Lett., 1987, 43(7): 1485-1494.

[34] WAKAI A, FUKASAWA H, YANG C, et al. Theoretical and experimental investigations of circular dichroism and absolute configuration determination of chiral anthracene photodimers [J]. J. Am. Chem. Soc., 2012, 134 (10): 4990-4997.

[35] IKEDA H, NIHEI T, UENO A. Template-assisted stereoselective photocyclodimerization of 2-anthracenecarboxylic acid by bispyridinio-appended $\gamma$-cyclodextrin [J]. J. Org. Chem., 2005, 70(4): 1237-1242.

[36] YANG C, FUKUHARA G, NAKAMURA A, et al. Enantiodifferentiating [4+4] photocyclodimerization of 2-anthracenecarboxylate catalyzed by $6^A,6^X$-diamino-$6^A,6^X$-dideoxy-$\gamma$-cyclodextrins: Manipulation of product chirality by electrostatic interaction, temperature and solvent in supramolecular photochirogenesis [J]. J. Photochem. Photobiol. A: Chem., 2005, 173(3): 375-383.

[37] YANG C, NAKAMURA A, FUKUHARA G, et al. Pressure and temperature-controlled enantiodifferentiating [4+4] photocyclodimerization of 2-anthracenecarboxylate mediated by secondary face-and skeleton-modified $\gamma$-cyclodextrins [J]. J. Org. Chem., 2006, 71(8): 3126-3136.

[38] YANG C, NAKAMURA A, WADA T, et al. Enantiodifferentiating photocyclodimerization of 2-anthracenecar-boxylic acid mediated by $\gamma$-cyclodextrins with a flexible or rigid cap [J]. Org. Lett., 2006, 8(14): 3005-3008.

[39] YANG C, MORI T, INOUE Y. Supramolecular enantiodifferentiating photocyclodimerization of 2-anthracene-carboxylate mediated by capped $\gamma$-cyclodextrins: Critical control of enantioselectivity by cap rigidity [J]. J. Org. Chem., 2008, 73(15): 5786-5794.

[40] YANG C, KE C, FUJITA K, et al. pH-controlled supramolecular enantiodifferentiating photocyclodimerization of 2-anthracenecarboxylate with capped $\gamma$-cyclodextrins [J]. Aust. J. Chem., 2008, 61(8): 565-568.

[41] KE C, YANG C, MORI T, et al. Catalytic enantiodifferentiating photocyclodimerization of 2-anthracenecarboxy-lic acid mediated by a non-sensitizing chiral metallosupramolecular host [J]. Angew. Chem. Int. Ed., 2009, 48

(36): 6675-6677.

[42] KE C, YANG C, LIANG W, et al. Critical stereocontrol by inter-amino distance of supramolecular photocyclodimerization of 2-anthracenecarboxylate mediated by 6-($\omega$-aminoalkylamino)-$\gamma$-cyclodextrins [J]. New J. Chem., 2010, 34(7): 1323-1329.

[43] WANG Q, YANG C, FUKUHARA G, et al. Supramolecular fret photocyclodimerization of anthracene-carboxylate with naphthalene-capped $\gamma$-cyclodextrin [J]. Beilstein J. Org. Chem., 2011, 7: 290-297.

[44] YAO J, YAN Z, JI J, et al. Ammonia-driven chirality inversion and enhancement in enantiodifferentiating photo-cyclodimerization of 2-anthracenecarboxylate mediated by diguanidino-$\gamma$-cyclodextrin [J]. J. Am. Chem. Soc., 2014, 136(19): 6916-6919.

[45] YI J, LIANG W, WEI X, et al. Switched enantioselectivity by solvent components and temperature in photocy-clodimerization of 2-anthracenecarboxylate with $6^A,6^X$ diguanidio-$\gamma$-cyclodextrins [J]. Chin. Chem. Lett., 2018, 29(1): 87-90.

[46] WEI X, WU W, MATSUSHITA R, et al. Supramolecular photochirogenesis driven by higher-order complexation: Enantiodifferentiating photocyclodimerization of 2-anthracenecarboxylate to slipped cyclodimers via a 2 : 2 complex with $\beta$-cyclodextrin [J]. J. Am. Chem. Soc., 2018, 140(11): 3959-3974.

[47] RAO M, KANAGARAJ K, FAN C, et al. Photocatalytic supramolecular enantiodifferentiating dimerization of 2-anthracenecarboxylic acid through triplet-triplet annihilation [J]. Org. Lett., 2018, 20(6): 1680-1683.

[48] LIAO G H, LUO L, XU H X, et al. Formation of cubane-like photodimers from 2-naphthalenecarbonitrile [J]. J. Org. Chem., 2008, 73(18): 7345-7348.

[49] LUO L, CHENG S F, CHEN B, et al. Stepwise photochemical-chiral delivery in $\gamma$-cyclodextrin-directed enantioselective photocyclodimerization of methyl 3-methoxyl-2-naphthoate in aqueous solution [J]. Langmuir, 2010, 26(2): 782-785.

[50] LIANGW, ZHANG H H, WANG J J, et al. Supramolecular complexation and photocyclodimerization of methyl 3-methoxy-2-naphthoate with modified cyclodextrins [J]. Pure Appl. Chem., 2011, 83(4): 769-778.

[51] FUKUHARA G, UMEHARA H, HIGASHINO S, et al. Supramolecular photocyclodimerization of 2-hydroxyanthracene with a chiral hydrogen-bonding template, cyclodextrin and serum albumin [J]. Photochem. Photobiol. Sci., 2014, 13(2): 162-171.

[52] INOUE Y, KOSAKA S, MATSUMOTO K, et al. Vacuum UV photochemistry in cyclodextrin cavities. Solid state Z-E photoisomerization of a cyclooctene-$\beta$-cyclodextrin inclusion complex [J]. J. Photochem. Photobiol. A: Chem., 1993, 71(1): 61-64.

[53] INOUE Y, WADA T, SUGAHARA N, et al. Supramolecular photochirogenesis. 2. Enantiodifferentiating photoisomerization of cyclooctene included and sensitized by 6-O-modified cyclodextrins [J]. J. Org. Chem., 2000, 65(23): 8041-8050.

[54] FUKUHARA G, MORI T, WADA T, et al. Entropy-controlled supramolecular photochirogenesis: Enantiodiffer-entiating Z-E photoisomerization of cyclooctene included and sensitized by permethylated 6-O-modified $\beta$-cyclo-dextrins [J]. J. Org. Chem., 2006, 71(21): 8233-8243.

[55] LU R, YANG C, CAO Y, et al. Supramolecular enantiodifferentiating photoisomerization of cyclooctene with modified $\beta$-cyclodextrins: Critical control by a host structure [J]. Chem. Commun., 2008, (3): 374-376.

[56] FUKUHARA G, MORI T, WADA T, et al. Entropy-controlled supramolecular photochirogenesis: Enantiodiffer-entiating Z-E photoisomerization of cyclooctene included and sensitized by permethylated 6-O-benzoyl-$\beta$-cyclo-dextrin [J]. Chem. Commun., 2005, (33): 4199-4201.

[57] LU R, YANG C, CAO Y, et al. Enantiodifferentiating photoisomerization of cyclooctene included and sensitized by aroyl-$\beta$-cyclodextrins: A critical enantioselectivity control by substituents [J]. J. Org. Chem., 2008, 73(19): 7695-7701.

[58] GAO Y, WADA T, YANG K, et al. Supramolecular photochirogenesis in sensitizing chiral nanopore: Enantiodifferentiating photoisomerization of (Z)-cyclooctene included and sensitized by POST-1 [J]. Chirality,

2005, 17(S1): S19-S23.

[59]  GAO Y, INOUE M, WADA T, et al. Supramolecular photochirogenesis. 3. Enantiodifferentiating photoisomer-ization of cyclooctene included and sensitized by 6-*O*-mono(*o*-methoxybenzoyl)-*β*-cyclodextrin [J]. J. Inclusion Phenom. Macrocyclic Chem., 2004, 50(1): 111-114.

[60]  INOUE Y, YAMASAKI N, YOKOYAMA T, et al. Highly enantiodifferentiating photoisomerization of cyclooctene by congested and/or triplex-forming chiral sensitizers [J]. J. Org. Chem., 1993, 58(5): 1011-1018.

[61]  INOUE Y, IKEDA H, KANEDA M, et al. Entropy-controlled asymmetric photochemistry: Switching of product chirality by solvent [J]. J. Am. Chem. Soc., 2000, 122(2): 406-407.

[62]  HOFFMANN R, INOUE Y. Trapped optically active (*E*)-cycloheptene generated by enantiodifferentiating *Z-E* photoisomerization of cycloheptene sensitized by chiral aromatic esters [J]. J. Am. Chem. Soc., 1999, 121(46): 10702-10710.

[63]  KANEDA M, NISHIYAMA Y, ASAOKA S, et al. Pressure control of enantiodifferentiating polar addition of 1,1-diphenylpropene sensitized by chiral naphthalenecar-boxylates [J]. Org. Biomol. Chem., 2004, 2(9): 1295-1303.

[64]  INOUE Y. Entropy control chemistry. Approach from chiral photochemistry [J]. Chemistry & Chemical Industry, 2006, 59(2): 152-154.

[65]  INOUE Y, TSUNEISHI H, HAKUSHI T, et al. Optically active (*E,Z*)-1,3-cyclooctadiene: First enantioselective synthesis through asymmetric photosensitization and chiroptical property [J]. J. Am. Chem. Soc., 1997, 119(3): 472-478.

[66]  YANG C, MORI T, WADA T, et al. Supramolecular enantiodifferentiating photoisomerization of (*Z,Z*)-1,3-cyclooctadiene included and sensitized by naphthalene-modified cyclodextrins [J]. New J. Chem., 2007, 31(5): 697-702.

[67]  YAN Z, HUANG Q, LIANG W, et al. Enantiodifferentiation in the photoisomerization of (*Z,Z*)-1,3-cyclooctadiene in the cavity of *γ*-cyclodextrin-curcubit[6]uril-wheeled [4]rotaxanes with an encapsulated photosensitizer [J]. Org. Lett., 2017, 19(4): 898-901.

[68]  YANG C, WANG Q, YAMAUCHI M, et al. Manipulating *γ*-cyclodextrin-mediated photocyclodimerization of anthracenecar-boxylate by wavelength, temperature, solvent and host [J]. Photochem. Photobiol. Sci., 2014, 13(2): 190-198.

[69]  WANG Q, YANG C, KE C, et al. Wavelength-controlled supramolecular photocyclodimerization of anthracene-carboxylate mediated by *γ*-cyclodextrins [J]. Chem. Commun., 2011, 47(24): 6849-6851.

# 基于聚集诱导发光效应的手性识别和对映体纯度分析

袁迎雪,熊加斌,郑炎松*

华中科技大学化学与化工学院,湖北,武汉 430074
*E-mail: zyansong@hotmail.com

**摘要:**对手性化合物对映体进行有效区别及纯度分析,是具有挑战性的课题。本文报道了一系列具有聚集诱导发光(AIE)效应的手性酸或手性碱化合物,它们能与手性客体碱或客体酸进行对映选择性的聚集,使手性碱或酸试剂的一种对映体聚集产生强烈荧光,而另一种对映体不聚集或者具有不同聚集形式而导致无荧光、弱荧光,或者产生不同颜色荧光,从而有效区分手性试剂的两种对映体并进行对映体纯度的定量分析。特别是具有 AIE 效应的 $\alpha$-苯基肉桂腈环己二胺衍生物能够区分 18 种手性酸的对映异构体,两个对映体产生的荧光强度差别最低为 10 倍,最高可达 16000 多倍。这一新的手性识别方法具有选择性特别高、适用性特别广的优点,通过调节溶剂的比例,灵敏度也可高达微摩尔/升级别。与已有的其他手性分析方法相比,该法具有更优的选择性、更高的灵敏度以及更宽的适用范围,在手性分析尤其是对映体组成高通量分析方面具有很大的应用潜力。

**关键词:**聚集诱导发光;手性识别;手性 AIE 化合物;对映体过量分析;手性酸碱试剂

## Chiral Recognition and Enantiomer Excess Determination Based on the Aggregation-Induced Emission Effect

YUAN Yingxue, XIONG Jiabin, ZHENG Yansong*

**Abstract:** To discriminate the enantiomers of a chiral compound and determine the purity is a challenging project. We reported a series of chiral carboxylic acids or amines with aggregation-induced emission (AIE) effect. These chiral AIE compounds can enantioselectively interact with one enantiomer of a chiral amine or a chiral acidic compound to give precipitates or a suspension, while it results in a solution with another enantiomer of the chiral amine or the chiral acidic compound, in which two enantiomers are efficiently discriminated and can be quantitatively analyzed. Especially, the chiral $\alpha$-phenyl cinnamylnitrile cyclohexyldiamine derivatives with AIE effect can discriminate the enantiomers of chiral acidic compounds up to 18 ones with very high selectivity from 10 to more than 16000. By adjusting the volume ratio of the mixed solvents, the sensitivity for discriminating the enantiomers can get to $\mu$M level. Compared with other methods of chiral recognition, this new method based on the AIE effect has exceptionally high enantioselectivity, extraordinarily wide applicability and very high sensitivity. It displays a great potential as outstanding chiral sensors, especially in high-throughput analysis of enantiomeric composition.

**Key Words:** Aggregation-induced emission; Chiral recognition; Chiral AIE compound; Determination of enantiomeric excess; Chiral acid and base

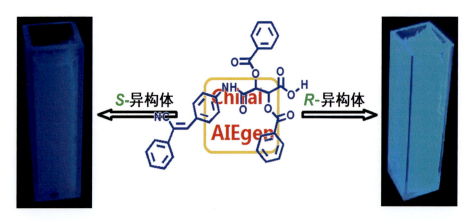

## 1. 引言

许多有机发光分子在聚集时出现荧光猝灭,这是由于分子之间发生强烈相互作用,尤其是生成了分子之间的激基缔合物,分子间产生了非辐射能量转移,从而导致固态下分子的荧光消失或者减弱。这种聚集荧光猝灭(aggregation-caused quenching,ACQ)现象使有机发光分子在作为固态发光材料,例如用作有机发光二极管(OLED)时,发光效率会极大降低,是研究有机发光材料过程中不易解决的难题。2001 年,唐本忠等发现多芳香烃取代的环丁二烯硅(silole)在溶液状态时不发光,在固态时却发射很强的荧光,并将这一现象称为聚集诱导发光(aggregation-induced emission,AIE)。由于 AIE 分子能够避免常见荧光分子的 ACQ 问题,因而在固体光电材料以及化学与生物传感器等方面具有重要的潜在用途,引起了极其广泛的研究兴趣和关注[1-4]。一般认为 AIE 机理是:分子运动(如转动和振动)在聚集体中受到了限制,同时分子上的多个取代基团的位阻使分子之间不能生成激基缔合物,阻止了非辐射能量转移,从而在聚集状态下能发射强烈荧光[1-4]。也有用分子平面化、J 聚集、分子间氢键等解释 AIE 机理的,详细准确的机理仍有待完善和丰富。

手性识别一直是科学研究的热点和前沿领域,因为它不仅可用于手性药物、催化剂、天然产物等的合成、纯化和分析中,具有重要实际意义,也能够用来揭示分子之间相互作用的机理,在立体化学、手性起源、手性药物设计等方面具有重要的理论意义。研究手性识别的方法很多,如旋光度法、色谱法、质谱法、核磁共振法、紫外可见光谱法、荧光光谱法、电极电位法、扫描隧道显微镜法等,其中荧光光谱法用作对映体传感器时具有高效、灵敏、准确、简便的优点,是常用的方法之一;但要设计合成出具有优异对映体选择性的荧光受体往往非常困难[5]。如果在具有 AIE 特性的分子上连接光学活性的酸性基团或者碱性基团,制备出手性 AIE 酸或者手性 AIE 碱,它们能够与其他的手性碱或者手性酸通过酸碱作用生成复合物,使一个对映体产生聚集体,另一个对映体不产生聚集体,或者两个对映体产生不同的聚集体,从而导致一个对映体出现强荧光,另一个没有荧光或者弱荧光,这样就可以达到用荧光光谱进行对映体定性定量分析的目的。常用的手性拆分方法之一是:采用光学纯的拆分试剂(酸或者碱)与被拆分的手性碱或者酸的一个对映体作用生成非对映异构体,利用两个非对映异构体溶解度的差别,使一个异构体产生沉淀,而另一个对映体仍然留在溶液中,达到使两个对映体分离的目的[6,7]。将光学活性的酸性基团或者碱性基团引入 AIE 分子是比较容易实现的,因此可以很方便地得到用于手性识别和对映体分析的手性受体。

## 2. 手性识别和对映体分析

### 2.1 手性 AIE 胺化合物的合成及用于手性酸试剂手性识别的性能研究

α-苯基肉桂腈是一类具有 AIE 效应的有机分子,它们在溶液中不发光,在固态或者生成悬浊液时发射强荧光。这类化合物非常容易合成,用苯乙腈和苯甲醛进行缩合反应即可得到。在 α-苯基肉桂腈的苯环上引入光学活性取代基,即可得到手性 AIE 分子,通过这种方法合成了手性 AIE 胺 1。如图 1 所示,将对硝基苯乙腈与对羟基苯甲醛缩合,得到对羟基(α-对硝基苯基)肉桂腈,后者与氨基被 BOC

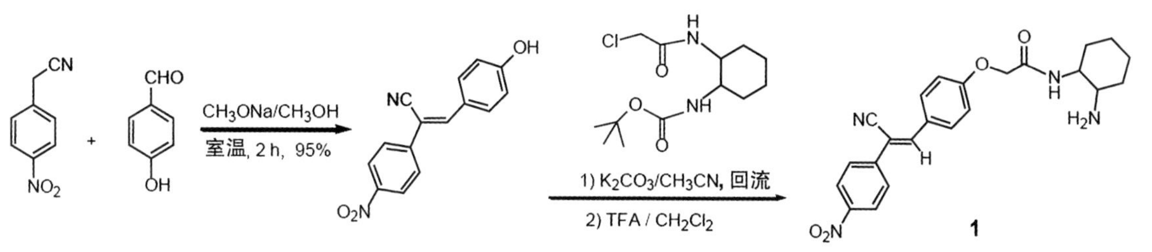

图 1  α-(对硝基苯基)肉桂腈环己二胺 1 的合成

(叔丁氧羰基)保护的氯乙酰环己二胺反应,得到的产物再脱保护即可得到手性 AIE 胺 1[8,9]。

手性 AIE 胺 1 溶解在 THF 中不产生荧光,但其固体发射黄色荧光。当在 THF 溶液中逐渐加入不良溶剂水,固体析出使溶液出现浑浊时,黄色荧光出现。随着水不断加入,溶液越来越浑浊,悬浊液的荧光越来越强,说明 1 是一种 AIE 分子。

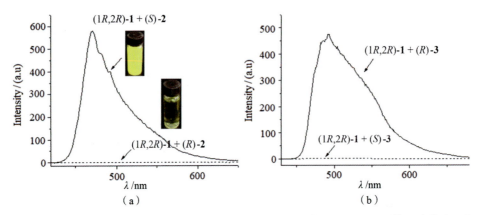

图 2　AIE 胺($R,R$)-1 分别与扁桃体酸 2(a)和 2-氯扁桃体酸 3(b)的对映体混合物在二氯乙烷中的荧光光谱(插图为混合物在手提紫外灯照射下的照片)

1 溶解在 1,2-二氯乙烷中亦不发光,当使用光学纯的($R,R$)-1 分别与扁桃体酸 2 或者 2-氯扁桃体酸 3 的两个对映体在二氯乙烷中混合时,发现它与($S$)-2 或者($R$)-3 会产生沉淀,而与($R$)-2 或者($S$)-3 混合后却没有沉淀产生,产生沉淀的化合物发射强荧光,没有沉淀生成的化合物不呈现荧光,由两个对映体导致的荧光强度比值分别高达 16865 倍和 261 倍(图 2 和表 1)。用($R,R$)-1 与($S$)-苯基乳酸 4 混合后,溶液出现浑浊,而与($R$)-苯基乳酸混合后得到澄清的溶液,悬浊液比澄清溶液的荧光强 1000 倍。

1 也能使其他手性羧酸化合物 5~18 的一个对映异构体在溶液中聚集(形成悬浊液、沉淀或者凝胶),而与另一个对映异构体不产生聚集(透明溶液)或者聚集很少,由此导致的荧光强度差别一般都在 10 倍以上,见表 1。这些手性羧酸包括 α 位上有羟基的羧酸 2~4、α 位无羟基的羧酸 5~8、二元羧酸 9~12、氨基保护的氨基酸 12~17,甚至手性中心远离羧基的羧酸 18~19,适用范围特别广。

表 1　手性羧酸对映体与($R,R$)-1 混合后的状态及对映选择性(荧光强度比值)

| 酸 | 对映选择性 | | 状态[a] |
|---|---|---|---|
| 2 | $I_S/I_R$ | 16865 | Pre/Sol |
| 3 | $I_R/I_S$ | 261 | Pre/Sol |
| 4 | $I_S/I_R$ | 1000 | Sus/Sol |
| 5 | $I_S/I_R$ | 26 | Sus/Sol |

| 酸 | 对映选择性 | | 状态[a] |
|---|---|---|---|
| **6** | $I_S/I_R$ | 30 | Sticky/Sol |
| **7** | $I_S/I_R$ | 410 | Sus/Sol |
| **8** | $I_S/I_R$ | 249 | Sus/Sol |
| **9** | $I_{R,R}/I_{S,S}$ | 528 | Sus/Sol |
| **10** | $I_{R,R}/I_{S,S}$ | 2240 | Sus/Sol |
| **11** | $I_S/I_R$ | 769 | Sus/Sol |
| **12** | $I_S/I_R$ | 117 | Sus/Sol |
| **13** | $I_S/I_R$ | 55 | Sus/Sol |
| **14** | $I_S/I_R$ | 10 | Sus/Sol |
| **15** | $I_S/I_R$ | 59 | Sus/Sol |
| **16** | $I_R/I_S$ | 18 | Pre/Sol |
| **17** | $I_S/I_R$ | 1717 | Pre/Sol |
| **18** | $I_S/I_R$ | 287 | Sus/Sol |
| **19** | $I_S/I_R$ | 59 | Gel/Sol |

a：羧酸对映体 1/羧酸对映体 2,Pre 代表沉淀,Sus 代表悬浊液,Sol 代表溶液,Gel 代表凝胶,Sticky 代表黏稠液。

当采用 $(S,S)$-**1** 进行实验时,与 $(R)$-**2** 混合产生沉淀,与 $(S)$-**2** 混合为澄清溶液,得到与 $(R,R)$-**1** 相反的结果。当固定扁桃体酸 **2** 两种对映体的总浓度,改变两种对映体的相对含量或者组成,发现当 $(R,R)$-**1** 与两种对映体混合时,随着 $(S)$-**2** 含量增加,荧光强度在 30% 以后逐渐增加;而当 $(S,S)$-**1** 与两种对映体混合时,随着 $(S)$-**2** 含量增加,荧光强度逐渐减少,直到 70% 以后不再减少(图3)。将这两条曲线作为标准曲线,只要测定出未知对映体含量的扁桃体酸与$(R,R)$-**1**或者$(S,S)$-**1**混合物的荧光强度,即可迅速通过标准曲线得到扁桃体酸对映体的含量。

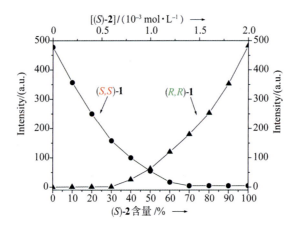

图3 $(R,R)$-**1** 与手性羧酸 **2** 生成的悬浊液荧光强度随$(S)$-**2** 含量的变化

四苯乙烯(tetraphenylethylene,TPE)及其衍生物具有易于合成、AIE 性能可靠等特点,是研究最广泛的 AIE 化合物,将其作为化学传感器和生物探针,往往表现出优异的性能。我们合成出基于 TPE 的手性胺化合物,这类具有 AIE 效应的手性胺不仅能选择性地与许多手性酸的对映体聚集,表现出优异的选择性和广泛的适用性,而且具有特别高的灵敏度,能够识别微量($10^{-6}$ mol·L$^{-1}$级别)的二苯甲酰酒石酸的两种对映体。手性 TPE 二胺 **21** 的合成路线见图4。

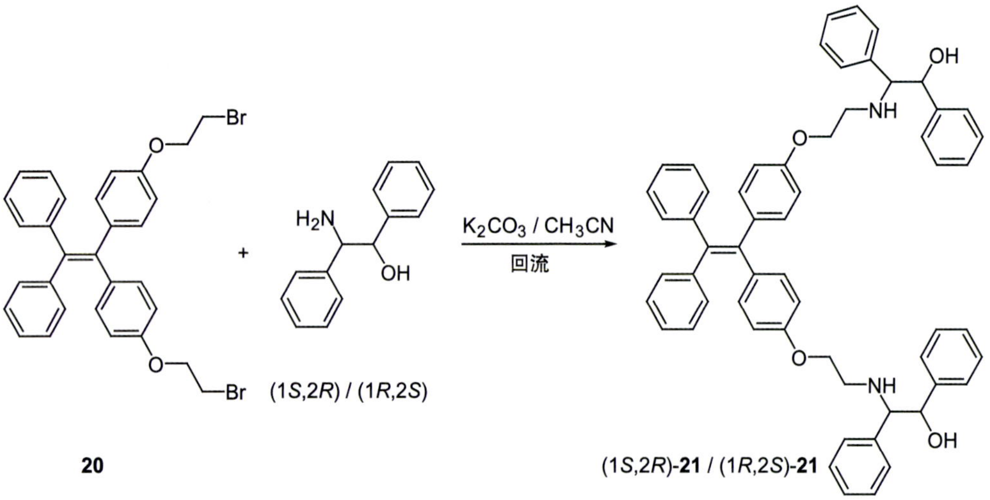

图4 手性 TPE 二胺 **21** 的合成

如表2所示,用光学纯的手性胺受体$(1S,2R)$-**21** 或者$(1R,2S)$-**21** 分别与手性酸的两种对映体混合,可使手性酸的一种对映体聚集发射强荧光,使另一种对映体聚集少或者不聚集,荧光减弱或者不发光,表现出很大的荧光强度差别或者选择性。由于 **21** 中含有两个氨基,它对手性二元羧酸尤其具有优异的手性识别能力。例如,苯甲酰酒石酸 **9**、对甲苯甲酰酒石酸 **10**、苹果酸 **11**、N-Boc-谷氨酸 **12**、B-Cbz-天冬氨酸 **22** 的两种对映体的选择性可分别达到 20、25、14、20 和 12 倍。对单元羧酸扁桃体酸 **2**、邻氯扁桃体酸 **3**、焦谷氨酸 **8**、N-Boc-丝氨酸 **15** 选择性分别为 46、16、13、5.0;即使对强的手性酸樟脑磺酸 **23**,选择性也能达到 5.6。

## 表 2　TPE 二胺 $(1S,2R)$-21 对手性酸两个对映体的对映选择性

| 酸 | 对映选择性 | 状态[a] |
|---|---|---|
| 9 | 20 (D/L) | Pre/Sol[①] |
| 10 | 25 (D/L) | Pre/Sol[①] |
| 11 | 14 (D/L) | Sus/Sol[②] |
| 12 | 20 (D/L) | Sus/Sol[②] |
| 22 | 12 (L/D) | Sus/Sol[②] |
| 2 | 46 (R/S) | Sus/Sol[③] |
| 3 | 16 (S/R) | Sus/Sol[②] |
| 8 | 13 (D/L) | Sus/Sol[②] |
| 15 | 5.0 (D/L) | Sus/Sol[④] |
| 23 | 5.6 (D/L) | Sus/Sol[④] |

a：手性酸对映体 1/对映体 2，Pre 代表沉淀，Sus 代表悬浊液，Sol 代表溶液。

注：①在 $CHCl_3$ 中，②在 $H_2O/THF$ 中；③在 $CH_2Cl_2$/正己烷中，④在 $CH_2Cl_2$ 中。

溶剂极性对溶质的聚集有很大影响，通过改变混合溶剂的极性可以使溶质在浓度很小时即发生聚集，从而提高识别的灵敏度。以 $(1S,2R)$-21 识别对甲苯甲酰酒石酸 10 两种对映体为例，当对甲苯甲酰酒石酸的浓度为 $3.0\times10^{-4}$ mol·$L^{-1}$ 时，$(1S,2R)$-21 能有效识别两种对映体。当浓度减小时，识别能力降低。如果在 $CHCl_3$ 中加入正己烷，使正己烷对 $CHCl_3$ 的体积比为 2：1，对甲苯甲酰酒石酸的浓度降到 $2.0\times10^{-5}$ mol·$L^{-1}$ 时，手性受体的选择性仍能达到 22 倍；当正己烷对 $CHCl_3$ 的体积比提高到 4：1，对甲苯甲酰酒石酸的浓度降到 $3.0\times10^{-6}$ mol·$L^{-1}$ 时，手性受体仍然还有 9 倍的选择性（图 5）。这说明通过改变溶剂的极性，能够极大地提高手性识别的灵敏度[10]。

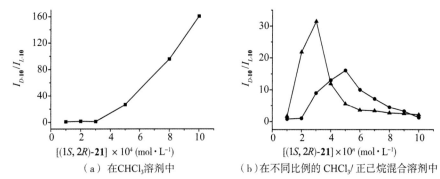

（a）在CHCl₃溶剂中　　　　（b）在不同比例的 CHCl₃/正己烷混合溶剂中

图 5　在不同溶剂中,羧酸 **10** 两种对映体的对映选择性随 TPE 胺($1S,2R$)-**21** 浓度的改变;(b)图表明对于标"▲"的曲线,$n=5$,CHCl₃/正己烷体积比为 1∶2;对于标"●"的曲线,$n=6$,CHCl₃/正己烷体积比为 1∶4　$[D\text{-}10]/[(1S,2R)\text{-}21]=[L\text{-}10]/[(1S,2R)\text{-}21]=1∶1$

使用($1S,2R$)-**21** 为手性受体时,$D$-**10** 聚集多,$L$-**10** 聚集少,在 $D$-**10** 和 $L$-**10** 混合物中,($1S,2R$)-**21** 的荧光强度随 $D$-**10** 含量的增加而增加;而采用($1R,2S$)-**21** 为手性受体时,结果反过来,$L$-**10** 聚集多,$D$-**10** 聚集少,($1R,2S$)-**21** 的荧光强度随 $L$-**10** 含量的增加而增加。这样可以得到两条标准曲线,通过标准曲线可以定量测出对甲苯甲酰酒石酸对映体纯度(图 6)。从这两条标准曲线也可看到,即使某一种对映体的含量变化小于 10%,荧光强度也有很明显的变化,说明确实具有非常高的检测灵敏度。

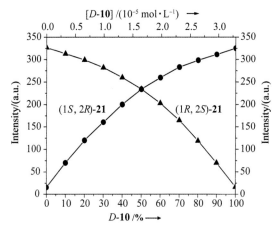

图 6　($1S,2R$)-**21**(●)和($1R,2S$)-**21**(▲)的荧光强度随对映体 $D$-**10** 组成变化而改变(在 CHCl₃/正己烷体积比为 1∶2 的溶剂中,$[(1S,2R)\text{-}21]=[(1R,2S)\text{-}21]=[D\text{-}10]+[L\text{-}10]=3.3\times10^{-5}\ mol\cdot L^{-1}$)

### 2.2 手性 AIE 羧酸化合物的合成及用于手性胺试剂手性识别的性能研究

按照图 7 的合成路线,采用简单易得的原料,通过简便的反应和简单重结晶,高产率合成出了具有 AIE 效应的手性肉桂腈酒石酸衍生物 **24**。

当选用 $D$-**24a** 手性 AIE 羧酸与不同的手性胺 **25～30** 的两种对映体作用时,$D$-**24a** 可以使胺的一种对映体聚集,使另一种对映体不聚集。聚集后产生强荧光,不聚集则没有荧光或者荧光很弱(图 7)。而用手性 AIE 羧酸 $L$-**24a** 与($1R,2S$)-二苯基氨基乙醇 **25** 在水性乙醇中作用,得到悬浊液,发射强的蓝色荧光,与($1S,2R$)-**25** 作用只得到透明的溶液,没有荧光,两者对映体选择性比值可达 262 倍(表 3)。$L$-**24a** 对其他手性胺 **26～30** 两种对映体的选择性,最小的为 10 倍,大的可高达 455 倍,具体结果见表 3[11]。

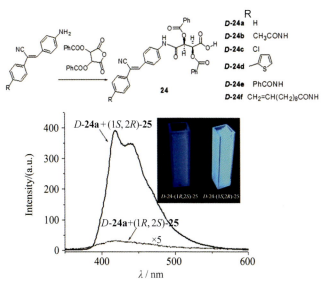

图 7　**24** 的合成以及 **D-24a** 与 **25** 的两种对映体在水/乙醇混合溶剂中的荧光光谱(内插图为两种对映体混合物在紫外灯下的照片)

表 3　手性羧酸 **L-24a** 与手性胺的两种对映体在溶剂中混合后的荧光强度比值

| 胺 | 对映选择性 | | 状态[a] |
|---|---|---|---|
| **25** | $I_{1R,2S\text{-}25}/I_{1S,2R\text{-}25}$ | 262 | Sus/Sol |
| **26** | $I_{2S\text{-}26}/I_{2R\text{-}26}$ | 10 | Sus/Sol |
| **27** | $I_{1R,2R\text{-}27}/I_{1S,2S\text{-}27}$ | 18 | Sus/Sol |
| **28** | $I_{R\text{-}28}/I_{S\text{-}28}$ | 17 | Sus/Sol |
| **29** | $I_{2R\text{-}29}/I_{2S\text{-}29}$ | 455 | Sus/Sol |
| **30** | $I_{R,R\text{-}30}/I_{S,S\text{-}30}$ | 18 | Sus/Sol |

a:手性胺对映体 1/手性胺对映体 2,Sus 代表悬浊液,Sol 代表溶液。

手性羧酸 *L*-**24a** 与手性胺 **25** 生成的悬浊液荧光强度随(1*R*,2*S*)-**25** 含量增加而增加。如果使用 *D*-**24a**,则混合物的荧光强度随(1*R*,2*S*)-**25** 含量增加而减少,结果与 *L*-**24a** 相反。这两条曲线可用于手性胺对映体纯度的定量测定,如图 8 所示。

有趣的是,通过调节水和乙醇的比例,即使手性 AIE 羧酸 *L*-**24a** 或者 *D*-**24a** 与手性胺 **25** 的两个对映体都产生悬浊液,两种悬浊液的荧光强度以及发射波长也有明显的差别,选择性可达 56。用 FE-SEM 扫描电镜发现,一个悬浊液为球状聚集体,荧光发射强度弱,波长短;另一个悬浊液为纤维状聚集体,发射荧光强,波长长,如图 9 所示。

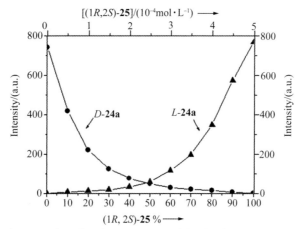

图 8　手性酸 L-24a 或 D-24a 与二苯基氨基乙醇 25 混合物（物质的量比 1∶1）的荧光强度随对映体含量的变化（[L-24a]=[D-24a]=5×10⁻⁴ mol·L⁻¹，25 的两种对映体的总浓度为 $5×10^{-4}$ mol·L⁻¹），溶剂为体积比 2∶1 的 $H_2O/EtOH$

此外，当采用其他的氰基二苯乙烯酒石酸 AIE 分子 24b～24f 与手性胺聚集，也是聚集成纤维时，荧光强，波长长；聚集成纳米微球时，荧光弱，波长短。当聚集成纳米微球时，如果同时搅拌，或者将微球的悬浊液放置一天以上，则发现在微球上会生成一个孔，见图 9(c)。这种带孔的纳米微球比无孔的微球在更长的波长处发射更强的荧光，同时也具有更长波长的紫外吸收。所有这些结果说明，氰基二苯乙烯二苯甲酰酒石酸与手性胺化合物聚集时，氰基二苯乙烯部分的共轭平面会增加，且随着共轭平面增大，吸收波长和发射波长增加，荧光增强[12]。

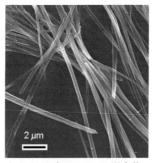
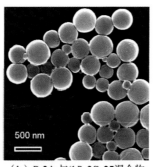
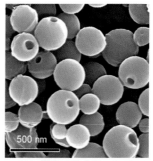

（a）D-24a 与(1S, 2R)-25 混合物悬浊液　　（b）D-24a 与(1R, 2S)-25 混合物悬浊液　　（c）搅拌下形成的 D-24d 与(1R, 2R)-27 混合物悬浊液

图 9　FE-SEM 照片

2.3 在 AIE 化合物存在下，使用一般的手性受体胺测定手性酸的对映体纯度

与 AIE 化合物在黏稠溶剂中的荧光强度比在一般溶剂中强这一现象相似，AIE 化合物在凝胶中会表现出比在溶液中更强的荧光；而且在不同状态的介质中，包括在凝胶、悬浊液、沉淀以及溶液中，荧光强度也会不同。当一般的手性受体胺能够选择性地与手性酸的一种对映体生成凝胶，而与另一种对映体不生成凝胶时，加入的 AIE 分子（图 10）能发射不同强度的荧光，从而用于对映体定量分析。

我们发现，手性胺醇 1,2-二苯基-2-氨基乙醇 25 能与很多不同种类的羧酸在有机溶剂中生成凝胶，尤其是能够对映选择性地只与手性羧酸的一个对映体生成凝胶。例如，(1S,2R)-25 与(S)-2 在 1,2-二氯乙烷中生成透明凝胶(TGel)，但(1S,2R)-25 与(R)-2 的混合物只得到悬浊液。当使用(1R,2S)-25 为碱时得到相反的结果。对于列在表 4 中的其他手性酸，也只是一种对映体出现

TGel 或者不透明凝胶(OGel),而另一种对映体导致悬浊液或者沉淀。

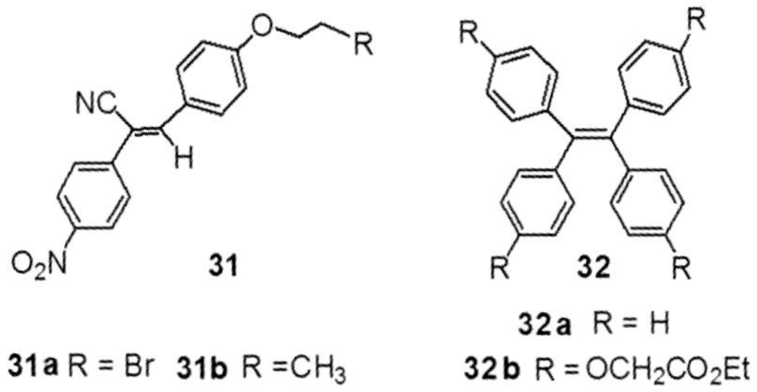

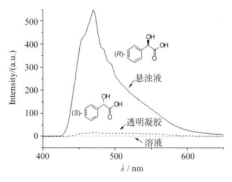

图 10  AIE 分子 **31** 和 **32** 的结构

加入 AIE 分子 **31a** 后,由(1S,2R)-**25** 与(R)-**2** 混合后得到的悬浊液发射的荧光比由(1S,2R)-**25** 与(S)-**2** 混合生成的透明凝胶发射的荧光强(图 11),其荧光强度比或者对映体选择性($I_R$/$I_S$)高达 32(见表 4)。对其他手性酸,**31a** 在沉淀中的荧光强度大于在透明凝胶中的荧光强度,在不透明凝胶中的荧光强度大于在悬浊液或者沉淀中的荧光强度,其对映选择性对于苯基乳酸 **4**、N-Boc-丙氨酸 **13**、N-Boc-丝氨酸 **14**、N-Boc-蛋氨酸 **16**、N-乙酰基半胱氨酸 **27**、萘普生 **5**、布洛芬 **6**、N-Boc-苯丙氨酸 **14** 分别为 14、23、78、15、6.6、46、1.2、4.2(表 4)[13]。

图 11  在手性胺(1S,2R)-**25** 分别与手性羧酸 **2** 的两个对映体混合物中,AIE 分子 **31a** 的荧光光谱。实线:在(1S,2R)-**25** 和(R)-**2** 混合悬浊液中的荧光光谱;虚线:在(1S,2R)-**25** 和(S)-**2** 混合透明凝胶中的荧光光谱;点线:加热凝胶得到的溶液荧光光谱。[(1S,2R)-**25**] = [**2**] = 5 [**31a**] = 10 mmol·L$^{-1}$

表 4  在手性胺(1S,2R)-**25** 分别与手性羧酸两个对映体混合物中,AIE 分子 **31a** 的荧光强度比值

| 手性酸 | 状态* | $T_g$/℃ | 对映选择性 | |
|---|---|---|---|---|
| (R)-**2** | Sus | | | |
| | | | $I_R$/$I_S$ | 32 |
| (S)-**2** 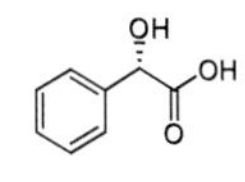 | TGel | 35 | | |
| (R)-**4** | TGel | 31 | | |
| | | | $I_S$/$I_R$ | 14 |
| (S)-**4** 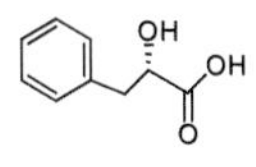 | Sus | | | |

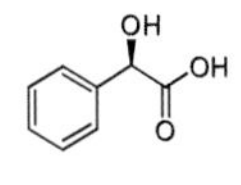

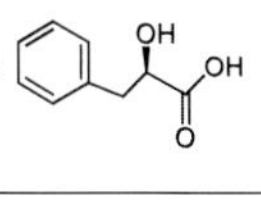

续表

| 手性酸 | 状态* | $T_g/℃$ | 对映选择性 | |
|---|---|---|---|---|
| (R)-13 | Sus | | | |
| (S)-13 | TGel | 48 | $I_R/I_S$ | 23 |
| (R)-15 | Sus | | | |
| (S)-15 | TGel | 30 | $I_R/I_S$ | 78 |
| (R)-16 | TGel | 50 | | |
| (S)-16 | Sus | | $I_S/I_R$ | 15 |
| (R)-17 | TGel | 34 | | |
| (S)-17 | P | | $I_S/I_R$ | 6.6 |
| (R)-5 | P | | | |
| (S)-5 | TGel | 28 | $I_R/I_S$ | 46 |
| (R)-6 | OGel | 24 | | |
| (S)-6 | P | | $I_R/I_S$ | 1.2 |
| (R)-14 | OGel | 65 | | |
| (S)-14 | Sus | | $I_R/I_S$ | 4.2 |

\* TGel 代表透明凝胶;OGel 代表不透明凝胶;Sus 代表悬浊液;P 代表沉淀;$T_g$ 为凝胶转变温度。在1,2-二氯乙烷中,物质的量比 1:1。

通过加入不良溶剂,所识别的酸的浓度可以大幅度降低。在1,2-二氯乙烷中,识别0.5 mmol·L$^{-1}$ N-BOC保护的丙氨酸 **13** 的选择性为4.7;当加入正己烷使其与1,2-二氯乙烷的体积比为20∶38时,识别0.25 mmol·L$^{-1}$ **13** 的选择性为8,灵敏度和选择性都得到了提高。因此,在这种混合溶剂中,使用物质的量浓度为20%的 **31a**,能够定量测定 **13** 的两种对映体的纯度(图12)。

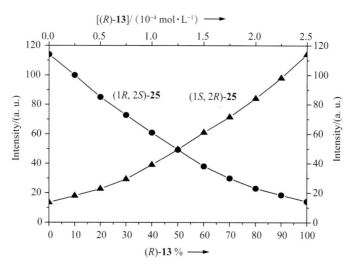

图12 在二氯乙烷和正己烷混合溶剂中,(1$R$,2$S$)-**25** 或 (1$S$,2$R$)-**25**、**31a** 和 **13** 的对映体混合物荧光强度随 **13** 的对映体含量的变化( [(1$R$,2$S$)-**25**] = [(1$S$,2$R$)-**25**] = [($R$)-**13**] + [($S$)-**13**] = 5 [**31a**] = 2.5×10$^{-4}$ mol·L$^{-1}$)

使用如图10所示的其他可溶性的 AIE 分子 **31b**、**32a**、**32b** 等,也能在不同状态的介质中发射不同强度的荧光,用于区别对映异构体。因此采用一般的手性受体和普通的 AIE 分子,可以避免将手性基团引入 AIE 分子中,从而简化了合成步骤。

### 2.4 基于 AIE 效应进行手性识别的机理

2.4.1 用手性 AIE 一元胺进行手性识别的机理

由 $^1$H-NMR 滴定和 H-H NOESY 谱测试发现,($R$,$R$)-**1** 的氨基与扁桃体酸 **2** 的羧基有质子转移,通过一个离子键连接在一起。扁桃体酸 **2** 的苯基和($R$,$R$)-**1** 的苯氧基也有强的作用,因为两个苯环的氢有强的 H-H 相关性。但有差别的是,($S$)-扁桃体酸的次甲基氢与($R$,$R$)-**1** 的苯氧基氢有强的相关性,朝向苯氧基;但($R$)-扁桃体酸的次甲基氢与($R$,$R$)-**1** 的苯氧基氢没有相关性,远离苯氧基[图13和图14(a)、(b)]。由于扁桃体酸的羧基和苯基分别与($R$,$R$)-**1** 的氨基和苯氧基紧相连,因此当($S$)-扁桃体酸的次甲基氢朝向苯氧基时,其羟基则指向 **1** 和 **2** 所形成络合物的外边,络合物之间会形成氢键,有利于络合物聚集;而($R$)-扁桃体酸的次甲基氢远离苯氧基时,其羟基则指向 **1** 和 **2** 所形成络合物的里边,络合物之间氢键减少,不利于络合物聚集。如图13和图14所示。

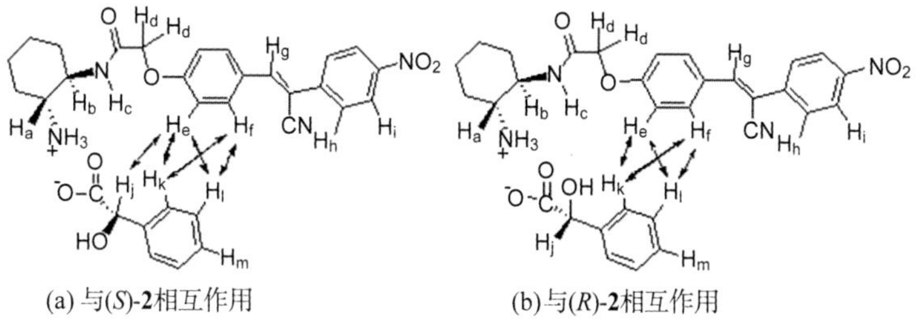

图13 手性 AIE 胺($R$,$R$)-**1** 与扁桃体酸 **2** 的两种对映体选择性相互作用示意图

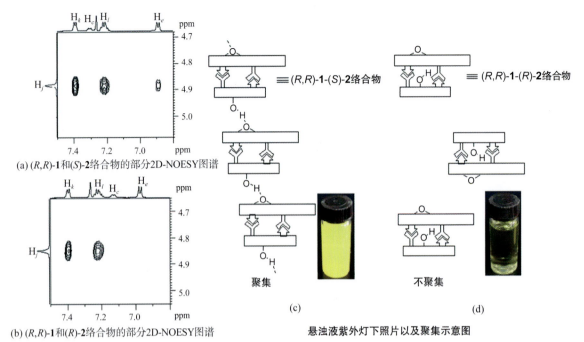

(a) (R,R)-1和(S)-2络合物的部分2D-NOESY图谱

(b) (R,R)-1和(R)-2络合物的部分2D-NOESY图谱

(c) ≡ (R,R)-1-(S)-2络合物

(d) ≡ (R,R)-1-(R)-2络合物

聚集　　　　　　　不聚集

悬浊液紫外灯下照片以及聚集示意图

图14　手性 AIE 胺(R,R)-1 与扁桃体酸 2 的两种对映体形成络合物的聚集的图示

### 2.4.2 用手性 AIE 二元胺进行手性识别的机理

当使用 AIE 二元胺进行手性识别时,其机理与一元胺有所不同。通过核磁滴定,测出二元胺 **21** 与二对甲苯甲酰酒石酸 **10** 形成 1∶1 络合物,(1S,2R)-**21**-D-**10** 络合物和(1S,2R)-**21**-L-**10** 络合物的络合常数分别为 $6.3 \times 10^4$ L•mol$^{-1}$ 和 $1.3 \times 10^5$ L•mol$^{-1}$,说明两种对映体与(1S,2R)-**21** 有不同的亲和力。

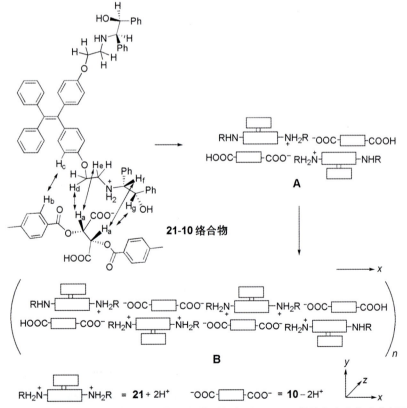

图15　**21-10** 络合物中手性二胺 **21** 与手性二元酸 **10** 的分子间主要 NOESY 信号产生和络合物间可能的聚集机理

质谱分析表明胺和酸之间的作用除了生成二聚体外,也容易生成 **21₂-10₂** 四聚体($m/z$ 2459.1,$M$ +3)。2D-NOESY 谱揭示,羧酸从两个氨基的外边与胺作用生成二聚体,这种二聚体容易进一步聚集生成四聚体 **A**,四聚体头尾连接可得到一维线状结构 **B**。这种一维线状结构平行堆积即可形成三维的棒状结构(图15)。如果开始生成的四聚体之间没有足够的作用力,或者四聚体可溶,则不能生成大的聚集体,荧光会很弱。由于两种对映体与手性 AIE 二元胺作用力不一样,一种对映体生成四聚体且能进一步聚集形成纳米棒状聚集体,而另一种对映体不能,从而表现出荧光强度差异。

## 3. 结论

正如引言部分所述,旋光度法、色谱法、质谱法、核磁共振法、紫外可见光谱法、荧光光谱法、电极电位法、扫描隧道显微镜法等均可用于对手性化合物进行对映体纯度的测定,但都存在一些缺点。例如,旋光度法是使用最早,且现在仍在使用的方法,但所用样品量大,灵敏度低,还需要有标样;色谱法灵敏度高,准确度高,是目前使用最广泛的方法,但分析时间长,要消耗大量溶剂,一支特定色谱柱往往只能分析一种类型的对映体,不适合高通量分析;质谱法、核磁共振法、紫外可见光谱法等也存在上述常见的问题。荧光光谱法用作对映体传感器时具有高效、灵敏、准确、简便的优点,是常用的方法之一,尤其适用于对映体高通量分析,在手性试剂和手性药物分析中最具有发展潜力。但具有高选择性和广泛适用性的荧光手性受体非常少。如一些手性胺荧光试剂只对 $\alpha$-羟基羧酸具有较好的选择性,且选择性一般小于 10,不能用于其他手性羧酸。基于 AIE 效应的手性荧光受体具有对映体选择性特别高、灵敏度特别高、分析物适用性特别广的优点,在手性分析方面尤其是在对映体高通量分析方面具有广阔的应用前景。

**参考文献**

[1] MEI J, LEUNG N L C, KWOK R T K, et al. Aggregation-induced emission: Together we shine, united we soar! [J]. Chem. Rev., 2015, 115(21): 11718-11940.

[2] FENG H T, YUAN Y X, XIONG J B, et al. Macrocycles and cages based on tetraphenylethylene with aggregation-induced emission effect [J]. Chem. Soc. Rev., 2018, 47(19): 7452-7476.

[3] WU J, LIU W, GE J, et al. New sensing mechanisms for design of fluorescent chemosensors emerging in recent years [J]. Chem. Soc. Rev., 2011, 40(7): 3483-3495.

[4] XIONG J B, YUAN Y X, WANG L, et al. Evidence for aggregation-induced emission from free rotation restriction of double bond at excited state [J]. Org. Lett., 2018, 20(2): 373-376.

[5] PU L. Fluorescence of organic molecules in chiral recognition [J]. Chem. Rev., 2004, 104(3): 1687-1716.

[6] ZHENG Y S, JI A, CHEN X J, et al. Enantioselective nanofiber-spinning of chiral calixarene receptor with guest [J]. Chem. Commun., 2007, (32): 3398-3400.

[7] ZHENG Y S, RAN S Y, HU Y J, et al. Enantioselective self-assembly of chiral calix[4]arene acid with amines [J]. Chem. Commun., 2009, (9): 1121-1123.

[8] LI D M, ZHENG Y S. Highly enantioselective recognition of a wide scope of carboxylic acids based on enantioselectively aggregation-induced emission [J]. Chem. Commun., 2011, 47(36): 10139-10141.

[9] ZHENG Y S, HU Y J, LI D M, et al. Enantiomer analysis of chiral carboxylic acids by AIE molecules bearing optically pure aminol groups [J]. Talanta, 2010, 80(3): 1470-1474.

[10] LIU L L, SONG S, LI D M, et al. Highly sensitive determination of enantiomer composition of chiral acids based on aggregation-induced emission [J]. Chem. Commun., 2012, 48(40): 4908-4910.

[11] ZHENG Y S, HU Y J. Chiral recognition based on enantioselectively aggregation-induced emission [J]. J. Org. Chem., 2009, 74(15): 5660-5663.

[12] LI D M, ZHENG Y S. Single-hole hollow nanospheres from enantioselective self-assembly of chiral AIE carboxylic acid and amine [J]. J. Org. Chem., 2011, 76(4): 1100-1108.

[13] LI D M, WANG H, ZHENG Y S. Light-emitting property of simple AIE compounds in gel, suspension and precipitates, and application to quantitative determination of enantiomer composition [J]. Chem. Commun., 2012, 48(26): 3176-3178.

# 过渡金属配合物催化不对称酮加氢反应的理论研究

岳鑫,骆宸光,雷鸣*

北京化工大学化学学院,化工资源有效利用国家重点实验室,北京 100029
*E-mail: leim@mail.buct.edu.cn

**摘要**:手性是自然界的基本属性。采用过渡金属配合物催化不对称反应是获得手性化合物的有效方法之一。本文从理论研究的角度介绍了过渡金属配合物催化极性双键(C=O、C=N)加氢反应的反应机理和本质特征,并介绍了定量结构选择性关系(QSSR)在手性催化剂分子设计中的应用前景,为设计具有潜在高活性、高选择性的过渡金属配合物催化剂分子提供了一定的理论参考。

**关键词**:过渡金属配合物;不对称氢化反应;密度泛函理论;定量构效关系;催化剂分子设计

## Theoretical Study on Asymmetric Ketone Hydrogenation Catalyzed by Transition-Metal Complexes

YUE Xin, LUO Chenguang, LEI Ming*

**Abstract**:Chirality is one of the important attributes of nature. Asymmetric synthesis catalyzed by transition-metal complexes is one of the most effective ways to obtain chiral compounds. Herein,the reaction mechanisms and origins of the catalytic hydrogenation of polar double bonds (C=O, C=N) in transition-metal complexes are introduced in the viewpoint of theoretical investigation. The potential application of quantitative structure-selectivity relationship (QSSR) in rational design of chiral catalysts is also reviewed, which could provide theoretical reference to constructing new transition-metal catalysts with high activity and selectivity.

**Key Words**:Transition-metal complex; Asymmetric hydrogenation; Density Functional Theory; Quantitative structure-selectivity relationship; Catalyst design

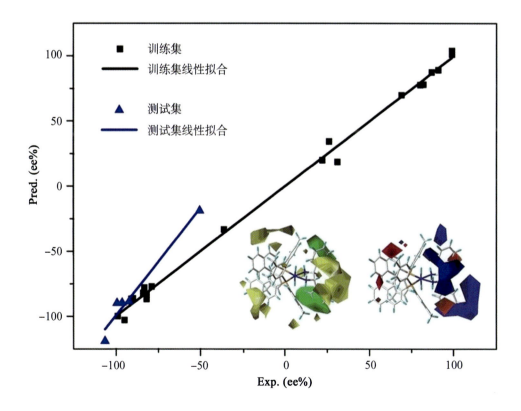

## 1. 引言

### 1.1 不对称催化与手性配体

手性是自然界的基本属性。1913 年,Bredig 和 Fiske 报道了以手性生物碱奎宁或奎尼丁为催化剂,将前手性底物苯甲醛与 HCN 结合转化为具有光学活性的苯乙醇腈(见图 1),该反应被 Kagan 和 Gopalaiah 评论为"第一个前手性底物参与的非酶催化的完美的对映体选择性合成反应"[1,2]。第一例基于金属的均相氢化催化剂是由 Melvin Calvin 在 1938 年报道的非手性铜配合物,它在喹啉溶液中可以活化氢气并还原对苯醌[3-5]。采用过渡金属配合物催化不对称反应是获得手性化合物的有效方法之一。2001 年,由于在不对称催化反应中做出的杰出贡献,Knwoles、Noyori 和 Sharpless 三人获得了诺贝尔化学奖,充分体现了不对称催化反应及其应用的重要性。

图 1  第一个前手性底物参与的非酶催化的完美的对映体选择性合成反应

20 世纪 60 年代以前,人们在不对称催化领域的探索大多集中在多相催化剂上,当时多相催化剂对烯烃的氢化仅能取得 10%～15% 的对映选择性(如今,多相催化剂在不对称氢化领域中已经可以取得大于 90% 对映选择性的实验结果)。1965 年,Wilkinson 发现三(三苯基膦)·氯合铑 [RhCl(PPh₃)₃] 可以在温和的均相条件下快速氢化烯烃。1968 年,Knowles[6] 和 Horner[7] 分别报道,将非手性催化剂 [RhCl(PPh₃)₃] 中膦配体上的苯基用 3 个不同基团取代制成手性单齿膦-Rh 催化剂,用于前手性化合物的加氢反应中,获得了 3%～15% 的对映选择性。这些成果奠定了均相不对称氢化的基础。此后,不对称加氢反应研究有了较大的发展和进步。在研究中科学家们发现,提高不对称催化加氢反应选择性的关键是合成与金属中心相匹配的手性膦配体。手性膦配体的发展经历了从 P 手性到 C 手性,从单膦到多膦,从中心手性到轴手性、平面手性和多重手性的过程。

从结构上来讲,手性膦配体可分为三类:手性中心在磷原子上,手性中心位于与膦相连的取代基上,或二者兼而有之(图 2)。1972 年,Knowles 用环己基代替 PAMP 配体(见图 3 中的 1)中的苯取代基得到手性单膦配体 CAMP(见图 3 中的 2),含 CAMP 配体的铑配合物在催化 α-酰胺基丙烯酸的不对称氢化反应中对映选择性高达 90%[8]。这在当时是一个非常好的结果。但在 20 世纪 70 年代合成单齿膦配体是一个相当烦琐的过程,这在一定程度上制约了单齿膦配体的发展。虽然后来也有手性中心位于与磷相连的取代基上的单齿膦配体的出现,但大部分单齿膦配体金属配合物催化的不对称氢化反应中未得到理想的对映选择性;因此,科学家们将目光转向了双齿膦配体。

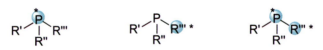

图 2  手性膦配体的三种类型

1971 年,Kagan 等报道了第一个 $C_2$-对称的双膦配体($R,R$)-DIOP(见图 3 中的 3),在铑催化的不对称氢化反应中对映选择性达到了 72%;这是手性配体发展史上一个重要的里程碑,激发了科学家们对手性双膦配体设计和合成的浓厚兴趣[9]。图 3 还示出了其他一些优秀的手性膦配体。1975 年,Knowles 等报道了配体 DIPAMP(4)与 Rh 组成的过渡金属配合物还原 α-酰胺基丙烯酸的反应,该反应的对映选择性高达 96%[10]。含 DIPAMP 配体的 Rh 催化剂后来被用于工业化不对称合成抗帕金森病药 L-DOPA,成为首例应用于不对称合成反应工业化的过渡金属配合物催化

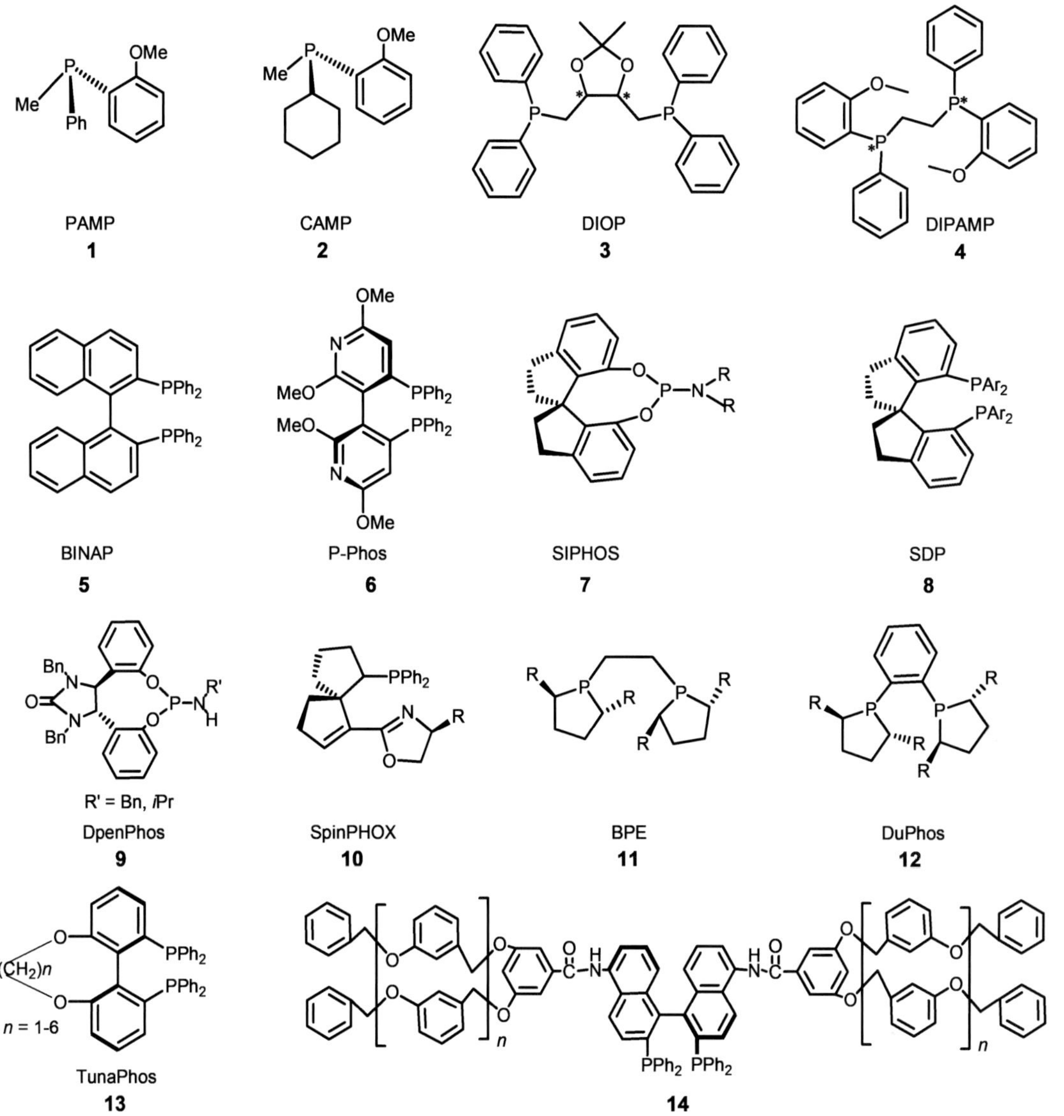

图 3　一些常见手性膦配体

剂。1980 年,Noyori 报道了 BINAP 配体(5),含 BINAP 的 Rh 催化剂在催化 α-(酰基-氨基)丙烯酸衍生物的不对称氢化反应中对映选择性达到了 100％[11]。有趣的是,BINAP 配体没有中心手性,但有轴手性,后来被应用于各种不对称氢化反应中,尤其是酮的不对称氢化反应。Knowles 和 Noyori 等人在不对称催化方面所做出的重要贡献引起了极大重视,随后几十年中,数以千计的手性配体被设计并合成出来。2000 年,陈新滋等报道了具有联吡啶骨架的手性双膦配体 P-Phos(6),该配体的钌配合物在催化酸和酯的不对称氢化中具有很好的催化活性和对映选择性[12]。周其林等发展了一系列的手性螺环配体 SIPHOS(7)和 SDP(8),它们在过渡金属催化剂催化不对称合成反应中呈现出很好的催化活性和对映选择性[13]。丁奎岭等设计并发展了一类容易实现结构多样性的手性单齿亚磷酰胺配体 DpenPhos(9)以及手性螺环膦-噁唑啉配体 SpinPHOX(10),前者与 Rh 组成的催化剂首先在 α-脱氢氨基酸甲酯及其衍生物和 N-乙酰芳基烯胺等官能团化烯烃的不对称催化氢化反应中具有极好的效果,后者与 Ir 的配合物在催化亚胺的不对称氢化反应中获得了 98％的对映选择性[14,15]。Burk 等开发了双膦配体 BPE(11)和 DuPhos(12),这是一类富电子的含膦杂环戊烷的双膦配体,它们拓展了 Rh 催化的不对称氢化底物的范围,最高可获得 99％以上的对映选择性[16]。张绪穆等开发了$C_2$对称性的手性双膦配体 TunaPhos(**13**),它与 Ru 形成的配合物在催化 β-酮酸酯的氢化反应中表现出与 BINAP 配体相当甚至更好的对映选择性[17]。2000 年,范青华等首次报道了以手性膦配体为核心的树状大分子膦配体(**14**)。目前他们开发出一系列手性树状分子,并与过渡金属 Ir、Rh 和 Ru 形成配合物,成功应用于烯烃、酮和亚胺等底物的不对称氢化反应[18,19]。

除手性膦配体外,还有一类不含膦配体的催化剂在催化不对称氢化的过程中也取得了比较好的效果。肖建良等报道了 TsDpen 配体(图 4 中的 **15**)与 Rh 和 Ir 形成的配合物,应用于催化环状以及非环状亚胺的不对称加氢反应,获得了高达 99% 的对映选择性[20,21]。Kitamura 等设计了一种新的轴向手性配体(*R*)-Ph-BINAN-H-Py(图 4 中的 **16**),可以高效催化氢化官能团化和非官能团化的酮[22]。

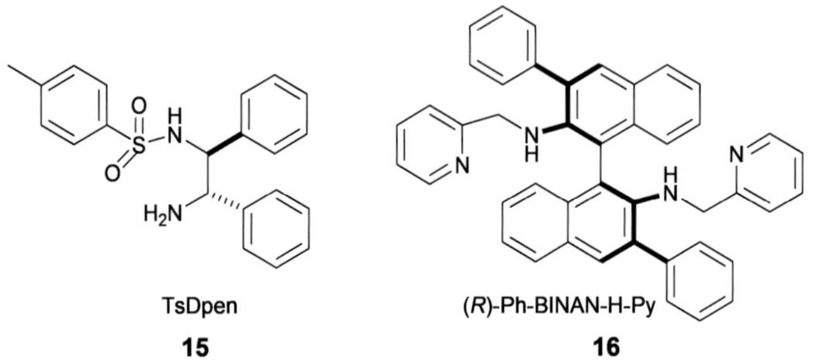

TsDpen                    (*R*)-Ph-BINAN-H-Py
**15**                         **16**

图 4  不含膦的手性配体举例

### 1.2 极性双键(C=O、C=N)的不对称氢化反应

在众多的不对称催化反应中,不对称催化酮(亚胺)加氢是非常重要的一类,它是合成手性醇(胺)的重要方法,也是药物合成与精细化工中的重要反应之一。过渡金属和手性配体相互作用共同组成了过渡金属配合物催化不对称酮(亚胺)加氢反应的催化剂,为前手性酮(亚胺)底物和手性醇(胺)产物搭建了高效手性合成的桥梁。1986 年,BINAP-Ru 配合物被合成出来并首先用于官能团化烯烃的氢化,随后发现它能有效催化一系列官能团化酮的不对称氢化反应,底物范围也更广泛。除 Ru 外,其他过渡金属的双膦配体也得到了化学家们的广泛关注(如图 5 所示)。2005 年,周永贵等报道了首例 Pd/双膦配体 DuPhos 催化的芳烷基取代的 α-邻苯二甲酰胺酮不对称加氢反应,对映选择性最高可达到 99.2%[23]。随后,他们报道了 Pd(CF₃COO)₂/(*R*)-$C_4$-TunaPhos 催化剂 **17** 在 Brønsted 酸条件下,可以催化简单酮的不对称加氢[24]。2007 年,Takasago 公司报道了首例 BDPP(**18**)配体的铜配合物催化不对称酮氢化反应,但催化底物仅限于邻位取代的芳基酮[25]。Beller 等将醋酸铜和手性单齿膦配体结合,催化没有邻位取代的芳香酮和杂芳基酮,但是该反应需要 $5.05 \times 10^6$ Pa(5 个标准大气压)的 $H_2$ 压力且对映选择性低于 89%[26]。GlaxoSmithKline 公司和 Johnson 等通过高通量筛选的方法,将(*R*,*S*)-N-甲基-3,5-二甲苯基-BoPhoz-膦配体与三芳基膦组合成催化剂 **19**,催化前手性芳基酮和杂芳基酮的加氢反应,所需 $H_2$ 压力降到了 $5.05 \times 10^5$ Pa,而对映选择性增加至 96%[27]。其中,三芳基膦的电子效应和空间效应对反应活性和选择性影响显著。

廉价金属例如 Fe、Co 参与的不对称催化也逐渐受到化学家们的重视。2004 年,高景星等利用不同的羰基铁配合物与手性双膦双胺 PNNP 配体结合成手性胺膦铁催化体系,首次实现了铁配合物体系催化不对称酮加氢反应[28]。该配合物在催化 1,1-二苯基丙酮的氢化反应中获得了 98% 的对映选择性。2010 年,周其林等用含手性螺环双噁唑啉配体的铁催化剂实现了 α-重氮酯对水和脂肪醇 O-H 键的不对称插入,获得了高达 99% 的对映选择性[29]。如图 6 所示,2008 年,Morris 小组报道了二亚胺二膦配体四配位的铁配合物 **20** 催化的苯乙酮的不对称氢化,对映选择性为 27%[30]。

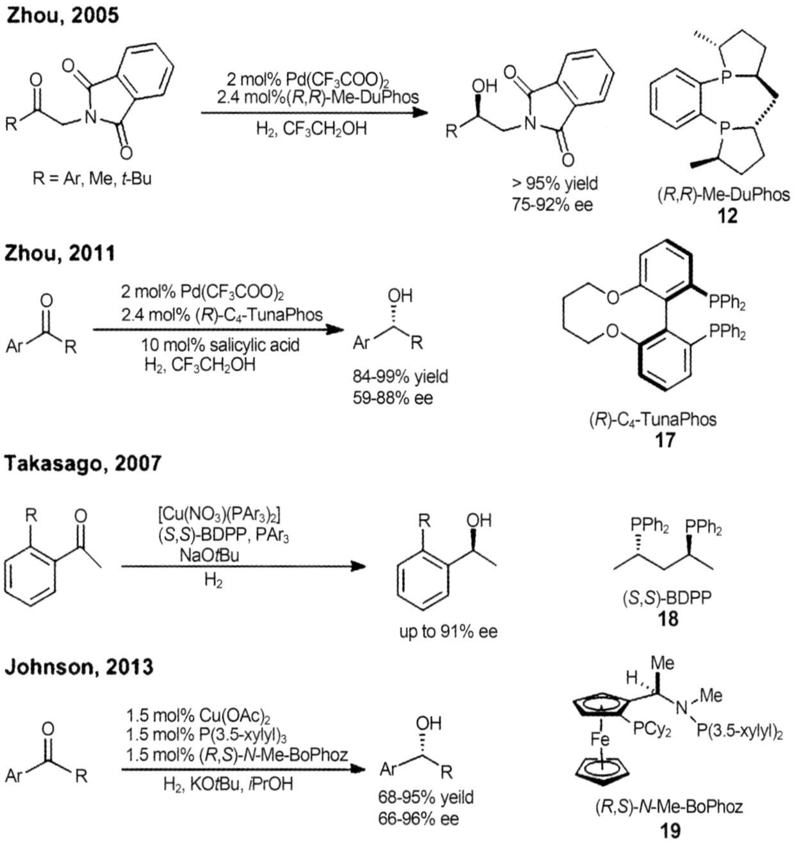

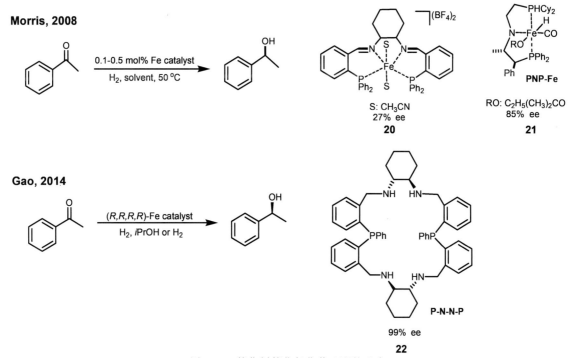

**Zhou, 2005**

R = Ar, Me, *t*-Bu

2 mol% Pd(CF₃COO)₂
2.4 mol%(*R,R*)-Me-DuPhos
H₂, CF₃CH₂OH

> 95% yield
75-92% ee

(*R,R*)-Me-DuPhos
**12**

**Zhou, 2011**

2 mol% Pd(CF₃COO)₂
2.4 mol% (*R*)-C₄-TunaPhos
10 mol% salicylic acid
H₂, CF₃CH₂OH

84-99% yield
59-88% ee

(*R*)-C₄-TunaPhos
**17**

**Takasago, 2007**

[Cu(NO₃)(PAr₃)₂]
(*S,S*)-BDPP, PAr₃
NaOtBu
H₂

up to 91% ee

(*S,S*)-BDPP
**18**

**Johnson, 2013**

1.5 mol% Cu(OAc)₂
1.5 mol% P(3.5-xylyl)₃
1.5 mol% (*R,S*)-*N*-Me-BoPhoz
H₂, KOtBu, *i*PrOH

68-95% yeild
66-96% ee

(*R,S*)-*N*-Me-BoPhoz
**19**

图 5　代表性的双膦配体配合物催化不对称酮加氢反应

随后,他们报道了 Fe-PNP 配合物 **21**,反应对映选择性升到了 85%[31]。2014 年,高景星和肖建良
等报道了大环 P₂/N₄ 配体(**22**)的铁配合物,在酮的不对称氢化反应中获得了 99% 的对映选
择性[32]。

**Morris, 2008**

0.1-0.5 mol% Fe catalyst
H₂, solvent, 50 °C

S: CH₃CN
27% ee
**20**

RO: C₂H₅(CH₃)₂CO
85% ee
**21**

**PNP-Fe**

**Gao, 2014**

(*R,R,R,R*)-Fe catalyst
H₂, *i*PrOH or H₂

P-N-N-P

99% ee
**22**

图 6　Fe 催化剂催化氢化苯乙酮的反应

Hanson 等报道了一种阳离子 Co-烷基配合物 **23**(图 7)催化烯烃、醛、酮的不对称氢化反应,实验结果表明该配合物可以在 60 ℃的条件下催化未官能团化的酮,例如苯乙酮、2-己酮等,因而钴配合物在不对称氢化方面具有巨大应用前景[33]。

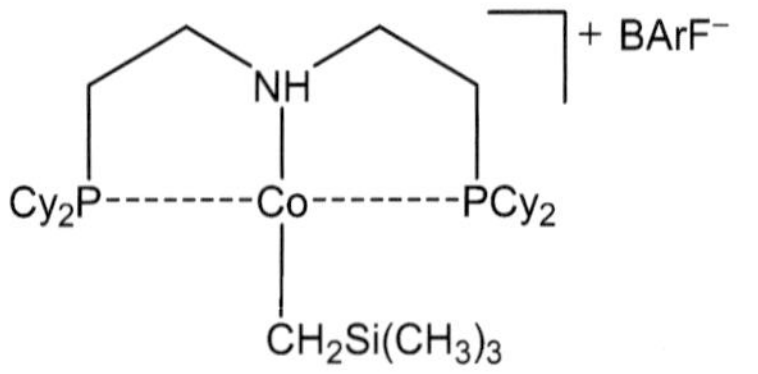

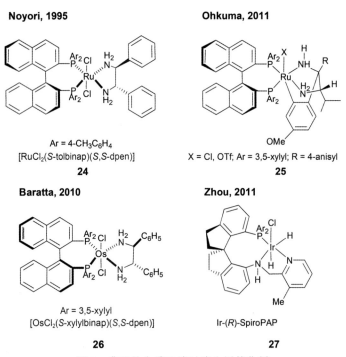

图 7　PNP-Co 催化剂

早期发现的一些催化剂(如 Ru-BINAP)能够有效地催化带有特殊官能团(如羧基、酯基、羰基等)酮的不对称氢化反应。相对于这些官能化的酮,一些简单酮(如烷基酮、芳基酮等)由于缺少能与金属中心配位的杂原子,因而其不对称氢化较困难。Noyori 小组把双膦双胺催化剂应用于简单酮的不对称氢化反应,是过渡金属催化剂催化不对称氢化反应的一个重大突破,解决了长期以来存在的问题,使得底物酮的种类大大增加。其中具有代表性的催化剂是 [RuCl₂(S-tolbinap)(S,S-dpen)](见图 8 中 **24**)[34]。Ohkuma 报道了一种手性双环钌配合物(见图 8 中的 **25**),在催化苯乙酮的不对称氢化反应中获得了较高的反应活性和选择性[35]。Baratta 等制备了配合物 [OsCl₂(S-xylylbinap)(S,S-dpen)](见图 8 中的 **26**),催化甲基芳基酮、二烷基芳基酮和二芳基酮的不对称氢化[36]。周其林等报道了含手性螺环吡啶胺基膦配体 SpiroPAP 的手性铱配合物(见图 8 中的 **27**),该配合物在催化苯乙酮的氢化反应中获得了 98% 的对映选择性和高达 $45.5 \times 10^6$ 转化数,其催化活性已经超过了酶。目前该方法已被应用于多种手性药物的生产中[37]。

**Noyori, 1995**

Ar = 4-CH₃C₆H₄
[RuCl₂(S-tolbinap)(S,S-dpen)]
**24**

**Ohkuma, 2011**

X = Cl, OTf; Ar = 3,5-xylyl; R = 4-anisyl
**25**

**Baratta, 2010**

Ar = 3,5-xylyl
[OsCl₂(S-xylylbinap)(S,S-dpen)]
**26**

**Zhou, 2011**

Ir-(R)-SpiroPAP
**27**

图 8　典型的含膦双胺过渡金属催化剂

随着理论与计算化学及计算机科学技术的高速发展,量子化学理论已被广泛应用于化学、物理、材料等领域[38]。将理论与计算化学和催化化学相结合,可为深入研究催化化学反应机理及内在本质特征、剖析不对称催化反应的选择性机制、构建催化剂的结构与活性选择性的定性定量关系、理性设计具有潜在工业应用意义的高活性、高选择性的不对称催化剂,提供重要的理论参考。

**2. 过渡金属配合物催化不对称酮氢化反应机理的理论研究**

化学家们对过渡金属配合物催化酮的不对称氢化反应进行了深入的实验和理论研究。过渡金属配合物催化酮加氢反应催化循环可以分为两个反应步骤——催化剂的氢原子转移到底物酮的碳原子上的氢转移过程和催化剂的再生。根据底物酮与金属是否有相互作用,氢转移过程分为内层(inner sphere)和外层(outer sphere)反应机理:前者指底物上除氢原子外的其他原子与过渡金属中心有相互作用的反应机制,外层反应机理中则没有这样的相互作用。催化剂的再生也有两种方式:一种是以氢气为氢源的氢气氢化过程,另外一种是以有机溶剂(如异丙醇、甲酸或甲醇等)为氢源的转移氢化过程[39]。以底物酮为例的催化反应机理如图 9 所示:(a)为外层反应循环机理,(b)为内层反应循环机理。很多实验和理论研究探究了不对称酮氢化反应的内层和外层机理的本质[40,41],其中一个非常重要的机理就是金属配体双功能协同催化机理,这一机理已被广泛用于研究很多不对称协同催化系统。Noyori 和 Ohkuma 指出内层机理活化能更高,因为当过渡金属中心与羰基或亚胺发生相互作用时,催化剂几何结构会发生较大的改变。他们首次指出金属配体双功能协同机理是很典型的外层机理,氢负离子转移对反应起着至关重要的作用。

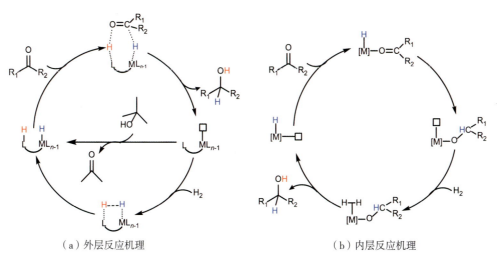

（a）外层反应机理　　　　　　　　（b）内层反应机理

图 9　金属配合物催化酮不对称氢化反应机理

双功能机理中的氢转移过程是一个非常重要的过程,一些文献中采用丙酮和甲醛做底物来研究此过程,发现它是一个协同但不同步的过程[42-44]。我们用密度泛函理论研究了过渡金属钌配合物催化的酮加氢过程中的不同步氢转移现象。计算结果表明,对于不同的底物酮,氢转移过程存在三种情形:氢负离子迁移、氢质子迁移和分步的氢迁移路径。如图 10 所示,绿色线表示协同反应路径,只经过一个过渡态(TS),催化剂上的氢负离子和氢质子分别转移到底物酮的 C 和 O 原子上;红色线表示分步反应路径,氢负离子与氢质子经过过渡态 1($TS_1$)和过渡态 2($TS_2$)分步转移到底物酮的 C 和 O 原子上。总之,在过渡金属催化双功能协同反应机理的氢转移过程中,氢负离子和氢质子的转移实质上是一个分步的过程,但在某些条件下,底物和催化剂配体的不同调变效应会导致某个过渡态的消失,呈现出加氢过程中的协同但不同步的氢转移过程[45]。

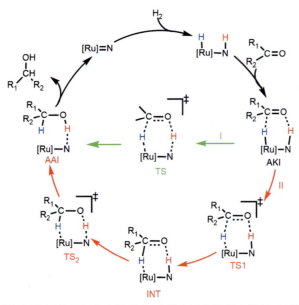

图 10　钌配合物催化酮加氢协同机理与分步机理(绿色线表示协同反应路径,红色线表示分步反应路径)

AAI 表示 Adsorbed alcohol intermediate,AKI 表示 Adsorbed ketone intermediate

随后,我们研究了含不同金属中心的双膦双胺配合物催化酮加氢的反应过程。计算结果表明,氢转移过程存在三种反应模式:(1)先氢负离子迁移,然后氢质子迁移;(2)氢负离子迁移与氢质子迁移同时进行;(3)氢质子迁移先于氢负离子迁移。我们可以通过配合物与底物的前线轨道的相互作用预测这三种氢迁移模式。催化剂与丙酮的前线轨道作用如图 11 所示,其中 Fe、Ru、Os 体系的最高占据轨道(HOMO)和丙酮的最低空轨道(LUMO)能量相近,表明氢负离子更容易从过渡金属中心转移到羰基碳上;在 Pd、Pt 体系中,催化剂的 LUMO 轨道和酮底物的 HOMO 能量差值比催化剂的 HOMO 轨道和底物的 LUMO 能量差值小,表明氢质子优先从催化剂迁移到羰基氧上;对于 Co、Rh、Ir 体系,催化剂的 LUMO 轨道和酮底物的 HOMO 能量差值与催化剂的 HOMO 轨道和底物的 LUMO 能量差值接近,表明氢负离子和氢质子倾向于同步氢迁移过程。在研究中我们指出,具有氢负离子迁移先于氢质子迁移反应模式的配合物催化剂由于具有较弱的 M-H 键,在酮加氢的氢转移过程中表现出很好的反应活性[46]。

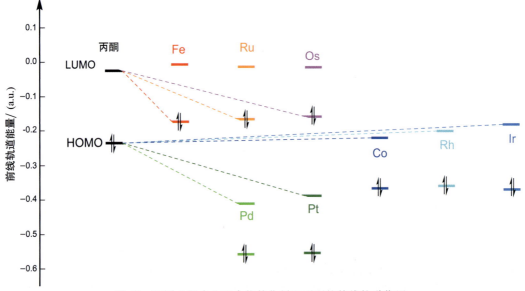

图 11　不同金属中心配合物催化剂和丙酮的前线轨道作用

除了双膦双胺过渡金属催化剂外,Noyori 还合成了一种典型的双功能催化剂,该催化剂以金属 Ru 为中心,芳环和 $\beta$-双胺(或 $\beta$-胺基醇)为配体(见图 12 中催化剂 **28**),具有很好的活性和对映选择性[39,47-49]。有趣的是,大多数钌基双膦双胺催化剂都是高效的氢气氢化催化剂,但其催化转移氢化的效果很差;相反,催化剂 **28** 很容易催化转移氢化,但很难催化氢气氢化。Noyori 报道了催化剂 **28** 在酸性条件下是一种很好的氢气氢化催化剂,但不会发生转移氢化[50-52]。Ohkuma 等人也报道了在酸性条件下,原来主要发生转移氢化的金属 Ir 催化剂(见图 12 中催化剂 **29**)可以发生氢气氢化,而且具有很好的活性和对映选择性[53]。Noyori 等提出,酸性条件下催化剂 **28** 发生氢气氢化的机理与之前报道的双功能催化机理有很大不同,在酸性条件下,RuN 会被质子化形成 RuNH$^+$,这个阳离子可以形成 $\eta^2$-H$_2$ 配合物 RuNH-H$_2$,RuNH-H$_2$ 失去一个质子生成 RuHNH。RuNH$^+$ 还可以防止醇脱氢,因此转移氢化过程很难进行[54]。

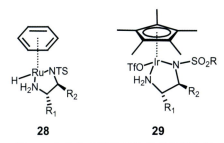

图 12　容易发生转移氢化的两种催化剂

我们用密度泛函理论研究了催化剂 **28** 在不同反应条件下氢气活化的过程。如图 13 所示,中性或碱性条件下直接用氢气活化不能得到 $\eta^2$-H$_2$ 配合物,氢气活化反应的活化能垒高达 30.3 kcal/mol,表明该催化剂在中性和碱性条件下很难活化氢气。而在酸性条件中,催化剂在 TfOH 的协助下,氢气很容易与底物配位生成稳定的 $\eta^2$-H$_2$ 配合物,反应能垒大大降低,表明质子酸在与过渡金属配合物作用中,打断了 Ru-N 双键的超共轭作用,由于酸根离子的参与很容易生成 $\eta^2$-H$_2$ 配合物 **33**,从而导致氢气活化能垒显著降低[55]。

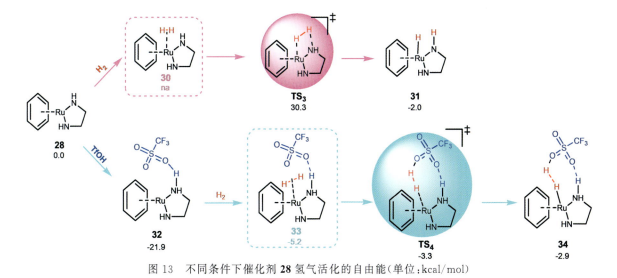

图 13　不同条件下催化剂 **28** 氢气活化的自由能(单位:kcal/mol)

除上述催化剂外,还有几种典型的氢气氢化和转移氢化催化剂(见图 14)。其中一种高效的氢气氢化催化剂就是 Noyori 等开发的双膦/双胺钌配合物催化剂(**35**,催化剂 **24** 的简化模型)。Ikariya 等报道了另外一个同样高效的氢气氢化催化剂 RuCp*-1,2-双胺配合物(**36**),与 Noyori 催化剂不同的是,这个催化剂没有双膦配体[56-58]。20 世纪 90 年代中期,Noyori 等合成了带有苯环配体和单磺酸基取代的1,2-双胺配体(**37**)［或者胺基醇配体(**38**)］的 Ru-H 配合物,这为过渡金属催化转移氢化带来了突破性进展[44,59-64]。同时,带有茂环配体的 Rh/Ir 金属中心和单磺酸取代的1,2-双胺配体的两个催化剂(**39** 和 **40**)也显示出很好的催化转移氢化能力[65,66]。上述列举的 6 种催化剂都至少含有一个 MH/NH 单元,但它们的催化性质差异很大。实验证明催化剂 **35** 和 **36** 能高效催化氢气氢化,而催化剂 **37**～**40** 是典型的转移氢化催化剂。

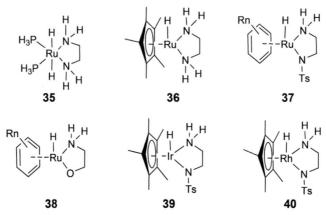

图 14　6 种含有 MH/NH 单元的过渡金属加氢催化剂

　　我们对这 6 种催化剂催化的酮氢化反应过程中的 $H_2$ 活化过程进行了理论研究。氢气活化过程包含氢气配位和氢气裂解两个基本步骤,通过计算发现,对于催化剂 **35** 和 **36** 体系,16 电子配合物 $MN_{34-35}$ 能生成有效活化氢气的 $MN_{34-35}$-$H_2$ 的 $\eta^2$-$H_2$ 中间体;对于催化剂 **37**～**40** 体系,计算未得到氢气配位的中间体 $\eta^2$-$H_2$,由于缺少 $\eta^2$-$H_2$ 中间体,氢气活化的能垒非常高。这种差别是由于 16 电子过渡金属配合物 $MN_{36-39}$ 的离域 π 键不易断裂,不能为氢气配位提供必需的 d 轨道,而 $MN_{34-35}$ 的定域 π 键容易断裂,能够为氢气活化提供必需的 d 轨道。由此可以看到 $H_2$ 配位过程在 $H_2$ 活化中的重要作用,也很好解释了那些偏好氢气作为氢来源的后过渡金属催化剂与其他催化剂的本质差异[67]。

　　在过渡金属催化的酮不对称氢化中,醇的参与对反应影响很大。根据醇是否参与反应,氢转移过程可以分为直接氢转移(direct hydrogen transfer,DHT)和醇助氢转移(alcohol-assisted hydrogen transfer,AHT)。直接氢转移的过渡态如图 15 中的 $TS_5$ 所示,通过一个六元环过渡态金属上的氢负离子和 N 上的氢质子分别转移到羰基的 C 和 O 原子上。醇助氢转移的过渡态如图 15 中的 $TS_6$ 所示,通过一个八元环过渡态,金属上的氢负离子转移到羰基 C 上。与直接氢转移不同的是,醇助过程的氢质子转移是两步转移,包含 N 上的氢质子转移到醇的 O 上,以及醇上的氢质子转移到羰基 O 上。同样,脱氢过程也分为直接脱氢(direct dehydrogenation,DDH)和醇助脱氢(alcohol-assisted dehydrogenation,ADH)。根据是否有醇参与氢气活化过程可分为直接氢气活化(direct dihydrogen activation,DDA)与醇助氢气活化(alcohol-assisted dihydrogen activation,ADA)。

　　直接氢气活化的过渡态如图 15 中 $TS_7$,$H_2$ 首先与 MH-NH 配合物配位生成 $\eta^2$-$H_2$ 中间体,然后通过四元环过渡态异裂成氢负离子和氢质子。Casey 和 Andersson 基于醇能加速酮氢化速率的实验事实提出了醇助氢气活化的机理[54,68-70]。醇助氢气活化的过渡态如图 15 中的 $TS_8$ 所示,该过渡态中含有一个 O-H…H-M 的二氢键,$H_2$ 异裂成氢负离子和氢质子,氢负离子与金属结合,氢质子与醇上的 O 结合,然后醇羟基上的质子转移到 N 上。

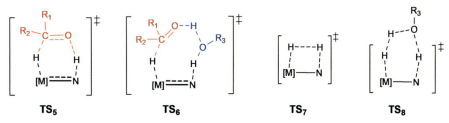

$$TS_5 \qquad TS_6 \qquad TS_7 \qquad TS_8$$

图 15　直接氢转移、醇助氢转移、直接氢气活化和醇助氢气活化反应过渡态结构

2012 年,我们用密度泛函理论计算研究比较了 5 种不同的双功能催化剂(图 16)催化不对称酮氢化反应机理,包括直接氢转移、醇助氢转移、直接氢气活化、醇助氢气活化等过程,试图找出催化剂结构与催化活性的关系以及醇对反应的影响[71],计算结果如表 1 所示。对于催化剂 **41**、**42** 的体系,直接氢气活化的能垒分别是 29.9、30.6 kcal/mol,醇助氢气活化的位垒降至 5.8、7.6 kcal/mol,这说明醇的参与对氢气活化步骤至关重要。由于 $\eta^2$-$H_2$ 的形成和质子转移距离对氢气活化有重要影响,极性环境下和更短的质子转移距离将会使氢气活化变得容易,醇的存在可以增加环境的极性并协助质子转移,形成的二氢键结构使醇助氢气活化比直接氢气活化更容易。

图 16　5 种不同的双功能金属钌催化剂

表 1　不同催化剂氢转移过程与氢气活化过程能垒(kcal·mol⁻¹)

| 机理 | 35 | 36 | 38 | 41 | 42 |
|------|------|------|------|------|------|
| DHT | 5.5 | 6.4 | 17.8 | 20.4 | 30.5 |
| AHT | 6.4 | 13.8 | 21.5 | 26.4 | 34.7 |
| DDH | 12.1 | 12.5 | 13.4 | 5.3 | 3.1 |
| ADH | 12.3 | 16.6 | 16.1 | 10.3 | 13.7 |
| DDA | 11.0 | 5.9 | 27.6 | 29.9 | 30.6 |
| ADA | 6.4 | 3.5 | 23.2 | 5.8 | 7.6 |

Yi 等报道了一种钌-乙酰氨基配合物催化剂 **43**(图 17),该配合物是一种高效的酮和亚胺的转移氢化催化剂[72]。用异丙醇为氢源,该催化剂在催化苯乙酮的不对称转移氢化反应中的产率大于 95%。他们指出,反应是按照内层反应的氢转移机制进行的,且酮氢化的转移是分步机理。我们通过计算比较了氢转移过程中内层和外层反应机理的区别[73]。在脱氢过程中,通过外层反应机制的氢转移反应(红色虚线)能垒为 45.5 kcal/mol,远远高于通过内层反应机制(黑色实线)的 16.2 kcal/mol(见图 18)。酮加氢过程中通过外层机制(红色实线)的氢转移能垒为 33.1 kcal/mol,通过内层机制(蓝色实线)的氢转移能垒为 21.8 kcal/mol,质子来源于配体上的羟基。我们还讨论了酮加氢过程中的质子来源,在外层反应机理中,发现当质子来源于配体上的羟基时(红色实线),氢转移能垒为 33.1 kcal/mol;当质子来源于配体上的 NH 基团时(紫色实线),氢转移能垒为 41.6 kcal/mol。这一理论研究指出:在过渡金属配合物催化加氢反应中,内层反应机理与外层反应机理同样重要。

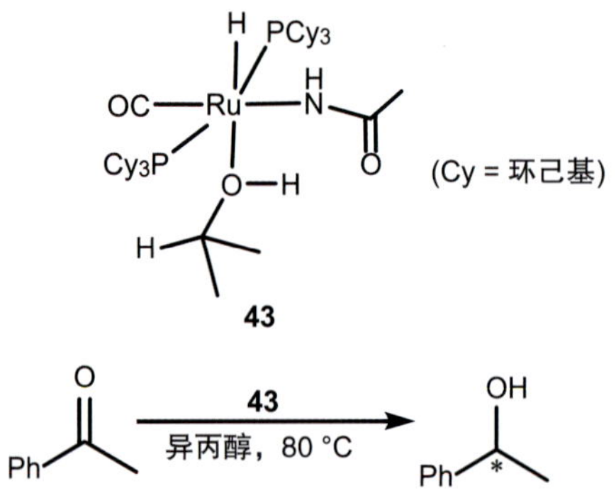

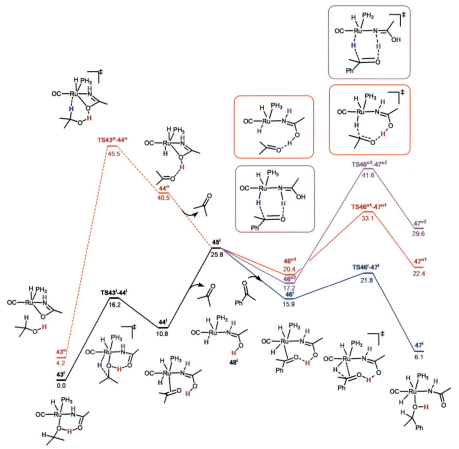

图 17　钌-乙酰氨基配合物 **43** 催化氢化苯乙酮反应

图 18　钌-乙酰氨基配合物催化醇脱氢和酮加氢反应自由能图（其中右上标 i 表示内层机理，o 表示外层机理）

## 3. 不对称催化反应选择性的理论研究

　　研究立体选择性产生的原因对催化剂的进一步改进和设计具有深远的意义。在 [RuH₂(S-xylbinap)(S,S-dpen)]（dpen 为 1,2-二苯基-1,2-乙二胺）催化苯乙酮的不对称氢化反应中，苯乙酮与催化剂有 4 种配位方式（见图 19），其中 ax 与 eq 表示 dpen 配体中 N 原子上 H 的轴向和赤道位置，"out"和"in"分别表示苯乙酮上的苯远离和朝向 dpen 配体。Catlow 等采用密度泛函理论方法计算了这四种配位方式的反应能垒[41]。计算结果表明，ax-out 模式下生成 R 型醇的路径是反应的优势路径，而 ax-in 模式下生成 S 型醇的路径由于空间位阻较大为非优势路径，且 eq-out 与 eq-in 路径的反应能垒均比相应的 ax-路径的反应能垒要高。当催化剂为手性不匹配的 [RuH₂(S-xylbinap)

($R$,$R$-dpen)]和[RuH$_2$($R$-xylbinap)($S$,$S$-dpen)]时,催化苯乙酮氢化分别得到了对映选择性更低的 $R$ 型醇(14%)与 $S$ 型醇(50%)[34,74]。Harvey 等用密度泛函理论方法计算了手性匹配的[RuH$_2$($S$-binap)($S$,$S$-cydn)]和手性不匹配的[RuH$_2$($S$-binap)($R$,$R$-cydn)](cydn 表示 1,2-环己二胺)催化剂催化的苯乙酮氢化过程(图 20),通过比较上述 4 种路径的过渡态,他们指出,影响对映选择性的因素主要包含以下三方面:(1)酮的两个取代基与配体的立体效应;(2)二胺配体 N 原子上 H$_{ax}$、H$_{eq}$ 的不同反应活性;(3)cydn 配体与酮中苯环之间的 NH/$\pi$ 相互作用[40]。Noyori 等研究了手性双膦双胺钌催化苯乙酮不对称氢化的反应,提出催化剂双胺配体上的仲胺单元和酮的芳基之间的 NH/$\pi$ 相互作用是产生对映选择性的主要因素[75]。除此之外,氢键以及催化剂上的烷基与酮芳基之间的 CH/$\pi$ 相互作用也会对对映选择性产生影响。

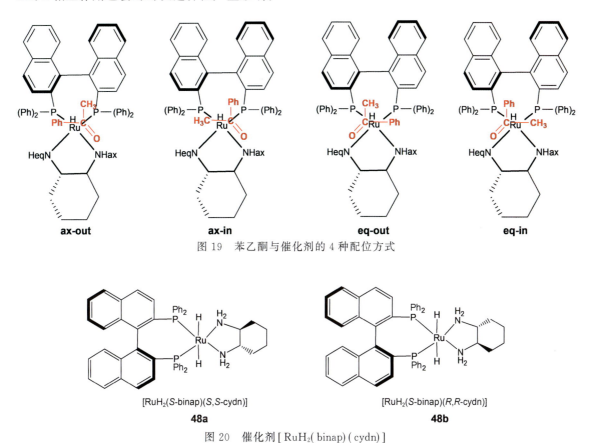

图 19　苯乙酮与催化剂的 4 种配位方式

图 20　催化剂[RuH$_2$(binap)(cydn)]

2013 年,我们用密度泛函理论方法研究了[RuH$_2$(binap)(cydn)](见图 20 中的 **48**)催化的 13 种酮的不对称氢化反应,通过计算优势路径和非优势路径能垒差,从不同角度分析对映选择性的影响因素,结果发现过渡态结构中的氢移动距离与氢转移能垒成近似的线性关系[76],并指出空间位阻、NH/$\pi$ 相互作用都会对对映选择性产生一定的影响。结合阿伦尼乌斯公式对前手性酮氢化所得产物的对映选择性从定量上进行计算,结果显示理论对映选择性与实验结果非常接近。

### 4. 不对称催化酮氢化反应的定量结构选择性关系研究

尽管科学家们已经分别从实验和计算的角度详细研究了不对称酮氢化的机理以及对映选择性产生的原因,但催化剂的设计仍然是一个很有挑战性的课题。计算机辅助催化剂分子设计正处于蓬勃发展的阶段,并取得了一系列可喜的成果。常见的计算机辅助催化剂设计有两种方法。第一种是基于量子化学计算,通过对反应机理及势能面的精确描述来预测催化剂的活性、选择性和稳定性。Wheeler 等成功将密度泛函理论方法应用于不对称炔丙基化催化剂的筛选过程[77]。Yang 等通过密度泛函理论方法模拟发现了一系列潜在高活性的二氧化碳氢化催化剂[78,79]。将量子化学计算与实验相结合已成为过渡金属配合物催化剂分子设计的热点方向。但是,采用量子化学理论对机理进行全面而精确的分析有时是非常耗时的,而且成本较高。第二种是基于定量构效关系(quantitative structure-activity relationship,QSAR)或结构参数库(structure-based parameter databases,SBPD)的研究,适用于立体或静电作用决定活性和选择性的催化体系。例如,三维定量构效模型(3D-QSAR)理论将具有相同骨架结构分子的立体场、静电场、氢键场等描述符与催化剂分子的活性、选择性等性质建立一个可靠的数学统计模型,再通过该模型对未知催化剂的性质进行预测。例如,Cruz 等利用 QSAR 方法研究设计了一系列烯烃聚合催化剂[80-84];Aguado-Ullate 等用 3D-QSAR 的方法来预测铜配合物催化的重氮酯烯烃不对称环丙烷化的对映选择性时发现,由于取代基效应间的相互影响,取代基间的位阻与对映选择性的关系是非线性的[85];Morao 等将 3D-QSAR 方法用于预测 3 种不同不对称催化剂($L^0$-CuCl$_2$、$L^{-1}$-ZnEt 和 $L^{-2}$-BH)的不对称酮氢化反应的对映选择性,预测值和实验数据之间具有良好的一致性[86]。

2016 年,我们首次采用 3D-QSSR(quantitative structure-selectivity relationship)方法建立了 Noyori 类型催化剂的三维定量结构选择性关系模型,探索对映选择性产生的原因,并对其做出预测[87]。我们选择了 25 个双膦双胺过渡金属钌催化剂分子进行模型的建立、测试和预测,这些催化剂均选择催化相同的底物苯乙酮,生成对应产物的对映选择性数据来自相关文献报道[88]。计算结果显示模型的相关系数为 0.996,再用所建模型对测试集进行预测,得到测试集的相关系数为 0.974,证明了该方法具有较好的可靠性。

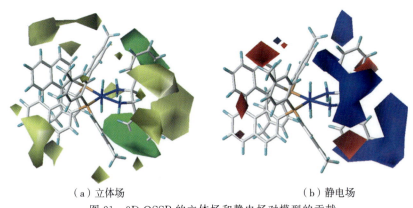

（a）立体场　　　　　　　　　　　　（b）静电场

图 21　3D-QSSR 的立体场和静电场对模型的贡献

QSSR 模型中的三维等势面可以用于更具体地描述影响对映选择性的原因。图 21(a)显示了立体场对模型的贡献,绿色区域表示增加空间位阻有利于 R 型产物生成,黄色区域表示减少空间位阻有利于提高催化剂的对映选择性以生成更多 R 型醇。图 21(b)表示静电场对模型的贡献,红色区域表示电负性增加有利于 R 型醇的生成,蓝色区域表示减少电负性对 R 型醇的生成有利。从图 21 中可以看到,立体场和静电场给出的信息主要集中在胺配体部分,催化剂的胺配体上苯环的对位减少电负性基团和增加空间位阻都有利于对映选择性的提高。因此,可以根据静电场和立体场对催化剂进行改性,我们将催化剂 **49**(见图 22)上的胺配体两个苯环上的 H 改为 NH$_2$,然后对改性前后的催化剂 **49** 和 **50** 催化苯乙酮不对称加氢的反应机理进行了密度泛函理论计算研究。催化剂 **50** 催化氢转移过程生成优势产物与非优势产物的能垒为 2 kcal/mol,而催化体系 **49** 的能垒为 1 kcal/mol,相对于催化剂 **49**,催化剂 **50** 的对映选择性更高。通过 3D-QSSR 研究,我们成功预测了对映选择性,并在一定程度上指导了催化剂的改进。这说明 3D-QSSR 作为一种快速且低成本的方法可被用于预测不同骨架过渡金属催化剂分子的对应选择性,解析催化剂的结构与对映选择性之间的关系。3D-QSSR 方法有助于以高效且低成本的方式研究不同骨架均相过渡金属催化剂,为设计改性具有潜在高活性、高选择性的过渡金属配合物催化剂分子提供了一定的理论参考。

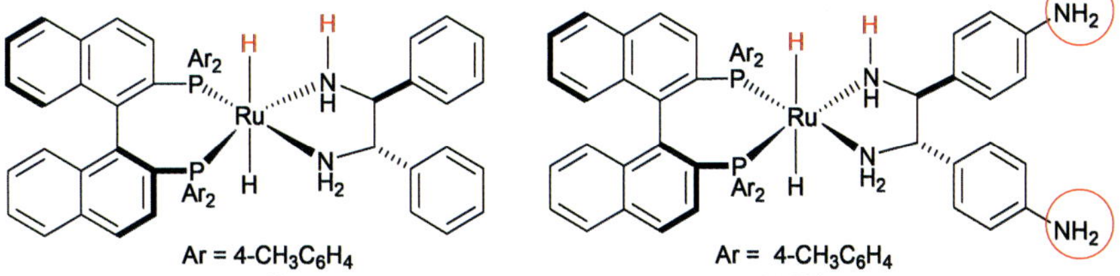

图 22　改性前后的催化剂结构

## 5. 总结与展望

我们采用密度泛函理论方法系统研究了过渡金属配合物催化不对称酮加氢的反应机理及选择性,得到如下研究成果:(1)在过渡金属配合物催化酮氢化反应过程实验中,观察到协同不同步的氢迁移过程,它的本质是分步反应[45];(2)比较了多种金属中心调变的双膦双胺配合物催化酮氢化的反应过程,揭示了氢转移过程的三种反应模式,并指出铁配合物在不对称酮氢化反应中的潜在催化应用[46];(3)发现了不同配体的酮氢化的决速步骤不同,双功能催化剂中酸性活性位与碱性活性位在氢气活化过程中具有十分重要的作用[55];(4)指出氢气的配位在氢气活化过程中具有重要的作用,解释了偏好氢气作为氢源催化氢化酮反应的后过渡金属配合物与其他后过渡金属配合物的本质差异[67];(5)在对 [RuH$_2$(binap)(cydn)] 催化不对称酮氢化的反应中,从不同角度分析了对映选择性的影响因素,指出 NH/$\pi$ 相互作用在影响对映选择性上起着重要的作用[76];(6)对 65 个酮底物和 15 个催化剂结构建立模型并预测,基于 3D-QSSR 方法,建立了催化剂结构与不对称选择性效率的定量构效关系[87]。这些研究成果为基于催化剂骨架结构与催化反应机理的不对称过渡金属催化剂的分子设计提供了新的思路[89]。

过去 50 多年里,不对称催化领域取得了令人瞩目的成就,但是不对称催化领域还面临着诸多挑战。制备和设计新型手性配体及催化剂分子、拓展新的不对称反应、建立不对称催化的新概念和新方法是过渡金属不对称催化反应研究中永恒的主题。

**致谢:**感谢国家自然科学基金(22073005、21672018、2161101308、213373023、21072018)、北京市自然科学基金(2162029)、国家自然科学基金委-广东联合基金超级计算科学应用研究专项(U1501501)的资助。

**参考文献**

[1] KAGAN H B, GOPALAIAH K. Early history of asymmetric synthesis: Who are the scientists who set up the basic principles and the first experiments? [J]. New J. Chem., 2011, 35(10): 1933-1937.

[2] BREDIG G, FISKE P S. Asymmetric syntheses caused by catalyzers [J]. Biochem. Z., 1913, 46: 7-23.

[3] CALVIN M, POLANYI M. Homogeneous catalytic hydrogenation [J]. Trans. Faraday Soc., 1938, 34: 1181-1191.

[4] CALVIN M. Homogeneous catalytic hydrogenation [J]. J. Am. Chem. Soc., 1939, 61(8): 2230-2234.

[5] AGER D J, DE VRIES A H, DE VRIES J G. Asymmetric homogeneous hydrogenations at scale [J]. Chem. Soc. Rev., 2012, 41(8): 3340-3380.

[6] KNOWLES W S, SABACKY M J. Catalytic asymmetric hydrogenation employing a soluble, optically active, rhodium complex [J]. Chem. Commun. (London), 1968, (22): 1445-1446.

[7] HORNER L, SIEGEL H, BUTHE H. Asymmetric catalytic hydrogenation with an optically active phosphinerhodium complex in homogeneous solution [J]. Angew. Chem. Int. Ed. Engl., 1968, 7(12): 942.

[8] KNOWLES W S, SABACKY M J, VINEYARD B D. Catalytic asymmetric hydrogenation [J]. Ann. N. Y. Acad. Sci., 1973, 214(1): 119-124.

[9] DANG T P, KAGAN H B. The asymmetric synthesis of hydratropic acid and amino-acids by homogeneous catalytic hydrogenation [J]. J. Chem. Soc. D, 1971, (10): 481.

[10] KNOWLES W S, SABACKY M J, VINEYARD B D, et al. Asymmetric hydrogenation with a complex of rhodium and a chiral bisphosphine [J]. J. Am. Chem. Soc., 1975, 97(9): 2567-2568.

[11] MIYASHITA A, YASUDA A, TAKAYA H, et al. Synthesis of 2,2′-bis(diphenylphosphino)-1,1′-binaphthyl (BINAP), an atropisomeric chiral bis(triaryl) phosphine, and its use in the rhodium(I)-catalyzed asymmetric hydrogenation of alpha-(acylamino) acrylic acids [J]. J. Am. Chem. Soc., 1980, 102(27): 7932-7934.

[12] PAI C C, LIN C W, LIN C C, et al. Highly effective chiral dipyridylphosphine ligands: Synthesis, structural determination, and applications in the Ru-catalyzed asymmetric hydrogenation reactions [J]. J. Am. Chem. Soc., 2000, 122(46): 11513-11514.

[13] XIE J H, ZHOU Q L. Chiral diphosphine and monodentate phosphorus ligands on a spiro scaffold for transition-metal-catalyzed asymmetric reactions [J]. Acc. Chem. Res., 2008, 41(5): 581-593.

[14] LIU Y, DING K. Modular monodentate phosphoramidite ligands for rhodium-catalyzed enantioselective hydrogenation [J]. J. Am. Chem. Soc., 2005, 127(30): 10488-10489.

[15] HAN Z, WANG Z, ZHANG X, et al. Spiro [4,4]-1,6-nonadiene-based phosphine-oxazoline ligands for iridium-catalyzed enantioselective hydrogenation of ketimines [J]. Angew. Chem. Int. Ed., 2009, 48(29): 5345-5349.

[16] BURK M J, FEASTER J E, HARLOW R L. New electron-rich chiral phosphines for asymmetric catalysis [J]. Organometallics, 1990, 9(10): 2653-2655.

[17] ZHANG Z, QIAN H, LONGMIRE J, et al. Synthesis of chiral bisphosphines with tunable bite angles and their applications in asymmetric hydrogenation of β-ketoesters [J]. J. Org. Chem., 2000, 65(19): 6223-6226.

[18] 马保德, 邓国军, 刘继, 等. 树状分子 BINAP 膦配体的合成及其在不对称氢化中的应用: 结构与性能关系探究 [J]. 化学学报, 2013, 71(4): 528-534.

[19] FAN Q H, CHEN Y M, CHEN X M, et al. Highly effective and recyclable dendritic BINAP ligands for asymmetric hydrogenation [J]. Chem. Commun., 2000, (9): 789-790.

[20] LI C, WANG C, VILLA-MARCOS B, et al. Chiral counteranion-aided asymmetric hydrogenation of acyclic imines [J]. J. Am. Chem. Soc., 2008, 130(44): 14450-14451.

[21] LI C, XIAO J. Asymmetric hydrogenation of cyclic imines with an ionic Cp*Rh(III) catalyst [J]. J. Am. Chem. Soc., 2008, 130(40): 13208-13209.

[22] HUANG H, OKUNO T, TSUDA K, et al. Enantioselective hydrogenation of aromatic ketones catalyzed by Ru complexes of Goodwin-Lions-type $sp^2 N/sp^3 N$ hybrid ligands R-BINAN-R′-Py [J]. J. Am. Chem. Soc., 2006, 128(27): 8716-8717.

[23] WANG Y Q, LU S M, ZHOU Y G. Palladium-catalyzed asymmetric hydrogenation of functionalized ketones [J]. Org. Lett., 2005, 7(15): 3235-3238.

[24] ZHOU X Y, WANG D S, BAO M, et al. Palladium-catalyzed asymmetric hydrogenation of simple ketones activated by Brønsted acids [J]. Tetrahedron Lett., 2011, 52(22): 2826-2829.

[25] SHIMIZU H, IGARASHI D, KURIYAMA W, et al. Asymmetric hydrogenation of aryl ketones mediated by a copper catalyst [J]. Org. Lett., 2007, 9(9): 1655-1657.

[26] JUNGE K, WENDT B, ADDIS D, et al. Copper-catalyzed enantioselective hydrogenation of ketones [J]. Chem. Eur. J., 2011, 17(1): 101-105.

[27] KRABBE S W, HATCHER M A, BOWMAN R K, et al. Copper-catalyzed asymmetric hydrogenation of aryl

and heteroaryl ketones [J]. Org. Lett., 2013, 15(17): 4560-4563.

[28] 陈建珊, 陈玲玲, 邢雁, 等. 手性羰基铁体系催化酮的不对称氢转移氢化 [J]. 化学学报, 2004, 62(18): 1745-1750.

[29] ZHU S F, CAI Y, MAO H X, et al. Enantioselective iron-catalysed O-H bond insertions [J]. Nat. Chem., 2010, 2(7): 546-551.

[30] SUI-SENG C, FREUTELF, LOUGH A J, et al. Highly efficient catalyst systems using iron complexes with a tetradentate PNNP ligand for the asymmetric hydrogenation of polar bonds [J]. Angew. Chem. Int. Ed., 2008, 47(5): 940-943.

[31] LAGADITIS P O, SUES P E, SONNENBERG J F, et al. Iron(II) complexes containing unsymmetrical P-N-P′ pincer ligands for the catalytic asymmetric hydrogenation of ketones and imines [J]. J. Am. Chem. Soc., 2014, 136(4): 1367-1380.

[32] LI Y, YU S, WU X, et al. Iron catalyzed asymmetric hydrogenation of ketones [J]. J. Am. Chem. Soc., 2014, 136(10): 4031-4039.

[33] ZHANG G, SCOTT B L, HANSON S K. Mild and homogeneous cobalt-catalyzed hydrogenation of C=C, C=O, and C=N bonds [J]. Angew. Chem. Int. Ed., 2012, 51(48): 12102-12106.

[34] OHKUMA T, OOKA H, HASHIGUCHI S, et al. Practical enantioselective hydrogenation of aromatic ketones [J]. J. Am. Chem. Soc., 1995, 117(9): 2675-2676.

[35] MATSUMURA K, ARAI N, HORI K, et al Chiral ruthenabicyclic complexes: Precatalysts for rapid, enantioselective, and wide-scope hydrogenation of ketones [J]. J. Am. Chem. Soc., 2011, 133(28): 10696-10699.

[36] BARATTA W, BARBATO C, MAGNOLIA S, et al. Chiral and nonchiral [OsX$_2$(diphosphane)(diamine)] (X: Cl, OCH$_2$CF$_3$) complexes for fast hydrogenation of carbonyl compounds [J]. Chem. Eur. J., 2010, 16(10): 3201-3206.

[37] XIE J H, LIU X Y, XIE J B, et al. An additional coordination group leads to extremely efficient chiral iridium catalysts for asymmetric hydrogenation of ketones [J]. Angew. Chem. Int. Ed., 2011, 50(32): 7329-7332.

[38] BUHL M, REIMANN C, PANTAZIS D A, et al. Geometries of third-row transition-metal complexes from density functional theory [J]. J. Chem. Theory Comput., 2008, 4(9): 1449-1459.

[39] CLAPHAM S E, HADZOVIC A, MORRIS R H. Mechanisms of the H$_2$-hydrogenation and transfer hydrogenation of polar bonds catalyzed by ruthenium hydride complexes [J]. Coord. Chem. Rev., 2004, 248 (21-24): 2201-2237.

[40] LEYSSENS T, PEETERS D, HARVEY J N. Origin of enantioselective hydrogenation of ketones by RuH$_2$ (diphosphine)(diamine) catalysts: A theoretical study [J]. Organometallics, 2008, 27(7): 1514-1523.

[41] DITOMMASO D, FRENCH S A, ZANOTTI-GEROSA A, et al. Computational study of the factors controlling enantioselectivity in ruthenium(II) hydrogenation catalysts [J]. Inorg. Chem., 2008, 47(7): 2674-2687.

[42] HANDGRAAF J W, REEKJ N H, MEIJER E J. Iridium(I) versus ruthenium(II). A computational study of the transition metal catalyzed transfer hydrogenation of ketones [J]. Organometallics, 2003, 22(15): 3150-3157.

[43] ABDUR-RASHID K, CLAPHAM S E, HADZOVIC A, et al. Mechanism of the hydrogenation of ketones catalyzed by trans-dihydrido(diamine)ruthenium(II) complexes [J]. J. Am. Chem. Soc., 2002, 124(50): 15104-15118.

[44] YAMAKAWA M, ITO H, NOYORI R. The metal-ligand bifunctional catalysis: A theoretical study on the ruthenium(II)-catalyzed hydrogen transfer between alcohols and carbonyl compounds [J]. J. Am. Chem. Soc., 2000, 122(7): 1466-1478.

[45] CHEN Y, LIU S, LEI M. Nature of asynchronous hydrogen transfer in ketone hydrogenation catalyzed by Ru complex [J]. J. Phys. Chem. C, 2008, 112(35): 13524-13527.

[46] CHEN Y, TANG Y, LEI M. A comparative study on the hydrogenation of ketones catalyzed by diphosphine-diamine transition metal complexes using DFT method [J]. Dalton Trans., 2009, (13): 2359-2364.

[47] WANG C, WU X, XIAO J. Broader, greener, and more efficient: Recent advances in asymmetric transfer hydrogenation [J]. Chem. Asian. J., 2008, 3(10): 1750-1770.

[48] SAMEC J S M, BACKVALL J-E, ANDERSSON P G, et al. Mechanistic aspects of transition metal-catalyzed hydrogen transfer reactions [J]. Chem. Soc. Rev., 2006, 35(3): 237-248.

[49] NOYORI R. Asymmetric catalysis: Science and opportunities (Nobel Lecture) [J]. Angew. Chem. Int. Ed., 2002, 41(12): 2008-2022.

[50] OHKUMA T, TSUTSUMI K, UTSUMI N, et al. Asymmetric hydrogenation of $\alpha$-chloro aromatic ketones catalyzed by $\eta^6$-arene/TsDPEN-ruthenium(II) complexes [J]. Org. Lett., 2007, 9(2): 255-257.

[51] SANDOVAL C A, OHKUMA T, UTSUMI N, et al. Mechanism of asymmetric hydrogenation of acetophenone catalyzed by chiral $\eta^6$-arene-N-tosylethylene-diamine-ruthenium(II) complexes [J]. Chem. Asian. J., 2006, 1(1-2): 102-110.

[52] OHKUMA T, UTSUMI N, TSUTSUMI K, et al. The hydrogenation/transfer hydrogenation network: Asymmetric hydrogenation of ketones with chiral $\eta^6$-arene/N-tosylethylenediamine-ruthenium(II) catalysts [J]. J. Am. Chem. Soc., 2006, 128(27): 8724-8725.

[53] OHKUMA T, UTSUMI N, WATANABE M, et al. Asymmetric hydrogenation of $\alpha$-hydroxy ketones catalyzed by MsDPEN-Cp*Ir(III) complex [J]. Org. Lett., 2007, 9(13): 2565-2567.

[54] HEDBERG C K, LLSTR M K, ARVIDSSON P I, et al. Mechanistic insights into the phosphine-free RuCp*-diamine-catalyzed hydrogenation of aryl ketones: Experimental and theoretical evidence for an alcohol-mediated dihydrogen activation [J]. J. Am. Chem. Soc., 2005, 127(43): 15083-15090.

[55] CHEN Y, TANG Y, LIU S, et al. Mechanism and influence of acid in hydrogenation of ketones by $\eta^6$-arene/N-tosylethylenediamine ruthenium(II) [J]. Organometallics, 2009, 28(7): 2078-2084.

[56] ITO M, HIRAKAWA M, MURATA K, et al. Hydrogenation of aromatic ketones catalyzed by $(\eta^5\text{-}C_5(CH_3)_5)$Ru complexes bearing primary amines [J]. Organometallics, 2001, 20(3): 379-381.

[57] DOUCET H, OHKUMA T, MURATA K, et al. *trans*-[RuCl$_2$(phosphane)$_2$(1,2-diamine)] and chiral *trans*-[RuCl$_2$(diphosphane)(1,2-diamine)]: Shelf-stable precatalysts for the rapid, productive, and stereoselective hydrogenation of ketones [J]. Angew. Chem. Int. Ed., 1998, 37(12): 1703-1707.

[58] ITO M, IKARIYA T. Catalytic hydrogenation of polar organic functionalities based on Ru-mediated heterolytic dihydrogen cleavage [J]. Chem. Commun., 2007, (48): 5134-5142.

[59] PANNETIER N, SORTAIS J B, DIENG P S, et al. Kinetics and mechanism of ruthenacycle-catalyzed asymmetric hydrogen transfer [J]. Organometallics, 2008, 27(22): 5852-5859.

[60] NOYORI R, YAMAKAWA M, HASHIGUCHI S. Metal-ligand bifunctional catalysis: A nonclassicalmechanism for asymmetric hydrogen transfer between alcohols and carbonyl compounds [J]. J. Org. Chem., 2001, 66(24): 7931-7944.

[61] ALONSO D A, BRANDT P, NORDIN S J M, et al. Ru(arene)(amino alcohol)-catalyzed transfer hydrogenation of ketones: Mechanism and origin of enantioselectivity [J]. J. Am. Chem. Soc., 1999, 121(41): 9580-9588.

[62] WU X, LIU J, TOMMASO D D, et al. A multilateral mechanistic study into asymmetric transfer hydrogenation in water [J]. Chem. Eur. J., 2008, 14(25): 7699-7715.

[63] FUJII A, HASHIGUCHI S, UEMATSU N, et al. Ruthenium(II)-catalyzed asymmetric transfer hydrogenation of ketones using a formic acid-triethylamine mixture [J]. J. Am. Chem. Soc., 1996, 118(10): 2521-2522.

[64] HASHIGUCHI S, FUJII A, TAKEHARA J, et al. Asymmetric transfer hydrogenation of aromatic ketones catalyzed by chiral ruthenium(II) complexes [J]. J. Am. Chem. Soc., 1995, 117(28): 7562-7563.

[65] HEIDEN Z M, RAUCHFUSS T B. Proton-assisted activation of dihydrogen: Mechanistic aspects of proton-

catalyzed addition of H₂ to Ru and Ir amido complexes [J]. J. Am. Chem. Soc., 2009, 131(10): 3593-3600.

[66] IKARIYA T, BLACKER A J. Asymmetric transfer hydrogenation of ketones with bifunctional transition metal-based molecular catalysts [J]. Acc. Chem. Res., 2007, 40(12): 1300-1308.

[67] LEI M, ZHANG W, CHEN Y, et al. Preference of H₂ as hydrogen source in hydrogenation of ketones catalyzed by late transition metal complexes: A DFT study [J]. Organometallics, 2010, 29(3): 543-548.

[68] CASEY C P, JOHNSON J B, SINGER S W, et al. Hydrogen elimination from a hydroxycyclopentadienyl ruthenium(II) hydride: Study of hydrogen activation in a ligand-metal bifunctional hydrogenation catalyst [J]. J. Am. Chem. Soc., 2005, 127(9): 3100-3109.

[69] CASEY C P, GUAN H. Cyclopentadienone iron alcohol complexes: Synthesis, reactivity, and implications for the mechanism of iron-catalyzed hydrogenation of aldehydes [J]. J. Am. Chem. Soc., 2009, 131(7): 2499-2507.

[70] ZHAO Y, ZHANG L, TANG Y, et al. Theoretical study on asymmetric ketone hydrogenation catalyzed by Mn complexes: From the catalytic mechanism to the catalyst design [J]. Phys. Chem. Chem. Phys., 2022, 24(21): 13365-13375.

[71] ZHANG X, GUO X, CHEN Y, et al. Mechanism investigation of ketone hydrogenation catalyzed by ruthenium bifunctional catalysts: Insights from a DFT study [J]. Phys. Chem. Chem. Phys., 2012, 14(17): 6003-6012.

[72] YI C S, HE Z, GUZEI I A. Transfer hydrogenation of carbonyl compounds catalyzed by a ruthenium-acetamido complex: Evidence for a stepwise hydrogen transfer mechanism [J]. Organometallics, 2001, 20(17): 3641-3643.

[73] GUO X, TANG Y, ZHANG X, et al. Concerted or stepwise hydrogen transfer in the transfer hydrogenation of acetophenone catalyzed by ruthenium-acetamido complex: A theoretical mechanistic investigation [J]. J. Phys. Chem. A, 2011, 115(44): 12321-12330.

[74] MIKAMI K, KORENAGA T, OHKUMA T, et al. Asymmetric activation/deactivation of racemic Ru catalysts for highly enantioselective hydrogenation of ketonic substrates [J]. Angew. Chem. Int. Ed., 2000, 39(20): 3707-3710.

[75] SANDOVAL C A, SHI Q, LIU S, et al. NH/π attraction: A role in asymmetric hydrogenation of aromatic ketones with binap/1,2-diamine-ruthenium(II) complexes [J]. Chem. Asian. J., 2009, 4(8): 1221-1224.

[76] FENG R, XIAO A, ZHANG X, et al. Origins of enantioselectivity in asymmetric ketone hydrogenation catalyzed by a RuH₂(binap)(cydn) complex: Insights from a computational study [J]. Dalton Trans., 2013, 42(6): 2130-2145.

[77] DONEY A C, ROOKS B J, LU T, et al. Design of organocatalysts for asymmetric propargylations through computational screening [J]. ACS Catal., 2016, 6(11): 7948-7955.

[78] YANG X. Bio-inspired computational design of iron catalysts for the hydrogenation of carbon dioxide [J]. Chem. Commun., 2015, 51(66): 13098-13101.

[79] CHEN X, YANG X. Bioinspired design and computational prediction of iron complexes with pendant amines for the production of methanol from CO₂ and H₂[J]. J. Phys. Chem. Lett., 2016, 7(6): 1035-1041.

[80] CRUZ V L, MARTINEZ S, RAMOS J, et al. 3D-QSAR as a tool for understanding and improving single-site polymerization catalysts. A review [J]. Organometallics, 2014, 33(12): 2944-2959.

[81] CRUZV L, MARTINEZ S, MARTINEZ-SALAZAR J, et al. 3D-QSAR study of *ansa*-metallocene catalytic behavior in ethylene polymerization [J]. Polymer, 2007, 48(16): 4663-4674.

[82] CRUZ V L, RAMOS J, MARTINEZ S, et al. Structure-activity relationship study of the metallocene catalyst activity in ethylene polymerization [J]. Organometallics, 2005, 24(21): 5095-5102.

[83] CRUZ V, RAMOS J, MUÑOZ-ESCALONA A, et al. 3D-QSAR analysis of metallocene-based catalysts used in ethylene polymerisation [J]. Polymer, 2004, 45(6): 2061-2072.

[84] CRUZV L, MARTINEZ J, MARTINEZ-SALAZAR J, et al. QSAR model for ethylene polymerisation catalysed by supported bis(imino)pyridine iron complexes [J]. Polymer, 2007, 48(26): 7672-7678.

[85] SONIA A U, MANUEL U C, ISABEL V, et al. Predicting the enantioselectivity of the copper-catalysed cyclopropanation of alkenes by using quantitative quadrant-diagram representations of the catalysts [J]. Chem. Eur. J., 2012, 18(44): 14026-14036.

[86] SCIABOLA S, ALEX A, HIGGINSON P D, et al. Theoretical prediction of the enantiomeric excess in asymmetric catalysis. An alignment-independent molecular interaction field based approach [J]. J. Org. Chem., 2005, 70(22): 9025-9027.

[87] LI L, PAN Y, LEI M. The enantioselectivity in asymmetric ketone hydrogenation catalyzed by $RuH_2$ (diphosphine)(diamine) complexes: Insights from a 3D-QSSR and DFT study [J]. Catal. Sci. Technol., 2016, 6 (12): 4450-4457.

[88] NOYORI R, OHKUMA T. Asymmetric catalysis by architectural and functional molecular engineering: Practical chemo-and stereoselective hydrogenation of ketones [J]. Angew. Chem. Int. Ed., 2001, 40(1): 40-73.

[89] LIU Y, YUE X, LUO C, et al. Mechanisms of ketone/imine hydrogenation catalyzed by transition-metal complexes [J]. Energ. Environ. Mater., 2019, 2(4): 292-312.

# 聚集与手性

张浩可[1],李冰石[2,*],唐本忠[1,*]

[1]香港科技大学化学系,香港 999077   [2]深圳大学化学与环境工程学院,深圳 518071
E-mail: phbingsl@szu.edu.cn; tangbenz@ust.hk

**摘要**:本文主要介绍三种不同聚集诱导发光分子体系中的分子手性与聚集体手性:从手性分子到手性聚集体,从手性分子到非手性聚集体以及从非手性分子到手性聚集体。这三种分子体系中的分子聚集对其手性光学特性具有直接影响:基于中心手性修饰的分子体系一般表现出聚集诱导圆二色效应,分子发生聚集后手性会从手性中心传递至分子骨架;而轴手性体系则表现出聚集湮灭圆二色效应,主要是由于聚集引起手性分子的构象变化;在第三种体系中,某些非手性分子在聚集后也可以产生较强的手性光学信号,可能是由于聚集过程导致分子的某种手性对映体过量,更加准确的机理仍有待进一步的探索。

**关键词**:聚集诱导发光;聚集诱导圆二色;聚集湮灭圆二色;聚集诱导对称性破缺

## Aggregation and Chirality

ZHANG Haoke, LI Bingshi*, TANG Benzhong*

**Abstract**:Herein, three chirality involved aggregation-induced emission systems are introduced, from chiral molecules to chiral aggregate, from chiral molecules to achiral aggregate and from achiral molecules to chiral aggregate. In these three systems, the chiroptical performance of the molecules shows a direct relationship with their aggregation behaviors. The central-chiral system always exhibits aggregation-induced circular dichroism effect and the chirality is transferred from the chiral center to the molecular backbone upon aggregation. While the axial-chiral system shows opposite aggregation-annihilated circular dichroism effect and it is related to the conformational change during the process of aggregation. For the third system, achiral molecules aggregate to generate strong and unique chiroptical signals and it is likely due to the formation of a dominant handedness upon aggregation, however, more accurate mechanisms need our further exploration.

**Key Words**:Aggregation-induced emission; Aggregation-induced circular dichroism; Aggregation-annihilated circular dichroism; Aggregation-induced symmetry breaking

## 1. 引言

手性是一个既古老又崭新的概念,其发展贯穿着人类的整个文明史。而人类真正将手性作为一门科学,并开始系统研究手性的本质,却只有短短的两百年。比如,手性的重要评价参数——旋光性,在 1811 年由 Arago 研究石英晶体的双折射特性时就被发现,而"手性"一词则是在 1893 年才首次被 Kelvin 提出[1]。之后手性的研究进入了一个蓬勃发展的时期,手性逐渐在科学研究的各个领域中占据重要的地位,比如化学、物理、生物和数学等[2]。

生命同型手性起源迄今仍然是一个亟待解决的科学难题,关于手性起源的几个大胆假设有:(1)宇称不守恒引起自然界的手征对称性破缺;(2)新星残体中子星释放出圆偏振光辐射,造成宇宙中有机分子的一种对映体过量;(3)磁场诱导效应造成有机分子的一种对映体过量;(4)火山爆发产生的矿物质对氨基酸合成起手性催化作用;(5)手性选择和手性均一性是生命进化的必然结果。前四种观点基于手性先于生命体出现的共同前提,考虑不同外界因素对手性的诱导;最后一个观点则认为手性是生命体不断进化的产物。目前以上所有观点还只是猜测,尚未被完全证实和接受[3]。

手性科学是化学研究领域的重要研究分支,本文将基于手性聚集诱导发光分子的最新研究进展,着重介绍分子手性与聚集体手性形成的影响因素。在生物学研究中,分子聚集是一个非常重要的过程,它常常伴随着生物体某些病理特征的出现,对生命体的正常运作有着重要的影响,因此对分子聚集的诱导因素和调控因素进行研究具有重要意义。本文主要介绍三种手性分子体系:(1)从单分子手性到聚集体手性;(2)从单分子手性到聚集体非手性;(3)从单分子非手性到聚集体手性。第三种体系在某种程度上可为研究手性起源提供重要线索。

随着现代光谱仪器的推陈出新以及手性研究的逐步深入,手性光谱学研究也得到相应发展。电子圆二色(electronic circular dichroism,ECD)和圆偏振发光(circularly polarized luminescence,CPL)光谱是在化学、物理、材料科学和生物应用中探究基态和激发态手性结构的最常用的两种表征手段,通常采用不对称因子 $g_{ab}$ 和 $g_{lum}$ 来衡量手性的高低,$g_{ab} = 2(\varepsilon_L - \varepsilon_R)/(\varepsilon_L + \varepsilon_R)$,$g_{lum} = 2(I_L - I_R)/(I_L + I_R)$,其中的 $\varepsilon_L$ 和 $\varepsilon_R$ 分别是手性分子对左圆偏振光和右圆偏振光的摩尔消光系数,$I_L$ 和 $I_R$ 分别为手性分子发出的左圆偏振光和右圆偏振光的强度[4]。下面主要通过 ECD、CPL 光谱和电子显微镜等手段分析聚集过程中分子光学特性和微观组织形貌的变化。

## 2. 单分子手性到聚集体手性

目前,这类研究中常用的分子设计方法是将手性中心引入合适的分子骨架中。手性中心多为手性氨基酸以及糖类修饰物,而分子骨架多为具有聚集诱导发光(aggregation-induced emission,AIE)特性的分子。这是由于 AIE 分子具有独特的光电性能,以及在光电器件、生物传感器上的潜在应用价值,手性与 AIE 特性相结合还会赋予分子新的特性,包括 CPL 特性和组装特性等。AIE 现象由本课题组在 2001 年首次报道,我们发现噻咯(silole)的衍生物 1-甲基-1,2,3,4,5-五苯基噻咯在溶液态下几乎没有荧光,而一旦形成聚集体后则有很强的荧光[5]。这一现象与 Föster 1954 年报道的聚集导致荧光猝灭(aggregation-caused quenching,ACQ)现象截然相反。传统的有机共轭分子具有平面的共轭结构,在溶液浓度增加时形成聚集体,荧光强度显著降低,甚至猝灭。AIE 现象的发现让人们重新思考有机发光分子的发光和猝灭机理。在经历了短短十几年的研究历程之后,这一研究领域已经取得了突飞猛进的发展[6],成为化学和材料领域的热点研究方向[7]。

基于 AIE 分子骨架的手性分子的设计,主要通过天然手性取代基所施加的不对称力场诱导 AIE 骨架产生不对称扭转,进而诱导出分子手性。我们选择甘露糖作为手性修饰基团连接在噻咯骨架上构建出分子 **1**;分别以 L-缬氨酸(L-valine)和 L-亮氨酸(L-leucine)作为手性修饰基团制备了手性噻咯衍生物 **2** 和 **3**;以手性硫脲作为修饰基团构建出手性噻咯衍生物 **4**(图 1)[9-11]。

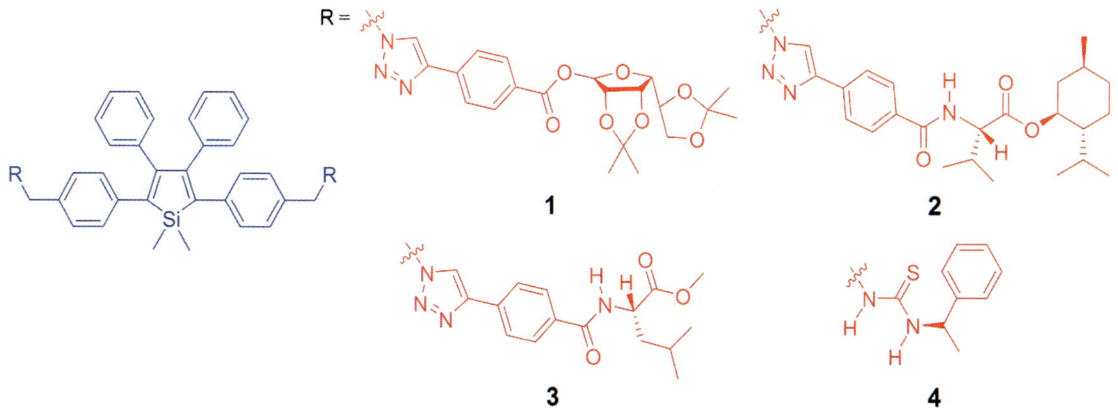

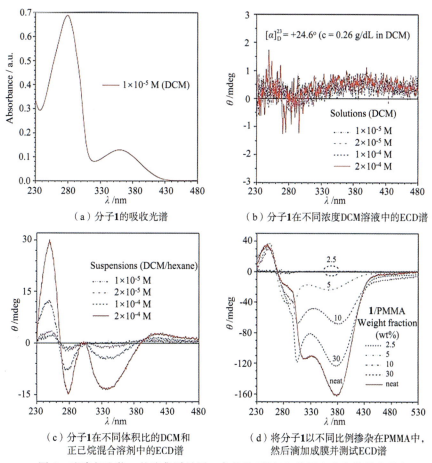

图 1　噻咯衍生物的分子结构

　　以上 4 个分子都具有明显的聚集诱导圆二色（AIECD）效应，说明手性修饰基团可以成功诱导噻咯骨架产生手性，进而产生螺旋构象。分子 **1** 中对应于噻咯骨架的最长紫外吸收峰位于 360 nm附近 [图 2(a)]，在良溶剂二氯甲烷（DCM）中，相应波长处未检测到明显的 ECD 信号 [图 2(b)]。而在 DCM/正己烷体积比为 1∶9 的混合溶剂中，分子 **1** 的 10 $\mu$mol·L$^{-1}$ 混合溶液产生微弱的 ECD信号，随着浓度增加，在 200 $\mu$mol·L$^{-1}$ 时出现较强的 ECD 信号 [图 2(c)]。可见，甘露糖取代基的手性成功传递到了噻咯骨架，使其具有阻转异构手性，在不良溶剂的作用下分子发生聚集，手性被进一步放大，从而使 ECD 信号明显增强。将分子 **1** 掺杂在聚甲基丙烯酸甲酯（PMMA）中可以得到相同的效果 [图 2(d)]，随着掺杂比例的增加，ECD 信号也随之增强。而将分子 **1** 涂膜后得到了更强的ECD 信号。这一系列实验结果表明，分子聚集是手性从甘露糖传递至噻咯骨架的主要影响因素。

（a）分子 **1** 的吸收光谱

（b）分子 **1** 在不同浓度 DCM 溶液中的 ECD 谱

（c）分子 **1** 在不同体积比的 DCM 和
正己烷混合溶剂中的 ECD 谱

（d）将分子 **1** 以不同比例掺杂在 PMMA 中，
然后滴加成膜并测试 ECD 谱

图 2　噻咯衍生物 **1** 的聚集诱导圆二色特性（版权归英国皇家化学学会所有）

　　分子 **1** 的聚集对其荧光特性亦具有重要影响。如图 3(a) 和 3(b) 所示,随着不良溶剂的加入,分子 **1** 呈现出典型的 AIE 效应。在正己烷体积含量大于或等于 90% 时开始有聚集体形成,对应着增强的荧光发射强度。分子聚集体手性和荧光特性的协同作用成功诱导出分子 **1** 的 CPL 特性。分子 **1** 在不同状态下的 CPL 强度及其不对称因子 $g_{lum}$ 的数值如图 3(c) 和 3(d) 所示。与对应的 ECD 光谱类似,在纯的良溶剂中,分子没有产生 CPL 信号;而当分子 **1** 形成聚集体或成膜时则产生很强的 CPL 信号。当把分子 **1** 用微流控形式加工成膜后,不对称因子 $g_{lum}$ 值高达 $-0.32$,比同类有机小分子的 $g_{lum}$ 值高出 2~3 个数量级,成为目前报道的有机发光分子 $g_{lum}$ 的最高值。对分子 **1** 所形成的聚集体进行进一步的形貌研究发现,分子 **1** 成膜之后,形成了非常漂亮的右手螺旋纤维,螺距大约为 120 nm [图 3(e)]。这一结果充分说明聚集体中具有典型的手性特征,是该分子 ECD 和 CPL 信号的重要来源。究其原因,在纯良溶剂中,分子处于无规热运动状态,分子与分子之间的相互作用较弱,不足以驱动分子间的组装,具有相反骨架手性的分子数目大致相当,使彼此的 ECD 信号互相抵消,净手性为零。而随着不良溶剂加入,疏水作用诱导分子聚集发生,并在氢键的协同作用下进行组装。由于手性糖或手性氨基酸等取代基的存在,分子进行组装时某个方向的手性占主导,产生净手性及 ECD 光谱中的 Cotton 效应。分子聚集过程中形成的螺旋纳米线,使噻

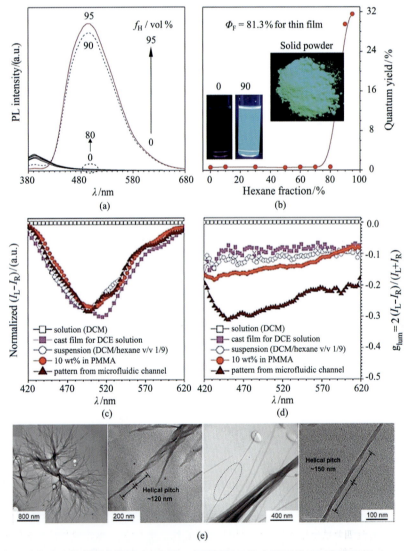

图 3 （a)DCM 和正己烷的混合溶液中,分子 **1** 在不同正己烷含量下的 PL 谱(浓度为 $10\ \mu\mathrm{mol \cdot L^{-1}}$,激发波长为 356 nm);（b)分子 **1** 在不同正己烷含量中的荧光量子效率;（c)和（d)分别为分子 **1** 在不同状态下的 CPL 强度和不对称因子的大小;（e)分子 **1** 的透射电镜照片(版权归英国皇家化学学会所有)

略分子中不同方向的电子跃迁偶极矩在某个方向上进行叠加和耦合,因此产生较强的 ECD 和 CPL 信号。除了分子 **1** 之外,对于其他 3 个分子得到了相似的实验结果和结论。由于篇幅有限,在此不一一赘述。

在构建兼具 AIE 和手性特性的材料过程中,尽管噻咯衍生物量子产率较高并具有优良的光学性能,但合成步骤复杂且反应条件较为苛刻,同时噻咯在碱性条件下不稳定,这使其应用受到极大限制。相比之下,四苯乙烯(TPE)衍生物具有相对稳定和容易合成的特点,是构建手性 AIE 材料的理想骨架。常规条件下,TPE 及其衍生物不具有光学活性,为增强其手性特征,我们依然采用手性基团 *L*-valine 和 *L*-leucine 来修饰 TPE 骨架,构建具有手性中心的 AIE 分子 **5** 和 **6**;还设计了具有两个取代基的分子 **7**,研究手性基团数量对光学性能的影响(图 4)[12-15]。

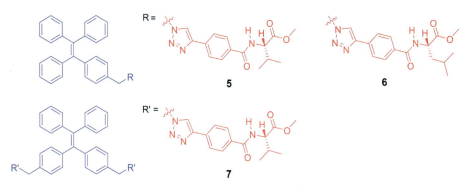

图 4　TPE 衍生物的分子结构

TPE 衍生物表现出和噻咯衍生物极其相似的 AIE、ECD 及 CPL 特性。如图 5(b)所示,分子 **5** 在纯的 DCM 溶液中几乎观测不到 ECD 信号,形成聚集体之后 ECD 信号被诱导出来,即产生 AIECD 性质。把分子 **5** 制成膜之后,薄膜具有极强的 Cotton 效应。此外,在聚集体和薄膜状态下,分子 **5** 的 ECD 信号方向几乎保持一致。同时还发现分子 **5** 的薄膜也拥有较强的 CPL 信号,在自然挥发成膜后,不对称因子 $g_{lum}$ 值仍可高达 0.03 [图 5(c)和(d)]。扫描电镜,透射电镜和荧光显微镜的测试结果显示,分子 **5** 在聚集状态下可以形成精美的左手螺旋纳米线 [图 5(e)～(h)]。

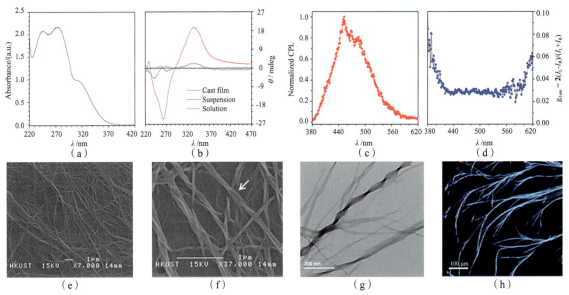

图 5　(a)分子 **5** 在纯四氢呋喃中的吸收谱;(b)分子 **5** 在纯二氯乙烷、二氯乙烷和正己烷的混合溶剂(体积比为 1∶9)以及薄膜状态下的 ECD 谱;(c)和(d)分别为分子 **5** 在薄膜状态下的 CPL 谱和不对称因子的大小;(e)和(f)分别为分子 **5** 在 90% 正己烷的混合溶剂中的扫描电镜图片;(g)为相同条件下的透射电镜图片;(h)分子 **5** 在 DMF 中通过微流控加工后的荧光显微镜图片(版权归英国皇家化学学会所有)

除了基于噻咯和 TPE 这些典型的 AIE 分子构筑的手性分子,一些基于非典型 AIE 骨架构筑的手性分子也具有 AIECD 效应。例如,将手性丙氨酸修饰到菲并咪唑(phenanthro[9,10-d]imidazole, PIM)分子骨架上得到的分子 8 及将手性苯乙胺修饰在三苯基吡咯(triphenyl pyrrole,TPP)上得到的分子 9(图 6)都具有 AIECD 效应。一些基于 AIE 聚合物的手性分子同样也具有 AIECD 效应,例如,将 TPE 和手性氨基酸交替共聚在一起制备的聚合物 P-1 和 P-2。综上所述,将手性糖或氨基酸修饰在 AIE 分子骨架上之后,由于在溶液态下分子的自由度较高,AIE 分子骨架具有相反方向的手性,互相抵消而表现为 AIE 生色团的净手性为零。而一旦形成聚集体,由于分子的自由运动受限,某个方向的手性诱导占据主导,此时可在 AIE 生色团的吸收处产生 ECD 信号[16-19]。

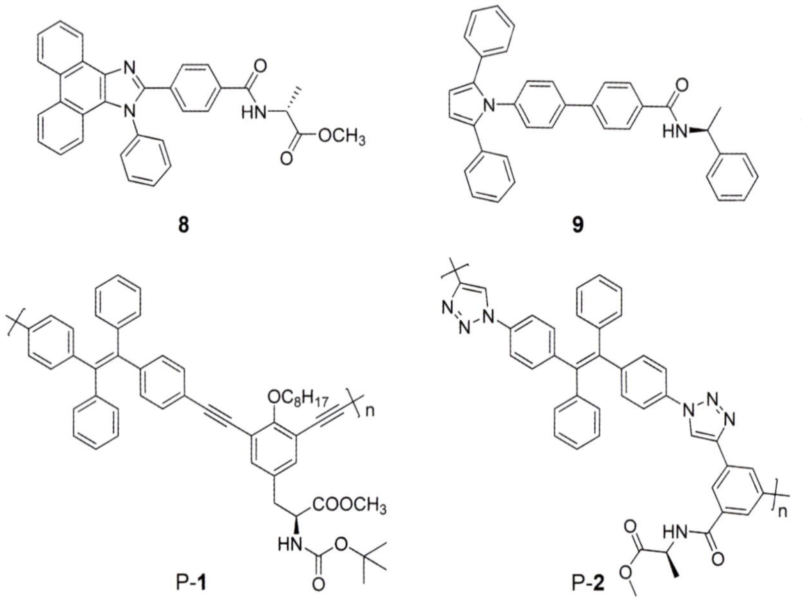

图 6 非典型 AIE 手性分子及手性 AIE 聚合物分子结构

## 3. 从单分子手性到聚集体非手性

在以上的基于中心手性基团修饰的分子中发现了 AIECD 效应,究其本质是由于聚集过程中因自组装而引起的手性传递。轴手性的分子是否具有同样的诱导效应呢?联二萘作为一个典型的轴手性分子,具有良好的稳定性和优异的手性特征,在诸多领域得到了广泛的研究和应用。我们采用联二萘作为手性源,合成了如图 7 所示的 3 种分子,将 TPE 键接在联二萘的 3,3′位上得到分子 10,键接在 6,6′位上得到分子 11,同时还合成了 11 的一对对映体(R)-11 和(S)-11[20]。

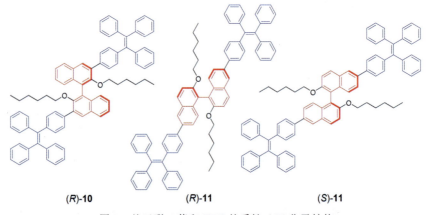

图 7 基于联二萘和 TPE 的手性 AIE 分子结构

这 3 种分子的 ECD 谱如图 8 所示,它们在纯四氢呋喃中均具有很强的 ECD 信号。随着不良溶剂水的不断加入,开始阶段 ECD 信号基本保持不变,而在高比例不良溶剂下分子形成聚集体,之后 ECD 信号强度急剧下降,我们称这种现象为聚集湮灭圆二色(aggregation-annihilated circular dichroism,AACD)效应。如图 8(a) 所示,在水含量为 0~50% 时,(R)-10 的摩尔椭圆率([Θ])基本维持在约 $1.2 \times 10^5$ mdeg·mL·mmol$^{-1}$·mm$^{-1}$;当水含量增至 60% 时,ECD 信号骤降至 $2 \times 10^4$ mdeg·mL·mmol$^{-1}$·mm$^{-1}$;而对于(R)/(S)-11 而言,转折点在水含量为 40% 时就出现了。对于(R)-11,将水含量 40%~50% 的过程做了放大化处理,发现 ECD 信号强度在此范围内是一个逐渐减小的过程。这 3 种分子都含有四苯基乙烯,它们可能都会表现出 AIE 效应,其荧光谱证实了这一点(如图 9 所示)。有意思的是,荧光谱测试出的聚集转折点和 ECD 谱测试出的转折点基本一致。

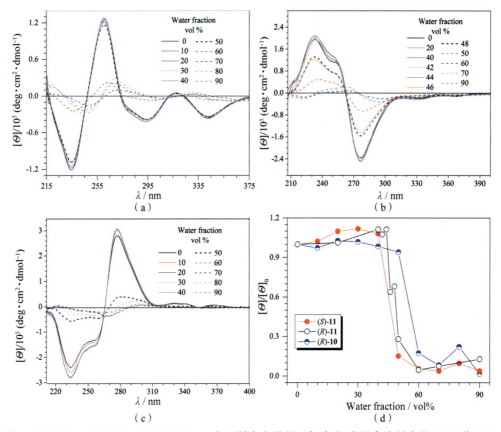

图 8　(a)(R)-10、(b)(R)-11 和(c)(S)-11 在不同水含量的四氢呋喃/水混合溶剂中的 ECD 谱;(d)3 个分子不同水含量下的摩尔椭圆率的变化趋势图(下标 0 表示含水量为 0%)(版权归英国皇家化学学会所有)

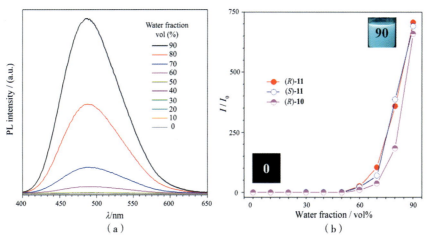

图 9　(a)分子(R)-11 在不同水含量的四氢呋喃/水混合溶剂中的荧光谱;(b)荧光强度随水含量变化的趋势图(版权归英国皇家化学学会所有)

究竟是什么因素导致了 AACD 效应呢？在解释这一问题前，先将 TPE 从分子 **10** 中移除得到分子 (*R*)-**12**，考察 TPE 是否成为引起 AACD 效应的主要因素。如图 10(a) 和图 10(d) 所示，移除 TPE 之后的联二萘仍有很强的 AACD 效应，但转折点出现在 70% 的含水量时。产生这一现象的主要原因可能是由于移除 TPE 之后，分子的疏水性降低，使得聚集体在更高比例的不良溶剂时才能形成。由此可以推测，AACD 效应主要来源于聚集过程中联二萘的某些性质的变化。对联二萘的研究结果表明，ECD 信号强弱与联二萘中两个萘环之间的夹角有直接关系。而分子聚集是否会引起该夹角发生相应改变呢？为了验证这一想法，我们又合成了分子 (*R*)-**13** 和 (*R*)-**14**。其中 (*R*)-**13** 中两个萘环在 2,2′ 位通过亚甲基进行锁环，(*R*)-**14** 则通过锁环力更强的磷酸根将两个萘环的夹角固定。如图 10(b) 和图 10(d) 所示，(*R*)-**13** 的 ECD 淬灭转折点出现在 90% 的含水量时，而动态光散射 (DLS) 的结果显示，此时聚集体已经形成，粒径约为 100 nm。图 10(c) 表明，在整个聚集过程中 (*R*)-**14** 的 ECD 强度未发生明显变化，但 DLS 结果表明，(*R*)-**14** 在水含量为 80% 时也已经形成了聚集体，粒径大概在 150 nm 左右。综上所述表明，锁环后联二萘分子虽然形成了聚集体，但 ECD 信号并没有明显减弱，即没有产生 AACD 效应。这充分证明了 AACD 效应的产生和聚集过程中联二萘夹角的变化密切相关。

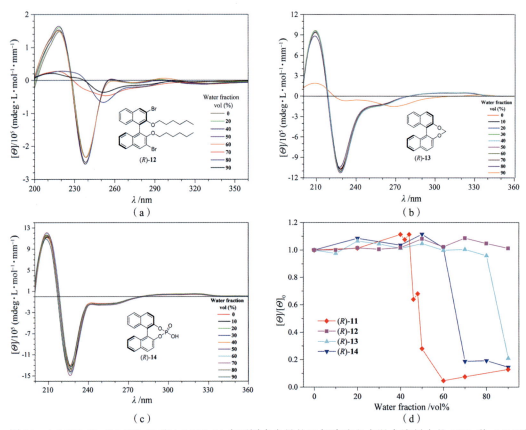

图 10　(a)(*R*)-**12**、(b)(*R*)-**13** 和 (c)(*R*)-**14** 在不同水含量的四氢呋喃和水混合溶剂中的 ECD 谱；(d) 不同水含量下的摩尔椭圆率的变化趋势图 (下标 0 表示含水量为 0%)(版权归英国皇家化学学会所有)

我们报道这一现象之后，几个课题组相继报道了基于联二萘衍生物的类似实验结果[21-24]，同行们普遍认可我们对 AACD 机理的解释。然而，科学研究的出发点和终点始终都离不开应用，那么 AACD 效应的应用前景在哪里呢？AACD 效应的一个关键因素是聚集，而分子聚集在人体内以及自然界众多过程中扮演着重要的角色。比如，蛋白质聚集成为淀粉样纤维被认为是很多疾病的诱因，像阿尔茨海默病、帕金森病和亨廷顿病等。如此看来，AACD 是否可以应用于检测大分子聚集过程中的构象变化呢？

　　基于此，接下来我们设计合成了 4 种聚合物 P-3 至 P-6（图 11）[25]。与之前的工作类似，这些聚合物是以常见的轴手性联二萘和具有典型 AIE 特性的 TPE 为基元而构建的。其中，P-3 和 P-4 中的联二萘具有开环的结构。而在 P-5 和 P-6 中，两个萘环通过亚甲基进行锁环，从而在一定程度上限制了 $\theta$ 角的自由变化。与预期的结果一致，在 P-3 和 P-4 中观测到了典型的 AACD 效应[图 11(a)(b)]，而这一湮灭效应在 P-5 和 P-6 中被有效遏制，使其在聚集态下依然保持较强的 ECD 信号[图 11(c)(d)]。ECD 光谱的测试结果证明我们关于 AACD 机理的解释是正确的，即聚集过程中 $\theta$ 角的变化是导致 ECD 信号变化的主要原因。之后，将 4 种分子的摩尔椭圆率和 Davydov 裂分宽度对不同的水含量做出趋势图，从而得到图 12(a) 和(b)。

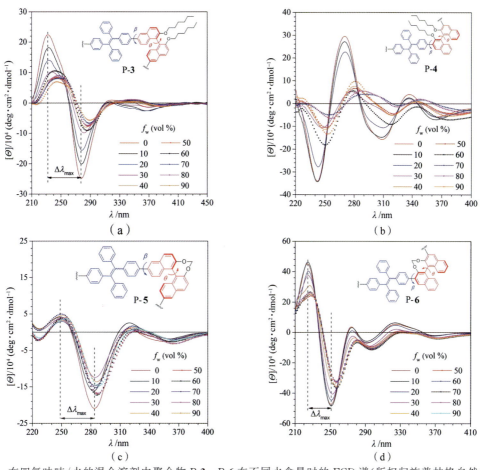

图 11　在四氢呋喃/水的混合溶剂中聚合物 P-3～P-6 在不同水含量时的 ECD 谱（版权归施普林格自然所有）

　　从图 12(a) 中可以直观地看到存在于 P-3 和 P-4 中的 AACD 效应，而 P-5 和 P-6 在高水含量下依然保持着较高的 ECD 信号。图 12(b) 表明，随着水含量的增加，P-5 和 P-6 的 Davydov 裂分宽度有略微增加，而在 P-3 中却表现出将近 7 nm 的窄化。同时，在之前的研究基础上，我们构建了联二萘的摩尔椭圆率和 Davydov 裂分宽度随 $\theta$ 角度变化的趋势图[图 12(c) 和(d)][26]。通过量子力学计算，得到了这 4 种聚合物在气态条件的最优构型。P-3～P-6 的 $\theta$ 角分别为 $-92.4°$、$-78.8°$、$-49.0°$ 和 $-51.2°$。通过将实验和理论计算进行对比，可以得到如图 12(e) 所示的结果。在 P-3 中，随着聚集程度的增加，$\theta$ 角会从 $-92.4°$ 变至更负并逐渐接近 $-105°$；而在具有锁环结构的 P-5 和 P-6 中，$\theta$ 角仅有略微的变化，角度维持在 $-50°$ 附近。为了验证结论的正确性，我们又分别对 P-3 和 P-5 在四氢呋喃和水中做了分子动力学模拟，最终的构象分布结果证明了采用这种手段检测分子聚集的可靠性和准确性,同时显示了 ECD 光谱技术在监测分子动力学和热力学过程中的巨大应用前景。

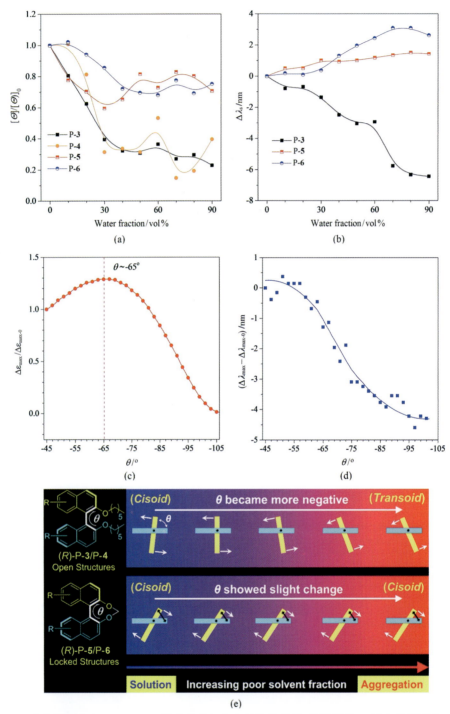

图 12　(a)摩尔椭圆率和(b)Davydov 裂分宽度与水含量的关系图;计算所得(c)摩尔椭圆率和(d)Davydov 裂分宽度与联二萘二面角 $\theta$ 的关系;(e)聚合物聚集过程中构象变化的示意图(版权归施普林格自然所有)

可以预测这类分子在模拟生物分子工作机制方面将会有非常重要的应用,因为生物分子一般都具有手性,而且这类分子在生命体内的组装过程有着重要的病理学意义。可以通过 ECD 或 VCD 谱实现分子动态组装过程的实时监测,这将是 AACD 未来发展的一个重要方向。同时,在这一研究体系,尚有两个问题值得进一步探究:(1)AACD 效应是否也存在于其他类型的轴手性分子中？（2）聚集过程中联二萘角度的变化是引起 AACD 效应的主要原因，但是不是唯一原因？这也是未来需要着重研究的两个基本科学问题。

### 4. 单分子非手性到聚集体手性

本文最后一个要着重介绍的体系，也是很有意义的一个体系——从非手性到手性。在这类体系中，研究目标物未引入任何的手性因素，但在聚集之后却产生较强的手性光学信号。对于这类分子而言，聚集是非常重要的手性诱导因素。一般来讲，分子聚集的驱动力主要有疏水相互作用、氢键作用力以及 π-π 相互作用等。在此通过几个实例，简单介绍分子如何通过组装实现从非手性到手性的转化。

Bhosale 所报道的 TPE 衍生物 **15**（图 13）本身不具有手性[27]，当它溶解在正己烷/四氢呋喃（H/T，体积比为 9∶1）的混合溶剂中时，未检测到 ECD 信号 [ 图 13(a) ]；然而当把正己烷换为极性较大的甲醇（M/T）、乙腈（A/T）或水（W/T）时，溶液呈现较强的 ECD 信号。与一般传统手性分子不同的是，在乙腈/四氢呋喃（体积比为 9∶1）的混合溶剂中，随着浓度从 1 $\mu$mol·L$^{-1}$ 增加到 100 $\mu$mol·L$^{-1}$，化合物 **15** 的 ECD 信号强度并没有明显增强 [ 图 13(b) ]。该体系的另一个独特之处是，在乙腈/四氢呋喃混合溶液中，其 ECD 信号强度与温度具有相关性：随着温度从 0 ℃ 升高到 80 ℃，ECD 信号逐渐减弱；在 80 ℃ 时，ECD 信号基本消失 [ 图 13(c) ]。对混合溶液中的样品进行 X 射线衍射分

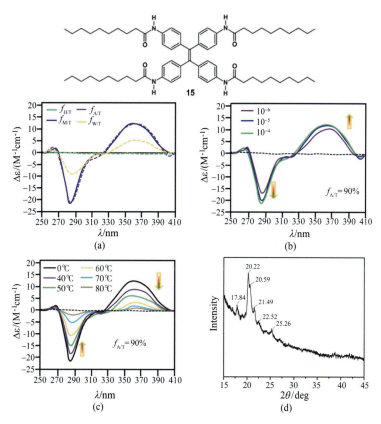

图 13　(a) 在正己烷/四氢呋喃（体积比为 9∶1）、甲醇/四氢呋喃（体积比为 9∶1）、乙腈/四氢呋喃（体积比为 9∶1）和水/四氢呋喃（体积比为 7∶3）混合溶剂中，化合物 **15** 的 ECD 谱；(b) 和 (c) 在乙腈/四氢呋喃（体积比为 9∶1）混合溶剂中，化合物 **15** 的 ECD 信号随浓度 (b) 和温度 (c) 的变化；(d) 在乙腈/四氢呋喃（体积比为 9∶1）混合溶剂中化合物 **15** 的 XRD 谱（版权归施普林格自然所有）[27]

注：原图图注中的混合溶剂比例有误。

析,发现具有几个较明显的衍射峰[图 13(d)],这表明了在该混合溶剂中,体系可能以特定的结构存在。

根据 Bhosale 等对化合物 **15** 进行微观形貌分析的结果可以发现,它在混合溶剂中挥发后形成的螺旋结构虽然具有不同的螺距[图 14(a)],但都具有左手螺旋特征(注:该文中将其错误分析为右手螺旋)。作者由此推测,分子聚集过程中所形成的手性自组装结构是导致该体系具有 ECD 信号的主要原因,组装的驱动力为氢键或 π-π 相互作用,可能的组装过程如图 14(b)所示。然而,该文的标题为"Right Handed Chiral Superstructures from Achiral Molecules: Self-Assembly with a Twist"却与微结构分析的结果相左,因此该体系有几个关键问题值得进一步商榷:(1)为什么该体系更倾向于形成左手螺旋结构? (2)在溶液和薄膜状态下形成的聚集体中的 TPE 分子骨架手性方向(绝对构象)是否一致? (3)手性自组装超分子结构与其结构基元中 TPE 骨架的螺旋手性是否相关? (4)为何相关溶液 ECD 谱在 360 nm 附近呈现正 Cotton 效应? 能否用来表征 TPE 核螺旋手性的绝对构型?

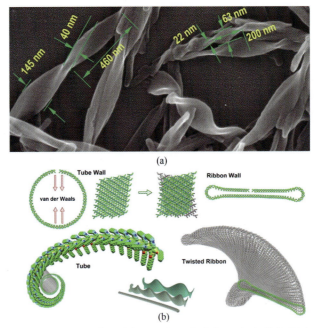

图 14  (a)在四氢呋喃/甲醇混合溶剂体系中挥发测得的化合物 **15** 的扫描电镜图;(b)对化合物 **15** 形成螺旋结构的猜想图(版权归施普林格自然所有)[27]

章慧课题组与我们团队合作,采用固体 ECD、VCD 光谱,结合 DFT、TDDFT 理论计算,对 TPE 及其衍生物在聚集态下被"锁住"阻转异构手性,产生镜面对称性破缺现象,从而生成手性晶体的螺旋手性立体化学特征进行了深入研究。首次发现并提出在 ECD 和 VCD 谱中均存在特征指纹区,可用于指认具有特征 TPE 核化合物的螺旋手性绝对构型(构象)[28]:(1)若在 300~450 nm 波段内的第一个强 ECD 吸收峰为正,TPE 核的螺旋手性为 M,反之则为 P 构型;(2)在 VCD 谱的低波数到高波数方向,若 730~850 cm$^{-1}$ 区间的第一个最强 VCD 谱峰的符号为正,则 TPE 核螺旋手性为 M,反之亦然。因此反推图 13(a)~(c)中约 360 nm 处的正 ECD 信号表明混合溶剂中 TPE 骨架的螺旋手性为左手螺旋。此手性结构关联判据是否具有普适性,尚待更多实例来进一步验证。

最近我们在六苯基噻咯(HPS)中观测到了与上述 TPE 衍生物类似的实验现象[29-37]。HPS 是一种典型的 AIE 分子,单晶结构显示分子中的 6 个苯环呈螺旋桨状分布,具有同等概率的顺时针或逆时针旋转方向,因而我们推测在溶液中分子的手性会互相抵消,表现为消旋体。此预测与溶液状态的实验结果一致——在良溶剂中未检测到明显的 ECD 和 CPL 信号 [ 图 15(a)、(b) ]。但 HPS 分子在聚集成膜之后表现出与溶液状态下截然不同的手性光学性质,产生较强的 ECD 和 CPL 信号。我们推测这是 HPS 分子发生手性聚集而使某种手性结构占据优势。AFM 和 TEM 的微观形貌测试结果证实了这一点,分子组装形成了螺旋纤维和螺旋纳米管结构 [ 图 15(c)、(d) ]。

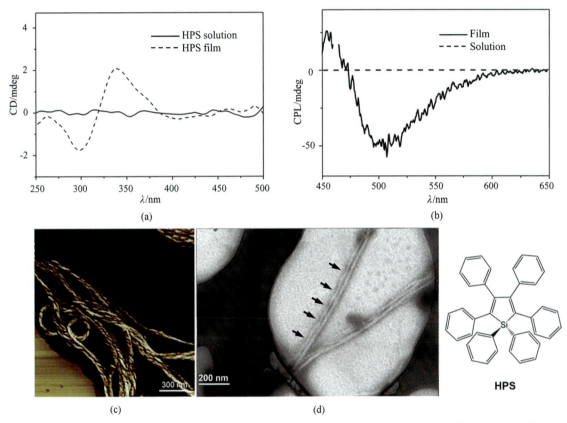

图 15 在四氢呋喃溶液和薄膜状态下 HPS 的(a)ECD 和(b)CPL 谱(四氢呋喃/水混合溶剂中水的体积比为 80%)(c)AFM 照片;(d)TEM 照片(版权归英国皇家化学学会所有)

## 5. 总结

本文主要介绍了基于 AIE 分子体系的 3 种类型的手性分子体系:第一种是从单分子手性到聚集体手性体系,主要通过引入手性中心修饰分子骨架,进而通过分子聚集实现手性传递和放大,即 AIECD 效应;第二种则基于轴手性联二萘的衍生物在聚集过程中具有手性湮灭的效应,即 AACD,AACD 的产生主要是由聚集过程中联二萘二面角的变化所致;第三种是从非手性分子中产生手性聚集体,基于分子的聚集使得非手性分子具有不对称组装结构,从而使聚集体发生镜面对称性破缺,产生手性光学特征,这一类研究对于揭示手性起源具有至关重要的作用。相关研究尚待进一步完善,深层次的机理研究还有待进一步深入开展,希望未来可以有更多的工作集中到这个领域中来,尽快揭示聚集手性的本质特征。

**参考文献**

[1] BENTLEY R. From optical activity in quartz to chiral drugs: Molecular handedness in biology and medicine [J]. Perspect. Biol. Med., 1995, 38(2): 188-229.

[2] http://blog.sciencenet.cn/blog-711486-658780.html.

[3] https://www.zhihu.com/question/21238984.

[4] MASON S F. Molecular optical activity and chiral discriminations [M]. Cambridge: Cambridge University Press, 1982: 6-9.

[5] LUO J, XIE Z, LAM W Y, et al. Aggregation-induced emission of 1-methyl-1,2,3,4,5-pentaphenylsilole [J]. Chem. Comm., 2001: 1740-1741.

[6] MEI J, LEUNG L C, KWOK T K, et al. Aggregation-induced emission: Together we shine, united we soar! [J]. Chem. Rev., 2015, 115(21): 11718-11940.

[7] LIM X. The nanolight revolution is coming [J]. Nature, 2016, 531(7592): 26-28.

[8] LIU J, SU H, MENG L, et al. What makes efficient circularly polarised luminescence in the condensed phase: Aggregation-induced circular dichroism and light emission [J]. Chem. Sci., 2012, 3(9): 2737-2747.

[9] NG C Y, LI H, YUAN Q, et al. Valine-containing silole: Synthesis, aggregation-induced chirality, luminescence enhancement, chiral-polarized luminescence and self-assembled structures [J]. J. Mater. Chem. C, 2014, 2(23): 4615-4621.

[10] LI H, XUE S, SU H, et al. Click synthesis, aggregation-induced emission and chirality, circularly polarized luminescence, and helical self-assembly of a leucine-containing silole [J]. Small, 2016, 12(47): 6593-6601.

[11] NG C Y, LIU J, SU H, et al. Complexation-induced circular dichroism and circularly polarised luminescence of an aggregation-induced emission luminogen [J]. J. Mater. Chem. C, 2014, 2(1): 78-83.

[12] LI H, ZHENG X, SU H, et al. Synthesis, optical properties, and helical self-assembly of a bivaline-containing tetraphenylethene [J]. Sci. Rep., 2016, 6: 19277.

[13] LI H, YUAN W, HE H, et al. Circularly polarized luminescence and controllable helical self-assembly of an aggregation-induced emission luminogen [J]. Dyes. Pigm., 2017, 138: 129-134.

[14] LI H, CHENG J, ZHAO Y, et al. *L*-valine methyl ester-containing tetraphenylethene: Aggregation-induced emission, aggregation-induced circular dichroism, circularly polarized luminescence, and helical self-assembly [J]. Mater. Horizons, 2014, 1(5): 518-521.

[15] LI H, CHENG J, DENG H, et al. Aggregation-induced chirality, circularly polarized luminescence, and helical self-assembly of a leucine-containing AIE luminogen [J]. J. Mater. Chem. C, 2015, 3(10): 2399-2404.

[16] LIU X, JIAO J, JIANG X, et al. A tetraphenylethene-based chiral polymer: An AIE luminogen with high and tunable CPL dissymmetry factor [J]. J. Mater. Chem. C, 2013, 1(31): 4713-4719.

[17] LIU Q, XIA Q, WANG S, et al. In situ visualizable self-assembly, aggregation induced emission and circularly polarized luminescence of tetraphenylethene and alanine based chiral polytriazole [J]. J. Mater. Chem. C, 2018, 6(17): 4807-4816.

[18] LIANG K, DONG L, JIN N, et al. The synthesis of chiral triphenylpyrrole derivatives and their aggregation-induced emission enhancement, aggregation-induced circular dichroism and helical self-assembly [J]. RSC Adv., 2016, 6(28): 23420-23427.

[19] LI B S, WEN R, XUE S, et al. Fabrication of circular polarized luminescent helical fibers from chiral phenanthro [9,10]imidazole derivatives [J]. Mater. Chem. Front., 2017, 1(4): 646-653.

[20] ZHANG H, LI H, WANG J, et al. Axial chiral aggregation-induced emission luminogens with aggregation-annihilated circular dichroism effect [J]. J. Mater. Chem. C, 2015, 3(20): 5162-5166.

[21] WANG Z, LIU S, QUAN Y, et al. Tunable AICPL of (*S*)-binaphthyl-based THREE-component polymers via FRET mechanism [J]. Macromol. Rapid Commun., 2017, 38(14): 1700150.

[22] LI N, FENG H, GONG Q, et al. BINOL-based chiral aggregation-induced emission luminogens and their application in detecting copper(II)ions in aqueous media [J]. J. Mater. Chem. C, 2015, 3(43): 11458-11463.

[23] CHEN S, LIU W, GE Z, et al. Synthesis and studies of axial chiral bisbenzocoumarins: Aggregation-induced emission enhancement properties and aggregation-annihilation circular dichroism effects [J]. Spectrochim. Acta A, 2018, 193: 141-146.

[24] YANG H X, XIANG K, LI Y, et al. Novel AIE luminogen containing axially chiral BINOL and

tetraphenylsilole [J]. J. Organomet. Chem., 2016, 801: 96-100.

[25] ZHANG H, ZHENG X, KWOK T K, et al. In situ monitoring of molecular aggregation using circular dichroism [J]. Nat. Commun., 2018, 9: 4961.

[26] BARI L D, PESCITELLI G, SALVADORI P. Conformational study of 2,2′-homosubstituted 1,1′-binaphthyls by means of UV and CD spectroscopy [J]. J. Am. Chem. Soc., 1999, 121(35): 7998-8004.

[27] ANURADHA, LA D D, AL KOBAISI M, et al. Right handed chiral superstructures from achiral molecules: Self-assembly with a twist [J]. Sci. Rep., 2015, 5: 15652.

[28] LI D, HU R, GUO D, et al. Diagnostic absolute configuration determination of tetraphenylethene core-based chiral aggregation-induced emission compounds: Particular fingerprint bands in comprehensive chiroptical spectroscopy [J]. J. Phys. Chem. C, 2017, 121(38): 20947-20954.

[29] XUE S, MENG L, WEN R, et al. Unexpected aggregation induced circular dichroism, circular polarized luminescence and helical assembly from achiral hexaphenylsilole (HPS) [J]. RSC Adv., 2017, 7(40): 24841-24847.

[30] DING L, LIN L, LIU C, et al. Concentration effects in solid-state ECD spectra of chiral atropisomeric compounds [J]. New J. Chem., 2011, 35(9): 1781-1786.

[31] FENG H T, ZHENG X, GU X, et al. White-light emission of a binary light-harvesting platform based on an amphiphilic organic cage [J]. Chem. Mater., 2018, 30(4): 1285-1290.

[32] JIN Y J, KIM H, KIM J J, et al. Asymmetric restriction of intramolecular rotation in chiral solvents [J]. Cryst. Growth Des., 2016, 16(5): 2804-2809.

[33] QU H, WANG Y, LI Z, et al. Molecular face-rotating cube with emergent chiral and fluorescence properties [J]. J. Am. Chem. Soc., 2017, 139(50): 18142-18145.

[34] SHEN Z, JIANG Y, WANG T, et al. Symmetry breaking in the supramolecular gels of an achiral gelator exclusively driven by π-π stacking [J]. J. Am. Chem. Soc., 2015, 137(51): 16109-16115.

[35] XIONG J B, FENG H T, SUN J P, et al. The Fixed propeller-like conformation of tetraphenylethylene that reveals aggregation-induced emission effect, chiral recognition, and enhanced chiroptical property [J]. J. Am. Chem. Soc., 2016, 138(36): 11469-11472.

[36] ZHANG H, KWOK T K, LAM W Y, et al. Aggregation-induced symmetry breaking from achiral systems. ChemRxiv, 2020, DOI: 10.26434/chemrxiv.12661568.v1.

[37] ZHANG H, KWOK T K, LAM W Y, et al. Aggregation and chirality [C]. Liquid Crystal XXII, 2018, 107350H.

# 超越分子手性：从分子手性到超分子手性

张莉，刘鸣华*

中国科学院化学研究所，北京 100190

*E-mail: liumh@iccas.ac.cn

**摘要**：本文从超分子手性与分子手性的对比出发，着重介绍超分子手性的特点，如超分子手性的动态性，超分子手性体系中手性的传递与放大（包括将军-士兵规则、少数服从多数规则），超分子体系中的手性反转和手性记忆；同时对超分子体系中的镜面对称性破缺，即如何从非手性分子构筑具有宏观手性的手性超分子体系进行讨论；最后介绍超分子手性体系中的识别、分离和超分子不对称催化性能以及超分子手性材料。

**关键词**：超分子手性；手性放大；手性记忆；镜面对称性破缺；手性光学材料

# Beyond Molecular Chirality：From Molecular Chirality to Supramolecular Chirality

ZHANG Li, LIU Minghua*

**Abstract**：Herein, through comparing with the molecular chirality, the characteristics of supramolecular chirality, such as the dynamic supramolecular chirality, the transfer and amplification of chirality in supramolecular chiral system, including the sergeant-soldiers and majority rules, the inversion of chirality and chiral memory in supramolecular system, are introduced. The mirror symmetry breaking in supramolecular systems, that is, how to construct chiral supramolecular systems with macro chirality from achiral molecules is also discussed. Finally, the recognition, separation, asymmetric catalytic properties in supramolecular chiral system and chiroptical materials are discussed.

**Key Words**：Supramolecular chirality; Chiral amplification; Chiral memory; Mirror symmetry breaking; Chiroptical material

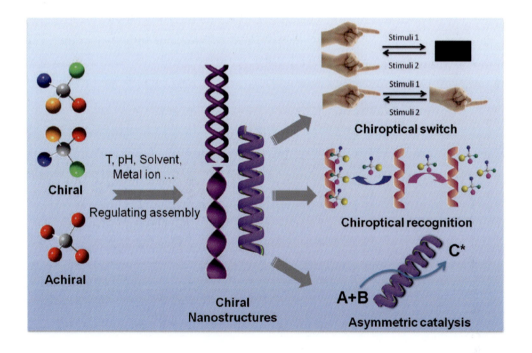

## 1. 引言

超分子通常是指由两种或两种以上物质依靠分子间非共价相互作用结合在一起的具有明确微观结构和宏观特性的聚集体。由单一分子聚集在一起形成的具有特定结构的体系也常常被归入超分子的范畴。超分子手性则是指由分子堆积造成的实体结构与其镜像结构不能重叠而产生的手性。根据构成超分子体系的分子本身是否具有手性，组成的具有超分子手性的体系可以分为三类（图1）[1,2]：(1)由手性分子构成；(2)由手性分子和非手性分子共同构成；(3)完全由非手性分子构成。

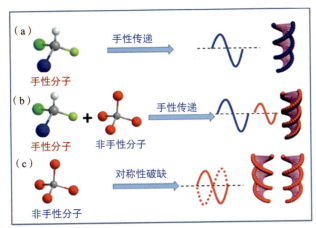

图1　三种形成手性超分子体系的方式

自然界和生命现象是与手性密切联系的。在生命的进化过程中，生命体系选择 $L$-氨基酸和 $D$-糖两类手性分子作为基本的构筑单元之一，从而产生多层次手性。例如，多种氨基酸通过共价键连接形成多肽链，多肽链本身或者不同多肽链之间进一步通过非共价键形成折叠，构成手性高级结构。氨基酸本身具有分子手性，而多肽链的折叠则体现了超分子手性相互作用；手性药物分子的作用也是在药物分子与生物体系相互作用的过程中表现其性能，而手性相互作用、分子手性与超分子体系的手性匹配起着非常关键的作用。因此，从超分子层次上理解手性相互作用，能够加深对分子手性重要性的认识。本文将从超分子手性与分子手性的比较出发，阐述超分子手性的特征，并进一步介绍超分子手性体系的性能。

## 2. 超分子手性的特征

### 2.1 手性传递

手性传递是指将某一种手性传递到另外一个体系或者整体体系。在分子层次，可以通过不对称催化实现，而在超分子体系中，分子手性可以通过分子间相互作用进行传递。在超分子层次，一个重要的问题是超分子手性是如何产生的，手性信息如何通过特定的相互作用传递到超分子体系、组装结构及最后形成的功能材料上。手性从分子层次传递到超分子体系是超分子手性的重要来源。通常来讲，这种手性传递主要包括两种情况：(1)手性信息从手性单元(通常是手性中心或手性轴)借助形成的聚集结构，传递到远程的生色团上，表现出在其吸收区域可检测出的电子圆二色(ECD)信号及可观测的各种手性纳米结构；(2)在手性分子和非手性分子的共组装体系中，手性组分的不对称信息通过非共价相互作用传递到非手性组分上，表现出手性信息转移到非手性组分上，形成复杂的具有超分子手性的聚集体。这些系统中的手性传递有一个明显的优点：不需要用烦琐的步骤合成手性分子，而是通过简单的混合就能实现手性传递，达到产生手性功能材料的目的。

如同基于各种非共价键的协同作用的超分子组装，手性传递也要借助各种非共价相互作用，如氢键、静电相互作用、π-π 堆积，金属离子-配体配位作用、主客体作用、疏水作用、给体-受体相互作用等。

(1)手性中心到远程生色团的传递

手性分子相互作用形成组装结构时，手性碳原子的中心手性能有效传递到远端的生色团上。例如在一系列含有芳香环的树枝状谷氨酸两亲分子（见图 2 的 A～D 结构式）的组装研究中发现[3]，所有谷氨酸两亲分子的四氢呋喃溶液都没有 ECD 信号，但是在自组装形成超分子凝胶之后都表现出强的手性信号（图 2）。这说明在溶液状态或者说在单分子状态下，手性中心远离生色团而不能转移到生色团上，但是通过多重氢键作用形成水凝胶或有机凝胶后，手性可以通过谷氨酸两亲分子的自组装而转移到芳香环上，进而在 ECD 光谱中得以表达，表现出清晰的超分子手性信号。

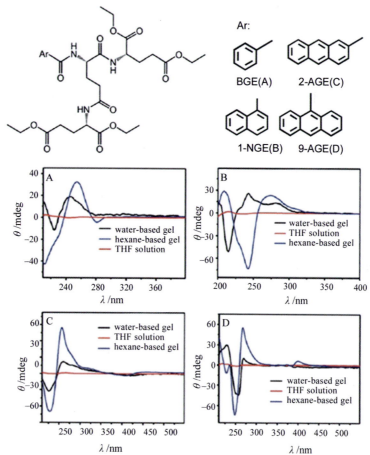

图 2　含有芳香环的树枝状谷氨酸两亲分子（A～D）及它们在溶液和形成凝胶后的 ECD 光谱（版权归 ACS Publications 所有）

(2)手性信息从手性分子到共组装的非手性组分的传递

我们在研究手性两亲性组氨酸衍生物（LHC18、DHC18，见图 3）与四羧基苯基卟啉分子的共组装时发现[4]，通过卟啉与组氨酸衍生物之间的氢键、静电相互作用、卟啉之间的 π 堆叠、两亲组氨酸之间的疏水相互作用以及酰胺键之间形成的氢键作用，手性信息从组氨酸有效传递到卟啉分子生色团上，表现出明显的卟啉生色团的 ECD 信号；更重要的是，我们获得了多级手性花状结构，用相反手性的组氨酸衍生物得到的是相反手性的花状结构（图 3）。这种手性超分子结构不同于我们经常观察到手性超分子结构，如纳米螺旋线、纳米螺旋带及管状结构等。这种手性微米花状结构是组装基元形成的片层结构经一层层有序按顺时针旋转或逆时针旋转堆积而成的，与自然界中许多花朵花瓣堆积模式相类似。

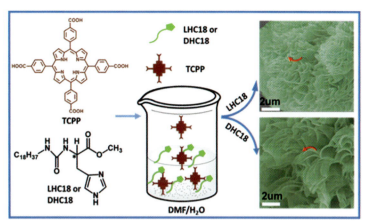

图 3　手性组氨酸两亲分子(LHC18、DHC18)与四羧基苯基卟啉组装形成手性微米花状结构(版权归 ACS Publications 所有)

在有些体系中,手性信息无法直接从手性分子传递到相关的功能基团上,但如果在手性主体分子和非手性的功能基团上搭建一座"桥梁",则有望实现介导传递(图 4)。例如,在 4 种非手性核酸碱基[腺嘌呤(A)、胸腺嘧啶(T)、鸟嘌呤(G)、胞嘧啶(C)]与芴甲氧羰基(Fmoc-)保护的谷氨酸(Fmoc-Glu)的二元组装中发现[5],非手性的嘌呤碱基(A、G)能够与 Fmoc-Glu 共组装,形成水凝胶并构筑螺旋纳米结构,然而嘧啶碱基(T、C)则不具备这种能力。这表明,构筑基元之间形成的氢键作用和 π-π 堆积作用以及两组分组装体的疏水作用对凝胶与螺旋结构的形成起着重要的作用,但更重要的是嘌呤碱基可作为桥梁,将 Fmoc-Glu 的手性传递给非手性荧光探针分子(硫黄素 ThT),非手性的 ThT 分子呈现出明显的 ECD 信号和圆偏振发光(CPL)信号,从而证实了非手性嘌呤碱基不仅起到了手性纳米结构形成的引发剂作用,而且还作为桥梁辅助实现手性传递过程。

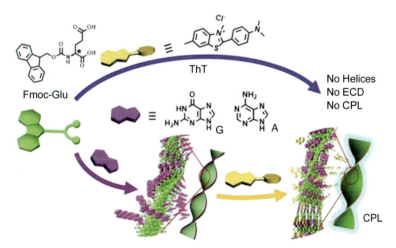

图 4　非手性的嘌呤碱基介导谷氨酸 Fmoc-Glu 到硫黄素 ThT 的手性传递示意图(版权归 Wiley-VCH 所有)

## 2.2 手性反转

手性超分子是有机小分子、高分子以及纳米颗粒等基本构筑基元之间通过氢键、π-π 堆积、疏水(溶剂)、静电、偶极和主客体等非共价键相互作用形成的立体结构,具有对外界微小作用敏感的特征以及非线性响应、空间缩放对称性等。因此,超分子体系所呈现的超分子手性具有不同于分子手性的特征,即能在外界刺激条件下,如温度、光、剪切力、电场等,呈现出变化的特征。一个极端的变化就是超分子手性的反转,即由一个对映异构体分子出发构筑的手性超分子可在外界刺激下表现两种相反的超分子手性。这样可略过分子的合成,通过自组装体系的可调控特性得到两种相反的手性信息,为手性识别、不对称催化等相关手性功能的实现提供便利条件。溶剂是发生手性自组装的重要场所,通过改变溶剂的极性、形成氢键的能力等可以有效地调控聚集体的手性信息。例如,我们合成了含有氮杂环的谷氨酰胺小分子胶凝剂(PPLG),发现 PPLG 分子能在从非极性溶剂到极性溶剂的广谱范围内形成有机凝胶,且手性能从超分子体系中的不对称碳原子传递到 PPLG 的氮杂环生色团上[6]。但所得超分子手性表现出明显的溶剂依赖性——非极性溶剂中超分子表现出正的 ECD 信号,极性溶剂中则呈现与之相反的负 ECD 信号(图 5)。这一结果表明溶剂诱导 PPLG 采取不同的排列方式。这种溶剂极性诱导的超分子手性反转在很多超分子体系中都得以实现,证实了超分子手性反转的普遍性。此外,不同溶剂中 PPLG 的自组装体形貌变化很大,且呈现规律性——从非极性溶剂到极性溶剂,自组装体形貌依次为纳米纤维、纳米螺旋带、纳米管、螺旋微米管,这表明除了溶剂极性,溶剂的氢键形成能力也影响 PPLG 的自组装结构。

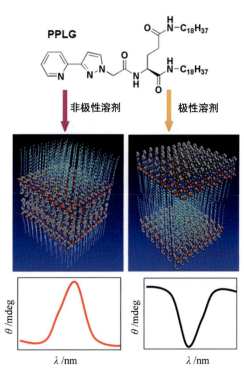

图 5　溶剂极性导致的含氮杂环的谷氨酰胺小分子 PPLG 超分子手性反转

## 2.3 手性放大

手性放大是一种独特且有趣的现象,它被认为与生命体系中同手性现象的起源相关,也体现在通过不对称催化获得光学活性产物的合成化学中。1988 年,Green 等人在螺旋聚合物体系中第一次发现了手性放大现象[7]。他们发现聚异氰酸酯中右旋螺旋构象和左旋螺旋构象彼此之间会发生相互转换,而单体之间强烈的协同相互作用会促使某一种螺旋构象的少量过量被放大,使得聚异氰酸酯的螺旋手性显著放大,从而产生具有单一螺旋构象的聚合物。Green 和同事在手性放大的开创性研究中提出了两个基本概念——"sergeant-soldiers rule"(将军-士兵规则)和"majority rule"(少数服从多数规则)的基本概念[8]。其中,将军-士兵规则指的是,通过引入少量的手性单元,可以使大量的非手性单元诱导产生手性。而少数服从多数规则意味着少数手性单元会服从大多数手性单元的构象。除了聚合物体系,手性放大作为一种具有普适性的现象在超分子组装体系中亦广泛存在(图 6)。

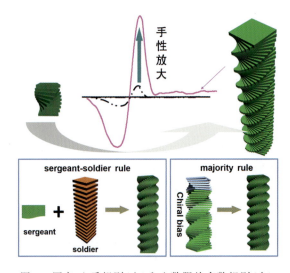

图 6　军官-士兵规则(左)和少数服从多数规则(右)

## 2.4 手性记忆

手性记忆现象描述了超分子体系中手性源或者手性诱导剂被移除或替换之后,超分子的手性信息仍然得以保留的特性。这一性质体现了构筑超分子体系是基于分子间弱相互作用,可以选择性地移除手性源。近年来,通过合理设计手性诱导剂和非手性组装基元,已经开发出很多超分子手性记忆系统。实现手性记忆要满足两个重要条件:首先,诱导形成的手性超分子结构应该具有一定的稳定性,因此,即使移除了手性物种,相应的超分子结构和手性也得以保持;其次,少量的手性物质即可诱导产生手性超分子系统。目前成功报道的手性超分子系统包括:(1)非共价相互作用诱导的螺旋聚合物;(2)手性添加剂诱导的有机小分子形成的 J 或者 H 聚集体;(3)基于金属-配体配位作用形成的手性笼;(4)超分子凝胶体系等。

例如,甲酯衍生物 BTECM 仅通过 π-π 堆积作用就能发生镜面对称性破缺并形成手性超分子凝胶。尽管该凝胶体系中超分子手性的方向是随机的,但是通过加入少量手性溶剂,我们能进一步控制超分子手性的方向。而且,移除手性溶剂后,组装体的手性仍然保持,即显示了手性记忆效应[9](图 7)。

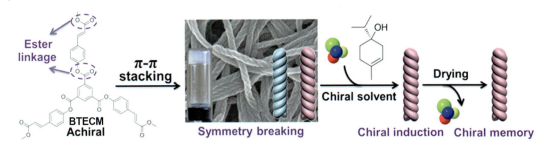

图 7  $C_3$ 对称的非手性苯基三酯衍生物 BTECM 仅通过 π-π 堆积作用就能发生镜面对称性破缺并形成手性的超分子凝胶,而且通过加入和去除手性溶剂的方法即可实现手性记忆效应(版权归 ACS Publications 所有)

## 3. 超分子体系的镜面对称性破缺

镜面对称性破缺是指组装过程中由于镜面对称性被随机打破而形成某一对映组装体过量或仅仅单一对映组装体,使整个体系表现出超分子手性或者光学活性。通常,不对称的环境是镜面对称性破缺发生的必要条件。但是,某些分子自组装体系在非手性环境下也可发生自发镜面对称性破缺而产生超分子手性,这是超分子手性研究中最有趣的现象之一,在液晶、界面、溶液中的聚集体、超分子凝胶和 LB 膜等分子组装体系中,该现象都有被报道。

### 3.1 液晶体系

Young 和同事首先通过偏光显微镜研究了液晶体系中的镜面对称性破缺现象[10]。随后,Tschierske 等人研究了香蕉状(banana-shaped)及弯芯状(bent-core)非手性分子在液晶相中的自发镜面对称性破缺[11]。Cheng 等也通过非手性分子(BPCA-Cn-PmOH)的自组装构筑了手性螺旋结构,该非手性分子是由 4-联苯甲酸和苯酚通过不同长度的烷氧基链连接得到,可以形成独立的头对头二聚体,二聚体的扭转导致手性向列相液晶的形成[12]。

### 3.2 界面

界面也是分子的镜面对称性破缺发生的重要场所,因为界面为两相交界之处,在宏观上是不对称的。界面本身的特性决定了界面上的物理化学过程与体相的物理化学过程不同。处于体相中的分子受到周围分子的作用是相同的,并且分子所受的合力为零。处于界面的分子,受到两个相对界面分子的作用力不同,界面分子处于一个力场中,不能像体相分子一样自由运动。因此无论是气液界面还是固液界面,它们都提供了实现镜面对称性破缺的重要环境。

2003 年,刘鸣华在研究具有 π 共轭体系的非手性分子 2-十七烷基萘并咪唑在气液界面组装形成 LB 膜时发现[13]，这一非手性分子可以与银离子配位形成具有宏观手性的超分子薄膜，产生界面对称性破缺现象(图 8)。研究中还对超分子薄膜形成的机理进行了研究，初步探明相邻分子之间的堆积，尤其是当分子在界面被压缩时产生的过度密堆积而形成的螺旋排列，是产生超分子手性的原因。界面压缩诱导的相邻分子间的密堆积等促进了基元的螺旋排列，导致镜面对称性破缺的发生。在此基础上，将体系拓展到以氢键相互作用、π-π 堆积作用、疏水作用为主导驱动力的非手性长链巴比妥酸衍生物的界面组装上。结果发现，氢键作用的存在有效地促进了基元的协同螺旋性堆积[14]。通过原子力显微镜所观察到的二维螺旋结构直接证实了气液界面上镜面对称性破缺的发生，从而揭示了气液界面单分子膜中镜面对称性破缺现象的普遍性。

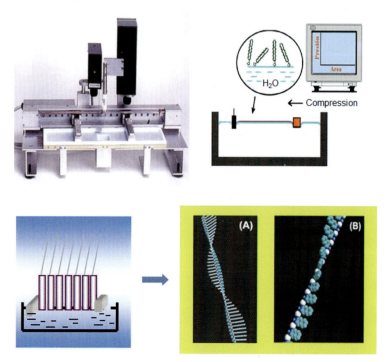

图 8　气液界面组装中形成具有超分子手性的 LB 膜示意图

### 3.3 溶液中的聚集体

染料分子通过分子间 π-π 堆积作用、静电作用等自组装形成 J 聚集体或者 H 聚集体，从而在溶液中发生镜面对称性破缺的报道多见于花菁衍生物和卟啉衍生物。分子间形成密堆积的 J 聚集体或 H 聚集体及紧密堆积是产生超分子手性的必要条件。如 Kirstein 等研究发现，通过控制异花菁烷基链的长度，可在稀溶液中得到手性 J 聚集体[15]。通常在花菁或异花菁形成的 J 聚集体中，分子以线性的方式聚集排列，形成的是非手性的聚集体，而在这个体系中，手性聚集体的形成受到亲水端和疏水端烷基链长度的影响，因而他们认为手性聚集体采取一种螺旋胶束结构，正是这种螺旋超分子结构导致了超分子手性的形成。非手性卟啉分子在油/水体系中也可基于表面活性剂辅助组装方法形成手性聚集体[16]。在搅拌情况下，将非手性卟啉分子的氯仿溶液逐滴滴加到十六烷基三甲基溴化铵(CTAB)水溶液中，组装过程中氯仿挥发形成微乳液，最终形成具有不同纳米结构的超分子组装体。研究表明，通过改变表面活性剂的浓度和熟化时间可以分别制备卟啉纳米球、纳米管和纳米线，而且在合适表面活性剂浓度条件下所制备的纳米棒表现出了明显的超分子手性信号。另外，在咪唑型离子液体中，研究者通过研究四磺酸基四苯基卟啉(TPPS)的聚集诱导现象，观察到了手性聚集体形成的动态过程。在实验中，尽管 TPPS 和所用离子液体都是非手性的，TPPS 聚集体却显示出明显的 ECD 信号，表明 TPPS 在组装过程中发生了镜面对称性破缺[17]。但是有趣的是,TPPS 聚集体的 ECD 信号出现明显延迟,表明在离子液体诱导 TPPS 聚集的过程中,出现了两种聚集体——线性聚集体和螺旋聚集体。咪唑阳离子的体积较大,能迅速促进 TPPS 形成聚集体,然后咪唑阳离子和 TPPS 进一步作用,插入聚集体中。受空间位阻的影响,TPPS 自身调整形成螺旋聚集体,以达到空间能量最低状态。

2018 年,刘鸣华等还发现一种非手性的小分子——反式-3-硝基肉桂酸(3-NCA)能够在乙醇和水的混合溶剂中自组装形成螺旋纳米结构,表现出镜面对称性破缺现象[18](图 9)。自组装形成的螺旋结构同时呈现出左手和右手手性,这与 3-NCA 分子的非手性性质相关。该组装体在固液界面进一步组装时,通过界面诱导显示出手性信息进一步放大,螺旋结构的螺距和尺寸增加,ECD 信号的出现进一步证实手性超分子的形成。这些现象都证明了手性的产生和放大。同时,与其他异构体或类似物相比,仅 3-NCA 显示出镜面对称性破缺,其他衍生物结构上的微小改变都不能形成类似的螺旋结构。如 3-NCA 的同分异构体,2-NCA 和 4-NCA 均不能表现出镜面对称性破缺。再者,通过对溶液的紫外光辐照或者对铸制薄膜的辐照,可以控制反式硝基肉桂酸异构化成顺式结构,或者形成二聚体,这些都会导致螺旋结构的消失。分子模拟表明,在该体系中氢键是发生镜面对称性破缺的基础,它使得两个 3-NCA 分子通过双重氢键形成二聚体,而偶极-偶极相互作用使 3-NCA 体系能量最小化,更容易发生镜面对称性破缺。该工作为深入了解非手性分子在自组装体系中超分子手性的产生和放大提供了思路。在实验中我们发现,尽管溶液中组装和界面的诱导下能够实现手性放大,但是手性的方向并不能够控制,即左、右手螺旋同时存在,ECD 信号的方向也是随机的,这是非手性分子组装形成手性超分子中经常遇到的问题,进一步的工作需要有效地控制单一手性。

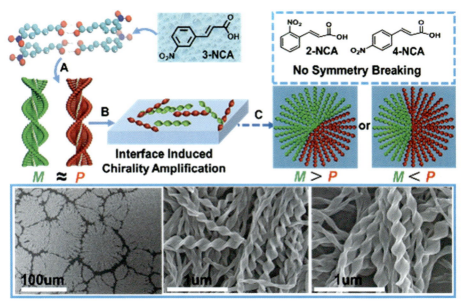

图 9 反式-3-硝基肉桂酸(3-NCA)通过氢键形成二聚体,进一步组装成螺旋结构,表现出镜面对称性破缺(版权归 ACS Publications 所有)

### 3.4 超分子凝胶体系

更进一步,基于对气液界面上非手性分子发生镜面对称性破缺的认识,刘鸣华等研究了超分子凝胶体系,发现在 $C_3$ 对称的 π 体系组装成超分子凝胶的过程中,尽管是非手性分子,但是它能在无任何手性掺杂物的情况下自组装形成不等量的左手和右手螺旋纳米带。这表明分子通过 π-π 堆积作用,分子间芳香环倾向于相互重叠,空间位阻使邻近芳香环间会有轻微的错位,导致手性偏差的出现[19]。需要说明的是,这种手性偏差既可以是左旋,也可以是右旋的。手性偏差的进一步生长或者放大,就会产生左手或者右手螺旋组装体。如果两种手性偏差的起始数量不同或者生长速率不同,就会形成不等量的左手和右手螺旋组装体,导致体系最终展示超分子手性或者光学活性。通过该衍生物与手性有机胺分子的酰胺-酯交换反应,可成功调控螺旋纳米带的手性和凝胶的宏观手性(图 10),这为理解和调控非手性构筑基元形成手性组装体过程中的镜面对称性破缺提供了新方法。在组装作用力的探索上,刘鸣华等也发现了仅通过 π-π 作用就能发生镜面对称性破缺的实例[9],这与通常分子组装体系中镜面对称性破缺的驱动力为氢键、静电作用和配位作用不同,因而拓展了组装作用力的范围,发展了 π 体系在镜面对称性破缺上的应用。

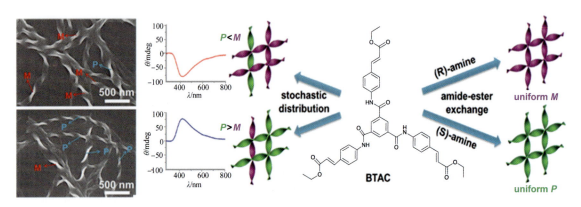

图 10　非手性 $C_3$ 分子 BTAC 自组装形成超分子凝胶中的对称性破缺(版权归 Wiley-VCH 所有)

这种自发产生的镜面对称性破缺通常表现出随机性,即超分子手性不可控,因此研究者们寻求各种手段,包括引入手性物种和不对称物理场等,力图实现对超分子手性的调控。例如,Ribo 等人[20]在 2001 年首先报道宏观涡流搅拌导致镜面对称性破缺,并实现了超分子手性的控制。在搅拌的情况下,一种非手性的卟啉分子在水溶液中形成超分子手性组装体,且超分子的手性受搅拌方向控制,相反搅拌方向引起的卟啉组装体的超分子手性信号完全相反。这种由持续的涡流诱导的镜面对称性破缺的介观手性微纳结构引发了人们对生命起源以前的原始手性因素的探索。随后,Purrello 和 Scolaro 都验证了涡流搅拌确实引发了卟啉超分子体系的镜面对称性破缺[21,22]。

孙佳姝、丁宝全和刘鸣华等展示了非对称微流控腔内产生的层状手征性微涡流可导致超分子系统初始手性偏差的流体力学选择[23]。组装单元成核过程受微涡流的控制,在随之的手性放大过程中得到几乎可完全调控的超分子体系。而在宏观体系中产生的涡流则无法选择超分子组装体的手性。他们设计了可以提供微涡流的微流控体系,如图 11(a)所示,A 出口提供逆时针的微涡流,B 出口提供顺时针的微涡流。在研究 TPPS 的组装时,发现离子液体 $C_2mim^+$ 能促进 TPPS 形成 J 聚集体,如图 11(c)所示,491 nm 处的吸收峰表明 TPPS 形成 J 聚集体。在通过顺时针的微涡流后,TPPS 的 J 聚集体表现出正的超分子手性,由 ECD 光谱上的正的 Cotton 效应证实;而通过逆时针的微涡流时,TPPS 的 J 聚集体表现出负的超分子手性,如图 11(d)所示。28 次独立实验结果表明,相反微涡流的方向基本可以控制 TPPS 组装体的超分子手性,如图 11(e)所示。这个工作揭示了层状手性微流可以诱导远离平衡的对映体选择,为理解自然界手性起源提供了思路。

邹纲课题组利用两束频率相同、手性相反、逆向传播圆偏振光经相干产生的超手性光场(SCL),成功诱导非手性联乙炔单体分子的手性聚合[24](图 12)。该方法所得聚联乙炔薄膜的 ECD 信号强度,相比于通过圆偏振光(CPL)诱导的联乙炔手性聚合,最高提高了 6 倍。此外,聚合物薄膜的手性可以通过两束手性圆偏振光的相对强度来精确调控。该方法提供了一种新的手性光场诱导不对称合成的方法,并且对理解手性光化学反应中镜面对称性破缺的产生及生命体手性来源等具有重要意义。

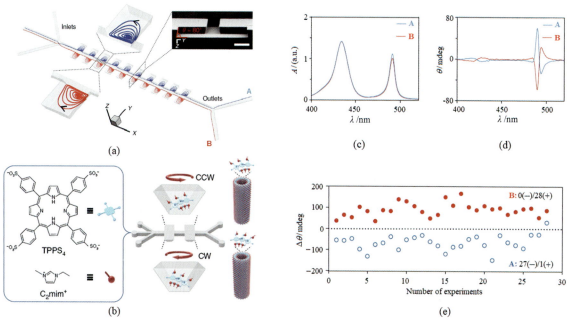

图 11　由微涡流选择的具有相反手性符号的 TPPS J 聚集体

（a）提供微涡流的微流控体系示意图；（b）手性超分子纳米管的自组装基元 TPPS 分子（蓝色）和微涡流内的离子液体（红色）；（c）TPPS J 聚集体的紫外-可见光谱；（d）TPPS J 聚集体的 ECD 光谱；（e）28 个独立实验的 ECD 信号（版权归 Nature Publishing Group 所有）

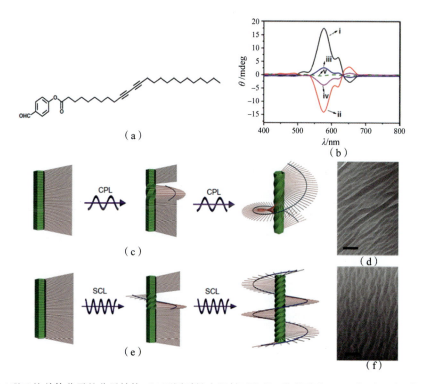

图 12　（a）联乙炔单体分子的分子结构；（b）不同手性光照射下聚联乙炔薄膜的 ECD 谱（从 i 到 v 依次是左手超手性光、右手超手性光、左手圆偏振光、右手圆偏振光、线偏振光，所用超手性光、圆偏振光和线偏振光的波长都是 325 nm，照射时间是 40 min）和透射电镜表征（d,f），及其手性产生机理示意图（c,e）（版权归 Nature Publishing Group 所有）

## 4. 超分子手性体系的功能

### 4.1 超分子手性开关

手性超分子的构筑是基于氢键、π-π 堆积、疏水(溶剂)、静电、偶极和主客体等非共价键相互作用,具有对外界微小作用敏感的特性以及非线性响应、空间缩放对称性等。这些智能响应特性为构筑手性超分子开关提供了基础。

例如将阳离子型手性凝胶因子 PULG(如图 13 所示)与一类常见的具有光致异构的螺吡喃衍生物共混,即与长疏水链(SPC₁₈)和没有尾链(SPC₁)的螺吡喃衍生物共组装,获得了光致、酸致变色的凝胶[25]。通过性质表征和组装机理探讨,发现 SPC₁ 以单分子态分散在 PULG 形成的三维凝胶网络中。SPC₁₈ 与 PULG 通过长链的疏水作用以及静电作用,发生高度有序的超分子组装,使手性成功传递到螺吡喃衍生物上。也就是说,手性凝胶因子能够诱导螺吡喃的闭环态(SP)、开环态(MC)和质子化开环态(MCH⁺)三种异构体都产生超分子手性。令人感兴趣的是,在紫外/可见光交替照射下,由于闭环态螺吡喃与开环态螺吡喃发生可逆的异构化反应,闭环态螺吡喃与开环态螺吡喃的诱导超分子手性信号交替出现,这个过程可以重复若干次,因而可用于制备具有良好抗疲劳性的手性光学开关。

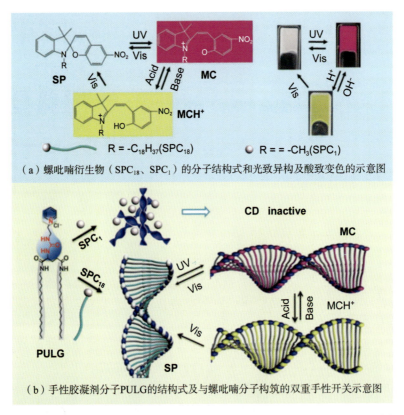

(a)螺吡喃衍生物(SPC₁₈、SPC₁)的分子结构式和光致异构及酸致变色的示意图

(b)手性胶凝剂分子 PULG 的结构式及与螺吡喃分子构筑的双重手性开关示意图

图 13  PULG 与非手性的长链螺吡喃之间的手性传递(版权归 Wiley-VCH 所有)

此外,刘鸣华等设计了一种光敏感的肉桂酸共价连接的谷氨酸衍生物分子(L/D-CG),证明了自组装系统中的光控手性多级次转移和手性可逆切换[26],发现肉桂酸衍生物在甲醇中自组装形成由超螺旋结构组成的凝胶,而在紫外光照射下凝胶转变成由纳米串珠状结构组成的溶胶(图 14)。ECD 光谱表明这两种纳米结构显示出相反的手性,并且通过光、加热-冷却过程能够实现溶胶-凝胶以及手性的切换。因此,通过光敏感基团——肉桂酸的引入,可以获得多尺度的刺激响应性,从超

分子手性的 ECD 信号,到手性纳米结构,再到宏观的相行为,都可在光、热的刺激下实现可逆转化。质谱、核磁、红外以及分子模拟数据表明,溶胶-凝胶转变、纳米结构的变化和手性信号的反转是由于肉桂酸衍生物在光照下发生了光二聚。光驱动肉桂酸部分二聚化,导致分子堆积的显著变化,并随之改变所形成的纳米结构的手性。另外,该手性纳米结构可进一步将其手性传递给非手性荧光客体分子并发射圆偏振光。值得注意的是,非手性分子的诱导手性受超分子手性控制,而不是跟从分子的固有手性,即从 L 型的谷氨酸两亲分子出发,可在光刺激下实现手性信号的反转,同时非手性的荧光分子的手性也随之反转。这些发现为深刻理解分子固有手性和手性纳米结构之间的关系提供了很好的例证,并将有助于开发新的可切换的 CPL 功能性材料。

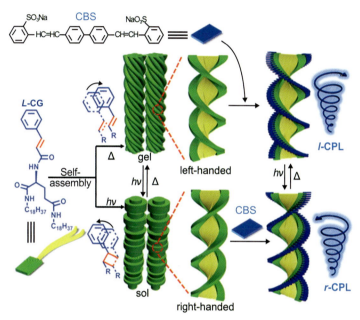

图 14　肉桂酸谷氨酰胺两亲分子组装结构的可逆调控及手性传递(版权归 Wiley-VCH 所有)

### 4.2 手性识别

手性超分子是利用分子间弱相互作用组装形成的立体结构,具有协同、放大、提供空间限域的微环境、动态可逆等特点,因而在手性识别和不对称催化应用上具有相对独特的性质。

例如,刘鸣华等采用图 5 所示的对含氮杂环谷氨酰胺两亲分子 PPLG 在不同溶剂中组装形成的手性纳米结构进行了手性分子的对映体识别[27]。将常用的荧光探针分子丹磺酰氯共价连接到苯丙氨酸的对映体(简称 DNSP,L-DNSP 和 D-DNSP)上,研究 PPLG 形成的手性组装结构对丹磺酰苯丙氨酸对映异构体的识别。DNSP 的两种对映体在水/乙醇的混合溶剂中都发射微弱的黄色荧光,最大吸收峰位于 540 nm,但不同对映异构体的丹磺酰苯丙氨酸在 PPLG 形成的手性结构中表现出明显不同的荧光:D-DNSP 发射蓝绿色荧光,最大发射峰在 490 nm 左右;而 L-DNSP 则保持了其在水/乙醇的混合溶剂中的黄色荧光。同时合成了不含长链的含氮杂环谷氨酰胺的小分子,发现其不能在各种溶剂中有效组装,D-DNSP 和 L-DNSP 在非组装的谷氨酰胺存在下,都只发射黄色荧光,表明它们对苯丙氨酸的对映体没有识别功能。这说明手性识别能力是建立在手性超分子结构的基础上,而不是发生在分子层次上。

刘鸣华等人进一步利用了聚联乙炔的蓝色相—红色相转变进行了手性分子的可视化手性识别[28]。他们合成了接有 L-谷氨酸头基的 10,12-二十三碳联乙炔分子(L-TECDA-Glu),并利用自组装的方式分别在纯水体系和水/甲醇混合溶剂中制备了囊泡和凝胶两种超分子组装体。该组装体在紫外灯照射下可通过 1,4-加成反应发生光聚合,形成蓝色相的聚联乙炔体系,这一聚联乙炔自组装体系实现了对亚磺酰胺对映体的快速可视化手性识别(图 15)。组装体对 S 型的亚磺酰胺产生了特异性识别,使组装体由蓝色相变为红色相,而在加入 R 型亚磺酰胺之后,聚联乙炔的蓝色相得以保持。这表明 S 型亚磺酰胺更易于与 L-TECDA-Glu 分子的谷氨酸头基相互作用,导致聚联乙炔的共轭结构破坏,使联乙炔由蓝色相向红色相转变。

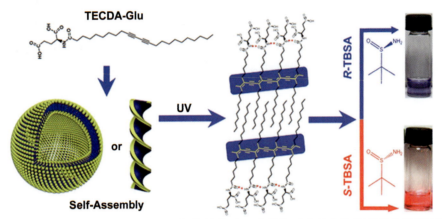

图 15  谷氨酸联乙炔分子(TECDA-Glu)组装结构对亚磺酰胺对映异构体的可视化识别(版权归 ACS Publications 所有)

### 4.3 不对称催化

以谷氨酸为头基的双头基两亲分子在水中能够自组装形成单壁螺旋纳米管,进一步与金属离子配位后,形成手性催化剂骨架。所得超分子手性催化剂能够在水体系中以温和的反应条件催化一系列不对称反应。将纳米管与铋离子配位后,形成的催化剂能够有效催化水相中的 Mukaiyama-aldol 反应,最高获得 97% 的对映选择性;将纳米管与铜配位后,形成的催化剂能够有效催化 Diels-Alder 反应,最高获得 91% 的对映选择性[29],与未组装的单体分子相比,超分子手性催化剂极大地提高了反应的对映体选择性,从而证实了超分子催化剂的协同放大效应。

超分子共组装是一种将结构单元和功能单元通过非共价键结合到一起的有效方法,该方法得到的共组装体与原单一结构单元或功能单元相比,可能会有性能的提高或产生一些新的性质。利用超分子凝胶可以简单地模拟自然体系中酶催化的高效性、独特的底物选择性等,对研究酶在生物体中的作用具有重要意义。氯化血红素(Hemin)可以催化一系列氧化反应,具有过氧化物酶的作用,通常作为催化中心用于人造酶。例如,两亲性的手性组氨酸衍生物(LHC18 或 DHC18,见图 3)与 Hemin 经氢键及配位相互作用共组装,得到具有双层螺旋结构的组装体。ECD 光谱及 SEM 的结果表明,LHC18 和 DHC18 的手性信息被传递到 Hemin 中,并分别获得了形貌为右手螺旋带和左手螺旋带的 LHC18-Hemin 和 DHC18-Hemin 超分子结构。然后,将这两种组装体用作人工酶进行 3,4-二羟基-L-苯丙氨酸(L-DOPA)的催化氧化时发现,LHC18-Hemin 和 DHC18-Hemin 可以有效抑制 Hemin 在水中的二聚。因此,与游离的 Hemin 相比,Hemin 在超分子凝胶中的催化活性可以得到有效提高。此外,由于诱导手性,DHC18-Hemin 对 L-DOPA 的催化氧化速率明显快于 LHC18-Hemin,即 DHC18-Hemin 对手性底物 L-DOPA 表现出明显的对映选择性氧化[30]。

手性超分子丰富的结构可调节性使其在不对称催化中发挥了新的作用。例如,利用铑二聚体(简称 Rh₂)和谷氨酸头基的两亲分子(HDGA)共组装,能够构筑不同的超分子手性纳米结构,从而表现出不同的催化性能——从同一绝对构型的 HDGA 分子出发可以得到相反构型的催化产物[31]。单独的 HDGA 在水溶液中能够形成水凝胶(5 mg·mL⁻¹),微观形貌为单壁的螺旋纳米管。如果在其中加入铑二聚体与 HDGA 共组装,当 Rh₂/HDGA 的物质的量比为 1%~5% 时,仍旧能够形成水凝胶,且螺旋纳米管形貌得以保持。而当 HDGA 浓度为 0.2 mg·mL⁻¹ 时,在水溶液中呈现的是近似溶解的状态,将铑二聚体与 HDGA 等量共组装时能够形成空心的纳米球结构。有意思的是,虽然两种组装体的构筑单元采用的均为 $L$ 型 HDGA,在 ECD 光谱的表征中二者却表现出几乎完全相反的手性光学信号——纳米球产生的是正信号,纳米管在同样的吸收波长产生负信号,从而证实了两种组装体的超分子手性特征是完全相反的。将这两种组装体分别用于催化不对称环丙烷化反应,发现产物的立体构型完全相反,当采用纳米管组装体催化,最高得到 32% 的对映选择性,而采用纳米球组装体催化,当 $Rh_2$/HDGA 的物质的量比为 1:1 时,所得产物的对映选择性为 $-30\%$(图 16)。表明在该超分子手性组装体用于不对称催化过程中,超分子手性对产物的绝对构型起决定性作用,因此通过调控超分子手性即可影响该催化反应的对映选择性。

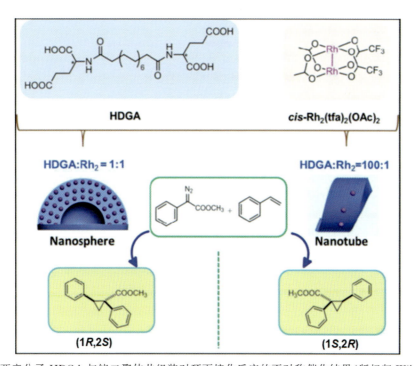

图 16　谷氨酸两亲分子 HDGA 与铑二聚体共组装对环丙烷化反应的不对称催化结果(版权归 Wiley-VCH 所有)

## 5. 结论与展望

与分子手性的研究相比,超分子手性的研究虽然还处于初级阶段,但是该领域研究已经展示了良好的发展前景。超分子手性与分子手性紧密相连,良好的分子手性设计有助于得到具有更优越性能的超分子手性体系,而超分子手性的研究必将加深对分子手性相互作用的理解,促进手性分子的设计与合成。超分子手性研究还需要从手性相互作用的本质上进一步深入,同时对手性体系的表征需要进一步加强,而通过分子手性与超分子组装的结合来开发手性功能材料是未来发展的重点之一。

**致谢**:感谢国家自然科学基金(21773260、21890734)的资助。

**参考文献**

[1]　LIU M, ZHANG L, WANG T. Supramolecular chirality in self-assembled systems [J]. Chem. Rev., 2015, 115 (15): 7304-7397.

[2]　DUAN P, CAO H, ZHANG L, et al. Gelation induced supramolecular chirality: Chirality transfer, amplification and application [J]. Soft Matter., 2014, 10(30): 5428-5448.

[3] DUAN P, LIU M. Design and self-assembly of *L*-glutamate-based aromatic dendrons as ambidextrous gelators of water and organic solvents [J]. Langmuir, 2009, 25(15): 8706-8713.

[4] JIANG H, ZHANG L, CHEN J, et al. Hierarchical self-assembly of a porphyrin into chiral macroscopic flowers with superhydrophobic and enantioselective property [J]. ACS Nano, 2017, 11(12): 12453-12460.

[5] DENG M, ZHANG L, JIANG Y, et al. Role of achiral nucleobases in multicomponent chiral self-assembly: Purine-triggered helix and chirality transfer [J]. Angew. Chem. Int. Ed., 2016, 55(48): 15062-15066.

[6] JIN Q, ZHANG L, LIU M. Solvent-polarity-tuned morphology and inversion of supramolecular chirality in a self-assembled pyridylpyrazole-linked glutamide derivative: Nanofibers, nanotwists, nanotubes, and microtubes [J]. Chem. Eur. J., 2013, 19(28): 9234-9241.

[7] GREEN M M, ANDREOLA C, MUN. OZ B, et al. Macromolecular stereochemistry: A cooperative deuterium isotope effect leading to a large optical rotation [J]. J. Am. Chem. Soc., 1988, 110(12): 4063-4065.

[8] GREEN M M, GARETZ B A, MUNOZ B, et al. Majority rules in the copolymerization of mirror image isomers [J]. J. Am. Chem. Soc., 1995, 117(14): 4181-4182.

[9] SHEN Z, JIANG Y, WANG T, et al. Symmetry breaking in the supramolecular gels of an achiral gelator exclusively driven by π-π stacking [J]. J. Am. Chem. Soc., 2015, 137(51): 16109-16115.

[10] YOUNG W R, AVIRAM A, COX R J. Stilbene derivatives. new class of room temperature nematic liquids [J]. J. Am. Chem. Soc., 1972, 94(11): 3976-3981.

[11] KEITH C, REDDY R A, HAUSER A, et al. Silicon-containing polyphilic bent-core molecules: The importance of nanosegregation for the development of chirality and polar order in liquid crystalline phases formed by achiral molecules [J]. J. Am. Chem. Soc., 2006, 128(9): 3051-3066.

[12] JEONG K U, YANG D K, GRAHAM M J, et al. Construction of chiral propeller architectures from achiral molecules [J]. Adv. Mater., 2006, 18(24): 3229-3232.

[13] YUAN J, LIU M. Chiral Molecular assemblies from a novel achiral amphiphilic 2-(heptadecyl)naphtha[2,3] imidazole through interfacial coordination [J]. J. Am. Chem. Soc., 2003, 125(17): 5051-5056.

[14] HUANG X, LI C, JIANG S, et al. Self-assembled spiral nanoarchitecture and supramolecular chirality in langmuir-blodgett films of an achiral amphiphilic barbituric acid [J]. J. Am. Chem. Soc., 2004, 126(5): 1322-1323.

[15] KIRSTEIN S, BERLEPSCH H, BÖTTCHER C, et al. Chiral J-aggregates formed by achiral cyanine dyes [J]. ChemPhysChem, 2000, 1(3): 146-150.

[16] QIU Y, CHEN P, LIU M. Evolution of various porphyrin nanostructures via an oil/aqueous medium: Controlled self-assembly, further organization, and supramolecular chirality [J]. J. Am. Chem. Soc., 2010, 132(28): 9644-9652.

[17] ZHANG L, TIAN Y, LIU M. Ionic liquid induced spontaneous symmetry breaking: Emergence of predominant handedness during the self-assembly of tetrakis(4-sulfonatophenyl) porphyrin (TPPS) with achiral ionic liquid [J]. Phys. Chem. Chem. Phys., 2011, 13(38): 17205-17209.

[18] JIANG H, JIANG Y, ZHANG L, et al. Symmetry breaking and amplification in a self-assembled helix from achiral trans-3-nitrocinnamic acid [J]. J. Phys. Chem. C, 2018, 122(23): 12559-12565.

[19] SHEN Z, WANG T, LIU M. Macroscopic chirality of supramolecular gels formed from achiral tris(ethyl cinnamate) benzene-1,3,5-tricarboxamides [J]. Angew. Chem. Int. Ed., 2014, 53(49): 13424-13428.

[20] RIBÓ J M, CRUSATS J, SAGUES F, et al. Chiral sign induction by vortices during the formation of mesophases in stirred solutions [J]. Science, 2001, 292(5524): 2063-2066.

[21] D' URSO A, RANDAZZO R, LO FARO L, et al. Vortexes and nanoscale chirality [J]. Angew. Chem. Int. Ed., 2010, 49(1): 108-112.

[22] MICALI N, ENGELKAMP H, VAN RHEE P G, et al. Selection of supramolecular chirality by application of rotational and magnetic forces [J]. Nat. Chem., 2012, 4(3): 201-207.

[23] SUN J, LI Y, YAN F, et al. Control over the emerging chirality in supramolecular gels and solutions by chiral

microvortices in milliseconds [J]. Nat. Commun., 2018, 9: 2599.

[24] HE C, YANG G, KUAI Y, et al. Dissymmetry enhancement in enantioselective synthesis of helical polydiacetylene by application of superchiral light [J]. Nat. Commun., 2018, 9: 5117.

[25] LIU C, YANG D, JIN Q, et al. A Chiroptical logic circuit based on self-assembled soft materials containing amphiphilic spiropyran [J]. Adv. Mater., 2016, 28(8): 1644-1649.

[26] JIANG H, JIANG Y, HAN J, et al. Helical nanostructures: Chirality transfer and a photodriven transformation from superhelix to nanokebab [J]. Angew. Chem. Int. Ed. 2019, 58(3): 785-790.

[27] ZHANG L, JIN Q, LV K, et al. Enantioselective recognition of a fluorescence-labeled phenylalanine by self-assembled chiral nanostructures [J]. Chem. Commun., 2015, 51(20): 4234-4236.

[28] LI S, ZHANG L, JIANG J, et al. Self-assembled polydiacetylene vesicle and helix with chiral interface for visualized enantioselective recognition of sulfinamide [J]. ACS Appl. Mater. Interfaces, 2017, 9(42): 37386-37394.

[29] JIANG J, MENG Y, ZHANG L, et al. Self-assembled single-walled metal-helical nanotube (M-HN): Creation of efficient supramolecular catalysts for asymmetric reaction [J]. J. Am. Chem. Soc., 2016, 138(48): 15629-15635.

[30] WANG S, JIANG H, ZHANG L, et al. Enantioselective activity of hemin in supramolecular gels formed by co-assembly with a chiral gelator [J]. ChemPlusChem, 2018, 83(19): 1038-1043.

[31] YUAN C, JIANG J, SUN H, et al. Opposite enantioselectivity by nanotubes and nanospheres self-assembled from dirhodium(II) and an *L*-glutamic acid terminated bolaamphiphile [J]. ChemCatChem, 2018, 10(10): 2190-2194.

# 手性分子识别与分离研究进展

章伟光[1,*],范军[1],林纯[1,3],殷霞[1],郑盛润[1],王泰[2]

[1]华南师范大学化学学院,广东,广州 510006

[2]广东研捷医药科技有限公司,广东,广州 510663

[3]北京师范大学珠海校区,广东,珠海 519085

*E-mail: wgzhang@scnu.edu.cn

**摘要:**本文综述色谱法和石英晶体微天平传感器技术在手性识别方面的研究,重点介绍斯陶丁格反应和点击化学反应在制备新型的脲键型环糊精手性固定相和多糖手性固定相方面的应用,探讨手性分子与手性固定相之间的识别机理;最后简要介绍采用紫外吸收光谱和荧光光谱探究手性识别机理。

**关键词:**手性识别;手性固定相;高效液相色谱;石英晶体微天平传感器

# Progress in Recognition and Resolution of Enantiomers

ZHANG Weiguang*, FAN Jun, LIN Chun, YIN Xia, ZHENG Shengrun, WANG Tai

**Abstract:** Recent studies in molecular recognition of chiral compounds by using chromatographic techniques and quartz crystal microbalance sensors are presented. Then applications of the Staudinger reactions on preparation of urea-bonded β-cyclodextrin and polysaccharide chiral stationary phases are stated and the recognition mechanisms between chiral analytes and these new developed chiral stationary phases are discussed. In addition, some chiral recognition studies by using UV absorption and fluorescent spectroscopies are introduced.

**Key Words:** Chiral recognition; Chiral stationary phase; HPLC; Quartz crystal microbalance sensor

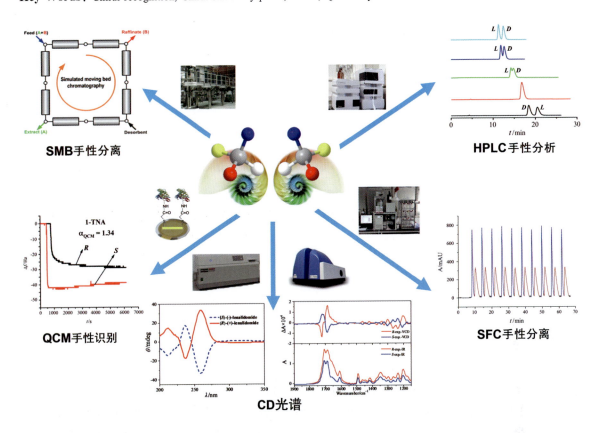

SMB手性分离　　HPLC手性分析　　QCM手性识别　　CD光谱　　SFC手性分离

## 1. 引言

手性是自然界特别是生物体的本质属性。作为生命活动重要基础的生物大分子,以及许多作用于受体的活性物质如氨基酸、糖、多肽、酶、载体和血浆蛋白等均具有手性特征,生命活动与手性密切相关[1,2]。对映异构体在生物、生理和药理活性等方面存在较大差异,甚至可能存在完全相反的作用。因此,建立专门、灵敏、快速的手性分析分离方法,获得手性异构体以及研究它们在生命体内药动力学过程与阐明作用机制等,具有重要意义。

对映异构体的物理化学性质非常相似,常规方法难以将其拆分。因具有适用性好、应用范围广、灵敏度高、检测速度快等优点,近年来色谱法、传感器法和光谱法等在识别分离和纯化手性化合物中受到研究者的极大关注。特别是色谱法可满足各种条件下对映体拆分和测定的要求,能够对手性样品进行快速定性、定量分析和制备拆分。目前,高效液相色谱(HPLC)、气相色谱(GC)、超临界流体色谱(SFC)、模拟移动床(SMB)色谱和毛细管电泳(CE)等在手性研究中得到了广泛应用。

## 2. 液相色谱手性分离技术

1938 年,Henderson 等在 *Nature* 上首次报道了液相色谱拆分手性化合物[3]。1981 年,Pirkle 等成功制备第一根以硅胶为基质的商业化高效液相色谱手性柱[4]。HPLC 手性固定相(CSPs)法拆分手性药物成为药物研究中的一大热点,开发具有不对称中心的新型 CSPs 成为发展手性色谱技术的前沿领域之一。实现色谱拆分的关键在于设计合适的手性选择剂和手性固定相,并利用它们与手性异构体相互作用的差异实现分离[5]。研究者在以硅胶为基质的 Pirkle 型、分子印迹聚合物、环糊精衍生物、多糖衍生物和杯芳烃衍生物的手性固定相[5-9]和一些非硅胶基质的手性固定相,如手性高分子整体柱[10]、金属有机框架材料(MOFs)[11,12]和共价有机框架材料(COFs)[12,13]等方面开展了大量工作,这些固定相对手性化合物表现出良好的手性识别性能。填充这些 CSPs 的商品化手性柱被广泛应用于制药、化学品、食品和环境等领域。

### 2.1 环糊精手性固定相在 HPLC 拆分中的应用

$\beta$-环糊精由 7 个葡萄糖单元通过 $\alpha$-1,4 糖苷键连接形成,内部有一个疏水性手性空腔,与有机物、无机物和生物分子等形成主客体包合物。1965 年,Solms 等[14]首先开发了适用于液相色谱标准粒径的环糊精聚合物固定相。通过化学修饰得到 $\beta$-环糊精衍生物,改变它们的内腔深度和氢键作用位点,引入静电作用和 $\pi$-$\pi$ 作用位点,满足识别不同类型和结构的底物要求。环糊精手性固定相在巴比妥酸、$\beta$-受体阻断剂、镇静安眠剂、抗组胺剂、生物碱、胡萝卜素、二肽、多肽、氨基酸、芳香醇和黄酮类化合物等的手性分析分离中得到很好的应用[15,16]。

环糊精衍生物与硅胶基质间可通过酰胺键、氨酯键和醚键等键合臂形成手性固定相,但这些键合臂存在易水解和稳定性差的缺点;同时环糊精与硅胶间键合位点不确定,手性固定相结构不明确,重现性差。因此,研究者着重开发环糊精与基质间新的键合方式和探讨衍生基团对手性识别的影响。斯陶丁格(Staudinger)反应[8,15,17-20]或点击化学(click chemistry)反应[21-23]被应用于制备新型环糊精手性固定相。

#### 2.1.1 斯陶丁格反应制备脲键型环糊精手性固定相

含叠氮取代基的环糊精衍生物和氨化硅胶间发生斯陶丁格反应形成脲键型环糊精手性固定相,它们在正相、极性有机相和反相等流动相条件下都具有较高的稳定性,对手性化合物表现出良好的识别性能,同时斯陶丁格反应的位点确定,重现性好[8,15,17-20]。

我们采用斯陶丁格反应将单(6^A-叠氮-6^A-脱氧)-4-氯苯氨基甲酰化 $\beta$-环糊精键合到氨化硅胶表面,得到一种单脲键 $\beta$-环糊精手性固定相(简写为 SCDP)[24][图 1(a)],它对哌嗪衍生物表现出良好的手性识别能力;在 SCDP 半制备柱(250 mm×10.0 mm)上对氧氟沙星实现半制备拆分,手性异构体的光学纯度高于 98%[25]。进而探讨硅胶粒径(3、5 和 10 μm)和孔径(10、30 和 50 nm)等对手性识别性能的影响,发现以粒径为 3 μm、孔径为 10 nm 硅胶为基质的环糊精手性固定相对手性样品表现出最好的分离性能,硅胶粒径增大导致色谱柱的理论塔板数和手性拆分能力都降低;随着孔径增大,底物在色谱柱上的保留时间变短,分离度下降[26]。然后,改变苯异氰酸酯中苯环上的取代基,引入氢原子或甲基取代氯原子,得到两种新的单脲键 β-环糊精手性固定相 [ 即 SPCP 和 SDMP 等,见图 1(a) ],对比研究这些取代基对手性识别的影响[27,28]。当芳环上的氢原子被氯原子取代时,芳环 π 电子密度降低而显 π 酸性,而甲基取代使 π 电子密度升高;π 酸的手性固定相对 π 碱性手性化合物表现出更好的分离效果,而同属 π 酸或 π 碱的手性化合物和手性固定相间作用较差;另外,在正相流动相体系中,酸碱添加剂的种类和性质对手性化合物在环糊精手性固定相上的拆分产生显著影响,对于去氧肾上腺素、兰索拉唑等样品,在正己烷-乙醇的流动相(体积比为 50∶50)中同时加入 0.1% 三氟乙酸和 0.05% 二乙胺,色谱峰的对称性、分离度等均比使用一种添加剂的流动相更好。

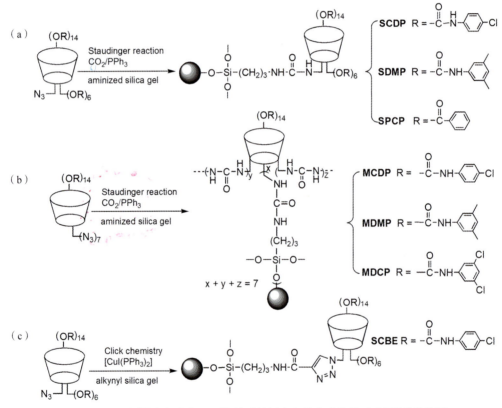

图 1　不同键合方式的 β-环糊精手性固定相的合成路线示意图[8,24,27,28,30]

与单脲键环糊精手性固定相对比,多脲键环糊精手性固定相具有更高的耐酸和耐水性能[15,18]。我们以七取代(6-叠氮-6-脱氧)-(2,3-p-氯苯氨基甲酰化)-β-环糊精和氨化硅胶反应得到一种多脲键 β-环糊精手性固定相 [ MCDP,图 1(b) ][8],在极性有机相模式下对手性铱苯配合物进行半制备分离,手性异构体的光学纯度大于 98%（图 2）。铱苯配阳离子和流动相中 NO₃⁻-环糊精形成的离子对增强了环糊精疏水性空腔内对铱苯配合物的包合作用,显著改善了手性分离效果。结合溶液的电子圆二色(ECD)谱和理论计算确定了手性铱苯配合物的绝对构型,先从 MCDP 柱上洗脱的为 Δ-异构体,而 Λ-异构体与 MCDP 的作用要强于 Δ-异构体。这是首例在环糊精手性固定相中拆分唯手性金属中心(chiral-only-at-metal)铱苯配合物的报道。手性金属苯配合物具有独特

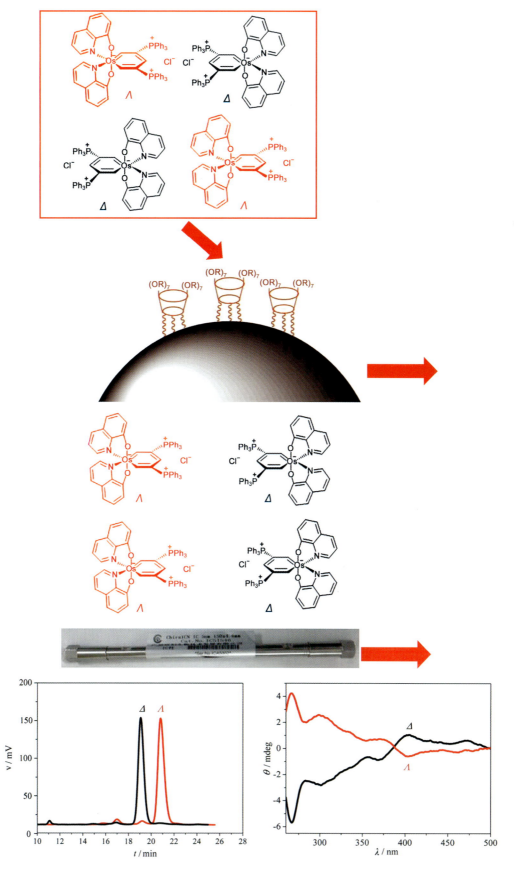

图 2　MCDP 手性固定相对锇苯手性配合物的拆分[8]

的配位结构、特殊的催化活性和分子识别能力,在生物无机化学、不对称催化和超分子化学等领域具有良好的应用前景[29]。

与单脲键环糊精手性固定相类似,在苯环中引入不同数目的甲基或氯原子,分别得到两种新的多脲键环糊精手性固定相[MDCP和MDMP,图1(b)],在极性有机相、正相和反相等条件下研究了3种多脲键手性固定相对46种具有不同结构特征的手性药物的拆分性能[30]。这些带有不同取代基的多脲键环糊精手性固定相在拆分手性药物时表现出良好的互补性,即芳香醇类化合物、N-(2,4-二硝基苯)-氨基酸衍生物等在π碱型手性固定相(如MDMP)上得到更好的拆分,而π酸型手性固定相(如MCDP、MDCP)对质子泵阻滞剂、5-羟色胺受体拮抗剂等手性药物表现出更优的拆分能力,还发现帕洛诺司琼和N-(2,4-二硝基苯)谷氨酰胺等在3种手性固定相上出现了对映体洗脱反转现象。

### 2.1.2 点击化学反应在环糊精手性固定相制备中的应用

点击化学反应是指通过小单元的拼接快速完成合成的方法,如Cu[I]催化的端炔基和叠氮基间发生点击反应形成1,2,3-三唑。王勇和Ng教授等[21,31,32]相继报道了以天然环糊精和苯氨基甲酰化环糊精等为手性选择剂的点击型环糊精手性固定相,它们在酸性和碱性流动相中稳定性好,键合臂和键合位点对手性固定相的拆分性能具有很大的影响;唐卫华等[22,23]采用点击化学反应得到系列阳离子型环糊精手性固定相,在多种流动相模式下研究它们对芳香醇、黄酮类化合物、β-受体阻断剂和氨基酸等的手性分离,其中对黄酮类化合物的分离度超过10。我们通过点击化学反应得到一种新的三唑键连接环糊精手性固定相[SCBE,图1(c)][33],它对4-苯基-1,3-噁唑烷-2-硫酮、芳香醇、黄酮类化合物和安息香等表现出较好的分离效果;并研究了柱温、流动相pH值和醇等因素对手性分离的影响。

## 2.2 键合型多糖手性固定相在HPLC手性分离中的应用

在多糖(如纤维素、直链淀粉等)中,葡萄糖单元间通过氢键形成螺旋链,相邻螺旋链排列形成有序的超分子手性结构[34]。在葡萄糖单元上引入苯氨基甲酸酯、苯甲酸酯等取代基,可显著增强多糖衍生物的手性识别能力。1973年,Hesse等最早报道纤维素三醋酸酯在液相色谱手性分离中的应用。日本Okamoto等首先开展涂覆型多糖手性固定相的制备和手性识别研究工作[6,35]。40多年来,Okamoto[6]、陈立仁[36]、邹汉法[37]和柏正武[38]等相继报道100余种以硅胶为基质的涂覆型多糖手性固定相。日本Daicel、瑞典Kromasil、美国Phenomenex和Regis、德国Knauer、日本YMC和广州研创等将其实现商品化生产,在创新手性药物领域得到深入应用。然而,多糖衍生物容易被氯仿、二氯甲烷、乙酸乙酯、四氢呋喃和丙酮等溶胀或溶解,不能在含上述溶剂的流动相中使用;其次,多糖衍生物主要在大孔硅胶外表面成膜而无法进入孔道内部,增加涂覆量可能使手性柱的柱压升高,分离性能下降;大部分手性药物和中间体在正己烷-醇的流动相中溶解度较小,载样量受到严重限制。这成为涂覆型多糖手性固定相在制备色谱中的瓶颈。

键合型多糖手性固定相在流动相中具有很高的化学稳定性,适用溶剂范围广,特别是在一些非常规流动相,如氯仿、乙酸乙酯或四氢呋喃中,仍对手性化合物表现出良好的手性分离性能,这些优势很好地弥补了涂覆型手性固定相的不足,在制备色谱中具有良好的应用前景[39,40]。1987年,Okamoto等首次报道以硅胶为基质的键合型多糖手性固定相[40]。目前,双官能团法[40]、端基还原法[40]、自由基共聚法[40]、光化学键合法[40]、分子间缩聚法[40]、溶胶-凝胶法[41]和斯陶丁格反应法[42]等都在键合型多糖手性固定相制备中得到应用。研究发现,双官能团法过程烦琐,在键合过程中可能破坏多糖的有序结构,降低手性固定相的分离性能;端基还原法仅适用于直链淀粉手性固定相;自由基共聚法与光化学键合法存在双键衍生试剂种类少和糖单元交联的问题。分子内缩聚法是Okamoto等新开发的一种多糖手性选择剂与大孔硅胶基质间的键合方法。2011年起,日本Daicel

相继推出基于分子内缩聚反应得到的 ChiralPak IA～IG 等 7 款键合型多糖手性柱产品。然而,键合型多糖手性固定相的发展仍处于起步阶段,其手性识别能力通常低于相应的涂覆型手性固定相,因此开发分离效率高、手性识别能力强的键合方法,拓宽拆分底物的范围,阐明拆分机理,明确构效关系等仍需要进一步深入研究。

我们将(6-叠氮-2,3-苯氨基甲酸酯)直链淀粉或纤维素衍生物通过斯陶丁格反应键合到氨化硅胶上,得到一系列脲键型多糖手性固定相(见表 1)[43-46]。键合型(4-氯苯氨基甲酰化)纤维素手性固定相在正相和反相条件下拆分了 30 种手性化合物[43],考察了酸/碱添加剂对手性拆分的影响[44]。手性固定相与手性分子间的 π-π 堆积、氢键和空间位阻等是影响手性拆分的主要作用;在流动相中加入酸/碱添加剂后,酸性分析物洗脱加快,而加入二乙胺则使碱性分析物的保留作用变强。与商品柱 Chiralcel OF 对比发现,尽管纤维素中葡萄糖单元上的羟基被 4-氯苯氨基甲酰基衍生化,但纤维素衍生物与硅胶间的结合方式差异导致其对手性化合物的拆分性能截然不同。

表 1    常见的脲键键合型多糖手性固定相

| 多糖手性固定相的结构示意图 | R 基团 | 简记 | 参考文献 |
|---|---|---|---|
| （纤维素衍生物） | —C(=O)—NH—C₆H₄—Cl（4-氯苯） | SCEP | [43,44] |
|  | —C(=O)—NH—C₆H₃(CH₃)₂（3,5-二甲基苯） | ChiralCN IB | [45] |
|  | —C(=O)—NH—C₆H₃Cl₂（3,5-二氯苯） | ChiralCN IC | [46] |
|  | —C(=O)—NH—C₆H₅（苯） | AzCPC | [42] |
| （直链淀粉衍生物） | —C(=O)—NH—C₆H₃(CH₃)₂（3,5-二甲基苯） | ChiralCN IA | [44] |

我们还得到 3 种新的脲键键合型多糖手性固定相(即 ChiralCN IA、ChiralCN IB、ChiralCN IC,见表 1)[45,46]。键合型多糖手性固定相(ChiralCN IA 和 ChiralCN IB)与具有相同衍生基团的涂覆型纤维素手性固定相的分离性能具有一定的互补性[45],如异丙甲草胺和紫杉醇侧链在两种纤维素手性固定相上都无法分离,但在 ChiralCN IA 上的分离度分别为 1.78 和 1.63,达到基线分离。手性固定相 ChiralCN IC 对一些质子泵抑制剂和芴甲氧羰基(Fmoc)-氨基酸衍生物表现出良好的分离性能。在拆分一系列 Fmoc-氨基酸衍生物时,出现了由纤维素骨架上衍生基团变化引起的手性识别反转现象(图 3)[46]。

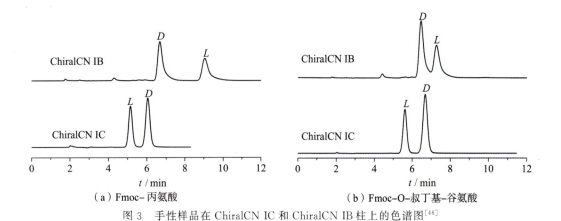

（a）Fmoc-丙氨酸 　　　　　　　　　（b）Fmoc-O-叔丁基-谷氨酸

图 3　手性样品在 ChiralCN IC 和 ChiralCN IB 柱上的色谱图[46]

### 2.3 蛋白质手性固定相在 HPLC 手性分离中的应用

蛋白质中的 $L$-氨基酸能特异性地与手性分子结合,牛血清白蛋白(BSA)[47-50]、人血清白蛋白(HSA)[51]、α-酸性糖蛋白(AGP)[52]、卵黏蛋白[53]、纤维二糖水解酶和胃蛋白酶等作为手性选择剂在 HPLC 手性分离中应用较多。

我们采用羰基咪唑法将 BSA 键合到硅胶表面得到键合 BSA 生物手性柱[47-49],在反相条件下拆分色氨酸、匹多莫德、4-苯基-1,3-噁唑烷-2-硫酮、N-(2,4-二硝基苯基)氨基酸衍生物、甘草酸、安息香和氧氟沙星等手性化合物,研究流动相 pH 值、离子强度、有机改性剂的比例、进样浓度和柱温等对分离性能的影响。流动相 pH 值的变化会影响 BSA 的表面电荷分布,对手性化合物和 BSA 间的静电作用产生影响。同时,甲醇、乙腈等改性剂也会对 BSA 的空间构型和立体环境产生影响,进而影响 BSA 手性固定相的拆分性能。拆分 N-(2,4-二硝基苯基)脯氨酸(DNP-pro)和 N-(2,4-二硝基苯基)-丝氨酸(DNP-ser)时,观察到流动相中乙腈含量、pH 值和醇的种类改变引起的手性识别反转现象,同时乙腈和流动相 pH 值间存在协同效应,手性识别反转区域随 pH 值的变化而改变(图 4)[47]。

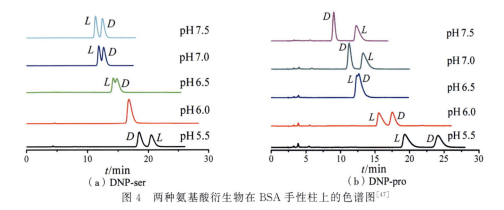

（a）DNP-ser 　　　　　　　　　　　（b）DNP-pro

图 4　两种氨基酸衍生物在 BSA 手性柱上的色谱图[47]

### 2.4 其他类型手性固定相在 HPLC 手性分离中的应用

Pirkle 型、大环类(冠醚/抗生素)、分子印迹和配体交换色谱手性固定相等均有各自的优势,在手性色谱分离中占据着不可替代的地位。手性多孔金属有机框架材料(MOFs)[11,12,54]和共价有机框架材料(COFs)[13]都具有独特的空间结构和手性孔道,对手性化合物表现独特的识别能力。崔勇课题组等采用"自下而上"策略合成一种以亚胺键连接形成的三维手性 COFs 材料[13],研究它对1-苯基-2-丙醇、1-苯基-1-戊醇、1-苯基-1-丙醇、1-(4-溴苯基)乙醇等手性化合物的 HPLC 拆分性能,结果表明氧化后的 COFs 材料对这些手性化合物都实现了基线分离;我们则通过一锅法合成腙键连接的手性 BtaMth@SiO₂ 材料[55],通过 HPLC 研究其对芳香族位置异构体和烷烃系列化合物等的分离性能,寻求结构与分离性能的构效关系。

### 3. 超临界流体色谱手性分离

超临界流体色谱(supercritical fluid chromatography,简称 SFC)是以超临界流体为流动相,以固体吸附剂(如硅胶、氧化铝)或键合在载体(或毛细管壁)上的高聚物为固定相的一种新型色谱分离技术。仪器主要包括高压流动相传送系统、色谱分离系统和检测系统三个部分。

1962 年 Klseper 等[56]首先使用超临界流体为流动相成功拆分卟啉衍生物。但由于当时实验技术上的困难,仪器较为复杂,发展缓慢。1981 年,毛细管柱超临界流体色谱技术得到迅速发展,美国、日本等相继推出 SFC 的商用仪器。

SFC 具有如下特征:(1)超临界流体的黏度与气体相似,不到液体黏度的 1%,阻力较小,在相同条件下,压力降(pressure drop)低于液相色谱;(2)流体的扩散系数介于气体和液体之间,扩散系数和传质速率较高,分离操作时间短,单位时间内分离效能高;(3)超临界流体密度与液体相似,具有较强的溶解能力,同时分离得到的产品易脱离溶剂,后处理简单;(4)SFC 可与大多数通用型 HPLC 的多种检测器匹配,还可与质谱、核磁共振波谱仪等大型仪器联用,在定性、定量检测中使用极为方便。SFC 主要使用超临界 $CO_2$ 为流动相,它具有处理量大、污染小、时间短和有机溶剂使用量少等优点,因而被誉为"绿色科技"。操作体系的压力、温度,流动相的密度、黏度、改性剂的选择与含量等因素都会影响分离效果。

#### 3.1 超临界流体色谱手性分析研究

1985 年,Mourier 等[57]首次采用 SFC 拆分手性化合物。Guiochon 等[58]应用 SFC 分离了 80 种手性化合物,取得了良好的分离效果。Novell 等[59]将寡糖聚合脯氨酸手性柱应用在 SFC 手性拆分中。Nogle 等[60]发现在 HPLC 上可基线分离的样品在 SFC 上却无法有效拆分。Nelander 等[61]应用 OD 柱分离了 20 种手性化合物,发现 7 种化合物在 HPLC 上的选择因子要高于 SFC,说明 SFC 和 HPLC 各有优势,表现出一定的互补性。

在 SFC 分离时,常需要在 $CO_2$ 中添加改性剂(如甲醇、乙醇或乙腈等),增强流动相的极性以提高流动相的洗脱能力和分离能力等。West 等[62]在用 Lux Cellulose-2 色谱柱分离手性吲哚类物质时发现,随着甲醇比例从 5% 增加到 20% 时,吲哚类物质的 $\lg k$ 值从 0.2 下降至 −0.3,$\lg\alpha$ 值从 0.23 下降至 0.16,保留因子、选择因子都降低。West 等[63]进一步研究甲醇、乙醇、正丙醇、异丙醇、正丁醇等作为改性剂时对手性色谱柱 ChiralPak AD-H 和 Lux Cellulose-1 拆分手性化合物的性能差异。他们发现甲醇作为改性剂可以实现更多物质的基线分离;在直链淀粉手性固定相上采用碳链越短的醇作为改性剂可显著提高选择因子,而对于纤维素手性固定相,选择因子反而降低。Fornstedt 等[64]探讨了柱温对拆分反式-1,2-二苯乙烯氧化物(TSO)和联二萘酚(BINOL)的影响。结果表明,温度对 BINOL 的保留因子影响较大,对 TSO 的保留因子影响较小;温度降低可使 BINOL 的选择因子增大,对 TSO 的作用正好相反。West 等[62]则发现了改性剂含量与温度对保留因子影响的协同效应,即甲醇含量为 15% 时,温度升高,保留因子降低;而甲醇含量为 5% 时,温度升高,保留因子呈现先减小后增大的趋势。Wang[65]等研究了背压对手性分离的影响,发现随着背压从 10 MPa 升高到 20 MPa,杀鼠灵和吲达帕胺等手性化合物在 OD 柱上的保留因子减小,而选择因子基本保持不变。Guiochon 等[58]等发现在分离癸烷异构体时,背压升高,手性化合物在色谱柱上的保留因子减小;而分离洛芬类化合物时,背压升高,手性化合物的选择因子基本不变。Regalado 等[66]借用范德姆特方程 $H = A + B/u^{1.5} + Cu^{1.5}$ 探讨了流动相流速对 TSO 在 Chiralcel

OD 柱上分离的影响,发现随着流速从 1 mL·min$^{-1}$ 增加到 4 mL·min$^{-1}$,理论塔板高度 $H$ 从 15.3 $\mu$m 先减小到 14.0 $\mu$m 后增加到 23.5 $\mu$m;同时,随着流速增加,出峰时间变快,分离度先增加后减小。

本课题组研究了涂覆型多糖手性固定相在 SFC 和 HPLC 上拆分 24 种手性化合物的差异[67]。比较保留时间和选择因子等可知,大多数手性化合物在 SFC 上的分离效率要高于其在 HPLC 上的分离效率,但 HPLC 对轴手性化合物的分离效率要优于 SFC,因此,SFC 和 HPLC 的分离亦表现一定的互补性。随着苯环侧链烷基的碳数目增加,化合物在 SFC 上的保留作用逐渐增强,而在 HPLC 的保留作用却逐渐减弱。

我们还采用 SFC 研究灭菌唑[68,69]和丙硫菌唑[70]等在 EnantioPak OD 和 EnantioPak AD 等手性固定相上的手性分析和分离,探讨改性剂、样品溶剂、柱温、背压和流速等因素的影响。在高流速和高背压的条件下,灭菌唑的洗脱速率显著加快;对比 SFC 与 HPLC 在手性分离方面的差异,以 $R_s/t_{R2}$ 值为指标,灭菌唑在 SFC 中的分离效率是 HPLC 中的 3.5 倍。

我们进一步以 SFC 建立一种快速测定黄瓜、西红柿、土壤等多基质中手性农药(如灭菌唑[69]和丙硫菌唑[70])对映异构体含量的方法,深入研究了有机改性剂种类(如甲醇、乙醇和乙腈)及比例等因素对手性农药定量分析的影响。以乙醇/$CO_2$(体积比为 20:80)为流动相时,灭菌唑对映体在 EnantioPak OD 上获得最佳分离。采用 QuEChERS 前处理技术对黄瓜、西红柿、土壤等样品中的手性农药样品进行提取和富集,再通过 SFC 对提取液中的对映体含量进行测定。在灭菌唑浓度为 0.01～1 mg·mL$^{-1}$ 的范围内,两种手性异构体的浓度与色谱峰面积间呈现良好的线性关系($r^2$ ≥0.9988);在黄瓜和西红柿等中,灭菌唑异构体的平均回收率在 81.62%～106.21% 的范围内,相对标准偏差 RSD ≤7.30%。

如图 5 所示,在以 $CO_2$-异丙醇(体积比为 80:20)为流动相的条件下,丙硫菌唑在 EnantioPak OD 柱上的分离度达到最大值,保留时间为 4 min,仅为传统 HPLC 的 1/5;通过实验和理论振动圆二色(VCD)光谱的对比研究,确定先从色谱柱上洗脱的组分为(S)-(+)-丙硫菌唑;采用 SFC 手性

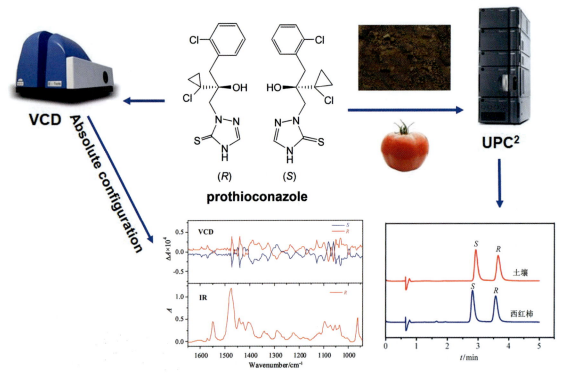

图 5 丙硫菌唑的手性分析及 VCD 谱学研究[70]

分析方法,对添加在土壤或西红柿等中 3 个不同浓度的丙硫菌唑对映异构体进行分析,在土壤样品中,(S)-(+)-丙硫菌唑的回收率在 91.84%~99.01%之间,(R)-(−)-丙硫菌唑的回收率为 92.41%~99.89%,日内和日间的 RSD 分别为 0.48%~2.06% 和 0.46%~3.98%;在西红柿中,两种丙硫菌唑手性异构体的回收率和 RSD 与之类似[70]。这种基于 SFC 对手性异构体进行分析检测的方法具有良好的准确度和精密度,分析速度比传统的 HPLC 方法更快,有望应用于蔬菜、水果、环境等多介质中手性农药对映异构体的快速分析检测和评价。

### 3.2 超临界流体色谱制备分离研究

制备型 SFC 比一般 HPLC 上样量多几十倍、几百倍甚至更多,分离时间少 2~8 倍,溶剂消耗量少一半,因而在手性和非手性化合物的色谱分离中得到大量应用[71-74]。Guiochon 等[73]对比研究 SFC 和 HPLC 大规模的制备分离萘普生外消旋体,结果表明,在 SFC 分离时,(S)-萘普生在手性柱上的饱和容量可达 2210 nmol·L$^{-1}$,而在 HPLC 分离时该饱和容量仅为 606 nmol·L$^{-1}$,SFC 制备分离萘普生时会有更好的产率。Wang 等[74]对比研究 HPLC 和 SFC 对小分子拮抗剂 Nutlin-3 的制备分离,SFC 拆分 1 g 外消旋体消耗甲醇 3.5 L,而 HPLC 则需要消耗有机溶剂 9.0 L。

本课题组开展 SFC 半制备拆分高效氯氰菊酯的研究(图 6)[75],探讨了手性固定相、改性剂和柱温等因素的影响,并根据它在 EnantioPak OD 和 EnantioPak AD 手性固定相上分离的差异,发展了一种两步制备分离高效氯氰菊酯的方法,即先在 EnantioPak OD 手性固定相上将高效氯氰菊酯拆分为两组分,再用 EnantioPak AD 手性固定相对这两组分进行拆分,最终得到 4 种手性异构体产品,即 1R-cis-αS、1R-trans-αS、1S-cis-αR 和 1S-trans-αR 氯氰菊酯。采用溶液 ECD 和 HPLC 手性分析等确定在 EnantioPak AD 手性固定相上第一洗脱组分和第二洗脱组分互为一对对映体,第三和第四洗脱组分亦互为对映异构体。

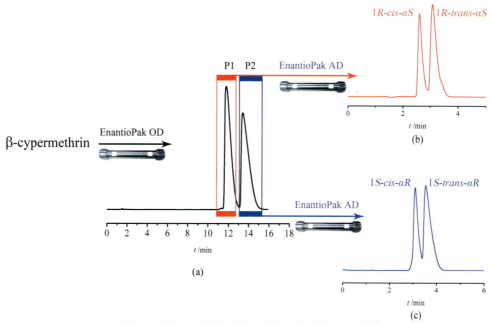

图 6　两步 SFC 制备拆分高效氯氰菊酯的示意图[75]

我们进一步对来那度胺进行 SFC 拆分研究[76]。在 EnantioPak AD 或 EnantioPak SCDP 手性固定相上,以甲醇为改性剂,来那度胺的分离度($R_S$)分别为 5.05 或 3.01。来那度胺在甲醇中溶解度低,导致进样量极少,循环时间为 14 min,分离效率较低。因此采用甲醇/DMSO 的混合液溶解来那度胺,在键合型 EnantioPak SCDP 手性固定相上进行 SFC 拆分,每针进样量可提高到 30 mg,

循环时间仅为 5 min,分离效率显著提高。进而对制备所得来那度胺的手性异构体进行实验和理论 VCD 谱研究:在 SFC 分离条件下,先洗脱的组分为($S$)-($-$)-来那度胺,后洗脱组分为($R$)-($+$)-来那度胺。SFC 制备分离技术可对获得光学纯手性药物、开展药物的药理活性和毒性等后续研究提供参考。

## 4. 模拟移动床色谱分离技术

单柱高效制备色谱分离技术是分离纯化技术的前沿领域之一,但存在不能连续进样、固定相利用率低、流动相消耗大和样品后处理能耗高等不足,严重制约了液相色谱的大规模发展与应用。

1961 年,美国 UOP 公司提出模拟移动床(SMB)技术,即通过多根色谱柱串联,周期性改变进出口的位置模拟固定相与流动相的逆流流动,从而实现组分的分离(图 7)。它具有连续进样、溶剂和流动相可循环使用、操作成本低等优点。对于分离度较小的难分离体系,它的优势更加明显,近年来备受研究者的关注。美国 UOP 和 AST,法国 Novasep、德国 Knauer 和日本 Soken 公司等推出商业化的 SMB 设备和技术,国内江苏汉邦科技有限公司、大庆宏源分离技术研究所和北京创新通恒等开展 SMB 分离设备的研发和应用。SMB 技术在石油化工领域和糖类分离应用上的历史悠久,设备与技术均较成熟,但是分离的产品种类较少。而在药物分离领域,发展起步较晚。随着医药技术和生物技术的快速发展,越来越多的手性化合物需要分离。从外消旋体中拆分出具有一定光学纯度的手性药物是 SMB 应用的一个重大发展。

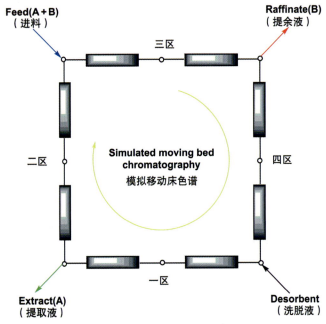

图 7　传统 SMB 原理示意图

1992 年,Negawa 和 Shoji 将 SMB 色谱首次用于手性分离,分离 1-苯基乙醇对映体[77]。2003 年,Zhang 等[78]采用变流率模式,以环糊精衍生物为手性固定相,甲醇和水为流动相,在开环四区 SMB 分离得到紫罗兰酮对映体,结果表明变流率模式可显著提高分离效率,且色谱柱数目越少,分离效果越好。2005 年,新加坡 Ching 等[79]设计了两种分离三组分的五区 SMB 的工作模式,即两提取-提余模式及两提余-提取模式,在环糊精手性固定相中拆分含 3 个手性中心的纳多洛尔,最终得到光学纯度高于 99% 的两种组分;在进样浓度为 0.043 mg·mL$^{-1}$ 时,产率分别为 0.007 g·h$^{-1}$·L$^{-1}$ 和 0.018 g·h$^{-1}$·L$^{-1}$,回收率分别为 70% 和 99%。危凤等[80]以纤维素-三-(苯基氨基甲酸酯)为手性固定相,乙醇为流动相,在 SMB 上分离奥美拉唑对映体,($R$)-奥美拉唑的光学纯度最高为 88.4%,($S$)-奥美拉唑的光学纯度最高可达 96.4%。2007 年，Ray 等[81]采用 SMB 在 $\alpha_1$-酸性糖蛋白手性固定相分离了吲哚洛尔，将传统工艺与 Varicol 工艺[82]进行了对比。在进样浓度为 0.02 mg·mL$^{-1}$ 时，传统工艺得到的提余液纯度最高达到 99.85%，回收率为 91.1%，提取液纯度最高达到 90.54%，回收率最高为 100%；若采用 Varicol 工艺，产品纯度显著提高。Acetti 等[83]以 ChiralPak AD 为固定相，正己烷/甲醇/乙醇作为流动相，在 SMB 上分离 ($RS,RS$)-2-(2,4-二氟苯基)丁烷-1,2,3-三醇，提取液的纯度为 96.5%，提余液的纯度为 99.3%。2011 年，Ribeiro 等[84]在 ChiralPak AD 手性固定相上以乙醇/ 0.01% TFA 为流动相，在 SMB 上分离了酮基布洛芬。在进样浓度为 40 g·mL$^{-1}$ 时，提取液和提余液的纯度均为 98.6%，溶剂消耗率为 0.78 L·g$^{-1}$，产量为 3.84 g·L$^{-1}$·h$^{-1}$；以正己烷/乙醇/ 三氟乙酸（体积比为 90∶10∶0.01）为流动相拆分氟布洛芬时，提取液和提余液的纯度在 99.4% 以上，溶剂消耗率为 0.41 L·g$^{-1}$，产量为 13.1 g·L$^{-1}$·h$^{-1}$。Bechtold 等[85]采用替考拉宁手性固定相 SMB 分离了甲硫氨酸对映体，两对映体的纯度最高可达 99%，但在样品过载时出现记忆效应。2014 年，Mazzotti 等[86]使用三柱间歇 SMB 在乙醇和 ChiralPak AD 手性柱上拆分朝格尔碱，提取液和提余液的纯度均在 99.5% 以上。

本课题组以 SDMP 为手性固定相，以正己烷/脂肪醇混合物为流动相，在传统四区 SMB 上拆分盐酸舍曲林中间体，分别得到 (4$R$)-(−)-Tetralone 和 (4$S$)-(＋)-Tetralone[87]。我们还以 EnantioPak OD 为手性固定相、正己烷/乙醇为流动相实现了甲霜灵的拆分[88]，研究了进样浓度、进样流速、二区和三区流速、切换时间等操作参数对甲霜灵分离的影响，得到了纯度大于 99% 的手性异构体产品。保持样品浓度相同时，SMB 的样品处理量为 540 mg·h$^{-1}$，为高效液相制备色谱的 5 倍，而流动相消耗量为 0.31 L·g$^{-1}$。

### 5. HPLC-非紫外检测器手性分离

许多有机分子都具有紫外或可见光吸收基团，在 HPLC 分离时采用紫外检测器可以快速、方便检测目标化合物，应用最为广泛。但对于一些弱紫外或没有紫外吸收的手性化合物，这一方法则无法检测。流动相的组成可能对紫外检测产生干扰，在检测波长低于 210 nm 时，检测效果较差；另外，不同物质在同一检测波长下的响应不尽相同。因此，旋光（OR）检测器、示差折光检测器（RID）、蒸发光检测器（ELSD）和质谱（MS）检测器等成了应用 HPLC 分析弱紫外或无紫外吸收化合物的重要检测器。

2000 年，Toussaint 等[89]报道了 HPLC 串联旋光检测器等研究非芳香醇手性化合物的拆分，还对比研究了旋光检测器、紫外检测器、蒸发光检测器和示差折光检测器等对目标化合物的灵敏度和线性响应差异。2001 年，Driffield 等[90]采用改进的旋光检测器研究果糖、蔗糖半制备分离和华法林对映异构体的分离，信噪比显著提高。2006 年，Ghanem 等[91]则采用旋光检测器对巴比妥类药物在 OD 和 IB 手性柱上的手性分离进行研究，发现巴比妥类手性药物的对映异构体在 OD 和 IB 手性柱上的洗脱顺序相反，即洗脱反转。2010 年，Wenzel 等[92]使用旋光检测器研究 Vesamicol 及新型 Vesamicol 类似物的手性分离，发现在正相模式下 Pirkle 型手性固定相更有利于 Vesamicol 的拆分。

我们对比研究了旋光检测器、紫外检测器、示差折光检测器和蒸发光散射检测器等对甲霜灵手性异构体的响应和峰面积比差异[93]，发现在各种色谱条件中，流速的影响最大，其次是流动相组成，柱温产生的影响相对较小；应用旋光检测器和示差折光检测器时，两种手性异构体的峰面积比值接近 1；而应用蒸发光散射检测器时，由于存在非线性响应，峰面积比偏离 1。

我们还采用 HPLC 串联旋光检测器、示差折光检测器等对异龙脑（图 8）[94]和薄荷脑[95]等天然产物进行了手性拆分，探讨手性固定相、流动相和改性剂等条件对手性分离的影响。异龙脑在 EnantioPak OD 手性固定相上分离效果最好，分离度为 2.76；以正丙醇为改性剂时，分离效果优于以乙醇、正丁醇为改性剂的流动相;异龙脑的保留因子随着温度的升高而减小,且温度越低,对映体保留作用增强。通过实验和理论 VCD 谱的研究,我们确定先从色谱柱上洗脱的组分为(+)-(1S,2S,4S)-异龙脑。以正己烷/异丙醇(体积比为 95:5)为流动相时,薄荷脑在 EnantioPak AD 手性固定相上的分离度为 2.84,(+)-薄荷脑在 EnantioPak AD 手性固定相上先洗脱,而在纤维素衍生物手性固定相(EnantioPak OD、OJ 和 IB 等)上的保留更强,更难洗脱。热力学研究结果表明,$\Delta\Delta H$(−3.04 kJ·mol$^{-1}$)和 $\Delta\Delta S^*$(−8.57 J·mol$^{-1}$·K$^{-1}$)均为负值,说明在色谱柱上的手性拆分过程受到焓控制;定量分析结果表明,薄荷脑在示差折光检测器和旋光检测器上具有相似的检测限和定量限。

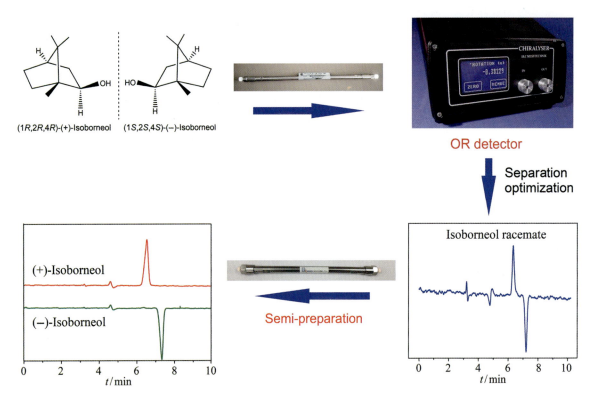

图 8　异龙脑的手性拆分示意图[94]

## 6. 手性传感器识别

手性传感器识别法具有简单快捷、高效灵敏和选择性高的特点。电化学传感器主要通过选择性键合客体分子引起传感器的电信号变化而实现手性识别[96];荧光传感器基于对映体分子和手性选择剂形成缔合物的荧光差异来实现识别[97]。在石英晶体微天平(QCM)传感器中,手性选择膜镀在石英晶体上,当手性分子与手性膜发生作用时,石英晶体的质量和振动频率改变[98-100]。QCM技术始于 20 世纪 60 年代初期,因具有灵敏度高、检测限低(达到纳克级)、快速、容易实现在线检测等的特点,在手性化合物的识别中得到很好的应用。

### 6.1 气相 QCM 传感器手性识别

1997 年,Bodenhöfer 等[101]首次在 Nature 上报道 QCM 气敏传感器手性识别研究。他们先在SiO$_2$ 基质上组装了一层手性高分子膜,得到 QCM 手性气敏传感器,结果表明 S-构型的高分子膜对 R-构型的手性化合物有较强的吸附能力,反之亦然,即 R-构型的高分子膜对 S-构型的手性分子的结合能力较强。利用 QCM 对过程质量和体系性状变化非常敏感的特性,感知选择性吸附作用,定量识别不同的手性异构体。此后,环糊精衍生物、血清蛋白等手性选择剂在 QCM 气相传感器上得以应用。

我们将 6-(2-巯基乙胺基甲酰氨基)-2,3-(苯氨基甲酰化)-环糊精衍生物通过 Au-S 键结合在 Au 电极表面得到环糊精衍生化的 QCM 手性传感器[102],在气相条件下,修饰环糊精衍生物的 QCM 手性传感器对 3-甲氧基苯基乙胺、四氢萘胺、2-辛醇和乳酸甲酯等手性化合物表现出良好的手性识别能力,识别能力从大到小依次为 2-辛醇 > 四氢萘胺 > 3-甲氧基苯基乙胺 > 乳酸甲酯,振动频率最大变化值($\Delta f_R$ 和 $\Delta f_S$)分别为 $-60$ Hz 和 $-45$ Hz;QCM 传感器得到的手性识别因子($\alpha_{QCM}$)、$\alpha_{FL}$(荧光光谱法)和 $\alpha_{UV}$(紫外光谱法)的变化规律一致。

血清蛋白通过疏水性口袋、沟槽或通道、极性基团与手性异构体产生疏水、静电相互作用,氢键或电荷转移相互作用等,亦有望应用于选择性结合手性异构体。实现 QCM 识别手性化合物的关键在于构建一个保留着手性识别位点的手性选择剂表面。我们采用巯基自组装单层膜技术(图 9)将人血清蛋白(HSA)、牛血清蛋白(BSA)、羊血清蛋白(GSA)、兔血清蛋白(RbSA)等组装在石英晶片金电极表面,得到 4 种 QCM 生物手性传感器[98,99]。在图 10 所示的气相系统中对 $R,S$-四氢萘胺、$R,S$-1-4-甲氧基苯基乙胺、$R,S$-1-3-甲氧基苯基乙胺、$R,S$-2-辛醇和 $R,S$-乳酸甲酯等进行实时手性识别。根据两种手性异构体与 QCM 生物手性传感器作用时石英晶体的振动频率变化($\Delta f$)差异计算得到 QCM 手性识别因子($\alpha_{QCM}$),再通过 $\alpha_{QCM}$ 来反映 QCM 生物手性传感器的识别能力的差异,如 $R,S$-3-甲氧基苯基乙胺和 $R,S$-4-甲氧基苯基乙胺在 BSA 传感器上的 QCM 识别因子大于 HSA 传感器,而 HSA 传感器对 $R,S$-四氢萘胺、$R,S$-辛醇和 $R,S$-乳酸甲酯的选择性高于 BSA 传感器。GSA 和 RbSA 手性传感器在手性识别的方向和能力方面是有差异的[98]。对 $R,S$-四氢萘胺、$R,S$-1-4-甲氧基苯基乙胺和 $R,S$-1-3-甲氧基苯基乙胺而言,GSA 和 RbSA 手性传感器对它们的手性识别表现相似;而对 $R,S$-2-辛醇和 $R,S$-乳酸甲酯,RbSA 传感器与 $S$-2-辛醇或 $S$-乳酸甲酯的结合能力稍微强于与 $R$-2-辛醇和 $R$-乳酸甲酯的结合能力,而 GSA 则表现出相反的识别能力[99]。

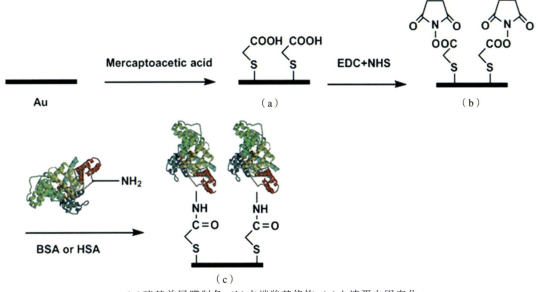

(a)巯基单层膜制备;(b)末端羧基修饰;(c)血清蛋白固定化

图 9  QCM 血清蛋白传感器的自组装示意图[98]

郭会时等[100,103]应用气相 QCM 预测 $L$-苯丙氨酸对 $D/L$-扁桃酸的手性识别能力,QCM 手性识别因子达到 8。新加坡 Ng 等[104-106]通过形成 Au-S 键将含巯基的甲基化 $\beta$-环糊精衍生物固定到石英晶体表面,得到一种新型 QCM 气相手性传感器,并在线研究其对 $R,S$-2-辛醇、$R,S$-乳酸甲酯

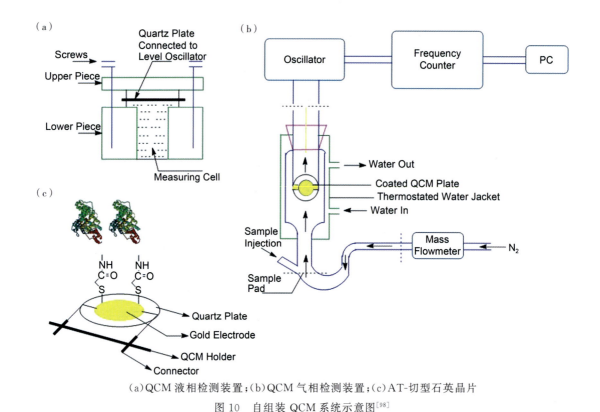

（a）QCM 液相检测装置；（b）QCM 气相检测装置；（c）AT-切型石英晶片

图 10　自组装 QCM 系统示意图[98]

和 $R,S$-乳酸乙酯等对映异构体的识别作用,从理论上解释这些手性选择剂的识别能力差异。手性选择剂与 Au 电极间通过 Au-S 键结合,增强手性功能膜的稳定性,为研究在主客体间发生作用的过程提供了模型。新加坡 Chan 等[107]报道了用分子印迹修饰 QCM 来识别 $L$-色氨酸。Guo 等[108]设计合成了 3 种应用在 QCM 气相传感器方面的杯芳烃类化合物,它们均对乳酸甲酯表现出了较强的手性识别能力。

### 6.2 QCM 液相传感器手性识别

20 世纪 80 年代开始,QCM 传感器逐步应用于液相体系中环境监测和生物医学等领域。1995 年,Ide 课题组首先报道了修饰环糊精衍生物的 QCM 手性传感器对玫瑰氧化物和香茅醛对映异构体的识别研究。[109]2008 年,日本 Toyo'oka 等[110]将 3 种环糊精类手性选择剂自组装到 QCM 金电极表面,研究其在液相体系中与对映异构体的作用过程,根据石英晶体振动频率变化得到识别因子及洗脱顺序等信息,从而能够简单、快速地预测这类环糊精手性选择剂的拆分能力和这些对映异构体在 HPLC 手性固定相上的分离效率。

近年来,QCM 与流动注射分析(FIA)相结合以实现对生物分子结合过程的实时、动态、连续监测日益受到关注。我们采用自组装 FIA-QCM 系统研究了 BSA 和 GSA 对扁桃酸的手性识别。[111,112]在 QCM 表面,BSA 和 GSA 的浓度分别为 $4.9\times10^{-12}$ mol·cm$^{-2}$ 和 $8.8\times10^{-12}$ mol·cm$^{-2}$。血清蛋白与 $R$-扁桃酸作用引起 QCM 振动频率变化值比 $S$-扁桃酸更高,说明血清蛋白对 $R$-扁桃酸的作用强于与 $S$-扁桃酸。从识别因子分析,GSA 对扁桃酸的手性识别能力优于 BSA。我们还在 FIA-QCM 液相体系中,应用 BSA 和 GSA 对 $RR,SS$-匹多莫德、$D,L$-精氨酸和 $D,L$-丙氨酸等进行了手性识别,在 4 种血清蛋白生物传感器上发现了吸附和手性识别的反转[112,113]。

### 7. 光谱法

我们研究了血清蛋白等手性选择剂与手性化合物的相互作用[98,99,114]。采用 UV 和 FL 的方法深入探讨了 HSA、BSA、GSA 和 RbSA 与 5 对手性化合物的手性识别机理,以期预测和解释该类型生物大分子手性固定相的拆分性能与机理。结果表明:血清蛋白与 $R,S$-四氢萘胺、$R,S$-1-4-甲氧基苯基乙胺、$R,S$-1-3-甲氧基苯基乙胺、$R,S$-2-辛醇和 $R,S$-乳酸甲酯等均发生了结合作用。在血清蛋白的溶液中加入 $R,S$-四氢萘胺、$R,S$-1-4-甲氧基苯基乙胺和 $R,S$-1-3-甲氧基苯基乙胺,血清蛋白肽链伸展,增色效应明显,疏水作用减弱,其紫外吸收峰发生蓝移,故这三种化合物与血清蛋白主要通过疏水作用结合;而 $R,S$-2-辛醇和 $R,S$-乳酸甲酯可与血清蛋白肽链中的氨基酸残基形成氢键,血清蛋白的紫外吸收峰强度降低,呈现减色效应。另外,血清蛋白分子可与 $R,S$-四氢萘胺、$R,S$-1-4-甲氧基苯基乙胺和 $R,S$-1-3-甲氧基苯基乙胺形成静态复合物,手性化合物进入血清蛋白分子的疏水空腔,导致血清蛋白的内源荧光发生猝灭,而手性分子因接受从血清蛋白分子中色氨酸残基转移的能量,其荧光强度显著增强。进一步计算得到紫外识别因子 $\alpha_{UV}$ 和荧光识别因子 $\alpha_{FL}$,其变化规律与 QCM 得到的识别因子一致。我们还采用 UV 和稳态 FL 研究了 HSA 和 BSA 与 $R,S$-1-4-甲氧基苯基乙胺和 $R,S$-1-3-甲氧基苯基乙胺形成的中间过渡态及其手性相互作用位点,应用同步荧光光谱和荧光寿命研究了疏水微环境变化及能量转移,同时用两种光谱方法探讨了血清蛋白的手性识别能力,为手性药物分子与生命体系的作用机理提供理论依据[114]。

## 8. 展望

手性药物的药效、在生物体内的作用机制、代谢过程等与它们的立体构型密切相关。经过近 30 年的发展,HPLC 手性分离技术渐趋成熟,在手性药物的分析检测和制备分离等应用中占据着极其重要的地位。随着手性药物、生命科学和材料科学等的迅速发展,对手性识别和分离的研究提出了新的要求。在多手性中心的手性药物的开发中,不对称合成、新型手性固定相的设计、SMB 色谱和 SFC 技术等的应用必将引起研究者的极大关注。

**致谢**:本研究得到国家自然科学基金(21171059 和 21571070)、科技部科技型中小企业技术创新基金(13C26214404534)、广东省自然科学基金(2018A030313193)、广东省科技计划项目(2012B010900043、2016B090921005、2016B010108007 和 2014A010101145)、广东省教育厅青年创新人才项目(2017KQNCX239)、广东省高等教育创新强校工程项目(2017KQNCX239)和广州市科技计划项目(201508020093 和 201604020145)的资助。

## 参考文献

[1] WARD T J, WARD K D. Chiral separations: Fundamental review 2010 [J]. Anal. Chem., 2010, 82(12): 4712-4722.

[2] ZHANG L, WANG T Y, SHEN Z C, et al. Chiral nanoarchitectonics: Towards the design, self-assembly, and function of nanoscale chiral twists and helices [J]. Adv. Mater., 2016, 28(6): 1044-1059.

[3] KARAGUNIS G, COUMOULOSA G. A new method of resolving a racemic compound [J]. Nature, 1938, 142(3586): 162-163.

[4] PIRKLE W H, FINN J M, SCHEREINER J L, et al. A widely useful chiral stationary phase for the high-performance liquid chromatography separation of enantiomers [J]. J. Am. Chem. Soc., 1981, 103(13): 3964-3966.

[5] LÄMMERHOFER M. Chiral recognition by enantioselective liquid chromatography: Mechanisms and modern chiral stationary phases [J]. J. Chromatogr. A., 2010, 1217(6): 814-856.

[6] SHEN J, OKAMOTO Y. Efficient separation of enantiomers using stereoregular chiral polymers [J]. Chem. Rev., 2016, 116(3): 1094-1138.

[7] TANG M L, ZHANG J, ZHUANG S L, et al. Development of chiral stationary phases for high-performance

liquid chromatographic separation [J]. TrAC Trends Anal. Chem., 2012, 39: 180-194.

[8]  LIN C, LIU W N, FAN J, et al. Synthesis of a novel cyclodextrin-derived chiral stationary phase with multiple urea linkages and enantioseparation toward chiral osmabenzene complex [J]. J. Chromatogr. A, 2013, 1283: 68-74.

[9]  CHANKVETADZE B. Recent developments on polysaccharide-based chiral stationary phases for liquid-phase separation of enantiomers [J]. J. Chromatogr. A, 2012, 1269: 26-51.

[10]  URBAN J, SVEC F, FRÉCHET J M J. Efficient separation of small molecules using a large surface area hypercrosslinked monolithic polymer capillary column [J]. Anal. Chem., 2010, 82(5): 1621-1623.

[11]  CUI Y J, LI B, HE H J, et al. Metal-organic frameworks as platforms for functional materials [J]. Acc. Chem. Res., 2016, 49(3): 483-493.

[12]  WANG X, YE N S. Recent advances in metal-organic frameworks and covalent organic frameworks for sample preparation and chromatographic analysis [J]. Electrophoresis, 2017, 38(24): 3059-3078.

[13]  HAN X, HUANG J J, YUAN C, et al. Chiral 3D covalent organic frameworks for high performance liquid chromatographic enantioseparation [J]. J. Am. Chem. Soc., 2018, 140(3): 892-895.

[14]  SOLMS J, EGLI R H. Harze mit einschlusshohlräumen von cyclodextrin-struktur [J]. Helv. Chim. Acta, 1965, 48(6): 1225-1228.

[15]  XIAO Y, NG S C, TAN T T Y, et al. Recent development of cyclodextrin chiral stationary phases and their applications in chromatography [J]. J. Chromatogr. A, 2012, 1269: 52-68.

[16]  ZHOU J, TANG J, TANG W H. Recent development of cationic cyclodextrins for chiral separation [J]. TrAC Trends Anal. Chem., 2015, 65: 22-29.

[17]  ZHANG L F, WONG Y C, CHEN L, et al. A facile immobilization approach for perfunctionalised cyclodextrin onto silica via the Staudinger reaction [J]. Tetrahedron Lett., 1999, 40(9): 1815-1818.

[18]  MUDERAWAN I W, ONG T T, N G S C. Urea bonded cyclodextrin derivatives onto silica for chiral HPLC [J]. J. Sep. Sci., 2006, 29(12): 1849-1871.

[19]  ZHANG Z B, WU M H, WU R A, et al. Preparation of perphenylcarbamoylated $\beta$-cyclodextrin-silica hybrid monolithic column with "one-pot" approach for enantioseparation by capillary liquid chromatography [J]. Anal. Chem., 2011, 83(9): 3616-3622.

[20]  SILVA M, PÉREZ-QUINTANILLA D, MORANTE-ZARCERO S, et al. Ordered mesoporous silica functionalized with $\beta$-cyclodextrin derivative for stereoisomer separation of flavanones and flavanone glycosides by nano-liquid chromatography and capillary electrochromatography [J]. J. Chromatogr. A, 2017, 1490: 166-176.

[21]  YAO X B, ZHENG H, ZHANG Y, et al. Engineering thiolene click chemistry for the fabrication of novel structurally well-defined multifunctional cyclodextrin separation materials for enhanced enantioseparation [J]. Anal. Chem., 2016, 88(9): 4955-4964.

[22]  TANG J, PANG L M, ZHOU J, et al. Per(3-chloro-4-methyl) phenylcarbamate cyclodextrin clicked stationary phase for chiral separation in multiple modes high-performance liquid chromatography [J]. Anal. Chim. Acta, 2016, 946: 96-103.

[23]  ZHOU J, YANG B, TANG J, et al. Cationic cyclodextrin clicked chiral stationary phase for versatile enantioseparations in high-performance liquid chromatography [J]. J. Chromatogr. A, 2016, 1467: 169-177.

[24]  ZHANG Z B, ZHANG W G, LUO W J, et al. Preparation and enantioseparation characteristics of a novel chiral stationary phase based on mono (6$^{\text{A}}$-azido-6$^{\text{A}}$-deoxy)-per(p-chlorophenylcarbamoylated) $\beta$-cyclodextrin [J]. J. Chromatogr. A, 2008, 1213(2): 162-168.

[25]  FANG Z L, GUO Z Y, QIN Q, et al. Semi-preparative enantiomeric separation of ofloxacin by HPLC [J]. J. Chromatogr. Sci., 2013, 51(2): 133-137.

[26]  QIN Q, ZHANG S, ZHANG W G, et al. The impact of silica gel pore and particle sizes on HPLC column efficiency and resolution for an immobilized cyclodextrin-based chiral stationary phase [J]. J. Sep. Sci., 2010, 33(17-18): 2582-2589.

[27] LIN C, LUO W J, ZHANG S, et al. Phenylcarbamoylated β-CD: π-Acidic and π-basic chiral selectors for HPLC [J]. J. Sep. Sci., 2010, 33(11): 1558-1562.

[28] LIN C, FAN J, LIU W N, et al. A new single-urea-bound 3,5-dimethylphenylcarbamoylated β-cyclodextrin chiral stationary phase and its enhanced separation performance in normal-phase liquid chromatography [J]. Electrophoresis, 2018, 39(2): 348-355.

[29] WANG TD, LI S H, ZHANG H, et al. Annulation of metallabenzenes: From osmabenzene to osmabenzothiazole to osmabenzoxazole [J]. Angew. Chem. Int. Ed., 2009, 48(35): 6453-6456.

[30] LIN C, FAN J, LIU W N, et al. Comparative HPLC enantioseparation on substituted phenylcarbamoylated cyclodextrin chiral stationary phases and mobile phase effects [J]. J. Pharm. Biomed. Anal., 2014, 98: 221-227.

[31] WANG Y, XIAO Y, TAN T T Y, et al. Click chemistry for facile immobilization of cyclodextrin derivatives onto silica as chiral stationary phases [J]. Tetrahedron Lett., 2008, 49(35): 5190-5191.

[32] WANG Y, YOUNG D J, TAN T T Y, et al. "Click" preparation of hindered cyclodextrin chiral stationary phases and their efficient resolution in high performance liquid chromatography [J]. J. Chromatogr. A, 2010, 1217(50): 7878-7883.

[33] FAN Q, ZHANG K, TIAN L W, et al. Preparation and enantioseparation of a new click derived β-cyclodextrin chiral stationary phase [J]. J. Chromatogr. Sci., 2014, 52(5): 453-459.

[34] FRANCOTTE E, WOLF R M, LOHMANN D. Chromatographic resolution of racemates on chiral stationary phases: I. Influence of the supramolecular structure of cellulose triacetate [J]. J. Chromatogr. A, 1985, 347: 25-37.

[35] OKAMOTO Y, YASHIMA E. Polysaccharide derivatives for chromatographic separation of enantiomers [J]. Angew. Chem. Int. Ed., 1998, 37(8): 1020-1043.

[36] 陈立仁. 液相色谱手性分离 [M]. 北京: 科学出版社, 2006.

[37] OU J J, LIN H, TANG S W, et al. Hybrid monolithic columns coated with cellulose tris (3,5-dimethylphenylcarbamate) for enantioseparations in capillary electrochromatography and capillary liquid chromatography [J]. J. Chromatogr. A, 2012, 1269: 372-378.

[38] TANG S, QIN B, CHEN W G, et al. Chiral stationary phases based on chitosan bis(methylphenylcarbamate) (isobutyrylamide) for HPLC [J]. J. Chromatogr. A, 2016, 1440: 112-122.

[39] ZHANG T, FRANCO P, NGUYEN D, et al. Complementary enantiorecognition patterns and specific method optimization aspects on immobilized polysaccharide-derived chiral stationary phases [J]. J. Chromatogr. A, 2012, 1269: 178-188.

[40] SHEN J, IKAI T, OKAMOTO Y. Synthesis and application of immobilized polysaccharide-based chiral stationary phases for enantioseparation by high-performance liquid chromatography [J]. J. Chromatogr. A, 2014, 1363: 51-61.

[41] WENG X L, BAO Z B, ZHANG Z G, et al. Preparation of porous cellulose 3,5-dimethylphenylcarbamate hybrid organosilica particles for chromatographic applications [J]. J. Mater. Chem. B: Mater. Bio. Med., 2015, 3(4): 620-628.

[42] ZHANG S, ONG T T, NG S C, et al. Chemical immobilization of azido cellulose phenylcarbamate onto silica gel via Staudinger reaction and its application as a chiral stationary phase for HPLC [J]. Tetrahedron Lett., 2007, 48(31): 5487-5490.

[43] PENGG M, WU S Q, FANG Z L, et al. Preparation and chiral separation of a novel immobilized cellulose-based chiral stationary phase in high-performance liquid chromatography [J]. J. Chromatogr. Sci., 2012, 50(6): 516-222.

[44] PENG G M, WU S Q, ZHANG W G, et al. Cellulose 2,3-di(p-chlorophenylcarbamate) bonded to silica gel for resolution of enantiomers [J]. Anal. Sci., 2013, 29(6): 637-642.

[45] TAN Y, FAN J, LIN C, et al. Synthesis and enantioseparation behavior of novel immobilized 3,5-dimethylpheny-lcarbamoylated polysaccharide chiral stationary phases [J]. J. Sep. Sci., 2014, 37(5): 488-494.

[46] 涂鸿盛, 范军, 谭艺, 等. 新型键合型纤维素手性固定相的制备及拆分性能 [J]. 色谱, 2014, 32(5): 452-457.

[47] WANG Q Y, XIONG Y J, LU B Z, et al. Reversal of elution order of N-(2,4-dinitrophenyl)-proline and N-(2,4-dinitrophenyl)-serine in HPLC by BSA chiral stationary phase [J]. J. Sep. Sci., 2013, 36(8): 1343-1348.

[48] WANG Q Y, XIONG Y J, LU B Z, et al. Effect of chromatographic conditions on enantioseparation of bovine serum albumin chiral stationary phase in HPLC and thermodynamic studies [J]. Chirality, 2013, 25(9): 487-492.

[49] 熊雅进, 苏文翠, 章伟光, 等. 流动相的 pH 值和离子强度对牛血清蛋白高效液相色谱手性柱分离性能的影响 [J]. 分析化学, 2012, 40(1): 89-94.

[50] MALIK P, BHUSHAN R. Development of bovine serum albumin-bonded silica as a chiral stationary phase and its application inquantitative direct enantiomeric resolution [J]. Org. Process Res. Dev., 2018, 22(7): 789-795.

[51] YAO C, QI L, QIAO J, et al. High-performance affinity monolith chromatography for chiral separation and determination of enzyme kinetic constants [J]. Talanta, 2010, 82(4): 1332-1337.

[52] MICHISHITA T, FRANCO P, ZHANG T. New approaches of LC-MS compatible method development on $\alpha_1$-acid glycoprotein-based stationary phase for resolution of enantiomers by HPLC [J]. J. Sep. Sci., 2010, 33(23-24): 3627-3637.

[53] LIU K, ZHONG DF, CHEN X Y. Enantioselective determination of doxazosin in human plasma by liquid chromatography-tandem mass spectrometry using ovomucoid chiral stationary phase [J]. J. Chromatogr. B, 2010, 878(26): 2415-2420.

[54] TANAKA K, MURAOKA T, HIRAYAMA D, et al. Highly efficient chromatographic resolution of sulfoxides using a new homochiral MOF-silica composite [J]. Chem. Commun., 2012, 48(68): 8577-8579.

[55] ZHANG K, CAI S L, YAN Y L, et al. Construction of a hydrazone-linked chiral covalent organic framework-silica composite as the stationary phase for high performance liquid chromatography [J]. J. Chromatogr. A, 2016, 1519: 100-109.

[56] TAYLOR L T. Supercritical fluid chromatography for the 21st century [J]. J. Supercrit. Fluids, 2009, 47(3): 566-573.

[57] MOURIER P A, ELIOT E, CAUDE M H, et al. Supercritical and subcritical fluid chromatography on a chiral stationary phase for the resolution of phosphine oxide enantiomers [J]. Anal. Chem., 1985, 57(14): 2819-2823.

[58] GUIOCHON G, TARAFDER A. Fundamental challenges and opportunities for preparative supercritical fluid chromatography [J]. J. Chromatogr. A, 2011, 1218(8): 1037-1114.

[59] NOVELL A, MÉNDEZ A, MINGUILLÓN C. Effects of supercritical fluid chromatography conditions on enantioselectivity and performance of polyproline-derived chiral stationary phases [J]. J. Chromatogr. A, 2015, 1403: 138-143.

[60] NOGLE L M, MANN C W, WATTS Jr W L, et al. Preparative separation and identification of derivatized $\beta$-methylphenylalanine enantiomers by chiral SFC, HPLC and NMR for development of new peptide ligand mimetics in drug discovery [J]. J. Pharm. Biomed. Anal., 2006, 40(4): 901-909.

[61] NELANDER H, ANDERSSON S, ÖHLÉN K. Evaluation of the chiral recognition properties as well as the column performance of four chiral stationary phases based on cellulose (3,5-dimethylphenylcarbamate) by parallel HPLC and SFC [J]. J. Chromatogr. A, 2011, 1218(52): 9397-9405.

[62] WEST C, BOUET A, ROUTIER S, et al. Effects of mobile phase composition and temperature on the supercritical fluid chromatography enantioseparation of chiral fluoro-oxoindole-type compounds with chlorinated polysaccharide stationary phases [J]. J. Chromatogr. A, 2012, 1269: 325-335.

[63] KHATER S, WEST C. Insights into chiral recognition mechanisms in supercritical fluid chromatography. V. Effect of the nature and proportion of alcohol mobile phase modifier with amylose and cellulose tris-(3,5-dimethylphenylcarbamate) stationary phases [J]. J. Chromatogr. A, 2014, 1373: 197-210.

[64] SBERG D, ENMARK M, SAMUELSSON J, et al. Evaluation of co-solvent fraction, pressure and temperature effects in analytical and preparative supercritical fluid chromatography [J]. J. Chromatogr. A, 2014, 1374:

254-260.

[65] WANG C L, ZHANG Y R. Effects of column back pressure on supercritical fluid chromatography separations of enantiomers using binarymobile phases on 10 chiral stationary phases [J]. J. Chromatogr. A, 2013, 1281: 127-134.

[66] BIBA M, REGALADO E L, WU N J, et al. Effect of particle size on the speed and resolution of chiral separations using supercritical fluid chromatography [J]. J. Chromatogr. A, 2014, 1363: 250-256.

[67] 张晶, 陈晓东, 李丽群, 等. 超临界流体色谱和高效液相色谱分离手性化合物的比较 [J]. 色谱, 2016, 34 (3): 321-326.

[68] HE J F, FAN J, YAN Y L, et al. Triticonazole enantiomers: Separation by supercritical fluid chromatography and the effect of the chromatographic conditions [J]. J. Sep. Sci., 2016, 39(21): 4251-4257.

[69] TAN Q, FAN J, GAO R Q, et al. Stereoselective quantification of triticonazole in vegetables by supercritical fluid chromatography [J]. Talanta, 2017, 164: 362-367.

[70] JIANG Y, FAN J, HE R J, et al. High-fast enantioselective determination of prothioconazole in different matrices by supercritical fluid chromatography and vibrational circular dichroism spectroscopic study [J]. Talanta, 2018, 187: 40-46.

[71] PATEL D C, WAHAB M F, ARMSTRONG D W, et al. Advances in high-throughput and high-efficiency chiral liquid chromatographic separations [J]. J. Chromatogr. A, 2016, 1467: 2-18.

[72] WEST C. Enantioselective separations with supercritical fluids [J]. Curr. Anal. Chem., 2014, 10(1): 99-120.

[73] KAMAREI F, VAJDA P, GUIOCHON G. Comparison of large scale purification processes of naproxen enantiomers by chromatography using methanol-water and methanol-supercritical carbon dioxide mobile phases [J]. J. Chromatogr. A, 2013, 1308: 132-138.

[74] WANG Z Y, JONCA M, LAMBROS T, et al. Exploration of liquid and supercritical fluid chromatographic chiral separation and purification of Nutlin-3—A small molecule antagonist of MDM2 [J]. J. Pharm. Biomed. Anal., 2007, 45(5): 720-729.

[75] YAN Y L, FAN J, LAI Y C, et al. Efficient preparative separation of $\beta$-cypermethrin stereoisomers by supercritical fluid chromatography with a two-step combined strategy [J]. J. Sep. Sci., 2018, 41(6): 1442-1449.

[76] YAN Y L, FAN J, GUO D, et al. Lenalidomide, one of blockbuster drug to treat multiple myeloma: Semi-preparative separation by supercritical fluid chromatography and comprehensive chiroptical spectroscopy [J]. J. Sep. Sci., 2018, 41(20): 3840-3847.

[77] NEGAWA M, SHOJI F. Optical resolution by simulated moving-bed adsorption technology [J]. J. Chromatogr. A, 1992, 590(1): 113-117.

[78] ZHANG Z Y, MAZZOTTI M, MORBIDELLI M. Power feed operation of simulated moving bed units: Changing flow-rates during the switching interval [J]. J. Chromatogr. A, 2003, 1006(1-2): 87-99.

[79] WANG X, CHING C B. Chiral separation of $\beta$-blocker drug (nadolol) by five-zone simulated moving bed chromatography [J]. Chem. Eng. Sci., 2005, 60(5): 1337-1347.

[80] 危凤, 沈波, 陈明杰, 等. 模拟移动床色谱拆分奥美拉唑对映体 [J]. 化工学报, 2005, 56(9): 1699-1702.

[81] ZHANG Y, HIDAJAT K, RAY A K. Enantioseparation of racemic pindolol on $\alpha_1$-acid glycoprotein chiral stationary phase by SMB and Varicol [J]. Chem. Eng. Sci., 2007, 62(5): 1364-1375.

[82] LUDEMANN-HOMBOURGER O, NICOUD R M, BAILLY M. The "VARICOL" process: A new multicolumn continuous chromatographic process [J]. Sep. Sci. Tech., 2000, 35(12): 1829-1862.

[83] ACETTI D, LANGEL C, BRENNA E, et al. Intermittent simulated moving bed chromatographic separation of (RS,RS)-2-(2,4-difluorophenyl) butane-1,2,3-triol [J]. J. Chromatogr. A, 2010, 1217(17): 2840-2846.

[84] RIBEIRO A E, GOMES P S, PAIS L S, et al. Chiral separation of ketoprofen enantiomers by preparative and simulated moving bed chromatography [J]. Sep. Sci. Tech., 2011, 46(11): 1726-1739.

[85] FUEREDER M, PANKE S, BECHTOLD M. Simulated moving bed enantioseparation of amino acids employing memory effect-constrained chromatography columns [J]. J. Chromatogr. A, 2012, 1236: 123-131.

[86] JERMANN S, ALEBERTI A, MAZZOTTI M. Three-column intermittent simulated moving bed chromatography: 2. Experimental implementation for the separation of Tröger's Base [J]. J. Chromatogr. A, 2014, 1364: 107-116.

[87] 章伟光, 陈贤铬, 陈韬, 等. 模拟移动床色谱手性拆分盐酸舍曲林中间体(±)-Tetralone. 华南师范大学学报(自然科学版) [J]. 2016, 48(5): 37-43.

[88] 陈韬, 陈贤铬, 徐俊烨, 等. 模拟移动床色谱法拆分甲霜灵对映体 [J]. 色谱, 2016, 34(1): 68-73.

[89] TOUSSAINT B, DUCHATEAU A L, VAN DER WAL S, et al. Comparative evaluation of four detectors in the high-performance liquid chromatographic analysis of chiral nonaromatic alcohols [J]. J. Chromatogr. Sci., 2000, 38(10): 450-457.

[90] DRIFFIELD M, BERGSTRÖM E T, GOODALL D M, et al. High-performance liquid chromatography applications of optical rotation detection with compensation for scattering and absorbance at the laser wavelength [J]. J. Chromatogr. A, 2001, 939(1-2): 41-48.

[91] GHANEM A. True and false reversal of the elution order of barbiturates on a bonded cellulose-based chiral stationary phase [J]. J. Chromatogr. A, 2006, 1132(1-2): 329-332.

[92] WENZEL B, FISCHER S, BRUST P, et al. Enantioseparation of vesamicol and novel vesamicol analogs by high-performance liquid chromatography on different chiral stationary phases [J]. J. Chromatogr. A, 2010, 1217(24): 3855-3862.

[93] CHEN T, FAN J, GAO R Q, et al. Analysis of metalaxyl racemate using high performance liquid chromatography coupled with four kinds of detectors [J]. J. Chromatogr. A, 2016, 1467: 246-254.

[94] GAO R Q, FAN J, TAN Q, et al. Reliable HPLC separation, vibrational circular dichroism spectra, and absolute configurations of isoborneol enantiomers [J]. Chirality, 2017, 29(9): 550-557.

[95] ZHONG Y J, GUO D, FAN J, et al. HPLC enantioseparation of menthol with non-ultraviolet detectors and effect of chromatographic conditions [J]. Chromatographia, 2018, 81(6): 871-879.

[96] HUAN S Y, SHEN G L, YU R Q. Enantioselective recognition of amino acid by differential pulse voltammetry in molecularly imprinted monolayers assembled on Au electrodes [J]. Electroanal., 2004, 16(12): 1019-1023.

[97] ZHAO J Z, FYLES T M, JAMES T D. Chiral binol-bisboronic acid as fluorescence sensor for sugar acids [J]. Angew. Chem. Int. Ed., 2004, 43(26): 3461-3464.

[98] SU W C, ZHANG W G, ZHANG S, et al. A novel strategy for rapid real-time chiral discrimination of enantiomers using serum albumin functionalized QCM biosensor [J]. Biosens. Bioelectron., 2009, 25(2): 488-492.

[99] CHEN W J, ZHANG S, ZHANG W G, et al. A new biosensor for chiral recognition using goat and rabbit serum albumin self-assembled QCM [J]. Chirality, 2012, 24(10): 804-809.

[100] GUO H S, KIM J M, CHANG S M, et al. Chiral recognition of mandelic acid by L-phenyl alanine-modified sensor using quartz crystal microbalance [J]. Biosens. Bioelectron., 2009, 24(9): 2931-2934.

[101] BODENHÖFER K, HIERLEMANN A, SEEMANN J, et al. Chiral discrimination using piezoelectric and optical gas sensors [J]. Nature, 1997, 387(6633): 577-580.

[102] LUO M L, ZHANG W G, ZHANG S, et al. Self-assembly and chiral recognition of quartz crystal microbalance chiral sensor [J]. Chirality, 2010, 22(4): 411-415.

[103] GUO H S, KIM J M, PHAM X H, et al. Predicting the enantioseparation efficiency of chiral mandelic acid in diastereomeric crystallization using a quartz crystal microbalance [J]. Cryst. Growth Des., 2011, 11(1): 53-58.

[104] NG S C, SUN T, CHAN H S O. Chiral discrimination of enantiomers with a self-assembled monolayer of functionalized β-cyclodextrins on Au surfaces [J]. Tetrahedron Lett., 2002, 43(15): 2863-2866.

[105] NG S C, SUN T, CHAN H S O. Durable chiral sensor based on quartz crystal microbalance using self-assembled monolayer of permethylated β-cyclodextrin [J]. Macromol. Symp., 2003, 192(1): 171-182.

[106] XU C H, NG S C, CHAN H S O. Self-assembly of perfunctionalized β-cyclodextrins on a quartz crystal microbalance for real-time chiral recognition [J]. Langmuir, 2008, 24(16): 9118-9124.

[107] LIU F, LIU X, NG S C, et al. Enantioselective molecular imprinting polymer coated QCM for the recognition of *L*-tryptophan [J]. Sensor Actuat. B-Chem., 2006, 113(1): 234-240.

[108] GUO W, WANG J, WANG C, et al. Design, synthesis, and enantiomeric recognition of dicyclodipeptide-bearing calix[4]arenes: A promising family for chiral gas sensor coatings [J]. Tetrahedron Lett., 2002, 43(32): 5665-5667.

[109] IDE J, NAKAMOTO T, MORIIZUMI T. Discrimination of aromatic optical isomers using quartz-resonator sensors [J]. Sensor Actuat. A-Phys., 1995, 49(1-2): 73-78.

[110] INAGAKI S, MIN J Z, TOYO'OKA T. Prediction for the separation efficiency of a pair of enantiomers during chiral high-performance liquid chromatography using a quartz crystal microbalance [J]. Anal. Chem., 2008, 80 (5): 1824-1828.

[111] 洪涛, 王秋云, 范军, 等. 流动注射-石英晶体微天平中血清蛋白对扁桃酸的手性识别 [J]. 应用化学, 2013, 30 (9): 1096-1098.

[112] 洪涛. 流动注射-石英晶体微天平生物传感器的手性识别及机理研究 [D]. 广州: 华南师范大学, 2013.

[113] 陈文静. 自组装血清白蛋白石英晶体微天平生物传感器在气相和液相体系的手性识别 [D]. 广州: 华南师范大学, 2012.

[114] FANG Z L, SU W C, ZHANG W G, et al. Chiral discrimination and interaction mechanism between enantiomers and serum albumins [J]. J. Mol. Recognit., 2013, 26(4): 161-164.

# 手性喹啉酰胺螺旋折叠体

郑璐[1,2]，江华[1,2,*]

[1]北京师范大学化学学院，北京 100875
[2]五邑大学化学与环境工程学院，广东，江门 529080
*E-mail: jiangh@bnu.edu.cn

**摘要**：手性螺旋结构在生命体系中起着至关重要的作用。生物体正是通过氨基酸和糖类分子的手性来控制蛋白质和 DNA 等螺旋结构的手性，从而实现复杂的生物功能。近年来人们合成了很多人工折叠体，通过对其手性的研究来提高对生命过程中手性问题的认识，并应用于不对称催化、手性识别和光学器件等领域。本文主要介绍近十几年来基于喹啉酰胺折叠体的手性研究，探讨了影响喹啉酰胺折叠体手性的因素。

**关键词**：折叠体；喹啉酰胺；手性诱导；折叠体固定；螺旋-螺旋间的相互作用

## Chirality in Quinoline Oligoamide Helical Foldamers

ZHENG Lu, JIANG Hua*

**Abstract**：The one-handed helicity of biomacromolecules, such as proteins and DNA, originating from their chiral monomers, plays a fundamental role in many biological processes. A variety of artificial oligomers termed as foldamers have been developed for understanding such chiral conformation in nature and for potentially practical uses in asymmetric catalysis, chiral sensing and chiral optical devices. This review focuses on the advances of chirality in quinoline oligoamide foldamers and the factors influencing the chirality of the quinoline oligoamide foldamers.

**Key Words**：Foldamer; Quinoline oligoamide; Chiral induction; Locked foldamer; Helix-helix interaction

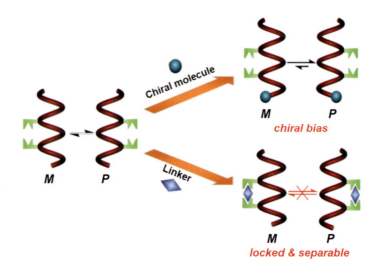

## 1. 引言

在生物界中，折叠螺旋构象是生物大分子的普遍构象。DNA 和蛋白质等可以通过折叠形成有序的二级、三级和四级结构，这些折叠结构通过在三维空间上将不同的官能团排列，产生精确的活性位点，从而实现复制、遗传、识别、催化、感应及免疫等功能。DNA 的双螺旋结构是生物体内最稳定的遗传物质，它是两条由脱氧核糖和磷酸基通过酯键交替连接而成的主链似"麻花状"绕一共同轴心盘旋、相互平行而走向相反形成的螺旋构型，包含右手双螺旋的 B-DNA、A-DNA 以及左手双螺旋的 D-DNA。其中右手双螺旋的 B-DNA 是生理条件下有机序列 DNA 分子中最稳定的构象，而左手螺旋的 D-DNA 是一种高能瞬时状态的构象。在进行转录和其他一些生理过程中，B-DNA 的局部区域会吸收能量使得核苷酸发生构象改变，从而转变为 Z-DNA，Z-DNA 在行使功能后释放能量恢复成 B-DNA。B-DNA 和 D-DNA 相互转换的动态平衡（图 1）保证了生命过程中一些重要功能的实现，已经有研究表明，一些疾病的发生是由于 B-DNA 和 D-DNA 不能正常相互转换而导致的转录等功能发生异常造成的，而 B-DNA 双螺旋构象可以在外界因素如生物活性胺、金属离子、体系中盐的浓度等刺激下转化为 Z-DNA 双螺旋构象，这些研究为一些疾病的治疗提供了极好的启发和帮助[1]。

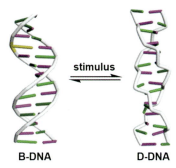

图 1　B-DNA 和 D-DNA 的示意图

　　研究生物大分子结构和功能的关系，对认识生命过程具有十分重要的意义。近年来，随着化学和物理科学的发展，人工合成和表征技术都得到了极大的发展，促使人们可采用更高效的合成折叠结构去了解和模拟生物大分子的结构以及功能。因此，折叠体作为超分子化学的一个重要分支发展起来。

　　折叠体被定义为一种可以在溶液中折叠成有序的、具有紧密构象的寡聚物或者聚合物分子，其稳定构象的基础是通过分子内或者分子间的非共价键作用[2]。这种非共价键作用包括氢键、π-π 堆积作用、疏溶剂效应、范德华力以及金属-配体相互作用等。没有经过折叠反应的螺旋构象并不能称之为折叠体。近些年来，很多具有各种功能的折叠体被人工合成出来[3,4]。通过对单体的精心设计，可使单体的性能从微观到宏观尺度进行传递，从而形成具有特定功能的分子。由于折叠是由相对较弱的非共价相互作用诱导的，所以可以利用外部刺激来调节折叠体的功能。这些人工合成的折叠体的物理化学性质在医学和多种材料中具有很大的潜在用途。

　　尽管折叠体的结构多样，但是螺旋折叠体尤为重要，因为这类折叠结构可以模拟蛋白质中单螺旋结构和 DNA 中的双螺旋结构。从几何学上来说，螺旋结构可以定义为：螺旋线是由一个点沿着螺旋轴运动产生的图形，它含有螺旋轴，螺旋性（手性）和螺距三个特征参量。理想情况下，螺旋轴是一条直线，沿着螺旋轴的运动是圆形的和线性的，运动时距离螺旋轴的距离恒定。当从距离观察者由近到远观察时，如果运动的方向是顺时针的，则螺旋为右手螺旋（$P$），如果运动的方向是逆时针的，则螺旋为左手螺旋（$M$）。沿着螺旋轴 $z$ 的一个螺旋圈在平面 $xy$ 上的投影即为区域 $A$，衡量了其在 $x$ 和 $y$ 方向上的运动，螺旋线两个末端在 $z$ 轴上的投影即为螺距 $L$（如图 2）[5]。

　　近年来对于折叠体的研究已经取得了重大进展，但是化学家追求的并不是折叠结构本身，而是通过参照生物大分子的折叠结构来模拟甚至拓展生物大分子的功能。蛋白质和 DNA 等生物大分子所具备的复制、遗传、识别、催化、感应及免疫等功能与它们的结构紧密相关，因此生物分子的构象一旦发生变化，必然会影响它的生物活性。在一般情况下，很多生物大分子的构象不是固定不变的，常常可以通过调节折叠体的结构从而调节功能。比如说某些蛋白质表现它们的生物功能时，构象发生改变会导致整个分子的性质改变，这是蛋白质分子在表现它们生物功能时的一种相当普遍

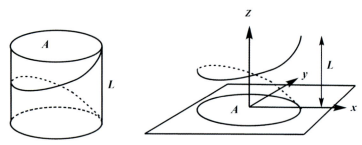

图 2　单圈右旋($P$)螺旋体,$L$ 是螺距,$z$ 是螺旋轴,$A$ 是 $xy$ 平面内螺旋的对向圆区域

而又十分重要的现象。血红蛋白正是通过两种构象在不同条件的相互转变从而在氧分压比较高的肺部高效率的结合氧,在氧分压较低的肝和肌肉等部位高效率的释放氧,达到对氧气的运输与释放。而肌红蛋白只有一种构象,因此它只有在氧分压较低时,与氧的结合能力比血红蛋白强,可以在氧分压较低的肝和肌肉等部位从血红蛋白获取氧,从而保存氧[6]。另外,医学研究表明,很多疾病的发生都是因为蛋白质的结构发生了改变而引起的,例如,疯牛病正是由于朊蛋白在不明原因作用下立体结构发生变化,$\alpha$-螺旋含量减少,$\beta$-折叠增加使正常蛋白变成有传染性的蛋白,从而导致疾病的发生。这也就是所谓的构象病,也称为折叠病。

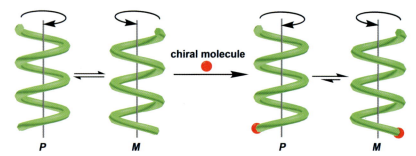

图 3　$M$ 和 $P$ 螺旋之间相互转换以及引入手性分子后的 $M$ 和 $P$ 螺旋的相互转化示意图

　　基于此,对折叠体手性的研究就显得尤其重要。手性是折叠结构的固有性质,在对称的环境中,折叠体以一对对映体的形式存在,即左手螺旋($M$ 螺旋)和右手螺旋($P$ 螺旋),$M$ 和 $P$ 螺旋能够相互转换(图 3)。螺旋性是指沿着螺旋轴的方向自上往下观察,从折叠体的末端开始顺着折叠体旋转,旋转方向如果是逆时针为 $M$ 螺旋,顺时针为 $P$ 螺旋[7]。

　　折叠体的手性研究不但可以通过模拟生命体系的结构与功能来解释生命现象,还在手性材料、不对称催化等方面有着重要的潜在应用。随着对折叠体的研究越来越深入,折叠体的手性研究也有了一定的进展,如果在非手性的螺旋体系中加入一些手性因素,可以打破左螺旋和右螺旋的平衡,导致螺旋偏向能量更加稳定的一方,从而形成具有一定手性的折叠体系[8]。在手性体系中,$M$ 和 $P$ 螺旋依然可以相互转换(图 3)。如果手性基团的诱导能力非常强,则可以实现完全诱导,此时,螺旋折叠体呈现为单一手性。近年来一些可以使折叠体的螺旋构象产生偏向的方法已经被报道,其中也包含了一些获得单一螺旋的折叠体的方法,本文主要介绍基于氢键驱动的喹啉酰胺折叠体相关手性问题的研究,并结合本课题组的研究结果,分析并展望影响喹啉酰胺折叠体的手性诱导能力的决定性因素。

## 2. 喹啉酰胺折叠体

　　氢键的能量与形成氢键的原子间的距离和方向有关,具有饱和性和方向性,是一种相对较强的非共价作用力,被广泛应用于设计折叠体系。由于脂肪族折叠结构链是柔性的,所形成的螺旋结构不易预测且稳定性差,因此我们主要研究芳香类螺旋折叠体。芳香类螺旋结构刚性强,结构易于修饰、稳定性高,所形成的折叠结构可以根据连接体的结构以及连接体在芳香环的取代位置进行预测,近年来得到了快速发展,其中江华和 Huc 于 2003 年所报道的喹啉酰胺折叠体是一类非常具有代表性的芳香类折叠体(图 4)[9,10]。喹啉酰胺折叠体以 4-异丁氧基-8-硝基喹啉甲酸甲酯为基元(化合物 1),化合物 1 的硝基和酯甲基可以通过还原和水解分别生成氨基和羧基,进而通过分子间缩合反应合成不同长度的寡聚物 2。寡聚物 2 的酰胺氢原子和两个相邻的喹啉氮原子可以形成三中心氢键,该氢键驱动化合物 2 折叠形成稳定的螺旋结构,不仅如此,喹啉环的 π-π 堆积作用也进一步增强了这类寡聚物的稳定性。实验证明,三聚的寡聚物已经可以形成稳定的折叠螺旋结构,八聚的寡聚物在 120 ℃ 的 DMSO 溶液中也可以保持稳定的螺旋构象。另一方面,作者在化合物 2($n$ = 8)的 CDCl$_3$ 溶液中加入了手性位移试剂 [Eu(hfc)$_3$] 后,发现原本的一组峰裂分成相同比例的两组峰,这说明了寡聚物 2 以一对相同当量的对映体形式存在。

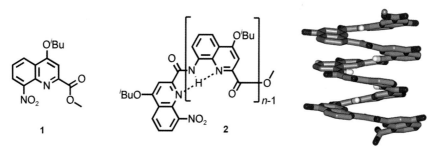

图 4　化合物 **1** 和 **2** 的结构以及化合物 **2**($n$＝8)的晶体结构侧视图(右侧)

### 3. 喹啉酰胺折叠体的手性

喹啉酰胺折叠体是一种合成简单且稳定性高的折叠体,通常以一对对映体的形式存在。对于喹啉酰胺折叠体的手性研究主要集中在以下几个方面:(1)手性诱导:在折叠体的末端或者空腔以共价键或非共价键的形式引入手性基团,喹啉酰胺折叠体的螺旋手性发生偏转,甚至可以呈现为单一手性;(2)手性固定:通过一定的方式将喹啉酰胺折叠体的侧链相连形成大环结构,该结构对折叠体的 *M* 螺旋和 *P* 螺旋的相互转换具有一定的限制作用,甚至可以完全阻止折叠体的 *M* 螺旋和 *P* 螺旋的相互转换,从而分离得到单一手性的折叠体,实现折叠体的手性固定;(3)螺旋结构间的手性交流:当两个喹啉酰胺折叠体链接在一个翻转中心上时,两个螺旋结构之间会产生一定的相互作用,从而对折叠体的构象和手性产生影响,这也是通过二级结构构筑体积更大、更复杂的三级或者四级结构的基础。在下文中,我们将对这几种影响折叠体手性的方式做详细介绍。

#### 3.1 喹啉酰胺折叠体的手性诱导

这类折叠体的手性诱导主要有两种方式:其一是通过共价键的方式将手性分子链接在折叠体的末端或侧链,其二是通过非共价键的方式将手性分子的手性传递给折叠体。

##### 3.1.1 共价键方式手性诱导喹啉酰胺折叠体

以共价键的方式将手性引入喹啉酰胺折叠体,主要是通过酰胺键将手性酸分子或者手性胺分子链接在喹啉酰胺折叠体的末端,手性分子与折叠体 *M* 螺旋和 *P* 螺旋作用方式的不同,会导致连接了手性基团的折叠体所产生的非对映体具有不同的稳定性,从而使折叠体具有一定的手性偏向。最早的报道是 2004 年江华和 Huc 报道的在喹啉酰胺八聚体的 C-端链接手性的 *R*-苯乙胺得到化合物 **3** [ 图 5(a) ][11]。核磁共振实验和 ECD(电子圆二色)光谱证明了化合物 **3** 的手性偏向于 *M* 螺旋,其非对映体的 *de* 值是 82%。作者通过扩散的方法得到化合物 **3** 的晶体 [ 图 5(c) ],它由一对非对映体共同结晶形成,晶体结构解析说明了这对非对映体除 C-端链接的手性中心的甲基指向不同外,其他部分呈镜像关系。晶体溶解后的 ECD 光谱 [图 5(b)] 和核磁氢谱随时间的变化图说明了这对非对映体在固体状态下稳定的比例是 1/1,而在溶液中稳定后的比例是 9/1,因此,通过重结晶的方法可以改变两个非对映异构体的比例。

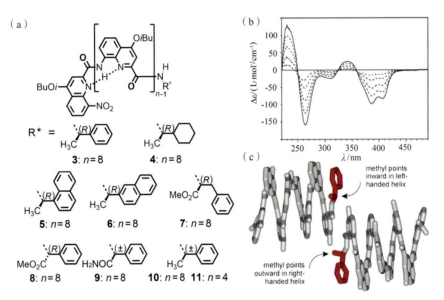

图 5 (a)化合物 3～11 的结构;(b)化合物 3 的晶体溶解后随时间变化(40、100、200、420 min 和平衡)的 ECD 光谱;(c)化合物 3 的晶体结构示意图

基于上述研究,Huc 课题组进一步合成了一系列 C-端链接了不同手性基团的喹啉酰胺低聚物 4～11 [图 5(a)] 并测试了它们的手性诱导效率[12]。研究表明在这一系列化合物中,R-苯乙胺的手性诱导效率最高。作者还通过 ECD 光谱实验和晶体结构解析说明:当手性基团链接在喹啉酰胺折叠体的 C-端时,如果为手性碳构型定义 R/S 时不是遵循 Cahn-Ingold-Prelog 规律,而是根据手性碳原子上取代基团的大小(螺旋结构 > 萘基 > 苯基 > 苄基 > 酯基 > 甲基 > 氢),那么 R 型的手性中心一般诱导左螺旋,S 型的手性中心一般诱导右螺旋 [图 6(a)]。另外,根据晶体结构 [图 6(b)],作者推测对于链接了手性分子的喹啉酰胺折叠体,在它的有利构象中,往往手性中心的取代基团中最小的指向折叠体,而最大的基团处于远离折叠体的位置,中间大小的基团与折叠体平行,这些都说明了手性中心取代基的大小在手性诱导中也起着至关重要的作用,但并不是影响手性诱导效率的唯一因素。

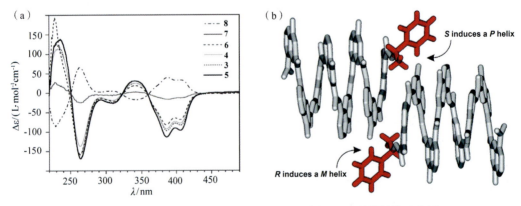

图 6 (a)化合物 3～8 的 ECD 光谱;(b)化合物 10 的晶体结构示意图

如上所述,通过酰胺键将不同的手性胺链接在喹啉酰胺折叠体的 C-端得到的化合物 **3~8** 都可以使折叠体有一定的手性偏向,手性诱导效果最好的是 *R*-苯乙胺,其 *de* 值可以达到 82%。为了研究手性基团链接于喹啉酰胺折叠体 N-端时的手性诱导效率,Huc 组将几种手性酸通过酰胺键或者磺酰胺键链接于喹啉酰胺折叠体的 N-端,得到了化合物 **12~16** [图 7(a)][13]。研究结果表明,当(1*S*)-(—)-樟脑酸链接在喹啉酰胺折叠体的 N-端时,诱导喹啉酰胺折叠体为 *P* 螺旋,而且即使喹啉酰胺折叠体仅有 3 个基元,(1*S*)-(—)-樟脑酸对喹啉酰胺折叠体的手性诱导也是完全的。另外,作者得到了化合物 **13** [图 7(b)] 和化合物 **16** [图 7(c)] 的晶体结构,晶体结构解析说明了(1*S*)-(—)-樟脑酸内空间位阻较大的两个甲基偏离折叠体,且六元环内酯的氧原子和相邻酰胺氢可以形成氢键,这导致与手性中心相邻的酰胺氢原子形成了三中心氢键,同时也缩小了酰胺羰基和六元环内酯氧原子之间的静电排斥作用,这两种作用都大大有利于折叠体偏向 *P* 螺旋。这些都说明了手性基团与折叠体之间相互作用力的强弱以及空间位阻的大小都是影响手性诱导的关键因素。

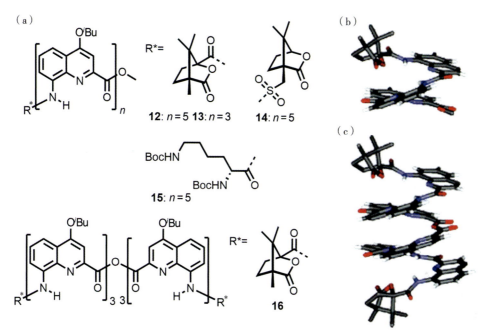

图 7　(a)化合物 **12~16** 的结构;化合物 **13**(b)和化合物 **16**(c)的晶体结构示意图

双 *β*-蒎烯吡啶衍生物具有良好的配位能力和较大的空间位阻,它们与金属配位后催化的不对称反应具有很高的对映选择性[14,15]。*β*-蒎烯吡啶衍生物中的吡啶氮原子是一个很好的氢键受体,而且 *β*-蒎烯具有较大的空间位阻。基于此,我们设计合成了 *β*-蒎烯吡啶羧酸衍生物(+)-**17** 和 *β*-蒎烯吡啶氨衍生物(+)-**18**,并将它们分别偶联在喹啉酰胺折叠体的 N-端和 C-端,希望利用 *β*-蒎烯大的空间位阻和吡啶氮原子强的氢键受体属性,使得到的 NQ 系列和 CQ 系列化合物都有较高的 *de* 值 [图 8(a)][16]。研究结果表明,当 *β*-蒎烯吡啶羧酸衍生物(+)-**17** 链接在喹啉酰胺折叠体的 N-端时,对喹啉酰胺折叠体的手性诱导是完全的,且诱导折叠体为 *P* 螺旋 [图 8(b)]。当 *β*-蒎烯吡啶氨衍生物(+)-**18** 链接在喹啉酰胺折叠体的 C-端时,手性诱导效率相对较低,但对折叠体的手性诱导也是 *P* 螺旋。这是由于 *β*-蒎烯吡啶羧酸衍生物可以与喹啉酰胺折叠体形成稳定的三中心氢键,而 *β*-蒎烯吡啶氨衍生物只能与折叠体形成一个两中心的氢键。酸碱循环滴定实验进一步证实了三中心氢键在绝对手性诱导中的重要性。

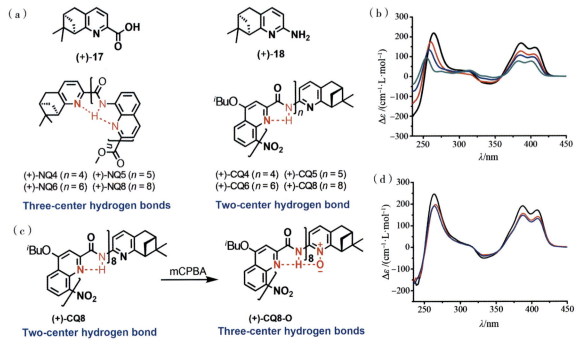

图 8 （a）化合物 **17**、**18**，NQ 以及 CQ 系列化合物的结构；（b）NQ 系列化合物的 ECD 光谱；（c）CQ 系列化合物氧化前后与喹啉酰胺折叠体的作用示意图；（d）化合物（＋）-**CQ8**-*P* [（＋）-**CQ8** 的纯的 *P* 螺旋，黑色]，（＋）-**CQ8**-O（红色）以及（＋）-**CQ8**（蓝色）的 ECD 光谱

　　为了增加 $\beta$-蒎烯吡啶氨衍生物（＋）-**18** 链接在喹啉酰胺折叠体 C-端时的手性诱导效率，我们进一步氧化了（＋）-**CQ8** 中的吡啶氮原子，希望生成的氮氧化物（＋）-**CQ8**-O 可以与喹啉酰胺折叠体形成三中心氢键，从而提高 $\beta$-蒎烯吡啶氨衍生物在喹啉酰胺折叠体的手性诱导效率 [图 8(c)]。研究结果表明，吡啶氮氧原子和相邻的喹啉氮原子与相邻酰胺氢虽然形成了一个三中心氢键，但是手性中心对折叠体的手性诱导效率却只有少许提高 [图 8(d)]；这可能是由于 C-端链接折叠体 CQ 的三中心氢键的稳定性比 N-端链接折叠体 NQ 的三中心氢键的稳定性弱，导致手性传递能力随之也弱。

### 3.1.2 非共价键方式手性诱导喹啉酰胺折叠体

　　通过非共价键的方式将外来分子的手性传递到折叠结构，是折叠体手性诱导的重要手段。比如通过主客体的络合作用，酸碱离子对相互作用、氢键、π-π 堆积等将手性中心的手性经放大并传递给螺旋结构。折叠体的空腔大小取决于折叠体基元的长度以及旋转角的大小。当折叠体的空腔和外来分子的尺寸匹配时，可以包络这些分子，如果该分子有手性且与折叠体存在分子间作用力，则外来分子可以将手性传递给折叠体骨架。黎占亭教授课题组设计合成了几类含有不同基元的氢键驱动的酰肼类寡聚物，这些寡聚物可以通过与单糖或者二糖分子间的氢键作用力包络糖类分子，从而将糖类分子的手性传递给折叠结构[17,18]。

　　喹啉酰胺折叠体空腔通常较小，不能包络客体分子。然而，当喹啉酰胺折叠体的中间部分换成可以形成较大空腔的基元时，就可以包络客体分子。这些修饰后的喹啉折叠体可以络合一些小分子[19,20]，如水、二元醇等。若客体分子具有手性，一旦手性传递给折叠体，将呈现手性放大效应。Huc 课题组报道了一系列中间含有吡啶-哒嗪-吡啶片段的折叠体 **19** 和 **20** [图 9(a)][21,22]。因为吡啶-哒嗪-吡啶片段是直线构型，因此所形成螺旋结构的中间部分空腔较大，而折叠体的外观是两头小，中间粗，类似于一个分子胶囊，可以包络酒石酸分子，且络合常数较大。当向 **19a** 中加入 *L*-酒石酸时，表现为 *M* 螺旋，向其中加入 *D*-酒石酸时，则表现为 *P* 螺旋 [图 9(b)]。由于化合物 **20** 含有手性樟脑烷基，该折叠结构在溶液中表现为 *P* 螺旋构象，当向体系中加入 *L*-酒石酸时，会有少量的 *M*-**20**-*L*-酒石酸产生,进一步说明了酒石酸和折叠体的络合能力非常强,酒石酸的手性可以传递给折叠体。

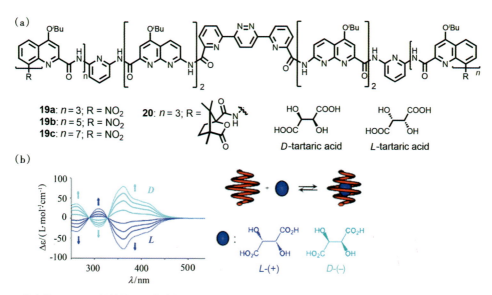

图 9　(a)化合物 **19** 和 **20** 的结构;(b)化合物 **19a** 中加入 0.3、0.5、0.7 和 1.0 eq 的 *L*-酒石酸和 *D*-酒石酸的 ECD 光谱

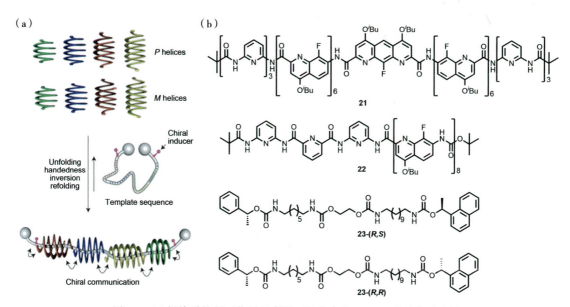

图 10　(a)螺旋手性相互作用示意图,(b)化合物 **21~23** 的结构示意图

2011 年,我们报道将化合物 **19** 末端的喹啉酰胺部分去掉,使用吡啶酰胺、8-氟喹啉酰胺和蒽酰胺 3 种不同的芳香酰胺基元构筑分子螺旋折叠体,这种折叠体可以在氢键的诱导下形成双螺旋构象[23]。在含氨基甲酸酯基的棒状客体分子的存在下,该类螺旋折叠体能够缓慢离解成单螺旋并缠绕在棒状客体分子上,从而形成一类新型的类轮烷复合物。基于上述研究,2017 年,Huc 课题组将棒状客体分子的氨基甲酸酯基引入手性,氨基甲酸酯基可以通过与吡啶酰胺部分形成氢键并将手性传递给与其络合的折叠结构,如果一个棒状客体分子可以络合两个折叠结构,那么这两个折叠结构之间可能存在手性相互作用。如图 10 所示[24],主体分子 **21** 和(**22**)₂ 分别可以与棒状客体分子 **23** 的左侧和右侧的氨基甲酸酯基络合形成热力学稳定的包络结构,当 **21** 和(**22**)₂ 和 **23**-(*R*,*S*)作用时,因为 **23**-(*R*,*S*)对化合物 **21** 和 **22** 诱导的手性不匹配,所以化合物 **21**·(**22**)₂⊃**23**-(*R*,*S*)在核磁谱上并没有主峰出现,该核磁谱应该是 *P*(*P*)₂、*M*(*M*)₂、*P*(*M*)₂ 和 *M*(*P*)₂ 等构象的混合物,

当 **21** 和(**22**)₂分别和 **23**-($R$,$R$)作用时,因为 **23**-($R$,$R$)对化合物 **21** 和(**22**)₂诱导的手性匹配,所以核磁谱上有一组主峰出现。这些都说明折叠体 **21** 和(**22**)₂之间的确发生了手性交流作用。

### 3.2 喹啉酰胺折叠体的手性固定

肽和蛋白质的功能通常取决于它们的三维折叠结构。然而,大多数蛋白质的折叠状态比它们未折叠状态的能量仅仅低了 10 kcal·mol⁻¹[25]。尽管链长较短的多肽在与生物靶标结合时采用特定的折叠结构,但是它们在水溶液中通常呈无规则状态,因此提高多肽和蛋白质折叠构象的稳定性对它们在不同条件下实现生物功能起着重要作用。近年来有很多对折叠结构特别是多肽结构进行修饰,从而稳定螺旋构象的合成方法报道[26]。

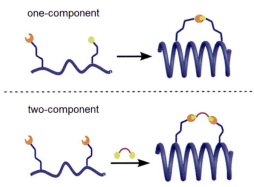

图 11 单组分和双组分反应固定折叠体示意图

其中,以共价键的方式将折叠结构的侧链相连形成大环化合物,阻止折叠体构象的变化是稳定折叠构象的主要方法。根据将侧链相连的方法,可以将侧链固定分为单组分反应固定和双组分反应固定(图 11)。

喹啉酰胺折叠体是一种氢键驱动的具有高度稳定性的折叠体,通常以一对对映体的形式存在,且 $M$ 螺旋和 $P$ 螺旋可以相互转换。根据文献报道,折叠体的稳定性随着折叠体长度的增加而增加,$M$ 螺旋与 $P$ 螺旋之间相互转换的速率可以定量地衡量折叠体的稳定性[27-29]。通过一定的方式将喹啉酰胺折叠体的侧链相连可以在一定程度上减缓 $M$ 和 $P$ 螺旋之间相互转换的速率,甚至可以完全消除 $M$ 和 $P$ 螺旋之间的相互转换,从而得到构象完全固定的喹啉酰胺折叠体。Huc 课题组于 2016 年报道了通过二硫键将芳香酰胺折叠体的侧链相连形成大环化合物 **24** 和 **25**(图12)[30]。作者通过手性 HPLC 将化合物 **24** 的 $M$ 螺旋和 $P$ 螺旋以及化合物 **25** 的 $MM$ 和 $PP$ 两种螺旋构象进行了分离,并对化合物 **24** 的 $M$ 螺旋和化合物 **25** 的 $MM$ 螺旋进行了随时间变化的 ECD 测试。根据实验结果,计算出化合物 **24** 的 $M$ 螺旋和化合物 **25** 的 $MM$ 螺旋转变到平衡状态的半衰期比合环前的前体大了一个数量级,这说明通过二硫键将折叠体固定后,折叠体的两种螺旋构象的相互转换明显受到了限制。

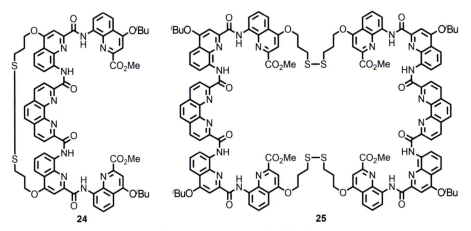

图 12 化合物 **24** 和 **25** 的结构

通过以上对多肽结构固定的研究可知,当固定折叠体的两个链接反应位点位于螺旋结构同一侧面且连接体的长度与两个反应位点匹配时,对螺旋结构固定效果较好。喹啉酰胺折叠体的每 2.5 个基元可以形成一个螺旋圈,因此折叠体的第一和第六个基元的侧链位于同一个侧面。基于此,我们设计并报道了使用不同长度的碳链,将喹啉酰胺折叠体的第一和第六个基元的侧链通过烯烃复分解链接,得到了侧链含有不同碳原子数的化合物 **26**~**28**;在化合物 **26**~**28** 的 C-端引入一个弱的手性基团 *L*-薄荷醇后,得到化合物 **29**~**31** [图 13(a)][31]。从化合物 **26**~**28** 的晶体结构[图 13(b)] 可以看出,当侧链碳原子数是 8 时,侧链的长度与喹啉酰胺折叠体 O1 和 O6 之间的距离最匹配(刚好是两个螺距的长度,0.68 nm),而侧链碳原子数是 6 和 5 时,喹啉酰胺折叠体两端的喹啉基元都有一定程度的扭曲。核磁氢谱和 ECD 光谱的实验结果表明,侧链碳原子数分别是 5、6 和 8 的化合物都可以将折叠体的构象完全固定,在室温甚至在 90℃ 条件下都可以阻止 *M* 和 *P* 螺旋的相互转换,只有在 $C_2D_2Cl_4$ 溶液中加热至 100℃时,化合物 **29**~**31** 的 *M* 和 *P* 螺旋才能够发生相互转换,且转换速率慢。同时由于侧链对折叠体的固定作用,化合物 **30** 和 **31** 所形成的非对映体可以在室温条件下用硅胶柱分离,从而得到单一手性的折叠体。

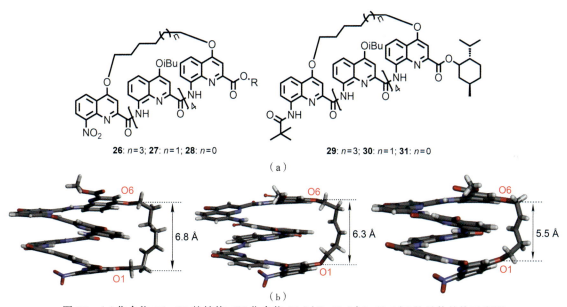

**26**: *n*=3; **27**: *n*=1; **28**: *n*=0      **29**: *n*=3; **30**: *n*=1; **31**: *n*=0

(a)

(b)

图 13 (a)化合物 **26**~**31** 的结构;(b)化合物 **26**(左)、**27**(中)、**28**(右)的晶体结构示意图

### 3.3 喹啉酰胺折叠体间的相互作用

蛋白质的功能主要是通过肽链在二级结构的基础上按照一定的空间结构进一步形成稳定的三级结构来实现的。肌红蛋白,血红蛋白等正是通过这种三级结构使表面的空穴恰好容纳一个血红素分子,从而完成对氧气和二氧化碳等的运输和释放。即使在自然界中,生物大分子的功能可以通过二级结构来实现的实例相当有限,而人们对折叠体的研究兴趣在于模仿生物分子的功能甚至拓展它们的功能。近年来,虽然已经有一些关于折叠体模拟生物分子功能的报道,但是通过二级折叠结构来构筑体积较大、相对复杂的三级结构,从而更好模拟生物分子的功能仍然是一项艰巨的挑战。

通过非共价键或者共价键的方式将两个稳定的折叠结构链接,进而研究这两个折叠结构的相互作用是构筑三级和四级结构的基础。喹啉酰胺折叠体是一种氢键驱动的结构稳定的折叠体,当两个喹啉酰胺折叠体通过一个翻转中心链接,那么这两个折叠体的手性可能会出现相同手性的 *PP*/*MM* 螺旋构象以及不同手性的 *PM* 螺旋构象。Huc 课题组报道了将几个不同大小和刚性的二胺作为翻转中心,设计合成了化合物 **32**~**35**,并研究了在化合物 **32**~**35** 中两个喹啉酰胺折叠体的手性传递情况(图 14)[32,33]。研究结果表明,当柔性链的乙二胺或者 2′-氧基二乙胺链接在两个喹啉酰胺折叠体中间时,两个喹啉酰胺折叠体之间的相互作用比较强,因此两个折叠体之间的手性传递效果较好,出现相同手性的 *PP*/*MM* 螺旋的比例会相对较高。晶体结构解析也证明了在核磁谱上的主要组分是相同手性的 *PP/MM* 螺旋构象,在这种构象中,两个折叠体之间存在 π-π 相互作用。对于化合物 **33** 来说,在相同手性的 *PP/MM* 螺旋构象中,翻转中心 2′-氧基二乙胺中的氧原子可以和折叠体相邻的酰胺氢原子形成氢键,进一步增强了这两个折叠体之间的相互作用。而当间苯二甲胺或者对苯二甲胺作为翻转中心链接在两个喹啉酰胺折叠体的中间时,由于刚性较强,致使两个折叠体之间的距离较大,基本上完全阻止了两个螺旋之间的相互作用,因此两个折叠体之间没有手性传递作用,产生了基本相同比例的 *PP/MM* 螺旋构象和 *PM* 螺旋构象。

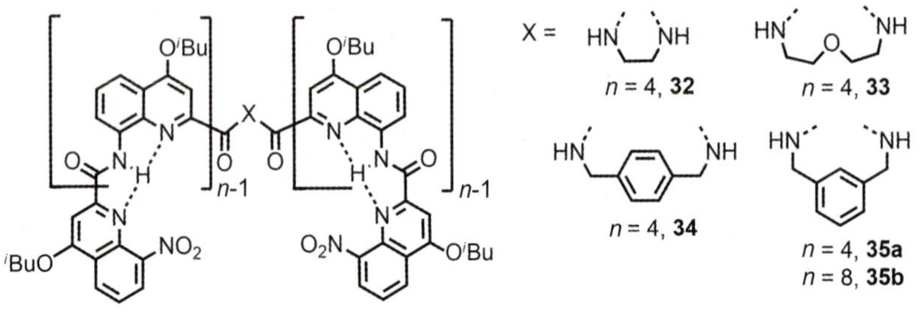

图 14 化合物 **32**~**35** 的结构示意图

当间苯二甲胺链接在喹啉酰胺折叠体中间时,由于苯环的 2 位缺少氢键受体,所以两个折叠体之间的相互作用较弱。如果翻转中心的苯二甲胺被吡啶二甲胺取代,由于吡啶氮原子可以与相邻酰胺氢形成氢键,所以由吡啶二甲胺链接的两个折叠体之间的相互作用会大大增强。基于此,Huc 课题组报道了化合物 **36** 和 **37**(图 15)[34,35]。研究结果表明,化合物 **36** 仅有相同手性的 *MM/PP* 螺旋构象,而化合物 **37** 由于翻转中心亚乙基存在扭曲和反式两种构象。链长较长的化合物 **37b** 和 **37c** 在 CDCl₃ 溶液中以 *PM* 螺旋构象为主(93%),这是由于当折叠体的链长大于两个螺旋圈时,两个折叠体的侧链会发生重叠从而产生空间位阻效应,不利于相同手性 *PP/MM* 螺旋构象的形成。而对于折叠体链长较短的 **37a**,两个折叠体之间的相互作用较弱,在 CDCl₃ 溶液中的螺旋偏向为 76%,而且由于螺旋构象之间的相互转换太快,并没有测出具体的螺旋偏向。

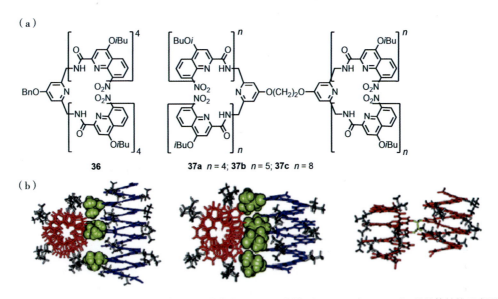

图 15 (a)化合物 **36** 和 **37** 结构示意图;(b)化合物 **37c**(*PM* 螺旋,左)、**37b**(中)、**37a**(右)的晶体结构示意图

## 4. 结论和展望

折叠体的手性诱导研究具有极其重大的理论意义与应用价值,因为它不但可以通过模拟生命

体系的结构与功能来解释生命现象,还在手性材料、不对称催化等方面有着巨大的应用潜力。本文从喹啉酰胺折叠体的手性诱导、喹啉酰胺折叠体手性的固定以及喹啉酰胺折叠体之间的相互作用三个方面探讨了喹啉酰胺折叠体的手性问题。对于喹啉酰胺折叠体的手性诱导,手性分子与喹啉酰胺折叠体之间相互作用的强弱是手性分子手性诱导效率的决定性因素,因此设计与折叠体相互作用强且空间位阻大的手性分子是高效率获得手性诱导折叠体的重要前提。喹啉酰胺折叠体手性的固定是通过连接体将折叠体的侧链相连形成大环,从而在一定程度上减缓或者完全消除折叠体 $M$ 螺旋和 $P$ 螺旋之间的相互转换。如前所述,只有连接体的两个位点位于折叠体同一侧面且连接体的长度与两个反应位点距离匹配时,才能完全固定折叠体。在喹啉酰胺折叠体之间的手性交流方面,连接体与折叠体之间相互作用的强弱,连接体的大小和刚性对两个折叠体空间距离的控制以及折叠体之间的相互作用都是控制折叠体手性的重要因素,因此通过设计折叠体之间相互作用的方式以及相互作用的强弱可以构筑更加复杂的三级结构甚至是四级结构。另一方面,基于折叠体的不对称催化研究非常少,主要原因是缺少可用于构筑不对称催化平台的单一手性折叠体。最近我们的研究表明单一手性的喹啉酰胺折叠体可以作为一个很好的手性骨架,当它的侧链或者末端经过修饰后含有催化活性位点时,可以高效地应用于不对称催化反应。

**致谢**:感谢国家自然科学基金项目(21472015)的资助。

**参考文献**

[1] SONG G, REN J. Recognition and regulation of unique nucleic acid structures by small molecules [J]. Chem. Commun., 2010, 46(39): 7283-7294.

[2] HILL D J, MIO M J, PRINCE R B, et al. A field guide to foldamers [J]. Chem. Rev., 2001, 101(12): 3893-4012.

[3] HUC I, JIANG H. Organic Foldamers and Helices. In supramolecular chemistry: From molecules to nanomaterials [G]. GALE P A, STEED J W. Eds; Chichester: John Wiley & Sons Ltd., 2012: 2183-2206.

[4] YASHIMA E, OUSAKA N, TAURA D, et al. Supramolecular Helical Systems: Helical assemblies of small molecules, foldamers, and polymers with chiral amplification and their functions [J]. Chem. Rev., 2016, 116 (22): 13752-13990.

[5] PIGUET C, BERNARDINELLI G, HOPFGARTNER G. Helicates as versatile supramolecular complexes [J]. Chem. Rev., 1997, 97(6): 2005-2062.

[6] 张丽萍, 杨健雄. 生物化学简明教程 [M]. 第 4 版. 北京: 高等教育出版社. 2009: 48.

[7] CHEN C, SHEN Y. Helicenes: Synthesis and applications [J]. Chem. Rev., 2012, 112(3): 1463-1535.

[8] INAI Y, KOMORI H, OUSAKA N. Control of helix sense in protein-mimicking backbone by the noncovalent chiral effect [J]. Chem. Rec., 2007, 7(3): 191-202.

[9] JIANG H, LÉGER J M, DOLAIN C, et al. Aromatic δ-peptides: Design, synthesis and structural studies of helical, quinoline-derived oligoamide foldamers [J]. Tetrahedron, 2003, 59(42): 8365-8374.

[10] JIANG H, LÉGER J-M, HUC I. Aromatic δ-peptides [J]. J. Am. Chem. Soc., 2003, 125(12): 3448-3449.

[11] JIANG H, DOLAIN C, LÉGER J M, et al. Switching of chiral induction in helical aromatic oligoamides using solid state-solution state equilibrium [J]. J. Am. Chem. Soc., 2004, 126(4): 1034-1035.

[12] DOLAIN C, JIANG H, LÉGER J M, et al. Chiral induction in quinoline-derived oligoamide foldamers: Assignment of helical handedness and role of steric effects [J]. J. Am. Chem. Soc., 2005, 127(37): 12943-12951.

[13] KENDHALE A M, PONIMAN L, DONG Z, et al. Absolute control of helical handedness in quinoline oligoamides [J]. J. Org. Chem., 2011, 76(1): 195-200.

[14] OYLER K D, COUGHLIN F J, BERNHARD S. Controlling the helicity of 2,2′-bipyridyl ruthenium(II) and zinc(II) hemicage complexes [J]. J. Am. Chem. Soc., 2007, 129(1): 210-217.

[15] RIESGO E C, CREDI A, DE COLA L, et al. Diastereoselective formation and photophysical behavior of a chiral copper(I) phenanthroline complex [J]. Inorg. Chem., 1998, 37(9): 2145-2149.

[16] ZHENG L, ZHAN Y, YU C, et al. Controlling helix sense at N- and C-termini in quinoline oligoamide foldamers by β-pinene-derived pyridyl moieties [J]. Org. Lett., 2017, 19(6): 1482-1485.

[17] HOU J L, SHAO X B, CHEN G J, et al. Hydrogen bonded oligohydrazide foldamers and their recognition for saccharides [J]. J. Am. Chem. Soc., 2004, 126(39): 12386-12394.

[18] CHEN Y Q, WANG X Z, SHAO X B, et al. Hydrogen bonding-mediated self-assembly of rigid and planar metallocyclophanes and their recognition for mono-and disaccharides [J]. Tetrahedron, 2004, 60(45): 10253-10260.

[19] GARRIC J, LEGER J M, HUC I. Encapsulation of small polar guests in molecular apple peels [J]. Chem. Eur. J., 2007, 13(30): 8454-8462.

[20] BAO C, KAUFFMANN B, GAN Q, et al. Converting sequences of aromatic amino acid monomers into functional three-dimensional structures: Second-generation helical capsules [J]. Angew. Chem. Int. Ed., 2008, 47(22): 4153-4156.

[21] FERRAND Y, CHANDRAMOULI N, KENDHALE A M, et al. Long-range effects on the capture and release of a chiral guest by a helical molecular capsule [J]. J. Am. Chem. Soc., 2012, 134(27): 11282-11288.

[22] FERRAND Y, KENDHALE A M, KAUFFMANN B, et al. Diastereoselective encapsulation of tartaric acid by a helical aromatic oligoamide [J]. J. Am. Chem. Soc., 2010, 132(23): 7858-7859.

[23] GAN Q, FERRAND Y, BAO C, et al. Helix-rod host-guest complexes with shuttling rates much faster than disassembly [J]. Science, 2011, 331(6021): 1172-1175.

[24] GAN Q, WANG X, KAUFFMANN B, et al. Translation of rod-like template sequences into homochiral assemblies of stacked helical oligomers [J]. Nat. Nanotechnol., 2017, 12(5): 447-452.

[25] ZHANG F, SADOVSKI O, XIN S J, et al. Stabilization of folded peptide and protein structures via distance matching with a long, rigid cross-linker [J]. J. Am. Chem. Soc., 2007, 129(46): 14154-14155.

[26] LAU Y H, DE ANDRADE P, WU Y, et al. Peptide stapling techniques based on different macrocyclisation chemistries [J]. Chem. Soc. Rev., 2015, 44(1): 91-102.

[27] DELSUC N, KAWANAMI T, LEFEUVRE J, et al. Kinetics of helix-handedness inversion: Folding and unfolding in aromatic amide oligomers [J]. ChemPhysChem, 2008, 9(13): 1882-1890.

[28] QI T, MAURIZOT V, NOGUCHI H, et al. Solvent dependence of helix stability in aromatic oligoamide foldamers [J]. Chem. Commun., 2012, 48(51): 6337-6339.

[29] ABRAMYAN A M, LIU Z, POPHRISTIC V. Helix handedness inversion in arylamide foldamers: Elucidation and free energy profile of a hopping mechanism [J]. Chem. Commun., 2016, 52(4): 669-672.

[30] TSIAMANTAS C, DE HATTEN X, DOUAT C, et al. Selective dynamic assembly of disulfide macrocyclic helical foldamers with remote communication of handedness [J]. Angew. Chem. Int. Ed., 2016, 55(55): 6848-6852.

[31] ZHENG L, YU C, ZHAN Y, et al. Locking interconversion of aromatic oligoamide foldamers by intramolecular side-chain crosslinking: Toward absolute control of helicity in synthetic aromatic foldamers [J]. Chem. Eur. J., 2017, 23(23): 5361-5367.

[32] DOLAIN C, LEGER J M, DELSUC N, et al. Probing helix propensy of monomers within a helical oligomer [J]. Proc. Natl. Acad. Sci. U. S. A., 2005, 102(45): 16146-16151.

[33] DELSUC N, PONIMAN L, LÉGER J M, et al. Assessing the folding propensity of aliphatic units within helical aromatic oligoamide foldamers [J]. Tetrahedron, 2012, 68(23): 4464-4469.

[34] DELSUC N, LÉGER J M, MASSIP S, et al. Proteomorphous objects from abiotic backbones [J]. Angew. Chem. Int. Ed., 2007, 46(1-2): 214-217.

[35] DELSUC N, MASSIP S, LEGER J M, et al. Relative helix-helix conformations in branched aromatic oligoamide foldamers [J]. J. Am. Chem. Soc., 2011, 133(9): 3165-3172.

# 生命体中的手性设计师——核苷酸分子

周培，李晖*

北京理工大学化学与化工学院，北京 102488
*E-mail: lihui@bit.edu.cn

**摘要**：本文以生物体内常见的几种核苷酸为主配体，通过选择不同的辅助配体以及包括 pH 值、溶剂、温度、金属离子等合成条件，研究核苷酸配合物的可控合成与超分子组装；探究核苷酸分子的固有手性通过配位键和非共价相互作用传递到配合物和超分子组装体，以及通过超分子组装或手性诱导等构筑超分子手性。此外，我们首次报道了在晶态核苷酸金属配合物中观察到的一种新型手性构象，即拓展轴手性（EAC）。本研究的特色是运用 X 射线单晶衍射法与固态电子圆二色（ECD）谱相结合的分析方法，认识核苷酸配合物中手性传递的途径和新手性产生的机理。

**关键词**：核苷酸；手性配合物；拓展轴手性；手性自组装；固态电子圆二色谱

## Chirality Designer for Organism：Nucleotide Molecules

ZHOU Pei, LI Hui*

**Abstract**：The controllable synthesis and supramolecular assembly of nucleotide-metal coordination complexes have been studied with different reaction conditions such as pH values, solvents, temperatures and metal ions. The research has focused on the inherent chirality delivering of nucleotide molecules through coordination bond and non-covalent interactions, especially supramolecular chirality constructed by supramolecular assembly or chirality inducement. It is the first time to report a new kind of chiral conformation in crystallized nucleotide-metal coordination complexes, Extended Axial Chirality (EAC). The distinguishing feature of this research is the combination of X-ray single crystal diffraction analysis and solid state electronic circular dichroism (ECD) spectra. This will lead to an understanding of the pathways of chiral transmission in nucleotide complexes and the mechanisms by which chirality arises.

**Key Words**：Nucleotide; Chiral coordination complex; Extended axial chirality; Chiral self-assembly; Solid-state ECD spectroscopy

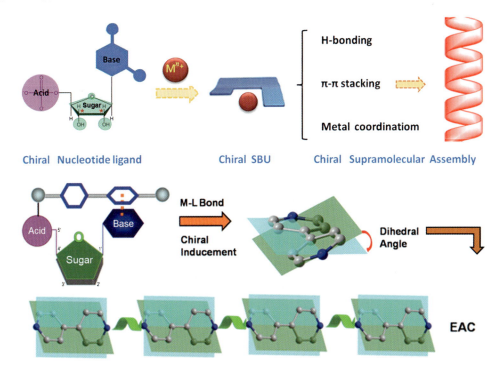

手性就好比人的双手,左手和右手不能完全重合;分子不能与其镜像重合时,该分子就是一种手性分子。手性是自然界的基本属性,作为生命活动重要基础的氨基酸、蛋白质、糖、DNA 等都是单一手性的。在漫长的演化过程中,地球上出现了无数手性化合物。构成生命体基本单元的有机分子,无论是在种类上还是在数量上,绝大多数都是手性分子。生命体有极强的手性识别能力,不同构型的立体异构体往往表现出极不相同的生理效能。那么生命体中的手性起源究竟与什么因素相关呢?

## 1. 为什么核苷酸被誉为生命体中的"手性设计师"

2009 年 10 月,英国、美国、以色列的三位科学家,因核糖体结构与功能的研究获得诺贝尔化学奖。他们的发现[1]对于揭开核酸的奥妙以及科学地认识核酸有着颠覆性的意义。核糖体俗称核糖蛋白体,由 60% 的核糖核酸和 40% 的蛋白质组成,是生命体的蛋白质工厂。人体生命过程所需的2 万多种蛋白质都是在核糖体中以核糖核酸为直接模板,按基因核苷酸顺序合成的。没有核酸就没有核糖体,就不能合成蛋白质,也就没有生命。如果把生命物质基础的生理活动比作一件作品的话,那么,蛋白质就是制作作品的材料,而核酸就是材料部件的设计师。那么,为什么这位设计师设计出来的部件都具有特定的手征性呢?

核酸是由核苷酸有序排列形成的,包括 DNA、RNA,也就是脱氧核糖核酸、核糖核酸。早在1953 年,沃森和克里克发现了 DNA 双螺旋的结构(图 1)[2],开启了分子生物学时代,使遗传的研究深入分子层次,"生命之谜"被打开,人们清楚地了解遗传信息的构成和传递的途径。双螺旋模型的意义,不仅在于它探明了 DNA 分子的结构,更重要的是还揭示了 DNA 的复制机制:腺嘌呤(A)总是与胸腺嘧啶(T)配对,鸟嘌呤(G)总是与胞嘧啶(C)配对,这说明两条链的碱基顺序是彼此互补的,只要确定了其中一条链的碱基顺序,另一条链的碱基顺序也就确定了。克里克推测 DNA 的特定配对原则,使遗传物质通过半复制机制来进行工作。那么核酸的手性在复制的过程中得到传递也就不难想到了。

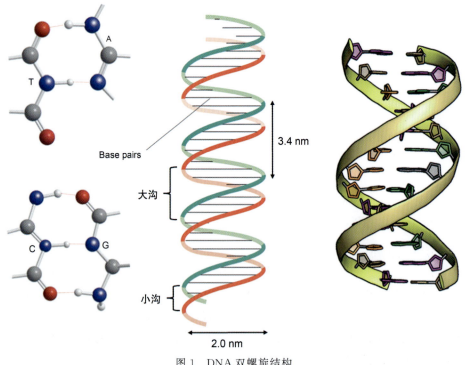

图 1  DNA 双螺旋结构

核苷酸以碱基互补配对的形式组装成具有螺旋结构的核酸,与核苷酸本身的结构特征有着密不可分的联系。因此,20世纪中叶以来,涌现出大量关于核苷酸分子及其结构特征的研究[3]。核苷酸分子的基本结构如图2所示,主要包括三个基本部分,即核苷碱基、戊糖环和磷酸酯基。其中,不同的核苷酸具有不同的核苷碱基,分为嘌呤碱基和嘧啶碱基两大类,且不同的杂环碱基具有不同的N、O配位原子,因而具有不同的配位活性。而在同种核苷酸中,又有核苷单磷酸、二磷酸和三磷酸之分,且磷酸酯基在不同的pH条件下还存在程度不等的质子化。此外,戊糖环的不同手性构象、戊糖环与杂环之间的C-N单键的旋转、C-2位脱氧与否等都促成了核苷酸结构的多样性[4,5]。

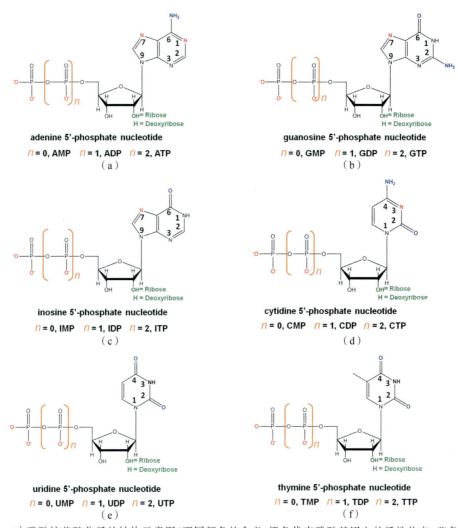

图 2　5'-磷酸核苷酸分子的结构示意图(不同颜色的含义:橙色代表磷酸基团上的活性位点;蓝色代表核苷碱基上的特征官能团;绿色代表糖环上2'-C上的质子化或去质子的羟基。$n=0$,代表单磷酸核苷酸;$n=1$,代表二磷酸核苷酸;$n=2$,代表三磷酸核苷酸)

手性糖环使核苷酸分子具有了光学活性,也就是说核苷酸是一类手性配体。在周围环境的影响下,核苷酸分子可以发生多种多样的组装。含氮碱基可以通过氢键相互作用进行自识别或互补配对(图3),从而形成多聚组装体[6-8]。磷酸基团可以通过配位作用或酯化作用使单独的核苷酸聚集成链[9]。手性糖环则能引起组装体的对称性破缺,起传递和诱导手性的作用(图4)。可以说,在形成手性核苷酸组装体的过程中,核苷酸的分子手性是"设计师"的灵感源泉,而多重活性作用位点则是"设计师"的尺子或指挥棒。

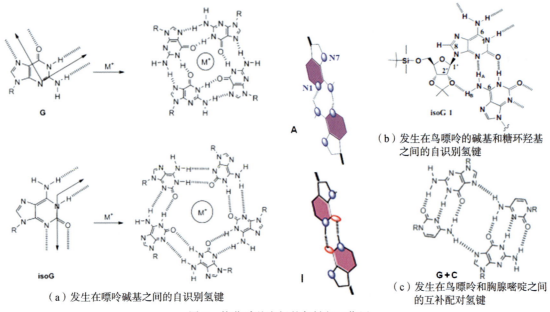

（a）发生在嘌呤碱基之间的自识别氢键

（b）发生在鸟嘌呤的碱基和糖环羟基之间的自识别氢键

（c）发生在鸟嘌呤和胸腺嘧啶之间的互补配对氢键

图3　核苷碱基之间的氢键相互作用

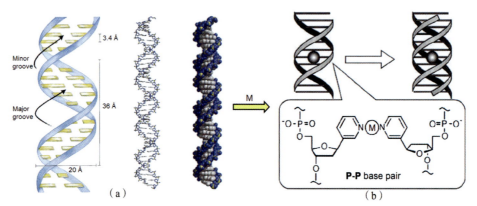

图4　(a)通过碱基互补配对形成的天然 DNA 双螺旋结构；(b)通过金属配位及氢键形成的双螺旋或三螺旋 DNA 链

## 2. 探秘"手性设计师"的设计理念

前已述及，核苷酸这位"设计师"在设计手性组装体的过程中会受到环境因素的影响，而生命体中的环境复杂多变，究竟哪些因素会对其造成影响，以及如何影响呢？这是一个非常复杂的问题。其中，由于金属离子在许多重要的生物过程中发挥着关键的作用[10-12]，而核苷酸又存在着多重活性配位点，因此，关于核苷酸金属配合物及其组装体的结构和手性研究无疑是解决这一复杂问题的突破口。

早在 20 世纪中叶，以核苷酸作为功能配体的金属配合物的研究就已经激起化学界的强烈兴趣。金属离子的参与将如何影响核苷酸配合物的结构及手性？这一问题的解答很大程度上受限于核苷酸配合物的单晶结构难以得到，而晶体结构的分析恰恰能提供直接的研究依据。培养核苷酸配合物单晶结构的困难在于核苷酸的柔性和金属离子可以催化核苷酸磷酸酯基的非酶水解[3,13]。自 20 世纪 70 年代以来，仅有屈指可数的核苷单磷酸过渡金属配合物的单晶结构被报道[14]。研究这些核苷酸-金属配合物的晶体结构和手性特征，可以发现核苷酸与金属的配位作用发生在核苷碱基和磷酸基团上的活性位点，并且核苷酸配体的分子手性通过微扰中心金属离子的电子对称性而诱导产生手性金属中心（图5）。未参与配位的其他活性位点之间则形成丰富的氢键或 π-π 相互作用,将手性核苷酸配合物单元进一步组装成超分子结构。在这样的组装过程中,一般会进一步形成螺旋手性超分子组装体(图6和图7)。

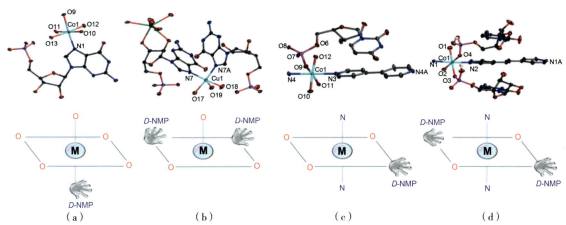

图5　核苷酸配体诱导产生的手性金属中心(a)单一手性配体通过核苷碱基上的活性N原子参与配位(六配位)[15];(b)两个手性配体通过核苷碱基上的活性N原子参与配位(五配位)[16];(c和d)手性核苷酸和联吡啶类辅助配体的六配位结构,手性核苷酸配体通过磷酸基团参与配位[17](NMP = 5'-单磷酸核苷酸)

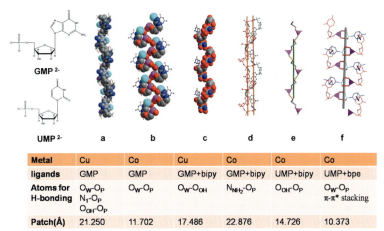

| Metal | Cu | Co | Cu | Co | Co | Co |
|---|---|---|---|---|---|---|
| ligands | GMP | GMP | GMP+bipy | GMP+bipy | UMP+bipy | UMP+bpe |
| Atoms for H-bonding | $O_W$-$O_P$ $N_1$-$O_P$ $O_{OH}$-$O_P$ | $O_W$-$O_P$ | $O_W$-$O_{OH}$ | $N_{NH_2}$-$O_P$ | $O_{OH}$-$O_P$ | $O_W$-$O_P$ π-π* stacking |
| Patch(Å) | 21.250 | 11.702 | 17.486 | 22.876 | 14.726 | 10.373 |

图6　氢键和π-π作用组装构建的核苷酸超分子螺旋结构 [bipy＝4,4'-联吡啶;bpe＝1,2-双(4-吡啶基)乙烷]

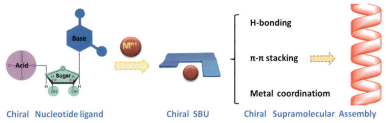

图7　核苷酸配合物中的手性金属中心和超分子螺旋结构的组装途径示意图

核苷酸作为配体,不仅可以诱导产生手性金属中心和螺旋手性结构,还可诱导对称的联吡啶类配体产生轴手型构象。轴手性是非常重要的一种手性现象,不仅广泛存在,且具有特殊的性质[18-22]。一般而言,轴手性是由于阻转异构产生的定域手性构象,常出现在有机化合物中[23,24]。有机物中的轴手性一般是指联芳烃围绕芳环之间的C-C单键旋转受阻而产生的光学活性构象(即两个芳环之间存在一定的夹角)。这类联芳烃在C-C键轴两侧的取代基通常是不同的,如图8所示,当$R_1$、$R_2$不同且$R_1'$、$R_2'$不同时,该化合物具有轴手性构象[25];如果$R_1$、$R_1'$相同且$R_2$、$R_2'$相同,

则该化合物具有 $C_2$-对称性(但仍是手性构象),如图 8 中的化合物 **B** 和 **C**;甚至当 4 个取代基完全相同时也有可能产生手性构象,当取代基通过两个桥连接使取代基两两成对时,化合物具有 $D_2$ 对称性(如图 8 中化合物 **D**)。当 4,4'-bipy 的受阻旋转所产生的特定构象被与金属离子之间的配位作用以及手性诱导剂之间的非共价相互作用(主要是 π-π 堆积作用)所固定时,同样也会产生具有 $D_2$ 对称性的轴手性构象,尽管它的 4 个取代基都相同(均为 H)。这种现象与 4,4'-二-(三乙氧基硅烷基)联苯通过与手性诱导剂之间的共缩聚作用而产生的轴手性构象类似[26]。

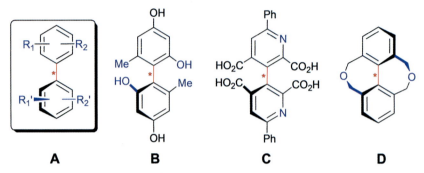

图 8　联芳基化合物产生轴手型构象的几种取代形式

在很多配位聚合物中,桥联配体 4,4'-bipy 上的两个吡啶环也常常围绕中间的 C-C 单键发生阻转异构,并通过配位键形成一维链状结构[18,27],但是缺乏关于这一桥连配体轴手性的相关报道。产生这一结果的可能的原因是:首先,难以获得具有轴手性构象的 4,4'-bipy 配体的单一手性配位聚合物;其次,在没有其他手性环境的协同作用下,4,4'-bipy 配体的轴手性信号难以通过 ECD 观测到。

当核苷酸作为手性诱导剂与 4,4'-bipy 共同参与金属的配位时,4,4'-bipy 的轴手性构象就可通过与手性金属中心之间的配位键的连接而被拓展到一维无限尺度,并且其 $D_2$ 对称性在这一过程中被进一步破坏。其中,金属中心的手性是由手性诱导剂(这里主要指核苷酸)的配位而产生的,并且通过配位作用传递给了 4,4'-bipy 的一维链状结构(图 9)。我们把轴手性分子通过与手性金属中心之间的配位作用所形成的配位聚合物的手性构象定义为拓展的轴手性(extended axial chirality,EAC)[16]。这种手性是由手性诱导剂(手性配体)诱导产生的手性中心及轴手性分子单元

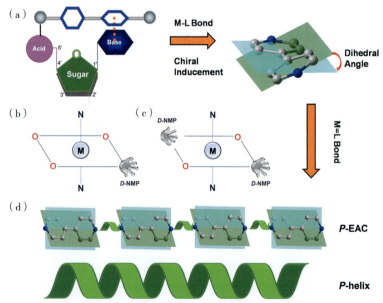

图 9　(a)核苷酸通过配位作用诱导 4,4'-bipy 配体产生的拓展轴手型结构示意图;(b)和(c)核苷酸的分子手性诱导产生的手性金属中心的配位情况示例;(d)拓展轴手性的结构示意图

之间通过配位键的连接作用而结合在一起,并且拓展到无限尺度的一种复合手性构象,其对称性低于任一组分构象的对称性。显然,这种配位聚合物中的轴手性现象与有机单体的轴手性有明显区别,因此起源于有机化学的"轴手性"的概念及其内涵在配位化学领域得到拓展。

EAC 的绝对构型取决于轴手性分子单元的手性与金属中心手性复合的结果。以核苷酸诱导的 4,4'-bipy 链的拓展轴手性为例(图 10),$D$ 型核苷酸配体的配位作用产生了右手型的手性金属中心;而 4,4'-bipy 的轴手性则取决于手性诱导剂核苷酸的配位取向:以任意一端的吡啶环为优先端,沿 4,4'-bipy 链的方向观察,如果核苷酸分子以顺时针的方向环绕该链,则其轴手性构象为 $M$,反之为 $P$。

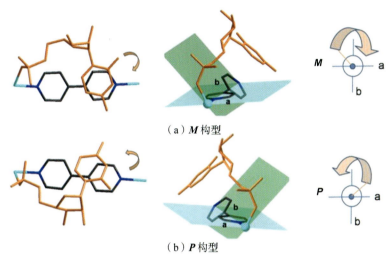

（a）$M$ 构型

（b）$P$ 构型

图 10　拓展轴手型的绝对构型判断

核苷酸作为手性配体可以诱导产生不同类型的手性结构(图 11),为揭开生命体中手性的复制和传递奥秘提供了重要的参考信息。核苷酸配合物中的不同层次的手性结构可通过固态 ECD 谱(图 12)[17,28]和晶体结构分析相结合的方法进行分析和归属,为核苷酸配合物的超分子手性及手性传递研究提供重要的依据。

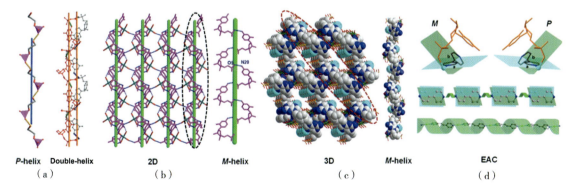

| *P*-helix | Double-helix | 2D | *M*-helix | 3D | *M*-helix | EAC |
|---|---|---|---|---|---|---|
| （a） | | （b） | | （c） | | （d） |

图 11　核苷酸配合物晶体中存在的不同层次的手性源:(a)存在于 GMP-bipy-Cu 配合物晶体中的 1D 超分子螺旋结构图;(b)存在于 CMP-bpe-Co 配合物晶体中的 2D 超分子螺旋结构图;(c)存在于 GMP-Cu 配合物晶体中 3D 超分子螺旋结构图;(d)有辅助配体参与的三元核苷酸配合物中存在的拓展轴手性链(EAC)示意图

根据 Miles 等的研究结果[29],可对图 13 所示的 4 种生物体内天然存在的核苷酸的 ECD 图进行如下归属:AMP、GMP、CMP 和 UMP 配体的最大吸收峰分别位于 257、256、275 和 262 nm 处,其中 AMP 和 UMP 的特征吸收峰与其相应的碱基特征吸收一致。ECD 谱中呈现 3 个典型的特征峰为:(1)200 nm 以下的信号峰对应于糖环上的 n-σ* 跃迁吸收;(2)以 220 nm 为中心的肩峰是由

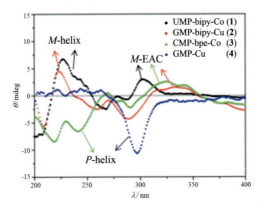

图12 核苷酸配合物 **1~4** 的固态 ECD 谱图,其中,配合物 **1**、**2** 的 *M*-超分子螺旋信号和配合物 **3**、**4** 的 *P*-超分子螺旋信号在 220~300 nm 波段被检测[15-17];三元配合物 **1**、**2**、**3** 中的 *M*-EAC 信号在 300 nm 附近被检测[17]

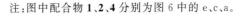

注:图中配合物 **1**、**2**、**4** 分别为图 6 中的 e、c、a。

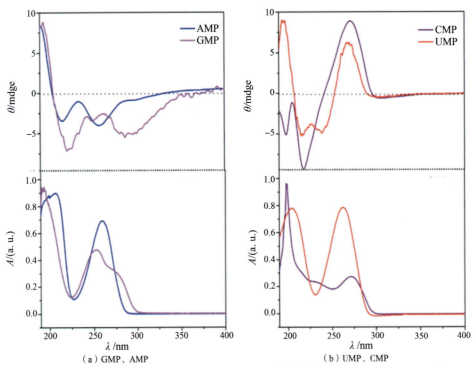

图13 4 种核苷酸配体水溶液的 ECD 和 UV-Vis 光谱(测试浓度均为 0.1 mg·mL⁻¹)

于配体分子内的 n-π* 跃迁吸收产生的信号峰,与紫外-吸收(UV)光谱中的波谷位置相对应[30];(3)270 nm 附近的吸收峰是由于配体分子内的 π-π* 跃迁吸收产生的信号峰,这一吸收峰表现出正 Cotton 效应,表明所用的 AMP 和 UMP 配体为 *D* 型核苷酸。GMP 配体的 3 个特征吸收峰分别位于 198 nm(一)、225 nm(＋)和 250 nm(一)处且较弱,其中 225 nm 处的正信号峰对应于 n-π* 跃迁吸收,而 250 nm 处的负信号峰则对应于 π-π* 跃迁。在 CMP 配体的 ECD 谱中,271 nm 处的正信号峰以及 195 nm 和 220 nm 处的负信号峰分别归属于 π-π* 和 n-π* 跃迁吸收。与手性核苷酸配体的 ECD 图相比,手性核苷酸配合物中产生的新的手性源在 ECD 谱中会产生相应的手性信号(图12)。例如在 225 nm 附近可以捕获到基于超分子螺旋结构产生的手性信号,以及在 300 nm 附近可以捕获到核苷酸诱导产生的 4,4'-bipy 和 bpe 的轴手性信号(注:该处的信号有时会以激子裂分样式呈现[28]）。结合晶体结构分析，核苷酸诱导产生的超分子螺旋手性和拓展轴手性的绝对构型与 ECD 谱中的正负信号一致。

核苷酸的生物适用性、分子手性和具有多重活性基团的特点，是它成为生命体中的"手性设计师"的必要条件。而对以核苷酸为配体的手性配合物和超分子材料的结构与手性的研究是我们了解这位"设计师"的有效途径。在复杂的生命体中，除了金属离子外，还有很多因素对核苷酸的手性立体结构、手性诱导和传递作用产生影响，因而需要我们继续进行探索和研究。

**参考文献**

[1] SCHUWIRTH B S, BOROVINSKAYA M A, HAU C W, et al. Structures of the bacterial ribosome at 3.5 angstrom resolution [J]. Science, 2005, 310(5749): 827-834.

[2] WATSON J D, CRICK H C. Molecular structure of nucleic acids: A structure for deoxyribose nucleic acid [J]. Nature, 1953, 171(4356): 737-738.

[3] SIGEL H, KAPINOS L E. Quantification of isomeric equilibria for metalion complexes formed in solution by phosphate or phosphonate ligands with a weakly coordinating second site [J]. Coord. Chem. Rev., 2000, 200-202: 563-594.

[4] HOCEK M, FOJTA M. Nucleobase modification as redox DNA labelling for electrochemical detection [J]. Chem. Soc. Rev., 2011, 40(12): 5802-5814.

[5] LAU M W L, CADIEUX K E C, UNRAU P J. Isolation of fast purine nucleotide synthase ribozymes [J]. J. Am. Chem. Soc., 2004, 126(48): 15686-15693.

[6] SESSLER J L, SATHIOSATHAM M, DOERR K, et al. A G-quartet formed in the absence of a templating metal cation: A new 8-(N,N-dimethylaniline) guanosine derivative [J]. Angew. Chem. Int. Ed., 2000, 39(7): 1300-1303.

[7] DAVIS J T. G-quartets 40 years later: From 5′-GMP to molecular biology and supramolecular chemistry [J]. Angew. Chem. Int. Ed., 2004, 43(6): 668-698.

[8] VANEGAS J. P. Unzipping nucleoside channels by means of alcohol disassembly [J]. Chem. Eur. J., 2013, 19(48): 16248-16255.

[9] TANAKA K, YAMADA Y, SHIONOYA M. Formation of silver(I)-mediated DNA duplex and triplex through an alternative base pair of pyridine nucleobases [J]. J. Am. Chem. Soc., 2002, 124(30): 8802-8803.

[10] KENDRICK M J. Metals in biological systems [M]. New York: Ellis Horwood, Ltd., 1992.

[11] CIARDELLI F. Macromolecule-metal complexes [M]. Berlin: Springer-Verlag, Ltd., 1996.

[12] KAIM W. Bioinorganic chemistry: Inorganic elements in the chemistry of life [M]. Chichester: John Wiley & Sons, Ltd., 1994.

[13] KATO M, SAH A K, TANASE T, et al. Transformation of a tetranuclear copper(II) complex bridged by sugar phosphates into nucleotide-containing $Cu_4$ aggregations [J]. Eur. J. Inorg. Chem., 2006, (12): 2504-2513.

[14] ZHOU P, SHI R, YAO J F, et al. Supramolecular self-assembly of nucleotide-metal coordination complexes: From simple molecules to nanomaterials [J]. Coord. Chem. Rev., 2015, 292: 107-143.

[15] ZHOU P, WNAG C, QIU Q M, et al. Controllable synthesis for nucleotides complex based on ph control: Small-molecule fluorescent probe as auxiliary ligand to indicate the pre-organization of nucleotide complex in solution [J]. Dalton Trans., 2015, 44(40): 17810-17818.

[16] ZHOU P, LI H. . Chirality delivery from a chiral copper(II) nucleotide complex molecule to its supramolecular architecture [J]. Dalton Trans., 2011, 40(18): 4834-4837.

[17] ZHOU P, YAO J F, SHENG C F, et al. A continuing tale of chirality: Metal coordination extended axial chirality of 4,4′-bipy to 1D infinite chain under cooperation of nucleotides ligand [J]. Cryst. Eng. Comm., 2013, 15(15): 8430-8436.

[18] LI X, LIU T, HU B, et al. Homochiral supramolecular compounds constructed from amino acid derivatives:

Syntheses, structures, chiroptical, and photoluminescence properties [J]. Cryst. Growth. Des., 2010, 10(7): 3051-3059.

[19] MA L, ABNEY C, LIN W. Enantioselective catalysis with homochiral metal-organic frameworks [J]. Chem. Soc. Rev., 2009, 38(5): 1248-1256.

[20] MOMIYAMA N, KONNO T, FURIYA Y, et al. Design of chiral bis-phosphoric acid catalyst derived from (R)-3,3′-Di(2-hydroxy-3-arylphenyl)binaphthol: Catalytic enantioselective Diels-Alder reaction of α,β-unsaturated aldehydes with amidodienes [J]. J. Am. Chem. Soc., 2011, 133(38): 19294-19297.

[21] HAYASAKA H, MIYASHITA T, NAKAYAMA M, et al. Dynamic photoswitching of helical inversion in liquid crystals containing photoresponsive axially chiral dopants [J]. J. Am. Chem. Soc., 2012, 134(8): 3758-3765.

[22] MAKAREVIĆ J, ŠTEFANIĆ Z, HORVAT L, et al. Intermolecular central to axial chirality transfer in the self-assembled biphenyl containing amino acid-oxalamide gelators [J]. Chem. Commun., 2012, 48(59): 7407-7409.

[23] HASHIMOTO T, KIMURA H, NAKATSU H, et al. Synthetic application and structural elucidation of axially chiral dicarboxylic acid: Asymmetric mannich-type reaction with diazoacetate, (diazomethyl)phosphonate, and (diazomethyl)sulfone [J]. J. Org. Chem., 2011, 76(15): 6030-6037.

[24] AIKAWA K, KOJIMA M, MIKAMI K. Axial chirality control of gold(biphep) complexes by chiral Anions: Application to asymmetric catalysis [J]. Angew. Chem. Int. Ed., 2009, 48(33): 6073-6077.

[25] BRINGMANN G, PRICE MORTIMER A J, KELLER P A, et al. Atroposelective synthesis of axially chiral biaryl compounds [J]. Angew. Chem. Int. Ed., 2005, 44(34): 5384-5427.

[26] QUARRIE S M, BLANC A, MOSEY N J, et al. Chiral periodic mesoporous organosilicates based on axially chiral monomers: Transmission of chirality in the solid state [J]. J. Am. Chem. Soc., 2008, 130(43): 14099-14101.

[27] LEONG W L, VITTAL J J. One-dimensional coordination polymers: Complexity and diversity in structures, properties, and applications [J]. Chem. Rev., 2011, 111(2): 688-764.

[28] 章慧, 颜建新, 吴舒婷, 等. 对固体圆二色光谱测试方法的再认识——兼谈 "浓度效应" [J]. 物理化学学报, 2013, 29(12): 2481-2497.

[29] MILES D W, INSKEEP W H, ROBINS M J, et al. Circular dichroism of nucleoside derivatives. IX. Vicinal effects on the circular dichroism of pyrimidine nucleosides [J]. J. Am. Chem. Soc., 1970, 92(13): 3872-3881.

[30] BRUNNER W C, MAESTRE M F. Circular dichroism of some mononucleosides [J]. Biopolymers, 1975, 14(3): 555-565.

 学术争鸣

Academic Controversy

# 基于氨基酸手性对量子叠加和量子纠缠的模拟验证

李晶晶[1,2]，张仕林[3]，龚奕[1,4,*]，章慧[3]，吴丽[2]，何裕建[2,*]

[1]北京服装学院材料科学与工程学院，北京 100029
[2]中国科学院大学化学科学学院，北京 100049
[3]厦门大学化学化工学院，福建，厦门 361005
[4]新疆维吾尔自治区塔里木大学，新疆，阿拉尔 843300
*E-mail: clygy@bift.edu.cn; heyujian@ucas.ac.cn

**摘要**：目前的量子理论认为，粒子的"左"和"右"量子状态，在无外力条件下可以随意转换，只有在测定时才能明确，即存在量子叠加现象。爱因斯坦等人提出量子纠缠思想实验质疑量子叠加。近年来许多实验似乎证明量子纠缠存在快于光速的超距作用，支持量子叠加，且其具有重要应用前景。本文以化学上的苯丙氨酸分子作为物理意义上的粒子，用它的 D-和 L-手性来模拟"左"与"右"量子状态，探究两方面关键问题：(1)量子叠加是粒子内还是粒子间的行为？苯丙氨酸分子的 D-和 L-状态在无外力条件下是否可以随意转换导致量子叠加？(2)量子纠缠的 D-和 L-苯丙氨酸分子间是否存在超距作用？本实验结果表明：(1)量子叠加可统计性地存在于粒子间，但苯丙氨酸分子的 D-和 L-状态在无外力条件下不可以随意转换，即不存在粒子内的量子叠加现象；(2)量子纠缠的 D-和 L-苯丙氨酸分子间不存在超距作用，甚至连近距作用也不存在。本工作证明，"左"与"右"是手性量子状态，其间存在手性能障，"量子叠加"不能任意存在。对光子或电子等纠缠粒子对的"左""右"量子状态进行类似分析，也可得到相同的结论。微观粒子的手性量子状态事实上是定域实在的。
**关键词**：D-/L-苯丙氨酸；量子纠缠；量子叠加；超距作用；手性能障

## Experimental Studies on Quantum Superposition and Quantum Entanglement by Amino Acid's Chirality

LI Jingjing, ZHANG Shilin, GONG Yan*, ZHANG Hui, WU Li, HE Yujian*

**Abstract**：The quantum theory thinks that the "left" and "right" states of particle can be conversed randomly to each other without external force to result in quantum superposition. Einstein proposed the quantum entanglement experiment to prove quantum superposition unreasonable. Herein, quantum superposition and quantum entanglement were studied with amino acid's chirality at the molecular level. Quantum entanglement states keep stable at Beijing and Xiamen, when D- and L-phenylalanine are changed to L- and D-phenylalanine, respectively. The results indicate that there is quantum superposition at intermolecular level but not at intramolecular level, and there is no the action at a distance between D- and L-phenylalanine. This should be resulted from the chiral energy difference between D- and L-quantum state. Considering the "left" and "right" of both photon and electron, the same conclusion can be drawn.
**Key Words**：D-/L-phenylalanine; Quantum entanglement; Quantum superposition; Action at a distance; Chiral energy difference

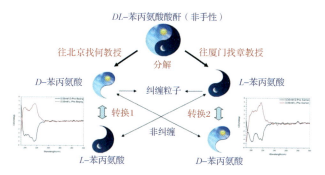

转换1和2的过程均需外力作用才可完成，且相互独立。当D-苯丙氨酸在外力作用下转换成L-苯丙氨酸时，与之纠缠的L-苯丙氨酸不会自动转换成D-苯丙氨酸，反之亦然。纠缠粒子间存在手性能障，不存在超距作用。

## 1. 引言

目前量子理论的"量子叠加"认为[1]：微观粒子可以有"左"和"右"自旋状态（$m_s = \pm 1/2$，用"＋"或"－"表示），这两种自旋态可处于任意的随机叠加，即"非定域"。测量时，波函数塌缩，"左"或"右"状态才被确定。

1935 年，爱因斯坦（Einstein）、波多尔斯基（Podolsky）和罗森（Rosen）用"量子纠缠"概念表达了对"量子叠加"的怀疑，即著名的"EPR 佯谬"[1]：一个不稳定的大粒子衰变成小粒子 A 和 B，向相反方向飞去，当粒子 A 的自旋为"左"时，粒子 B 的自旋便是"右"，反之亦然。根据角动量守恒，它们应永远是"左右"关联的。这两个粒子便构成量子纠缠态。但根据量子叠加论，只要不去探测，每个粒子的自旋方向都是不确定的，处在一种左右叠加的混合状态。当被测量时，叠加态会瞬间坍缩，A 随机地选择"左"或"右"，B 则对应选择"右"或"左"，以保持纠缠态。问题是，如果 A 和 B 之间已相隔无穷远，它们怎么能够做到被测量时及时地互相通信，使得 B 可同时知道 A 在那一瞬间的随机决定？除非有超距瞬时的信号来回于两个粒子之间。如相隔足够远，则这通信速度将超过光速。这明显与相对论光速不变的基本假设矛盾。

爱因斯坦等人认为，在对体系没有干扰的情况下，自然界不存在"鬼魅般的超距作用"和"上帝不会掷骰子"，粒子 A 和 B 的状态在测量之前就确定好了，与测量无关。玻尔学派则认为，在观测之前，两个纠缠的粒子是波函数描述的一个互相关联的整体，它们之间无须传递什么信号，当量子叠加态瞬间塌缩时，遥远的纠缠量子间可存在超距作用。

1964 年，贝尔用隐变量、量子纠缠和经典概率等概念来研究三维空间中的量子叠加，推出了著名的"贝尔不等式"，将定域与非定域性的哲学讨论变成了实验科学问题[2]。

1969 年，以 4 位学者（Clauser、Home、Shimony、Holt，简称 CHSH）共同署名的文章取消了贝尔不等式需要的某些限制，推导出更适用的"CHSH-Bell 不等式"[2]，以它作为判据来判断实验结果是否定域或非定域。

CHSH-Bell 不等式提出后，至今学术界进行了多个实验验证，包括中国的量子卫星实验[3-5]。几乎所有实验结果均违反 CHSH-Bell 不等式，即支持存在超距作用。但这些实验无论是用光子或电子进行的，基本上都是按照著名的"EPR 佯谬"设计实验的：让假设具有量子叠加的纠缠粒子 A、B 相隔尽可能远后，分别测定粒子 A 和 B 的量子态，观察它们是否仍然处于纠缠态。实验发现，遥远的 A、B 粒子总是保持手性互补，处于纠缠态，似乎存在超距作用，即"EPR 佯谬"不成立，因此认为"经典局域实在观"不成立，"量子非局域实在观"胜出。

果真如此吗？

请注意，按照爱因斯坦的观点——在对体系没有干扰的情况下，不存在超距作用，A 和 B 粒子的状态在测量之前就确定好了，与测量无关——在这种情况下具有量子叠加的纠缠粒子 A、B 相隔尽可能远后，分别测定 A 和 B 的量子态，它们自然将仍处于纠缠态。因此，文献[3-5]的相关实验结果只证明了"纠缠态"，并不能肯定证明存在"量子叠加"。为此，我们已进行了理论分析[6]。

"量子纠缠"概念是用来质疑"量子叠加"这个随机性概念的。我们应回到问题的关键，以某种实验方式或例子明确证明"量子叠加"是否存在，则"经典局域实在观"和"量子非局域实在观"之争、是否有超距作用等就很容易明了。

根据上述考虑，我们也按"EPR 佯谬"设计实验：选取非手性的 $D$-/$L$-苯丙氨酸酸酐大粒子，遇水分解成 $L$-苯丙氨酸和 $D$-苯丙氨酸（以下简称 Phe）分子，即成为"左""右"纠缠粒子对，在北京和厦门两地分别进行相关谱学分析，验证 $L$-Phe 和 $D$-Phe 纠缠粒子对是否存在量子叠加和超距作用。

## 2. 材料与方法

### 2.1 仪器与试剂

Fmoc-$D$-苯丙氨酸(纯度 98%),Fmoc-$L$-苯丙氨酸(纯度 98%),$D$-苯丙氨酸(纯度 98%),$L$-苯丙氨酸(纯度 99%),2,6-二-O-甲基-β-环糊精(纯度 98%)均购自上海阿拉丁生化科技股份有限公司;乙酸酐、氢氧化钾(KOH)、磷酸二氢钠($NaH_2PO_4$)、磷酸($H_3PO_4$)、氢氧化钠(NaOH)、石油醚、乙酸乙酯均购自北京化工厂;冰乙酸购自上海麦克林生化科技有限公司。

日本分光 JASCO J-815 和 JASCO J-810 型电子圆二色(ECD)光谱仪;美国 Beckman Coulter P/ACE MDQ 型高效毛细管电泳仪(配有二极管阵列检测器);Dragon Lab MS-H280-Pro 型磁力搅拌器;美国 OHAUS CP214 型电子天平;邦西仪器科技(上海)有限公司 pH-100 型 pH 计;昆山市超声仪器有限公司 KQ-50B 型超声波清洗器。

### 2.2 $D$-/$L$-苯丙氨酸酸酐大粒子的合成、分离、纯化和表征的实验方法

此部分在本文中尚属思想实验,但这在化学上是完全可行的:将等量的 Fmoc-$D$-苯丙氨酸(Fmoc-$D$-Phe)与 Fmoc-$L$-苯丙氨酸(Fmoc-$L$-Phe)混合,加入一定量的乙酸和乙酸酐诱导反应,合成 Fmoc 保护的 $D$-$L$ 型、$D$-$D$ 型以及 $L$-$L$ 型三种苯丙氨酸酸酐。首先利用 TLC(薄层色谱)法,采用小的分析板以石油醚-乙酸乙酯(体积比 3:1)为展开剂展开,确认除了原料点外有新点生成后,再用大的制备板进行分离,上行至一定高度后从展开缸取出,刮板,过滤,浓缩,真空干燥,最后以核磁共振和质谱确认是否为 Fmoc 保护的苯丙氨酸酸酐。在确认后,利用手性高效液相色谱进行分离和纯化,得到 Fmoc 保护的内消旋 $D$-/$L$-苯丙氨酸酸酐,之后去 Fmoc 保护基团,得到目标产物为非手性 $D$-/$L$-苯丙氨酸酸酐。其水解即得到 $D$-Phe 与 $L$-Phe 纠缠粒子对。

### 2.3 $D$-/$L$-Phe 的光谱学和色谱学实验

#### 2.3.1 $D$-/$L$-Phe 溶液的 ECD 光谱实验

首先用水扣除背景,然后在北京和厦门分别用 JASCO J-815 型 ECD 光谱仪和 JASCO J-810 型 ECD 光谱仪,各取 3 mL 0.05 mmol·$L^{-1}$ 的 $L$-Phe 溶液和 $D$-Phe 溶液于 1 cm 光径比色皿(下同)中,在 190~300 nm 波长范围内、扫描速度为 100 nm/min 以及响应波长宽度为 1.0 nm 的条件下,各扫描 3 次,得对应的 ECD 谱图。

#### 2.3.2 $D$-Phe、$L$-Phe 溶液的 ECD 谱时间扫描光谱实验

北京和厦门同时刻分别测 0.05 mmol·$L^{-1}$ $L$-Phe($D$-Phe)溶液和 0.05 mmol·$L^{-1}$ $D$-Phe($L$-Phe)溶液。取 3 mL $L$-Phe 溶液($D$-Phe 溶液)于比色皿中,在某固定波长下,从 $t$ min 至 $t + 5$ min 进行 ECD 时间扫描光谱实验,每 30 s 取点,测量时间为 5 min,累积次数为 1 次。(各参数一致,温度、压力尽量保持一致)

这 5 min 之内,北京和厦门两地的样品,如想超距离作用的话,有足够时间相互"通信"。

#### 2.3.3 非手性甘氨酸(Gly)溶液及不同比例的手性 $D$-Phe 和 $L$-Phe 溶液的 ECD 光谱实验

首先用水扣除背景,各取 3 mL 2 mmol·$L^{-1}$ 的 Gly 溶液和不同比例的 0.05 mmol·$L^{-1}$ 的 $D$-Phe 和 $L$-Phe 溶液,然后用 ECD 光谱仪,在 190~300 nm 波长范围内、扫描速度为 100 nm/min 以及响应波长宽度为 1.0 nm 的条件下,各扫描 3 次,得对应的 ECD 谱图。

### 2.4 $D$-Phe/$L$-Phe 溶液的高效毛细管电泳-紫外检测法(HPCE-UV)拆分实验

在查阅大量中外文献和对比实际实验条件的情况下,本实验采用控制变量法(每次只改变一个变量,其余变量保持不变),通过调节 pH 值、$NaH_2PO_4$ 浓度、2,6-二-O-甲基-β-环糊精及电压等条件,最后确定了最佳色谱条件为:石英未涂层毛细管 50 $\mu$m×40 cm(有效长度为 30 cm);检测波长 $\lambda$ = 205 nm;电压 22 kV;电极正向;毛细管柱温 25 ℃;样品恒温 25 ℃;缓冲液为 40 mmol·$L^{-1}$ 的

NaH$_2$PO$_4$溶液(内含 100 mmol·L$^{-1}$的 2,6-二-O-甲基-β-环糊精作为拆分剂,用 H$_3$PO$_4$调 pH 至
1.85);进样方式为气压进样 0.5 psi×5 s,追加注入水 0.1 psi×10 s,且进样出口为缓冲液;两次运
行之间依次用水冲洗 1 min,0.5 mmol·L$^{-1}$的 NaOH 溶液冲洗 2 min,水冲洗 1 min,1% H$_3$PO$_4$溶液
冲洗 1 min,水冲洗 1 min,缓冲液冲洗 1 min。

分别准确称取一定量的 D-Phe 和 L-Phe,加入适量水均配成 0.8 mmol·L$^{-1}$的水溶液。从中
取出 1 mL 0.8 mmol·L$^{-1}$的 L-Phe 溶液和 1 mL 0.8 mmol·L$^{-1}$的 D-Phe 溶液等比例混合,另取
1.2 mL 0.8 mmol·L$^{-1}$的 L-Phe 溶液和 1.2 mL 0.8 mmol·L$^{-1}$的 D-Phe 溶液,均用 0.22 μm 水系
微孔滤膜过滤,作为标准品溶液分别做 HPCE-UV 实验。

**2.5 D-Phe、L-Phe 溶液的同步实验**

2.5.1 Phe 的消旋实验

称取 2 g D-Phe(L-Phe)粉末,加入 25 mL 的单口烧瓶中(放磁力搅拌子),再用移液枪准确加
入 10 mL 冰乙酸和 1700 μL 的乙酸酐,之后用带橡皮塞的温度计插入单口烧瓶中,油浴加热至 80～
90 ℃,30 min。设置磁力搅拌器的温度为 85 ℃,转速为 500 r/min。记录加热的初始时间,待体系
澄清后,记录完全溶解所需要的时间。当温度升至 85 ℃时,调节控温接近 90 ℃。待完全溶解后
(记为 0 min),取出 1 mL,加入盛有 1 mL 纯水的 PE(聚乙烯)管中混匀,使消旋反应停止。然后,
在第 5、10、15、20、25、30 min 再各取 1 mL,重复上述实验步骤。

在厦门做 L-Phe 和 D-Phe 溶液的消旋实验,样品标记好后寄回北京,供 HPCE-UV 和 ECD 分析。

2.5.2 北京和厦门的同步实验 1

北京和厦门在同一时刻开始做 L-Phe 和 D-Phe 溶液的消旋实验和 ECD 时间(t-ECD)扫描实验。

北京:做 L-Phe 和 D-Phe 溶液的消旋实验,具体的消旋实验步骤参见 2.5.1。

厦门:做 D-Phe 和 L-Phe 水溶液的 t-ECD 光谱实验,设置波长为 216 nm,每 30 s 取点,测量
时间为 1 h,累积次数为 1 次,分别取 3 mL 0.05 mmol·L$^{-1}$ D-Phe 和 L-Phe 水溶液做 t-ECD 实
验。在北京打开温度和转速按钮的同一时刻,在厦门单击样品测量("S")图标开始同步实验。

2.5.3 北京和厦门的同步实验 2

北京和厦门在同一时刻开始做 L-Phe 和 D-Phe 溶液的消旋实验和 t-ECD 光谱实验。

北京:做 D-Phe 和 L-Phe 水溶液的 t-ECD 光谱实验,设置波长为 216 nm,每 30 s 取点,测量
时间为 1 h,累积次数为 1 次,分别取 3 mL 0.05 mmol·L$^{-1}$ D-Phe 和 L-Phe 水溶液做 t-ECD 实
验。当在厦门打开温度和转速按钮的同一时刻,在北京单击样品测量("S")图标开始同步实验。

厦门:做 L-和 D-Phe 溶液的消旋实验,具体的消旋实验步骤参见 2.5.1。样品标记好后寄回北
京,供 HPCE-UV 和 ECD 分析。

2.5.4 北京和北京的同步实验

在北京当地同一时刻开始做 L-Phe 和 D-Phe 溶液的消旋实验和 t-ECD 光谱实验。

北京:做 L-Phe 和 D-Phe 溶液的消旋实验,具体的消旋实验步骤参见 2.5.1。

北京:做 D-Phe 和 L-Phe 水溶液的 t-ECD 光谱实验,设置波长为 216 nm,每 30 s 取点,测量
时间为 1 h,累积次数为 1 次,分别取 3 mL 0.05 mmol·L$^{-1}$ D-Phe 和 L-苯丙氨酸水溶液做 t-ECD
实验。在北京当地打开温度和转速按钮的同一时刻,并单击样品测量("S")图标开始同步实验。

2.5.5 消旋样品的 HPCE-UV 拆分实验

将上述北京和厦门在第 0、5、10、15、20、25、30 min 取出的 1 mL 发生消旋的 L-和 D-苯丙氨酸
与 1 mL 纯水混匀的溶液,用 0.22 μm 水系微孔滤膜过滤后分别做 HPCE-UV 拆分实验,通过迁移
时间、峰面积进行对比分析。

2.5.6 消旋样品的 ECD 光谱实验

将北京和厦门用于 HPCE-UV 拆分实验的所有消旋样品,各取出 1 μL,加 10 mL 纯水进行稀

释,将稀释后的溶液各取 3 mL 于 1 cm 光径比色皿中,在 190～300 nm 波长范围内、扫描速度为 100 nm/min 以及响应波长宽度为 1.0 nm 的条件下,各扫描 3 次,得 ECD 光谱实验结果,观察变化情况。

## 3. 实验结果

### 3.1 *D*-Phe、*L*-Phe 的光谱学和色谱学实验表征

3.1.1 *D*-Phe/*L*-Phe 溶液的 ECD 光谱

图 1(a) 在北京测定 0.05 mmol·L$^{-1}$ 的 *D*-Phe 溶液和 *L*-Phe 溶液的吸收峰均为 201 和 216 nm。图 1(b) 在厦门测定 0.05 mmol·L$^{-1}$ 的 *D*-Phe 溶液和 *L*-Phe 溶液的吸收峰也均为 201 和 216 nm。

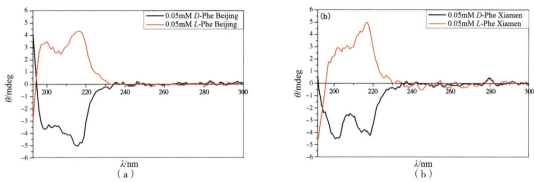

图 1    北京(a)和厦门(b)的 *D*-Phe、*L*-Phe 溶液的 ECD 光谱

图 1(a) 和(b) 均表明,*D* 构型的 Phe 的 ECD 值为负值,*L* 构型的 Phe 的 ECD 值为正值。由于样品因素及仪器自身等原因,ECD 谱图略有不同。

3.1.2 *D*-Phe、*L*-Phe 溶液的 *t*-ECD 光谱

根据 3.1.1 的实验结果,确定 216 nm 波长下在北京和厦门同时刻测定 0.05 mmol·L$^{-1}$ *L*-Phe (*D*-Phe)溶液和 0.05 mmol·L$^{-1}$ 的 *D*-Phe(*L*-Phe)溶液的 *t*-ECD 谱图。实验发现,在没有外界干扰的情况下,在测量的时间范围内,在北京测量的 *L*-Phe 对同时在厦门测量的 *D*-Phe 没有任何影响,两者均呈一条直线,分别如图 2(a) 和(b)所示;同样,在北京测量的 *D*-Phe 同时对在厦门测量的

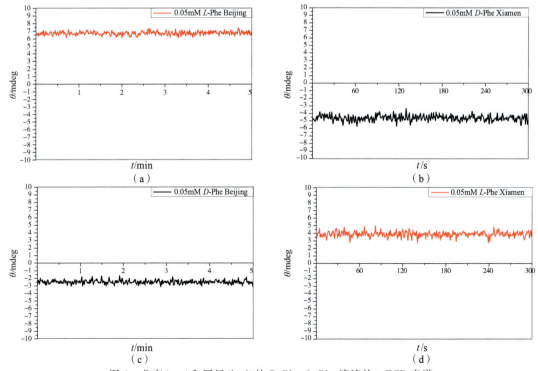

图 2    北京(a、c)和厦门(b、d)的 *D*-Phe、*L*-Phe 溶液的 *t*-ECD 光谱

*L*-Phe 也没有任何影响,仍然均呈一条直线,分别如图 2(c) 和(d) 所示。

### 3.1.3 非手性 Gly 溶液及不同比例的手性 *D*-Phe 和 *L*-Phe 溶液的 ECD 谱

通过对 2 mmol•L$^{-1}$ 的 Gly 溶液做 ECD 光谱实验,得到的 ECD 谱图,如图 3 所示。实验发现,在 190～300 nm 的波长范围内,非手性的 Gly 溶液的 ECD 值在 0 左右摆动,大致为一条直线。

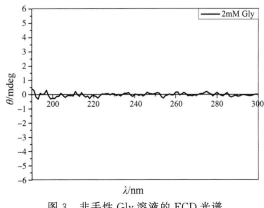 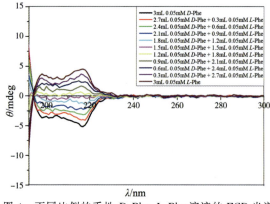

图 3  非手性 Gly 溶液的 ECD 光谱          图 4  不同比例的手性 *D*-Phe、*L*-Phe 溶液的 ECD 光谱

通过对 0.05 mmol•L$^{-1}$ 的 *D*-Phe、*L*-Phe 溶液进行不同比例的混合后,在 190～300 nm 的波长范围内,对其做 ECD 光谱实验,测量结果如图 4 所示。从图中我们可以发现,*D*-Phe 和 *L*-Phe 溶液呈对称分布。纯的 *D*-Phe 溶液的负 ECD 绝对值最大,按不同比例加入 *L*-Phe 溶液,ECD 谱绝对值变小;当 1∶1 进行混合时,溶液以外消旋的状态存在,表现为 ECD 值为 0。*L*-Phe 溶液与 *D*-Phe 溶液按比例混合时也存在类似的现象。

### 3.1.4 *D*-Phe、*L*-Phe 溶液的 HPCE-UV 色谱

首先配制一系列浓度梯度为 0.1、0.2、0.4、0.6、0.8、1.0 mmol•L$^{-1}$ 的 *D*-Phe 溶液、*L*-Phe 溶液,分别做 HPCE-UV 实验。实验发现,*D*-Phe 溶液和 *L*-Phe 溶液的浓度均为 0.8 mmol•L$^{-1}$ 时出峰效果较好,且保留时间均在 20 min 内;此外,*D*-Phe 溶液的保留时间比 *L*-Phe 溶液的要短一点。结果分别如图 5(a) 和(b) 所示。因此最佳出峰浓度为 0.8 mmol•L$^{-1}$。

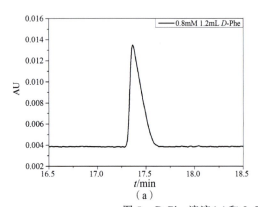 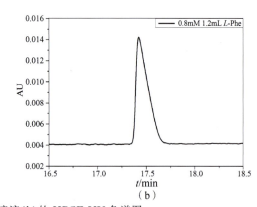

(a)                                 (b)

图 5  *D*-Phe 溶液(a)和 *L*-Phe 溶液(b)的 HPCE-UV 色谱图

之后将 0.8 mmol•L$^{-1}$ 的 *D*-Phe 溶液和 *L*-Phe 溶液按 1∶1 的比例混合,并用 0.22 μm 水系微孔滤膜过滤后,做 HPCE-UV 实验。如图 6 所示,在检测波长为 205 nm、电压为 22 kV、电极正向、毛细管柱温和样品恒温均为 25℃、缓冲液为 40 mmol•L$^{-1}$ 的 NaH$_2$PO$_4$ 溶液(内含 100 mmol•L$^{-1}$ 的 2,6-二-O-甲基-β-环糊精,并用 H$_3$PO$_4$ 调 pH 至 1.85)的色谱条件下,Phe 对映体得到较好分离,保留时间在 17.5～18.0 min 之间。

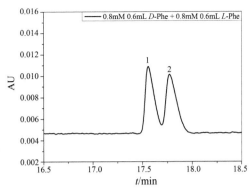

图 6　*DL*-Phe 溶液的 HPCE-UV 色谱图 [*D*-Phe(1)；*L*-Phe(2)]

### 3.2 *D*-Phe、*L*-Phe 溶液的同步实验表征

3.2.1 北京和厦门同步实验 1 中消旋样品的 HPCE-UV、ECD 和 *t*-ECD 谱图分析

(1)在北京对 *L*-Phe 溶液进行消旋化实验的同时在厦门对 *D*-Phe 溶液做 *t*-ECD 光谱实验。结果如图 7～图 9 所示。

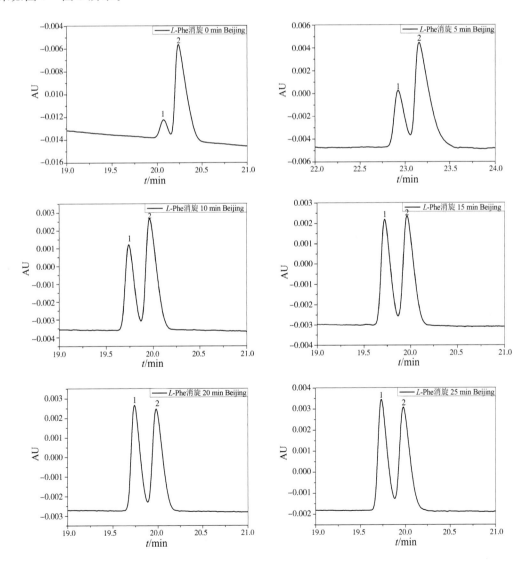

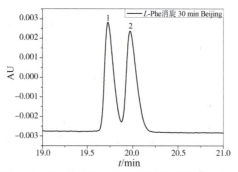

图 7　北京消旋化的 $L$-Phe 溶液的 HPCE-UV 色谱图 [$D$-Phe(1);$L$-Phe(2)]

北京的 $L$-Phe 溶液的 HPCE-UV 实验和 ECD 光谱实验结果如图 7 和图 8 所示。两个实验的结果均证明了在 0～30 min 内 $L$-Phe 溶液发生消旋生成 $D$-Phe 的量在逐渐增加,直至变成外消旋体。

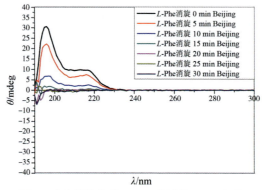

图 8　北京消旋化的 $L$-Phe 溶液的 ECD 光谱

在厦门对 $D$-Phe 溶液做 $t$-ECD 光谱实验,结果如图 9 所示。实验发现,在北京的 $L$-Phe 溶液发生消旋化的 1 h 内[从加热到溶解(记为 0 min),此后再消旋 30 min,加和时间为 1 h,下同],在同一时间内厦门的 $D$-Phe 溶液的 ECD 值一直为负值,说明这 1 h 内没有发生构型的变化。

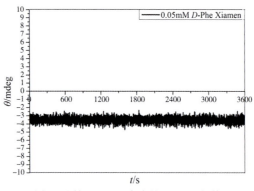

图 9　厦门 $D$-Phe 溶液的 $t$-ECD 光谱

(2)在北京对 $D$-Phe 溶液进行消旋化实验的同时在厦门对 $L$-Phe 溶液做 $t$-ECD 光谱实验。结果如图 10～图 12 所示。

北京的 $D$-Phe 溶液的 HPCE-UV 实验和 ECD 光谱实验结果如图 10 和图 11 所示。两个实验的结果均证明了在 0～30 min 内 $D$-Phe 溶液发生消旋生成 $L$-Phe 的量在逐渐增加,直至变成外消旋体。

在厦门对 $L$-Phe 溶液做 $t$-ECD 光谱实验。结果如图 12 所示。实验发现,在北京的 $D$-Phe 溶液发生消旋化的 1 h 内,在同一时间内厦门的 $L$-Phe 溶液的 ECD 值一直为正值,说明这 1 h 内没有发生构型的变化。

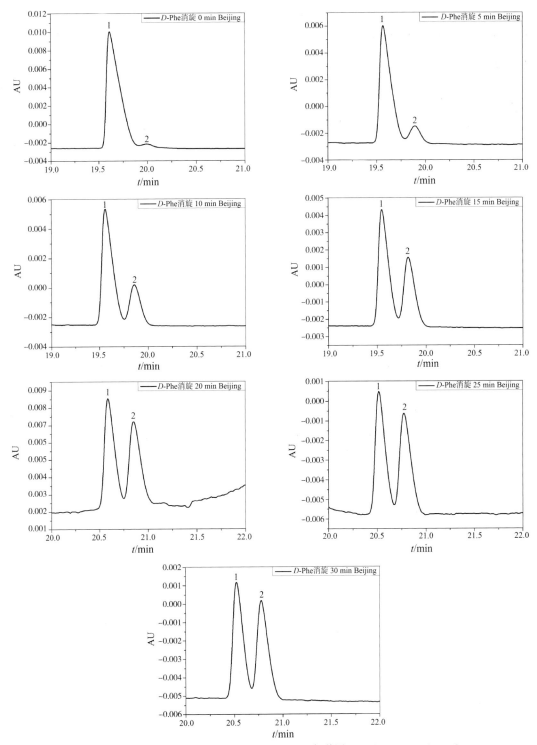

图 10  北京消旋化的 $D$-Phe 溶液的 HPCE-UV 色谱图 [$D$-Phe(1);$L$-Phe(2)]

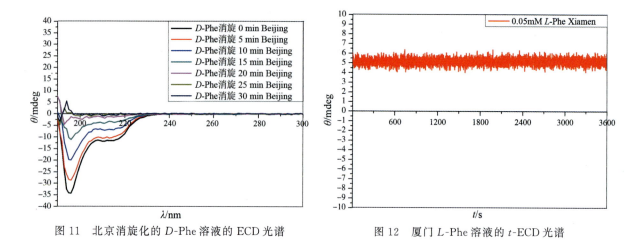

图 11　北京消旋化的 $D$-Phe 溶液的 ECD 光谱　　　　图 12　厦门 $L$-Phe 溶液的 $t$-ECD 光谱

### 3.2.2 北京和厦门同步实验 2 中消旋样品的 HPCE-UV、ECD 和 $t$-ECD 谱图分析

（1）在厦门对 $L$-Phe 溶液进行消旋化实验的同时在北京对 $D$-Phe 溶液做 $t$-ECD 光谱实验，结果如图 13～图 15 所示。

厦门的 $L$-Phe 溶液的 HPCE-UV 实验和 ECD 光谱实验结果如图 13 和图 14 所示。两个实验的结果均证明了在 0～30 min 内 $L$-Phe 溶液发生消旋生成 $D$-Phe 的量在逐渐增加，直至变成外消旋体。

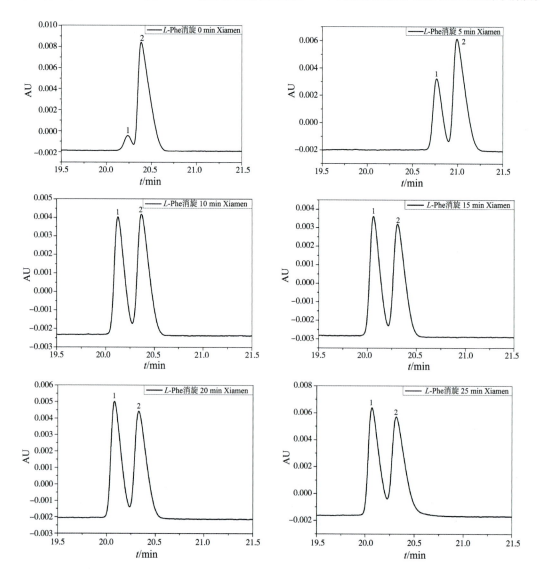

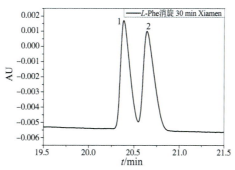

图 13　厦门消旋化的 $L$-Phe 溶液的 HPCE-UV 色谱图 [$D$-Phe(1);$L$-Phe(2)]

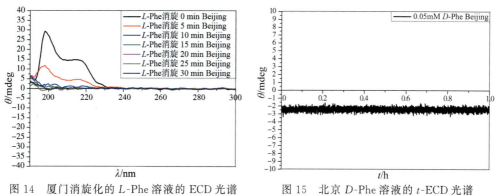

图 14　厦门消旋化的 $L$-Phe 溶液的 ECD 光谱　　　图 15　北京 $D$-Phe 溶液的 $t$-ECD 光谱

在北京对 $D$-Phe 溶液做 $t$-ECD 光谱实验,结果如图 15 所示。实验发现,在厦门的 $L$-Phe 溶液发生消旋化的 1 h 内,在同一时间内北京的 $D$-Phe 溶液的 ECD 值一直为负值,说明这 1 h 内没有发生构型的变化。

(2)在厦门对 $D$-Phe 溶液进行消旋化实验的同时在北京对 $L$-Phe 溶液做 $t$-ECD 光谱实验,结果如图 16~图 18 所示。

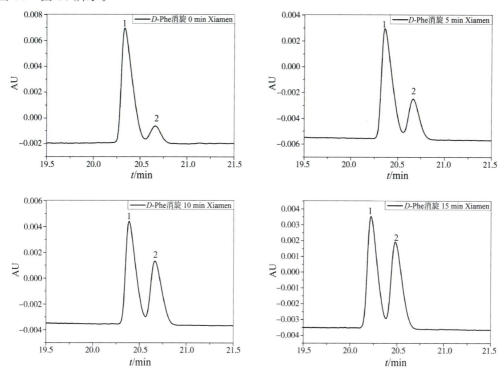

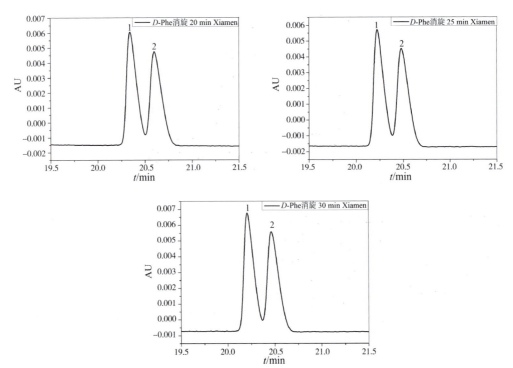

图 16　厦门消旋化的 *D*-Phe 溶液的 HPCE-UV 色谱图 [*D*-Phe(1);*L*-Phe(2)]

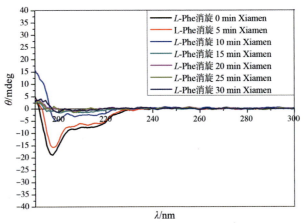

图 17　厦门消旋化的 *D*-Phe 溶液的 ECD 光谱

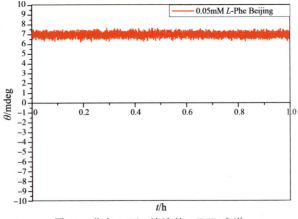

图 18　北京 *L*-Phe 溶液的 *t*-ECD 光谱

厦门的 $D$-Phe 溶液的 HPCE-UV 实验和 ECD 光谱实验结果如图 16 和图 17 所示。两个实验的结果均证明了在 0～30 min 内 $D$-Phe 溶液发生消旋生成 $L$-Phe 的量在逐渐增加,直至变成外消旋体。

在北京对 $L$-Phe 溶液做 $t$-ECD 光谱实验,结果如图 18 所示。实验发现,在厦门的 $D$-Phe 溶液发生消旋化的 1 h 内,在同一时间内北京的 $L$-Phe 溶液的 ECD 值一直为正值,说明这 1 h 内没有发生构型的变化。

3.2.3 北京和北京同步实验中消旋样品的 HPCE-UV、ECD 和 $t$-ECD 谱图分析

该实验做的 $D$-Phe 溶液和 $L$-Phe 溶液的消旋实验就是北京和厦门的同步实验 1 中的北京的消旋实验,也就是说,在北京分别对 $D$-Phe 溶液和 $L$-Phe 溶液做消旋实验的时候,同时在厦门和北京分别做 $L$-Phe 溶液和 $D$-Phe 溶液的 $t$-ECD 光谱实验。

(1)在北京对 $L$-Phe 溶液进行消旋化实验的同时在北京当地又对 $D$-Phe 溶液做 $t$-ECD 光谱实验。

北京的 $L$-Phe 溶液的 HPCE-UV 实验和 ECD 光谱实验结果见图 7 和图 8。

在北京当地又对 $D$-Phe 溶液做 $t$-ECD 光谱实验,结果如图 19 所示。实验发现,在北京的 $L$-Phe 溶液发生消旋化的 1 h 内,在同一时间内北京当地的 $D$-Phe 溶液的 ECD 值一直为负值,说明这 1 h 内没有发生构型的变化。

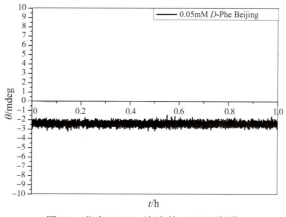

图 19　北京 $D$-Phe 溶液的 $t$-ECD 光谱

(2)在北京对 $D$-Phe 溶液进行消旋化实验的同时在北京当地又对 $L$-Phe 溶液做 $t$-ECD 光谱实验。

北京的 $D$-Phe 溶液的 HPCE-UV 实验和 ECD 光谱实验结果见图 10 和图 11。

在北京当地又对 $L$-Phe 溶液做 $t$-ECD 光谱实验,结果如图 20 所示。实验发现,在北京的 $D$-Phe 溶液发生消旋化的 1 h 内,在同一时间内北京当地的 $L$-Phe 溶液的 ECD 值一直为正值,说明

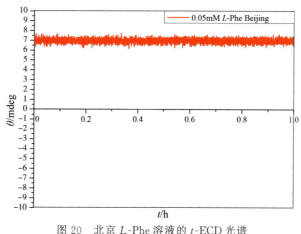

图 20　北京 $L$-Phe 溶液的 $t$-ECD 光谱

这 1 h 内没有发生构型的变化。

## 4. 讨论

$D$-Phe、$L$-Phe 分子在本文中属于分子水平的"粒子纠缠对",$D$-和 $L$-分别代表相反的"右"和"左"两个量子状态。

本文最为关注的是:在无外力条件下,Phe 分子的 $D$ 型和 $L$ 型是否可随意转换,即是否存在 $D$ 型和 $L$ 型的量子叠加? 在化学常识里,一个分子的手性确定后,如没有外力的作用,$D$ 型和 $L$ 型是肯定不能随意相互转换的。

为了验证这个化学常识,最理想的情况是用单分子的 $D$-Phe 和 $L$-Phe 进行验证,但考虑到检测的实际难度,在本文中用多分子进行了统计性验证。

(1)$D$-Phe、$L$-Phe 分子间的手性(量子状态)叠加

$D$-Phe、$L$-Phe 溶液的 ECD 信号相反。在相同的光学纯度下,它们的 ECD 信号相对强度依赖于浓度,即分子的多少。这表明相同 $D$ 型或 $L$ 型分子的手性特征(ECD 信号)可以相加,即有叠加性。

分别把 $D$-Phe、$L$-Phe 溶液按不同比例进行混合,实验表明,ECD 信号随着样品比例的不同发生变化。$D$-Phe、$L$-Phe 分子间的手性可以相互抵消,影响 ECD 信号的正负值。这表明 $D$ 型和 $L$ 型分子间的不同手性特征(ECD 信号)可以相加,即有叠加性。

显然,$D$ 型分子和 $L$ 型分子混合形成外消旋,可使溶液中既存在 $D$ 型手性又存在 $L$ 型手性,但这是 Phe 分子间手性量子状态的物理混合,不是其分子自身的量子状态叠加。

(2)$D$-Phe、$L$-Phe 的手性(量子状态)稳定性证明

分别对 $D$-Phe、$L$-Phe 溶液进行 $t$-ECD 扫描。实验表明,ECD 信号不随时间发生正负变化,说明手性一旦确定就相对稳定,而不存在 $D$ 型和 $L$ 型的相互随意转化,即事实上同一分子的手性只能在 $D$ 型和 $L$ 型间选择其一,不存在量子叠加情况。

(3)$D$-Phe、$L$-Phe 的手性(量子状态)独立性

我们对 $D$-Phe、$L$-Phe 纠缠粒子在北京中国科学院大学和厦门大学分别进行了同地与异地的氨基酸消旋实验。实验表明,无论是近距离还是远距离,量子纠缠关系虽然存在,但手性量子特征一旦生成即相对稳定和独立,其中一种粒子的手性发生转化,从 $D$ 型变为 $L$ 型,或从 $L$ 型变为 $D$ 型,均无法进行近距离作用或隔空超距离作用去影响其对应纠缠粒子的手性。即,纠缠粒子对之间的手性量子状态一旦确定就是相对独立的,相互之间也许有其他影响但无手性量子状态的影响。

(4)$D$-Phe、$L$-Phe 的手性(量子状态)转换的困难

从 $D$ 型与 $L$ 型间的转换实验的热力学与动力学分析可知,$D$ 型和 $L$ 型间的空间转换是一种立体结构的转换,按化学的说法,存在活化能;按数学的说法,存在拓扑能障,需要能量。即 $D$ 型和 $L$ 型之间的转换需要较强的外作用来克服能垒(见 2.5.1)。因此,粒子的手性量子状态一旦确定,就不能随意进行 $D$ 型和 $L$ 型间的转换,也不可能处于既是 $D$ 型又是 $L$ 型的高能过渡态,只能 $D$ 型和 $L$ 型之间选其一。即单个分子或粒子本身不存在手性量子态的叠加。这与分子间存在手性量子态叠加是完全不同的情况。

(5)多对量子纠缠的实验结果能代表单对量子纠缠吗?

即便用一对一对的量子纠缠来做实验,最后也是要做 $N$ 对,以便符合统计学规律才敢下结论。本实验直接用多对 $D$ 型和 $L$ 型量子纠缠做实验,本身符合统计性。目前,国内外做量子纠缠的实验工作,基本上也是采用统计法。

(6)用氨基酸分子做纠缠粒子合理吗?

目前量子纠缠实验主要用光子或电子为纠缠粒子。用氨基酸作为纠缠粒子,事实上也是严格

符合爱因斯坦的"纠缠"概念的。

爱因斯坦是首个提出"量子纠缠"概念的学者,他提到大粒子分成角动量相反的两个纠缠小粒子。其关键在粒子自旋的"左""右"手性,对粒子的大小没有限定。在物理学中,符合爱氏提法的"左""右"粒子,光子或电子信手拈来。对于化学来说,符合爱氏提法的纠缠粒子,除电子外,莫过于手性光学对映的分子对了。

类似于上述实验思路,我们也很容易用两个偏振片在实验上证明,单个光子偏振的"水平"和"垂直"状态一旦形成就是相对确定和独立的,不能进行随意转换与叠加。两个或多个光子偏振的"水平"和"垂直"的状态一旦形成也是相对确定和独立的,不能进行随意转换,但它们的总状态表现为物理叠加。这与上述 $D$-Phe、$L$-Phe 分子的情况一致。

同样,单个电子自旋的"左"与"右"的量子纠缠态,也是相对稳定和独立的,无法进行随意转化与叠加。两个或多个电子的"左"和"右"量子状态一旦形成也是相对确定和独立的,但它们的总状态表现为物理叠加。这也与上述 $D$-Phe、$L$-Phe 苯丙氨酸分子的情况一致。

(7)ECD 谱的稳定性和独立性

Cotton 信号的正负代表"左""右"或"右""左"偏振,相互对映与纠缠。它们"叠加"在一起时,显示"0"信号;分开后,一左一右,不能随意相互转换与叠加。

如果想将正负信号转换,需要外力作用。办法之一是改变样品池中的物质手性。光子、电子和分子等在不同自旋(手性)间转换,存在手性能障,即 $D$ 型和 $L$ 型手性不能随意转换。在无外力存在下,单个手性分子不可能既是 $D$ 型又是 $L$ 型,而只能二者选一,其比率应符合玻尔兹曼分布。即单个手性分子的量子叠加不存在。

而非手性分子(如 Gly)不存在左右之分,无真正意义上的"量子叠加"。也不存在量子纠缠效应。

上面实验表明:对于一个 Phe 分子来说,可以有"左"或"右"状态(即 $D$ 型或 $L$ 型状态),这两个状态只能二选一,即或 $D$-Phe 或 $L$-Phe。一个 Phe 不能既是 $D$ 型又是 $L$ 型,不能随意转换。如要转换,需要外力作用,即能量。在测量前其波函数已塌缩,"左"或"右"状态已被确定。

(8)光子和电子存在"量子叠加"吗?

在目前的量子纠缠实验中[3-5],作者们一般都认为,某个光子可以取左也可取右偏振状态,两种状态可任意随机转换,在测量时波函数才塌缩,"左"或"右"状态才被确定。

众所周知,光子可以通过偏振方法取不同的偏振方式,比如水平偏振或垂直偏振。由物理常识可知,光子的偏振方向一旦确定,取水平就保持水平,取垂直就保持取垂直,相互之间不能随意转换。如要转换,也需要外力作用,即能量。这容易用偏振实验验证。

同样,常识告诉我们,电子的左与右两种自旋是不同的手性状态。这两种自旋的转换,在客观上虽是可以的,但需要能量,不能任意地随机转换。

光子、电子与分子一样,作为粒子,其左右其实是手性状态,一旦确定,即相对稳定与独立。在外力作用下,粒子的手性状态的改变将是相对独立的行为,不能隔空影响其他粒子的手性,即便这个粒子是前者的纠缠粒子。在测量前,粒子的波函数已塌缩,"左"或"右"状态已被确定。

因此,近年来许多似乎证明量子纠缠粒子存在快于光速的超距作用的实验,尽管实验数据和结果是真的,但因"量子叠加"的前提本身有问题,结论自然也就得重新考虑了。我们建议这些工作应补充下列实验:(1)粒子被测量前,量子状态是否随机变化?(2)粒子被测量后,量子状态是否仍随机变化?(3)某粒子的量子状态被人为改变时,其对应纠缠粒子的量子状态是否会对应改变?本文对 $D$-Phe 和 $L$-Phe 粒子实施了这三个实验,均是否定的结果,从而有力地支持了本文的结论。

## 5. 结论

本文表明:(1)单个 $D$-Phe 和 $L$-Phe 分子的手性量子状态一旦确定,不随时间和地点改变,不存在量子叠加现象。不同粒子间的手性量子状态才可以叠加。同一粒子的手性量子态不能任意加合或叠加，只能选其一。(2)在北京和厦门相距千里的 $D$-Phe 和 $L$-Phe 纠缠分子之间，若对其中一种手性量子状态进行干扰使其发生转变($D$ 型变为 $L$ 型，或 $L$ 型变为 $D$ 型)，另一个并不能发生相对应的变化，说明 $D$-Phe 和 $L$-Phe 纠缠分子对之间并不存在超距作用。近距作用也不存在。手性转换能障是其主要原因。(3)单个光子或电子等粒子的"左""右"量子状态间存在能障，也不能随意转换，"左"或"右"状态相对固定，也不会存在量子叠加现象。纠缠的粒子对之间不存在"鬼魅般的超距作用"，"上帝不会掷骰子"。这些结论可归纳如图 21。

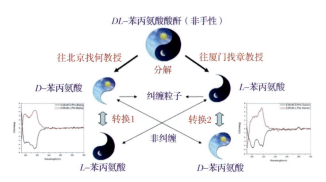

转换1和2的过程均需外力作用才可完成，且相互独立。当$D$-苯丙氨酸在外力作用下转换成$L$-苯丙氨酸时，与之纠缠的$L$-苯丙氨酸不会自动转换成$D$-苯丙氨酸，反之亦然。纠缠粒子间存在手性能障，不存在超距作用。

图 21　$D/L$-氨基酸分子的纠缠实验示意图

爱因斯坦的纠缠粒子对的本质即是化学上的对映异构体概念。化学上已很清楚，任一对映体分子的手性是确定的，不能既是左又是右，即不能叠加；另外，对任一对映体施加作用使其产生手性转化，不会引起另一个对映体的手性状态发生改变。本文结果支持爱因斯坦等人的观点：在对体系没有干扰的情况下，手性纠缠的"左""右"粒子间(即对映体间)的状态存在能垒，它们的手性状态在形成纠缠粒子对的瞬间就确定好了，与测量和距离无关。

运用本文结论很容易理解和解开"薛定谔猫"的疑惑：猫的"死"与"活"状态间是有能垒的，不能随意转换与叠加，"死"与"活"在测量前即已确定，与测量(外力作用)无关。

最近，*Nature* 发表了一篇耶鲁大学研究者的文章，他们通过实验首次捕捉了跃迁中的量子系统，而意味着量子跃迁并非完全随机、瞬时发生的过程[7]。这与本文相互佐证。

**致谢**：感谢国家重点研发计划(No.2016YFF0203700)和国家自然科学基金(Nos.51772289、21778054)的资助。

### 参考文献

[1]　张天蓉. 走近量子纠缠-7-贝尔不等式 [EB/OL]. 2012-2-15, http://blog.sciencenet.cn/blog-677221-537543. html.

[2]　BELL J S. On the Einstein Podolsky Rosen Paradox [J]. Physics, 1964, 1(3): 195-200.

[3]　ASPECT A, DALIBARD J, ROGER G. Experimental test of Bell's Inequalities using time-varying analyzers [J]. Phys. Rev. Lett., 1982, 49(25): 1804-1807.

[4]　PAN J W, CHEN ZB, ZUKOWSKI M, et al. Multi-photon entanglement and interferometry [J]. Rev. Mod. Phys., 2012, 84(2): 777-838.

[5]　YIN J, CAO Y, LI Y H, et al. Satellite-based entanglement distribution over 1200 kilometers [J]. Science, 2017, 356(6343): 1140-1144.

[6] 何裕建, 何芃, 戚生初. "贝尔不等式"本身存在漏洞吗? [C]. 中国化学会第八届全国分子手性研讨会论文集, 2017.

[7] MINEV Z K, MUNDHADA S O, SHANKAR S, et al. To catch and reverse a quantum jump mid-flight [J]. Nature, 2019, 570(7760): 200-204.

仪器专论

Instrument Monographs

# 振动圆二色光谱确定手性药物分子绝对构型的研究进展

Laurence A. Nafie*

Department of Chemistry,Syracuse University,Syracuse,New York 13244 USA

*E-mail: lnafie@ syr.edu

**摘要**：作为药物的活性组分,手性分子显得日益重要。手性分子的绝对构型是指界定它与其镜像形式的一种空间立体结构表述。确认手性药物分子绝对构型的经典方法是 X 射线衍射晶体学。由于不需要完美的单晶样品,在溶液中就可以确定手性分子的绝对构型,振动圆二色(VCD)方法的重要性日益显现。本文主要介绍 VCD 方法学原理,并且辅以若干重要手性药物分子的绝对构型确定实例。

**关键词**：手性药物分子;振动圆二色;绝对构型

# Advances in the Determination of Absolute Configuration in Chiral Pharmaceutical Molecules Using Vibrational Circular Dichroism

Laurence A. NAFIE*

**Abstract**：Chiral molecules are of growing importance as the active ingredient in pharmaceutical drugs. The absolute configuration (AC) of a chiral molecule refers to its handedness or identity compared with its mirror image form. Traditionally, the AC of a chiral pharmaceutical molecule has been established by X-ray crystallography, but within the past two decades, vibrational circular dichroism (VCD) has grown in importance due to its ability to determine AC in solution without the need for perfect single crystal sample. Herein, the principles of VCD methodology are presented along with examples of its applications in determining AC in pharmaceutically important molecules.

**Key Words**：Chiral pharmaceutical molecule; Vibrational circular dichroism; Absolute configuration

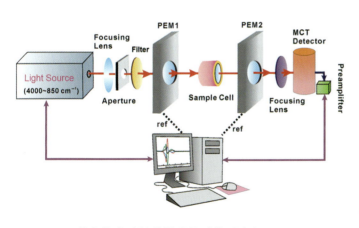

**天然产物和手性药物的绝对构型确定**

1 选择手性化合物的一种构型
2 计算该构型的 **IR** 与 **VCD** 光谱
3 测定手性化合物的 **IR** 与 **VCD** 光谱
4 将计算与实际测定结果比较,确定绝对构型

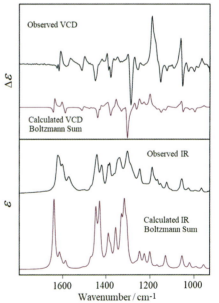

## 1. Introduction

All the key biological molecules in nature are chiral. Biological organisms operate as enormously complex molecular machines, the smallest components of which are individual molecules that must interact with extreme spatial and temporal precision. In order for this machinery to function efficiently, the shapes of the participating molecules must have an exact three-dimensional structure for which chirality is an absolute necessity. Not surprisingly, as pharmaceutical products grow in sophistication and interact more subtly in the machinery of life, chirality is unavoidable. The response of the pharmaceutical industry, as well as government regulatory agencies, is to move to the development and use of new pharmaceutical products that contain as the active ingredient pure single enantiomers of a chiral molecule. Therefore, increasing demands are now placed on the determination of the absolute configuration of chiral pharmaceutical molecules and their precursors in the discovery, characterization and validation stages of pharmaceutical development.

The determination of the absolute configuration of chiral molecules has a long history in the field of molecular stereochemistry. X-ray crystallography is the source of the most definitive information about the absolute configuration of chiral molecules. Additionally, absolute configuration can often be deduced from knowledge of reaction mechanisms in organic chemistry applied to well-characterized transformations from starting materials of known absolute configuration to the final products.

Optical rotation and circular dichroism can also be used to predict absolute configuration, usually based on rules for the sign of the rotation angle or circular dichroism bands. Nuclear magnetic resonance (NMR) is blind to chirality, but ancillary methods for deducing absolute configuration using chiral shift reagents or chemical derivatives have been devised. However, whenever methods such as organic reaction mechanisms, optical rotation, circular dichroism or NMR are relied upon fully over time, exceptions inevitably arise that result in erroneous predictions.

Conversely, X-ray crystallography, with many technical improvements in recent years, has become the recognized standard for the *a priori* determination of the absolute configuration of chiral molecules. There is, however, one major drawback with X-ray crystallography. A pure single crystal of the sample is required. In the case of liquids or oils, X-ray crystallography is precluded and other less definitive methods must be used if they possess the capability. In some other cases, crystals cannot be grown within reasonable periods of time, thereby either precluding this method or waiting months to years for crystals.

Within the past two decades, vibrational circular dichroism (VCD) has emerged as a powerful new method for the determination of absolute configuration of chiral molecules[1-5]. VCD is the difference in the infrared absorbance, $A$, of a molecule for left versus right circularly polarized radiation during a vibrational transition; namely VCD is $\Delta A = A_L - A_R$. All molecules absorb radiation in the infrared (IR) region where their absorption pattern across the spectrum serves as a rich fingerprint of molecular structure and shape. In addition, all chiral molecules have a VCD spectrum that consists of an even more powerful fingerprint spectrum of the structure and shape of the molecule. The additional power is due to its stereo-specific sensitivity. Molecules with opposite absolute configuration, pairs of enantiomers, have the same IR spectrum, but opposite VCD spectra. This point is illustrated in Figure 1 where the IR and VCD spectra of the (+)- and (-)-enantiomers of camphor in the mid-IR region of the spectrum are presented.

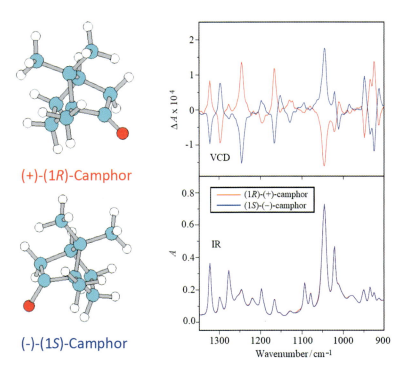

Figure 1    The VCD and IR spectra of (+)-$R$-camphor (upper structure, red in spectrum) and (-)-$S$-camphor (lower structure, blue in spectrum)

The magnitude of the VCD spectrum is roughly ten thousand times smaller than that of the IR spectrum, which is why the discovery of VCD in the 1970s had to wait for technology to advance to a point where such small differences could be measured reliably. Each absorbance band in the IR spectrum has a corresponding VCD band. There is no correlation between strong IR and strong VCD bands, but each band in the VCD spectrum reports on the structure of the molecule and its absolute configuration. In what follows, how this information is deduced from the VCD spectrum will be explained.

## 2.  Overall Method

Absolute configuration (AC) is determined from VCD by comparing the results of an experimental measurement of the IR and VCD spectrum of the chiral molecule with the quantum mechanical calculation of the same IR and VCD spectrum for a particular choice of the absolute configuration of that molecule. The sample is measured as a liquid or as a solution in a suitable solvent. Crystallization is not required, and the VCD measurement takes anywhere from 5 minutes to several hours depending on the quality of the spectrum desired. The calculation typically takes a day or so of computer time depending on the size and complexity of the molecule. The absolute configurations of molecules with up to 50 heavy atoms, those beyond hydrogen, have been determined by VCD. If the measured and calculated VCD spectra agree sign-for-sign for the major bands across the entire spectrum, the absolute configuration is deduced without ambiguity or reference to any prior structure or calculation. If the bands across the VCD spectrum are opposite in sign, then the wrong enantiomer was chosen for the calculation. Calculation of the mirror-image structure then produces the desired agreement and again the absolute configuration is determined unambiguously.

## 3. Experimental Measurement

VCD measurements are carried out on commercially available Fourier transform infrared (FT-IR) spectrometers. The first company to offer a dedicated FT-IR VCD spectrometer was BioTools, Inc. in 1997. The spectrometer has been upgraded by BioTools (btools. com) as the Dual-PEM Chiral*IR*-2X, the only VCD spectrometer with dual-source[6] and dual photoelastics modulator (PEM) patented technology[7]. The measurement procedure involves preparing a sample with an average transmission of about 30%, or an absorbance of approximately 0.5. This is achieved by adjusting the pathlength and concentration until the desired absorbance level is obtained. Using standard IR accessories, a good VCD spectrum can typically be obtained from a few milligrams of sample.

## 4. Theoretical Calculation

Commercial software for carrying out *ab initio* quantum mechanical calculations of VCD became available about the same time as VCD instrumentation with the release of *Gaussian* 98 by Gaussian, Inc. currently located in New Haven, CT. The release of *Gaussian* 09 or 16 has added many more features for VCD calculations including full simulation of the spectrum using *GaussView* for ease of comparison of the calculated VCD and IR spectra to the measured ones. In addition, BioTools offers a program called ComputeVOA seamlessly combines conformational searching with molecular mechanics, Gaussian, and plotting functions. BioTools also offers the program CompareVOA to plot and compare measured and calculated spectra as well as determine a statistical measure of the quality of fit between the two spectra. Extensive testing has shown that the most efficient level of calculation for the simulation of VCD spectra of typical organic molecules is density functional theory (DFT) with a hybrid functional such as B3LYP and a basis set of 6-31G(d) or higher.

## 5. Pharmaceutical Applications

Today nearly every major pharmaceutical company in the world has either purchased one or more VCD spectrometers for absolute configuration determination or outsourced the determination of the absolute configuration of selected molecules by VCD. A sampling of these companies includes Amgen, Astra-Zeneca, BristonMyersSqibb, GlaxoSmithKline, Eli Lilly, Wyeth/Pfizer, Johnson & Johnson, Roche, Novartis, Boehringer-Ingelheim, Merck, Pfizer, Abbott/AbbVie, Cell Therapeutics, Solvay, Neurocrine, Sanofi-Aventis, Sepracor/Sunovion, Gilead, and Vertex. Many more pharmaceutical companies use VCD for absolute configuration determination by outsourcing measurements and calculations. There are now more than 150 US patents for which VCD is used for the determination absolute configuration, and over 1000 chiral pharmaceutical molecules have been determined over the past twenty years. In addition, VCD has two chapters in the *US Pharmacopeia* <782> and <1782>. Currently, confidentiality restricts much of this work from public disclosure, but a number of papers have been published after the results were approved for dissemination. See for example this recent VCD study[8].

In Figure 2, we show the determination of absolute configuration for the therapeutic molecule, gossypol by comparison of its measured and calculated VCD and IR spectra[9].

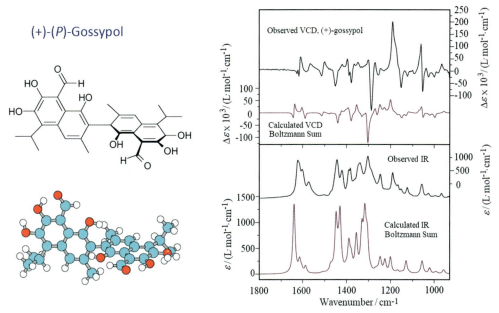

Figure 2　Comparison of the measured and calculated VCD and IR spectra of (+)-(*P*)-gossypol determing the absolute configurations of this natural product oil

Gossypol is a symmetric dimer molecule that is chiral by the sense of the twist, in this case a *P*-twist, about its axial bond. Gossypol is known for its ability to inhibit maturation in human sperm and has recently attracted considerable interest for its potential as an antineoplastic agent. In the Figure 2, the spectral intensity is given as absorptivity, the absorbance divided by the pathlength and concentration, a molecule specific quantity independent of sampling conditions. The concentration used was 0.096 mol·$L^{-1}$ in $CDCl_3$ in a $BaF_2$ cell with a pathlength of 95 $\mu$m. The spectra were measured for 4 h at a resolution of 4 $cm^{-1}$ and were solvent subtracted. Calculations were carried out with Gaussian 98 at the DFT level with B3LYP hybrid functionals and a 6-31G(d) basis set. The structure and optimized conformation of gossypol are shown in Figure 2. The comparison is between spectra of the Boltzmann-population weighted composite of the calculated spectra of the three lowest-energy conformers for the *P*-configuration and the measured spectra of (+)-gossypol. Excellent correlation is found between the observed and calculated features, establishing the configuration of (+)-gossypol as *P*.

In Figure 3, results of the absolute configuration determination of the molecule McN-5652-X, a high-affinity ligand for transport of serotonin in the brain, are presented[10]. This work is the outcome of a collaboration with researchers at the Johnson & Johnson Pharmaceutical Research & Development laboratories in Spring House, Pennsylvania.

The theoretical analysis of this compound yielded two low-energy conformers, *SR*a and *SR*b, shown in the Figure 3. Separate IR and VCD spectra were calculated for each conformer. Comparison of the calculated VCD for the two conformers with the experimental VCD spectra identifies bands in the experimental spectrum associated with each of the conformers. Many VCD bands for the two conformers are the same and are also seen in the experimental spectrum. From the agreement in sign of all the major VCD features in the experimental and calculated spectra, the absolute configuration of (+)-McN-5652-X can be assigned to be 6*S*, 10*R* as shown in the structure in Figure 3. This example illustrates that VCD analysis is possible to determine the solution-state conformation of a molecule as well as its absolute configuration. In fact, agreement between experimental and calculated IR and VCD spectra cannot be achieved unless the correct conformational states of the molecule are found and used as the basis for the calculations. Hence VCD analysis provides not only absolute configuration, but also, the solution-state conformation or conformational population.

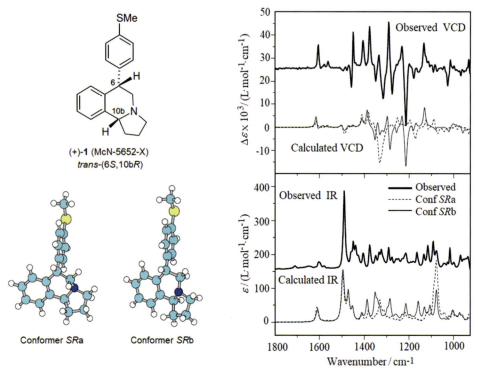

Figure 3    Comparison of the measured and calculated VCD and IR spectra of (+)-McN-5652-X (The calculated spectra are for two conformers of *SR*a and *SR*b)

## 6. Other Approaches

Although, VCD is the most effective and widely practiced new approach to the absolute configuration determination in chiral pharmaceuticals, several other chiroptical methods are currently under development and exploration. The first of these is by measured and *ab initio* calculated optical rotation (OR) [11]. While the experimental data are more widely available than experimental VCD spectra, the calculations require a higher level of quality for good reliability and only one datum is produced rather than an entire spectrum, so there is no way to be sure that good agreement between experiment and calculation has been achieved. The second approach is the corresponding analysis for electronic circular dichroism (ECD) [12]. For the comparison of experiment with theory, typically only a few ECD bands are available. Again, higher-level calculations than those needed for VCD analysis are required for good reliability, but here, predicting correctly the relative signs for two or more transitions gives some confidence of having a valid analysis. A third approach is Raman optical activity (ROA), the Raman analogue of VCD in which the difference in Raman scattering between right and left circularly polarized incident or scattered radiation are measured. A recent example of absolute configuration determination by ROA is for a precursor of paclitaxel (Taxol) where a large number of conformers needed to be averaged to achieve agreement between measured and calculated ROA[13]. Software for calculating OR, ECD and ROA is available in *Gaussian* 09 and 16. There is now growing awareness of the value of using any two, three or all four of these *ab initio* methods, VCD, OR, ECD and ROA, for the determination of absolute configuration from experimental determined data. Finally, we note that molecular rotational resonance (MRR) spectroscopy has emerged recently in the form with chiral sensitivity as well as the capability to uniquely identify diastereomers, conformers and sample impurities[14-16].

**References**

[1]  FREEDMAN T B, CAO X, DUKOR R K et al. Absolute configuration determination in the solution state using vibrational circular dichroism [J]. Chirality, 2003, 15(9): 734-758.

[2]  DUKOR R K, NAFIE L A. Vibrational optical activity of pharmaceuticals and biomolecules in encyclopedia of analytical chemistry [M]. Chichester: John Wiley & Sons, 2000: 662-676.

[3]  NAFIE L A. Vibrational optical activity: Principles and applications [M]. Chichester: John Wiley & Sons, 2011.

[4]  He Y, WANG B, DUKOR R K, et al. Determination of absolute configuration of chiral molecules using vibrational optical activity: A review [J]. Appl. Spectrosc., 2011, 65(7): 699-723.

[5]  WESOLOWSKI S S, PIVONKA D E. A rapid alternative to X-ray crystallography for chiral determination: Case studies of vibrational circular dichroism (VCD) to advance drug discovery projects [J]. Bioorg. Med. Chem. Lett., 2013, 23(14): 4019-4025.

[6]  NAFIE L A, BUIJS H, RILLING A, et al. Dual source fourier transform polarization modulationspectroscopy: An improved method for the measurement of linear and circular dichroism [J]. Appl. Spectrosc., 2004, 58(6): 647-654.

[7]  NAFIE L A. Dual polarization modulation: A real-time spectral-multiplex separation of circular dichroism from linear birefringence spectral intensities [J]. Appl. Spectrosc., 2000, 54(11): 1634-1645.

[8]  SHEN J, MAGESH S, CHEN L, et al. Enantiomeric characterization and structure elucidation of LH601A using vibrational circular dichroism spectroscopy [J]. Spectrochim. Acta A, 2018, 192: 312-317.

[9]  FREEDMAN T B, CAO X, OLIVEIRA R V, et al. Determination of the absolute configuration and solution conformation of gossypol by vibrational circular dichroism [J]. Chirality, 2003, 15(2): 196-200.

[10]  MARYANOFF B E, MCCOMSE Y D F, DUKOR R K, et al. Structural studies on McN-5652-X, a high-affinity ligand for the serotonin transporter in mammalian brain [J]. Bioorg. Med. Chem., 2003, 11(11): 2463-2470.

[11]  POLAVARAPU P L. Optical rotation: Recent advances in determining the absolute configuration [J]. Chirality, 2002, 14(10): 768-781.

[12]  HANSEN A E, BAK K L. Ab initio calculations of electronic circular dichroism [J]. Enantiomer, 1999, 4(5): 455-476.

[13]  PROFRANT V, JEGOROV A, BOUR P, et al. Absolute configuration determination of a Taxol precursor based on Raman optical activity spectra [J]. J. Phys. Chem. B, 2017, 121(7): 1544-1551.

[14]  NAFIE L A. Handedness detected by microwaves [J]. Nature, 2013, 497(7450): 446-448.

[15]  PATTERSON D, SCHNELL M, DOYLE J M. Enantiomeric-specific detection of chiral molecules via microwave spectroscopy [J]. Nature, 2013, 497(7450): 475-477.

[16]  KRIN A, PEREZ C, PINACHO P, et al. Structure determination, conformational flexibility, internal dynamics, and chiral analysis of pulegone and its complex with water [J]. Chem. Eur. J., 2018, 24(3): 721-729.

# 手性光谱仪器的发展及手性检测方法学

齐爱华[*]，陈丰娇，李荣兴

华洋科仪，辽宁，大连 116013

E-mail: jenny@dhsi.com.cn

**摘要**：识别手性分子、确定手性分子绝对构型及其溶液构象，一直是分子手性研究领域的首要问题。电子圆二色（ECD）、振动圆二色（VCD）以及拉曼光学活性（ROA）光谱仪就是在分子手性研究中应运而生的手性光谱分析仪器。这些方法目前已成为手性科学研究领域中辨识分子手性、确定手性分子构型和溶液构象的强有力手段。

**关键词**：分子手性；电子圆二色；振动圆二色；拉曼光学活性

# Chiroptical Spectroscopy Development and Their Measurement Methods

QI Aihua[*], CHEN Fengjiao, LEE Jungshing

**Abstract**：Recognition of chiral molecules as well as determination of their absolute configurations and solution conformations has been the important issue in chirality studies. Chiroptical instruments of electronic circular dichroism (ECD), vibrational circular dichroism (VCD) and Raman optical activity (ROA) have been fuelled their ongoing development and turned to be very principal tools for chirality investigation nowadays.

**Key Words**：Molecular chirality; Electronic circular dichroism; Vibrational circular dichroism; Raman optical activity

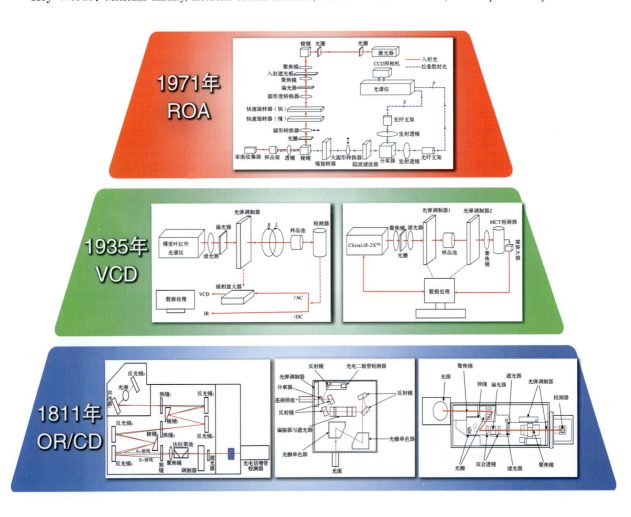

## 1. 引言

手性分子是化学分子结构上镜像对称而又不能完全重合的分子。手性是生命过程的基本特征，构成生命体的有机分子绝大多数都是手性分子。手性物体与其镜像被称为对映体。自然界中的分子通常以两种对映体中的一种形式存在。手性药物分子与生命体作用产生药理效应时具有对映选择性。自法国微生物学家、化学家 Louis Pasteur(巴斯德)于1848年发现分子手性以来，默默存在于日常生活中的手性便以其独有的魅力开始吸引着不同领域的科学家越来越多的关注与研究。20世纪50年代，一款外消旋镇定剂药物沙利度胺造成孕期妇女服用后新生儿先天畸形事件引起了广泛关注。后来的研究发现，没有镇定活性的沙利度胺对映体会引起胎内婴儿畸形。1992年，美国食品药品监督管理局(FDA)建议使用立体化学结构单一的药物标识，即包含单一对映体的绝对构型的标识。

无论是手性分子的性能研究，还是手性药物的研发，往往都取决于不对称合成、对映体分离以及绝对构型确定的效率。因此，先进的手性检测仪器无疑是大大提高手性科学研究效率的非常重要的环节。本文将对手性光谱技术及仪器的发展，以及手性检测方法学进行详细阐述。

## 2. 手性光谱的发展

### 2.1 手性光谱的发现

#### 2.1.1 旋光(OR)和圆二色(ECD)的发现

1808年，法国物理学家 Etienne Louis Malus(马吕斯)发现光的偏振现象，确定了透射偏振光强度变化的规律(现称为"马吕斯定律")。而光学活性的发现则始于两位法国数学家、物理学家、天文学家、地质学家 Dominique-François Jean Arago 和 Jean-Baptiste Biot[1]。Arago 和 Biot 这两位天才还有更多头衔和科学贡献，他们皆堪称在多个科学领域跨界的多面手。1806年，Arago 和 Biot 一起参加了远征西班牙的大地测量队，曾经合作发表论文。他们在一起研究石英的光学活性，有时他们会共用彼此的设备。1811年，Arago 在研究中发现当平面偏振光沿石英晶体的光轴方向传播时，其振动平面会相对于原方向转过一个角度，这就是晶体中的旋光现象。同年，Arago 发明了光偏振计。随后，Biot 用自己发明的旋光仪，观测到天然有机化合物如松节油液体，以及樟脑、蔗糖和酒石酸溶液的光学活性。Biot 在最初的研究中就注意到了旋光与波长的依赖关系，在石英的旋光色散研究中得到了满意的验证，从而得出旋光与波长平方成反比的 Biot 定律。类似的溶液研究则由于缺乏单色光源受到了极大的阻碍。

波动光学的奠基人之一 Augustin-Jean Fresnel 也是著名的法国科学家。Fresnel 与 Arago 一起研究了偏振光的干涉，确定了光是横波(1821)；他还发现了光的圆偏振和椭圆偏振现象(1823)，用波动说解释了偏振面的旋转，并把旋光归因于光学活性物质的圆双折射；他推出了反射定律和折射定律的定量规律，即菲涅耳公式；解释了 Malus 发现的反射光偏振和双折射现象，奠定了晶体光学的基础。正是由于偏振光和旋光性的发现引出了"分子手性"的概念，人们对分子手性的认识源于1848年 Pasteur 对酒石酸铵钠盐的手工拆分和旋光性表征。

光学活性研究的兴起始于19世纪初，基于挪威物理学家 Adam Arndtsen 发表的一篇重要论文。Arndtsen 对(+)-酒石酸水溶液进行了研究。利用太阳光，他直观地确定了该溶液在一些主要的夫琅和费谱线(Fraunhofer lines)下的旋光度，确认并扩展了 Biot 早期的发现，即旋光度在所研究的可见光谱区域内有最大呈现。这一结果使得瑞士化学家 Hans Landolt(光学活性研究和应用的重要先驱，"物理化学之父"之一)在1877年引进了"反常旋光色散"(Anomalous Optical Rotatory Dispersion)的表达，从此建立了对旋光色散(ORD)的描述，并于1879年在德国出版了第一本关于光学活性的书。

　　1895 年,题为《某些光学活性物质对左右圆偏振光的不均匀吸收》和《吸收物质的反常旋光色散》的两篇短论文,发表在法国科学院双周刊上,作者是时年 26 岁的法国巴黎高等师范学院物理实验室博士生 Aime A. Cotton(科顿)。第一篇的描述即为我们现在所称的电子圆二色,第二篇为旋光色散。完整的 85 页论文发表于 1896 年,标题为《光学活性介质的吸收和色散研究》,该论文总结了 Cotton 从 1893 年到 1896 年在导师 Marcel Brillouin 和 Jules Violle 指导下的研究工作。基于这些重要发现,Cotton 于 1896 年获得博士学位。Cotton 在论文中,首次报道了 Cr(III) 的酒石酸配合物在可见光区的吸收带区域内呈现反常旋光色散和电子圆二色现象(这就是 1922 年被瑞士化学家 Israel Lifschitz 命名为 Cotton 效应的一对伴生现象)。Cotton 的成功在很大程度上归功于他采用的光学组件的质量和他对测量设备熟练精准的搭建,尤其是对极小的椭圆率的测量,当然还有他极强的观察力以及他幸运选择在可见光区有吸收的待测光学活性金属配合物。

　　尽管 1895 年发现的 Cotton 效应轰动一时,但由于仪器手段的限制,一直到 20 世纪 20 年代才首次实现在紫外-可见光区的手性光学测量。1928 年,比利时物理学家 Léon Rosenfeld 用量子力学处理旋光问题,所得 Rosenfeld 方程是现代旋光理论的基础。1935 年,瑞士物理化学家 Werner Kuhn 对 (−)-2-丁醇和乳酸绝对构型的计算开启了一个新纪元。美国的理论物理化学家在 20 世纪 30 年代后期非常活跃,如 J. G. Kirkwood、E. U. Condon、H. Eyring 和 W. Kauzmann 等先后提出了不同的光学活性理论模型。然而,光学活性研究的振兴却发生在 1950—1960 年间,原因是:(1)1951 年,荷兰化学家 J. M. Bijvoet 开创性地发展了 X 射线衍射确定分子的绝对构型;(2)商品化的 ORD 谱仪和 ECD 谱仪相继问世;(3)人们对天然产物和光学活性产生了越来越大的兴趣。

　　反常旋光色散和电子圆二色性是互相关联的现象。因旋光色散与折射率相关,旋光色散谱可以出现在所有波段,而电子圆二色谱则仅限于有吸收带的波长区域。

### 2.1.2 振动圆二色(VCD)的发现

　　振动光学活性(VOA)与前述电子光学活性(EOA)的研究路径非常相似。早期的尝试是测量可见光区长波长至红外区域的旋光。但 1935 年 Lowry 的测量表明并没有振动区域圆二色谱的迹象[2]。1951 年,Gutowsky 报道了 α-石英在红外区域的反常旋光谱[3]。却在 1954 年遭到 West 的挑战和质疑,说其报道的光谱是来自仪器本身的假信号[4]。1954 年,Hediger 和 Gunthard 发表了有关手性有机化合物溶液的反常旋光谱[5]。但是,1966 年,Wyss 和 Gunthard 得出结论——之前的那些结果全都出自仪器本身的假信号[6]。

　　最早提出 VCD 谱的是 Katzin。1964 年,他通过测量 α-石英在近红外区域的旋光谱指出红外区域圆二色谱的存在[7]。1971 年,Chirgadze 等用手性聚合物得出类似的结论[8]。然而他们仅仅是使用旋光对 VOA 的间接测量,并不是真正意义上的振动跃迁区域的 VOA 测量。

　　可用于简单手性分子的 VCD 谱的最早模型构想是基于 ECD 的偶极振荡模型,由 Holzwarth 和 Chabay 于 1972 年提出[9]。在玻恩-奥本海默近似中无法描述电子对磁偶极跃迁矩贡献的问题,通过建立基于一对手性排列的电偶极跃迁矩的 VCD 表达式得以规避。当时预测 VCD 与振动吸收(VA)强度的比例是 $10^{-4} \sim 10^{-5}$,这恰好是当时红外圆二色(IR-CD)仪器可以达到的极限。1973 年,Schellman 发表了一篇促进 VCD 研究的论文[10],并再一次预言 VCD 与其振动吸收强度的比例是 $10^{-4} \sim 10^{-5}$。

　　单一分子振动状态下的 VCD 谱的第一次测量由芝加哥大学的 George Holzwarth 团队于 1974 年发表,样品是 2,2,2-三氟甲基-1-苯乙醇纯液体[11]。由于其 VCD 信号与仪器噪声水平接近,刚刚可辨认,所以其结果持续了一年未被证实。直到 1975 年,Holzwarth 的测量被南加州大学 Philip J. Stephens 实验室的博士后研究员 Laurence A. Nafie 证实[12]。Nafie 不仅仅证实了第一个 VCD 谱的测量,而且还将测量进一步扩展到其他的振动模式。用 2,2,2-三氟甲基-1-苯乙醇的 VCD 谱证实了 VCD 的发现。除了 C-H 的伸缩振动,VCD 谱还记录了 OH 氢键的伸缩振动。

1976 年，Nafie、Keiderling 和 Stephens 发表了第一篇有关 VCD 的论文[13]。该论文将 VCD 的测量拓展到了十几种手性分子，并提出需要建造一种仪器来进行普通手性分子，包括金属配合物和聚合物的日常 VCD 测量。

### 2.1.3 拉曼光学活性(ROA)的发现

如同 VCD 一样，ROA 的发现也是从理论预测开始的。1971 年，Barron 和 Buckingham 建立了 ROA 的实验和理论基础[14]。1973 年，他们报道了第一个真实的 ROA 谱的发现，比 VCD 谱的发现还要早一年[15]。当年有 3 篇论文均出自剑桥大学 Buckingham 实验室，共同作者有博士后研究员 Laurence D. Barron 和研究生 M. P. Bogaard。呈现首个 ROA 谱的分子是在 $250 \sim 400$ cm$^{-1}$ 区域有低频振动模式的 α-苯乙胺，一对 α-苯乙胺对映体的 ROA 谱都得以实现[16,17]。

1975 年，当时在加利福尼亚大学 James Scherer 实验室工作的 Werner Hug 证实了 α-蒎烯和 α-苯乙胺的完整 ROA 测量，并将测量范围扩展到 $200 \sim 3400$ cm$^{-1}$ 波段[18]。

## 2.2 手性光谱仪器的发展

### 2.2.1 电子圆二色(ECD)光谱仪的发展

第一代商品化的 ECD 光谱仪出现在 20 世纪 60 年代，主要满足当时研究蛋白二级结构的需求。由于其应用波段是在 $200 \sim 400$ nm 区间，加之光学元件所限，第一代 ECD 光谱仪的光路特点是光学分光系统采用棱镜分光技术，如图 1 所示。

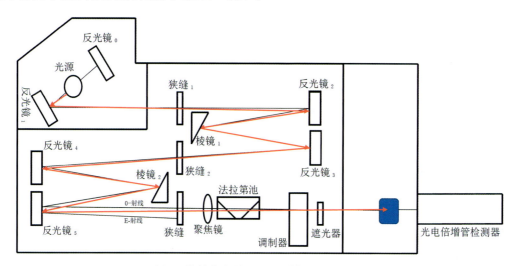

图 1 棱镜分光的 ECD 光谱仪光路结构图

随着 ECD 光谱仪应用的不断扩展，ECD 光谱动力学研究受到了人们的广泛关注。20 世纪 80 年代，适用于动力学研究的高灵敏度的 ECD 光谱仪器问世。与第一代 ECD 光谱仪不同的是分光系统采用了先进的全息光栅分光系统。这为 ECD 光谱仪日后进一步扩展应用至近红外区域，以及圆二色读板机的问世奠定了坚实的基础。

光经过棱镜无法聚焦，通常需要增加两个反射镜才能完成聚焦。而光进入光栅后可以自动聚焦。因此，使用棱镜分光的光谱仪的光路会长于使用光栅分光的光路。用棱镜分光时，因为色散和波长的三次方成反比，所以每一波长间隔的光谱宽度不相等；而光栅分光的绕射角与入射光的波长成正比，因此，每一波长的光谱区域基本相等。因此，现在市面上几乎看不到用棱镜分光的紫外-可见光谱仪了。

基于光栅分光的诸多优点，随着光学技术的不断发展，光栅分光系统(图 2)的 ECD 光谱仪得到了进一步的发展。实时自动对焦系统、隔离光源装置和优化的光路设计大大减少了光在传播过程中的强度损失，从而进一步提高了样品的检测灵敏度；而且传统光源的反射镜也不需要了，加之隔离的光源设计(图3),使得 ECD 光谱仪在 185 nm 以上使用时可以不再需要氮气吹扫。

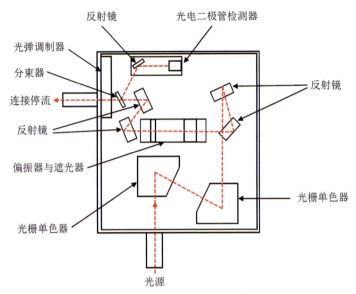

图 2　光栅分光的 ECD 光谱仪光路结构图

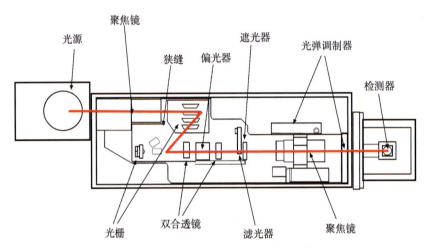

图 3　隔离光源设计的 ECD 光谱仪结构图

2017 年,法国 Bio-Logic 公司与美国 Hinds 公司联合发布了世界上第一台圆二色读板机(图4)。该读板机在 1 min 内可以读取同一波长下 96 个手性样品的 ECD 值,1 h 内就可以完成 96 个样品

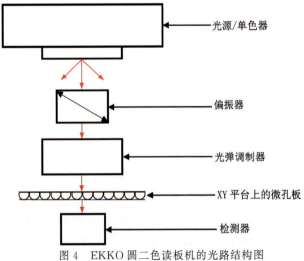

图 4　EKKO 圆二色读板机的光路结构图

的 ECD 谱扫描。而在常规的 ECD 光谱仪上,即使采用自动进样器,测量 96 个样品的 ECD 谱也需要 6~12 h。

2.2.2 振动圆二色(VCD)光谱仪的发展

(1)最早的 VCD 谱的测量——散射,氢伸缩振动区域

第一代 VCD 谱仪为 1973 年 Osborne 搭建的仪器,是从可见光到近红外区域散射的扫描仪器[19]。史上第一个 VCD 谱测量通过以下几个重要技术,才得以实现吸收强度在 $10^{-5}$ 水平上的测量。

(a)具有低噪声和 1 μs 响应时间的液氮冷却的半导体检测器;

(b)红外透过材料;

(c)具有高稳定性、低噪声和高增益的固态锁相放大器。

芝加哥大学使用能斯特灯光源、锗(Ge)光弹调制器(PEM)和 InSb 光电检测器进行 VCD 谱的测量;南加州大学用的是石英卤素灯、两个 ZnSe 光弹调制器和 InSe 检测器。后者采用的双 PEM 代表着扰偏振(polarization scrambling)的光学先进性,让第二个 PEM 与第一个 PEM 频率略微不同,从而减少了只配置单个 PEM 的 VCD 谱测量时的假信号[20]。

(2)近红外 VCD 谱的测量

1976 年,Keiderling 和 Stephens 使用相同的仪器以 InAs 替代 InSb 检测器进行了首次近红外区域的 VCD 谱的测量[21]。该工作强调了对 C-H 伸缩振动态的二级或更高倍频峰的研究。

(3)中红外 VCD 谱的测量

在发现 VCD 之后的几年里,其观测的低频极限是 2800 cm$^{-1}$。1978 年,Stephens 和 Clark 在南加州大学的散射 VCD 光谱仪上使用 PbSnTe 检测器[22],使其低频极限达到 1600 cm$^{-1}$。1980 年,芝加哥伊利诺伊大学的 Keiderling 使用 HgCdTe 检测器[23],使 VCD 谱可测量至 1200 cm$^{-1}$。直到雪城大学 Nafie 和他的同事开发并优化的傅里叶变换振动圆二色(FT-VCD)光谱仪问世,才使得中红外区域的 VCD 谱的测量进一步延伸至 800 cm$^{-1}$。

(4)傅里叶变换振动圆二色(FT-VCD)光谱仪

1978 年夏天,Nafie 和 Vidrine 在尼高力(现在的热电尼高力)总部使用 InSe 检测器对樟脑进行了首次 FT-VCD 谱测量,得到了中红外区域 C-H 伸缩振动的 FT-VCD 谱。1981 年,雪城大学对一批手性有机分子进行了高质量、高分辨率的中红外区域 1600~900 cm$^{-1}$ 的 FT-VCD 谱的测量,进一步展现了 FT-VCD 谱的普适性。这为 20 世纪 90 年代 VCD 光谱仪的商品化奠定了坚实的基础。

(5)商品化的 VCD 光谱仪

20 世纪 80 年代中后期,VCD 光谱仪逐渐走向了商品化。

尽管伯乐(BioRad)和尼高力为有兴趣的用户开始提供装配上 VCD 附件的傅里叶变换红外光谱仪。但是这些制造商并没有在他们的产品宣传手册里介绍 VCD 光谱技术。直到 20 世纪 90 年代,尼高力和伯乐一直以各种方式与 VCD 光谱技术研究者进行着合作——尼高力与雪城大学 Nafie 教授合作,伯乐与芝加哥伊利诺伊大学的 Keiderling 教授合作。尼高力和伯乐公司因此了解了如何用傅里叶变换红外光谱仪装配进行 VCD 谱的测量操作。20 世纪 90 年代中期,随着步进扫描傅里叶变换红外光谱仪的出现和不断增长的商品化 VCD 仪器的需求,布鲁克也开始与雪城大学 Nafie 教授合作,开发商品化的 FT-VCD 附件。

VCD 光谱仪器商品化的主要突破是从 Rina K. Dukor 和 Nafie 成立 BioTools 公司开始的。BioTools 公司与加拿大魁北克的 Bomen 公司合作,通过优化软硬件,于 1997 年制造了史上第一台专门的傅里叶变换振动圆二色光谱仪 Chiral*IR* FT-VCD(图 5)。该仪器的诞生是 VCD 技术领域的一次革命。随后,傅里叶变换红外光谱仪生产厂家如尼高力、伯乐和布鲁克也相继发布了改进的桌上型傅里叶变换红外光谱仪的 VCD 光谱附件。然而始终只有 BioTools 公司生产的 VCD 光谱

仪是具有仪器光路在出厂前预调整好的、所有光学元件全部集成于同一个光学平台等特点的商品化的专用 VCD 光谱仪器。最近,日本分光也开始生产商品化的 VCD 光谱仪。

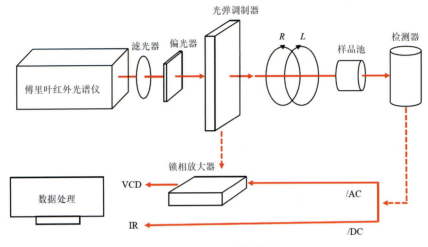

图 5　FT-VCD 光谱仪结构图

2009 年,BioTools 公司又推出了第二代傅里叶变换振动圆二色光谱仪 ChiralIR-2X(图 6)。新一代仪器将所有的电子处理过程减至一块 PC 板,可以同时采集 3 种干涉图——常规的红外光谱、VCD 光谱和 VCD 光谱基线图,后两者对每一次干涉扫描进行动态扣减。

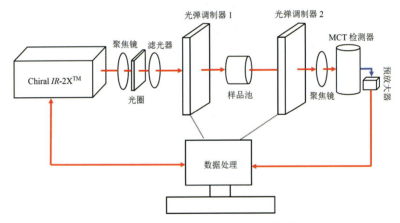

图 6　BioTools ChiralIR-2X FT-VCD 光谱仪结构图

VCD 光谱信号是红外光谱信号强度的万分之一,因此如何消除仪器自身光学元件及电子元件的噪声假信号等的影响是非常重要的问题。BioTools 公司最新一代仪器采用光学平台的一体化设计,以数字化处理取代电子滤波器及锁相放大器,加上双光源和双光弹调制器以及无损扫描机制的干涉仪设计等先进的技术,最大程度地消除了噪声假信号的产生和干扰以及基线的漂移,大大提高了仪器的灵敏度和测量的准确性。

### 2.2.3 拉曼光学活性(ROA)谱仪的发展

相比 VCD 光谱仪,ROA 谱仪的建造更加困难。因此在商业化的 ROA 谱仪问世之前,世界范围内的 ROA 谱仪非常有限。只有 Laurence Barron(格拉斯哥,英国)、Werner Hug(弗莱堡,瑞士)和 Laurence Nafie(雪城,美国)研究小组有 ROA 谱仪。其中也只有格拉斯哥和雪城的仪器在 ROA 发现之后的 30 年里一直在频繁地使用。

（1）首次 ROA 谱的测量——单通道入射圆偏振-拉曼光学活性（ICP-ROA）

最早的 ROA 测量使用的是单通道光电倍增管检测器、散射扫描光栅及 448 nm 或 514 nm 氩离子激光器。光路设计是直角散射。1976 年，Barron 在格拉斯哥证实了这一基本仪器的优势——首次实现了 ROA 的反斯托克斯测量，进而证实了 ROA 信号和强度的理论计算[24]。

（2）多通道 ROA 谱的测量

多通道的 ICP-ROA 测量是 1979 年弗莱堡大学的 Werner Hug 实验室报道的[25]。在那之后不久，多伦多大学的 Martin Moskovits 实验室也有报道[26]。多通道测量以足够高的信噪比解决了 ROA 测量中的最严重问题之一，即所谓测量一个谱的时长问题。

（3）背散射 ROA 谱的测量

1982 年，Hug 报道了测量背散射的 ICP-ROA 的仪器设计[27]。不幸的是，弗莱堡大学化学系的一场大火将该仪器和 Hug 的实验室毁掉。由于重建实验室的资金缺乏，Hug 在之后的几年开始关注 ROA 的理论计算[28]。1989 年，在 Laurence Barron 的建议下，Hug 通过提供他从 1982 年的仪器中恢复的部件与 Barron 开始合作，建造了一台新的背散射 ROA 光谱仪[29]。该工作实现了使用 CCD（电荷耦合器件）检测器的首次 ROA 谱的测量，而且无论是采集速度还是光谱质量都是一次 ICP-ROA 的革新测量。

（4）散射圆偏振-拉曼光学活性（SCP-ROA）测量

SCP-ROA 的理论基础是由 Barron 和 Buckingham 早在 1971 年首次考量瑞利散射和拉曼光学活性时建立的。SCP-ROA 是指线偏振光激发样品时散射光的圆偏振角度 $P_C$。然而这仅仅是出于理论的好奇心，以当时拥有的技术是无法测量 ROA 强度的。概念性障碍在于 $P_C$ 的定义过分依赖于散射光的单一性质，即便是小角度的左右圆偏振对于拉曼散射强度也是额外的。

1988 年，Nafie 推论所有的散射光均可以被认为仅仅由左和右圆偏振光组成。其分布可以通过零级四分之一波片分别测量，将其中一个圆偏振转换为垂直偏振强度，另一个转换为水平偏振强度。这样散射光的两个圆偏振单元可以通过使用线偏振器选择散射光的左或者右圆偏振而分别得到测量。这两个强度相加将得到常规的极化或非极化的拉曼谱，相减则得到 $P_C$。同样地，ICP-ROA 通过转换圆偏振激发光的前或后，可测得拉曼强度的不同。

（5）双圆偏振-拉曼光学活性（DCP-ROA）测量

ROA 的 SCP 和 ICP 测量的灵活性导致了 ROA 两种新的双圆偏振模式的理论预测[30]。同相双圆偏振-拉曼光学活性（DCP$_I$-ROA）背散射是纯非极化的 ROA，是与其拉曼母谱强度相关的 ROA 最有效率的形式。而反相双圆偏振-拉曼光学活性（DCP$_{II}$-ROA）则是远离共振（FFR）近似中消失的非常弱的效应。Nafie 等于 1991 年报道了 DCP$_I$-ROA 的首次测量，并证实了两年前的理论预测[31]。通常 DCP$_I$-ROA 和 DCP$_{II}$-ROA 之和等于 ICP$_u$-ROA。ICP$_u$-ROA 是在散射光谱非极性辨别下的 ICP-ROA 测量。1994 年，Nafie 等实现了 DCP$_{II}$-ROA 的首次测量[32]。

（6）商品化 ROA 光谱仪器

最早的 ROA 光谱仪商品化是 2003 年由 BioTools 公司实现的，也是目前为止唯一的商品化 ROA 光谱仪器。ChiralRAMAN 光谱仪是按照 Hug 的设计建造的、使用 532 nm 激光器的 SCP-ROA 光谱仪。该仪器的最大特点之一是左、右圆偏振散射由上、下各半的 CCD 检测器同时测量，从而极大地减少了激光器本身强度变化和样品闪烁噪声的影响。

随着数字化技术的飞速发展，2010 年，BioTools 公司推出了最新一代用于 ROA 谱测量的拉曼光学活性谱仪 ChiralRAMAN-2X（图 7）。

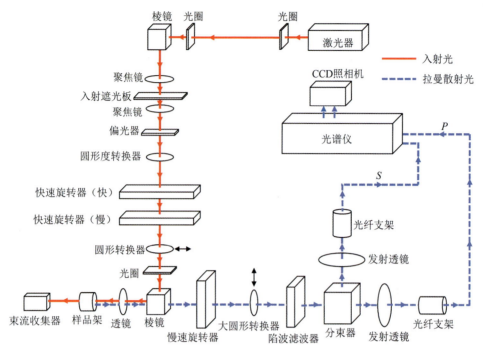

图 7　BioTools Chiral*RAMAN*-2X SCP-ROA 拉曼光学活性谱仪结构图

## 3. 手性光谱测量方法

### 3.1 电子圆二色光谱的测量方法

早期的 ECD 光谱仪的主要应用为生物大分子结构的测定,其方法相对单一。近年来由于 ECD 光谱仪性能以及附件的增加,其应用范围得到不断扩展。目前 ECD 光谱仪的应用包括蛋白二级结构研究(185～250 nm),蛋白三级结构研究(260～320 nm),有机化合物、天然产物、超分子及金属配合物的手性结构研究(180～1200 nm)等领域。

随着 ECD 光谱仪各种应用的扩展,待测样品种类及样品形态也各不相同。如何结合样品制备及仪器参数设定获取最佳的分析结果,一直是广大 ECD 光谱仪使用者最为关注的话题。

ECD 光谱仪作为一种吸收光谱,使用上的基本原则是让入射圆偏振光通过样品后还能有足够的光信号到达检测器。所以经由以下各种条件优化都可以得到更好的分析结果。

#### 3.1.1 样品的前处理

在测量 ECD 谱之前,最好先测量 UV-Vis 吸收光谱。ECD 光谱与 UV-Vis 光谱一样在 0.5～1.0 吸收值范围内会有较好的信噪比。通常,样品与溶剂吸收值之和大于 2.0 时,将难以得到准确的数据。

实际上,在短波长(低于 190 nm)时,UV-Vis 扫描很难得到合适的吸收值。大部分 UV-Vis 谱仪都限制其应用波段在 190 nm 以上,因此低于 200 nm 波长范围的手性样品测定将会是一个问题。通常建议直接使用 ECD 光谱仪来做吸收光谱测量。

(1)选择适合的缓冲液

在 ECD 谱测定时选择合适的缓冲液是非常重要的。缓冲液在测试波段必须尽量透明。大部分关注的手性结构信息常常出现在低波长紫外区域。一些缓冲液在这个波段具有高吸收值,会遮蔽 ECD 信号。表 1～表 3 列出了各种缓冲液及溶剂在不同光程比色池中的截止波长值。

**表 1　蒸馏水和重水在短光程比色池中的截止波长**

| 溶剂 | 短波长极限/nm | | | |
| --- | --- | --- | --- | --- |
| | 1 mm 比色池 | 0.2 mm 比色池 | 0.1 mm 比色池 | 0.05 mm 比色池 |
| 蒸馏水 | 180 | 176 | 175 | 174 |
| 重水 | 175 | 172 | 171 | 170 |

**表 2　有机溶剂在不同光程比色池中的截止波长**

| 溶剂 | 短波长极限/nm | | | 备注 |
| --- | --- | --- | --- | --- |
| | 1 cm 比色池 | 1 mm 比色池 | 0.1 mm 比色池 | |
| 正己烷 | 210 | 183 | 180 | 非极性,低溶解度 |
| 环己烷 | 210 | 185 | 180 | 非极性,低溶解度 |
| 异辛烷 | 210 | 185 | 180 | 非极性,低溶解度 |
| 苯 | 280 | 275 | 270 | 非极性,用于聚合物合成反应的测量 |
| 四氯化碳 | 250 | 240 | 230 | 非极性,专用于氧化反应测量 |
| 氯仿 | 240 | 230 | 220 | 中等极性 |
| 1,2-二氯乙烷 | 220 | 210 | 200 | 非极性,高溶解度 |
| 甲醇 | 210 | 195 | 185 | 极性,广泛用于有机化合物 |
| 乙醇 | 210 | 195 | 185 | 极性,常用于有机化合物 |
| 三氟乙酸 | 260 | 250 | 240 | 用于聚合物和腐蚀物合成反应的测量 |
| 二甲亚砜 | 264 | 252 | 245 | 用于聚合物合成反应测量 |
| 四氢呋喃 | 220 | 210 | 204 | 用于聚合物合成反应测量 |
| 反式十氢化萘 | 220 | — | — | 用于高温测量溶剂(沸点 194.6 ℃) |

**表 3　不同缓冲液在不同光程比色池中的截止波长**

| 缓冲液 | 短波长极限/nm | | |
| --- | --- | --- | --- |
| | 1 cm 比色池 | 1 mm 比色池 | 0.1 mm 比色池 |
| 乙醇/甲醇(4∶1) | 210 | 200 | — |
| 蒸馏水 | 185 | 180 | 175 |
| 10 mmol·L$^{-1}$磷酸钠 | — | 182 | — |
| 0.1 mol·L$^{-1}$磷酸钠 | — | 190 | — |
| 0.1 mol·L$^{-1}$氯化钠 | — | 195 | — |
| 0.1 mol·L$^{-1}$三羟甲基氨基甲烷 | — | 200 | — |
| 0.1 mol·L$^{-1}$柠檬酸铵 | — | 220 | — |

(2)选择适合的比色池光径

选择合适光径的 ECD 比色池(图 8)对于解决溶剂吸收问题将会非常有帮助。短光径(如 0.1 mm 或 0.05 mm)的比色池可以明显降低溶剂吸收,并且可容许扫描到较短波长范围。而这时必须使用较高浓度的蛋白质样品,如 1 mg/mL。

**Starna**
**圆二色光谱仪专用比色池**

 可拆卸式比色池, 光程最短可至 **0.01 mm, 样品只需 3 µL**

20/C/Q/1

CH/2049

| Type No. | 材质 | 光径/ mm | 样品仓/ mm | | | 外部尺寸/ mm | | | 容积/ mL |
|---|---|---|---|---|---|---|---|---|---|
| | | | 宽 | 长 | 高 | 宽 | 长 | 高 | |
| 20/C | Q, I | 0.01 | 8 | 0.01 | 38 | 12.5 | 2.5 | 45 | 0.003 |
| 20/C | Q, I | 0.08 | 8 | 0.08 | 38 | 12.5 | 2.5 | 45 | 0.024 |
| 20/C | Q, I | 0.1 | 8 | 0.1 | 38 | 12.5 | 2.6 | 45 | 0.030 |
| 20/C | Q, I | 0.2 | 8 | 0.2 | 38 | 12.5 | 2.7 | 45 | 0.060 |
| 20/C | Q, I | 0.5 | 8 | 0.5 | 38 | 12.5 | 3.0 | 45 | 0.150 |
| 20/C | Q, I | 1 | 8 | 1 | 38 | 12.5 | 3.5 | 45 | 0.310 |

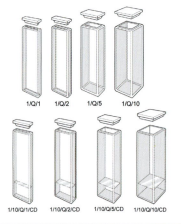
1/Q/1　1/Q/2　1/Q/5　1/Q/10
1/10/Q/1/CD　1/10/Q/2/CD　1/10/Q/5/CD　1/10/Q/10/CD

**Starna**
**圆二色光谱仪专用比色池**

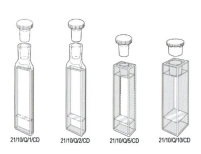
21/10/Q/1/CD　21/10/Q/2/CD　21/10/Q/5/CD　21/10/Q/10/CD

| Type No. | 材质 | 光径/ mm | 内部宽度/ mm | 外部尺寸/ mm | | | 容积/ mL |
|---|---|---|---|---|---|---|---|
| | | | | 长 | 宽 | 高 | Type 1/Tpye 1/10 |
| 1或21 | Q, I | 1 | 10 | 3.5 | 12.5 | 45 | 0.400/0.275 |
| 1 | Q, I | 2 | 10 | 4.5 | 12.5 | 45 | 0.700/0.45 |
| 1 | Q, I | 5 | 10 | 7.5 | 12.5 | 45 | 1.700/1.2 |
| 1 | Q, I | 10 | 10 | 12.5 | 12.5 | 45 | 3.500/2.5 |

图 8　ECD 光谱仪专用比色池

Q:Spectrosil 石英,170～2700 nm;I:Infrasil 石英,220～3800 nm

3.1.2 仪器参数的设置

针对不同样品性质,选择适合的仪器参数,如带宽(band width)、扫描速度及采样时间等,也是得到理想的测量结果的重要因素之一。

（1）带宽的选择

在 ECD 光谱测量时,带宽设定越小,光谱分辨率就越高。但光通量小会使得谱图噪声增加。通常,蛋白质样品带宽设为 1 nm 或 2 nm 即可。液体样品带宽一般设定为 1～5 nm;固体样品可加大带宽,如 2～10 nm,以便减少谱图噪声。另外,近红外 ECD 测试也需要设置大的带宽。

（2）扫描速度及时间常数

当想要得到平滑或更优质的谱图时,低的扫描速度和长的时间常数是选择原则。但因仪器的总采样点数有上限,因此,选择扫描速度和时间常数时要顾及扫描区间的大小,并综合考虑测试条件和样品性质,从而实现参数的自洽和优化。

### 3.1.3 比色池清洗建议

保持比色池清洁干净是确保测量结果的准确性和比色池使用寿命的重要因素之一。日常工作中,在测试间隔期间,需将用过的比色池置于去离子水或有机溶液中,避免小光径比色池因溶剂挥发而使样品黏附于比色池壁。结束测量后,一定要将比色池彻底清洗干净。比色池的清洗按照比色池内含物的类型来确定清洗方法(参见表 4)。只可以使用镜头清洁纸或专用细布擦拭光学表面。清洗并干燥后,放置在合适的容器中备用。

表 4　清洗比色池的方法

| 溶剂 | 内含物 | 建议清洗方法 |
| --- | --- | --- |
| 水溶液 | 蛋白质、DNA、生物制剂 | 含洗涤剂温水浸泡,稀酸润冲加大量纯水冲洗 |
| 水溶液 | 盐溶液 | 温水浸泡,酸清洗,大量水冲洗 |
| 水溶液 | 碱性溶液 | 含洗涤剂温水浸泡,稀酸、大量水依次冲洗 |
| 有机溶液 | 油性基质 | 溶剂、含洗涤剂温水、稀酸清洗,大量水冲洗 |
| 有机溶液 | 酒精溶液 | 溶剂清洗,大量水冲洗 |
| 有机溶液 | 酸性溶液 | 溶剂清洗,大量水冲洗 |
| 有机溶液 | 碱性溶液 | 溶剂、稀酸清洗,大量水冲洗 |

注:荧光测量要使用 5 mol·L$^{-1}$ 硝酸清洗比色池,使用前用大量水冲洗。

### 3.2 振动圆二色光谱仪的应用及检测方法

VCD 光谱仪的应用如同红外光谱仪一样广泛,只要样品具有手性和对映体过量。由于对所测样品没有苛刻要求,即液体、固体或水溶液都可以直接测量,该技术广泛应用于生物样品的结构与动力学研究、手性分子绝对构型的确定、溶液状态下的构象确定以及对映体过量反应监控等研究领域。

在 VCD 光谱的测量中,仪器的吹扫、溶剂的选择以及样品的制备与样品池的选择是获取准确的 VCD 光谱非常重要的因素。

### 3.2.1 仪器吹扫

首先要使用干净的干燥气体吹扫仪器(purge),使仪器背景的水蒸气的红外吸收达到最小。如图 9 和图 10 所示。

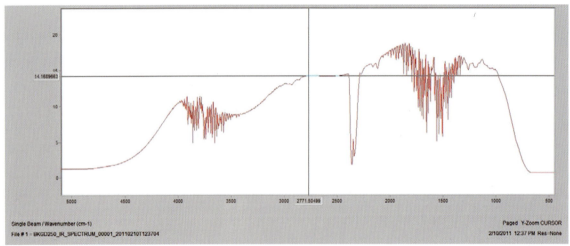

图 9　未净化的背景

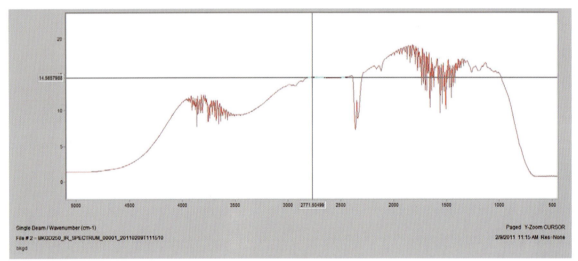

图 10　充分净化的背景

### 3.2.2 溶剂的选择

测量 VCD 谱时,最好选用非极性溶剂。如果溶剂中有氢,最好选用氘代试剂,这样可以使得氢的振动谱带远离溶质的谱带,移至较低的频带。高极性的溶剂一般会有很高的吸收,这样就会掩盖溶质的 VCD 谱。在水做溶剂的情况下,因为其吸收谱带很宽,只能配制较高浓度的样品,这时要选用短光程(一般小于 10 $\mu$m)的样品池。

(1)有机分子

选择合适的溶剂是测量的第一步。所选溶剂应该使样品的溶解度高并且在所观测区域内(一般是中红外区)没有吸收。对于非极性化合物,四氯化碳($CCl_4$)是最常用的溶剂。对于一些极性化合物,氘代氯仿($CDCl_3$)是比较好的选择。高极性和带电荷的化合物通常易溶解于氘代二甲基亚砜(DMSO-$d_6$)。不常用但是可以备用的溶剂还有氘代乙醇、芳烃、氘代丙酮和重水($D_2O$)或水。

(2)生物样品

生物样品一般溶解于适当的缓冲溶液或其他溶剂中。

### 3.2.3 样品的制备和样品池的选择

根据待测样品的性质,可将用于 VCD 谱测量的样品池分为有机样品池($BaF_2$ 样品池)和生物样品池($CaF_2$ 样品池,见图 11 和图 12)。VCD 谱测量的制样与其红外母谱紧密相关。通过选择没有死体积的合适的样品池,可以使所需样品量减少到微升级别。建议根据样品的性质选用制样方法和样品池。

(1)有机分子

对于样品浓度的选择,原则上应使待测峰的红外吸收值保持在0.2～0.8之间为佳,红外吸收值必须小于1.0以避免VCD谱出现大的噪声。大多数情况下,可以选择5～10 mg的样品溶解在100～150 μL溶剂中,选择100 μm光程的样品池。如果样品的溶解度低,实际浓度可能会较低,这时,则需要选择较长光径的样品池以获得相同的吸收值。

(2)生物样品

对于生物样品的水溶液,选择光程6～8 μm的样品池是最佳的,这样可以使样品的吸收达到最大,且水的吸收值低于1。吸收值如果超过1会产生噪声。8～10 μL的样品量通常已足够充满生物样品池。最好使用可覆盖样品池面的最小样品量。如果样品过量,将导致多余的溶液流出,溢出凹槽流到外环(图11),导致光程不准。

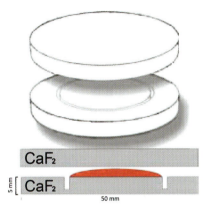

图11　生物样品池结构图

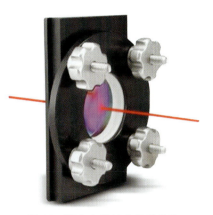

图12　装入支架的生物样品池

在样品装入样品池的操作过程中要确保不要引进气泡,而且要确保在分别测量缓冲液和样品时样品池上、下两个窗口(见图11)的相对位置是完全相同的。

### 3.3 拉曼光学活性谱仪的应用与测量

ROA谱仪的应用如同拉曼光谱仪一样广泛,只要样品具有手性和对映体过量。必须指出,水的拉曼散射非常弱,因此这是研究生物样品ROA谱的很大优势。ROA谱仪可广泛应用于纯液体的有机小分子、蛋白质、肽、氨基酸、糖、核酸、糖蛋白、病毒等研究领域。金属表面吸附分子的表面增强拉曼光学活性(SEROA)和共振拉曼光学活性(RROA)也是目前ROA的研究热点之一。

在研究生物聚合物方面,ROA谱比传统拉曼光谱更加敏锐。骨架手性样品的振动是ROA强度的最大贡献。蛋白质的传统拉曼谱通常是侧链峰占主导,这些侧链峰往往掩盖了主干峰的信号;而ROA谱则是缩氨酸的主干峰占主导,因此,可给出更加直接的有关二级和三级结构的信息。

为得到高质量的ROA谱图,样品制备环节是至关重要的。样品必须经过化学纯化,尽可能地减少各种杂质,然后经过微米级孔过滤器过滤掉所有灰尘和微粒。如果有必要的话,还需要用活性炭再进行一次过滤。当制备ROA样品的水溶液时,必须用蒸馏的去离子水。因此,权衡得到高质量ROA谱的测量时间,花在样品制备上的时间是值得的。

## 4. 结论

在手性光谱研究中,ECD涉及的是与电子激发态能级跃迁相关的光谱,具有信号强、灵敏度高等特点,广泛应用于生物样品、手性化合物以及金属配合物等诸如温度和酸碱度等方面的变性研究和反应动力学方面的研究。由于 ECD 光谱是复杂的分子激发态下电子跃迁的总体呈现,因此,用 ECD 光谱有时较难做出手性样品绝对构型的判断。而 VCD 光谱是分子基态振动状态的呈现,结合量子化学的理论计算,是确定手性化合物绝对构型和溶液构象的可靠手段,加之其实验方法简单,样品不需要培养成单晶,液体样品、固体样品以及水溶液均可以被直接测试,因而目前广泛用于对手性分子绝对构型的确定。美国 FDA 于 2016 年将 VCD 光谱作为手性药物绝对构型确定的方法写入美国药典中。手性拉曼光谱因其对水溶液样品测试得天独厚的优势,以及 ROA 谱图所呈现的样品的丰富结构信息,目前,广泛用于蛋白质三级或高级结构以及生物样品绝对构型的研究中。

**参考文献**

[1] LAUR P. The first decades after the discovery of CD and ORD by Aimé Cotton in 1895 [M]. // BEROVA N, POLAVARAPU P L, NAKANISHI K, et al. Comprehensive Chiroptical Spectroscopy. New Jersey: John Wiley & Sons, Inc., 2012, vol. 2: 3-35.

[2] LOWRY T M. Optical rotatory power [M]. London: Longmans, Green and Co., 1935.

[3] GUTOWSK H S. Optical rotation of quartz in the infrared to 9.7μ [J]. J. Chem. Phys., 1951, 19(4): 438-441.

[4] WEST C D. Anomalous rotatory dispersion of quartz above 3.7μ [J]. J. Chem. Phys., 1954, 22(4): 749-750.

[5] HEDIGER H J, GUNTHARD H H. Optical rotatory power of organic substances in the infrared [J]. Helv. Chim. Acta, 1954, 37(4): 1125-1133.

[6] WYSS H R, GÜNTHARD H H. Optische aktivität von 6,7-diphenyl-dinaphto-(2′,1′:1,2;1″,2″:3,4)-5,8-diaza-cyclooctatetraen (I) und 3′,6″-dimethyl-1,2:3,4-dibenz-1,3-cycloheptadien-6-on (II) im infrarot [J]. Helv. Chim. Acta, 1966, 49(1): 660-663.

[7] KATZIN L I. Rotatory dispersion of quartz [J]. J. Phys. Chem., 1964, 68(8): 2367-2370.

[8] CHIRGADZE Y N, VENYAMINOV S Y, LOBACHEV V M. Optical rotatory dispersion of polypeptides in the near-infrared region [J]. Biopolymers, 1971, 10(5): 809-820.

[9] HOLZWARTH G, CHABAY I. Optical activity of vibrational transitions. Coupled oscillator model [J]. J. Chem. Phys., 1972, 57(4): 1632-1635.

[10] SCHELLMAN J A. Vibrational optical activity [J]. J. Chem. Phys., 1973, 58(7): 2882-2886.

[11] HOLZWARTH G, HSU E C, MOSHERH S, et al. Infrared circular dichroism of carbon-hydrogen and carbon-deuterium stretching modes [J]. J. Am. Chem. Soc., 1974, 96(1): 251-252.

[12] NAFIE L A, CHENG J C, STEPHENS P J. Vibrational circular dichroism of 2,2,2-trifluoro-1-phey-lethanol [J]. J. Am. Chem. Soc., 1975, 97(13): 3842-3843.

[13] NAFIE L A, KEIDERLING T A, STEPHENS P J. Vibrational circular dichroism [J]. J. Am. Chem. Soc., 1976, 98(10): 2715-2723.

[14] BARRON L D, BUCKINGHAM A D. Rayleigh and Raman scattering from optically active molecules [J]. Mol. Phys., 1971, 20(6): 1111-1119.

[15] BARRON L D, BOGAARD M P, BUCKINGHAM A D. Raman scattering of circularly polarized light by optically active molecules [J]. J. Am. Chem. Soc., 1973, 95(2): 603-605.

[16] BARRON L D, BOGAARD M P, BUCKINGHAM A D. Differential Raman scattering of right and left circularly polarized light by asymmetric molecules [J]. Nature, 1973, 241(5385): 113-114.

[17] BARRON L D, BOGAARD M P, BUCKINGHAM A D. Raman circular intensity differential observations on some monoterpenes [J]. J. Chem. Soc., Chem. Commun., 1973, (5): 152-153.

[18] HUG W, KINT S, BAILEY G F, et al. Raman circular intensity differential spectroscopy. The spectra of (−)-α-pinene and (+)-α-phenylethylamine [J]. J. Am. Chem. Soc., 1975, 97(19): 5589-5590.

[19] OSBOME G A, CHENG J C, STEPHENS P J. Near-infrared circular dichroism and magnetic circular

dichroism instrument [J]. Rev. Sci. Instrum., 1973, 44(1): 10-15.

[20] CHENG J C, NAFIE L A, STEPHENS P J. Polarization scrambling using a photoelastic modulator: Application to circular dichroism measurement [J]. J. Opt. Soc. Am., 1975, 65(9): 1031-1035.

[21] KEIDERLING T A, STEPHENS P J. Vibrational circular dichroism in overtone and combination bands [J]. Chem. Phys. Lett., 1976, 41(1): 46-48.

[22] STEPHENS P J, CLARK R. Vibrational circular dichroism: The experimental viewpoint [M]//MASON S F. Optical activity and chiral discrimination. Dordrecht: D. Reidel, 1979: 263-287.

[23] SU C N, HEINTZ V J, KEIDERLING T A. Vibrational circular dichroism in mid-infrared [J]. Chem. Phys. Lett., 1980, 73(1): 157-159.

[24] BARRON L D. Anti-Stokes Raman optical activity [J]. Mol. Phys., 1976, 31(6): 1929-1931.

[25] HUG W, SURBECK H. Vibrational Raman optical activity spectra recorded in perpendicular polarization [J]. Chem. Phys. Lett., 1979, 60(2): 186-192.

[26] BROCKI T, MOSKOVITS M, BOSNICH B. Vibrational optical activity. Circular differential Raman scattering from a series of chiral terpenes [J]. J. Am. Chem. Soc., 1980, 102(2): 495-450.

[27] HUG W. Instrumental and theoretical advances in Raman optical activity [M]// LASCOMBE J. Raman spectroscopy. Chichester: John Wiley & Sons, Ltd., 1982: 3-12.

[28] NAFIE L A. Vibrational optical activity: Principles and applications [M]. Chichester: John Wiley & Sons, Ltd., 2011: 9-30.

[29] BARRON L D, HENCHT L, HUG W, et al. Backscattered Raman optical activity with CCD detector [J]. J. Am. Chem. Soc., 1989, 111(23): 8731-8732.

[30] NAFIE L A, FREEDMAN T B. Dual circular polarization Raman optical activity [J]. Chem. Phys. Lett., 1989, 154(3): 260-266.

[31] CHE D, HECHT L, NAFIE L A. Dual and incident circular polarization Raman optical activity backscattering of (−)-trans-pinane [J]. Chem. Phys. Lett., 1991, 180(3): 182-190.

[32] YU G S, NAFIE L A. Isolation of preresonance and out-of-phase dual circular polarization Raman optical activity [J]. Chem. Phys. Lett., 1994, 222(4): 404-410.

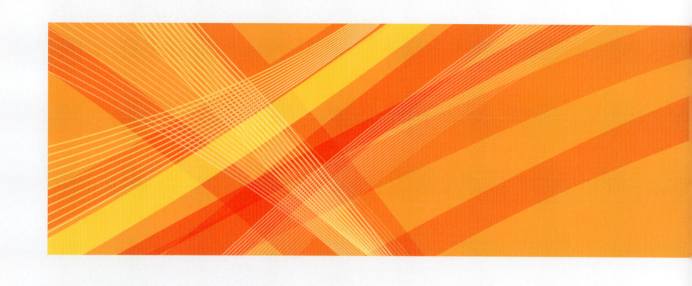

科普典藏

Science Collections

# 降压药尼莫地平的前世今生

章慧*，郭栋，林丽榕

厦门大学化学化工学院，福建，厦门 361005
E-mail: huizhang@xmu.edu.cn

**摘要：** 本文以降压药 1,4-二氢吡啶衍生物尼莫地平的发现和应用为线索，简要回顾了 19 世纪中叶以来欧洲立体化学的发展史，主要涉及韩奇酯的发明、韩奇与配位化学创始人维尔纳的师生情谊以及维尔纳对手性立体化学的开拓性贡献等历史故事，介绍了最近的消旋尼莫地平结晶过程中的自发拆分及其手性晶型的精准表征，以及多晶型现象和晶型药物的相关知识。

**关键词：** 手性立体化学；韩奇反应；降压药；多晶型；自发拆分

## Past and Present of Nimodipine as Hypotensor

ZHANG Hui*，GUO Dong, LIN Lirong

**Abstract：** This article follows up the clue to the discovery and application of 1,4-dihydropyridines nimodipine as antihypertensive drug, and briefly reviews the development of stereochemistry in Europe since the middle of the 19th century. Chemical stories are recalled, involving the invention of Hantzsch esters, close relationship between Hantzsch and his outstanding student—the founder of coordination chemistry—Werner, and Werner's pioneering contribution to chiral stereochemistry. An up-to-date introduction is given for the spontaneous resolution of racemic nimodipine under chiral crystallization and its precise characterization. Moreover, polymorphism and polymorphic drugs are also described.

**Key Words：** Chiral stereochemistry; Hantzsch reaction; Hypotensor; Polymorphism; Spontaneous resolution

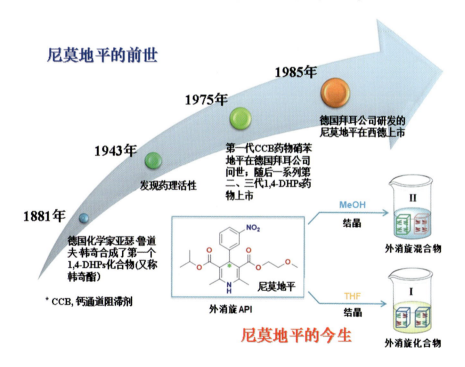

高血压是心脑血管病发病和死亡的第一危险因素，是心脑血管病防治的切入点[1]。将高血压患者的血压水平控制在理想状态，是预防心脑血管意外的根本目标。2006 年由中国医学科学院阜外心血管病医院王文教授牵头、全国 180 个医疗中心共同合作的"中国高血压综合防治研究"（Chinese Hypertension Intervention Efficacy Study，CHIEF 研究）为"十一五"国家科技支撑项目，

是迄今为止中国规模最大的抗高血压临床研究,也是首次以国产药物苯磺酸氨氯地平片为基础的起始联合降压临床试验[2]。

《国家基本医保药品目录》(2009 版)中收载的化学降压药有 56 个品种,钙通道阻滞剂(calcium channel blocker,CCB)是临床上主要品类之一,主要有氨氯地平、硝苯地平、贝尼地平、非洛地平、左旋氨氯地平、拉西地平、乐卡地平、尼卡地平、西尼地平、尼群地平、L-门冬氨酸氨氯地平、尼莫地平、维拉帕米、地尔硫卓等[3]。

在以上列出的 14 个 CCB 药物中,除了维拉帕米和地尔硫卓,在药品名称里都有"地平"两字,这不由使人猜测,它们可能是源于同一个结构系列的化学降压药? 随之好奇:地平类化合物之父是谁? 本文将试图解读这些地平类化合物之谜,从结构上揭示它们的"庐山真面目"。

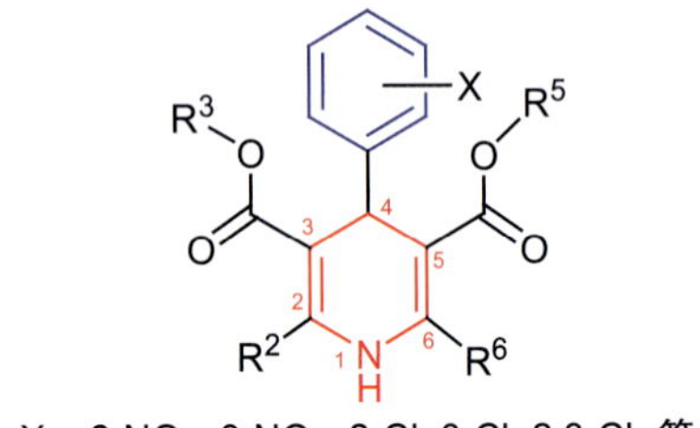

## 1. 尼莫地平的前世

地平类分子主要由一个二氢吡啶环(红色)连接一个苯环(蓝色)构成,它们在有机化学中的学名为 1,4-二氢吡啶衍生物(1,4-dihydropyridines,简称 1,4-DHPs),其结构代表式见图 1。从图 2 和图 3 所示的地平化合物集合可以看到这类化合物的

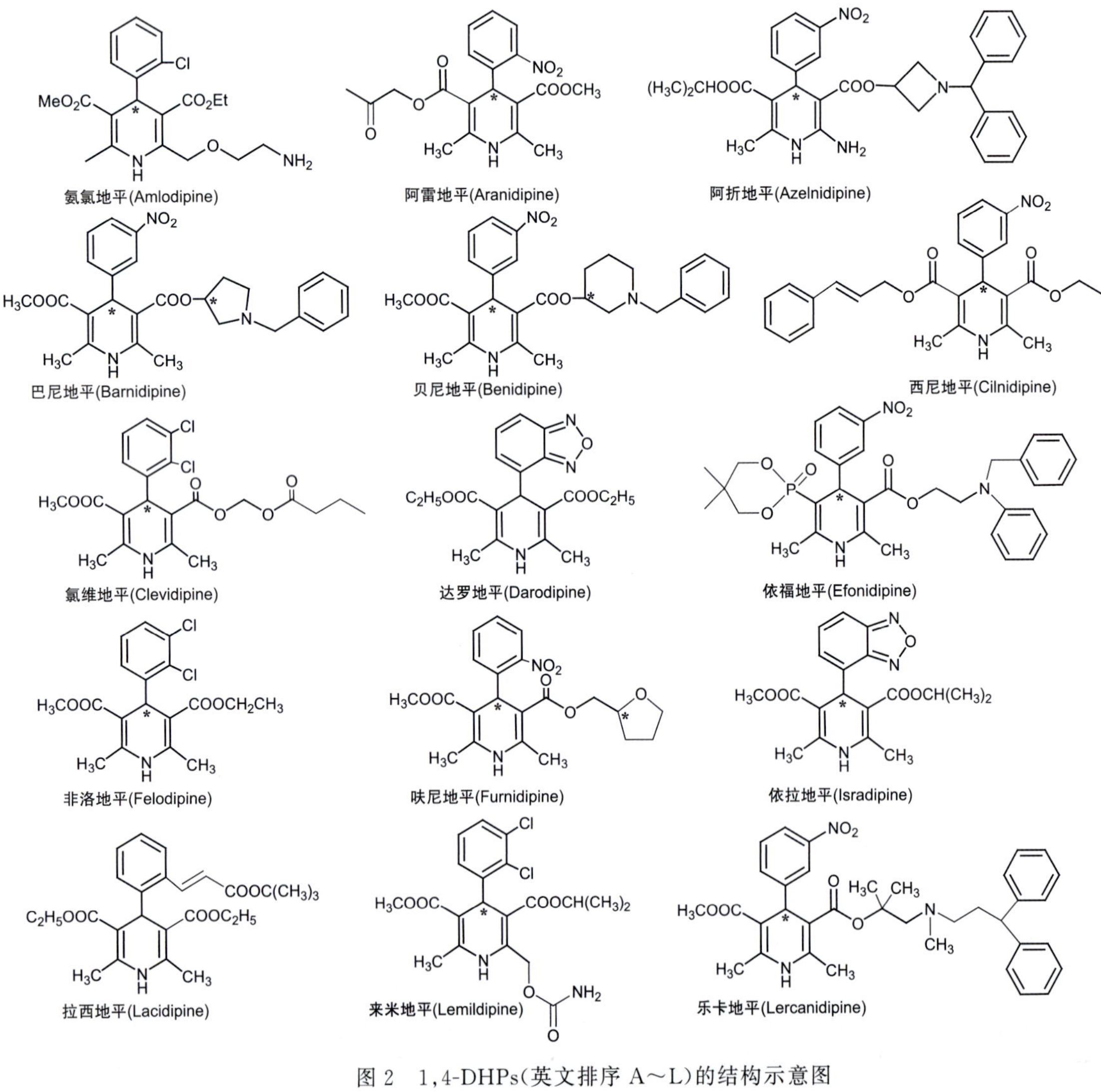

X = 2-NO$_2$, 3-NO$_2$, 2-Cl, 3-Cl, 2,3-Cl$_2$ 等

图 1　1,4-DHPs 的结构示意图

图 2　1,4-DHPs(英文排序 A～L)的结构示意图

基本结构特征。根据立体化学知识,当位于二氢吡啶环两边的取代基($R^2$、$R^3$、$R^5$、$R^6$)不对称时,4位碳具有手性中心,该分子具有手征性,可能产生一对对映体。因此,图2和图3中在4位碳上标有"*"号的化合物都是潜在的手性分子。进而,二氢吡啶环上的取代基也可以具有手性,如分子中同时含有两个手性中心的巴尼地平(Barnidipine)、贝尼地平(Benidipine)和呋尼地平(Furnidipine)等,所产生的异构现象相对复杂,这类化合物的外消旋体可能含有4种光学异构体;如果二氢吡啶环上的取代基呈对称分布,则该分子没有手性,如达罗地平(Darodipine)、拉西地平(Lacidipine)、硝苯地平(Nifedipine)和尼鲁地平(Niludipin)等,如图4所示。此外,由于二氢吡啶环和4位苯基的存在,1,4-DHPs类化合物还存在复杂的构象异构现象。这些立体结构上的差异,对它们的药理活性都有程度不等的微妙影响[4]。

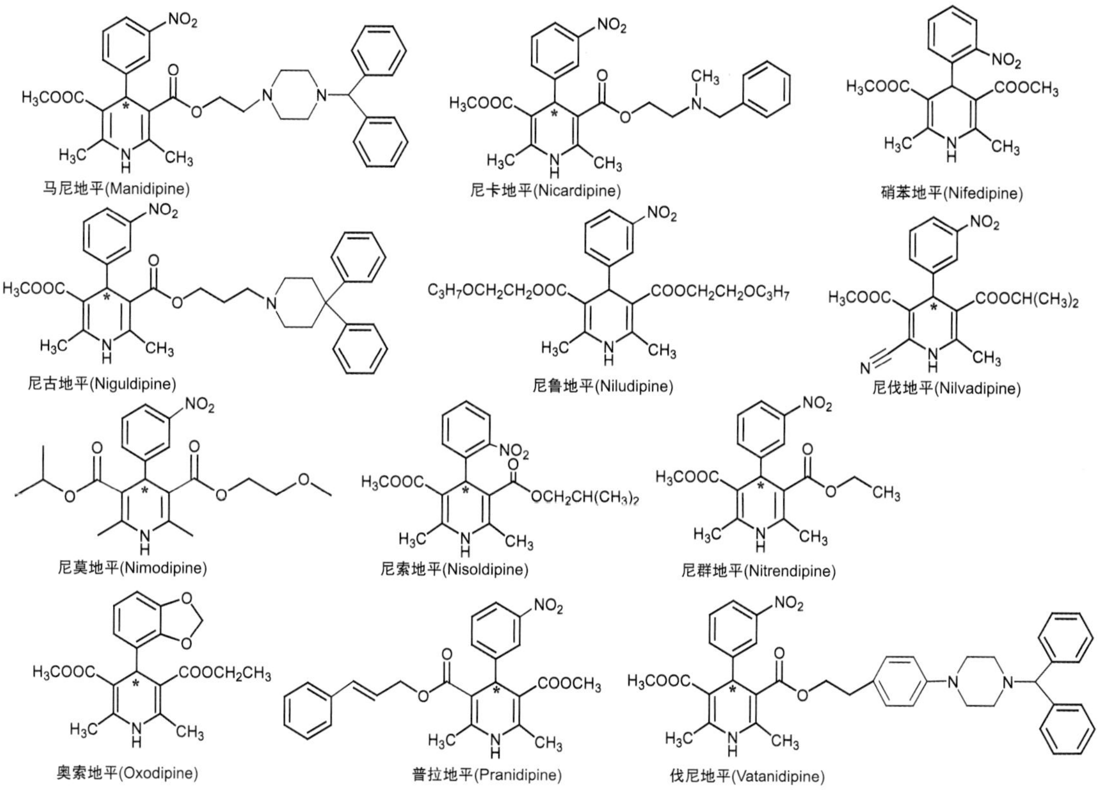

图3　1,4-DHPs(英文排序 M～V)的结构示意图

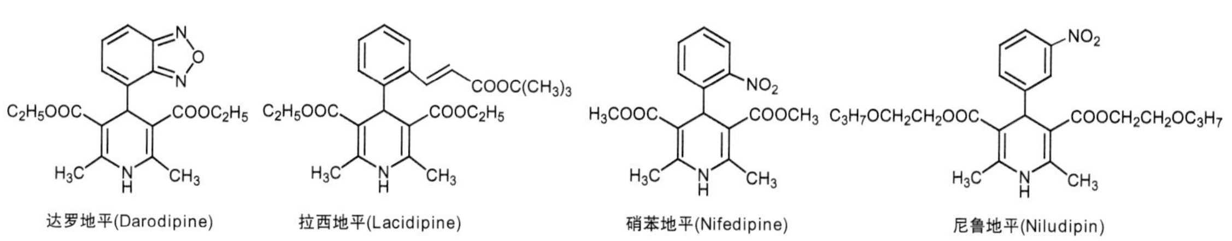

图4　结构对称的1,4-DHPs

地平类化合物可用于治疗高血压、心绞痛、心肌缺血综合征以及脑血管和外周血管疾病,在抗高血压的一线心血管类药物中占有重要地位。虽然早在1881年德国化学家 Arthur Rudolf Hantzsch(亚瑟·鲁道夫·韩奇)就合成出第一个1,4-DHPs 化合物[5],且发现合成该类化合物的重要人名反应——韩奇反应,但时隔62年(1943年)人们才发现1,4-DHPs类化合物具有药理活性。1975年,第一代CCB药物硝苯地平首先在德国拜耳公司问世,随后一系列第二、三代1,4-DHPs钙拮抗剂相继上市,其中一些上市药物的化学结构如图5所示。这类药物在临床上不仅用于治疗

高血压、心绞痛、充血性心衰、局部缺血和动脉粥状硬化等心脑血管疾病,还可用于治疗肠胃疾病、雷诺氏病,以及作为治疗肺动脉高压和癫痫病的辅助药物[6]。例如 1985 年在西德上市的拜耳公司降压药尼莫地平(Nimodipine),除了具有一定的降压功能,也用于脑血管痉挛、局部缺血、蛛网膜下腔出血症等;近年来,尼莫地平还被拓展用于治疗阿尔茨海默病、偏头痛、神经性耳聋、颈椎病、血管性视力缺陷、原发性震颤、癫痫等病症[7]。

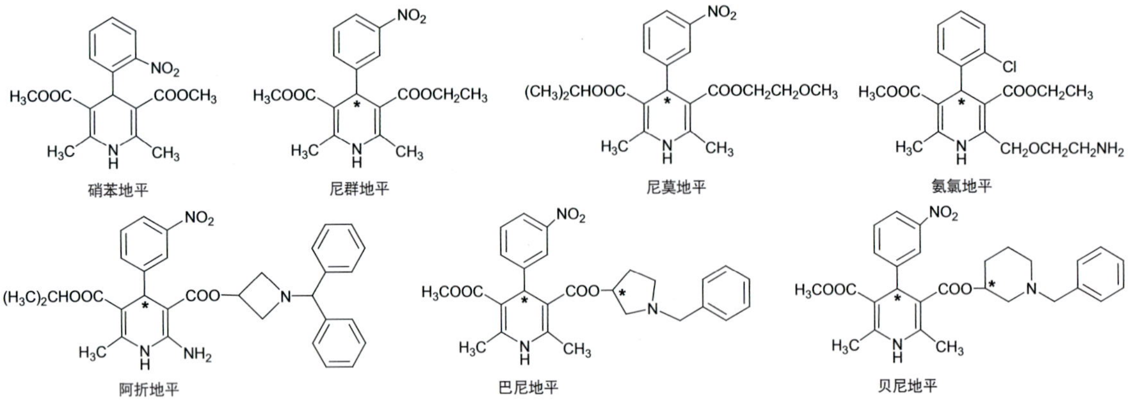

硝苯地平　　尼群地平　　尼莫地平　　氨氯地平

阿折地平　　巴尼地平　　贝尼地平

图 5　上市的 1,4-DHPs 钙拮抗剂的结构

追根溯源,我们终于知晓,降压药尼莫地平源于 1,4-DHPs 类化合物韩奇酯,而韩奇酯的发明人就是德国化学家韩奇(图 6)。这或许可以称得上尼莫地平的前世。

韩奇究竟何许人?他 1857 年 3 月 7 日生于风景秀美的德国萨克森州首府德累斯顿,曾经就读于德累斯顿技术高中,之后在名师维斯利策努斯(Johannes Wislicenus)教授(图 7)指导下于 1880 年在德国维尔茨堡大学获得博士学位。韩奇少年早成,28 岁就获得教授头衔,相继任职于瑞士苏黎世联邦技术学校(1885—1893)、德国维尔茨堡大学(1893—1903)和德国莱比锡大学(1903—1927),是知名有机化学教授。韩奇的科教生涯硕果累累,他共发表过 500 多篇文章。

韩奇酯又为何物?韩奇的研究涉及有机立体化学,有机化学上熟知的吡啶同系物的最重要合成方法,就是初出茅庐的他在 1881 年发现的。前面提及的二氢吡啶衍生物即韩奇酯,为韩奇反应的中间体,涉及一分子醛、两分子 β-羰基酸酯和一分子含氮化合物(如乙酸铵或氨)之间的多组分反应(图 8)[8]。20 世纪 90 年代报道及近年报道的尼莫地平改进合成,仍主要遵循韩奇酯合成途径(图 9)[6,9,10]。韩奇反应的多样性使得药物化学家能够通过设计合成一系列韩奇酯来确定分子骨架上究竟哪些基团更为重要,从而使其预定的生物活性最有效。

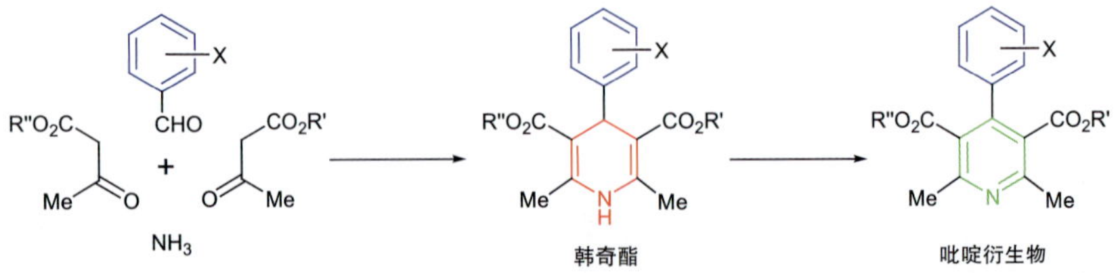

图 6　德国化学家韩奇
(1857—1935)

图 7　德国化学家维斯利策努斯
(1835—1902)

图 8　韩奇反应

反应中间产物称为韩奇酯(1,4-二氢吡啶衍生物),它可以进一步被氧化成吡啶(绿)衍生物

386

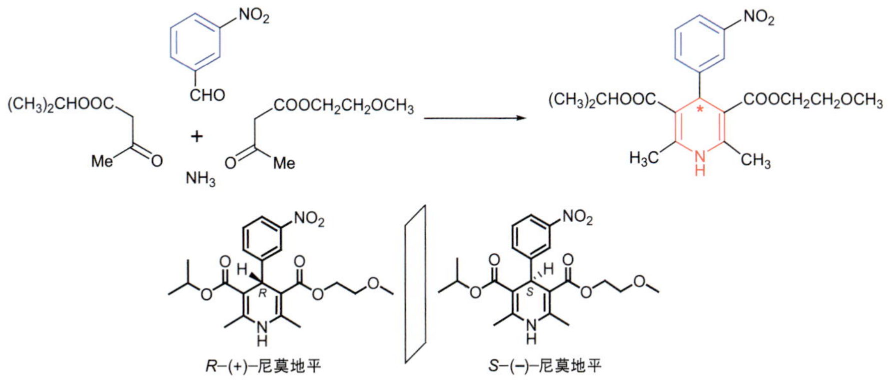

图 9　消旋尼莫地平的合成及其对映体[9,10]

当 1,4-二氢吡啶环两边的取代不对称时,4 位碳上就产生了手性中心

　　韩奇与他的博士生导师维斯利策努斯在立体化学发展史上有何重要地位? 如果说韩奇是 19 世纪中叶至 20 世纪上半叶欧洲立体化学学术谱系(图 10)上的一颗闪亮明珠,那么,维斯利策努斯教授亦然。在立体化学史上,维斯利策努斯几乎与法国科学家巴斯德(Pasteur)齐名,但人们似乎更熟知巴斯德的故事。据化学史记载,19 世纪前期的探索者对于旋光现象和物质结构的关系提出了一些假设,然而最关键的实验研究是由巴斯德和维斯利策努斯分别于 19 世纪 40 年代和 60 年代实施的[11]。

Johannes Wislicenus (1835—1902)
约翰内斯·维斯利策努斯

Arthur Rudolf Hantzsch(1857—1935)
亚瑟·鲁道夫·韩奇

Alfred Werner (1866—1919)
阿尔弗雷德·维尔纳

Israel Lifschitz (1888—1953)
伊斯雷尔·列夫席兹

Paul Karrer (1889—1971)
保罗·卡勒

Paul Pfeiffer (1875—1951)
保罗·法伊弗

图 10　欧洲立体化学的学术谱系(19 世纪中叶至 20 世纪上半叶)

　　1863—1873 年,维斯利策努斯根据 3-羟基丙酸和乳酸(2-羟基丙酸)的物理性质不同,推测它们是同分异构体,并且指出两者的原子在空间排列上不同,是一种几何异构现象。维斯利策努斯还观察到乳酸具有光学异构体,而 3-羟基丙酸却无光学活性(图 11)。之后他欣然接受范特霍夫

(Jacobus Henricus van 't Hoff)和勒·贝尔(Joseph Achille Le Bel)提出的碳原子的四面体概念来解释这类几何异构现象,由于他与拜耳(Alford von Baeyer)和费歇尔(Emil Fisher)等化学家证明了四面体理论的实际应用,使得有机立体化学的基本概念在 19 世纪末被广泛接受[11]。名师出高徒,维斯利策努斯还有另一位有名的学生小帕金,他是发明合成染料苯胺紫的英国化学家(曾任英国化学会会长)威廉·亨利·帕金(大帕金)的长子、韩奇的师弟。

图 11　维斯利策努斯研究的 3-羟基丙酸和乳酸(2-羟基丙酸)
3-羟基丙酸是一种具有 3 个碳原子的非手性有机酸,是乳酸(2-羟基丙酸)的同分异构体

　　19 世纪 80 年代中期,韩奇和维尔纳(图 12),一对在学术成就上相互映衬却又个性迥异的师徒(图 13),在瑞士苏黎世联邦技术学校(图 14)传奇相遇,并开始了持续一生的亦师亦友的关系[12-15]。

图 12　瑞士化学家维尔纳　　图 13　韩奇(右)与他的得意弟子维尔纳
　　(1866—1919)[13]　　　　　　　于 1910 年的合影[13]

图 14　瑞士苏黎世联邦技术学校主楼(1865 年)

　　维尔纳又是何许人？说他是瑞士人、法国人和德国人等的都有。事实是:维尔纳 1866 年 12 月 12 日出生于法国阿尔萨斯地区米卢斯(Mulhouse,Alsace),该地在普法战争后的 1870 年被德国兼并。Werner 是始于 15 世纪的日耳曼姓氏,其母姓 Tesché 是法兰西姓氏。维尔纳自称法国人,幼时在德国受教育,操法德双语(维尔纳发表化学文稿多用德文写成)。他于 1886 年到瑞士苏黎世联邦技术学校就读。1890 年 10 月 13 日,时年 23 岁的他以优异的论文评价(with special recognition of superior performance[12])获得博士学位,随即在苏黎世联邦技术学校任教,1893 年 10 月作为副教授开始了在苏黎世大学的科教生涯,1895 年晋升为教授,同年加入瑞士籍。维尔纳在苏黎世学

习、生活和工作，直至 53 岁（1919 年）谢世。

被誉为"无机开库勒"的维尔纳是配位化学的奠基者，他是 1913 年诺贝尔化学奖获得者。1892年，才 26 岁的维尔纳就提出了"维尔纳配位理论"。他的理论迄今仍是配位化学研究的基础和指南[16,17]。关于配位理论的产生，维尔纳自己是这样陈述的[17]：在 1892 年的某个凌晨，他两点醒来，突然灵感来临，"分子化合物"（指金属氨配合物）之谜被解开了。他立即起床，摊开稿纸，不停地写作，困了以浓咖啡提神，到下午五点，便完成了他一生中最重要的论文《论无机化合物的组成》。当年 12 月，将论文投寄给德国《无机化学学报》，第二年（1893 年）3 月此文发表。实际上，维尔纳只是在投稿之前 6~7 个月才开始对这一领域产生浓厚的兴趣，而且他原来从事的专业并不是无机化学，而是有机化学。

维尔纳之所以能够写出这篇具有划时代意义的不朽之作，是由于他在苏黎世联邦技术学校学习和工作期间，受到韩奇等名师的悉心指导，因而打下了深厚的有机立体化学基础，并且一直在探讨原子间的不同于范特霍夫的结合本质和空间排列。1890 年他完成的博士论文，就是探讨含氮化合物的立体结构[11-15,18,19]：明确指出含氮有机分子的立体化学可以被描述为四面体模式，并预测其可能存在光学异构体。之后维尔纳将提出的新理论发表在《德国化学学报》上[20]，标题被英译为"On the Spatial Arrangement of Atoms in Nitrogen-Containing Molecules"[21]。该文的第一作者就是韩奇。尽管这一理论被称为韩奇-维尔纳理论，但韩奇指出，关于含氮化合物立体化学的构想"主要是维尔纳的智慧"[11]，并认为"Werner is the sole father of this concept"[14]。维尔纳对含氮化合物空间结构的探讨，特别有助于理解和启发他所创立配位理论的金属氨配合物的八面体结构。

可见，维尔纳才初出茅庐，就显现"青出于蓝而胜于蓝"的态势，在他的科教生涯中，他一直保持着这种善于发现和精准论证的势头。就在维尔纳获得诺贝尔化学奖后的第二年（1914 年），他的博士生索菲·马蒂斯（Sophie Matissen）拆分出不含碳原子的纯无机螯合配合物 $[Co\{(OH)_2Co(NH_3)_4\}_3]Br_6$ 的光学对映体（图 15）[12,22]，这一迄今看来仍属于高超的拆分实验事实使得当时横跨在有机和无机立体化学之间的似乎不可逾越的高墙顷刻塌陷。正如化学史学家乔治·考夫曼（George B.Kauffman）在《无机配位化合物》一书中评价维尔纳出类拔萃的研究工作时所指出的[12]："Werner had finally attained one of the major goals of his life's work—the demonstration that stereochemistry is general phenomenon not limited to carbon compounds and that no fundamental difference exists between organic and inorganic compounds."

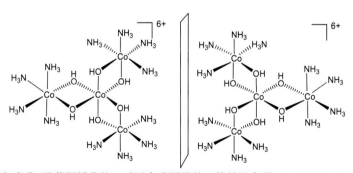

图 15　1914 年索菲·马蒂斯拆分的一对不含碳原子的四核钴配离子 $[Co\{(OH)_2Co(NH_3)_4\}_3]^{6+}$

考夫曼还认为，尽管韩奇一生发表了 500 多篇文章，但他最伟大的发现应属维尔纳；维尔纳不仅是韩奇最杰出的学生，还是他一生的挚友，而维尔纳一直将韩奇尊为自己早期学术生涯的非凡引路人[12,13]。维尔纳虽然比韩奇年轻近 9 岁，但他英年早逝。据史料记载[12,13]，早在 1899 年，这位才三十出头的才华横溢的年轻教授，在迎来他的学术辉煌期的同时饱受疾病的困扰，他向挚友和导师袒露过量工作的压力，以致在 1903 年，他已经患上严重的神经性头痛。他靠着坚强的意志克服病痛,在极其艰苦的条件下率领一大批(200多名)先后慕名而来求学的海内外博士生、博士后和访问学者坚持科学研究[18,23],即使在1913年获得诺贝尔化学奖之后,仍对科研和教学工作倾注了极大的热情。然而,无情的病魔并没有放过他,在1915年夏季学期他已经感到力不从心,不时要请已经成为他同事的学生保罗·法伊弗(Paul Pfeiffer,见图10)和其他助手代课。过度的压力、嗜酒和抽烟伴随着动脉硬化症到后来使他的智力严重受损,头痛欲裂,他变得健忘,脾气愈发暴躁,在助手的协助下仍无法完整地上一堂课,完全失去了昔日迷人的演讲大师风采。他终于不得不在1918年的夏季学期离开教学第一线去调养长达25年(从1893年入职苏黎世大学开始算起)不曾休息的疲倦身躯,即便如此,他还幻想着有朝一日能够重返自己心爱的讲台。

无奈的是,他已病入膏肓。1919年5月,一封由维尔纳夫人代写的辞职信发出;1919年10月15日,维尔纳正式结束自己奋斗一生、恋恋不舍的科教生涯,他的学生——1937年诺贝尔化学奖获得者之一保罗·卡勒(Paul Karrer,见图10和图16)接替了他的工作。一个月后,这颗化学巨星陨落。

图16　维尔纳与博士生、助手以及合作者于1911年的合影[13]
(1.保罗·卡勒;5.阿尔弗雷德·维尔纳;8.索菲·马蒂斯)

韩奇当时仍在德国莱比锡大学任教。如今,我们已难以获悉他对爱徒维尔纳的过早逝去如何不舍,但可以设想,若韩奇得知在时隔半个多世纪之后,科学家利用韩奇反应制备出一系列1,4-DHPs类化合物,其中的硝苯地平为第一代CCB,具有减轻或抑制动脉粥样硬化的作用[6],而作为第二代CCB的尼莫地平可用于治疗偏头痛、脑血管痉挛、血管性痴呆、突发性耳聋等多种缺血性脑血管病、记忆障碍性疾病及各种原因引起的脑功能紊乱等[9],或可为他带来稍许安慰。

## 2. 尼莫地平的今生

再回尼莫地平。前已述及,大多数地平类分子具有手性,以苯磺酸氨氯地平为例,自1990年起,消旋氨氯地平先后在英国、爱尔兰和在美国上市(商品名:络活喜)[7],临床用于治疗高血压、心绞痛等。1993年,美国Sepracor公司发布的专利表明[24]:左旋氨氯地平可以避免络活喜引起的头痛、头晕、肢端水肿、面部潮红等不良作用,从而证明了氨氯地平的不良作用来自其右旋体。1995年,美国辉瑞公司在采用酒石酸拆分消旋氨氯地平的专利[25]中指出:S-(−)-氨氯地平是比R-(＋)-氨氯地平更有效的钙拮抗剂,而后者可用于防治动脉粥样硬化。1999年,国家食品药品监督管理总局批准了吉林省施慧达药业集团研发的苯磺酸左旋氨氯地平(商品名:施慧达)生产上市[3]。施慧达号称我国首例手性拆分光学纯药物,也是世界首例经手性拆分获得的抗高血压药物。图17

为本课题组以酒石酸为拆分剂拆分氨氯地平的流程图[26]。

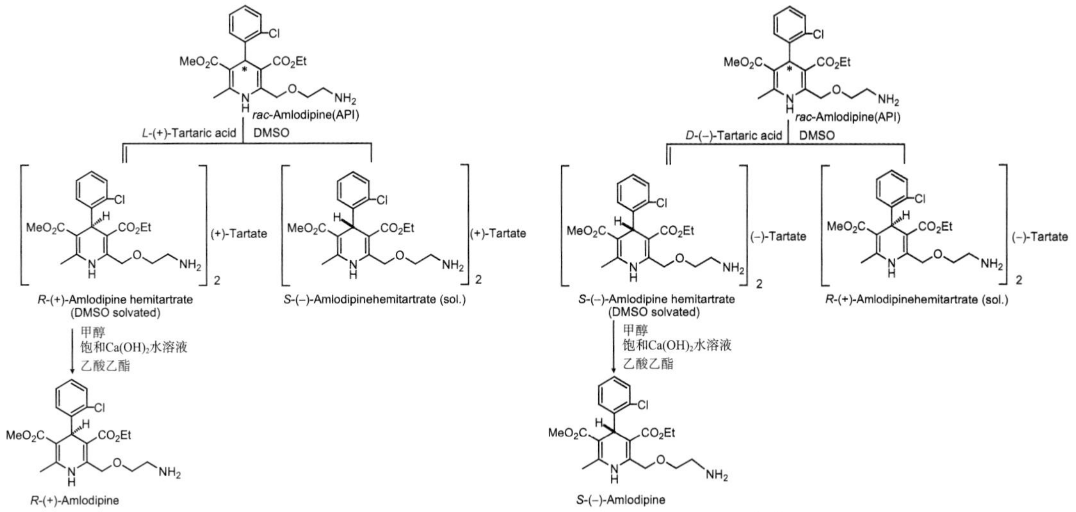

图17 外消旋原料药氨氯地平拆分过程示意图[26]

动脉粥样硬化引发的急性心脑血管疾病已经成为危害人类健康的"第一杀手"。早期干预动脉粥样硬化的进程可以有效降低心脑血管疾病的发病率和死亡率。如果1,4-DHPs类钙拮抗剂硝苯地平、尼莫地平或氨氯地平发明在维尔纳的年代,使得被誉为"绿手指"(指具有高超的合成实验技能)的维尔纳在患病早期服用,或许能减缓他的患病进程及缓解身心痛苦,不致让他在事业巅峰期心有不甘地骤然离去,而使他能在有生之年喜见20世纪40年代由于无机化学复兴带来迄今仍经久不衰的配位化学的蓬勃发展。但这在今天只能是假设了,依据维尔纳的个性,他注定要在化学发展的重要历史进程中"蜡烛两头烧"[12]地燃尽自己,给后人留下珍贵的科学宝库——配位化学和立体化学的天才思想以及约2500份合成的配合物样品(其中部分样品见图18)[12,14,27]。

图18 保存于苏黎世大学的维尔纳课题组合成的部分钴配合物样品[12]

如图17所示,由于氨氯地平是带有胺基的碱性化合物,采用酒石酸等拆分剂可以很方便地对其进行化学拆分[4,24-26,29],然而,主要框架为4-芳基-1,4-二氢吡啶的1,4-DHPs大多呈中性,很难采用酸性(或碱性)拆分剂进行化学拆分,除非它们具有可衍生化的合适碱性(或酸性)中间体;此外,即便采用手性HPLC技术,由于1,4-DHPs化合物结构迥异,仍缺乏通用的手性固定相实现广谱的拆分。因此,迄今能被拆分的1,4-DHPs化合物依旧不多,对映纯1,4-DHPs化合物的价格相当昂贵。图19所示为获得对映纯化合物的途径,这些方法都可用于对映纯1,4-DHPs化合物的获取[26,29]。

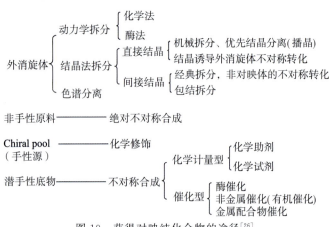

图 19　获得对映纯化合物的途径[26]

　　尼莫地平亦属于难以拆分的中性 1,4-DHPs 化合物,迄今已用的拆分手段主要为手性 HPLC。然而,以往的研究却发现,消旋尼莫地平在特定的溶剂中会发生自发拆分[30-33],这一性质为它的直接结晶拆分和更精细的手性立体结构表征提供了极大的便利(图 20)。

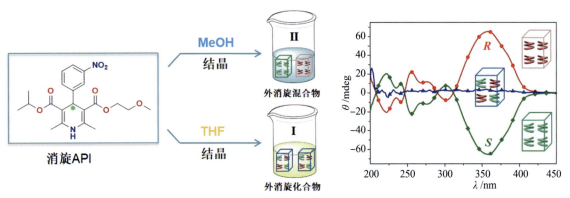

图 20　外消旋尼莫地平原料药(API)在不同溶剂中的结晶及其对映体的固体 ECD 光谱表征[4,26]

　　本课题组的研究[4,26]表明:消旋尼莫地平从四氢呋喃中析出的晶型 I 属于非手性空间群 $P2_1/c$,一个晶胞中存在着两对对映体,即所谓固态"外消旋化合物"[16];而从甲醇、乙醇或乙腈中析出的晶型 II 属于 Sohncke 空间群 $P2_12_12_1$,一颗单晶的所有晶胞中只存在单一对映体,即所谓固态"外消旋混合物"[16]。因此可经由在甲醇溶剂中析出晶型 II 的自发拆分获得手性尼莫地平分子的一对对映体(图 20)。通过对尼莫地平手性晶体的晶体结构、手性立体化学和电子圆二色(ECD)光谱的关联分析,可将紫外区第一色带的固体 ECD 光谱符号作为指纹关联手性尼莫地平的绝对构型:当尼莫地平的绝对构型为 S 时,其固体 ECD 光谱在紫外区第一吸收带的符号为负,第二吸收带为正,溶液 ECD 光谱亦然。将此关联规则应用于氨氯地平等其他手性 1,4-DHPs 类衍生物的绝对构型指认,具有一定的普适性[4,26]。这种用于确定绝对构型的关联法被称为科顿效应(Cotton effect,CE)关联法。ECD 和反常旋光色散(anomalous optical rotatory dispersion)这一对伴生现象一起构成科顿效应,它们是法国物理学家 Aimé Auguste Cotton(埃梅·奥古斯特·科顿,1869—1951)在 1895 年发现的,并于 1922 年被韩奇的另一位学生——瑞士化学家 Israel Lifschitz(伊斯雷尔·列夫席兹,图 10)命名为科顿效应[34]。

　　手性化合物立体结构表征技术的突飞猛进,展示着尼莫地平的今生!

　　前述固态消旋尼莫地平结晶时所产生的多晶型现象并非个例。多晶型现象是指固态化合物存在两种或两种以上不同晶型的物质状态;同质多晶则严格定义为相同组分的同一化合物形成的不同晶型。1965年,McCrone给出了多晶型的现代定义[35,36]。按化合物是否含结晶溶剂分子、成盐或其他共晶物种,又可以将其分为准同质多晶、成盐多晶型、包结配合物多晶型等。如果体系中存在各种手性或潜手性因素,还可能有外消旋聚集体(或称外消旋混合物)、外消旋化合物、外消旋固体溶液或对映纯化合物等晶相。Dunitz认为[37]:在溶液或熔融状态下,若外消旋化合物与外消旋混合物之间能快速转化,则两者互为同质多晶型;反之,则可视为不同化合物。受分子构型、分子构象、分子排列或堆砌、分子间或分子内作用力,溶剂、温度、共晶物种等因素影响所形成的多晶型化合物,在制药、染料、材料、炸药等领域均有重要应用。多晶型现象的概要归类如图21所示[26]。

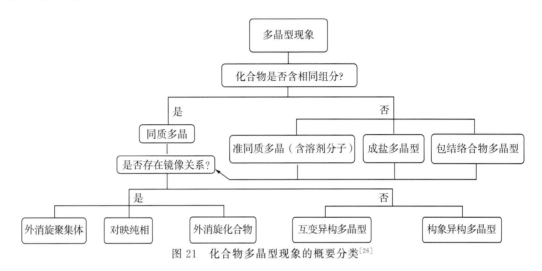

图21 化合物多晶型现象的概要分类[26]

特别值得一提的是,尼莫地平不仅在治疗心脑血管疾病方面有特殊功效,在晶型药物研究领域亦是一个明星化合物。以我国生产的仿制药尼莫地平片剂为例,起初发现仿制药的临床作用不及进口原研药的25%,深入研究揭示,这是由于仿制药使用了不同晶型的尼莫地平固体原料药。这是我国首次从临床上发现不同晶型药物治疗作用差异的实例,并引起了国家药品管理机构的高度重视,研究者开始关注固体化学药物的晶型问题[38]。进一步的研究表明,我国不同制药企业生产的仿制药尼莫地平的晶型状态不同,而同一制药企业生产的不同批次产品的尼莫地平晶型状态亦不同[33,39],这说明国产尼莫地平仿制药的晶型质量不可控。

尼莫地平的不同晶型状态对其药物生物学亦有很大影响[39]:两种晶型在体内的生物吸收存在显著差异,若使用不同晶型的尼莫地平作为药用晶型成分,会导致该药品在临床应用中的治疗作用存在差异。

与国产仿制药尼莫地平固态制剂多晶型相关的实例为我们敲起警钟:在大多数以外消旋体上市的1,4-DHPs类药物的质量控制中,优势药物晶型的精准调控不可忽视。已知多晶型现象是影响和制约固体药物质量和疗效的重要因素之一,在研究晶型药物的溶解性、稳定性及其生物利用度等性质的同时,有必要对固态药物的不同晶型进行合理准确的表征。鉴于在未来新药研发中超过80%的对象为手性药物,对优势药物晶型的研究已经提上议事日程,但是迄今国内外对晶型手性药物精准表征的标准尚不成熟。

由此看来,尼莫地平今生的故事还在继续。

**致谢**:感谢国家自然科学基金(21273175)和国家基础科学人才培养基金(J1310024)项目的资助。

**参考文献**

[1] 王文. 中国高血压事业发展 60 年 [J]. 中华心血管病杂志, 2015, 43(2): 101-103.

[2] 王文. 关注 CHIEF 研究关注国民血压 [J]. 大众医学, 2016, (11): 29.

[3] 蔡德山. 左旋氨氯地平: 国产抗高血压重磅炸弹 [EB/OL]. (2016-03-31). http://www.sinohealth.com/2015/0116/16556.shtml.

[4] GUO D, SONG J X, LI D, et al. Determination and correlation of the absolute configurations of chiral nimodipine [J]. Acta. Phys-Chim. Sin., 2016, 32(9): 2241-2254.

[5] HANTZSCH A. Condensationprodukte aus aldehydammoniak und ketoniartigen verbindungen [J]. Chem. Ber., 1881, 14(2): 1637-1638.

[6] 王振. 不对称 Hantzsch 1,4-二氢吡啶类化合物的合成研究 [D]. 济南: 山东师范大学, 2011.

[7] 蔡德山. 2004 年抗高血压钙拮抗剂药物市场状况 [J]. 上海医药, 2005, 26(9): 421-425.

[8] 邢其毅, 裴伟伟, 徐瑞秋, 等. 基础有机化学: 下册 [M]. 3 版. 北京: 高等教育出版社, 2005: 920.

[9] 陈芬儿, 李艳, 沈怡, 等. 1,4-二氢吡啶类钙拮抗剂的合成法研究——(II)尼莫地平的合成新方法[J]. 武汉化工学院学报, 1993, 15(4): 5-9.

[10] 吴苏敏, 宋明, 华峰, 等. 尼莫地平的合成工艺改进 [J]. 中国药科大学学报, 1998, 29(3): 232-233.

[11] O. 波特兰·拉姆齐著. 立体化学: 诺贝尔化学奖论题 [M]. 王锐, 沈凤嘉, 译. 沈凤嘉, 王锐, 校. 兰州: 兰州大学出版社, 1993.

[12] KAUFFMAN G B. Inorganic coordination compounds [M]. London: Heyden & Son Ltd., 1981.

[13] KAUFFMAN G B. Alfred Werner: Founder of coordination chemistry [M]. New York: Springer-Verlag Inc., 1966.

[14] ERNST K H, WILD F R, BLACQUE O, et al. Alfred Werner's coordination chemistry: New insights from old samples [J]. Angew. Chem. Int. Ed., 2011, 50(46): 10780-10787.

[15] KAUFFMAN G B, BERNAL I. Overlooked opportunities in stereochemistry: Neglected connection between Werner's metalammines and Pope's organic onium compounds. Pure & Appl. Chem., 1988, 60(8): 1379-1384.

[16] 章慧, 等. 配位化学——原理与应用 [M]. 北京: 化学工业出版社, 2009.

[17] 张清建. Alfred Werner 与配位理论的创立 [J]. 大学化学, 1993, 8(6): 52-58.

[18] LABINGER J A. Alfred Werner's role in the mid-20th century flourishing of American inorganic chemistry [J]. Chimia, 2014, 68(5): 192-296.

[19] KAUFFMAN G B, BERNAL I. Overlooked opportunities in stereochemistry Part II. The neglected connection between metal-ammines (Alfred Werner) and organic onium compounds (William Jackson Pope) [J]. J. Chem. Educ., 1989, 66(4): 293-300.

[20] HANTZSCH A, WERNER A. Ueber räumliche anordnung der atome in stickatoffhaltigen molekülen [J]. Ber. Dtsch. Chem. Ges., 1890, 23(1): 11-30.

[21] HANTZSCH A, WERNER A. On the spatial arrangement of atoms in nitrogen-containing molecules [J]. J. Chem. Educ., 1966, 43(3): 156-165.

[22] BERNAL I, KAUFFMAN G B. The spontaneous resolution of cis-bis(ethylenediamine)dinitrocobalt(III) salts: Alfred Werner's overlooked opportunity [J]. J. Chem. Educ., 1987, 64(7): 604-610.

[23] WERNER H. Alfred Werner: A forerunner to modern inorganic chemistry [J]. Angew. Chem. Int. Ed., 2013, 52(24): 6146-6153.

[24] YOUNG J W. Methods and compositions for treating hypertension, angina and other disorders using optically pure (−)-amlodipine: WO93/10779 [P]. 1993-06-10.

[25] SPARGO P L. Separation of the enantiomers of amlodipine via their diastereomeric tartrates: WO1995025722A1 [P]. 1995-09-28.

[26] 郭栋. 晶型手性化合物的集成手性光谱方法学初探 [D]. 厦门: 厦门大学, 2016.

[27] BLACQUE O, BERKE H. Spontaneously resolving chiral cis-[dinitrobis(ethylenediamine)cobalt]X complexes (X=Cl, Br) from the Alfred Werner collection of original samples at the University of Zurich—Alfred Werner's

missed opportunity to become the "Louis Pasteur" of coordination compounds [J]. Educación Química, 2015, 26(4): 330-345.

[28] GOTRANE D M, DESHMUKH R D, RANADE P V, et al. A novel method for resolution of amlodipine [J]. Org. Process Res. Dev., 2010, 14(14): 640-643.

[29] GOLDMANN S, STOLTEFUSS J. 1,4-dihydropyridines: Effects of chirality and conformation on the calcium antagonist and calcium agonist activities [J]. Angew. Chem. Int. Ed. Engl., 1991, 30(12): 1559-1578.

[30] WANG S D, HERBETTE L G, RHODES D G. Structure of the calcium channel antagonist, nimodipine [J]. Acta Crystallogr., 1989, 45(11): 1748-1751.

[31] GRUNENBERG A, KEIL B, HENCK J O. Polymorphism in binary mixtures, as exemplified by nimodipine [J]. Int. J. Pharm., 1995, 118(1): 11-21.

[32] LANGS D A, STRONG P D, TRIGGLE D J. Receptor model for the molecular basis of tissue selectivity of 1,4-dihydropyridine calcium channel drugs [J]. J. Comput. Aided Mol. Des., 1990, 4(3): 215-230.

[33] 邢逞, 孙加琳, 杨世颖, 等. 国产尼莫地平固体制剂的晶型现状研究 [C]. 第三届中国晶型药物研发技术学术研讨会论文集, 2011.

[34] LAUR P. The first decades after the discovery of CD and ORD by Aimé Cotton in 1895 [M] // BEROVA N, POLAVARAPU P L, NAKANISHI K, et al. Comprehensive chiroptical spectroscopy. New Jersey: John Wiley & Sons, Inc., 2012, Vol. 2: 3-35.

[35] McCRONE W C. Physics and chemistry of the organic solid state [M]. New York: Wiley Inter-science, 1965: 725-767.

[36] DESIRAJU G R. Polymorphism: The same and not quite the same [J]. Cryst. Growth Des., 2008, 8(1): 3-5.

[37] DUNITZ J D. Phase transitions in molecular crystals from a chemical viewpoint [J]. Pure Appl. Chem., 1992, 203(2): 177-185.

[38] 杜冠华, 吕扬. 固体化学药物的优势药物晶型 [J]. 中国药学杂志, 2010, 45(1): 5-10.

[39] 杨世颖, 邢逞, 张丽, 等. 基于粉末 X 射线衍射技术的固体制剂晶型定性分析 [J]. 医药导报, 2015, 34(7): 930-934.

# 关注手性药物：从"反应停事件"说起

章伟光[1,*]，张仕林[2]，郭栋[1,2]，赵櫑[2]，于腊佳[2]，章慧[2,*]，何裕建[3]

[1] 华南师范大学化学学院，广东，广州 510006

[2] 厦门大学化学化工学院，福建，厦门 361005

[3] 中国科学院大学化学科学学院，北京 100039

*E-mail: wgzhang@scnu.edu.cn; huizhang@xmu.edu.cn

摘要：自 20 世纪 60 年代发生"反应停事件"以来，药物手性的研究在新药研发领域引起了极大关注。手性异构体在生物体中可能表现出截然不同的药理、药物动力学、代谢和毒理活性等。近年来，结合手性光谱的手性高效液相色谱技术在手性药物的分析、测定和分离等方面得到广泛应用，这对于手性药物对映体含量的检测和质量控制至关重要。

关键词：手性药物；反应停事件；手性保健品；对映异构体；对映选择性

## Great Concern for Chiral Pharmaceuticals：
## Starting with the Thalidomide Tragedy

ZHANG Weiguang*, ZHANG Shilin, GUO Dong, ZHAO Lei, YU Lajia, ZHANG Hui*, HE Yujian

**Abstract**：Since the Thalidomide Tragedy in the 1960s, the issue of chirality has become increasingly important in the field of novel drug development and pharmaceutical research. Enantiomers may exhibit different pharmacologic, pharmacokinetic, metabolic, and toxicological activity in living organisms. Recently, the chiral HPLC technology combined with chiroptical spectroscopy has been widely used in chiral analysis, determination, and separation of chiral compounds, and will play a critical role in the development of the detection and quality control for these chiral pharmaceuticals in the future.

**Key Words**：Chiral drug; Thalidomide Tragedy; Chiral health care product; Enantiomer; Enantioselectivity

"反应停事件"造成在欧洲大陆超过2000例婴儿死亡，超过10000例带有海豹肢畸形或相关异状的婴儿出生

20世纪60年代初发生在西方的"反应停(沙利度胺)事件",曾引起世界性轩然大波和忧虑:如果药品中的有害成分不能被及时检测发现,人类的健康有何保障?是否可以采用有效的检测方法和手段,从而避免20世纪60年代的药物致畸悲剧再现?后来在巴西和西班牙等国家发生的反应停药物重启引起的畸胎悲剧卷土重来则表明,人们的忧虑并不是空穴来风。当时美国FDA(食品药品监督管理局)的女官员凯尔西(Frances Oldham Kelsey)顶住来自西德药厂和其他方面的压力,坚决抵制反应停在美国上市。1961年11月底西德市场上的所有反应停被迫撤下架,随后其他国家陆续跟进,使得劣迹斑斑的反应停导致胎儿先天畸形病例一度销声匿迹。然而,随着沙利度胺对麻风、风湿病和多种类型恶性肿瘤的研究"令人鼓舞"的进展,以及某些国家医药管理部门的监控失职,自20世纪70年代起,在巴西和西班牙等国依然有孕妇服用沙利度胺生下畸胎的事件发生。特别在巴西,作为麻风病疫情严重的地区,大部分麻风患者生活在贫民区,很多是文盲,并且有大量育龄妇女,有些糊涂医生在用沙利度胺帮助女患者缓解麻风病的病情时,并没有告诉病人要避孕。这说明药物的安全性、有效性、质量可控性,乃至手性,必须引起世界范围的关注。

### 1."反应停事件"背后的罪魁——不良药厂和手性对映体

"反应停事件"也称"沙利度胺事件",其影响并不亚于中国的"毒奶粉事件"。如果说,中国的"毒奶粉"是人为添加三聚氰胺的劣质奶粉,那么,西方的"反应停"药物仅仅是由于当时科学技术水平的落后而产生的无知吗?

关于沙利度胺(thalidomide)的发现,历史上是有争议的[1]。比较认可的说法是,沙利度胺是在1954年由西德格兰泰(Chemie Grünenthal)药厂的穆克特(Heinrich Mückter)博士领导的一个小型研究部门发现的[2]。药剂师出身的化学家昆兹(Wilhelm Kunz)是穆克特的助手,他在合成抗生素药物时分离到一个副产物沙利度胺。随后意外发现,沙利度胺不但有镇静催眠作用,还能显著抑制孕妇的妊娠呕吐反应。在老鼠、兔子和狗身上的实验没有发现沙利度胺有明显的副作用(事后的研究显示,其实这些动物服药的时间并不是反应停作用的敏感期,并且不同的动物种属对反应停致畸作用有明显差异)。格兰泰公司便于1957年10月1日将沙利度胺以商品名"反应停"正式推向了市场,并随之展开了铺天盖地的夸大宣传。沙利度胺被描述成一个包治百病的"神奇药物",一时间风靡欧洲、非洲、拉丁美洲、澳大利亚和亚洲(主要在日本和中国台湾)。药品生产厂家宣称沙利度胺是"没有任何副作用的抗妊娠反应药物",反应停成为"孕妇的理想之选"(当时的广告语)。

由于格兰泰公司需要已发表的论文来证明沙利度胺的用途,他们企图取得这方面的论文。该公司的档案中,有一份来自该药厂驻西班牙代表的报告,报告的内容是关于某医生"宣称他已准备好要写一篇关于沙利度胺的短篇报告,不过他要把最后定稿的工作保留给我们"。1959年,野心勃勃的美国梅瑞公司(Richardson-Merrell)也急于将反应停推向美国市场,梅瑞公司医药总裁柏吉(Raymond Pogge)授意辛辛那提市的努尔森(Ray O.Nulsen)医生对沙利度胺进行"试验"。根据后来地方法庭的审讯报告,以努尔森医生的名义于1961年6月在《美国妇产科期刊》发表的文章实际上是柏吉写的,不懂德文的努尔森在论文中引用了大约6本德文期刊或教科书的内容,还引用了另一位医生的"待发表"文章,但努尔森在检察官的询问中承认他并没有看过这些参考文献[2]。

毫无疑问,在制药公司和代理商这些不负责任和不严谨的背后,蕴含着巨大的商业利益。而反应停就像一块严酷的试金石,拷问着新药研发商和代理商的业界良心和检验着药品临床应用的研究水平。

1960年,德国和澳大利亚的医生不约而同地注意到,一种罕见的新生儿畸形比率异常升高。这些畸形婴儿没有臂与腿,或是手和脚连在身体,如同海豹的肢体,因此被称作"海豹畸形儿"(图1)。

图1　英国的一位海豹畸形儿和她的父亲(照片来自网络)

1961年,澳大利亚悉尼市皇冠大街妇产医院医生麦克布里德(William McBride)(图2)提出反应停是导致婴儿畸形的元凶,他向权威医学杂志《柳叶刀》写信报告了他们医院的4例海豹胎婴儿,母亲均有服用沙利度胺的历史。与此同时,德国汉堡大学的儿科主任兰兹(Widukind Lenz)博士(图2)也怀疑沙利度胺和海豹胎流行的关系,并展开了一些科学研究,从而把格兰泰公司告上法庭。1961年11月底,格兰泰公司迅速收回了市场上所有产品,这种药物不再允许销售,但1万多名海豹儿已经无法挽救,还有相当数量的婴儿胎死腹中;在欧洲大陆就有超过2000例婴儿死亡,超过10000例带有海豹肢畸形或相关异状的婴儿出生。

麦克布里德　　　　　　　　兰兹

图2　在"反应停事件"中挺身而出的两位医生(照片来自网络)

而格兰泰公司始终拒绝承担责任。直到2012年8月13日,在德国施托尔贝格,格兰泰公司首席执行官为曾经的错误公开道歉,并制作了名为"生病的孩子"铜像(图3),但依然拒绝承担责任。

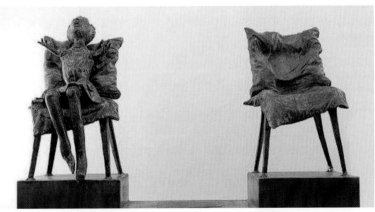

图3　《生病的孩子》铜像(照片来自网络)

后来的研究找到了原因:化学反应合成的沙利度胺(图4)实际上是由两种各占50%的空间结构呈镜面对称的化合物组成,这一对化合物的相似性就像我们的左右手,难以区别,被称为手性化合物。被格兰泰公司推向市场的沙利度胺是外消旋体,其中的右手构型化合物($R$构型)具有抑制妊娠反应和镇静作用,而左手化合物($S$构型)则有致畸性——罪魁祸首就是它!

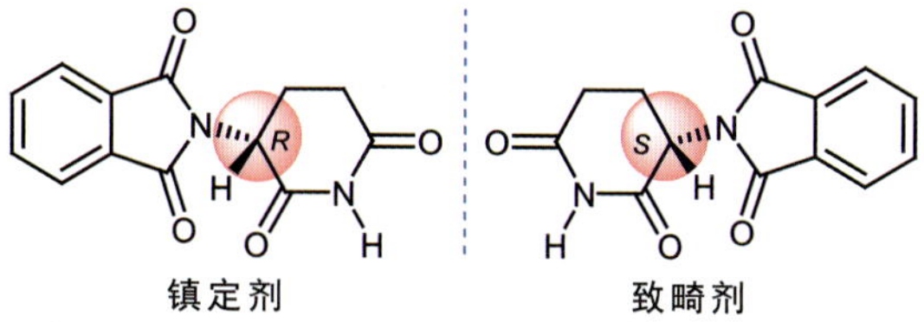

图4 沙利度胺的分子结构

镇定剂　　　致畸剂

而在当时,一方面,科学界尚不知道长得非常相似的两个化合物在生物体内的作用有这么大的差异;另一方面,即使知道它们的差异,由于检测手段的落后,也无法分辨哪个是左手化合物,哪个是右手化合物。再后来的研究还发现:即使以单一构型的$R$-沙利度胺给药,在生理条件下,它也会转变为有害的$S$构型。正如"科普达人"、药学博士谢雨礼所说:"这个事故是一个不折不扣的人间悲剧,其中有意外,但也有许多人为因素,包括科学家的不严谨、药品生产商的虚假宣传以及监管机构的草率等。"他还认为:"反应停事件至少从两方面对药物发现产生了深刻的影响:一个是有关药理,种属差异得到重视,监管机构从此改变了药理测试和安全性评价的要求;另一个是有关化学,药物中的手性现象得到重视。不同手性异构体的功能可能完全不同"。

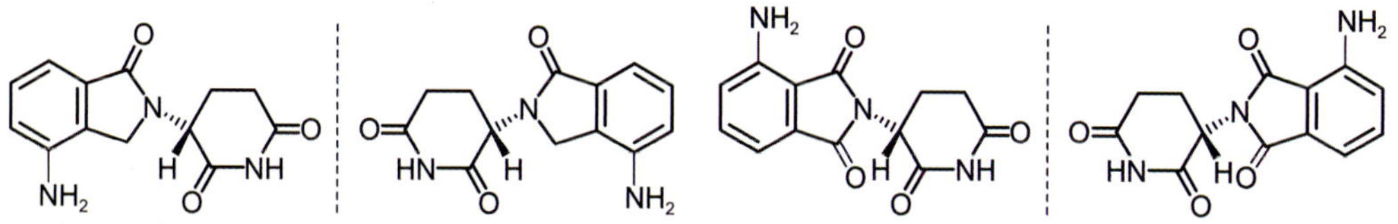

($R$)-Lenalidomide　　　($S$)-Lenalidomide　　　($R$)-Pomalidomide　　　($S$)-Pomalidomide

图5 沙利度胺的加强版来那度胺(左)和帕马度胺(右)的分子结构

"反应停事件"使人们认识了手性药物在生物活性上的两面性,这一特点也推动了对创新药物的发现和对老药的重新认识。就连声名狼藉的"反应停"也有机会"重新做药"[3]:1998年,FDA批准Celgene公司用沙利度胺治疗麻风结节性红斑,但直到2006年才批准沙利度胺用于治疗多发性骨髓瘤。此外,沙利度胺还被用于晚期艾滋病病人的安慰治疗。

尽管批准沙利度胺上市,但FDA给Celgene公司下了一条严令:不许出现一起出生缺陷病例。为此,Celgene公司建立了一套药品管理系统,包括追踪每一片药、如果病人死亡后回收所有剩余的药片、服用沙利度胺的病人必须采取避孕措施等。这套系统发挥了作用,沙利度胺每年的销售量超过3亿美元。之后,Celgene公司相继开发了来那度胺(lenalidomide)和帕马度胺(pomalidomide)两个副作用更小的类似物(图5),其中来那度胺由于对治疗多发性骨髓瘤具有特殊药效,在2017年登上全球抗癌药物销售榜首(图6)!

然而,在巴西的老百姓就没有那么幸运了。虽然医药界和美国FDA已明确指出沙利度胺不能再用于治疗孕吐,但巴西依然有孕妇使用沙利度胺[4]。巴西是瘤型麻风反应症最高

图6 2017年全球抗癌药销售排行榜

发的国家,巴西医生从 1965 年就开始用沙利度胺治疗病人,到 1994 年共出现 61 例海豹肢症婴儿。这说明在开处方时,一些医生并没有对病人提出警告,另一方面也可能是病人的无知导致他们不能正确遵循医嘱。之后虽然开始严格控制,但海豹肢症婴儿至今时有发生。另据 BBC 报道,沙利度胺并没有"只适用于男性"的标志,大多数人在被配发了该药后也没有正确服用,因此在 2012 年又有超过 1000 名的海豹儿出生。严防死守沙利度胺造成的出生缺陷,不能将责任只限于医生,必须像美国那样,有一套高效严格的管理系统。虽然医生及麻风病人们认为,沙利度胺的效益大于风险,但世界卫生组织并不建议使用沙利度胺,而建议使用其他更有效的药物。

### 2. 中国药物检验标准存在的隐患

"反应停事件"涉及 46 个国家和地区,全世界仅有中国大陆等一些当时不发达国家幸免于难。由于众所周知的原因,当时这种时髦的新药没有引入中国大陆。而美国则是因为一位 FDA 的女官员凯尔西,她坚守本职,不让实验数据不足的沙利度胺进入美国,做了一件特别伟大的事情,成为美国英雄,1962 年 8 月 2 日,美国总统肯尼迪亲自为她颁发了"总统奖"(图 7),FDA 因而声名鹊起。在美国,虽然沙利度胺不能上市,却还是没能完全避免悲剧,因为梅瑞公司打着"妇女的福音"的旗号,以"药品试验"为由,将一批反应停药片作为调研性用药派发给 1000 多位医生,供其开药给患者,包括一些孕妇。即使后来该药被收回,仍然使得美国有 17 个海豹肢畸形婴儿出生。

图 7　美国总统肯尼迪为凯尔西颁奖(照片来自网络)

进入 21 世纪,现代科学技术如此发达,历史的悲剧是否还会重演呢? 20 世纪 60 年代的中国大陆因为特殊原因而没有成为反应停药物的销售区域,从而有幸避开了这一药物悲剧的发生。但是改革开放之后,大量国外进口药物及专利过期的仿制药在中国大陆生产并上市。虽然中国食品药品监督管理局制定了相关药典,及开展一致性评价来保证与规范药品安全问题,但由于受我国长期落后的药品监督检验技术水平的影响,对手性药物的检测标准还是存在很多安全隐患,如下数据可见一斑:

在《中华人民共和国药典》(以下简称《中国药典》)2010 年版中,不完全统计包括 1018 种不同结构的药物,其中,具有手性中心的药物为 440 种,占全部药物的 43.22%;对药物有明确手性构型要求的有 319 种,占全部药物的 31.34%;不明确要求特定构型的对映体有 121 种。在《日本药典》JP15(Official from April 1,2006 生效)中,不完全统计共有 896 种化合物,其中对手性构型有特定要求的手性药物为 434 种,占全部药物种类的 48.44%,另外还有 10 种药物分子中有 1 个或多个手性中心,但在目前版本中对手性构型无明确要求。而在《欧洲药典》EP7.0(2010 版)中,共有 1341 种化合物,其中 712 种为手性化合物,占全部药物的 53.09%,全部都有要求特定构型的对映体。当然,在《中国药典》2015年版中,这种现象大有改观,但尚有许多不尽如人意之处,希望在未来药典的修改中能进一步完善。

对上述中国、日本、欧洲的药典研究统计表明:《欧洲药典》对所有手性药物都须明确左、右手化合物的有效性,才能进入药典;日本次之,有10种手性药物无明确手性要求;中国相对落后,多达121种手性药物无明确手性要求。我们将面临多大的手性药物毒副作用的风险?

其中主要原因是《中国药典》中有相当一部分是中药,而目前中药的所谓指纹图谱主要是采用高效液相色谱中的C18柱测定出来的,没有一项是采用手性柱或手性光谱作为标准测定方法或检测标准——这也是中药不易在国际上接受的重要原因之一。当然,也有一些手性西药在研发阶段就缺乏拆分技术与检测手段,以至进入药典之后对手性杂质的控制标准也就不了了之。而美国FDA对于具有手性结构的药物一定要求说明左、右旋异构体的药效之不同,否则将不允许上市。此外,在药物生产层面上的手性分离将大大提高生产成本,这些分离技术大部分为西方发达国家所掌握。因此,国家医药科技部门和各级科研部门都应该重视手性分离和不对称合成技术的研发。

### 3. 识别检验药物手性势在必行

预计未来几年,手性药物占新合成药物的比例将上升到80%以上。目前正在开发的处于II/III期临床的试验药物中,80%是单一光学活性体。也就是说,未来新药中有80%是手性药物,而这些手性药物中可能只有某个左手或右手化合物具有治疗作用,它们的另一半或有其他治疗作用,或没有治疗作用甚至具有副作用。其中另一半具有严重副作用的药物就是安全隐患的来源。表1列出目前上市的部分手性药物中的不良异构体。

表1 列入黑名单的部分手性药物一览表

| 药物 | 有效异构体 | 不良异构体 |
| --- | --- | --- |
| 多巴 | (S)-异构体,治疗帕金森病 | (R)-异构体,严重副作用 |
| 氯胺酮 | (S)-异构体,麻醉剂 | (R)-异构体,致幻剂 |
| 青霉素胺 | (S)-异构体,治疗关节炎 | (R)-异构体,突变剂 |
| 心得安 | (S)-异构体,治疗心脏病 | (R)-异构体,致性欲下降 |
| 巴比妥类化合物 | (S)-异构体,镇静药,对中枢神经系统有抑制作用 | (R)-异构体,惊厥剂,有中枢神经系统兴奋作用 |
| 乙胺丁醇 | (S)-异构体,治疗结核病 | (R)-异构体,致盲 |
| 普萘洛尔 | (S)-异构体,治疗心脏病 | (R)-异构体,有避孕作用 |
| 苗达利酮 | (S)-异构体,促进尿酸排泄 | (R)-异构体,增加血中尿酸 |
| 布洛芬 | (S)-异构体,消炎镇痛 | (R)-异构体,消炎效果差,增加代谢负担 |

如今,在生物体中不同的对映体要作为不同的化合物来慎重对待已经成为学界的普遍共识。例如,左旋甲状腺素钠是甲状腺激素,而右旋甲状腺素钠是降血脂良药。戒毒所普遍使用的美沙酮(methadone)是消旋体,但 R-(－)-异构体的镇痛效果较 S-(＋)-异构体强 25～50 倍,而后者较前者有更强的免疫抑制作用,二者在药效、体内代谢、毒性等方面存在着显著的差异。丙氧芬有两种对映异构体(图8),右丙氧芬(dextropropoxyphene)可以镇痛,而左丙氧芬(levopropoxyphene)可以止咳,两者分别药用,且其商品名也呈"镜像"。

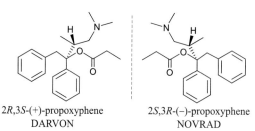

2R,3S-(+)-propoxyphene
DARVON

2S,3R-(–)-propoxyphene
NOVRAD

图8 一对丙氧芬光学对映体

目前,对于手性药物的认识及检测技术已经不是太困难的事,特别是色谱拆分技术可以满足各种条件下左、右手化合物测定的要求。这种方法不仅能够进行简便快速的定性定量分析,也能进行制备规模乃至工业规模的生产。

## 4. 保健品的手性也不容忽视

"反应停事件"的惨痛教训,让人们对手性药物毒副作用高度重视,但是,来自其他领域手性化合物的影响往往被我们忽视。药食同源的藤茶就是其中的一个典型例子。

藤茶是葡萄科蛇葡萄属的一种野生木质藤本植物,主要活性成分为黄酮类化合物。藤茶主要含有二氢杨梅素(ampelopsin/dihydromyricetin,简写为 DMY)、杨梅素(myricetin)、槲皮素(quercetin)、槲皮素-3-O-$\beta$-D-葡萄糖苷(quercetin-3-O-$\beta$-D-glucoside)、花旗松素(taxifolin)、洋芹苷(apiin)等黄酮类物质。此类物质具有清除自由基、抗氧化、抗血栓、消炎等多种奇特功效。

### 4.1 藤茶的手性与天然二氢杨梅素的绝对构型确认

手性是自然界的本质属性之一,且表现出高度的专一性。如图 9 所示,从宏观世界到微观世界,都存在着手性现象[5]。纵览宏观世界,天体星云、台风气旋,到植物藤蔓、海洋生物等,都呈现手性特征。例如,大多数藤本植物的缠绕方式是右手螺旋的,左旋的藤本植物却相当少见[6];若强行改变藤本植物固有的螺旋缠绕方向,它们也会自行恢复到原有的螺旋方向。又如,几乎所有的螺壳都是右手螺旋的,左旋螺壳堪称稀世珍品。细察微观世界,地球上一切生命的基本构成单元(如核酸、氨基酸、蛋白质)都对某一种手性有所偏爱:DNA 是右手双螺旋构象,而构成核酸的糖类基元均为 $D$-核糖,组建天然蛋白质的氨基酸几乎都是 $L$ 型,蛋白质二级结构大部分都是右手螺旋。在粒子物理层面上,吴健雄的实验已经证明中微子是左撇子。近期研究则表明,某些原子核也具有手性[7]。

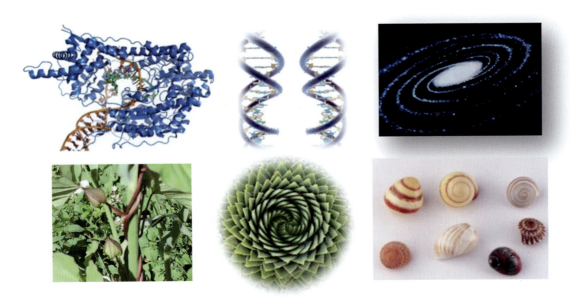

图 9 自然界中手性现象

基本粒子层面至生命基本构成单元的固有手性,必然导致地球上形形色色天然产物的手性特征。若要深究植物的天然活性组分,其中或多或少都含有手性成分。例如,对于藤茶而言,部分产地藤茶中的二氢杨梅素含量可达 20% 以上,这在植物界极为罕见[8]。

二氢杨梅素是藤茶活性成分中较为特殊的一种黄酮类手性化合物,化学名为(2R,3R)-3,5,7-三羟基-2-(3,4,5-三羟基苯基)苯并二氢吡喃-4-酮[(2R, 3R)-3,5,7-trihydroxy-2-(3,4,5-trihydroxyphenyl) chroman-4-one],结构如图 10 所示。

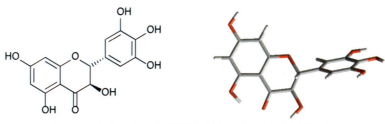

图 10　右旋二氢杨梅素的分子结构(左)及立体结构(右)

根据近现代相关文献[9]记载,藤茶喜温、湿润的环境,分布地区集中于长江流域,多集中或散生于海拔 200~1500 m 的山地灌丛中、林中、岩石上、沟边,包括武陵山脉的湖北恩施、重庆酉阳、湖南张家界、贵州梵净山,南岭山脉的广西大瑶山、湖南江华,武夷山脉的福建武夷山、福建南平、福建清流、广东梅州,罗霄山脉的湖南衡阳、江西武功山,以及横断山脉的云南西双版纳等。我们不妨称之为野生藤茶生长的“地域扎堆”现象。至于藤茶扎堆生长的奥妙,仍有待进一步探究。

自 2012 年开始,我们就对一些市售野生藤茶和二氢杨梅素产品进行了初步研究[5,10]。例如,我们将某产地出品藤茶的茶汤直接用于手性 HPLC 分析,发现只有一个主要组分;然而,另将藤茶提取的某市售二氢杨梅素进行手性 HPLC 分析时,却得到很不一样的结果:通常显示有两个(一对)组分,或相等或一种对映体过量[10,11]。因此认为,藤茶是含有天然二氢杨梅素的手性保健品,可以放心服用;但很多生物公司将藤茶主要活性成分提取成二氢杨梅素制剂时,情况却变得相当复杂,说明在天然二氢杨梅素提取过程中可能发生了消旋化。进一步的研究表明,在同一批次市售二氢杨梅素中既有单一对映体,也存在外消旋体或部分外消旋体,同一厂家不同批次的产品亦如此。

王文清等在发明专利中[11],对多种市售二氢杨梅素的光学纯度进行了调研和分析(表2),发现在不同厂家的 7 个产品中有 5 个是外消旋的,即使在其中两个厂家的非消旋制剂中,二氢杨梅素的光学纯度仍无法达到100%。王文清等的研究还表明:在提取过程中,金属离子、温度和 pH 对天然二氢杨梅素的消旋化均有影响。在研究过程中,我们对市售消旋二氢杨梅素进行了超临界流体色谱(SFC)的制备型手性分离,获取了一对光学纯的对映体[10]。

表 2　市售二氢杨梅素产品的光学纯度[11]

| 样品来源 | 批　号 | 光学纯度/%ee |
|---|---|---|
| 贵州苗药生物科技有限公司 | | 43.3 |
| 长沙华康生物科技有限公司 | | 43.4 |
| 湖北康宝泰精细化工有限公司 | MH-DMY201309202 | 0 |
| 张家界至诚生物有限公司 | MH-DMY201312202 | 0 |
| 宁波德康生物制品有限公司 | | 0 |
| 上海晶纯生化科技股份有限公司 | 36805 | 0 |
| 美国 Sigma-Aldrich 公司 | 102M4725V | 0 |

虽然有众多的信息默认天然二氢杨梅素的绝对构型为 $R,R$,但迄今仍未见用提取的天然手性二氢杨梅素直接获取手性单晶结构的报道。2016 年,方建国等以藤茶中提取的天然二氢杨梅素与茶碱形成共晶[12],通过解析晶体结构首次确定了 $R,R$-二氢杨梅素的绝对构型。为了进一步佐证并确认通过 SFC 手性分离所得二氢杨梅素的两种手性组分以及野生藤茶中二氢杨梅素的绝对构型,我们测试了野生藤茶茶汤的电子圆二色(ECD)光谱,同时研究了手性二氢杨梅素的 ECD 计算光谱[5],首次采用理论计算方法指认了通过 SFC 方法拆分所得二氢杨梅素两个组分的绝对构型,

并证实野生藤茶中主要活性成分的确为 $R,R$-二氢杨梅素。这是中国科学家携手对藤茶进行手性研究的重要成果。

### 4.2 二氢杨梅素手性异构体的检测标准

天然二氢杨梅素的绝对构型确认及其手性检测的问题具有共性,因为现行的中药的指纹图谱是不考虑手性的,其后果有可能是新的"反应停事件"——这并不是危言耸听。因此,进一步明确二氢杨梅素异构体的药理活性或保健功能的差异性,可能对整个藤茶生产行业产生变革性的影响。

尽管迄今尚未见二氢杨梅素对映体的光学活性不同会对人体产生不良作用的报道,也未见对非天然的 $S,S$-二氢杨梅素做出的生物活性评价报告,但根据国家食品药品监督管理总局颁布的《手性药物质量控制研究技术指导原则》以及从用药和服用保健品的安全性来考虑,将藤茶中提取的二氢杨梅素作为注射剂[13]、醒酒口服胶囊或溶液制剂时一定要非常小心,因此建议有关部门对市售藤茶和二氢杨梅素的光学纯度进行质量监控和制定评价标准。

2006 年 12 月,由国家食品药品监督管理总局发布的《手性药物质量控制研究技术指导原则》明确指出,"对于手性药物而言,处方及工艺研究的重点在于保证手性药物构型不变。手性药物构型的稳定情况也是手性药物制剂剂型选择时需要考虑的重要因素,如稳定的 pH 范围,固态及液态下构型稳定情况,对光、热、空气等因素的稳定情况等。如果研究显示手性药物在溶液状态下构型不够稳定,可发生构型变化,则不宜选择注射剂、口服溶液等液体剂型"。上述指导原则还指出:"制定质量标准时要根据对映异构体杂质的生物活性(毒性)、原料药的制备工艺(生产中的过程控制、生产的可行性及批与批之间的正常波动)、制剂工艺(制剂过程中是否发生构型转化)、稳定性考察(贮藏过程中是否发生构型转化)等的研究结果及批次检测结果来确定质量标准中需控制的立体异构体及其限度。需控制的对映异构体杂质应根据上述研究的结果加以确定,限度的确定则应首先考虑杂质的安全性。一般情况下,生物活性较强的对映异构体杂质,需根据研究结果严格控制其限度。"

我们认为,不仅对手性药物(西药和中药)必须严格按照国家法规进行质量监管,而且也应将手性保健品纳入监管质量范围。因此必须制定合理的手性评价标准。

非常可喜的是,有识之士已经开始行动了。由广东省药学会药物手性专业委员会提出,广东研捷医药科技有限公司、华南师范大学、暨南大学、华南农业大学、广东省中医药科学院、南方医科大学等单位共同编写了《二氢杨梅素手性异构体检测 液相色谱法》团体标准[14]。广东省药学会团体标准委员会遵循开放、公平、透明、协商一致的原则,于 2019 年 1 月 10 日审查并通过了该团体标准,标准编号为 T/GDPA 1-2019。该团体标准于 2019 年 1 月 23 日发布,2019 年 2 月 1 日实施。

## 5. 对高效无毒手性农药的期待

农药的环境污染已然成了全球性的环境问题。挪威的科学家搜集了 2007—2011 年期间北极地区斯瓦尔巴德群岛峡湾处浮游动物体的手性农药含量年份变化情况[15],数据显示农药污染已经扩散到地球北极。而在中国,农药滥用情况愈加严重,危害程度远远高于转基因食品为国人带来的潜在风险。某些农药如"六六六""滴滴涕"等,虽然国际、国内早已明令禁止,但因其便宜,杀虫效果好,一些农药厂仍在非法生产,导致难降解、致残留等环境和食品安全问题。

据法国 BFMTV 电视台报道[16],法国东部的德吕伊亚镇在 2009—2014 年期间曾诞生 7 名畸形婴儿,这种异乎寻常的畸形儿出生率引起了当地卫生部门的警觉。德吕伊亚镇位于法国安省,仅有 1200 名居民。据当地卫生部门统计,7 名畸形儿均为不同程度的上肢残缺,这使得当地畸形儿的出生率高达正常值的 50 倍。报道称,这种畸形病学名为"先天性上肢发育不全",并非由遗传或药物因素引发。目前的调查尚无法确认德吕伊亚镇畸形儿的病因,只是确认这些母亲在怀孕期间并未出现过妊娠或饮食异常。报道还称,这些畸形儿的母亲有一个共同特点:都长期在当地农村环境中生活。因此农田中的杀虫剂和其他化学药剂成了一大疑似病因。当地卫生部门因此向法国公共卫生部申请派遣专业人员进行深入调查。

考虑未来发展,人类在食品上将面临两种选择:一种是发展使用低毒农药或不使用农药的转基因技术,另一种是发展对人类低毒甚至无毒的单一手性农药技术(当然转基因也需要这种技术)。据统计,市售的手性农药约占30%,主要以外消旋体形式存在(见图11)。手性农药的构型不同,其活性和毒性存在着巨大的差别。如某些左旋农药可能杀人不杀虫(草),而右旋结构则可能杀虫(草)不杀人。如何控制并减少这些杀人不杀虫(草)的单一异构体的含量及其残留,就成为一个颇具挑战性的课题,同样也是未来降低农药毒性的重要发展方向。

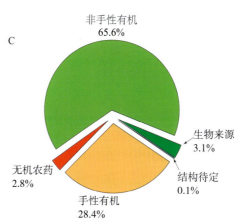

图 11  国际上市售手性农药的占比情况

在图12中,拟除虫菊酯化合物就是我们经常使用的蚊香或杀虫剂的活性成分。目前我们国家的杀虫剂中所含拟除虫菊酯一般都超过30%,且对其含量要求并无国家标准。而在欧美等国家,拟除虫菊酯含量不允许超过10%。除草剂中的主要活性成分(S)-(−)-2,4-滴丙酸(图13)具有除草作用,且对人体危害较小;而其对映异构体的(R)-(+)-构型则不仅不能除草,反而对人体有较强毒性作用。

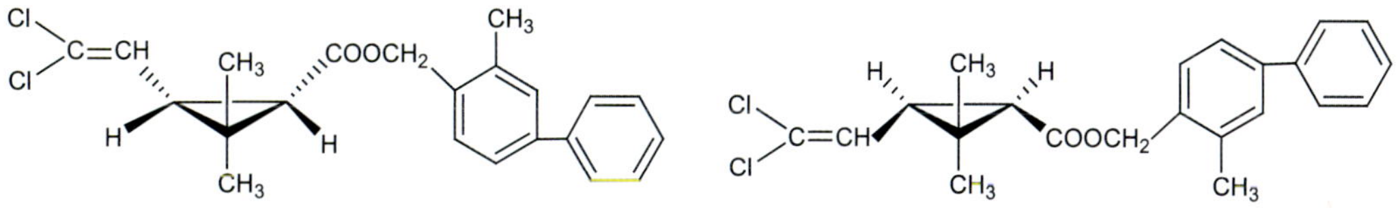

**1S-3S**
杀人不杀虫

**1R-3R**
杀虫不杀人

图 12  灭蚊剂中的拟除虫菊酯的分子结构

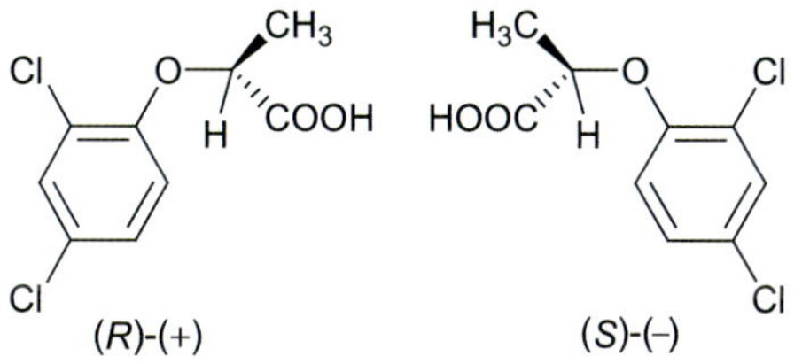

(R)-(+)
杀人不除草

(S)-(−)
除草不杀人

图 13  2,4-滴丙酸对映异构体的分子结构

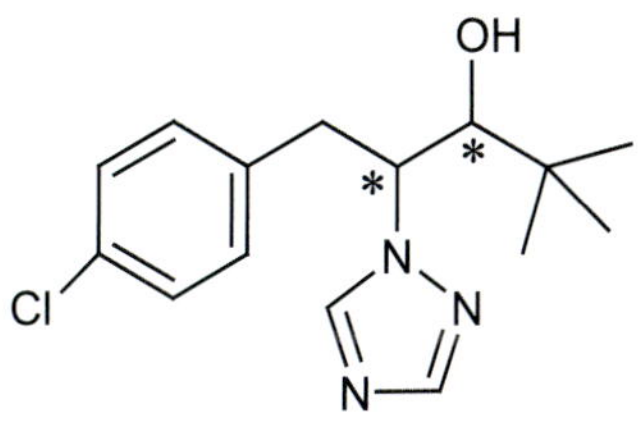

图 14  多效唑的分子结构

多效唑(paclobutrazol)分子中含有两个手性中心(图14),共有4个光学异构体,其中,(2R,3R)-异构体具有高杀菌作用和低植物生长控制作用;而(2S,3S)-异构体则有低杀菌作用和高植物生长控制作用,可用于植物生长调节。

以上实例均表明,在使用农药安全有效方面,深入研究手性异构体的作用,研发并应用单一光学异构体,具有非常重要的意义。

然而,迄今这些手性杀虫剂、除草剂和植物生长调节剂的手性异构体大多混在一起使用,可能起着既杀人又杀虫、既除草又杀人的效果,对人类健康及自然环境危害极大。如果在农药生产环节就把那些杀人不杀虫和杀人不除草的异构体除去,将是一件多么美好的事情。

目前,手性分析分离技术与产品处于领先地位的主要有日本、德国、美国的公司等,这些跨国公司控制,甚至垄断着该行业的市场与技术。在中国政府的关注和大力支持下,国内新崛起的科技创新型企业正专注于手性色谱填料、手性药物分离工艺的研发及产业化,且拥有核心技术和自主知识产权,将与相关领域的优秀同行合作,防范我国在健康及环境方面面临的风险。

**致谢**:感谢国家自然科学基金(21571070、21273175、51772289)、国家基础科学人才培养基金(J1310024)、广东省自然科学基金(2018A030313193)项目和广州市科学研究计划重点项目专题(201804020019)的资助。

## 参考文献

[1] 谢雨礼. 新药火热的今天: 回顾史上最大医学灾难 [EB/OL]. 药时代, 2018-11-13. https://51jinke.com/news/5bea397fd42cbc261034c120.

[2] HOFFMANN R. The same and not the same [M]. New York: Columbia University Press, 1995. 霍夫曼. 大师说化学 [M]. 2 版. 吕慧娟, 译. 储三阳, 审订. 台北: 远见天下文化出版股份有限公司, 2016.

[3] 这个故事叫做从磺胺到反应停 [EB/OL]. 2017-04-21. https://www.ouryao.com/thread-358518-1-1.html.

[4] 丁香园. 那些"反应停事件"的受害者, 现在都过得怎样了 [EB/OL]. 2017-01-24. https://baobao.baidu.com/article/bbc7dc8adec 39acda9144c07781f04cb.html.

[5] 李丹. 化合物的集成手性光谱及其应用研究 [D]. 厦门: 厦门大学, 2017.

[6] 刘华杰. 黄独的手性 [J]. 科技潮, 2009, (3): 42.

[7] 孟杰, 王媛媛, 李志泉. 原子核层次的手征对称性 [J]. 原子核物理评论, 2017, 34(3): 310-317.

[8] 范莉, 侯小龙, 王文清, 等. 指纹图谱结合一测多评模式在藤茶质量评价中的应用研究 [J]. 中草药, 2016, 47(22): 4076-4081.

[9] 冉京燕, 方建国, 谢雪佳, 等. 藤茶的本草资源学研究概况 [J]. 中草药, 2016, 47(20): 3728-3735.

[10] 郭栋. 晶型手性化合物的集成手性光谱方法学初探 [D]. 厦门: 厦门大学, 2016.

[11] 王文清, 熊微, 方建国, 等. 一种控制二氢杨梅素消旋率的方法: 201510062355.8 [P]. 2017-04-19.

[12] WANG C, XIONG W, PERUMALLA S R, et al. Solid-state characterization of optically pure (+)-dihydromyricetin extracted from ampelopsis grossedentata leaves [J]. Int. J. Pharm., 2016, 55(1): 245-252.

[13] 宋新荣, 任启生, 陈黄实. 二氢杨梅素注射剂、粉针剂及其制备方法: 200710111212.7 [P]. 2008-12-24.

[14] 阮丽君, 章伟光, 赖烨才, 等. 二氢杨梅素手性异构体的检测 液相色谱法 [S/OL]. 2019-01-23. T/GDPA 1-2019. http://www.ttbz.org.cn/StandardManage/Detail/26108?from＝singlemessage&isappinstalled＝0.

[15] CARLSSON P, WARNER N A, HALLANGERI G, et al. Spatial and temporal distribution of chiral pesticides in *Calanus* spp. from three Arctic fjords [J]. Environ. Pollut., 2014, 192: 154-161.

[16] 法国东部小镇 5 年诞生 7 名畸形儿 杀虫剂污染疑是"元凶" [EB/OL]. 2018-10-06. http://baby.sina.com.cn/health/bbjk/hxse/2018-10-06/doc-ihkmwytq0418200.shtml.

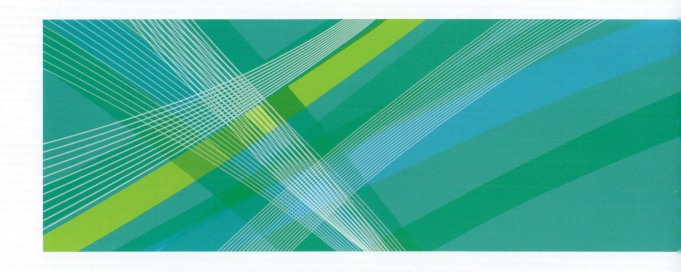

# 科学发现

## Scientific Discoveries

# 巴斯德与分子手性：艺术与葡萄酒的影响

蒋和金，刘鸣华*

中国科学院化学研究所，北京 100190

*E-mail: liumh@iccas.ac.cn

**摘要：**巴斯德在显微镜下将左旋与右旋的酒石酸盐晶体分离开来，并提出了分子手性的概念。这一概念的提出早于范特霍夫的有机分子四面体学说。究竟是什么导致了巴斯德的这一重大发现？本文编译了约瑟夫·加尔在 *Nature Chemistry* 上提出的一个主要观点，也就是巴斯德提出分子手性是否更多地受到了他的艺术天赋的影响。通过历史的阐述，本文介绍手性发现的偶然性与必然性，从而阐述科学发现的环境、人文以及多学科交叉的影响因素。

**关键词：**分子手性；巴斯德；酒石酸；艺术；葡萄酒

## Pasteur and Molecular Chirality：The Effect of Art and Wine

JIANG Hejin, LIU Minghua*

**Abstract：** Pasteur separated the left-handed and right-handed tartrate crystals under a microscope and proposed the concept of molecular chirality. This concept was put forward earlier than Van 't Hoff's tetrahedron theory of organic molecules. What led to Pasteur's great discovery? This article compiles Joseph Gal's main point in *Nature Chemistry*, that is, is Pasteur's proposal of molecular chirality is more influenced by his artistic talent? Through historical exposition, this article introduces the contingency and inevitability of the discovery of chirality, so as to expound the influence of the environment, humanities, art and interdisciplinary talents on the scientific success.

**Key Words：** Molecular chirality; Pasteur; Tartaric acid; Art; Wine

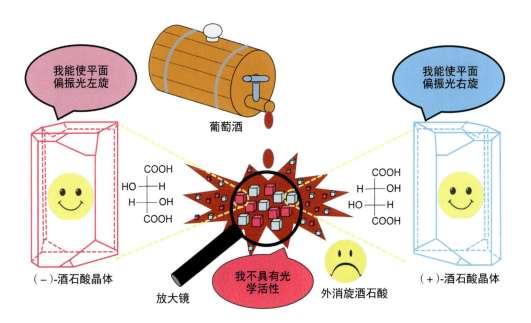

　　分子手性研究的历史上有若干里程碑的事件，而其中最值得称道的是巴斯德发现分子手性的事件。他在显微镜下将左旋与右旋的酒石酸盐晶体分离开来，并提出了"分子手性"的概念，从而书写了手性发展史上最为辉煌的一笔。然而，追究他的这一伟大发现，我们可以知道，这一发现不是偶然的，而是融合了多种自然与个人的天赋在里面。正如巴斯德曾经说过的：机遇只偏爱那些有准备的头脑。的确，分子手性的发现既有偶然，也有必然。

约瑟夫·加尔在 *Nature Chemistry* 上提出了一个观点[1]；路易斯·巴斯德（1822—1895）对化学的理解最著名的贡献——手性——是否更多地受到了他的艺术天赋的影响？该文从各个角度介绍了巴斯德与手性艺术的联系，在此与大家分享。

路易斯·巴斯德在微生物学和传染病方面都有重大发现，对人类健康、兽医学和农业在内的各个领域都有很大的贡献。但巴斯德也是一个化学家，他在化学上有一个最重要的发现——分子手性。1847 年，他获得了法国巴黎高师的理学博士学位，此后不久，他便开始研究天然酒石酸（TA）和相关物质的晶体学和光学活性。正是在他研究酒石酸盐的过程中，"分子手性"的概念产生了。

巴斯德的发现被认为是 19 世纪上半叶在晶体学、光学和结构理论方面合乎逻辑的开创性工作。然而，当时有很多反对他的声音，认为他当时年轻且相对缺乏经验，因为发现这一现象时距他获得博士学位（当时 25 岁）仅 8 个月；再者，他对分子结构和手性的鉴定和归属是建立在当时对有机化合物结构所知甚少的基础之上的。此外，其他一些有成就的科学家在他之前也研究过酒石酸盐，但奇怪的是，他们都错过了巴斯德看到的东西，因此未能预料到他的发现。

在产生有机分子结构理论多年之前，巴斯德就开始了他的实验。虽然当时酒石酸的分子结构是未知的，然而，人们已经认识到天然酒石酸在溶液中具有光学活性，并且是右旋的，也就是说，平面偏振光在通过天然酒石酸溶液时会发生顺时针旋转。巴斯德发现酒石酸及其盐的晶体呈现的被称为半面晶面的小表面看起来像是修饰在晶体的边缘一样，而这些晶面破坏了晶体基本形态的对称性，因此，他认识到由此导致的外部晶体形态是手性的。

巴斯德还研究了外消旋酒石酸及一些外消旋酒石酸盐。大约在 1819 年，外消旋酒石酸在天然酒石酸的生产过程中被发现，并且被认为是酒石酸的同分异构体，但当时人们并不了解这种关系的本质。当巴斯德研究外消旋酒石酸铵钠盐（SAP）的晶体时，他不仅确定了外消旋酒石酸铵钠盐是由两种不同类型的酒石酸铵钠盐按 1∶1 的比例组成的，而且还认识到它们是彼此不可重叠的镜像形式，用今天的术语就是"对映体"。随后巴斯德在外消旋酒石酸铵钠盐中手工分离出两种不同形式的晶体（图 1），并发现两种物质在溶液中都具有光学活性，在绝对值上（在实验误差内）具有相等的旋光度但在方向上相反。然后，他又从外消旋酒石酸盐释放出的两种游离酸中，发现其中一种酸是右旋的，与天然酒石酸 [（＋）-TA] 相同。由此得到的另一种酸也具有旋光活性，其旋光度的绝对值与右旋酸相同，但方向是相反的，即左旋。这一发现使巴斯德意识到这些酸的分子是手性的，而外消旋酒石酸只是二者 1∶1 的组合。他由此明白（＋）-TA 和（－）-TA 是彼此不可重叠的镜像分子，这就是分子手性的发现！在这一点上，他的胜算本应再一次落空，因为只有少数的外消旋体结晶的每种镜像晶体只由一种对映体组成（今天称为"外消旋混合物"）。对巴斯德来说，幸运的是，外消旋酒石酸铵钠盐就是以这种方式结晶的物质之一——如果不是这样的话，分子手性的发现可能还要等更长的时间。

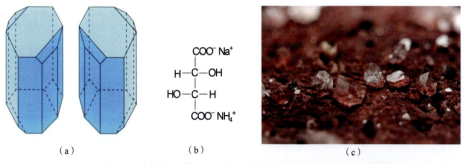

图 1　酒石酸铵钠盐对映体的晶体（a）及分子结构式（b）；红酒中的酒石酸结晶（c）

其实，在巴斯德之前也有几位杰出的科学家研究过酒石酸盐。法国杰出的物理学家、数学家和天文学家毕奥(Jean-Baptiste Biot,1774—1862)就是其中之一,他开创性地发现某些有机天然产物,包括酒石酸及其盐在溶液中或液相或气相中是具有光学活性的。但是,毕奥并没有提及他所研究的酒石酸/外消旋酒石酸相关物质晶体的半对称性或手性,因而错过了外消旋酒石酸铵钠盐的外消旋混合物结晶性质。Frédéric-Hervé de la Provostaye(1812—1863)是法国物理学教授,他对天然酒石酸、外消旋酒石酸及其几种盐的晶体进行了详细的研究,但也未提及酒石酸盐晶体的手性。汉克尔(Wilhelm Gottlieb Hankel,1814—1899)是德国物理学教授,他也研究过酒石酸盐晶体,但没有对它们的手性加以评论。1844年,德国著名化学家和晶体学家米采利希(Eilhard Mitscherlich,1794—1863)报道了当时令人困惑的观察结果:尽管外消旋酒石酸铵钠盐和相应的(+)-酒石酸铵钠盐在化学组成、晶体形式以及其他物理性质方面是相同的,但(+)-酒石酸盐具有光学活性,而外消旋酒石酸盐则不具有光学活性。与毕奥一样,米采利希既没有对晶体中的半对称性或手性进行评论,也没有认识到外消旋酒石酸铵钠盐形成外消旋混合物。

尽管毕奥和米采利希都在巴斯德之前对酒石酸进行了详细的研究,但这些杰出的科学家并没有发现晶体外观上的关键区别,例如它们的手性和外消旋混合物结晶特征。那么,究竟是什么原因导致巴斯德发现了那些杰出前辈们错过的现象呢?

巴斯德是一位才华横溢的艺术家,他在十几岁时,用粉彩、木炭、铅笔和平版印刷术创作了大约40幅朋友、亲戚和贵宾的肖像。这些画展示了他细致入微的观察、精准、写实和对细节的关注(如图2)。当时的几位艺术家,如受人尊敬的芬兰画家埃德费尔特(Albert Edelfelt,1854—1905),高度评价了他的艺术才能。

图2 (a)路易斯·巴斯德的粉彩画;(b)路易斯·巴斯德(@2017,Nature Publishing Group)[1]

约瑟夫·加尔认为巴斯德的艺术敏感性和经验在他发现分子手性的过程中起了重要作用,特别是他对平版印刷使用方面的浓厚兴趣。在传统的平版印刷术中,最初的图像用油脂或蜡等物质在光滑的石灰岩板表面绘制,然后对石板表面酸化,使不受脂质图像保护的区域被蚀刻。石板随后被水化时,这些蚀刻的区域会保留水分。当使用油性染料时,它会被水排斥并仅黏附在原图上。然后染料被转移到一张压在石板下的纸上,产生了最终的印刷图像。考虑到转移过程的性质,最终印在纸上的是原来石板上图像的镜像。

巴斯德18岁时为他的高中同学夏皮斯(Charles Chappuis)制作了平板画像。在他正要完成肖像画的时候,他给父母写了一封信,说道:"我想我以前从来没有画得这么好,画得这么像。所有见过它的人都觉得它很引人注目。但我非常担心一件事,那就是在纸上画的肖像不如在石板上画得好,这是经常发生的事情。所以我在制作的时候非常小心,经常对着镜子看,它们有很多的相似之处。"

很明显,这位年轻的艺术家在1841年就敏锐地意识到镜像反转现象,由此可见,这位年轻的化学家在1848年已经对非重叠的镜像反射很敏感了。因此,他以前的平版印刷工作可能因此促进了他对外消旋酒石酸晶体手性的认识,即镜像与原晶体不重合。这是他区别于那些没有注意到这一点的前辈的地方吗？当然,我们无法确定,但这段历史提供了一个令人信服的论据,有理由得出这样的结论:他的艺术经历可能在他发现分子手性的过程中发挥了重要作用。

20 岁时,巴斯德停止了艺术创作,屈服于他父亲对将艺术作为职业的反对意见。然而,作为一名科学家,他为自己的科学出版物绘制图画:最初是晶体的图像,后来是微生物研究的图像。他还通过切割软木或木头来制作晶体模型。因此,尽管他是一名医学科学插画家,他仍继续以某种意义上的艺术家身份工作。

在巴斯德的余生里,他一直与美术保持着密切的联系。他成为艺术的赞助人,与杰出的艺术家保持着密切的联系,并在巴黎美术学院教授艺术;他定期参加一年一度的沙龙(巴黎著名的艺术展览),并推广在那里展出的一些艺术品;他还积极参与了埃德菲尔特迄今为止的标志性画作的创作,并在他的实验室里让其描绘了自己的肖像画。

巴斯德敏锐的科学头脑无疑支持了他从晶体手性到分子手性的飞跃。然而,他可能也得到了一个意想不到的因素的帮助。19 世纪 20 年代,英国著名天文学家、物理学家赫歇尔(John Frederick William Herschel,1792—1871)曾提出,分子不对称是导致非晶态(物质)旋光性的原因。总之,巴斯德熟悉与自己研究相关的文献,有具体证据表明,他知道赫歇尔早期的观点。因此,在设想分子手性时,巴斯德可能受到赫歇尔分子不对称理论的启发。

巴斯德远远领先于他的时代:在他发现酒石酸盐晶体手性后的四分之一个世纪,第一个解释分子手性——四面体不对称碳原子——直到 1874 年才出现,他的发现被认为是立体化学的基础。巴斯德的实验过程和智力无疑是非凡的,但这个故事显然有意外的因素。例如,他的艺术天赋、他正在研究的一种外消旋混合物,以及赫歇尔关于分子不对称的早期认识,都可能对巴斯德克服对他不利的巨大困难做出重要贡献。

这里,我们还要提到另外一篇文献,就是关于葡萄酒与手性的故事[2]。巴斯德生长在法国,可以说对葡萄酒是十分熟悉。而这些有关葡萄酒的民间智慧也为巴斯德的发现提供了很好的基础。

葡萄酒中的两种酸是酒石酸和苹果酸。苹果酸在 O.Oeni 乳酸杆菌发酵过程中转化为乳酸。更准确的说法是乳酸转化。苹果酸被转化为酸性较低的乳酸和二氧化碳。虽然这种现象在大多数葡萄园都是自然发生的,但一些酿酒师可能会添加培养的乳酸杆菌来实现这个转换。霞多丽葡萄特别容易发生乳酸转化,这一现象赋予了勃艮第白葡萄酒美丽的"黄油"味道。而酒石酸有助于赋予葡萄酒"涩味",雪利酒所用的葡萄含有高浓度的酒石酸,而黑比诺葡萄则含有少量的酒石酸。酒石酸与钾会形成无味且完全无害的晶体,但它可能会被误认为是玻璃碎片,可在装瓶前通过冷稳定去除。没有除去的酒石酸盐晶体可以在软木塞上看到,并且可通过倾析法除去。有关酒石酸和葡萄酒的关联,也许为巴斯德发现分子手性提供了重要的环境因素。

巴斯德曾经说过,"一瓶葡萄酒比世界上所有的书都含有更多的哲学"。这些似乎无关联的艺术与葡萄酒、生物化学和晶体学汇聚到巴斯德这个"有准备的头脑",终于成就了分子手性的发现。

**参考文献**

[1] GAL J. Pasteur and the art of chirality [J]. Nat. Chem., 2017, 9(7): 604-605.

[2] MCCANN S. Chirality and wine [J]. Bone Marrow Transplant., 2018, 53(12): 1491-1492.

# 发现"浓度效应"的故事

章 慧[*]

厦门大学化学化工学院,福建,厦门 361005

E-mail: huizhang@xmu.edu.cn

**摘要**:一场学术报告引发了我们对聚集诱导发光(AIE)化合物的阻转异构现象进行手性光谱表征的研究兴趣。在与香港科技大学唐本忠院士团队的合作研究中,我们偶然观察到 TPE(四苯基乙烯)衍生物的浓度梯度固体 ECD 光谱会产生逆浓度依赖现象,由此发现了在固体 ECD 光谱测试中的"浓度效应"。继而应用集成的 ECD 和 VCD(振动圆二色)光谱技术,结合晶体结构分析和密度泛函理论(DFT)、含时密度泛函理论(TDDFT)计算,对 AIE 明星化合物 TPE 和 HPS(六苯基噻咯)的固态手性立体化学结构、集成的手性光谱(ECD 和 VCD)及其绝对构型关联进行了长达 7 年的探究。我们首次发现并提出在固体 ECD 和 VCD 光谱中均有特征指纹区,可用于关联这类具有特征 TPE 核化合物的螺旋手性绝对构型(构象)。

**关键词**:科学发现;聚集诱导发光化合物;阻转异构;固态手性光谱;电子圆二色;振动圆二色;浓度效应;镜面对称性破缺;绝对构型关联

## Story of the "Concentration Effects"

ZHANG Hui[*]

**Abstract**:An academic presentation was the inspiration source of our research interests for the chiroptical characterization of the aggregation induced emission (AIE) compounds. During the collaboration with Academician Tang Benzhong's team in The Hong Kong University of Science and Technology, a phenomenon of the inverse concentration dependence in the concentration, gradient solid-state ECD spectra of TPE (tetraphenylethene) derivatives was observed by accident. Then the concentration effect in the solid-state ECD measurements was discovered. Furthermore, the comprehensive ECD/VCD spectroscopies combined with the crystal structure analysis and density functional theory (DFT)/time-dependent density functional theory (TDDFT) theoretical calculations were employed to explore solid-state chiral stereochemical structures of the star AIE compounds (TPE and HPS) and their absolute configuration correlation rules with ECD/VCD methods for seven years. We first propose the characteristic ECD/VCD spectral peaks in the fingerprint regions to correlate the helical chirality of the TPE-core with their solid-state ECD/VCD spectra.

**Key Words**:Scientific discovery; Aggregation-induced emission (AIE) compound; Atropisomerism; Solid-state chiroptical spectroscopy; Electronic circular dichroism (ECD); Vibrational circular dichroism (VCD); Concentration effect; Mirror symmetry breaking; Absolute configuration correlation

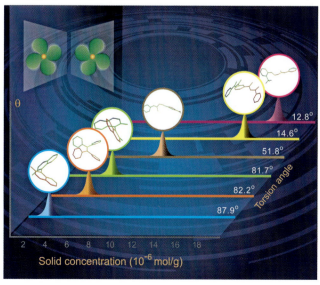

### 1. 学术报告中产生的灵感

2010 年 6 月 20—23 日,中国化学会第 27 届学术年会在厦门大学召开。6 月 19 日是会议报到日,我在厦门大学逸夫楼餐厅因缘际会地结识了前来参会的中国科学院院士、香港科技大学教授唐本忠。之后,闭幕式上唐老师精彩的大会报告让与会者领略了聚集诱导发光(AIE)现象的魅力。在唐老师的报告中,AIE 明星分子 **HPS**(1,1,2,3,4,5-六苯基噻咯,1,1,2,3,4,5-hexaphenylsilole)的旋转受阻(restricted intramolecular rotation,简称 RIR)现象引起了我的极大兴趣,正好本课题组有一名硕士生(志愿者)丁冬冬同学在会场拍下了唐老师报告(图 1),而这幅照片所展现的正是我当时思考的问题:如果该分子的苯环都朝一个方向旋转,是否能用我拿手的 ECD 光谱捕捉到?

图 1　唐本忠院士在中国化学会第 27 届学术年会闭幕式上的精彩报告

我在闭幕式翌日兴奋地来到实验室与博士生丁雷讨论,即我们是否有可能用 ECD 光谱表征 AIE 化合物的阻转异构手性构象。经过师徒俩激烈争论之后,丁雷同意我的看法。我们通过邮件将图 1 所示照片献给唐老师,并提出如下问题:

聚集诱导发光类系列化合物的旋转受阻,可以看作是介于某些能自发结晶成手性晶体的分子在溶液中快速消旋(σ键的自由旋转)和手性 **BINOL**(联二萘酚)及其衍生物的旋转严重受阻之间的过渡状态。换言之,通过改变分子所处的环境或聚集和结晶条件,可以使该类化合物分子的立体构象介于手性分子的快速旋转或 **BINOL** 类严重受阻这两种极端情况之一。比如,在低黏度液相分散系和高温固态中,其行为更趋近于手性分子的快速旋转;而在高黏度液相分散系、不良溶剂体系中的分子聚集体或低温晶体中,手性分子的立体构象则更趋近于 **BINOL** 类的严重受阻。由于镜面对称性破缺(mirror symmetry breaking,简称 MSB)现象的"可遇不可求",本课题研究具有其特殊性,即研究内容将主要围绕着已知和潜在的 MSB 体系展开,并考虑 AIE 体系潜在的同质多晶现象。根据我们的前期研究基础和经验,结合唐本忠院士团队与 AIE 体系相关的 MSB 化合物的初步研究,拟设计由 MSB 获得手性发光聚集体固体功能材料的研究方案,主要基于晶体结构、固体 ECD 光谱、粉末 XRD、变温 DSC、偏光显微镜等表征。唐老师非常迅速地回应了我们异想天开的想法,于是我们开始了愉快的合作。

"Thank you for your email. It was very nice to meet you in Xiamen. Thank you for sending me the nice photos your student took for me. They remind me of the pleasant time I spent in Xiamen.

I like your idea. I have strong interest in chirality or helicity. But I am not well trained in chirality research. With your expertise in ECD analysis, I believe we could achieve something with impact through collaboration.

How can we work together? If you are interested in our samples, I will ask my students to send some to you for your initial examination. Please feel free to ask me, if I can be of any assistance to you."

之后我们与唐老师和当时在浙江大学任教的秦安军老师通过邮件讨论了如下问题:

✿ 你们的这些化合物激发了我极大的研究兴趣,昨天将我的想法告诉了研究圆二色光谱的好搭档——山西大学的王越奎教授。王老师在 ECD 光谱的计算方面造诣很深,我遇到 ECD 光谱和立体结构的终极问题经常求教于他。他认为:"就我所知,溶液中构型旋转受阻的体系是可以产生 ECD 信号的,并不是异想天开,您完全可以去试一试。"

✿ 我认为附件中所示的单个分子应该是有手性的,之所以拿不到手性晶体,可能是晶胞中含有一对对映体,成为外消旋物,改变一下结晶条件,可能获得单一手性的具有手性空间群的晶体,这完全有可能! 我们最近玩过许多类似的体系,但那些化合物多半没有特殊的性质,充其量只是用固体 ECD 光谱证实了它们的空间群没有解错。现在我对后者已经不感兴趣了(典型的喜新厌旧!),有些人来找我合作被我婉拒(因我的精力有限且觉得那些化合物没有意思),我觉得你们这个系列的化合物更好玩。

✿ 接下来我提议:"如果要深入探究,可能我这里要调动一位学生,而且是能用脑子做 ECD 光谱、有一定经验的学生,但我也希望教会你们的学生做固体 ECD,以及用 ECD 谱来进行机理研究,这样你们可以在众多样品的基础上展开研究。看来两个课题组的学术交流势在必行。"我认为:测 ECD 谱的制样和意识很重要! 即便提供详细的实验步骤,在实验过程中也还需要有自主意识,不断地修正调整。

这位"能用脑子做 ECD 光谱、有一定经验的学生",非丁雷莫属! 前面提及的丁雷原是赵玉芬院士的本直博学生,当我发现课题组人手不够去找赵老师求援时,她欣然答应将丁雷"借"给我。因此,善解人意且能与我产生思想火花碰撞的丁雷在整个博士学习期间都在我的实验室度过,感谢赵老师的慷慨大度,感谢丁雷的加盟! 赵老师名下有两名博士生是我参与合作指导的——侯建波和丁雷。侯建波的博士论文用晶体结构分析、ECD 和 VCD 光谱表征证实了我对五配位氢膦烷磷中心手性的构想;而丁雷的聪明和用心,直接导致了"浓度效应"的发现。

## 2. 在香港科技大学的学术交流

2010 年暑假的尾声,经过多次与唐老师课题组在邮件中讨论,我接受唐老师邀请,带着丁雷赴香港科技大学进行为期一周(8 月 30 日—9 月 5 日)的学术访问。到香港后我与丁雷兵分两路;我先与刚刚被录取为香港理工大学硕士生(MPhil 学位)的女儿忙一些安顿事务,丁雷则直接取道香港科技大学由袁望章博士(现在已是上海交通大学化学化工学院研究员)接待。从未到过香港的丁雷没顾及四处玩耍,一头扎在唐老师课题组的实验室里,并欣喜地发现在这里攻读博士学位的前国际化学奥赛金牌得主胡蓉蓉(现已入职华南理工大学,成为一名年轻有为的教授)居然是他在湖南师范大学附中的学妹(图2)。经过对课题组同学们提供的 AIE 化合物样品进行仔细筛选,最后选定了胡蓉蓉自行合成的两个样品作为欲突破的研究对象。

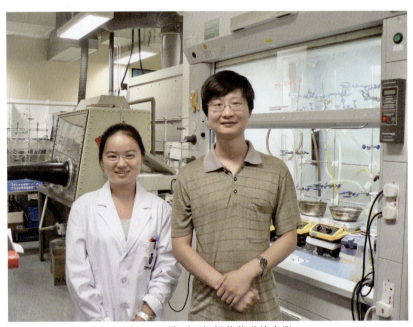

图2　丁雷(右)与胡蓉蓉学妹合影

得知合作实验已有头绪的消息,我在到港次日(8月31日)来到香港科技大学(图3),在校园内临海的专家招待所住下。那一晚先给课题组同学们开了一个小灶,做了一个手性光谱和镜面对称性破缺的科普讲座(这几乎成了后来我在浙江大学、北京大学、福州大学、中山大学、中科院物构所等高校或研究所访问的模式——正式报告带一个前期热身小报告,包括穿上实验服与那里的师生一起做实验)。我在香港科技大学的正式报告被安排在9月1日下午3点。

图3　笔者和胡蓉蓉(左一)、袁望章(右一)一见如故

那两日,丁雷和胡蓉蓉、袁望章、刘阳等同学开始了固体片膜的制样(图4)。因为拿不准要采用什么样的制样浓度,聪明的丁雷建议,我们就先做一个浓度梯度实验试试看。9月1日午饭后,心怀几分忐忑和期盼,与他们一起来到合成实验室近旁的香港科技大学 ECD 光谱仪公用平台,开启氮气通路和仪器开关后,我亲自上机操作,用厦门大学带来的自制固体样品支架分别测试了几个不同浓度的片膜。下午2点17分,预期的固体 ECD 信号出现了,这真是让人欣喜若狂,随之又令人目瞪口呆——为什么 ECD 信号的大小与片膜的浓度成反比呢?(如图5)

图4　2010年8月31日傍晚丁雷(左)和刘阳(右)在香港科大实验室准备样品

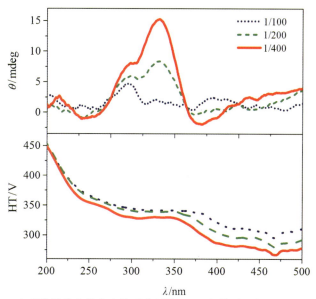

图5　在香港科技大学首次发现的固体 ECD 光谱测试中的"浓度效应"

这是我们在香港科技大学访问期间测出的最好数据。丁雷开创的固体片膜浓度梯度设置,在后续研究中得到发扬光大,并成为指导国内外研究人员测试固体 ECD 光谱的重要实验方法。

在得到确信无误的固体 ECD 信号后,我如释重负。蓉蓉随即带我来到唐本忠老师的办公室,我第一时间告诉他这个好消息。他笑眯眯地说:"你看到实验现象了。"我高兴地说:"我们不虚此行,等下报告时我将会向你展示实验结果。"因为过度兴奋,匆匆补做的 PPT 最后一页竟忘了写上日期(图 6)我们师徒俩在香港科技大学的首次访问,就此圆满地暂告一段落。在这里插一句,唐老师的办公室(图 7),面积不大,但井井有条,是我见到的所有牛人学者办公室最整洁有序的——没有之一! 看到办公室后的第一感觉是,怪不得他的研究做得这么好,那是缘于高效有序的大脑啊。

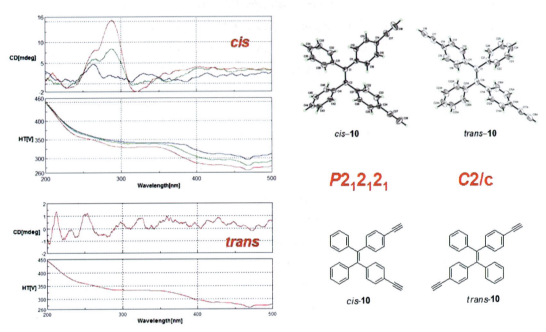

图 6　2010 年 9 月 1 日下午 3 点在香港科技大学报告的最后一页 PPT(化合物 **10** 为 **BETPE**)

图 7　笔者于 2012 年 3 月 29 日重访香港科技大学与唐老师的合影

### 3. 继续"浓度效应"的探究

与丁雷一起返校后,即投入新学期的忙碌中。2010 年 9 月 1 日那日测试出固体 ECD 信号的极大兴奋感逐渐消退,正如一名曾经就读于香港科技大学的清华学生所说:"当时(来到香港科大)的新奇兴奋也褪得干净,每天面对这青山海景,最后也麻木得没有感觉了。由此可以推测娶一个漂亮老婆是没有多大意义的,如果不是为了炫耀。"由此也可以对身边的小女生说:"嫁一个帅小伙是没有多大意义的,如果不是为了炫耀。他终归会变老,人到中年,可能过早秃顶,长出难看的啤酒肚,身材完全走形,结婚后再也不会对你说甜言蜜语……"

玩笑归玩笑,不得不苦苦思索这样一些问题:在香港科技大学的固体 ECD 实验结果有什么意义?即便拿到了手性固态 AIE 化合物,可能有什么样的应用?

这也是丁雷在后面几天继续待在香港科技大学实验室里体会到的唐老师课题组学生的困惑。我当时给丁雷的回答是:至少这是 AIE 体系第一个(?)表征出镜面对称性破缺现象的晶体结构和固体 ECD 谱,有发比较好的文章的价值。后续还有许多待研究的问题,比如,为什么出现反常的 ECD 信号随片膜浓度下降反而增大(丁雷称之为"逆浓度依赖")现象?手性和非手性的同质多晶型物种在荧光性质方面是否有不同?至于应用,我对丁雷说,当年蔡司盐和二茂铁结构的阐明引起金属有机化学和石油工业的飞速发展,也是人们始料未及的。

为了让当时那种兴奋的心情可以持久一点,也因为好奇心使然,我在给唐老师和胡蓉蓉的去信中讨论道:

> 参加分析化学的博士论文答辩时,有位陈同学在答辩中提及他的体系具有浓度越大荧光值反而下降的现象,也就是说,在荧光随浓度增大变化的曲线中,出现一个最大值。这不由使我想起蓉蓉的体系,也许我们选择测 ECD 的浓度点正是在过了最大值之后?如果将浓度继续按一定梯度下降,说不定低于那个极大值后,就会出现正常的"ECD 信号随浓度增大而增大"的现象了。这个现象值得研究,但比较费时费事,要有耐心去做。以上提及固体 ECD 信号与浓度关系极大值指的是横坐标为浓度增大的情况,如果横坐标是浓度减小的方向(图 8),则固体 ECD 信号随浓度减小会出现一个极值(或平台),过了这个极值后,就可能出现"固体 ECD 信号随浓度减小而减小"的正常现象了。

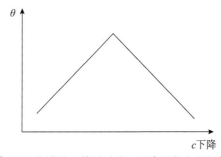

图 8   固体 ECD 光谱的 $\theta$ 值随浓度 $c$ 下降可能出现极值的示意图

在此值得指出的是,此前在溶液 ECD 测试时我们还从未观察到类似的反常现象。

无独有偶,丁雷的师妹胡晓梅(赵玉芬院士的硕士生)也在她的系列手性五配位磷化合物中的两对化合物(其中有一对已经有晶体结构表征)的固体 ECD 光谱测试中观察到我预测的极值,而在其他两个类似的体系中都呈现正常的"固体 ECD 信号随浓度减小而减小"的现象。

胡晓梅的系列化合物为什么会呈现如此不同的固体 ECD 性质?而且在固体 ECD 性质上与蓉蓉的顺式化合物还有相似性?这引起我和丁雷的极大好奇。

我隐隐觉得"两胡"(很凑巧,两人都姓胡)的化合物在结构上可能具有相关性。于是调来胡晓梅合成化合物晶体结构的 CIF 文件,我们发现具有极值的那一对化合物的苯环与五配位磷三角双锥平面的夹角接近 16°,而 $\theta$ 信号"正常"的体系的化合物中相应的二面角都小于 10°(即苯环的扭转角很小)。接着继续看胡蓉蓉顺式化合物(图 6)的晶体结构,量出它的二面角高达六十几度!

至此，对蓉蓉迄今为什么还没有找到那个极值似乎可以提出一个猜测：苯环之间的扭转角越大，则那个极值需要在浓度更稀时才会出现。

实验事实是否符合我们的猜测，还有待蓉蓉的实验进一步深入。

但随之而来的问题是：(1)为什么会出现这个极值？（注：这是迄今还不能获得圆满解释的疑问）(2)阻转异构化合物扭转角的大小与固体压片浓度的稀释之间有什么关系？(3)难道稀释会改变固体样品中呈微晶态的化合物的扭转角？

正如唐老师主持我在香港科技大学报告结束时所说的"缘分"，我觉得命中注定 AIE 体系镜面对称性破缺现象的探究需要我们这一群人去实现，胡晓梅的实验结果（章注：这个有趣的实验因晓梅的毕业而终止了，遗憾啊！）歪打正着地提供了某些启示。这个现象太有挑战性了，但又充满了玄机。让我们一起努力，耐心且不急功近利地等待谜底的揭示。

接着要求蓉蓉继续做如下实验：

✳ 我希望你能重复固体 ECD 实验，将片膜浓度分别设成 1：100、1：200、1：300、1：400、1：500、1：600、1：700、1：800、1：900、1：1000，甚至更小……尽量找出浓度与 ECD 信号强度之间的规律来。不过，一定要找到一台更精确的天平来进行半定量研究。我很好奇你的有趣的实验结果，请随时保持联系！

蓉蓉在 2010 年 11 月 19 日发来在香港科技大学的测试结果，虽然在片膜的制样技术上还有点不到位，但是，我们可以看到，预期的 ECD 光谱"极值"已经出现了，如图 9 的红色曲线所示。

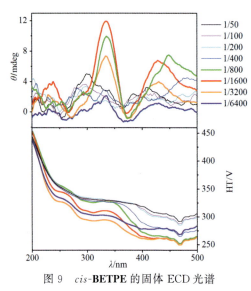

图 9　*cis*-**BETPE** 的固体 ECD 光谱

［固体片膜的浓度梯度：1/50、1/100、1/200、1/400、1/800(绿)、1/1600(红)、1/3200(橙)、1/6400(紫)］

*cis*-**BETPE** 的固体 ECD 光谱中极值的出现使我们的探究又一次处在十字路口。一名北大化院校友曾经回忆："徐爷爷（徐光宪院士）做报告，是我们学生最喜欢的。记得有一次他说，科学理论应该得到实验的支撑，但在理论与实验发生矛盾时，所谓创新的契机就来了。"1981 年诺贝尔化学奖得主霍夫曼常说：事事原理相关(Everything is connected to everything else.)。引申义是[1]：一项基本原理会以多方面多角度呈现在实验结果中，即便旁敲侧击，照样可以挖掘出这些基本原理，但是这有赖于敏锐的观察力，倒不是常人容易做到的。

由于蓉蓉合成的 *cis*-**BETPE** 是一个全新的 AIE 化合物，我们虽然由此发现了固体 ECD 测试中的浓度效应[2-7]并被国内外学者关注[8-17]，但是按照行业规矩，更深入的探究不能拿该样品说事。我们又很希望探测个中端倪，怎么办？于是把研究目标转向了其他阻转异构化合物，它们与 AIE 化合物之间的共性在于，因单键旋转受阻在溶液中或固态下会产生稳定的手性构象。这个工作原本交给一名硕士生完成,但他一直不得要领,进度极其缓慢。实验只好又交回丁雷手中。很快地,丁雷对浙大秦安军教授提供的 **TPE**、中科院福建物构所宋玲研究员提供的 **NOBIN**(联萘酚胺)以及实验室已有的几个阻转异构化合物进行测试,成就了一篇 *New Journal of Chemistry* 期刊的封面文章[2](图 10)。

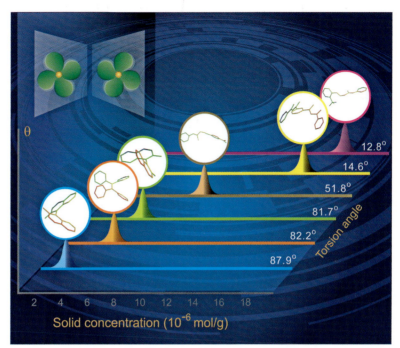

图 10 *New Journal of Chemistry* 期刊 2011 年第 9 期封面图的设计,**TPE** 的立体结构见左二

封面图背后的故事:该封面图的设计构思,正是基于分子的阻转异构扭转角越大,极值出现的浓度越小的现象。但个中原因,迄今我们仍无法揭示!

在接下来的 2010 年 12 月,丁雷在一个月内完成了所有样品的测试,奠定了他的博士论文的主要基调[3]。其中,对秦安军教授提供的 AIE 明星分子 **TPE** 的测试堪称经典,这个漂亮的浓度梯度固体 ECD 光谱图(图 11)至今难以被超越,成为我们课题组的一个金字招牌,是我们进一步与唐本忠院士团队合作研究的基础。基于浓度效应的思考产生的若干基本科学问题,亦构成了我们课题组的国家基金项目"功能固体材料的手性同质多晶型调控及其手性固定和应用"(2013 年 1 月—2016 年 12 月)的立项依据。

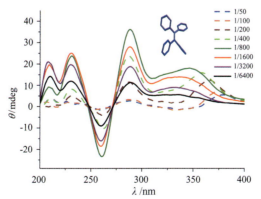

图 11 AIE 明星分子 **TPE** 的浓度梯度固体 ECD 光谱

(内插图为 **TPE** 分子的螺旋手性模拟示意图,但彼时我们还不能确定该固体 ECD 谱代表何种螺旋手性构型)

### 4. 认识无止境——TPE 及其衍生物的螺旋手性构象确认

2011 年唐本忠院士团队在 *Chemical Society Reviews* 发表综述[18]，以胡蓉蓉合成的 *cis*-**BETPE** 为例，首次报道了 AIE 化合物的镜面对称性破缺现象。尽管在后续研究中，基于"大多数 AIE 化合物都潜在发生固态镜面对称性破缺现象的可能性"的指导思想，我们与唐本忠院士的大团队以及其他高校和研究所的老师合作，相继发现了一系列 **TPE** 衍生物及其他多苯基化合物等阻转异构化合物的固体 ECD 光谱中极具特征的浓度效应现象[3-7]，并且集十多年对固体 ECD 光谱的研究经验写成了一篇综述文章[4]，但是我们对 AIE 化合物的手性同质多晶型、AIE 化合物的阻转异构手性构象和集成的固体手性光谱，还仅仅是一个粗浅的开始。感谢唐老师及其团队，为我们开辟了一个活色生香的 AIE 研究领域，其中充满了自由探索的研究乐趣。

从 2010 年夏聆听唐本忠院士学术报告至 2013 年春季，时隔近 3 年，我们手中又掌握了另一个手性光谱研究的利器——振动圆二色（VCD）光谱仪。课题组研究生李丹和郭栋在对胡蓉蓉提供的 *cis*-**BETPE** 样品进行新一轮测试时，欣喜地发现了久违了另一种对映体的存在，亦终于如愿看到了 AIE 明星分子 **HPS** 的阻转异构手性构象被"锁住"的一对固体 ECD 光谱（图 12）。这未免让彼时在报告会中获得灵感的人有几分得意。然而这种心情愉悦的程度与 2010 年暑假在香港科技大学发现的那一次相比，已经不能同日而语。虽然迄今仍未获得 **HPS** 手性晶体的单晶结构而留有一丝遗憾，但由于对 AIE 化合物镜面对称性破缺现象的发现已经太多太多，我们逐渐趋于淡定；并且意识到，对 AIE 化合物的手性同质多晶型、AIE 化合物的阻转异构手性构象和集成的固体手性光谱，还需要进行深入细致的探究，以期螺旋式上升到对 AIE 化合物手性立体化学结构认识的新高度。

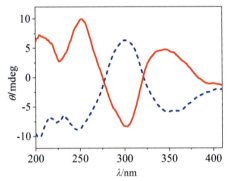

图 12　一对 **HPS** 手性晶体的固体 ECD 实验谱[5,7]

我们在研究和调研中发现，含有刚性核的多苯基 AIE 化合物，特别是 **TPE** 及其衍生物呈现的固体 ECD 浓度效应现象特别明显，随之而来的基本科学问题是：如何通过集成手性光谱的关联来确定 *cis*-**BETPE**、**TPE** 和 **HPS** 等 AIE 分子螺旋手性构象的绝对构型。换言之，如果图 1 所示的 **HPS** 分子的 6 个苯环都朝一个方向旋转（呈右手螺旋 *P* 或左手螺旋 *M*）时，它们的集成手性光谱究竟会呈现怎样的指纹特征？再者，对于结构中含有多苯基且具有刚性核的手性分子，这些指纹特征是否具有共性？为了方便以下讨论，我们将基于 **TPE**/**HPS** 多苯环螺旋的核心（core）或骨架（scaffold）称为 **TPE** 核或 **HPS** 核（TPE-core 或 HPS-core）。

2003 年，美国耶鲁大学的 Faller 等曾关注半夹心型金属配合物中配位三苯基膦中多苯基的螺旋手性构象问题[19]，但由于取代苯环在溶液中的快速旋转导致手性构象难以被"锁住"，通常在溶液中无法观察到与这类配合物相关的手性光谱现象。其实这类螺旋手性构象问题在含多苯基的 AIE 化合物（例如 **TPE** 和 **HPS**）当中是普遍存在的。**TPE** 及其衍生物在合适的聚集状态下，因固态下发生的镜面对称性破缺或通过手性取代基和手性溶剂有效诱导，其多苯基螺旋手性构象可被锁住，由此产生了 **TPE** 核螺旋手性的 AIC（aggregation-induced chirality），以及伴随的 AIECD （aggregation-induced electronic circular dichroism）、AICPL（aggregation-induced circularly polarized luminescence）或 AIVCD（aggregation-induced vibrational circular dichroism）现象[2,4,20-31]。尽管迄今发现的非手性 **TPE** 衍生物的 MSB 现象层出不穷[2-7,20,24-27]，也可用微结构分析（SEM、TEM 或 AFM 等）方法观察到手性 **TPE** 衍生物超分子螺旋手性的表观呈现（形成纳米螺旋结构）及其溶液或固体膜 ECD 光谱，但即使采用铜靶测试或同步辐射装置，X 射线单晶衍射技术的应用仍存在一定的局限性，结构中只含碳、氢原子的 **TPE**-core 化合物的螺旋手性构象（绝对构型）的确认仍旧是一个棘手且耗时的难题[28]，直接关联单分子和相关超分子螺旋体系的 **TPE**-core 螺旋手性的绝对构型具有很大挑战性。因此，近年来我们一直在锲而不舍地探求如何精准确定具有刚性核的多苯基体系的阻转异构螺旋手性（绝对构型）的普适性方法。若能探明，则所得规律或可以推广至含多苯基的 **HPS** 等其他 AIE 化合物刚性发光核螺旋手性的研究。

如图 13 所示，在文献调研中，我们已经在一些含多苯基且具有刚性核的手性有机和无机化合物中观察到了在 300～450 nm 波段（指纹区）的第一个 ECD 吸收峰的特征[30-33]。这类相似的 ECD 特征峰的存在是否对含有多苯环或其他共轭杂环且具有刚性核化合物的螺旋手性构象（绝对构型）的确认具有共性，还有待于通过实验测试及相关理论计算来验证。

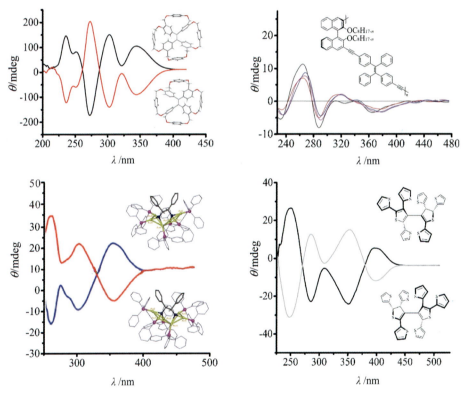

图 13　在 300～450 nm 波段具有相似的 ECD 特征峰的手性有机和无机化合物[30-33]

采用固体 ECD、VCD 光谱结合 DFT、TDDFT 理论计算，我们对图 14(a) 所示的 3 种 AIE 化合物 **TPE**、*cis*-**BETPE**、**TETPE** 的螺旋手性立体化学特征进行了深入研究[7,34,35]。对于这类单分子化合物（非超分子组装体系）而言，在溶液态中呈现自由旋转的非手性 **TPE**-core 螺旋手性只有在聚集的固态下才能被"锁住"，产生 MSB 现象，从而生成手性晶体，因此只有采用固体手性光谱才能有效地表征这类手性晶体。同时，由于结构简单、ECD/VCD 生色团单一且不受干扰，这类 AIE 化合物是研究含多苯环化合物阻转异构手性非常合适的模型化合物。因此，我们拟通过实验圆二色（ECD/VCD）光谱与计算谱的比对，寻求精准确定具有刚性核的多苯基体系的阻转异构螺旋手性（绝对构型）的普适性方法。

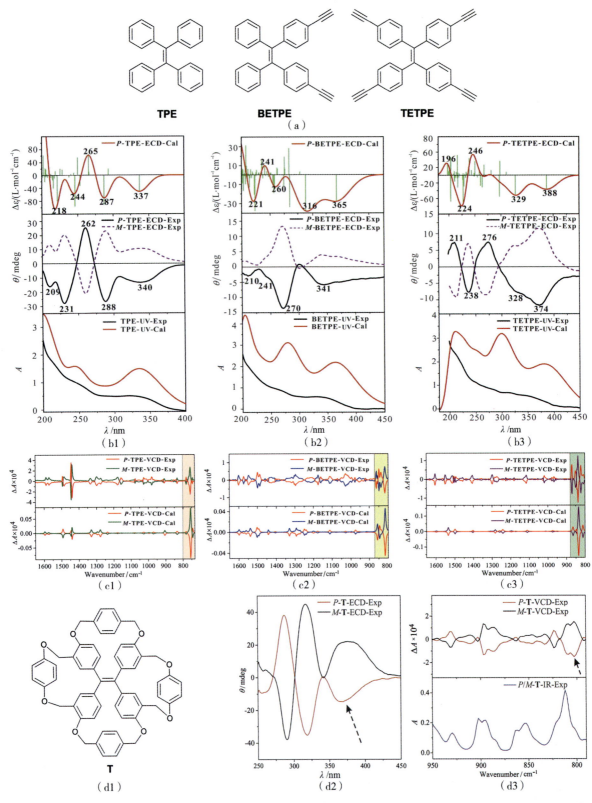

图 14 （a）**TPE** 及其衍生物；（b）手性 **TPE** 及其衍生物的固体 ECD 和 UV 实验谱和计算谱；（c）手性 **TPE** 及其衍生物的固体 VCD 实验谱和计算谱；（d）被有机框架锁住手性的 **TPE** 衍生物 **T**（结构式见 d1）的固体 ECD（d2）和 VCD-IR（d3）实验谱[34,35]

终于,我们首次发现并提出在 ECD 和 VCD 谱中均存在特征指纹区,可用于指认具有特征 **TPE** 核化合物的螺旋手性绝对构型(构象):(1)若在 $300\sim450$ nm 波段内的第一个 ECD 吸收峰为正,**TPE** 核的螺旋手性为 $M$,反之则为 $P$ 构型;(2)在 VCD 谱的低波数到高波数方向,若 $730\sim850$ $cm^{-1}$ 区间的第一个最强 VCD 谱峰的符号为正,则 **TPE** 核螺旋手性为 $M$,反之亦然。此指纹特征区进一步被华中科技大学郑炎松教授所提供的手性 **TPE** 衍生物样品[30]的固体手性光谱测试所证明。该研究所得规律或可以推广至含多苯基的其他 AIE 化合物刚性发光核螺旋手性的研究,并且为设计合成具有强圆偏振发光性能的 AIE 分子提供有益借鉴。

台湾师范大学的李祐慈先生在他的译著《超乎想象的化学课》的导读中对科学发现有精辟见解[36]:"优秀的化学家必定要如侦探一般,可以忍受推理过程中种种混乱和不确定,追求'守得云开见月明'的甜美。"我认为作为一名学者(谈不上科学家),学无止境,快乐而努力地做科研,是一个本分且自然的过程,其他一切,都是身外之物。这就是我要讲的关于科学发现及其探究的故事。

**致谢**:感谢国家自然科学基金(21273175)项目的资助。

## 参考文献

[1] HOFFMANN R. The same and not the same [M]. New York: Columbia University Press, 1995. 霍夫曼.大师说化学 [M]. 2 版. 吕慧娟, 译. 储三阳, 审订. 台北: 远见天下文化出版股份有限公司, 2016.

[2] DING L, LIN L, LIU C, et al. Concentration effect in solid-state CD spectra of chiral atropisomeric compounds [J]. New J. Chem., 2011, 35(9): 1781-1786.

[3] 丁雷. 圆二色光谱的应用:测试技术、绝对构型关联及电致变圆二色光谱初探 [D]. 厦门: 厦门大学, 2011.

[4] 章慧, 颜建新, 吴舒婷, 等. 对固体圆二色光谱测试方法的再认识——兼谈"浓度效应" [J]. 物理化学学报, 2013, 29(12): 2481-2497.

[5] 颜建新. 聚集诱导发光(AIE)化合物的固体 CD 光谱及其浓度效应探究 [D]. 厦门: 厦门大学, 2013.

[6] 郭栋. 晶型手性化合物的集成手性光谱方法学初探 [D]. 厦门: 厦门大学, 2016.

[7] 李丹. 化合物的集成手性光谱及其应用研究 [D]. 厦门: 厦门大学, 2017.

[8] PESCITELLI G. Solid-state circular dichroism and hydrogen bonding, Part 2: The case of hypothemycin re-investigated [J]. Chirality, 2012, 24(9): 718-724.

[9] BISWAS A, ESTARELLAS C, FRONTERA A, et al. Effect of a methyl group on the spontaneous resolution of a square-pyramidal coordination compound: Crystal packing and conglomerate formation [J]. CrystEngComm, 2012, 14(18): 5854-5861.

[10] PESCITELLI G, PADULA D, SANTORO F. Intermolecular exciton coupling and vibronic effects in solid-state circular dichroism: A case study [J]. Phys. Chem. Chem. Phys., 2013, 15(3): 795-802.

[11] RILLEMA D P, CRUZ A J, TASSET B J, et al. Structural properties of platinum(II) biphenyl complexes containing 1,10-phenanthroline derivatives [J]. J. Mol. Struct., 2013, 1041: 82-91.

[12] PADULA D, DI PIETRO S, CAPOZZI M A, et al. Strong intermolecular exciton couplings in solid-state circular dichroism of aryl benzyl sulfoxides [J]. Chirality, 2014, 26(9): 462-470.

[13] GÓRECKI M. Transmission vs. diffuse transmission in circular dichroism: What to choose for probing solid-state samples? [J]. Chirality, 2015, 27(7): 441-448.

[14] ZHANG H, LI H, WANG J, et al. Axial chiral aggregation-induced emission luminogens with aggregation-annihilated circular dichroism effect [J]. J. Mater. Chem. C, 2015, 3(20): 5162-5166

[15] WEN T, WANG H F, MAO Y C, et al. Directed crystallization of isotactic poly(2-vinyl pyridine) for preferred lamellar twisting by chiral dopants [J]. Polymer, 2016, 107: 44-53.

[16] JIN Y J, KIM H, KIM J J, et al. Asymmetric restriction of intramolecular rotation in chiral solvents [J]. Cryst. Growth Des., 2016, 16(5): 2804-2809.

[17]  QU H, WANG Y, LI Z, et al. Molecular face-rotating cube with emergent chiral and fluorescence properties [J]. J. Am. Chem. Soc., 2017, 139(50): 18142-18145.

[18]  HONG Y, LAM J W Y, TANG B Z. Aggregation-induced emission [J]. Chem. Soc. Rev., 2011, 40(11): 5361-5388.

[19]  FALLER J W, PARR J, LAVOIE A R. Nonrigid diastereomers: Epimerization at chiral metal centers or chiral ligand conformations? [J]. New J. Chem., 2003, 27(6): 899-901.

[20]  XUE S, MENG L, WEN R, et al. Unexpected aggregation induced circular dichroism, circular polarized luminescence and helical assembly from achiral hexaphenylsilole (HPS) [J]. RSC Adv., 2017, 7(40): 24841-24847.

[21]  LI H, CHENG J, ZHAO Y, et al. *L*-valine methyl ester-containing tetraphenylethene: Aggregation-induced emission, aggregation-induced circular dichroism, circularly polarized luminescence, and helical self-assembly [J]. Mater. Horiz., 2014, 1(5): 518-521.

[22]  LI H, ZHENG X, SU H, et al. Synthesis, optical properties, and helical self-assembly of a bivaline-containing tetraphenylethene [J]. Sci. Rep., 2016, 6: 19277.

[23]  LI H, CHENG J, DENG H, et al. Aggregation-induced chirality, circularly polarized luminescence, and helical self-assembly of a leucine-containing AIE luminogen [J]. J. Mater. Chem. C, 2015, 3(10): 2399-2404.

[24]  KAWASAKI T, MAI N, KAITO N, et al. Asymmetric autocatalysis induced by chiral crystals of achiral tetraphenylethylenes [J]. Origins Life Evol. Biospheres, 2010, 40(1): 65-78.

[25]  TANAKA K, FUJIMOTO D, OESER T, et al. Chiral inclusion crystallization of tetra(*p*-bromophenyl)ethylene by exposure to the vapor of achiral guest molecules: A novel racemic-to-chiral transformation through gas-solid reaction [J]. Chem. Commun., 2000, (5): 413-414.

[26]  TANAKA K, FUJIMOTO D, ALTREUTHER A, et al. Chiral inclusion crystallization of achiral tetrakis(*p*-halophenyl)ethylenes with achiral guest compounds [J]. J. Chem. Soc., Perkin Trans. 2, 2000, (10): 2115-2120.

[27]  MCLAUGHLIN D T, NGUYEN T P T, MENGNJO L, et al. Viedma ripening of conglomeratecrystals of achiral molecules monitored using solid-state circular dichroism [J]. Cryst. Growth Des., 2014, 14(3): 1067-1076.

[28]  JIN Y J, KIM H, KIM J J, et al. Asymmetric restriction of intramolecular rotation in chiral solvents [J]. Cryst. Growth Des., 2016, 16(5): 2804-2809.

[29]  NG J C Y, LI H, YUAN Q, et al. Valine-containing silole: Synthesis, aggregation-induced chirality, luminescence enhancement, chiral-polarized luminescence and self-assembled structures [J]. J. Mater. Chem. C, 2014, 2(23): 4615-4621.

[30]  XIONG J B, FENG H T, SUN J P, et al. The fixed propeller-like conformation of tetraphenylethylene that reveals aggregation-induced emission effect, chiral recognition, and enhanced chiroptical property [J]. J. Am. Chem. Soc., 2016, 138(36): 11469-11472.

[31]  ZHANG S, SHENG Y, WEI G, et al. Aggregation-induced circularly polarized luminescence of (*R*)-binaphthyl-based AIE-active chiral conjugated polymer with self-assembly helical nanofibers [J]. Polym. Chem., 2015, 6(13): 2416-2422.

[32]  HE X, WANG Y, JIANG H, et al. Structurally well-defined sigmoidal gold clusters: Probing the correlation between metal atom arrangement and chiroptical response [J]. J. Am. Chem. Soc., 2016, 138(17): 5634-5643.

[33]  SANNICOLÒ F, MUSSINI P R, BENINCORI T, et al. Inherently chiral spider-like oligothiophenes [J]. Chem. Eur. J., 2016, 22(31): 10839-10847.

[34]  LI D, HU R, GUO D, et al. Diagnostic absolute configuration determination of tetraphenylethene core-based chiral aggregation-induced emission compounds: Particular fingerprint bands in comprehensive chiroptical spectroscopy [J]. J. Phys. Chem. C, 2017, 121(38): 20947-20954.

[35]  刘鸣华. TPE 核的螺旋手性 [J]. 物理化学学报, 2018, 34(5): 445-446.

[36]  巴金汉. 超乎想象的化学课 [M]. 李祐慈, 译. 台北: 远见天下文化出版股份有限公司, 2017.

会议集锦

Conference Highlights

# 2008年全国分子手性起源与识别学术研讨会在北京召开(第一届)

2008年10月18—19日,在中国科学院研究生院所在玉泉路礼堂二楼报告厅,来自北京大学、南京大学、南开大学、厦门大学、复旦大学、山西大学、苏州大学、华南师范大学、中国人民大学、清华大学和中国科学院等全国各地的40余名专家学者及研究生欢聚一堂,参加了2008年全国分子手性起源与识别学术研讨会。20余位学者做了会议学术报告。大家对具有重大机遇和挑战的手性起源与识别等科学难题从多角度进行了广泛深入的交流和探讨。会后,与会专家学者对这个小而精、务实高效的学术研讨会给予了高度评价。

中国科学院基础局副局长、中国科学院化学研究所刘鸣华研究员到会致辞,并做了"界面组装体的超分子手性探讨"的学术交流报告。中国科学院研究生院副院长苏刚教授到会致辞,并从物理学家的角度谈了手性(即不对称性)研究的重要意义。化学与化工学院执行院长杜宇国教授代表化院对与会学者致欢迎词,并宣读了中国化学会理事长白春礼院士特别为这次有特色的会议发来的贺信。由于专业内容的相关性,中国空间科学学会生命科学专业委员会主任委员刘志恒研究员也特意到会致辞祝贺。

不对称是存在于自然界不同水平的普遍现象。对具有不对称性的物理、化学和生物学的本质进行系统的探索是科学工作者寻求对自然统一认识的重要驱动力之一。许多杰出的学者在这个重要领域已做出了伟大的贡献。例如,杨振宁和李政道在吴健雄的实验支持下因宇称不守恒的发现荣获1957年的诺贝尔物理学奖;2001年,美国科学家威廉·诺尔斯、巴里·夏普利斯和日本科学家野依良治因在不对称合成方面所取得的成绩荣获诺贝尔化学奖;在刚刚过去的一周前,诺贝尔物理学奖授予因研究物理学中自发对称性破缺及机制的科学家小林诚、益川敏英和南部阳一郎。

手性问题在生活中也到处可遇,如螺旋的藤蔓和海螺;另外人们使用的药物绝大多数具有手性,被称为手性药物。手性药物的"镜像"称为它的对映体,两者之间在药理、毒性等方面往往存在差别,有的甚至作用相反,如20世纪60年代一种称为"反应停"的消旋药物上市后导致许多婴儿的生理缺陷。手性更是生命过程的基本特征,构成生命体的有机分子绝大多数都是手性分子。作为生命基本结构单元的氨基酸和核酸中的核糖,在地球生命体中几乎都是$L$-氨基酸和$D$-核糖,而不

是它们的对映体 $D$-氨基酸和 $L$-核糖,即在分子水平上发生了对称性的破缺。这仍是未解之谜。生命起源是四大基本科学难题之一,生物分子的对称性破缺问题乃是生命起源研究的头号难题。

国内有一些学者正在从事与不对称相关的工作。然而,手性研究仍是学者们"阳春白雪"的研究课题,目前国内以手性分子起源与识别为主题的学术交流平台不多。为了让国内在不对称性科研一线工作的研究人员有更多相互交流的机会和平台,推进不对称性研究特别是分子水平上的手性研究及与国外同行的交流与合作,经中国科学院研究生院何裕建教授与厦门大学章慧教授及苏州大学杨永刚教授等有关学者交流与沟通,认为每年在国内组织召开一次以手性分子起源与识别为主题的学术研讨会很有必要,并且条件也是相对成熟的。经中国化学会批准,中国科学院研究生院、化学与化工学院和中国化学会有机分析专业委员会承办召开第一届分子手性起源与识别学术研讨会。

袁倬斌教授和何裕建教授分别为本次会议的名誉主席和主席。赵玉芬院士(厦门大学)为会议学术委员会主任委员。著名学者王夔院士(北京大学)、张礼和院士(北京大学)、林国强院士(国家自然科学基金委,上海有机化学研究所)为会议学术委员会名誉主任委员。

(中国科学院研究生院供稿)

# 中 国 化 学 会

## 贺 信

**2008 年手性分子起源与识别学术研讨会**

**组委会委员和各位与会的专家、学者:**

欣悉由中国化学会有机分析专业委员会和中国科学院研究生院化学学院承办的 "2008 年手性分子起源与识别学术研讨会",即将在北京举行,我代表中国化学会对会议的召开致以热烈地祝贺!

手性是生命的重要特征和必要条件。生物手性分子的起源与识别是生命起源研究的重要热点和最有挑战性的科学难题之一。手性研究领域也是化学、物理和生物等不同学科的学者都共同感兴趣的重要问题。

希望你们通过这次研讨会和大家共同的努力,不断探索,加强原始创新,广泛联系和团结国内外致力于手性研究的科技工作者,面向世界科学前沿,为探索手性科学的奥秘不断做出基础性和前瞻性的创新贡献。

最后,预祝会议取得圆满成功!祝与会专家学者工作顺利、生活愉快!

中国化学会理事长 

2008 年 9 月 5 日

# 中国化学会第二届全国分子手性学术研讨会在广州召开

2009 年 11 月 14—15 日,由中国化学会主办、华南师范大学化学与环境学院和中国化学会有机分析专业委员会承办的第二届全国分子手性学术研讨会在华南师范大学国际会议厅顺利举行。计亮年院士为主任委员,袁倬斌教授为执行主任委员,张礼和院士、林国强院士和赵玉芬院士为本次大会的学术顾问,章伟光教授为会议秘书长。

本次会议的主题为:分子手性的起源、合成、分离分析、对称性破缺现象、识别与组装。会议共录用论文 57 篇,共印刷了 120 册会议论文和制作了 100 个光盘。有来自全国 26 所高等院校、10 个研究院所和有关企业的 120 名代表参加了本次会议。

会议首日,由章伟光教授主持开幕式,华南师范大学副校长郭杰教授和华南师范大学化学与环境学院党委书记彭伟中分别致欢迎词,中国科学院研究生院何裕建教授代表中国化学会对承办单位表示了感谢。国家基金委化学部陈荣处长和计亮年院士等部分组织、学术委员会成员和全体与会代表出席了开幕式。

会议邀请了计亮年院士、龙腊生教授、王乐勇教授、魏志祥研究员、宋宝安教授、章伟光教授、杨永刚教授、段春迎教授、王越奎教授、章慧教授、蔡跃鹏教授、鲁统部教授、夏之宁教授、何裕建教授做了 15 场大会主题报告。计亮年院士报告了手性钌(II)多吡啶配合物与 DNA 相互作用的机理及其生物功能;何裕建教授报告了核定位信号肽对肽核酸的手性化学修饰,该技术可能用于开发新的药物;宋宝安教授、夏之宁教授报告了有关不对称合成方面的研究;章伟光教授报告了手性分子的拆分、识别及其生物活性;魏志祥研究员、杨永刚教授报告了手性无机固体材料的合成;龙腊生教授、段春迎教授、章慧教授等阐述了超分子化学中手性配合物的组装、构筑策略以及控制合成;章慧教授和王越奎教授分别对固体圆二色光谱的实验和理论研究做了深入的报告;鲁统部教授、蔡跃鹏教授对螺旋配合物或者基于螺旋的框架配合物的合成、结构转化行为与性能做了报告。会议还安排了"手性配合物与手性材料"和"不对称合成与手性分离、生命中的手性现象"两个分会场,邀请 16 位会议代表做了 16 场分会报告。此外,还安排了 15 篇墙报展讲。本次会议还有 2 家公司的代表进行了仪器的介绍和交流,引起了代表的兴趣和关注。

本次会议比较充分地体现了国内手性研究的主要方面,会议报告内容丰富,涉及手性与生命现象、手性的起源与控制、不对称合成与手性分离、手性配位聚合物的设计组装、手性材料的合成等领域,从分子水平到超分子水平再到材料水平,从理论计算到实验探索以及实际应用等方面和层次都进行了有益的探讨。与会学者各抒己见,充分发扬学术民主,自由讨论,气氛十分活跃。

会议第二天下午,章伟光教授主持了简短的闭幕式。何裕建教授对本次手性会议做了高度肯定的评价,并对手性会议的进一步发展提出了规划和设想。最后,经组委会提议,与会代表一致同意,报请中国化学会批准,下一届会议于 2010 年 7 月在贵州省贵阳市贵州大学举行。会后,代表们参观了黄埔军校旧址并游览了珠江夜色,进一步充分交流。

(华南师范大学化学与环境学院供稿)

# 中国化学会第三届全国分子手性学术研讨会在贵阳召开

由中国化学会主办、贵州大学精细化工研究开发中心和中国化学会有机分析专业委员会承办的中国化学会第三届全国分子手性学术研讨会于 2010 年 7 月 30 日至 8 月 1 日,在避暑之都——贵阳市举行。中国化学会有机分析专业委员会主任袁倬斌教授、贵州大学副校长宋宝安教授、中国科学院研究生院何裕建教授指导了会议筹备和举办工作。来自中国科学院研究生院、南京大学、上海交通大学、武汉大学、华中科技大学、武汉工程技术大学、哈尔滨工程技术大学、安徽工业大学、厦门大学、漳州师范学院、华南师范大学、中国药科大学、中国科学院福建物质结构研究所、中国人民大学、怀化医学高等专科学校、赣南医学院、山西大学、湖南理工大学、广西民族大学、南京理工大学、苏州大学、安康学院、杭州师范大学、浙江工业大学、贵州大学等 25 所高等院校及科研院所的 70 余位专家和代表参加了本次研讨会。本次研讨会同时得到了日本高砂香料工业、Waters 公司和苏州利穗科技有限公司的支持。

本次会议主题为:"交流和研讨分子手性的起源、合成、分离分析、对称性破缺现象、识别与组装等科学问题"。大会开幕式首先由中国化学会有机分析委员会主任袁倬斌教授致开幕辞,袁倬斌

教授首先对分子手性研究领域的重要性及当前研究的现状、进展和趋势做了简明扼要的介绍。随后贵州大学副校长宋宝安教授致欢迎辞,他对各位代表的到来表示了热烈的欢迎,并简要介绍了贵州大学的校况。随后中科院研究生院何裕建教授简要介绍了第一届、第二届分子手性会议的情况和本次会议的组织情况,并对今后系列会议的发展趋势做了预期和探讨。简短而热烈的开幕式后,代表们合影留念,随后进入学术报告阶段。

本次会议一共安排了18个大会报告和13个分会报告。7月30日上午和下午,12名来自全国各地高等院校和研究所的代表做了大会报告。7月31日上午,13名代表分两组做了分会报告。7月31日下午,6名代表做了大会报告。各大会及分会报告分别就分子手性的起源、合成、分离分析、对称性破缺现象、识别与组装等科学问题进行了深入探讨。报告者认真严谨,听众聚精会神,讨论热烈深入,收到了良好的研讨效果。

会议最后由中国化学会有机分析专业委员会袁倬斌教授做总结发言。袁倬斌教授认为,本次会议的报告内容新,范围广,希望大家多交流、合作,把我国分子手性研究做得更好、更新。由于会议准备工作充分,与会代表严肃认真,圆满地完成了各项预定的任务,会议取得了丰硕的成果。

本次研讨会共收集论文、摘要、报告等51篇,汇编成《中国化学会第三届全国手性分子手性学术研讨会论文集》,供各位代表交流。

会议对承办单位贵州大学精细化工研究开发中心、中国化学会有机分析专业委员会和会务组表示衷心的感谢。会议决定,中国化学会第四届全国分子手性学术研讨会将于2011年10月在杭州市由浙江工业大学承办。

(贵州大学精细化工研究开发中心供稿)

# 中国化学会第四届全国分子手性学术研讨会在杭州召开

第四届全国分子手性学术研讨会于2011年11月10—12日在浙江大学紫金港校区顺利举行。本届研讨会聚焦手性研究的前沿领域及其最新研究成果,为国内外手性研究以及相关领域学者打造了优质的学术交流平台。本次会议注册215人,实到196人,包括澳大利亚、日本等国家的4位外宾。参加会议的单位共有56个。本次会议设有8个会场,包括7个分会场;共有68个报告,包括6个大会报告。本次会议聚焦了分子手性科学研究的最前沿领域,为相关领域的专家学者提供了优质的学术交流平台。会议还特设女学者论坛和研究生专场,为女学者和研究生提供展示学术风采的机会。中外学者的精彩报告广泛涉猎化学、物理、材料、医学、数学和生物等一级学科,充分体现了在当前手性研究中学科交叉渗透发展的鲜明特色。

科技支撑发展,科技引领未来。分子手性科学在药物合成、生命科学、材料科学、环境科学、农业科学和医学科学等方面均产生了深远的影响。参加全国分子手性会议所锻造的这一支精锐研究队伍,汇聚了当前国内外在不对称催化、手性立体化学、手性计算化学、手性纳米材料、手性超分子、手性农药和手性环境化学等多个领域的高层次人才和专家学者。这次学术大会必将进一步推动分子手性科学在中国的发展,必将促进分子手性研究领域战略人才的培养和储备。

(浙江大学环境与资源学院、浙江工业大学供稿)

## 中国化学会第五届全国分子手性学术研讨会在张家界召开

正值中国化学会成立 80 周年华诞之际,中国化学会委托中国人民大学、哈尔滨工程大学和中国化学会有机分析专业委员会承办第五届全国分子手性学术研讨会暨国际手性会议。本次会议由中国人民大学的于澍燕教授团队和哈尔滨工程大学的沈贤德教授团队共同组织,于 2012 年 8 月 1—4 日在湖南省张家界召开。大会设两个分会场,聚焦手性研究的前沿领域以及最新研究成果,邀请国内外专家学者就手性研究的热点领域做报告,围绕手性研究及相关学科领域进行广泛的交流。本次会议为分子手性研究工作者提供一个高水平的学术交流平台,同时为学术同仁加强了解、增进友谊提供了一次良好的机会。

(中国人民大学、哈尔滨工程大学供稿)

## 手性光谱中心揭幕仪式暨手性科学前沿学术报告会
## 在厦门大学隆重召开

　　2013年4月1日上午,厦门大学与中国华洋科仪和美国BioTools公司合作成立手性光谱中心(The Chinese Center for Chirality,C3)的开幕庆典暨手性科学前沿学术报告会在化学报告厅隆重举行。中国科学院院士游效曾教授、万立骏研究员、赵玉芬教授、郑兰荪教授、田中群教授,校长助理李清彪教授,美国雪城大学Nafie教授及夫人美国BioTools公司执行董事长R. Dukor博士,华洋科仪董事长齐爱华女士、台湾清华大学学务长吕平江教授、美国默克公司对外合作研究及并购大中华副总裁孙勇奎博士,以及当前一批活跃在手性前沿研究领域的中青年科学家出席了开幕式庆典,其中有上海交通大学车顺爱教授、中国科学院大学何裕建教授、厦门大学江云宝教授、浙江大学刘维屏教授、南京大学沈珍教授、北京大学宛新华教授、山西大学王越奎教授、苏州大学杨永刚教授、厦门大学章慧教授、华南师范大学章伟光教授、中国科学院福建物构所张健研究员、河北大学朱华结教授。

　　厦门大学化学化工学院院长江云宝教授主持开幕庆典并致欢迎辞。华洋科仪齐爱华女士和BioTools公司R. Dukor博士分别致辞,介绍手性学科的重要性以及她们所在企业对手性光谱仪器商业化发展上的贡献。R. Dukor博士在发言中强调,选择在厦门大学建立该中心,是因为厦门大学有强大的实力,化学学科具备很好的科学研究基础,希望C3的建立,能为手性光谱及其相关技术的研发搭建视野更加广阔的平台。校长助理李清彪教授代表厦门大学对各位与会嘉宾表示热诚欢迎,对中心成立表示热烈祝贺。他说手性光谱中心将为我国从事手性及其相关研究的科技工作者提供一流的手性检测与分析平台,推动我国手性科学研究水平的大力提升。

　　两天紧凑的手性科学前沿学术报告会由特邀参会的在国内外从事手性科学研究的一流专家学者带来15场精彩纷呈的大会报告,内容涵盖表面手性、手性光谱(VOA和CD)技术、手性药物、不对称催化、生命过程中的手性、手性POPs环境安全性、有机高分子聚合物的手性调控、超分子手性、手性介孔材料、配位聚合物的螺旋手性、与手性光谱和不对称反应机理相关的理论计算、磁圆二色(MCD)光谱的应用等,与会专家对感兴趣的手性前沿课题和研究中遇到的具有挑战性的难题展开了热烈讨论。本次报告会展示了手性科学的最新研究成果和广阔发展前景,增进了与会代表之间的了解和友谊,促进了手性专家之间的深入交流与合作,为厦门大学师生和来自全国的参会代表带来学术上的纯美享受和饕餮盛宴。

(厦门大学化学化工学院供稿)

# 中国化学会第六届全国分子手性学术研讨会在武汉召开

受中国化学会委托,中国化学会第六届全国分子手性学术研讨会于2014年11月6—9日在武汉华中科技大学成功举办。126名代表参加了大会。会议共收到论文稿件75份,进行了11个大会报告、20个分会报告及13个学生报告,就分子手性及同型手性现象的起源和发展、手性分子对映体的分离纯化、分析传感、催化合成、应用开发以及分子组装与超分子手性等领域的热点问题进行了开放、自由、充分的交流和讨论,促进了我国分子手性研究工作的进一步发展。在学生分会报告中,设立了研创手性科技奖,有6名同学分别获得了一、二、三等奖,服务于全国分子手性会议鼓励和提携青年学者的宗旨。

华中科技大学化学与化工学院院长解孝林教授在开幕式上致辞,对与会代表的到来表示热烈欢迎,并介绍了学院最近的发展情况。会议期间,解孝林院长和李涛书记还专程看望了部分代表。

会议组织者感谢国家自然科学基金(No.21442403)以及华中科技大学化学与化工学院大型电池关键材料与系统教育部重点实验室的资助。

(华中科技大学化学与化工学院供稿)

# 中国化学会第七届全国分子手性学术研讨会在苏州召开

2015 年 11 月 6—8 日，由中国化学会主办，苏州大学材料与化学化工学部、中国化学会有机分析专业委员会承办的中国化学会第七届全国分子手性学术研讨会在苏州召开。来自全国近 60 所高校和科研院所的近 170 名科研学者、学生及产业界人士参加会议，交流、学习了目前最新的分子手性、圆二色谱学方面的研究成果和科研进展。开幕式由会议组委会执行主任、苏州大学材料与化学化工学部杨永刚教授主持。

参会学者们深入讨论了手性控制和形成机理、天然产物绝对构型谱学解析、功能性手性材料的制备及应用、手性药物的分离与分析、不对称催化及手性合成、分子手性在液晶及光电材料中的应用等方面的议题。会议的成功召开为国内研究分子手性的学者提供了一个宝贵的交流讨论、合作创新的平台，并将持续推进和影响分子手性领域的研究。

（苏州大学材料与化学化工学部供稿）

# 中国化学会第八届全国分子手性学术研讨会在福州召开

2017 年 10 月 12—15 日，由中国化学会主办、中国科学院福建物质结构研究所结构化学国家重点实验室承办的中国化学会第八届全国分子手性学术研讨会在福建省福州市召开。大会吸引了来自世界各地从事分子手性研究的专家、学者和研究生近 400 人参会，参会者共同探讨了分子手性研究的最新成果和发展趋势。

本届大会共收到投稿论文 110 多篇，内容包括手性起源和发展、手性分离纯化、分析传感、手性催化，以及手性组装等与手性相关的交叉学科领域的最新研究成果。参加会议的近 400 名代表分别来自国内外 80 多个科研院校，包括清华大学、上海交通大学、南京大学等 70 多所高校和中科院化学研究所、国家纳米科学中心、上海有机化学研究所等 10 多个科研院所。此次会议得到了 10 余家仪器和试剂厂商的鼎力资助。

10 月 13 日上午，大会执行组委会主席张健主持了开幕式，并介绍了会议基本情况。福建物质结构研究所所长曹荣代表承办单位致辞。大会学术委员会主任委员、中科院院士田其林和组织委员会主任委员何裕建分别致辞，并介绍了手性会议的发展历史和趋势。本次大会邀请了香港科技大学教授、中科院院士唐本忠，中山大学教授苏成勇，中科院上海有机所研究员游书力等，他们分别做了精彩的大会报告，分享了他们在手性化学方面的最新研究成果，展望了手性化学的未来。另外，会议还安排了 23 个主题报告、29 个邀请报告、6 个口头报告、5 个手性光谱培训报告以及 32 个墙报展示，充分展示了国内外专家、学者们近年来在生命同型手性起源、镜面对称性破缺的物理基础，手性分子的对映体拆分、纯化、分析与传感，手性催化和手性药物合成，生物体对手性分子的选择性作用、安全性及其作用机理，分子手性的应用，分子组装与超分子手性等方面的最新研究成果。为鼓励研究生从事分子手性相关研究，本届会议特别设立了"研创科技"优秀口头报告奖和优秀墙报奖。

本次会议是分子手性研究领域的又一次盛会，会议期间精心组织的各项学术活动得到了参会代表的积极参与和高度认可。

（中国科学院福建物质结构研究所供稿）

# 第九届全国分子手性学术研讨会在北京召开

2018 年 10 月 19—22 日,北京化工大学化工资源有效利用国家重点实验室成功举办了第九届全国分子手性学术研讨会,会议在北京化工大学会议中心举行。10 月 20 日上午举行的会议开幕式中,副校长王峰教授、化工资源有效利用国家重点实验室主任何静教授出席开幕式并致欢迎词,厦门大学中科院院士赵玉芬教授和阿尔伯塔大学加拿大皇家科学院院士徐云洁教授分别发言,开幕式由雷鸣教授主持。阿尔伯塔大学加拿大皇家科学院院士 Wolfgang Jaeger 教授、北京大学叶新山教授、利物浦大学肖建良教授、国家纳米科学中心刘鸣华教授、中国科学院大学何裕建教授、厦门大学章慧教授等近 200 余名参会师生代表参加了开幕式。

分子手性在物理、化学、生物学、医学、材料、环境等领域具有广泛的应用和研究意义。此次全国分子手性学术研讨会的举办正值北京化工大学建校 60 周年之际,也正值分子手性会议举办十周年。本届研讨会的主题聚焦于手性无机、有机材料,生命起源,对映体分离纯化、分析传感,不对称催化,手性药物,以及分子组装与超分子手性等与手性相关的交叉学科领域,为致力于分子手性研究的科学工作者提供了良好的交流和展示的平台,促进了我国分子手性研究的发展。此次会议共组织了 4 场大会邀请报告、53 场分会场邀请报告、4 场培训讲座和 12 场学生口头报告。

会议期间,厦门大学赵玉芬院士、阿尔伯塔大学徐云洁院士、阿尔伯塔大学 Jaeger 院士、北京大学叶新山教授、利物浦大学肖建良教授做了精彩的大会邀请报告,北京大学余志祥教授,中国科学院大学何裕建教授、李向军教授,国家纳米科学中心刘鸣华教授,北京师范大学江华教授,中国科学院化学研究所陈传峰教授、陈婷研究员,厦门大学章慧教授、龚磊教授,中国科学院福建物质结构研究所张健教授、尤磊教授、谷志刚教授,中国科学院物理所杜世萱研究员,华中科技大学郑炎松教授,山西大学王越奎教授,合肥工业大学吴宗铨教授,吉林大学董泽元教授,陕西师范大学刘峰毅教授,河北大学朱华结教授,北京理工大学李晖教授、陈甫雪教授、王荣瑶教授,中国农业大学周志强教授,南京农业大学王鸣华教授,哈尔滨工程大学张春红教授、沈军教授,华东理工大学邓卫平教授,南京大学成义祥教授,山东大学王守宇教授,浙江大学史炳锋教授,重庆大学蓝宇教授,上海交通大学邱惠斌教授,北京工业大学于澎燕教授,苏州大学杨永刚教授、李红坤教授、李艺教授,武汉工程大学柏正武教授,暨南大学李丹教授,四川大学杨成教授,同济大学段瑛滢教授,中国科学技术大学邹纲教授,杭州师范大学徐利文教授,上海师范大学李辉教授,深圳大学张俊民教授,江南大学徐丽广教授,华南师范大学范军教授,中国计量科学研究院武利庆教授,中国医学科学院药物研究所李莉教授,北京化工大学邓建平教授,北海道大学长谷川淳也教授,神奈川大学金仁华教授等分别做了精彩的分会场邀请报告。国内外 200 余名参会师生代表参加了此次会议。会议共评出 5 个优秀学术报告奖,以及 8 个优秀学生口头报告奖。

手性是存在于自然界的普遍现象。此次会议聚集了手性研究领域国内外著名专家和学者,带来了最新研究进展和动态,为各领域科学工作者提供了良好的交流和展示平台。同时,会议期间开展了丰富多彩的文化交流和学术讨论活动,包括在会前由徐云洁院士、章慧教授、王越奎教授和华洋科仪的姚立明博士开设的手性光谱培训讲座。与会代表对此次会议的组织接待工作表示赞许和感谢,希望今后能够有更多互相交流学习的机会。会议在开放、轻松、活跃的学术气氛中圆满落下帷幕。

(北京化工大学化工资源有效利用国家重点实验室、化学学院供稿)

# 第十届全国分子手性学术研讨会在福州召开

2023 年 12 月 1—4 日,第十届全国分子手性学术研讨会暨结构化学交叉论坛在福州福建会堂顺利召开。本届研讨会由中国科学院福建物质结构研究所主办,《结构化学》编辑部承办,主题为分子手性与健康中国,重点聚焦生命同型手性现象的起源和发展、手性对映体的分离纯化、分析传感、催化合成、应用开发以及分子组装与超分子手性等与手性相关的交叉学科领域,为国内外手性研究工作者打造优质的学术交流平台,提供充分的展示机会。

大会开幕式由《结构化学》编辑部主任、中国科学院福建物质结构研究所周天华研究员主持,中国科学院福建物质结构研究所曹荣所长、第十届分子手性学术研讨会组委会主任中国科学院大学何裕建研究员、第十届分子手性学术研讨会大会主席中国科学院福建物质结构研究所张健副所长分别致辞,热烈欢迎来自全国五湖四海的手性专家齐聚榕城,共话手性的发展和机遇。

大会荣幸邀请到东南大学/南昌大学熊仁根院士、上海交通大学崔勇教授、中国科学院苏州纳米所所长王强斌研究员和南京大学郑丽敏教授作大会报告,内容涉及铁电与手性、手性聚集和结晶、纳米-生物界面自组装以及晶态和螺旋材料的组装与旋向调控。报告精彩纷呈,反响强烈。大会报告分别由中国科学院福建物质结构研究所副所长张健研究员、中国科学院化学研究所刘鸣华研究员、上海交通大学车顺爱教授主持。

本届研讨会共设立四个主题分会场:手性有机材料、手性无机材料、超分子手性和结构化学交叉论坛,邀请到来自国内顶尖大学和科研院所的 300 余名杰出科学家和研究人员,通过 47 个主题报告、113 个邀请报告和 25 个墙报展示,共同分享他们在手性领域所取得的最新研究成果和开创性发现,深入探讨了手性科学的前沿课题,促进了学者之间的交流与合作,拓展了当前和未来领域内挑战的解决思路。

手性有机材料:华中科技大学郑炎松教授、南方科技大学谭斌教授、中国科学院化学研究所陈传峰研究员、浙江大学史炳锋研究员、北京师范大学江华教授、中国科学院福建物质结构研究所鲍红丽和房新强研究员、杭州师范大学徐利文教授等 40 名专家应邀作精彩报告,深入探讨并展示了手性有机材料在不对称催化反应中的应用等研究新动向,为与会者提供了宝贵的实践经验和启示。

手性无机材料:上海交通大学车顺爱教授、清华大学王泉明教授、厦门大学孔祥建教授、中国科学院大学何裕建教授、江南大学匡华教授、中国科学院化学研究所钟羽武教授、吉林大学吴宗铨教授、北京理工大学李晖教授、河北科技大学朱华结教授、南京师范大学张力发教授、中国科学院福建物质结构研究所谷志刚研究员等 40 名专家通过报告,分享他们在手性无机材料研究方面的最新成果,以及新型手性无机材料的合成方法和技术等。

超分子手性:中国科学院化学研究所刘鸣华教授、复旦大学李明洙教授、华东理工大学马骧教授、西安交通大学 Goran Ungar 教授、四川大学杨成教授、华东师范大学杨海波教授、华南师范大学章伟光教授、上海交通大学邱惠斌教授、中国科学院福建物质结构研究所尤磊研究员、苏州大学杨永刚教授等 40 名超分子手性专家的精彩报告,内容涵盖超分子手性研究的最新进展和未来发展前景,着重强调超分子手性在解决化学和生物学不对称问题上的巨大潜力,并展望了超分子手性在可持续能源、环境保护和药物开发等领域的应用前景。

结构化学交叉论坛:北京理工大学杨国昱教授、武汉大学汪成教授、中国科学院精密测量科学与技术创新研究院郑安民教授、浙江大学孟祥举教授、西北大学韩英锋教授、上海交通大学刘燕教授、浙江大学王亮教授、福建师范大学张章静教授、北京化工大学雷鸣教授等 40 名专家带来的"手

性/非心硼酸盐的设计构造及二阶非线性光学性能""三维共价有机框架材料的分子设计""分子筛
羰基化反应机制研究""多孔手性催化材料暨分子筛催化材料设计策略"等精彩报告引发了热烈讨
论,与会专家就手性的最新进展、挑战及未来发展方向等问题进行了深入探讨,这将有助于推动并
加强该领域学者之间的交流与合作。

2023年度"全球高被引科学家"名单于11月15日发布,全球共有6849位科学家荣登榜单。
借此分子手性大会契机,科睿唯安刘欣老师作了题为"2023年科睿唯安全球高被引科学家方法论
及数据解读"的报告。科睿唯安政府业务总监宁笔为现场全球高被引科学家熊仁根、曹荣、高鹏、高
俊阔、王飞颁发证书,并向他们表示热烈的祝贺。全球高被引科学家在自身领域取得的卓越成就,
既推动了科学的进步,更提升了我国在全球科研领域的地位。

此次大会共评选出5个优秀墙报,由熊仁根院士和曹荣所长颁奖;同时评选出4个优秀口头报
告,颁奖嘉宾为上海交通大学车顺爱教授和大连华洋齐爱华董事长。每一位获奖者都激动不已,纷
纷表示能够在全国分子手性大会上展示自己的研究成果并得到同行专家的认可,他们受到了莫大
鼓舞。

此次手性大会的胜利召开,得益于所有参会专家的卓越贡献和大力支持,在此我们致以最衷心
的感谢。下一届全国分子手性学术研讨会将于2024年在杭州举办,真诚期待广大分子手性研究同
仁来年西子湖畔再相聚,共话手性的发展和明天。

(《结构化学》编辑部供稿)

中国化学会第六届全国分子手性学术研讨会合影

中国化学会第7届全国分子手性学术研讨会
2015.11.6—11.8

中国化学会第八届全国分子手性学术研讨会
2017年10月12－15日 福州

第九届全国分子手性学术研讨会

2018年10月19日--22日 北京

第十届全国分子手性学术研讨会暨结构化学专义论坛

2023.12.2 福建福州

# 后　记

　　北京时间 2019 年 9 月 28 日下午 2 点 40 分,中国女排在日本大阪迎战塞尔维亚女排,以 3∶0 取得十连胜,提前成功卫冕世界杯冠军,为共和国 70 周年生日献上最好的礼物。机缘巧合,《分子手性》一书的主编工作也来到尾声,完成最后一篇稿子审定的时间,定格在当晚 10 点 45 分,也为共和国生日献上一份厚礼。这似乎是风马牛不相及的两件事情,但却有共通之处:梅花香自苦寒来,一分耕耘一分收获。

　　金秋十月,总是收获的季节。2018 年 10 月 19—22 日,在首都北京迎来第九届全国分子手性研讨会的召开,这一届会议的不同寻常之处在于,2018 年是全国分子手性会议召开十周年。十年来,我们一起见证了中国手性研究螺旋式上升的蓬勃发展态势,于是共同决定要出一本专辑来积淀和梳理近年来的研究工作。虽然这本书尚来不及在 2018 年的第九届会议上面世,但在图文并茂的书稿摘要集结中,我们已经看到"众人拾柴火焰高"的精致打磨——为读者打造一本高质量的学术专著。与此同时,我所在厦门大学化学化工学院的"化学与物质学科群双一流"项目的出版经费资助已经到位,香港科技大学唐本忠院士在百忙当中欣然答应为书写序,这些都为这部专著的成功出版奠定了坚实的基础。

　　这部专著的作者是一批来自不同学科的专家教授(包括 4 位中国科学院院士、1 位美国教授)和青年学生,他们的年龄分布从"40 后"到"90 后",他们的共同身份是"手性迷"。

　　有意组稿《分子手性》一书,始于 2015 年 11 月 6—8 日的苏州手性会议。在时任会议主席——苏州大学杨永刚教授和大会志愿者的热情招待下,一群手性迷在美丽的江南水乡兴趣盎然、天马行空地谈论手性,乐不思蜀,好不惬意。大概在 11 月 7 日那一晚,大会组委会的例行会议之后,伙伴们仍意犹未尽地在酒店大堂畅聊,这种场合很容易使人思维发散。当时我突然萌生写书的念头,就对中国科学院大学何裕建教授说:"何老师,开会这么多年,咱们一起来弄一本有国际范的手性书,如何?"何老师笑呵呵地回应:"好啊。"但是一直到 2017 年 11 月的福州手性会议,仍迟迟没有动作。因为以自己极其有限的才情,未必有振臂一呼应者云集的能力;再者,大家都很忙,劳烦一众学者为写书耗时出力,着实奢侈。但我仍怀揣梦想,并且向时任厦门大学出版社社长蒋东明先生表达了我的编书愿望,得到了他一如既往的支持。2018 年初,借北京化工大学雷鸣教授领衔的组委会筹办第九届全国分子手性研讨会的契机,为庆贺分子手性会议召开十周年热身,征集《分子手性》专著来稿终于被提上了议事日程。

　　时隔两年多,敢于揽下此事,并不是修为有所精进,而是在 2016 年退休前后积攒了一些编书和参与编书的经验,寻思此后应该有点闲空当"章秘书"了。对我而言,从立意到做好一件事的周期一般是四年,再拖个三年五载的,恐怕要"时不我待"了。事不宜迟,马上组稿。2018年2月11日,正值同仁们准备欢度春节和申请国家自然科学基金的"春耕"大忙时节,我发出组稿邀请函:"望你们在阖家团圆和酣畅淋漓地构思基金本子之余,考虑一下,把你们最得意的手性杰作贡献给我们共同的第一本《分子手性》书。"组稿过程出乎意料地顺利,截至2018年5月1日,预期的20多篇美文纷至沓来,使我大喜过望。

2018年五一假期,在厦门大学化学系1988级入学30周年的聚会上,曾经担任1984和1988级两届无机化学专业班主任的我,在发言中提及手头正在主编的两本书,引起了在座一位1988级学生的注意,他马上表态会支持我主编《分子手性》。他就是厦门大学化学化工学院副院长任斌教授。假期过后不久,接到院办秘书的电话,学院已经将《分子手性》出版费列入"化学与物质学科群双一流"计划。

脑海中突然跳出沈从文先生的佳句:凡事都有偶然的凑巧,结果却又如宿命般的必然。正如我与何裕建教授的相识以及分子手性会议的因缘。

2007年7月18—22日在内蒙古大学举办的第七届全国无机化学学术会议上,我认识了华南师范大学的章伟光教授和中国科学院研究生院的何裕建教授。与章伟光老师只是在报到那天同桌吃饭互通姓名,之后就各自开会去了;但我与何裕建老师并未在会上谋面,而是返校后学生递给我一张他的名片,说是在墙报展上何老师主动递过来的,后来因翻看论文摘要集时何老师的摘要刚好夹在我们的两篇摘要中而开始联系,这才发现我们对手性起源和镜面对称性破缺现象居然有特殊的共同兴趣。

接下来的2008年发生了几件大事:万众瞩目的北京奥运会顺利召开;物理学家南部阳一郎、小林诚和益川敏英因发现亚原子物理学中自发对称性破缺机制和有关对称性破缺的起源,获得2008年诺贝尔物理学奖;而我自己的大事是,辛苦编撰四年的《配位化学——原理与应用》即将付梓,仰慕已久的徐光宪院士欣然答应为书作序。那一年我进京三次:第一次上门拜见徐光宪院士,第二次与化学工业出版社编辑宋林青博士讨论清样定稿,第三次即为当年10月18—20日参加首届手性会议——"2008年全国分子手性起源与识别学术研讨会"。其中,2008年9月21日何裕建老师与我在北京科技大学宾馆的停车场,商量如何与杨永刚教授一起牵头组织召开与分子手性相关的学术研讨会的情景,宛若发生在昨天。

《分子手性》中内容精彩纷呈,虽然没有刻意安排,但29篇文章浑然一体,相辅相成:从无机材料到有机材料,从分子手性到超分子手性,从单分子到聚集诱导发光手性,从微观手性到宏观手性,从消旋体到镜面对称性破缺,从金属中心手性到有机磷中心手性,从原子中心手性到轴和面手性,从手性氨基酸到核苷酸配体,从经典八面体配合物到金属苯八面体配合物，从有机螺旋到无机螺旋，从有机聚合物到配位聚合物，从无机手性分子筛到有机面方向性多面体，从研究方法到构筑策略，从实验测试到理论计算，从催化反应到药物应用，从电化学性质到发光效应，从溶液行为到固体表面手性，从手性分子测试到识别与分离，从化学生物学到物理化学，从手性光谱仪器的发展到其高端应用，从科普文章到科学发现的故事，还有关于量子叠加和量子纠缠的手性学术讨论……

诚然，编书的过程是美妙的、珍贵的、充满激情的。对于才疏学浅的我而言，它既是深入学习也是具有极大挑战性的过程。我必须勇敢地接受这个全方位的挑战！

在此，特别要感谢厦门大学化学化工学院对本书出版的全额资助和倾情支持；感谢厦门大学出版社认真细致的编辑工作和有益的建议！

众所周知，徐光宪院士是稀土大家，是化学学科的总设计师，但他对手性的痴迷，却鲜为人知：他在美国哥伦比亚大学攻读博士学位时就开始了与手性相关的研究，他的博士论文题目是《旋光的量子化学理论》，于 1951 年 3 月 15 日完成。当他得知我们利用学术会议的平台聚焦分子手性研究时，非常高兴，多次来信鼓励。最后引用徐光宪先生 2010 年 8 月 8 日充满热情的来信，与本书作者和广大读者共勉：

> 对于旋光理论和手性，我曾很感兴趣，但因适应国家需要，多次改变研究方向，所以 1955 年以后不再研究了。旋光和手性的问题，现在已是理论化学、配位化学、药物化学、手性合成、生命起源，乃至宇称是否守恒等交叉领域的发展前沿，祝你们在这一领域取得成功。

章慧

2020 年 10 月 31 日